»Es haben die löblichen lieben Alten dieser Lande die Bergwerke
des Landes Herz (wie auch recht und billig) genannt
und ist auch die Wahrheit, denn durch die Bergwerke
hat Gott diese Lande erhoben, und wegen
der reichen guten Münze haben sich alle Gewerbe
im Lande gewaltig gebessert,
in allen Städten, Flecken und Dörfern
die Mannschaft groß erweitert.«

Der Freiberger Bürgermeister
Sigismund Röling
1593 in einem Bericht an die kurfürstlichen
Räte in Dresden

Nach einführenden Erläuterungen der geologischen Grundlagen wird die rechtliche, technische, ökonomische und kulturelle Entwicklung des Freiberger Bergbaus und Hüttenwesens in der Zeit vom 12. bis 20. Jahrhundert behandelt. Eine Zeittafel nennt alle wichtigen Daten der Geschichte des Freiberger Berg- und Hüttenwesens. Nach einer Übersicht über die verschiedenen Gruppen der technischen Denkmale und ihrer gegenwärtigen Nutzungsmöglichkeiten werden im Hauptteil des Buches die nach 800jähriger Bergbaugeschichte erhaltenen Denkmale im Freiberger Revier beschrieben, durch aufschlußreiche Blockbilder und Lagepläne erläutert und in einem umfangreichen Fototafelteil abgebildet. Funktionsskizzen zeigen den für seine Zeit hohen technischen Entwicklungsstand der Freiberger Bergmaschinentechnik und insbesondere der zugehörigen Wasserkraftanlagen.

Der Freiberger Bergbau

Technische Denkmale und Geschichte

Wissenschaftliche Leitung und Herausgeberschaft
Otfried Wagenbreth und Eberhard Wächtler

Autoren
A. Becke, H. Douffet, W. Jobst, H. Pforr, R. Sennewald,
E. Wächtler und O. Wagenbreth
unter Verwendung von Beiträgen von
W. Riedl, J. Schmidt und W. Schwabenicky
(Abschnitte 13.16., 13.17. und 10.3.)
Bildautor G. Galinsky

2., durchgesehene Auflage

Mit 315 Bildern, davon 215 Fotografien,
und 28 Tabellen

2. Auflage 1988. Nachdruck 2015

Herausgeber

Otfried Wagenbreth
Freiberg, Deutschland

Eberhard Wächtler
Bergakademie Freiberg
Dresden, Deutschland

ISBN 978-3-662-44763-5
ISBN 978-3-662-44764-2 (eBook)
DOI 10.1007/978-3-662-44764-2

Die Deutsche Nationalbibliothek verzeichnet diese Publikation in der Deutschen Nationalbibliografie; detaillierte bibliografische Daten sind im Internet über http://dnb.d-nb.de abrufbar.

Springer Spektrum
2. durchges. Auflage - Leipzig: Deutscher Verlag für Grundstoffindustrie 1988

Gedruckt auf säurefreiem und chlorfrei gebleichtem Papier.

Springer ist Teil der Fachverlagsgruppe Springer Science+Business Media
(www.springer.com)

Vorwort zur zweiten Auflage

Dieses Buch will die technischen Denkmale des Freiberger Bergbaus und Hüttenwesens vorstellen: die Schachtgebäude, Huthäuser, Halden, Stollnmundlöcher und Kunstgräben. Wir wollen an Hand dieser Sachzeugnisse und Quellen nachempfinden, wie Schächte geteuft, Erze gefördert, gewaschen und verhüttet, Wasser gepumpt und Stolln vorgetrieben wurden. Die Arbeit des Bergmannes war Ausgangspunkt für den montanistischen Weltruhm der Stadt Freiberg. Seiner schöpferischen Tradition fühlen wir uns verbunden.

Unzählige Zeugnisse gibt es hierfür, aus vergangenen Jahrhunderten wie aus dem unsrigen. »The mother of the modern industry of Japan is the academy of mining in Freiberg/Saxony.« Diese These stellte 1974 ein japanischer Kollege auf dem XIV. Internationalen Kongreß für Wissenschaftsgeschichte in Tokio auf. Der Freiberger Metallurge ADOLF LEDEBUR und die sechsundvierzig von seinem Ruf nach Freiberg gelockten Studenten spielten für die Untermauerung dieser Behauptung ebenso eine Rolle, wie der 1877 an die Tokyo University als Professor für Bergbau und Hüttenwesen berufene Freiberger Absolvent CURT NETTO, zu dessen Schülern die größte Autorität des japanischen Bergbaus WATARU WATANABE zählt. Es ehrt uns, eine solche wissenschaftliche These zu vernehmen. Ob wir ihr aber auf die Dauer ohne Abstriche folgen können, muß natürlich offen bleiben.

Ebenfalls im Jahre 1877 schrieb in der englischen Zeitschrift »Iron« unter der Überschrift »Technische Reiseberichte« SYDNEY THOMAS, der bekannte britische Metallurg und Chemiker:

»Wenn man eine Vergnügungsreise mit einer Studienreise verbindet, hat man keine Minute Zeit. Die meisten Reisenden allerdings glauben, daß sich beides nicht vereinen läßt. So reisen z. B. Tausende von Engländern jährlich nach Dresden, und es ist erstaunlich, daß sie nicht auch nach der nur eine Stunde entfernten Bergstadt Freiberg, der Geburtsstadt aller technischen Erziehung und Ausbildung, fahren.

Schon die malerische Architektur der Stadt, die Trachten der Bergleute sind interessant. Die Stadt Freiberg hat politisch und wirtschaftlich viel erlebt, viele Belagerungen durchgemacht und siegreich abgeschlagen. Sie war die Geburtsstadt der sächsischen Reformation, Zufluchtsort der königlichen Familie usw. Der aus den Silberminen stammende Reichtum war für die Bürger von ausschlaggebender Bedeutung, schon lange bevor die Leute von der Lombard Street (Metallbörse in London – d. Hrsg.) da hinein pfuschten. Im 16. Jahrhundert stand die Ausbeute der Silberminen auf dem Höhepunkt. Zu dieser Zeit soll die Zahl der Einwohner fünfmal so groß und das Stadtgebiet wesentlich ausgedehnter gewesen sein ...

Freiberg soll von 1168 bis 1824 4100 t Silber gefördert haben, was einem Wert von sechsunddreißig Millionen Pfund Sterling entspricht. Im gesamten sächsischen Bezirk existierten 344 Minen, die bis 1874 50000 t Silber gefördert hatten.

Die Grube Himmelsfürst war die ergiebigste, sie hat für 76000 Pfund Erz geliefert, wovon 11000 Pfund den Besitzern als Gewinn zufielen ...

Im Freiberger Bezirk bestehen zwei Metallhütten, Muldenhütten und Halsbrücke, die das Silber aus den Bleierzen ausschmelzen ... Muldenhütten und Halsbrücke haben für den Fortschritt der metallurgischen Wissenschaft mehr geleistet als irgendein anderes Werk der gleichen Branche in der Welt ...

In erster Linie unterhalten die Hütten und die Bergakademie seit ihrer Gründung engste Verbindung. Seit über einem Jahrhundert übernimmt daher die Direktion der Hütten den jeweils neuesten Stand der metallurgischen Wissenschaft. Das allein genügt schon, um die Führung der Werke aus dem Zustand des Empirismus, der bis dahin die Metallurgie beherrschte, herauszuheben.«

Das schreibt kein geringerer als THOMAS, der Vater des Thomasstahls! Was ist an seinen Worten und Gedanken wahr, was ist von der Geschichtsforschung bewiesen, und was blieb andererseits Legende? – Wie auch immer unsere Kritik an den Äußerungen eines Ausländers über seinen kurzen Besuch ausfallen mag, es ist nicht zu bestreiten, er sah, daß von Freiberg entscheidende Impulse für die Entwicklung der materiellen wie der geistigen Kultur in der Welt ausgingen. Er sah eine große technische Leistung, eine große ingenieurwissenschaftliche Tradition. Und er war nicht der erste, der in solchen Superlativen schwelgte!

Neunzig Jahre vor THOMAS veröffentlichte der Schwabe HEINRICH KELLER unter dem Titel »Tableau von Freyberg« nach einem mehrwöchigen Aufenthalt am Ort ein literarisches Gemälde der Stadt. Mit erstaunlicher Sachkenntnis und logischem Urteilsvermögen schrieb er über das »Maschinenwesen«:

»Ich betrachte den Bergbau auf einer anderen Seite, als ihn gewöhnlich der große Haufe ansieht. Diese glauben, mächtige Gänge und reiche Erze machen das Große einer Berggegend aus; ich glaube vielmehr, daß da, wo die Natur sparsamer war hingegen aber praktische Kunst und Wissenschaft bey dem Anliegen würkte, wo die Wissenschaften am höchsten getrieben, die Maschinen am besten gebaut sind ...

So prangt ein Harz mit seinen reichen und mächtigen Gängen nicht über das mindere aber an Gegenständen der Kunst mannigfaltigere Erzgebürge. Man sammelt auf dem Harze das Aufschlagwasser zur Betreibung der Kunstmaschinen meistens in Teichen, die bei Trockenen Jahrgängen nie den ganzen Sommer zu Betreybung der Kunsträder hinreichend sind, die es umsoeher seyn könnten, wenn ihre Maschinen auf eine andere und bessere Art, so wie die im Erzgebürge, gebaut wären; ...«

Wir können heute nicht umhin, den Kern dieser Gedanken KELLERS zu bestätigen. Mindestens seit dem 15. Jahrhundert forderte die geologische und geographische Situation den Bergmann, der hier im Freiberger Revier zudem niemals unfrei, sondern stets persönlich frei war, zur Mobilisierung schöpferischer Potenzen von erstaunlichem Ausmaß. Sich über viele Kilometer erstreckende wasserwirtschaftliche Anlagen garantierten das Aufschlagwasser für die Künste. Stolln lösten Aufschlag- und Grundwasser aus den Grubenbauen. MARTIN PLANER baute in Freiberg Technik, die sicher GEORGIUS AGRICOLA in seinen Zeichnungen im »De re metallica« verewigte und in ihrer technologischen Funktion beschrieb. Als KELLER den Freiberger Bergbau sah, verkörperte dieser demnach schon 200 bis 300 Jahre Welthöchststand!

Für diese Jahrhunderte demonstrierte die Montantechnik im Freiberger Raum ein Niveau geronnenen menschlichen Wissens, das viele Besucher des Reviers begeisterte. Im Jahre 1739 kam MICHAIL WASSILJEWITSCH LOMONOSSOW in die Stadt. Er studierte bei HENKEL, der damals an der Keimzelle der später gegründeten Bergakademie, der Stipendienkasse beim Oberbergamt, unterrichtete. Sie verkörperte in Hinsicht auf das Studium von Produktionstechnologien am besten von allen in Europa existierenden Bildungsstätten das LEIBNITZsche Prinzip theoria cum praxi. »Hier«, so erinnerte sich später LOMONOSSOW, »wurde meine Aufmerksamkeit mehr auf die Praxis gerichtet, die uns überall vor Augen war« und die für viele Studenten aus einer großen Anzahl von Ländern Impulsgeber für späteres eigenes Schaffen war.

Worin besteht die Besonderheit, was sind die Ursachen für die historische Größe des Freiberger Berg- und Hüttenwesens? Diese Frage wuchs mit dem Schreiben des vorliegenden Buches. Die Antwort deuten wir in diesem Vorwort an. Unserer Meinung nach sind für die Bedeutung des Freiberger Montanwesens sowohl natürliche als auch gesellschaftliche Faktoren verantwortlich. Neben der geologischen Situation und dem Charakter der Produktionsverhältnisse dürfte vor allem die geographische Struktur des Erzgebirges, speziell des Freiberger Raumes, einen Einfluß auf die Entwicklung der Montantechnik gehabt haben, die in der bisherigen montangeschichtlichen Literatur vielleicht nicht umfassend und tiefgründig genug Berücksichtigung fand. Sie vor allem erzwang und ermöglichte den hohen Stand der Technologie in besonderem Maße.

Wir werden in weiteren, den vorliegenden ähnlichen Untersuchungen zu anderen Montanrevieren diese Problematik noch besser, noch tiefgründiger analysieren, um schließlich durch Vergleiche allgemein gültige Feststellungen treffen zu können.

Allen denen, die uns bei der Überarbeitung der ersten Auflage dieses Buches halfen und wertvolle Hinweise gaben, danken wir herzlich.

Otfried Wagenbreth Eberhard Wächtler

Inhaltsverzeichnis

1. Einleitung

Freiberg war über Jahrhunderte die politisch und ökonomisch wichtigste Bergstadt Sachsens und ist noch heute international mit seinem historischen Bergbau, mit seinen Hütten sowie der als Zentrum der Montanwissenschaften wirkenden Bergakademie weltweit bekannt.

Die Stadt und das sie umschließende Bergrevier sind durch den 800 Jahre währenden Erzbergbau baulich und landschaftlich geprägt worden. Die Bürgerhäuser am Freiberger Obermarkt, aber auch die berühmten Kunstschätze wie die Goldene Pforte und die Tulpenkanzel im Freiberger Dom sind ohne die um Freiberg geförderten Silbererze nicht denkbar.

Erreicht man auf der Straße von Dresden kommend das Tal der Freiberger Mulde, so kündet sich das Bergrevier durch die großen Schachthalden und die hohen Hüttenschornsteine an. Verläßt man Freiberg in Richtung Süden, so durchfährt man die Landschaft des historischen Bergbaus, in der unzählige kleine Halden und zahlreiche Huthäuser sowie Schachtgebäude und Kunstgräben an den Umfang des alten Bergbaus erinnern. Die Schachthäuser und untertägigen Grubenanlagen, Huthäuser, Erzwäschen, Pulverhäuser, Erzbahnanlagen, Kunstteiche und Kunstgräben, Stollnmundlöcher und Halden rings um Freiberg wirken wie ein großes Freilichtmuseum, sind aber noch wertvoller, indem sie uns ihre historische Aussage am originalen Standort der Produktionsstätte vermitteln.

Die technischen Denkmale des Freiberger Bergbaus werden schon seit etwa 100 Jahren unter verschiedenen Aspekten beachtet. Als gegen Ende des 19. Jahrhunderts der Freiberger Bergbau einen Niedergang erfuhr und für 1913 seine Stillegung beschlossen wurde, fotografierten Karl Heinrich Reymann (1841 bis 1915) und sein Sohn Karl August Reymann (1879 bis 1945) zahlreiche Motive aus den Arbeitsprozessen, aber auch die Bauwerke. Diese Fotodokumentationen haben heute großen historischen Wert. Im Jahre 1917 veröffentlichte der Architekt Fritz Bleyl eine Bestandsaufnahme bergbaulicher Bauten aus den Revieren von Freiberg, Schneeberg und Johanngeorgenstadt, von der die Bauaufnahmen noch heute wertvoll sind. Das 1957 erschienene Freiberger Forschungsheft D 19 »Alte Freiberger Bergwerksgebäude und Grubenanlagen« kann in gewissem Sinne als Vorläufer des hier vorliegenden Buches gelten.

2. Geologische Grundlagen des Freiberger Bergbaus

Der Freiberger Bergbau war ein Bergbau auf Erzgängen. Ein Gang ist eine mit Erzmineralen und/oder tauben Mineralen oder mit Gesteinsmasse ausgefüllte Spalte in der Erdkruste (Abb. 1, Bilder 1 und 2). Je nach der Füllung mit Erzen wie Bleiglanz, Mineralen wie Flußspat oder Gesteinen wie Quarzporphyr unterscheidet man Erzgänge, Mineralgänge oder Gesteinsgänge. Die Entstehung der Gänge läßt sich in den Ablauf der Erdgeschichte einordnen. Im Laufe von Gebirgsbildungsperioden setzten tektonische Kräfte die Erdkruste so in Spannung, daß bei Überschreitung der Gesteinsfestigkeit Brüche auftraten, dabei Erdbeben die beteiligten Schollen der Erdkruste erschütterten und diese gegenseitig verschoben wurden. Die Brüche öffneten sich durch das Auseinanderrücken der beiderseitigen Erdkrustenschollen zu Spalten, und anschließend drangen – meist aus tieferen Bereichen – mineralische Lösungen oder Gesteinsschmelzen in die Spalten ein, füllten diese mit Mineralen und Gesteinen aus und bildeten somit Gänge.

Die Gänge unterscheiden sich nach Entstehung, Füllung, Lagerungsverhältnissen, Anzahl und Häufigkeit in weiten Grenzen, wobei alle diese Faktoren konkrete Erscheinungsformen der Bergbaugeschichte verständlich machen, und zwar sowohl für das gesamte Revier als auch für die einzelne Grube.

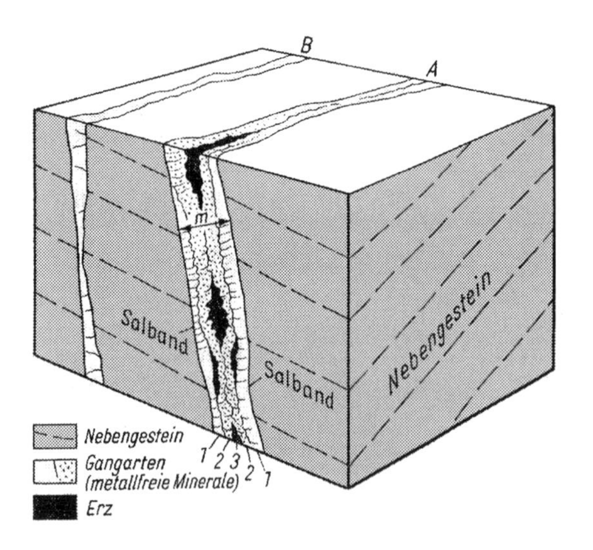

Abb. 1. Erzgang *(A)* und tauber Gang *(B)* in einem schematischen Blockbild

m Mächtigkeit des Ganges, senkrecht zu den Salbändern gemessen, *1, 2, 3* Altersfolge der Mineralabscheidung bis zum mehr oder weniger völligen Schließen der einst offenen Gangspalte

2.1. Minerale der Freiberger Erzgänge

Bei der Auskristallisation heißer mineralischer Lösungen in den im Freiberger Gneis entstandenen Spalten schieden sich im wesentlichen folgende Erzminerale aus:

Bleiglanz: (Galenit)	Bleisulfid (PbS), bleigrau, glänzend, in Würfeln kristallisierend bzw. gut würfelig spaltbar, mit bestimmten Silbergehalten
Zinkblende: (Sphalerit)	Zinksulfid (ZnS), schwarzbraun bis hellbraun, glänzend, in Freiberger Gängen kaum in Kristallen
Schwefelkies: (Pyrit)	Eisensulfid (FeS_2), hellgoldgelb (»speisgelb«), glänzend, oft in Würfeln kristallisiert
Arsenkies: (Arsenopyrit)	Eisenarsenid und -sulfid (FeAsS), silberweiß glänzend, rhombische Kristalle, in Freiberger Gängen oft auch derb, d. h. nicht in Kristallen auftretend
Silberfahlerz: (Freibergit)	Silber-Kupfer-Eisen-Antimon-Sulfid (auch Weißgültigerz genannt), bleigrau, glänzend
Rotgültigerze: (Proustit, Pyrargyrit)	(helles bzw. dunkles) Silbersulfid mit Arsen bzw. Antimon, hell- bis dunkelrot, glänzend
Silberglanz: (Argentit)	Silbersulfid (Ag_2S) (auch Glaserz genannt), schwarz, metallisch glänzend

Es gibt kaum Erzgänge, die nur Erzminerale enthalten. Meist sind diese grob oder fein mit Nichterzmineralen, den sogenannten Gangarten, verwachsen. Die wichtigsten dieser Nichterzminerale im Freiberger Revier sind folgende:

Quarz:	Siliziumdioxid (SiO_2), weiß bis durchsichtig, mikrokristallin oder größere Kristalle in Form sechsseitiger Prismen mit aufgesetzter Pyramide
Kalkspat: (Calcit)	Kalziumkarbonat ($CaCO_3$), meist weiß oder durchsichtig, sehr variationsreich geformte Kristalle, gut rhomboedrisch spaltbar

In den Freiberger Erzgängen treten neben Kalkspat auch häufig Karbonate von Eisen, Magnesium und Mangan auf (Eisenspat, Dolomit, Manganspat u. a.), die mehr oder weniger gelblich bis braun gefärbt und mit der Sammelbezeichnung »Karbonspäte« belegt sind.

Schwerspat: (Baryt)	Bariumsulfat ($BaSO_4$), meist weiß bis rötlich, schwere, taflig geformte Kristalle in Kristallgruppen vereinigt
Flußspat: (Fluorit)	Kalziumfluorid (CaF_2), hellgraue, grüne, gelbe, blaue bis violette, würfelförmige, z. T. durchscheinende Kristalle

2.2. Freiberger Gangerzformationen

Die genannten Erze und Gangarten kommen nicht beliebig miteinander gemengt vor, sondern füllen geologisch verschiedenartige Gänge in gesetzmäßigen Kombinationen (s. Tafelteil, Bild 3). Diese zu erforschen war für die Freiberger Bergleute, Geologen und Mineralogen eine wichtige Aufgabe in der Geschichte der Wissenschaft. Nach ersten Gliederungsversuchen durch den berühmten Lehrer an der Freiberger Bergakademie ABRAHAM GOTTLOB WERNER (1749 bis 1817) und weiteren systematischen Arbeiten von Oberberghauptmann S. A. W. VON HERDER (1838), Berghauptmann J. C. FREIESLEBEN (1843/45), Prof. A. BREITHAUPT (1849) und Oberbergrat C. H. MÜLLER (1901) u. a. unterscheidet man heute im Freiberger Revier im wesentlichen folgende Gangformationen:

Die Kiesig-blendige Bleierzformation (kb-Formation), im wesentlichen mit Arsenkies, Schwefelkies, Zinkblende und silberhaltigem Bleiglanz als Erzmineralen sowie Quarz als Gangart.

Die Edle Braunspatformation (eb-Formation) im wesentlichen mit silberhaltigem Bleiglanz und silberhaltiger Zinkblende sowie Silberfahlerz, Rotgültigerzen, Silberglanz und gediegen Silber als Erzminerale und Karbonspäten als Gangart.

Die Eisen-Baryt-Abfolge (eba-Abfolge) im wesentlichen mit Roteisenerz, Schwerspat und Quarz.

Die Fluorbarytische Bleierzformation (fba-Formation), im wesentlichen mit Bleiglanz und Schwefelkies als Erzmineralen sowie Quarz, Schwerspat und Flußspat als Gangarten.

Die Wismut-Kobalt-Nickel-Silber-Formation (BiCoNiAg-Formation oder »Edle Geschicke«), bestehend vor allem aus Co-Ni-Arseniden und verschiedenen Silbermineralen sowie Quarz, Schwerspat und Karbonspäten als Gangarten, besonders auf den »edlen« Gangkreuzen von Freiberg entwickelt.

Diese Gangformationen sind in verschiedenen Gängen, Gruben und Revierteilen hinsichtlich der Mineralführung unterschiedlich verteilt. Darüber hinaus treten untergeordnet im Freiberger Revier noch weitere Vererzungen auf, wie zum Beispiel als älteste Mineralisation die Zinn-Wolfram-Formation (Sn-W-Formation) in den tiefsten Bereichen der Erzgänge sowie als jüngere Bildungen die Eisen-Mangan-Erzgänge (Fe-Mn-Formation).

Erkenntnisse der letzten Jahrzehnte erlaubten es, die Bildung der Freiberger Erzgänge in die bekannten Abläufe der Erdgeschichte Mitteleuropas einzuordnen: Die kiesig-blendige Bleierzformation und die Edle Braunspatformation sind im Verlauf der varistischen Gebirgsbildung entstanden und kausal an deren Endphase gebunden (Zeitraum Oberkarbon – Perm). Die Eisen-Baryt-Formation, die fluorbarytische Bleierzformation, die Wismut-Kobalt-Nickel-Silber-Formation und die Eisen-Mangan-Erzgänge sind postvaristisch, also in der Zeit Trias – Jura – Kreide und vielleicht noch im Tertiär entstanden.

2.3. Räumliche Verteilung der Mineralisation

Mit den im Abschnitt 2.1. genannten Mineralen ist die Vielfalt der mineralischen Füllungen der Freiberger Erzgänge noch nicht erschöpft. Die von der Oberfläche her auf die Erdkruste einwirkenden Verwitterungsvorgänge haben im Laufe der geologischen Erdgeschichte nicht nur die Gesteine, sondern auch die Minerale der Gänge in den obersten Dekametern unter der Erdoberfläche verändert. Während das Gestein, z. B. der Freiberger Gneis, auf Grund seines Eisengehaltes durch Oxydation rostbraun gefärbt und durch verschiedene physikalische und chemische Vorgänge in den obersten Bereichen seine Festigkeit weitgehend verloren hat und mürbe geworden ist, sind in den Erzgängen die Minerale vorwiegend von chemischen Lösungs- und Umwandlungsvorgängen betroffen. Die Karbonspäte sowie zum Teil auch Flußspat und Schwerspat sind in Lösung gegangen und weggeführt worden, so daß von den Gangarten nur der Quarz übriggeblieben ist und im Gang ein mehr oder weniger löcheriges Gerüst bildet. Die Buntmetallsulfide haben sich u. a. in Sulfate und Oxide umgewandelt, auch der hellgoldgelb metallisch glänzende Schwefelkies (FeS_2) in das rostbraune erdige lockere Brauneisen ($Fe(OH)_3$). Da das Brauneisen in den Erzgängen das auffälligste Mineral der Verwitterungszone ist, bezeichnet man diese von altersher auch als Eisernen Hut. Bergbaugeschichtlich wichtig ist der Eiserne Hut dadurch, daß sich die Edelmetalle, die im Prinzip nicht lösbar sind, in ihm oft erheblich angereichert haben. Das Silber tritt im Freiberger Revier in den tieferen, unverwitterten Bereichen der Erzgänge nur zum Teil in eigenen Silbermineralen auf. Im wesentlichen ist Silber hier feinverteilt an den Bleiglanz gebunden und erreichte deshalb nur etwa 0,01 % am Fördererz. Im Eisernen Hut und in der darunterliegenden Zementationszone fand man das Silber durch die Verwitterung der sonstigen Minerale stark angereichert in Form großer Massen stark silberhaltiger Minerale vor, wie z. B. als Silberglanz (AgS) oder als gediegenes Silber, insbesondere in Form der Silberbäumchen (s. Tafelteil, Bild 4).

Der Übergang vom Eisernen Hut in die tiefere Zone der primären Gangausbildung mit festerem Gestein und niedrigeren Metallgehalten ist nicht durch eine allmähliche Änderung der Gangeigenschaften gekennzeichnet, sondern bildet eine ziemlich scharfe Grenze (Abb. 2). Besondere physikalisch-chemische Bedingungen in dem nur wenige Meter Tiefe umfassenden Übergangsbereich (»Zementationszone«) ließen dort oft sogar eine besonders silberreiche Vererzung entstehen. Diese Gesetzmäßigkeit in der Mineralführung der Erzgänge hat für die Geschichte des Freiberger Bergbaus, aber auch für die Bergbaugeschichte der obererz-

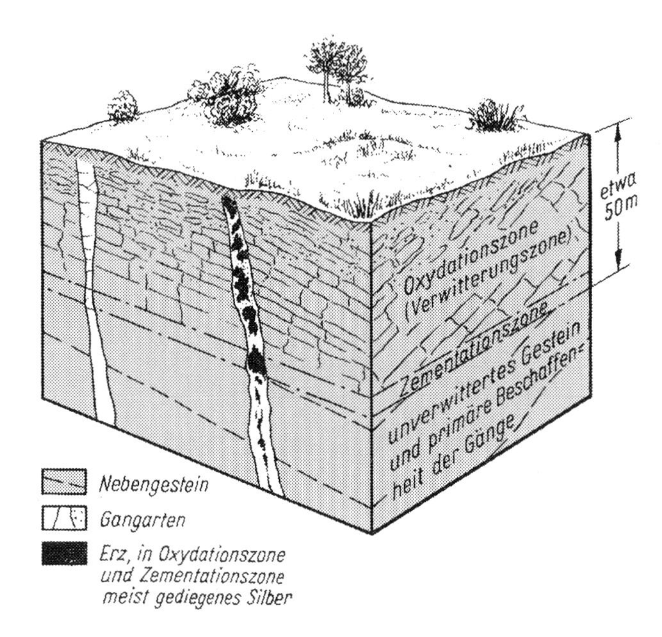

Abb. 2. Oxydationszone, Zementationszone, beide mit viel und konzentriertem Erz *(schwarz)* und Zone der primären Gangbeschaffenheit mit wenig und feinverteiltem Erz *(schwarz)* in einem schematischen Blockbild eines Erzganges

gebirgischen Bergstädte eine entscheidende Bedeutung gehabt. Der Bergbau begann an der Erdoberfläche mit den Funden gediegenen Silbers und reicher Silbererze und behielt eine hohe Blütezeit mit großem Gewinn, solange in den obersten Bereichen der Erzgänge, etwa bis in 50 m Tiefe, die reichen Erze des Eisernen Hutes und der Zementationszone abgebaut wurden. Erreichte der Bergbau in größerer Tiefe die ärmere primäre Vererzung der Gänge, so ließ relativ schnell der Ertrag der Förderung nach. Die Gewinnung des feinverteilten Silbers aus der Gangmasse war technisch noch nicht möglich oder zumindest mit einem so hohen technischen Aufwand verbunden, daß dadurch der Ertrag des Bergbaus in Frage gestellt wurde. Außerdem bereitete die höhere Festigkeit der unverwitterten Gangmasse und des unverwitterten Nebengesteins dem Bergmann bei der Gewinnungsarbeit größere Schwierigkeiten. So wird es von den geologischen Grundlagen her verständlich, daß im Freiberger Silberbergbau, aber auch in dem der obererzgebirgischen Reviere, auf eine anfängliche Blütezeit jeweils eine Periode des Niederganges mit einer Verarmung der Bevölkerung folgte.

Aber auch in den tieferen, unverwitterten Bereichen der Gänge ist deren Erzführung sehr unterschiedlich. Es gibt Gänge, die völlig mit Erz ausgefüllt sind, andere, die nur Gangarten oder brekziöses taubes Nebengestein enthalten. Die meisten aber enthalten Erze und Gangarten in verschiedensten Mengenverhältnissen, allerdings oft mit nur wenig Erzmineralen (s. Tafelteil, Bild 3). In der Regel schwankt auch der Erzgehalt und damit die Bauwürdigkeit der Gänge in der Horizontalerstreckung oder nach der Tiefe zu. Auf wenige Meter oder Dekameter kann der Erzgehalt wesentlich zu- oder abnehmen. Der Bergmann spricht dann vom Veredeln oder Vertauben der Gänge. Da beides einem Gang im voraus nicht anzusehen ist, wußte der Bergmann beim Abbau eines gut vererzten Gangbereiches nicht, wie weit das Erz im Gang noch enthalten war, wie lange er noch Erz in diesem Gang abbauen konnte, und umgekehrt in einem tauben Gang, wie weit dieser taub blieb und er vergeblich Stolln und Strecken vortrieb, wann er in dem Gang wieder Erz finden und die Arbeit Ertrag bringen würde. Auch diese Wechselhaftigkeit der primären Erzführung war entscheidend für das Wohl und Wehe der zahlreichen Gruben in der Geschichte des Freiberger Erzbergbaus. Es gab deren nur wenige, die lange Zeit reich vererzte Gänge abbauten und dementsprechend lange hohen Gewinn abwarfen. In den meisten Gruben wurde lange Zeit mit nur geringem Überschuß oder kostendeckendem Ertrag oder gar mit Verlust gearbeitet. Dann konnte man nur hoffen, daß bei weiterer Ausdauer im Betrieb auch einmal ein reicher Bergsegen eintrat.

2.4. Lagerungsverhältnisse der Erzgänge

Nicht nur die mineralische Ausbildung und Erzführung der Gänge ist sehr unterschiedlich; auch ihre Bildungsstruktur und ihre Lagerungsverhältnisse sind sehr verschieden. Die Mächtigkeit der Freiberger Gänge schwankt von einigen Millimetern bis über 6 m, wobei etwa 10 bis 50 cm mächtige Gänge die häufigsten sind. Der Mächtigkeit entsprechen im Regelfall die Längen- und Tiefenausdehnung. Je nach ihrer Mächtigkeit sind die Freiberger Erzgänge von einigen hundert Metern bis maximal 15 km horizontal zu verfolgen. Nach der Tiefe zu sind Gänge bisher bis etwa 750 m bergmännisch aufgeschlossen (durch Tiefbohrungen bis 1800 m bekannt geworden), wobei selten ein Gang nach der Tiefe zu aufhört oder neu einsetzt. Nach dem Streichen (der Richtung) der Gänge unterscheidet man mit alten bergmännischen Fachausdrücken

Stehende Gänge:	N–S bis NO–SW (nach alter Gradeinteilung »hora 1 bis 3«)
Flache Gänge:	N–S bis NW–SO (»hora 9 bis 12«)
Morgengänge:	NO–SW bis O–W (»hora 3 bis 6«)
Spatgänge:	O–W bis SO–NW (»hora 6 bis 9«) (Abb. 3)

Da die Gangspalten stets durch Zug- oder Scherspannungen als Folge von Bewegungsvorgängen der Erdkruste in der geologischen Vergangenheit entstanden sind, spiegeln sie mit ihrem Richtungsverlauf deren Spannungszustände wider. Deshalb treten die Erzgänge im Freiberger Lagerstättenbezirk nicht in allen Richtungen gleichmäßig zahlreich auf, sondern es herrschen bestimmte Gangrichtungen vor, so z. B. im Freiberger Zentralrevier die Stehenden Gänge, im Halsbrücker Revier die Spatgänge und im Brander Revier die Stehenden und Flachen Gänge. Alle diese Gänge bilden ein Netz sich annähernd rechtwinklig kreuzender Gänge (Abb. 4).

Entdeckten die Freiberger Bergleute durch Schürfen an der Erdoberfläche oder durch Streckenvortrieb untertage einen Erzgang, so gaben sie ihm einen Namen, stets in Verbindung mit der Bezeichnung der Gangrichtung. Die Namen wurden einer geographischen Gegebenheit, dem religiösen oder dem Alltagsleben entlehnt, oder man wählte Vornamen, Tiernamen und andere Bezeichnungen. Im folgenden sind die Namen von wichtigen Erzgängen im Freiberger Lagerstättenbezirk angeführt.

In der Grube *Himmelfahrt* nördlich Freiberg:

Hauptstollngang Stehender
Kuhschacht Stehender
Elende Seelen Stehender
Schwarzer Hirsch Stehender
Selig Trost Stehender
Alte Elisabeth Stehender
Thurmhof Stehender
Krieg und Frieden Stehender
Abraham Stehender
Kirschbaum Stehender
Geharnischt Männer Spat
Goldener Friede Flacher

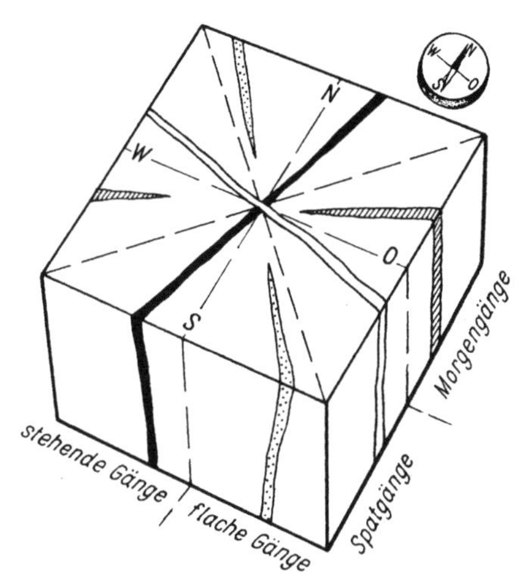

Abb. 3. Bezeichnung der Freiberger Gänge nach der Streichrichtung (Winkel zwischen der horizontalen Richtung der Gänge und magnetisch Nord), nachgewiesen schon 1500 bei U. Rülein von Calw (vgl. auch Löscher 1959, S. 219). Da sich die Deklination (Winkel zwischen magnetisch und geographisch Nord) langfristig ändert, können alte Richtungsangaben zeitweise unrichtig werden

Abb. 4. Die Erzgänge im Zentralteil des Freiberger Reviers ▸ (nach C. H. Müller). Die Nummern markieren einige historisch wichtige Gruben mit technischen Denkmalen

1 Churprinz Friedrich August, 2 St. Anna samt Altväter, 3 Beihilfe, 4 Lorenz Gegentrum, 5 Oberes Neues Geschrei, 6 Ludwigschacht, *7 Reiche Zeche, 8 Alte Elisabeth,* 9 Abrahamschacht, *10 Rote Grube (6–10 Himmelfahrt Fundgrube), 11 Thurmhof 3. u. 4. Maß, 12 Daniel, Herzog August* u. a., *13 Junge Hohe Birke, 14 Beschert Glück, 15 Mordgrube, 16 Vergnügte Anweisung, 17 Matthias, 18 Sonnenwirbel, 19 Neuglück* und *Drei Eichen, 20 Reicher Bergsegen, 21 Himmelsfürst*

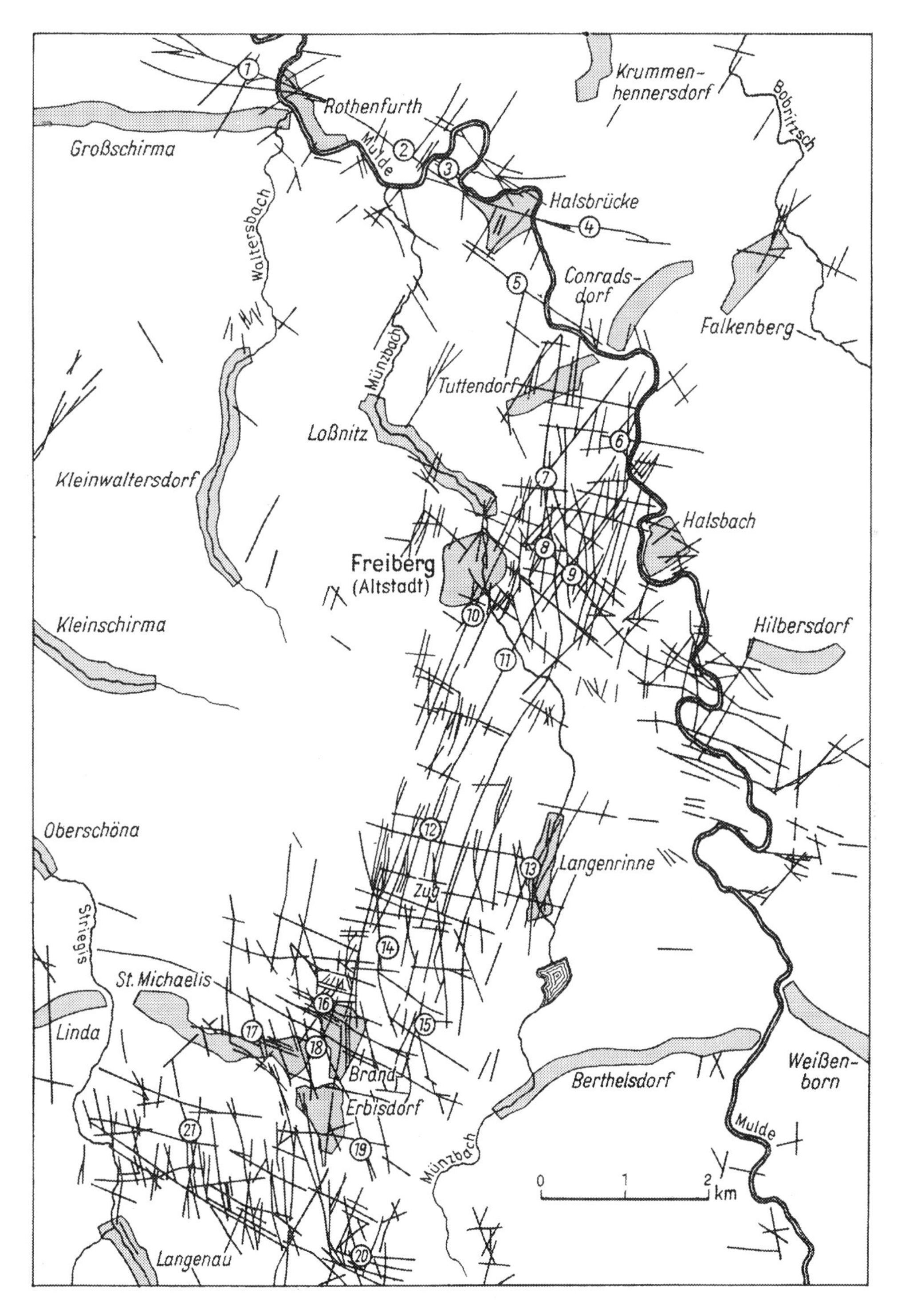

Rothenfurth
Großschirma
Mulde
Krummen-
hennersdorf
Bobritzsch
Halsbrücke
Waltersbach
Conrads-
dorf
Falkenberg
Münzbach
Tuttendorf
Loßnitz
Kleinwaltersdorf
Halsbach
Freiberg
(Altstadt)
Kleinschirma
Hilbersdorf
Oberschöna
Langenrinne
Zug
Striegis
St. Michaelis
Linda
Brand
Erbisdorf
Berthelsdorf
Weißen-
born
Mulde
Münzbach
0
1
2
km
Langenau

In der Grube *Himmelsfürst* südlich Brand-Erbisdorf:

Lade des Bundes Flacher
Silberfund Stehender
Himmelsfürst Stehender
Kalb Stehender
Lieber Bruder Flacher
Teich Flacher
Glückauf Morgengang

In der Grube *Gesegnete Bergmannshoffnung*, Obergruna:

Heinrich Spat
Traugott Spat

In der Grube *Alte Hoffnung Gottes*, Kleinvoigtsberg:

Peter Stehender
Einigkeit Morgengang
Christliche Hilfe Stehender

In der Grube *Churprinz Friedrich August*, Großschirma:

Halsbrücker Spat
Ludwig Spat
Drei Prinzen Spat
Churprinz Friedrich August Flacher

In der Grube *Hohe Birke*, Zug:

Hohe Birke Stehender

In der Grube *Junge Hohe Birke*, Langenrinne:

Junge Hohe Birke Stehender
Prophet Jonas Stehender
Jung Andreas Stehender

In der Grube *Beschert Glück*, Zug:

Neue Hohe Birke Stehender
Grüngärtner Stehender
Jung Himmlisch Heer Stehender
Trost Israel Stehender
Palmbaum Stehender

In der *Mordgrube*, Zug:

Junge Mordgrube Stehender
Leander Stehender
Loth Stehender

In der Grube *Reicher Bergsegen, (Vereinigt Feld)* Brand-Erbisdorf:

Obere Silberschnur Flacher
Simon Bogners Neuwerk Flacher
Neuhaus Sachsen Stehender

In der Grube *Alte Hoffnung*, Schönborn an der Zschopau:

Clementine Spat
Carl Spat

In der Grube *Segen Gottes*, Gersdorf bei Roßwein:

Friedrich Flacher
Tobias Flacher
Wolfgang Morgengang
Segen Gottes Morgengang

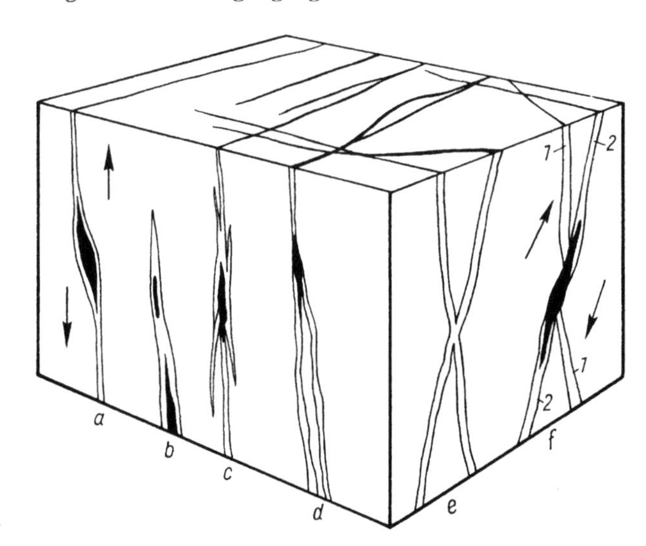

Abb. 5. Verschiedene Lagerungsverhältnisse von Erzgängen in einem schematischen Blockbild

a Mächtigkeitsschwankung auf Grund einer Verschiebung der benachbarten Nebengesteinsschollen (Die Mächtigkeitsanschwellung gut vererzt: schwarz), *b* nach oben auskeilender Gang, *c* sich zertrümernder Gang (2 bis 3 Trümer), *d* sich nach oben scharende Gänge, Scharkreuz gut vererzt (schwarz), *e* Gangkreuz zweier gleich alter Gänge, *f* Gangkreuz zweier verschieden alter, verworfener Gänge (*1,2* Altersfolge, *Pfeile* Bewegungsrichtung des Nebengesteins), Gangkreuz gut vererzt *(schwarz)*. Die Oberfläche zeigt die Lagerungsverhältnisse auf der Gangkarte, vgl. Abb. 4

Bestimmte Unregelmäßigkeiten komplizieren die Lagerungsverhältnisse der Erzgänge (Abb. 5). So kann die Mächtigkeit schnell zu- oder abnehmen, und manchmal läßt sich der Grund dafür im Verhältnis der Lage der Gangspalte zur Bewegungsrichtung der benachbarten Erdkrustenschollen erkennen. An anderen Stellen zertrümert sich der Gang, d. h., er zerlegt sich in mehrere schmale Gangtrümer. Zwei Gänge können sich scharen, d. h. sich aneinanderlegen oder kreuzen. Bei einem Gangkreuz läßt die Mineralfüllung erkennen, ob beide Gänge gleich oder verschieden alt sind. Gangscharungen und Gangkreuze zeichnen sich oft durch eine Anreicherung des Erzgehaltes aus. Manche Grube wurde ertragreich, als man beim Abbau eines an sich wenig vererzten Ganges auf ein gut vererztes Gangkreuz stieß.

Bedenkt man, daß manche dieser sehr unterschiedlich reichen Erzgänge nur hundert Meter oder weniger voneinander entfernt liegen und daß im Freiberger Revier über 1000 Erzgänge bekannt geworden sind, dann kann man sich vorstellen, wie lebhaft und dramatisch die Schürftätigkeit und Erzsuche der Bergleute in den früheren Jahrhunderten gewesen ist, als sie alle – aber mit sehr unterschiedlichem Erfolg – hofften, einen Gang zu erschürfen, in diesem reiches Erz zu finden und ein Bergwerk zu eröffnen.

2.5. Goldseifen

Werden Erzlagerstätten im Laufe geologischer Zeiträume von Flüssen und Bächen durchschnitten und abgetragen, dann können sich schwer verwitternde Erzminerale in den Sedimenten von Bächen und Flüssen ablagern, je nach den Strömungsverhältnissen an bestimmten Stellen der Talsohle anreichern und damit die sogenannten Seifenlagerstätten bilden. Besonders bekannt sind zum Beispiel Goldseifen in Amerika, Australien und Sibirien. In früheren Jahrhunderten wurden aber auch im Schwarzatal und im Vogtland im Tal der Göltzsch Goldseifen durchgewaschen. Im Erzgebirge gewann man jahrhundertelang das wichtigste Zinnmineral, den Zinnstein, aus Seifen. Im Regelfall begann ein Bergbau mit dem Auswaschen der Seifenlagerstätte, ehe man dasselbe Erz im festen Gestein suchte, fand und abbaute. So ist es für den Zinnbergbau des oberen Erzgebirges nachgewiesen.

Silbererze bilden keine Seifenlagerstätten. Doch kommt in den Gängen der Edlen Quarzformation, also besonders in den östlichen und westlichen Bereichen des Freiberger Erzreviers, gediegen Gold vor, wenn auch nur in ganz geringen Mengen. Diese haben aber ausgereicht, um im Laufe einiger Millionen Jahre in den Flußgebieten der Wilden und der Roten Weißeritz östlich von Freiberg sowie der Striegis westlich von Freiberg Goldseifen entstehen zu lassen, die Gegenstand der Goldwäscherei waren. Goldseifenbergbau ist besonders im Gebiet der Striegis vom 16. bis ins 18. Jahrhundert nachgewiesen. Oberhalb der Heumühle bei Mobendorf sind noch bemerkenswerte Relikte davon erkennbar.

Möglicherweise aber haben die ersten Goldwäscher die Täler der Mulde und ihrer Nebenflüsse und -bäche schon bei der ersten Besiedelung des Gebietes, also schon vor der Entdeckung der Freiberger Silbererze 1168, durchzogen und versuchsweise Gold gewaschen. Doch ist das Ergebnis ihrer Arbeit damals und in den späteren Jahrhunderten gegenüber den Erträgen des Silberbergbaus wirtschaftlich stets unbedeutend gewesen. So erklärt sich auch, daß in der bergbauhistorischen Forschung Freibergs bisher weder die Archivquellen noch die Sachzeugen der Goldwäscherei im Gelände beachtet worden sind (eine erste Veröffentlichung darüber ist jetzt im Druck).

3. Historische Periodisierung des Freiberger Bergbaus und Hüttenwesens

Der Freiberger Bergbau begann um das Jahr 1168 und wurde 1900 bis 1913 sowie nach neuem Beginn (1935) ein zweites Mal 1968 bis 1969 planmäßig stillgelegt. Während dieser 800 Jahre wurde bei Freiberg fast ununterbrochen Bergbau auf die in den zahlreichen Erzgängen enthaltenen Erze betrieben, jedoch nicht mit gleichmäßiger Intensität. Perioden lebhaften Bergbaus wechselten mit Zeiten der Stagnation und Depression. Die Ursache dafür lag in starkem Maße in den geologischen Bedingungen, von denen die Entwicklung der technischen, der ökonomischen und politischen Verhältnisse letztlich entscheidend mit abhing.

Die erste Blütezeit des Freiberger Silberbergbaus begann mit der Entdeckung des Freiberger Silbers im Jahre 1168, höchstwahrscheinlich im Gebiet der heutigen Altstadt von Freiberg (s. Tafelteil, Bild 5). Der vom Meißener Markgrafen Otto von Wettin an jedermann freigegebene Bergbau führte zu einer solch regen Schürftätigkeit, daß binnen weniger Jahre fast alle unter dem Ackerboden anstehenden Erzgänge des gesamten Reviers von Halsbrücke über Freiberg bis in das Gebiet von Brand-Erbisdorf bekannt waren. Der Abbau des gediegenen Silbers und der reichen Silbererze in der Oxydationszone führte zu großem Wohlstand der erfolgreichen Bergleute und des Landesherren, der sich durch die Verpflichtung der Bergleute zu Abgaben aus der Förderung seinen Anteil am Bergsegen gesichert hatte.

Die glücklos ohne Gewinn arbeitenden Bergleute mußten Lohnarbeit annehmen, so daß in jener ersten Blütezeit des Freiberger Bergbaus bereits eine soziale Klassendifferenzierung einsetzte und sich Keime der kapitalistischen Produktionsverhältnisse entwickelten. Von nun an gab es im Bergbau Unternehmer und Lohnarbeiter.

Die erste Blütezeit des Freiberger Bergbaus endete nach 1250, bezeugt durch das neue Bergrecht des Erbbereitens gegen 1300, das den Verzicht des Landesherren auf wesentliche Teile seiner Bergbaueinnahmen beinhaltet und damit auf einen Rückgang der Bergbauerträge hindeutet. Die urkundlich belegte Tatsache, daß 1384 die Meißner Markgrafen einen wichtigen Hauptstolln des Reviers, den späteren Fürstenstolln, übernehmen und auf eigene Kosten weitertreiben lassen mußten, um den Bergbau am Leben zu erhalten, ist bereits Symptom einer Krisensituation. Offenbar waren um 1380, also nach etwa zweihundertjährigem Betrieb, überall die reichen Erze der Oxydationszone abgebaut. Die geringeren Silbergehalte der Gänge im unverwitterten Bereich waren dagegen schwerer abzubauen und erbrachten deshalb weniger Gewinn – oftmals gar Verlust. Kapital, um auch diese Bereiche der

Erzgänge profitabel zu verwerten, war um 1400 nicht verfügbar.

Ein zweiter Aufschwung des Freiberger Bergbaus, der zu einer neuen Blüte führte, begann um 1500. Jene Zeit, die Renaissance, brachte in ganz Mitteleuropa eine starke Entwicklung des Kapitalismus bis hin zur ersten frühbürgerlichen Revolution, der Reformation in Deutschland. Letztere ist ohne die entwickelte Silberproduktion in Deutschland, die hier die sozialen Gegensätze bis zum offenen Konflikt zuspitzte, nicht zu erklären.

Reiche Handelshäuser in Augsburg, Nürnberg und Leipzig repräsentierten diese Epoche. Nun war Kapital verfügbar, das Anlage im Bergbau suchte. Die Kurfürsten und Herzöge von Sachsen förderten in ihrem Interesse diese Entwicklung. Im oberen Erzgebirge setzte eine neue Welle der Schürftätigkeit ein, und neuen Silberfunden folgten u. a. die Gründungen der sächsischen Bergstädte Schneeberg 1479 bis 1481, Annaberg 1495 bis 1501, Marienberg 1521 sowie des Bergfleckens Brand bei Freiberg um 1515.

Von den 1529 im ersten Freiberger Ausbeutbogen genannten 13 gewinnbringenden Zechen lagen elf mit 5632 Gulden Ausbeute in und um Brand! Im Freiberger Bergrevier waren kaum neue Erzgänge zu entdecken. Das im oberen Erzgebirge gewonnene, aber dort nach Rückgang des Bergbaus nicht mehr gewinnbringende Kapital ermöglichte um 1540 den verstärkten Bau von Entwässerungsstolln, ab etwa 1550 die Anlage von Förder-, Wasserhebungs- und Aufbereitungsmaschinen und damit den Aufschluß, den Abbau und die gewinnbringende Verwertung der armeren Erze in größerer Tiefe. Die Gründung des Freiberger Oberbergamts 1542 und der Ausbau des Direktionsprinzips, d. h. der ökonomischen und technischen Leitung der Gruben durch die kurfürstlichen Bergbeamten, sind markante Erscheinungsformen dieser Intensivierung des Produktionsprozesses. Auch das Freiberger Oberhüttenamt wurde damals, 1555, geschaffen und dem Leiter des Oberbergamtes unterstellt. Diese zweite Blütezeit des Freiberger Bergbaus hielt bis etwa 1580 bzw. 1600 an. Danach sanken aus verschiedenen Gründen die Erträge der Gruben. Offenbar hatte man die mit den vorhandenen Maschinen maximal erschließbare Tiefe erreicht.

Im 17. Jahrhundert hatte der Bergbau bei Halsbrücke, nördlich von Freiberg, seine Hauptperiode, die noch heute von einigen technischen Denkmalen bezeugt wird.

Nach dem Dreißigjährigen Krieg erfolgte der Bergbau verhältnismäßig kontinuierlich mit langsamem Anstieg der Förderung, vorerst aber ohne einen Aufschwung zu neuer Blütezeit. Administrative Maßnahmen der Berg- und Hüttenbehörde (s. Tafelteil, Bild 8), wie montanistische Veröffentlichungen (s. Tafelteil, Bild 9), die Gründung der Stipendienkasse 1702 zwecks regelmäßigen Montanunterrichts für künftige Staatsbeamte und die Gründung der Generalschmelzadministration 1710 sowie gute Erträge einzelner Gruben wie der *Jungen Hohen Birke* 1703 und der *Alten Hoffnung Gottes* um 1750, bezeugen einen Bergbau- und Hüttenbetrieb, der dem sächsischen Kurfürsten Einnahmen für Politik, wirtschaftliche Unternehmungen und Repräsentation bot. Beispiele dafür sind die Erlangung der polnischen Königswürde durch AUGUST DEN STARKEN, die Gründung der Porzellanmanufaktur Meißen und die bekannten barocken Bergparaden am Hofe des Kurfürsten seit 1700. All das aber sind keine Symptome einer besonderen Blütezeit des Freiberger Bergbaus. Wenige Jahrzehnte später brachte der für Sachsen verhängnisvolle Siebenjährige Krieg mit dem Staat auch den Bergbau um 1760 an den Rand des Ruins.

Als nach dem Siebenjährigen Krieg eine bürgerliche Restaurationskommission das sächsische Staatsgefüge, Wirtschaft und Gewerbe sanieren sollte, war gleiches auch für den Bergbau nötig.

Für diese Aufgabe wurde FRIEDRICH ANTON VON HEYNITZ als Generalbergkommissar berufen (s. Tafelteil, Bild 10). Eine seiner ersten, zusammen mit dem Freiberger Oberberghauptmann FRIEDRICH WILHELM VON OPPEL (s. Tafelteil, Bild 11) veranlaßten Maßnahmen war 1765 die Gründung der Bergakademie Freiberg. Man hatte erkannt, daß ein neuer Aufschwung des Freiberger wie des sächsischen Montanwesens überhaupt nur mit neuer Technik im Bergbau und Hüttenwesen, diese sowie die bessere Kenntnis der Erzlagerstätten aber nur mit systematischer wissenschaftlicher Bearbeitung zu erreichen sei und der Bergbau selbst gut ausgebildetes Aufsichts- und Ingenieurpersonal benötigte. Diese Aufgaben erfüllte die Freiberger Bergakademie von Anfang an. Der erste

1766 immatrikulierte Student, FRIEDRICH WILHELM HEINRICH VON TREBRA (s. Tafelteil, Bild 12), brachte als Bergmeister von Marienberg schon ab 1767 den dortigen Bergbau zu neuer Blüte und leitete ab 1801 als Oberberghauptmann den sächsischen Bergbau.

Von 1765 an begann auch im Freiberger Bergbau eine neue, die dritte Blütezeit, die fast genau die gleichen Jahrzehnte umfaßte wie in England und Deutschland die Industrielle Revolution. Allerdings besteht zu dieser keine direkte, kausale, allenfalls eine indirekte Parallele. Die Industrielle Revolution hatte bekanntlich die Ablösung des Werkzeugs durch die Werkzeugmaschine, vor allem in der Textilindustrie, zur Ursache. In der Folge dieses Prozesses waren dann die Herausbildung des klassischen Fabriksystems, also die Entstehung größerer Betriebe, die Klassendifferenzierung in Bourgeoisie und Proletariat sowie der Siegeszug der Dampfmaschine als allgemeiner Antrieb der Maschinerie und ein Aufschwung der Maschinentechnik überhaupt zu verzeichnen.

Im Bergbau allgemein und auch im Freiberger Erzbergbau blieb der Hauptarbeitsprozeß, das Lösen von Erz und Gestein aus dem natürlichen Verband, nach wie vor Handarbeit mit Schlägel und Eisen, dem traditionellen Werkzeug des Bergmanns. Auch die im 19. Jahrhundert häufiger angewandte Gewinnung mit Hilfe von Sprengstoff widerspricht dem nicht, denn die dafür benötigten Bohrlöcher wurden fast ausschließlich von Hand hergestellt. Worin sich im Freiberger Erzbergbau des 19. Jahrhunderts die Tendenz der Industriellen Revolution aber doch zeigte, das waren die verstärkte Anwendung neuer Maschinen, wenn auch nur in der Förderung und Wasserhebung, sowie die Betriebskonzentration, d. h. die Zusammenlegung zahlreicher kleiner Gruben zu wenigen Großbetrieben mit je mehreren hundert Mann Belegschaft, und die Erhöhung der Produktion. Mit 35057,435 kg Silber erreichte der Freiberger Bergbau im Jahre 1884 die höchste Jahresproduktion seiner Geschichte.

Die Produktionsverhältnisse des Freiberger Bergbaus waren auch in seiner dritten Hauptperiode noch vom Direktionsprinzip bestimmt, jener vom Feudalismus geprägten Leitungsstruktur des Bergbaus, die keinen Kapitalismus der freien Konkurrenz und damit auch kein modernes Industrieproletariat aufkommen ließ, wie es nur etwa 50 km weiter westlich in den sächsischen Steinkohlenrevieren von Zwickau und Lugau-Oelsnitz zur gleichen Zeit der Fall war.

Im Jahre 1851 wurde das Direktionsprinzip aufgehoben und bis 1869 auch im Erzbergbau eine liberale Bergbauverfassung eingeführt, also dem Kapitalismus der freien Konkurrenz Raum gegeben. Daß dieser sich im Freiberger Revier trotzdem nicht entwickelte, ist zum Verständnis der Freiberger Bergbaugeschichte wichtig und durch die geologischen Verhältnisse sowie durch den Entwicklungsstand der Produktivkräfte erklärlich. Die Freiberger Erzgänge waren in ihrer Erzführung wechselhaft und größtenteils arm, so daß ein ökonomisch ausgeglichener und einigermaßen rentabler Betrieb nicht bei der einzelnen Grube, sondern allenfalls dann gewährleistet war, wenn man das ganze Revier als wirtschaftliche Einheit betrachtete. Es war deshalb eine Existenznotwendigkeit, daß die Freiberger Gruben 1852 nach Aufhebung des Direktionsprinzips gemäß dem neuen Berggesetz den »Revierausschuß«, bestehend aus der Bourgeoisie sowie Montantechnikern und -wissenschaftlern, als ein gewissermaßen übergeordnetes Leitungsgremium gründeten. Dieser Schritt wurde auch durch den Entwicklungsstand der Produktivkräfte und Produktionsverhältnisse nahegelegt. Die von den staatlichen Bergbeamten im Rahmen des Direktionsprinzips seit dem 16. Jahrhundert geschaffene Energieversorgung der Bergwerksmaschinen auf Wasserkraftbasis war dem gesamten Revier, also allen Gruben, gemeinsam und so rationell, daß die Wasserkraft noch um 1850 der Dampfkraft hier ökonomisch überlegen war und bis 1913 voll genutzt wurde. Die Dampfkraft war im Freiberger Revier – fern von Kohlenlagerstätten – noch immer zu teuer, als daß sich einzelne Gruben mittels der frei verfügbaren Dampfmaschine aus diesem System hätten lösen können. Die Kunstgräben, Röschen und Bergwerksteiche als Anlagen zur Beschaffung der Wasserkraft und die Verteilung dieser Energie auf die einzelnen Gruben erforderten auch eine übergeordnete Einrichtung. Das war vor 1851 die staatliche Bergbehörde (vgl. Tafelteil, Bilder 13 bis 17), dann aber die eigens für diesen Zweck gegründete Revierwasserlaufsanstalt. Durch diese wurden die Gruben des Reviers ebenfalls stärker zusammengehalten, als es dem Prinzip des Kapitalismus der freien

Konkurrenz entsprach. Schließlich waren die meisten Gruben ökonomisch so schwach, daß sie sich kein eigenes Ingenieurpersonal halten konnten. So blieben auch nach Aufhebung des Direktionsprinzips die Maschinenbeamten der staatlichen Bergbehörde für die maschinentechnische Entwicklung des Freiberger Bergbaus maßgeblich (s. Tafelteil, Bilder 15, 16, 17).

Als 1872 nach der Gründung des Deutschen Reichs die Silberwährung abgeschafft wurde, war Silber als das bisherige Hauptprodukt des Freiberger Bergbaus den Preisschwankungen des Weltmarktes unterworfen. Der internationale Preissturz des Silbers auf Grund der Lieferungen aus Südamerika ließ die Freiberger Gruben ab 1870 binnen weniger Jahre unrentabel werden. Im Jahre 1886 kaufte deshalb der sächsische Staat die Gruben *Himmelfahrt, Himmelsfürst, Beschert Glück, Junge Hohe Birke* und *Vereinigt Feld* als die wichtigsten Gruben des Reviers und versuchte, sie technisch zu modernisieren, um ihre Rentabilität wiederherzustellen. Nach weiterem Rückgang der Silberpreise erwies sich diese Absicht als hoffnungslos. Deshalb beschloß der sächsische Landtag 1903 die planmäßige Stillegung des Freiberger Bergbaus, die dann bis 1913 erfolgte. Einige Privatgruben waren schon vorher, ab 1893, stillgelegt worden. Die Hütten blieben jedoch in Betrieb und verarbeiteten in der Folgezeit ausschließlich ausländische Erze.

Nur eine Grube, die *Alte Hoffnung Gottes* in Kleinvoigtsberg, nördlich von Freiberg, blieb als private Grube in sehr bescheidenem Ausmaß bis Mitte der 20er Jahre in Betrieb. Als patriarchalisch anmutendes, kleines Unternehmen in dörflicher Umgebung war sie eigentlich ein Anachronismus in der Zeit, in der andernorts auch der Bergbau vom Monopolkapitalismus und Staatsmonopolismus bestimmt wurde. Der Grabstein des letzten Besitzers, Dipl.-Ing. SINGEWALD, ist auf dem Freiberger Donats-Friedhof erhalten.

Staatsmonopolismus und faschistisches Autarkiestreben zwecks Kriegsvorbereitung waren es auch, die 1935 und in den Folgejahren Anlaß zur Wiedereröffnung des Freiberger Bergbaus gaben. Im Jahre 1937 nahmen die Gruben *Beihilfe* bei Halsbrücke und 1944 die *Himmelfahrt Fundgrube* am Davidschacht bei Freiberg, beide mit neuerbauten Schachtanlagen der staatseigenen »Sachsenerz A. G.«, als Blei-Zink-Silber-Gruben die Produktion auf.

Nach dem Zusammenbruch des Faschismus 1945 und im Rahmen der sozialistischen Volkswirtschaft der DDR, ab 1949, wurden beide Gruben, erweitert um andere wiedererschlossene Teile des alten Erzreviers und technisch vervollkommnet, bis 1969 als »Grube Freiberg« des jetzigen VEB Bergbau- und Hüttenkombinat »Albert Funk«, Freiberg, betrieben. Hüttenwerke in Halsbrücke und Muldenhütten sowie die ab 1951 errichtete Hütte Freiberg sind die noch heute produzierenden Betriebe des berühmten Freiberger Montanwesens. In bezug auf die Jahresleistungen war die vierte Hauptperiode die intensivste des Freiberger Bergbaus (vgl. Abb. 32).

4. Bergrechtliche Grundlagen

Mit dem jeweils gültigen Bergrecht lassen sich auch in der Geschichte des Freiberger Bergbaus und an seinen sichtbaren Sachzeugen manche Details erklären. Die Geschichte des Bergrechts selbst spiegelt die Geschichte der Produktionsverhältnisse wider und ist ein Teil von dieser.

Rechtsgrundsätze für den Freiberger Bergbau sind sicher bald nach seinem Beginn festgelegt worden. Erstmalig wird ein »ius Freibergense« in dem vom Deutschen Ritterorden formulierten Grundgesetz, der Handfeste von Kulm (Chelmo/VR Polen) im Jahre 1233 urkundlich genannt. Erste Einzelheiten des Freiberger Bergrechts überliefert aus dem Jahre 1241 der Vertrag von Krummenhennersdorf, der unter Aufsicht des Markgrafen abgeschlossen wurde und die Anteile der Stadt Freiberg am Bergbau im Klostergebiet regelte. Das im 13. Jahrhundert nur mündlich festgehaltene Freiberger Bergrecht wurde auch im Bergbau von Iglau (Jihlava/ČSSR) angewandt und dort zwischen 1259 und der Mitte des 14. Jahrhunderts mehrfach niedergeschrieben. Nach Kontakten mit Iglau wurde das Bergrecht in Freiberg erstmals um 1307 (»Bergrecht A«) und dann nochmals um 1346 (»Bergrecht B«) aufgezeichnet (s. Tafelteil, Bild 6). Beide Handschriften werden im Stadtarchiv verwahrt. Aus diesen und späteren Rechtsquellen läßt sich folgender Überblick über die Geschichte des Bergrechts im Freiberger Revier ableiten.

Als 1168 der Freiberger Bergbau seinen Anfang nahm, dominierten im Deutschen Reich rein feudale Produktionsverhältnisse, d. h., das feudale Lehnssystem. So unterschiedlich uns zunächst die Rechtssituation der damaligen, in sich differenziert ausgeprägt an die Scholle gebundenen Bauern einerseits und der freien Bergleute andererseits erscheint, für beide galt folgerichtig und in klassischer Weise in der Mark Meißen das feudale Lehnsrecht. Modifikationen dieser sozialen gesetzmäßigen Erscheinung sind durch die naturbedingten Besonderheiten der agrarischen bzw. bergbaulichen Produktion zu erklären. Der Bauer erntet Jahr für Jahr vom gleichen Acker, und alles nicht von Wald oder Siedlungen bedeckte Land kann und konnte schon damals landwirtschaftlich genutzt werden. Die alten, schon seit langem landwirtschaftlich genutzten Gebiete und neu erworbenes, noch zu rodendes Land wurden deshalb vom König an die Territorialfürsten, von diesen an Vasallen und Ritter und von denen an einzelne Bauern verliehen, die das Land jahraus, jahrein bearbeiteten und so dauernd daran und an ihren Lehnsherren gebunden waren.

Im Bergbau hatte der gleiche Rechtsgrundsatz andere Folgen, da die Bodenschätze erstens im gesellschaftlichen Leben eine andere Funktion haben als das Brotgetreide, zweitens nicht so allgemein verbreitet sind wie die landwirtschaftliche Bodennutzung und drittens nicht nachwachsen, also der Bergbau an einer Stelle mit der Entdeckung der Bodenschätze beginnt und mit ihrem Abbau endet. Diese naturbedingten Unterschiede zwischen Landwirtschaft und Bergbau führten zu einer lehnsrechtlichen Trennung von landwirtschaftlicher Nutzfläche und den darunterliegenden Bodenschätzen und zu einer im Gegensatz zum Bauern nur lockeren Bindung des Bergmanns an die Produktionsstätte und damit an eine Bodenparzelle. Weitere, die Geschichte des Bergrechts bestimmende Elemente waren die politischen und ökonomischen Interessen des jeweiligen Machthabers an den Bodenschätzen und seine Möglichkeiten, diese Ansprüche auch durchzusetzen.

Diese Zusammenhänge der natürlichen Bedingungen und der Produktionsverhältnisse führten zu einer Entwicklung des Bergrechts, deren Hauptetappen hier, etwas vereinfacht, dargestellt werden sollen.

Der oberste Landesherr, der deutsche König, war ursprünglich Lehnsherr über den Boden und alle seine Erträge. Aber ebenso wie die politische Macht der Territorialfürsten wuchs, so vergrößerte sich auch die Verfügungsgewalt über die Bodenschätze. Als Gegenleistung für politische Dienste verlieh der König sein »Bergregal« (lat.: rex = König; Bergregal = Königsrecht an den Metallen) an Territorialherren, so um 1170 auch Kaiser FRIEDRICH BARBAROSSA an den Meißner Markgrafen OTTO VON WETTIN. Im Jahre 1356 entrissen die sieben deutschen Kurfürsten endgültig dem König sein Bergregal. Die Markgrafen von Meißen und späteren Herzöge und Kurfürsten von Sachsen hatten das Regalrecht an den edlen Metallen, d. h. an den ökonomische und damit politische Macht gebenden Währungsmetallen, immer fest in ihrer Hand gehalten. Sie suchten im Laufe der Zeit sogar die Gültigkeit ihres Regalrechts auf Gebiete anderer Territorialherren auszudehnen, was ihnen mit verschiedenen Mitteln oft auch gelang. Andernorts dagegen blieb das sogenannte niedere Regalrecht an verschiedenen Gebrauchsmetallen, vor allem dem Eisen, gemäß dem landwirtschaftlichen Lehnssystem beim niederen Adel oder bei den Grundbesitzern.

Das Regalrecht der sächsischen Landesherren bestimmte das Bergrecht im Freiberger Revier bis ins 19. Jahrhundert und wurde dann von Bergrechtsvorschriften abgelöst, die allerdings de facto auf dasselbe hinausliefen: die Zuständigkeit des Staates für die Erteilung des Abbaurechtes an Bodenschätzen an einzelne Unternehmer oder Kapitalgesellschaften.

Als die Silberfunde im Freiberger Revier ab 1168 bergrechtliche Regelungen erforderten, entstand neben dem Bergregal dort der Rechtsbegriff der Bergbaufreiheit. Das bedeutete, daß unabhängig vom Grundeigentum jedermann an jedem Ort schürfen durfte. Diese Rechtsentscheidung paßte nur scheinbar nicht in das übliche feudale Lehnssystem. Sie führte zwar tatsächlich schon damals zur Herausbildung einer Gruppe freier Produzenten, wird aber mit dem schon genannten Unterschied der natürlichen Gegebenheiten von Landwirtschaft und Bergbau verständlich. Der Markgraf wußte auch, daß beim Bergbau im Gegensatz zur Landwirtschaft bei jedem Stück Land überhaupt erst einmal durch Schürfungen geprüft werden mußte, ob es Erz enthält, daß weiter ein bereits bergmännisch ausgebeutetes Stück Land nichts mehr hergab und damit die Bergleute nach Abbau eines Erzvorkommens weiterziehen mußten, somit zwar an seine Macht, aber nicht an eine bestimmte Scholle gebunden sein durften. Diese »Bergbaufreiheit« in Verbindung mit der Wechselhaftigkeit des Erzreichtums in den Gängen ließ schon damals in der Zeit des Feudalismus Keime des Kapitalismus entstehen. Mit Bergregal und Bergfreiheit ordnete der Markgraf im Rahmen des feudalistischen Lehnsrechtes den Bergbau so, daß ihm als dem Inhaber des Bergregals und den weiteren zwischen ihm und dem eigentlichen Produzenten stehenden Repräsentanten des Lehnssystems die aus diesem resultierenden Ansprüche auf Einnahmen gewährleistet waren. Das geschah im Freiberger Revier im 12. bis 13. Jahrhundert wie folgt: Hatte ein auf Grund der Bergbaufreiheit irgendwo schürfender Bergmann bauwürdiges Erz gefunden und dies dem markgräflichen Bergmeister gemeldet – »gemutet«, wie man sagte –, d. h. mit der Mutung ein Abbaurecht beantragt, so wurde ihm zunächst ein sogenannter Neufang als Feld für Untersuchungs- und Aufschlußarbeiten verliehen. Konnte er damit ein »maßwürdiges«, d. h. abbauwürdi-

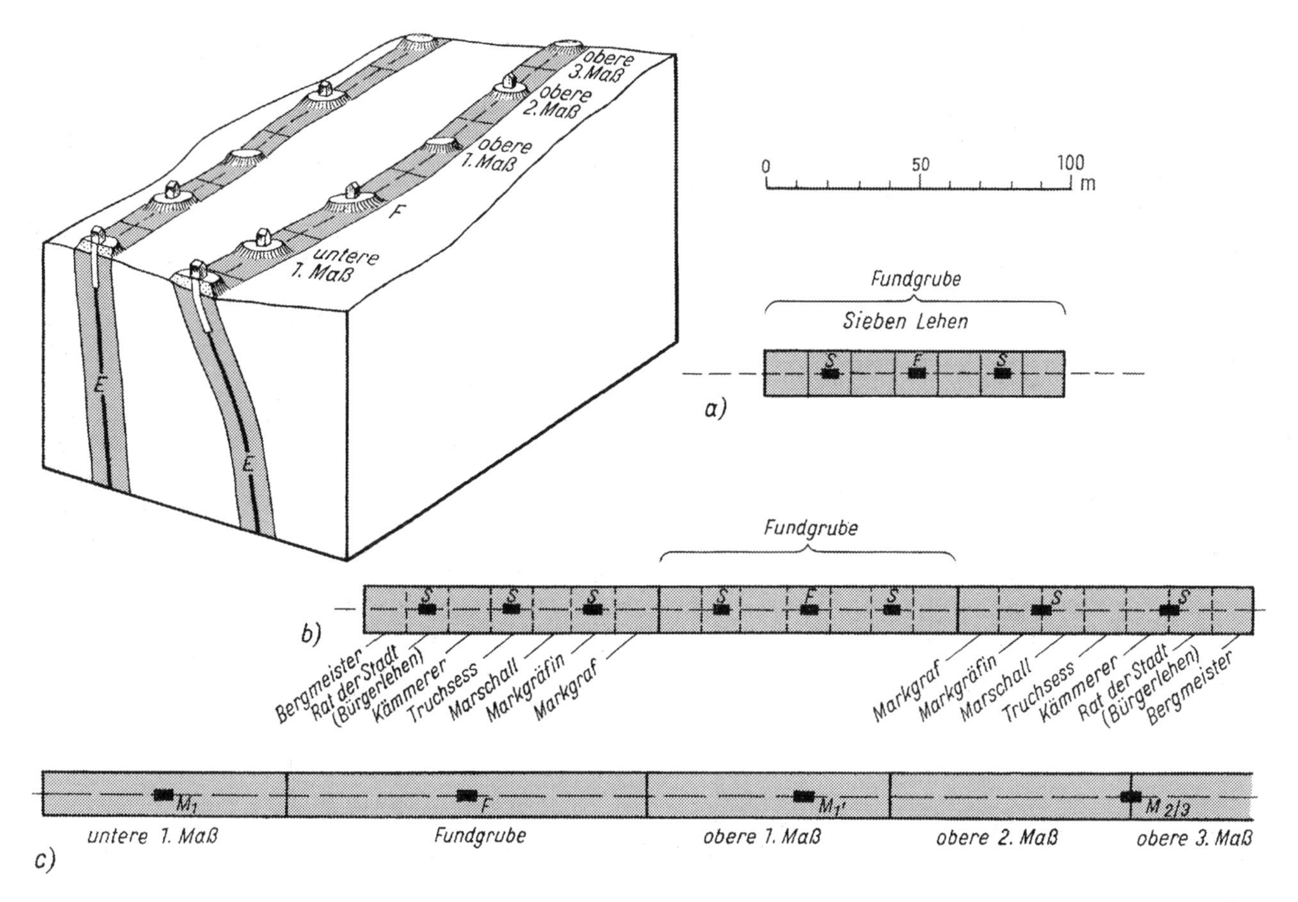

ges Erzvorkommen nachweisen, dann erhielt er in Längserstreckung des Erzganges ein Grubenfeld von »sieben Lehen«, das sind sieben quadratische Felder von je 7 Lachter (= 14 m) Seitenlänge »verliehen« (Abb. 6a). Mit dem Schürfen, Muten und Verleihen ist damit die Folge der Rechtshandlungen markiert, die auf Grund von Bergregal und Bergbaufreiheit zu einem Abbaurecht führten. In dem verliehenen Grubenfeld hatte der Bergmann nicht nur das Recht, sondern auch die Pflicht zum Abbau des Erzes. Machte er davon innerhalb von drei Tagen keinen Gebrauch, wurde das Feld an einen anderen Interessenten weiterverliehen, um die Einnahmen des Markgrafen zu sichern. Diese ergaben sich damals – zur Zeit noch dominierender Naturalwirtschaft – aus der Zweckbestimmung der Lehen: Sie standen dem Bergmann zwar zu, dieser aber mußte davon ein Drittel des Gesamtertra-

Abb. 6. Entwicklung der »gestreckten« Grubenfelder (hellgrau), in maßstäblichen Grundrissen und einem schematischen Blockbild

gestrichelt und *E* Erzgang, *F* Fundschacht, *S* Schacht, *M* Maßschacht, *M2/3'* Markscheideschacht = Schacht auf der Markscheide (Grenze) zwischen 2. und 3. obere Maß

a) ursprüngliches Grubenfeld von Sieben Lehen

b) Grubenfeld des 12. bis 15. Jahrhunderts mit beiderseitigem Nebenlehen

c) nach Fundgrube und Maßen festgelegtes Grubenfeld des 16. bis 19. Jahrhunderts (die »unteren« Maßen in Richtung auf das für den Wasserabfluß der Grube maßgebliche Tal, die »oberen« Maßen entgegengesetzt). Die Schächte lagen nicht immer in der Mitte des Grubenfeldes

ges als Fronteil an den Markgrafen als Regalherrn abgeben.

Wohl schon im 12. Jahrhundert, bestimmt aber im 13. Jahrhundert erkannte man, daß sich die Freiberger Erzgänge viel weiter als diese ursprünglichen Grubenfelder erstreckten, und fügte diesen beiderseits zunächst weitere sieben, dann acht Lehen an, und zwar für den Markgrafen, seine Familie und Beamten, sowie – als Gegenwert für Verwaltungsdienste – für den Bergmeister, den Rat der Stadt Freiberg bzw. auf Klostergebiet auch für das Kloster Altzella (Abb. 6b). Dabei handelte es sich um ein »Mitbaurecht«, d. h. auf ein Recht an den Erträgen bei Erstattung der Unkosten. Das gleiche »Mitbaurecht« wurde zu einem Zweiunddreißigstel dem Grundbesitzer zugestanden, als Ausgleich für die Minderung des landwirtschaftlichen Ertrages durch den Bergbau. So entstanden in der ersten Hauptperiode des Freiberger Bergbaus Grubenfelder vom meist $(7 \cdot 14) + (7 \cdot 14) + (7 \cdot 14) =$ etwa 294 m Länge, die aus betriebstechnischen Gründen, vor allem zwecks günstiger Förderung und ausreichender Frischluftversorgung durch ursprünglich neun, später nur sechs Handhaspelschächte erschlossen wurden. So müssen wir uns in der damaligen Landschaft in Längserstreckung eines Erzganges zahlreiche kleine Halden mit Haspelförderung jeweils im Abstand von etwa 20 bis 50 m vorstellen.

Das Freiberger Silber, das laut Bergrecht seit jeher an die Freiberger Münze abgeliefert werden mußte und dort zu den bekannten mittelalterlichen »Meißner Groschen« vermünzt wurde, trug selbst wesentlich zur Ablösung der feudalistischen Naturalwirtschaft durch die Geldwirtschaft bei. Im Bergbau bedeutete das, daß dem Markgrafen und den anderen Mitberechtigten nicht mehr der Ertrag in Form des Roherzes aus bestimmten Teilen des Grubenfeldes zufiel, sondern ein im Prinzip äquivalenter Teil aus dem gesamten Grubenfeld in Form des gewonnenen Silbers. Allerdings mußten die Markgrafen einige Ansprüche in dem Maße aufgeben, wie die Reinerträge durch den Abbau in größerer Tiefe – mit höheren Unkosten – zurückgingen. Im wesentlichen setzten sich dann ihre Einkünfte aus den Bodenschätzen – später in Geldform – zusammen aus dem Anteil aus der Erzförderung, aus einem Hüttengewinn und aus dem »Schlagschatz«, dem willkürlich festgesetzten Gewinn beim Münzprägen.

Schon gegen Ende des 13. Jahrhunderts gaben besonders die zunehmende Tiefe der Gruben und stärkere Wasserzuflüsse Anlaß dazu, den Anteil des Markgrafen an der Erzförderung zu reduzieren, den Bergwerksbesitz vererbbar zu machen und damit dem Grubeninhaber eine höhere Sicherheit für sein investiertes Geld zu geben. Diese durch ein Testament von 1318 erstmals urkundlich belegte bergrechtliche Neuerung war an den Brauch des Erbbereitens gebunden, für das der Rat der Stadt Freiberg zuständig war. Der Wegfall des markgräflichen und der sonstigen Mitbaurechte, die Reduzierung der Abgaben auf den Zehnten als Form einer Bergwerkssteuer, das mit der Vererbbarkeit gefestigte Eigentumsrecht und die Vergrößerung der Felder erbbereiteter Gruben auf das Dreifache bedeuteten schon damals einen Schritt zur Herausbildung kapitalistischer Produktionsverhältnisse.

Die durch Erbbereiten festgelegten Grubenfelder wurden im Gelände durch »Lochsteine« markiert. Zwei solche der Grube *Neu Haus Sachsen* aus dem Jahre 1679 stehen zum Beispiel im Wald in der Nähe der großen Halde der Grube *Reicher Bergsegen* südlich Brand-Erbisdorf.

Der Übergang von der Natural- zur Geldwirtschaft hatte mit dem Erbbereiten zur Folge, daß die Einteilung der ursprünglichen Grubenfelder in einzelne Lehen gegenstandslos wurde. So finden wir im Freiberger Revier im 16. Jahrhundert die »Fundgrube«, also das nach erfolgreichem Schürfen bei einer berechtigten Mutung verliehene Grubenfeld, 7 Lachter breit beiderseits des Ganges und vom Erzfundpunkt aus beiderseits in Längsrichtung des Ganges 60 Lachter, insgesamt etwa 120 m gestreckt. Nach der Tiefe zu lagen die Grenzen des Grubenfeldes ebenfalls 7 Lachter breit beiderseits des Ganges, waren somit ebenso geneigt wie der Gang selbst (Abb. 6c). Wollte der Inhaber eines solchen Grubenfeldes seinen Betrieb vergrößern, so konnte er in Richtung des Erzganges entsprechend der Geländeneigung nach oben oder unten zusätzliche »Maßen« muten. Das sind Grubenfelder von 7 Lachter Breite und in Richtung des Ganges gestreckt 40 Lachter (= 80 m) Länge (Abb. 6d). Allerdings deuten nicht in allen Fällen solche Maßen auf die Vergrößerung des

Grubenfeldes eines benachbarten Fundgrübners, sondern gehörten oft auch anderen Grubeneigentümern. Die verliehenen Gruben erhielten verschiedenste Namen, denen zur Kennzeichnung des Grubenfeldes noch jeweils die Begriffe Fundgrube oder Maßen beigefügt wurden. Beispiele solcher Gruben aus dem 16. Jahrhundert sind u. a.: *Thurmhof Fundgrube, Thurmhof untere 1. Maß* (in Urkunden »untere nächste Maß«), *Thurmhof untere 2. Maß* (in Urkunden »untere andere Maß«), *Thurmhof untere 13. Maß, Thurmhof obere 1. Maß, Hohe Birke 1. untere Maß, Hohe Birke Fundgrube, Mordgrube Fundgrube, Mordgrube 1. untere Maß, Alte Elisabeth Fundgrube, Alte Elisabeth obere 8. Maß, Reiche Zeche Fundgrube, Löffler Fundgrube, Reicher Trost Fundgrube* und *Abraham Fundgrube.*

Seit dem 14. Jahrhundert ist im Zusammenhang mit dem Erbbereiten der Begriff »Erbstolln« nachweisbar. Später wird dieser mit Grubenbezeichnungen verbunden. Dieser Bergrechtsbegriff erklärt sich aus dem Stollnrecht. Sicher bald nach Beginn des Bergbaus trieb man, um die Gruben vom zufließenden Grundwasser zu befreien, aus den benachbarten Tälern Stolln vor, die mit den Erzabbauen durchschlägig werden und das Wasser aus ihnen ableiten sollten (Abb. 7). Diejenigen, die solche Stolln finanzierten, erwarben damit außer dem Abbaurecht an den im Stolln und seiner nächsten Umgebung angetroffenen Erzen einen Anspruch auf einen Anteil der Erzförderung aus den so vom Wasser befreiten Gruben, und zwar das »Stollnneuntel«, also von der Gesamtförderung neben dem dem Markgrafen zustehenden Zehntel ein weiteres Zehntel. Das bedeutete einen Anreiz, solche Stolln vorzutreiben, zumal dieses Recht stets dem zufiel, der den tiefsten Stolln angelegt hatte. Nun bestand allerdings die Gefahr, daß jemand mit einem nur um weniges tieferen Stolln diesen Anspruch erwerben und damit den höheren Stolln »enterben« wollte. Das hätte einen hohen Aufwand für einen dem Revier insgesamt nur geringen Nutzen bedeutet. Um hier den Erwerb von Ansprüchen einzelner mit dem Vorteil für die Gruben des Reviers in ein vernünftiges Verhältnis zu setzen, wurde deshalb verfügt, daß ein Stolln nur dann einen höheren enterbt, wenn er mehr als 10 Lachter (= 20 m) tiefer mit den Gruben durchschlägig wird.

Wo wir heute das Wort »Erbstolln« in Verbindung mit einem Grubennamen finden, handelt es sich stets um Gruben, die an Talhängen verliehen wurden, außer Schächten einen Stolln besaßen oder eben anlegten

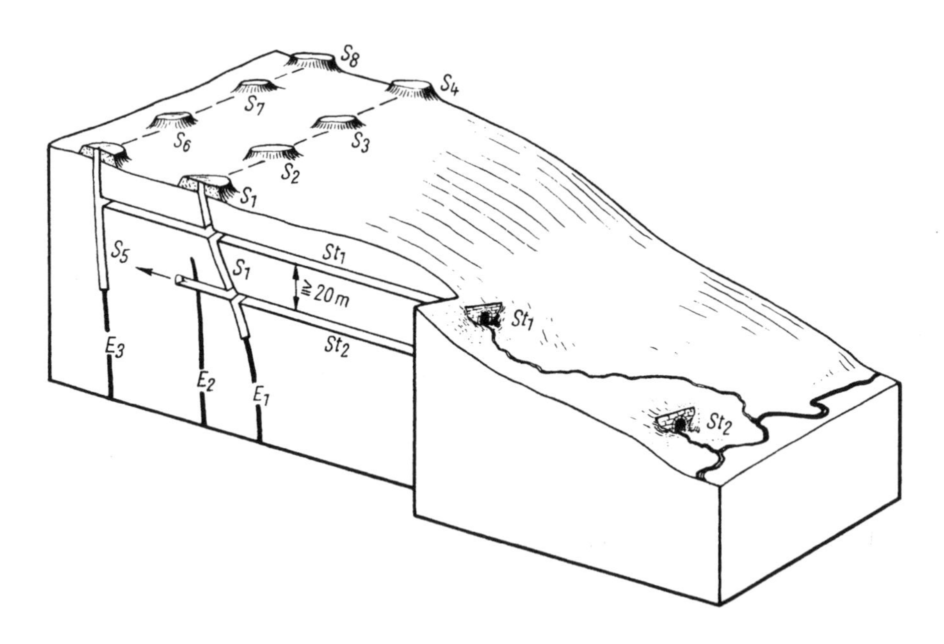

Abb. 7. Zwei Stolln (St_1, St_2), acht Schächte (S_1 bis S_8) und drei Erzgänge (E_1–E_3) in einem schematischen Blockbild, Stolln *1* hat allen acht Schächten Wasserabfluß in höherem Niveau gebracht, Stolln *2* hat Stolln *1* bei den Schächten S_1 bis S_4 enterbt, d. h. tieferen Wasserabfluß gebracht, wird in Richtung auf die Schächte S_5 bis S_8 vorgetrieben und erwirbt dabei Abbaurecht an dem neu entdeckten Erzgang E_2

und mit diesem erstmalig einen Teil des Reviers erschlossen, selbst also (zumindest vorerst) noch nicht auf Wasserableitung durch einen tieferen Stolln eines anderen Unternehmers rechnen konnten. Solche bekannten Gruben waren u. a.: *Alte Hoffnung Erbstolln* an der Zschopau bei Schönborn, *Alte Hoffnung Gottes Erbstolln* an der Mulde bei Kleinvoigtsberg, *Christbescherung Erbstolln* an der Mulde bei Großvoigtsberg, *Churprinz Friedrich August Erbstolln* an der Mulde bei Großschirma, *Morgenstern Erbstolln* an der Mulde bei Freiberg und *Unverhoffter Segen Gottes Erbstolln* an der Striegis in Oberschöna.

Wie kompliziert die Vermessung der Grubenfelder auf den zum Abbau verliehenen Erzgängen war und in welchem Umfang dafür noch zusätzliche bergrechtliche Bestimmungen erforderlich waren, können wir uns annähernd bewußt machen, wenn wir bedenken, daß das Freiberger Revier etwa 1000 oft eng benachbarte Erzgänge enthält, die verschieden geneigt sind und von denen sich viele kreuzen und die auf Grund ihrer Neigung nach der Tiefe zu auch teilweise untereinander liegen.

Solange die Unternehmer wirtschaftlich so schwach oder die Kapitalgesellschaften so klein waren, daß die vorgeschriebene Größe der Grubenfelder den Produktionsverhältnissen entsprach, mußten die vermessungstechnischen und bergrechtlichen Komplikationen in Kauf genommen und von der Bergbehorde bewältigt werden. Anders im 19. Jahrhundert. Zwar blieb der Freiberger Erzbergbau gegenüber dem Hauptmerkmal der Industriellen Revolution, der Einführung der Arbeitsmaschine in den eigentlichen Arbeitsprozeß, der Erzgewinnung, recht konservativ. Nebenwirkungen der Industriellen Revolution machten sich aber auch beim Freiberger Bergbau bemerkbar, so vor allem die Einführung neuer Maschinen in die Förderung und Wasserhaltung und (zum Teil kausal damit verbunden) die Vereinigung zahlreicher kleiner Bergbaubetriebe zu wenigen größeren Kapitalgesellschaften. Deren Abbaurecht umfaßte nun größere Grubenfelder mit zahlreichen Erzgängen. Die Entwicklungstendenz zu größeren Unternehmen war im 19. Jahrhundert auch im Gangerzbergbau ökonomisch so zwingend, daß die zuvor übliche Verleihung des Abbaurechtes für Teilstücke einzelner Erzgänge sinnlos wurde. Mit dem von

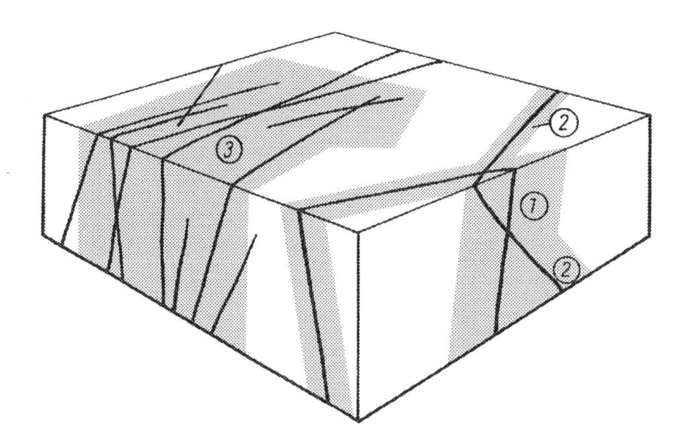

Abb. 8. »Gestreckte« Grubenfelder alter Art an zwei Erzgängen *(1)* und *(2)* und ein seit 1851 übliches Geviertfeld *(3)* mit zahlreichen Erzgängen und senkrechten seitlichen Grenzen in einem schematischen Blockbild (Bei *3* kann ein Erzgang teilweise im Grubenfeld, teilweise außerhalb liegen)

der Entwicklung des Kapitalismus bestimmten neuen Gesetz über den »Regalbergbau« in Sachsen von 1851 gab man deshalb die alten, aus dem Feudalismus stammenden und damals praktisch begründeten Festlegungen der nach den Erzgängen »gestreckten Grubenfelder« auf und führte das »Geviertfeld« von 1000 Quadratlachter = 4000 m² Größe ein (Abb. 8). Das heißt: Jeder Unternehmer konnte seine Mutung, also seinen Antrag auf ein Abbaurecht an Bodenschätzen, durch Aneinanderfügen solcher Geviertfelder auf eine beliebige, durch gerade Linien begrenzte Fläche erstrecken. Wurde ihm für diese Fläche das Abbaurecht verliehen, so galt dieses für alle darunter anstehenden Erzgänge, auch für noch unbekannte. Seitlich endete das Abbaurecht an senkrechten Flächen unter den übertägig festgelegten Grubenfeldgrenzen, den »Markscheiden«, also unabhängig von der Neigung der verschiedenen Erzgänge. Mit dieser neuen Festlegung der Grubenfelder waren zugleich alle vermessungstechnischen und juristischen Komplikationen beseitigt, die in der Bergbaupraxis vor 1851 mit den »gestreckten« Feldern verbunden waren, oft zu langwierigen Gangstreitigkeiten führten und manchmal nur durch einen Vergleich zwischen den Gruben oder durch Urteil der Bergbehörde beendet werden konnten.

Das Sächsische Bergrecht von 1851/1869, das die alten feudalistischen Begriffe des Schürfens, Mutens und Verleihens den kapitalistischen Produktionsverhältnissen angepaßt hatte, galt mit verschiedenen formalen und zum Teil auch inhaltlichen Änderungen bis 1945. Mit der Herausbildung der antifaschistisch-demokratischen Ordnung, der Entstehung volkseigener Betriebe und sozialistischer Produktionsverhältnisse wurden auch die Erze im Untergrund des Freiberger Reviers grundsätzlich Volkseigentum und ihr Abbau nur durch ökonomische und betriebstechnische Faktoren, nicht mehr durch Grenzen verschiedener Abbauberechtigungen, bestimmt. Unter diesen Bedingungen betrieb man die Freiberger Gruben von 1950 bis 1969.

Eine besondere Rechtsregelung betrifft heute die Bergbaufolgelandschaft. Jeder Bergbau hinterläßt nach seiner Stillegung untertägige Hohlräume sowie Übertagebauwerke, Halden und verschiedene andere Anlagen. Weiter bestehende Betriebe haben stillgelegte Gruben sicher zu verwahren und die Übertageanlagen einer Nachnutzung zuzuführen. Als eine solche gilt auch die Erschließung eines Objektes als technisches Denkmal. Für die Anlagen der Gruben, für die Rechtsträger heute nicht mehr existieren, werden die gleichen Aufgaben durch die Bergsicherungsbetriebe erfüllt; im Freiberger Revier durch den VEB Bergsicherung Schneeberg. Dieser Betrieb hat in der Pflege technischer Denkmale des Freiberger Bergbaus schon sehr gute Leistungen erbracht, z. B. die Radstube von *Unverhoffter Segen Gottes Erbstolln,* Oberschöna, zur Besichtigung erschlossen.

5. Übersicht über die technische Entwicklung des Freiberger Bergbaus

Ziel des Bergbaus ist es, Bodenschätze aus der Tiefe der Erde zu fördern, um sie für die Verarbeitung zu Gebrauchsgegenständen oder zu Währungsmetall zur Verfügung zu stellen. Nur so lange in Freiberg das Erz unmittelbar z. B. unter der Ackerkrume gefunden werden konnte, war der Bergbau eine technologisch »einfache« Tätigkeit, bei der ein Bergmann alle notwendigen Arbeiten allein und nacheinander ausführen konnte und mußte. Sobald die obersten Bereiche abgebaut waren und das Erz aus mehr als etwa zehn Meter Tiefe gefördert wurde, war eine Grube nur von mehreren Bergleuten gemeinsam und in einer von den natürlichen Bedingungen her bestimmten Arbeitsteilung zu betreiben. Dabei haben die einzelnen bergmännischen Arbeitsprozesse eine relativ eigenständige technische Entwicklung durchlaufen.

5.1. Gewinnung und Abbau

Die Gewinnung ist der Hauptarbeitsprozeß im Bergbau, nämlich das Lösen des Gesteins oder der Minerale aus dem festen, natürlichen Verband. Dafür standen dem Bergmann je nach Festigkeit des Gesteins oder Ganges unterschiedliche Möglichkeiten zur Verfügung, die sich jeweils zu verschiedener Zeit entwickelt haben. Zur Arbeit in der Ackererde und zum Lösen mürben, verwitterten Gesteins genügte die Hacke, bergmännisch »Keilhaue«. Festere Gesteine und Minerale wurden meist mit Schlägel und Eisen gewonnen (Abb. 9). Dabei setzte der Bergmann das Eisen, einen Spitzmeißel mit (anfänglich vielleicht auch ohne) Stiel, auf dem Gestein an und schlug mit dem Schlägel so auf das Eisen, daß sich möglichst viel Gestein löste. Diese schon im Bergbau der Antike nachgewiesene Gewinnungsarbeit war im Gangerzbergbau noch im 19. Jahrhundert neben der Gewinnung durch Bohren und Sprengen üblich. Schlägel und Eisen sind noch heute die Berufssymbole des Bergmanns. Historisch ist das insofern bezeichnend, als die Industrielle Revolution im Bergbau eben nicht wie in der Textilindustrie beim Hauptarbeitsprozeß das Werkzeug durch die Werkzeugmaschine ersetzt hat. Im Bergbau untertage blieb im 19. Jahrhundert und noch bis ins 20. Jahrhundert hinein die Gewinnung vorrangig Handarbeit, auch als die Arbeit mit Schlägel und Eisen in den Hintergrund trat.

Nachdem um 1300 das Schwarzpulver in Europa erfunden und lange Zeit vorwiegend für militärische Zwecke verwendet worden war, nutzte man es seit dem 17. Jahrhundert als Sprengmittel im Bergbau. Erstmalig wird diese Technologie 1627 in Schemnitz (heute

Abb. 9. Gewinnungsarbeit mit Schlägel und Eisen, umgezeichnet nach einer Darstellung nach AGRICOLA 1556. Schlägel und Eisen gekreuzt sind das bekannte Bergmannssymbol

Banská Štiavnica/ČSSR) und 1643 auch in Freiberg nachgewiesen. Allerdings setzte man das Schwarzpulver bis ins 19. Jahrhundert nicht umfassend, sondern nur an Stellen ein, wo das Gestein zu fest für die Arbeit mit Schlägel und Eisen war oder wo man möglichst schnell Schächte abteufen und Stolln vortreiben wollte. Noch im 18. Jahrhundert betrachtete man im Freiberger Revier den Sprengbetrieb als ein noch in Entwicklung begriffenes Verfahren, wie der Text einer Inschrifttafel am Stoß einer Strecke in der Grube *Alte Elisabeth* zeigt (s. Tafelteil, Bild 93). Daß Bohr- und Sprengarbeit auch im 19. Jahrhundert nicht umfassend eingesetzt wurden, verstehen wir, wenn wir bedenken, daß damals die Bohrlöcher für den Sprengstoff noch von Hand ins Gestein geschlagen werden mußten. Der Bergmann hatte bis zu etwa 60 cm lange, aus 15 bis 40 mm dickem Stabeisen bestehende Bohrstangen mit einer Eisen- bzw. Stahlschneide. Diese setzte er am Gestein in der Richtung des beabsichtigten Bohrloches an und schlug mit dem 1 bis 7 kg schweren Fäustel auf die Bohrstange, wobei er diese nach jedem Schlag etwas drehte (s. Tafelteil, Bild 19). So benötigte er für ein etwa 50 cm tiefes Bohrloch im Freiberger Gneis die Zeit von zwei bis drei Stunden.

Im Jahre 1855 konstruierte der Modellmeister der Bergakademie Freiberg, CARL GOTTFRIED SCHUMANN (1813 bis 1867), die ersten Freiberger Bohrmaschinen, von denen die Bergakademie heute noch zwei Exemplare besitzt. Die ersten praktischen Versuche mit ihnen wurden hier 1873 im Juliusschacht der *Himmelfahrt Fundgrube* und 1876 beim Vortrieb des *Rothschönberger Stollns* im Bereich des 8. Lichtlochs durchgeführt. Ein umfassender Einsatz druckluftbetriebener Bohrmaschinen für den Streckenvortrieb und im Abbau erfolgte im Freiberger Bergbau, wie an anderen Orten auch, erst im 20. Jahrhundert. Von der Arbeit mit Schlägel und Eisen über den Einsatz von Schwarzpulver in handgebohrten Löchern bis zum Sprengbetrieb mit modernen Bohrmaschinen zeigt sich eine enorme Steigerung der Arbeitsproduktivität bei der Gewinnung von Erz und Gestein (Tabelle 1).

Unter Abbau versteht man die Art der Anordnung der Gewinnungsorte im Erzgang und die Richtung, in der die Gewinnung des Erzes vorgetrieben wird. Die wichtigsten Gruppen der Abbauverfahren, die auch heute noch – wenn auch in verschiedenen Bergbauzweigen – angewandt werden, sind Tagebau und Tiefbau. Im Tagebau wird der Bodenschatz von der Erdoberfläche aus, notfalls unter Beseitigung von Abraum, gewonnen. Im Tiefbau erfolgt die Gewinnung untertage.

Der Freiberger Bergbau begann im 12. Jahrhundert überall mit Tagebau, indem man den Erdboden aufhackte, Schürfgräben zog und dort, wo man gediegenes Silber oder abbauwürdiges Erz fand, dieses nach der Seite und Tiefe zu heraushackte, solange es die Standfestigkeit des Nebengesteins und die Zuflüsse des Grundwassers erlaubten. Solche schmalen, in Richtung des Erzganges gestreckten Tagebaue erreichten vermutlich etwa zehn bis fünfzehn Meter Tiefe. Taubes Gangmaterial und nachgerutschtes Nebengestein verfüllte man in abgebaute Gangräume. Taube Massen,

Tabelle 1. Die Arbeitsproduktivität in der Gewinnungsarbeit beim Streckenvortrieb im Freiberger Gneis
Auf Grund der Fehlermöglichkeiten in den Primärquellen nur ungefähre Richtwerte. Die wirkliche Arbeitszeit in der Schicht und die Schichtdauer schwankten im Laufe der Jahrhunderte in verschiedener Weise

Art der Gewinnung	Historischer Zeitraum	Vorherrschende Streckenquerschnitte Breite · Höhe (m · m)	Leistung beim Vortrieb (m/Mann und Schicht)	Gelöste Massen (m^3/Schicht)	Arbeitsproduktivität	
					(m^3/Mann und Schicht)	bezogen auf
Arbeit mit Schlägel und Eisen	14. bis 19. Jahrhundert	0,5 · 1,5	0,02...0,08	0,04...0,5	0,02...0,24	Durchschnitt = 1
Handbohrungen, besetzt mit Schwarzpulver	18. und 19. Jahrhundert	1,5 · 1,8	0,02...0,4	0,1...1,3	0,05...0,6	2,5
Arbeit mit Bohrhammer und brisantem Sprengstoff, Füllarbeit von Hand	1873/1913 1937/1958	2,0 · 2,0	0,3...0,8	1,3...3,0	0,6...1,5	8
Arbeit mit modernen Bohrmaschinen und brisantem Sprengstoff, Füllarbeit mit Lademaschinen	1953/1968	2,2 · 2,3	0,5...0,9	5,4...9,2	2,7...4,6	28

die man fördern mußte, um Erz freizulegen, schüttete man beiderseits der Tagebaue auf.

Wo man die Erze in größere Tiefe reichend fand, ging man zum Tiefbau, zum Abbau untertage über. Dazu brachte man im Erzgang kleine Schächte nieder, stellte über ihnen Handhaspel auf, förderte Erz und taubes Gestein und schüttete dieses rings um die Schächte zu kleinen Halden auf. Um dazu die tauben Massen nicht nochmals heben zu müssen, legte man den Handhaspel etwa ein bis zwei Meter über dem natürlichen Gelände an und schüttete die Halde bis in diese Höhe auf (siehe auch Seite 36).

Der Abbau des Erzganges von solchen Handhaspelschächten aus erfolgte anfangs nach beiden Seiten des Erzganges sicherlich unregelmäßig. Man schlug das Erz heraus, wo man es reichlich fand. Je tiefer man kam und je größer die Gruben wurden, um so dringender wurde ein systematischer Abbau. Als die für den Freiberger Gangerzbergbau typischen Abbauverfahren entwickelten sich in der ersten Hauptperiode der Strossenbau, um 1600 der Firstenbau (Abb. 10). Beim Strossenbau schlugen jeweils mehrere Bergleute das Erz von oben nach unten heraus. Sie begannen damit entweder am oberen Rand einer Gangvererzung oder von einem Stolln oder einer Strecke aus. Nachteilig waren beim Strossenbau der hohe Verbrauch an Grubenholz, mangelhafte Abflußmöglichkeit des Wassers und meist ungünstige Verhältnisse der Erzförderung. Als gefährlich für die Bergleute erwiesen sich im Strossenbau die großen Hohlräume oder das auf Querhölzern abgelagerte taube Material. Das Nebengestein an den großen Hohlräumen und das versetzte taube Gestein waren nicht mehr kontrollierbar und brachten die Gefahr des Steinfalls, ja sogar des Zusammenbruchs mit sich.

Die Nachteile des Strossenbaus wurden mit dem Firstenbau vermieden. Bei diesem schlugen jeweils mehrere Bergleute das Erz von unten nach oben heraus, beginnend von einer tieferen Sohle, in der man zunächst vom Schacht aus eine Förderstrecke vortreiben mußte. Bei dem nach oben gerichteten Firstenbau brachte man die mitgewonnenen tauben Massen so

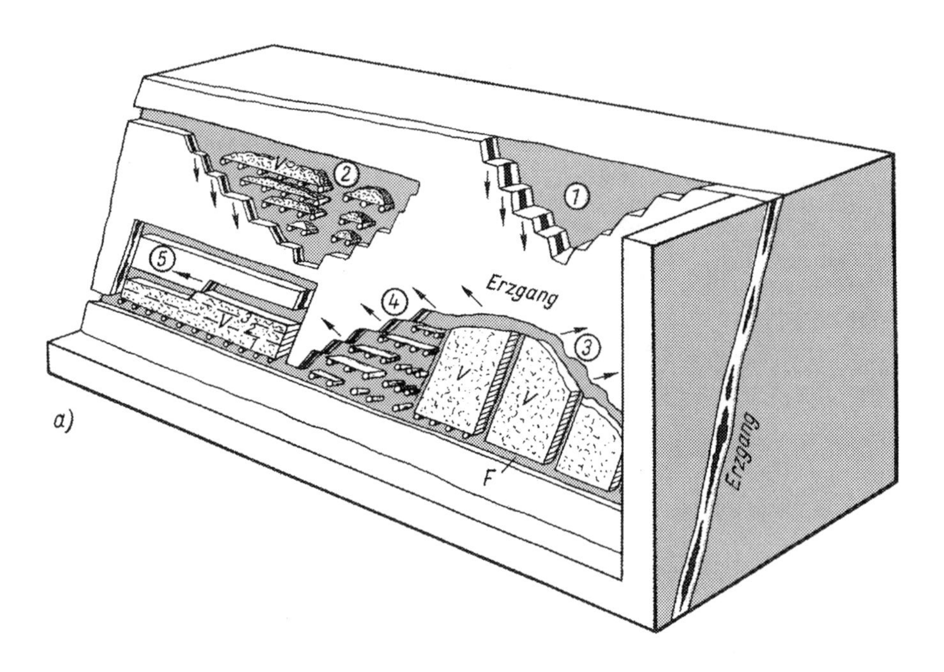

Abb. 10a. Die Abbauverfahren des historischen Freiberger Erzbergbaus in einem schematischen Blockbild

Die Pfeile geben die Richtung des Abbaufortschrittes an, *V* Versatz, Ausfüllung der Abbauhohlräume mit taubem Material

1 Strossenbau ohne Versatz, *2* Strossenbau mit Versatz, *3* Firstenbau mit Versatz, in diesem Rollöcher ausgespart, um das Erz in die Förderstrecke *F* zu stürzen, *4* Firstenbau ohne Versatz, *5* Firstenstoßbau (Abbau horizontaler Gangstrecken von unten nach oben)

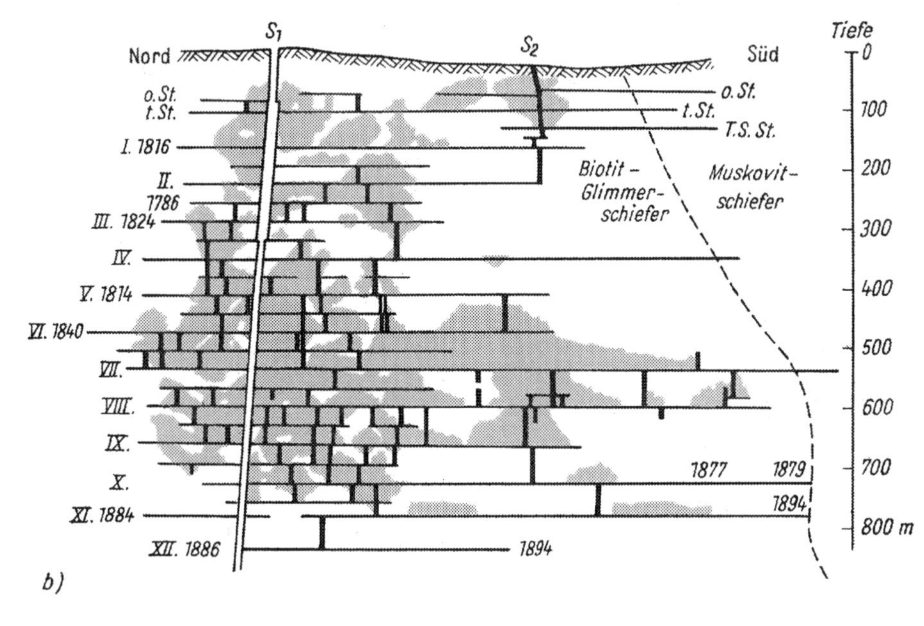

Abb. 10b. Beispiel von Firstenbauen auf dem Einigkeit Morgengang und dem Peter Stehenden der Grube *Alte Hoffnung Gottes* bei Kleinvoigtsberg

S_1 Einigkeitsschacht, S_2 Peter Fund- und Tageschacht *o. St. Oberer Alt Hoffnunger Stolln, t. St. Alte Hoffnung Gottes tiefer Stolln, T. S. St. Treue Sachsen Stolln, I* bis *XII. I* bis *XII.* Gezeugstrecke, jeweils mit etwa 40 m Tiefenabstand, dazu die Jahreszahlen des Erzabbaus auf diesen Sohlen. *Grau:* Fläche der Firstenbaue in der Gangfläche. Der Tiefenmaßstab gibt die Länge auf der geneigten Gangfläche an. Die senkrechte Tiefe der Abbaue unter dem Gelände ist also geringer

über der Förderstrecke ein, daß die Bergleute bei ihrer Arbeit (Gewinnen, Laden, Fördern und Sichern des Abbauraumes) auf diesem Versatz stehen konnten (s. Tafelteil, Bilder 18 und 19). So rückte in dem Maße, wie die Gangfüllung abgebaut und Versatz eingebracht wurden, der Abbauhohlraum scheibenweise nach oben bis an die nächst höhere Sohle bzw. Förderstrecke, die bereits zuvor als Grundstrecke eines solchen Firstenbaus gedient hatte. Bei fortschreitendem Abbau mit Firstenbau mußte man im Versatz Rollöcher (auch als Rollen bezeichnet) aussparen, in denen die Bergleute auf Fahrten (Leitern) in den Abbau gelangten und in denen das Erz bis in die untere Förderstrecke rutschte, um dort aus dem Rollenmund (auch Rollenschnauze genannt) in Grubenhunde (Förderwagen) abgefüllt zu werden. Der Firstenbau bot also gute und relativ sichere Arbeitsbedingungen einschließlich der Nutzung der Schwerkraft für die Erzförderung aus dem Abbau. Ein aber nicht schwerwiegender Nachteil dieses Abbauverfahrens war, daß man lokal taube Bereiche des Erzganges mit abbauen mußte, wenn man den Abbau nicht überhaupt einstellen wollte.

Der Firstenbau war das im Freiberger Revier im 18. und 19. Jahrhundert übliche Abbauverfahren und wurde auch in der letzten Freiberger Bergbauperiode 1937 bis 1969 angewandt, allerdings meist in der besonderen, weiterentwickelten Form des Firstenstoßbaus.

5.2. Förderung

In Gewerbe, Manufaktur und Industrie bilden der eigentliche Produktionsprozeß und Transportvorgänge eine produktive Einheit. Im Bergbau sind dies die Gewinnung des Bodenschatzes und seine Förderung nach übertage. Die allgemeine historische Feststellung, daß sich der Transport leichter mechanisieren läßt als der eigentliche Produktionsprozeß, wird von der Geschichte der Förderung im Bergbau, auch beim Freiberger Erzbergbau, bestätigt. Hier macht sich der an die Industrielle Revolution gebundene maschinentechnische Sprung deutlich bemerkbar: die Leistungssteigerung durch Einführung der Dampfmaschine (vgl. Tabelle 3). Allerdings ist dieser Sprung nicht so groß wie in der Textilindustrie, die immer als Beispiel für den historischen Ablauf der Industriellen Revolution benutzt wird. Im Bergbau und speziell bei der Förderung war vor Einführung der Dampfkraft die Maschinentechnik auf der Basis der Wasserkraft weiter entwickelt als in anderen Produktionszweigen. Mit diesem maschinentechnisch hohen Entwicklungsstand im Bergbau war seit Jahrhunderten ein relativ hoher Grad der Arbeitsteilung, der Vergesellschaftung der Produktion und der Entwicklung der Technikwissenschaften verbunden.

Technologisch ist in einem voll entwickelten Grubenbetrieb die Förderung aufzugliedern in die Abbauförderung, die Streckenförderung und die Schachtförderung (Abb. 11).

Der Abbauförderung geht das Laden des Haufwerks (Erz oder Gestein) in das Fördermittel voraus. Jahrhundertelang wurden die Erze mit Kratzen in die flach muldenförmigen Erztröge gezogen und diese dann in Körbe oder Säcke ausgeschüttet. Der Erztrog erscheint auf vielen alten Darstellungen des Erzbergbaus als Bergmannssymbol. Beim Strossenbau wurden die Körbe, Säcke oder Tröge über Stufen zu einem Handhaspel getragen, der die Förderung bis zur nächst höheren Förderstrecke übernahm. Beim Firstenbau brauchte das Gut nur bis zu dem nächsten, im Versatz ausgesparten Rolloch getragen und in dieses gestürzt zu werden. In der Förderstrecke ließ es sich dann aus dem Rollenmund abziehen (s. Tafelteil, Bilder 20 und 21). Bei zu geringer Neigung des Ganges mußte das Material öfter mit Kratzen aus dem Rolloch gezogen werden.

Beim Firstenstoßbau im 20. Jahrhundert konnten auf der nun waagerechten Sohle des Abbauraumes Schienen verlegt und das Material mit schwenk- und kippbaren Abbauhunden zur nächsten Rolle gefahren und in diese gestürzt werden. Doch erfolgte auch hierbei im Freiberger Bergbau das Laden noch von Hand, erst später mit einem Schrapper.

Zur Streckenförderung oder ganz allgemein zur horizontalen Förderung von Erz und Gestein wurden je nach der zu bewältigenden Menge ebenfalls Körbe, Säcke und Erzmulden oder aber Karren (Schubkarren) oder Förderwagen, die sogenannten »Hunde«, benutzt. Karren sind im Freiberger Bergbau mit Sicherheit im 15. bis 16. Jahrhundert, wahrscheinlich aber schon frü-

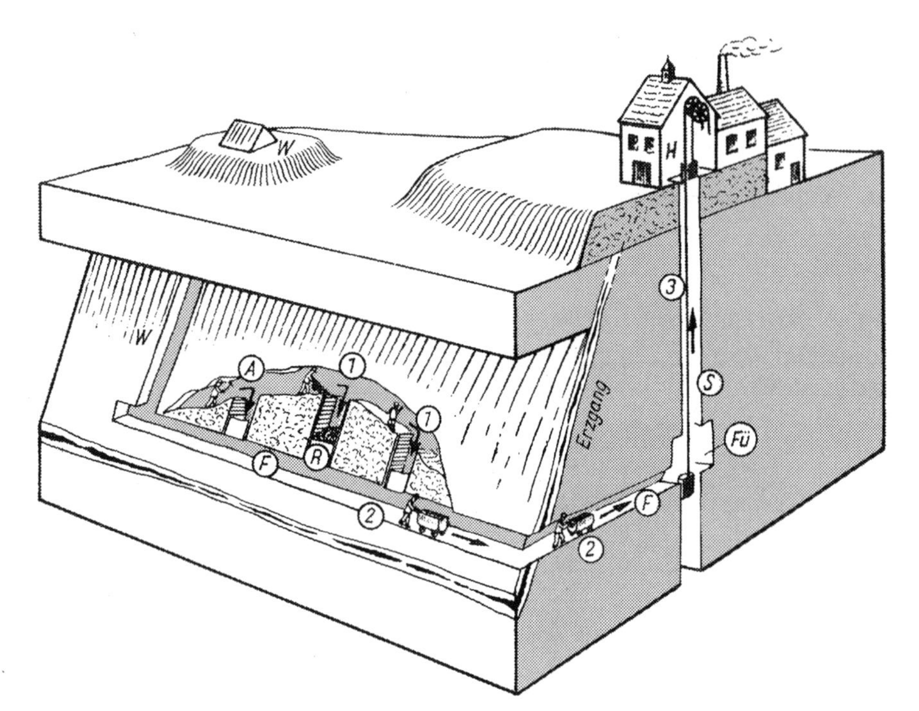

Abb. 11. Technologische Gliederung der Förderung in einem schematischen Blockbild

A Abbau mit Abbauförderung *(1)* in die Rollöcher mit dem Rollenmund *(R), F* Förderstrecke mit Streckenförderung *(2)* horizontal zum Schacht, *S* Schacht mit Schachtförderung *(3)* meist vertikal vom Füllort *(Fü)* zur Hängebank *(H)*, *W* Wetterschacht (zur Frischluftversorgung untertage)

her verwendet worden. Seit dem 18. Jahrhundert wurden in Freiberger Gruben ungarische Hunde angewandt (s. Tafelteil, Bild 22). Das sind eisenbeschlagene Holzkästen von etwa 0,15 m³ Inhalt, die mit zwei großen und zwei kleinen Rädern (Holzscheiben) auf zwei Holzbohlen laufen. Bei den älteren Spurnagelhunden wurde der korrekte Lauf mit einem zwischen den Bohlen laufenden hölzernen Spurnagel gewährleistet.

Im 19. Jahrhundert wurden im Freiberger Bergbau unter- und übertage die englischen Grubenwagen eingeführt, große, eisenbeschlagene Holzkästen von etwa 0,3 bis 0,8 m³ Inhalt, die mit vier gleich großen Eisenrädern auf Eisenschienen laufen (s. Tafelteil, Bild 23). Mit diesen entweder von Menschen geschobenen oder von Pferden gezogenen Förderwagen konnte die Leistung der Streckenförderung im 19. Jahrhundert auf ein Mehrfaches gesteigert werden (Tabelle 2). Der Einsatz einer Dampfmaschine zur Streckenförderung 1871 in der *Himmelfahrt Fundgrube* in etwa 400 m Tiefe kann nur als historisches Kuriosum gewertet werden.

Die englischen Förderwagen waren die direkten Vorläufer der völlig aus Eisen gebauten Hunde der letzten Freiberger Bergbauperiode.

Die Förderstrecken führten zu den Schächten, die man von übertage aus abgeteuft hatte. Früher, als bei den beschränkten technischen Möglichkeiten jeder Brocken gelösten Materials Erlös bringen mußte, teufte man die Schächte gleich im Erzgang ab, gewann somit schon beim Abteufen Erz. Auch war die Gangfüllung nicht so fest und daher leichter gewinnbar als das Nebengestein. Solche Schächte waren je nach Neigung des Ganges »saiger« (lotrecht), »tonnlägig« oder »flach« (Abb. 12). Seit dem 19. Jahrhundert herrschen die in jeder Hinsicht technisch günstigeren lotrechten »Richtschächte« vor, die man neben wichtigen Erzgängen im festen Gneis abteufte (Abb. 12).

Wichtigstes Element der Schachtförderung war und ist das Förderseil, das mit einem Fördergefäß verbunden und aus dem Schacht gezogen wird. Jahrhundertelang wurde es beim Fördern auf einem Rundbaum (Holzzylinder), einem Seilkorb oder einer Trommel auf- und abgewickelt. Dieses Wirkprinzip blieb von der Antike bis zur Gegenwart das gleiche, aber dynamisch war seine maschinentechnische Entwicklung hinsichtlich Größe, Antriebsart und Leistungsfähigkeit, und zwar in Abhängigkeit von der Tiefe der

Tabelle 2. Der Laderaum der Fördermittel für Abbau und Strecke im Freiberger Bergbau (Beispiele, Werte gerundet)

Strecken-fördermittel	Zeitraum (Jahrhundert)	Hauptabmes-sungen (m)	Inhalt (m^3)	Konstruktions-material	Streckensohlen Einbau (und Antrieb)	Förder-geschwindig-keit (m/s)
Erzmulde (Trog)	12. bis 18.	0,6 · 0,3 · 0,05 0,4 · 0,2 · 0,03	0,002 bis 0,01	Holz	(mit Hand getragen)	0,3
Korb	12. bis 18.	geschätzt: 0,35m hoch 0,30m Durchmesser	0,02	Holzspangeflecht mit Holzbügel	(mit Hand getragen)	0,3
Laufkarren (Schubkarren)	15. bis 19.	0,5 · 0,3 0,2 (u. größer)	0,02 bis 0,07 (und größer)	Holz mit Eisen-beschlägen	Holzpfosten (von Hand geschoben: Karrenläufer)	0,5 (und kleiner)
Deutscher oder Spurnagelhund (auch Leitnagel-hund)	16. bis um 1850	1,2 · 0,7 · 0,7 0,8 · 0,3 · 0,4	0,1 bis 0,2	Holz mit Eisen-beschlägen	Holzlaufbahn mit Führungsrille (Hundschlepper)	0,5
Ungarischer Hund	1779 um 1850	1,2 · 0,3 · 0,4 bis 1,0 · 0,3 · 0,3	0,1 bis 0,2	Holz mit Eisen-beschlägen	Holzlaufbahn (Hundestößer)	0,5 (und größer)
Englische Förderwagen	1842 bis 1913	1,2 · 0,4 · 0,5 bis 0,8 · 0,3 · 0,4	0,1 bis 0,5	Grundgestell aus Eisen, Eisenräder mit Spurkranz, Kasten (mit Klap-pe) aus Holz oder Eisenblech	Eisenschienen auf Holzschwellen (Hundestößer, Pferd oder Pony)	1,4
Moderner Grubenhund	1937 bis 1969	1,1 · 0,7 · 0,9	0,4 bis 0,7	Eisen	Eisenschienen auf Holzschwellen (Fördermann oder Akku-Lok), Spur-weite 450 bis 600mm	2,5
Abbauhund (für Firstenstoßbau)	1950 bis 1969	0,85 · 0,5 · 0,5	0,2	trapezförmiger Eisenkasten, kipp-bar	Eisenschienen auf Holzschwellen (nur für Abbau-förderung)	0,5
Granbywagen	1963 bis 1969	2,2 · 0,8 · 0,6	1,0	Eisen, Kasten mit automatischer Sei-tenentleerung	Eisenschienen auf Holzschwellen (Elektro-Fahr-drahtlok)	2,8 bis 3,3

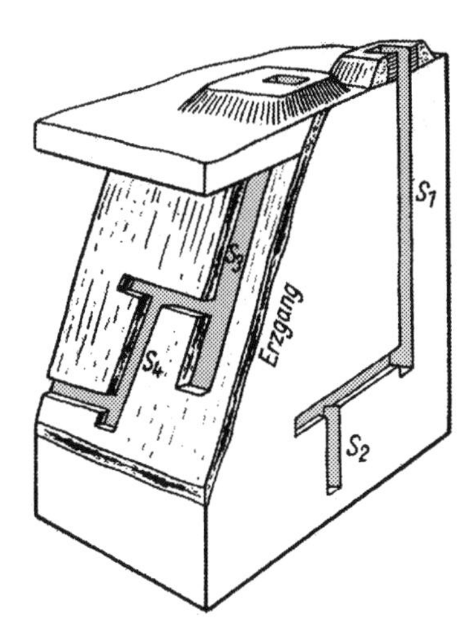

Abb. 12. Verschiedene Schächte in einem schematischen Blockbild

S_1, S_2 saigere (senkrechte) Schächte = Richtschächte, meist abgeteuft im Nebengestein, S_3, S_4 tonnlägige (geneigte) Schächte, stets abgeteuft im Erzgang und wie dieser geneigt; S_1, S_3 Tageschächte, übertage angesetzt, S_2, S_4 Blindschächte (S_2 Gesenk – ohne abgehende Strecke) von untertage aus abgeteuft, Schachtansatzpunkt übertage nicht sichtbar

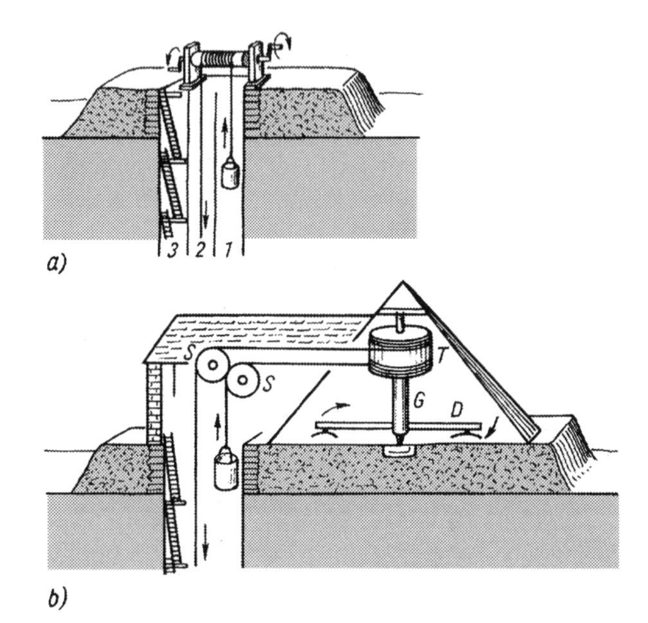

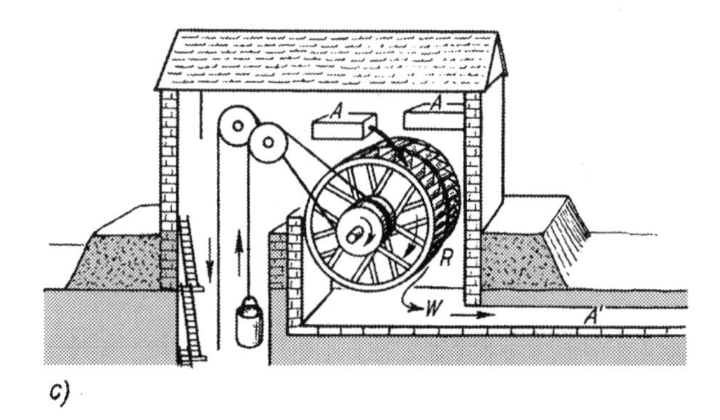

Schächte und den zu fördernden Mengen, sehr verschieden (Abb. 13 und Tabelle 3). Die Entwicklungslinie, die sich daraus ganz allgemein für die Geschichte der Schachtförderung ergibt, ist auch im Freiberger Revier nachweisbar. Sie ist in einigen Stufen durch technische Denkmale belegt, andere Stufen könnten an originalen Schächten künftig rekonstruiert werden.

Der Handhaspel, von zwei bis vier Mann (= 0,4 bis 0,8 PS) zu bedienen, bestand ursprünglich fast nur aus Holz und ermöglichte eine Förderung von Kübeln mit etwa 50 kg Erz oder Gestein aus maximal etwa 40 bis 45 m Tiefe. Damit reichte der Handhaspel in der ersten Hauptperiode des Freiberger Bergbaus als Fördermaschine für alle Gruben aus. Die Handhaspel-Schächte hatten einen Querschnitt von etwa 1 m Breite und 3 m Länge. Davon dienten zwei »Trümer« (Querschnittsteile) den aufwärts bzw. abwärts zu fördernden Kübeln, während im dritten »Trum« Fahrten (= Leitern) zum Einfahren der Bergleute in die Grube bzw. zum Ausfahren eingebaut waren (vgl. Abb. 13). Vor der Wit-

◂ Abb. 13. Entwicklung der Schachtfördermaschinen im Freiberger Erzbergbau

a) Handhaspel
1 und *2* Fördertrümer, *3* Fahrtrum (mit Fahrten = Leitern)

b) Pferdegöpel
T Seiltrommel (oder Korb), *G* Göpelwelle, *D* Deichsel, *S* Seilscheiben.

c) Wassergöpel
R Kehrrad, *A* Gerinne für Aufschlagwasser, *A'* Abfluß für verbrauchtes Aufschlagwasser *W*

d) Dampfförderanlage
K Kessel, *M* Dampfmaschine, *T* Seiltrommel

Sämtliche Schachteinbauten, insbesondere die Spurlatten zur Führung der Fördergefäße, sind der Vereinfachung wegen hier weggelassen.
Die Pfeile geben die Bewegungsrichtung an

terung geschützt waren die Handhaspel teils gar nicht, teils durch Bretterbuden, die Kauen. Diese bestanden entweder aus senkrechten Wänden mit flachem Pultdach (s. Tafelteil, Bilder 26 und 27) oder – besonders aus dem 19. Jahrhundert überliefert – aus einem bis zum Erdboden reichenden Satteldach.

Handhaspel wurden nicht nur in der ersten Hauptperiode des Freiberger Bergbaus, sondern bis ins 19. Jahrhundert dort angewandt, wo sie für die Schachttiefe und die geplante Förderleistung ausreichten. So ist ein zweimännischer Handhaspel aus der Zeit um 1870 vom 8. Lichtloch des *Rothschönberger Stollns* erhalten und heute museal auf der Lehrgrube *Alte Elisabeth* aufgestellt. Dieser Handhaspel zeigt allerdings den im 19. Jahrhundert erreichten Fortschritt im Maschinenbau: Er ist aus Eisen gefertigt, besitzt ein Zahnradgetriebe mit Übersetzung sowie eine Seiltrommel von etwa einem Meter Durchmesser und ermöglichte eine

Tabelle 3. Die Entwicklungsstufen der Schachtfördertechnik im Freiberger Revier (in anderen Revieren und Bergbauzweigen gab es stärkere Dampf- und Elektrofördermaschinen)

Schachtfördermaschine	Historischer Zeitraum	Maximale Schachttiefe (m)	Fördergeschwindigkeit (m/s)	Inhalt des Fördergefäßes (m^3)	Leistung der Fördermaschine (PS)/(kW)
Handhaspel	1168...etwa 1800	45 (ausnahmsweise bis 100)	0,1...0,2	0,05 bis 0,2	0,4...0,8 (0,3 bis 0,6)
Pferdegöpel	15. Jahrh. bis 1870 (letzter 1902)	250	0,3...0,65	0,3 bis 1,2	1...4 (0,7...3)
Wassergöpel (Kehrrad)	(erster 1563) 1769...1913	550	0,65...1,4	bis 1,2	10...15 (7,4 bis 11)
Dampffördermaschine	1844...1913	650 (ausnahmsweise mehr)	1,0...4,0	1,0 bis 1,5	8...80 (6 bis 60)
Elektrische Fördermaschine	1943...1970	700 (größere Tiefen möglich)	6,0...12,0	Gestell mit Hunden: $2 \cdot 0{,}6 = 1{,}2$ bis $4 \cdot 0{,}7 = 2{,}8$	625...875 (460...645)

höhere Förderleistung als zuvor die hölzernen Handhaspel.

Die nächst stärkere Fördermaschine war der Göpel, betrieben mit Menschen- oder Tierkraft (Pferde oder Ochsen). Der Pferdegöpel ist bildlich für den Bergbau von Kuttenberg (Kutna Hora/ČSSR) im späten 15. Jahrhundert belegt, ist aber mit Sicherheit auch im Freiberger Bergbau um 1500 benutzt worden. Beim Pferdegöpel drehten je nach Bedarf manchmal ein, höchstens acht, meist jedoch zwei Pferde die senkrechte Göpelwelle, auf der der Seilkorb angebracht war (Abb. 13). Auf diesem wickelten sich die Förderseile auf und ab. Das für jede Fördermaschine erforderliche Umsteuern (Betrieb der Maschine in der Gegenrichtung) erfolgte durch Umspannen der Pferde. Da die Göpel – im Gegensatz zum Handhaspel – nicht einfach über den Schacht gesetzt werden konnten, wurden die Förderseile über zwei Seilscheiben zum Schacht und in diesen hineingeführt. Daraus resultierte die für Pferdegöpel typische Industriearchitektur, und zwar so, daß sich der technologische Prozeß in der architektonischen Gestaltung widerspiegelt: Dem Zeltdach über der »Rennbahn« der Pferde ist seitlich das eigentliche Schachthaus angefügt, das – abgeleitet vom Treiben der Pferde – hier und bei Anwendung anderer Fördermaschinen Treibehaus genannt wurde. Dabei gab es baulich folgende Typen: Dem rauhen Klima des oberen Erzgebirges gemäß besaßen die Pferdegöpel von Schneeberg, Annaberg, Marienberg und Johanngeorgenstadt – so wie bei Agricola dargestellt – ein bis zum Erdboden geschlossenes Zeltdach (s. Tafelteil, Bild 28). Die Rennbahn der Freiberger Pferdegöpel dagegen war meist und zumindest seit dem 18. Jahrhundert offen, und nur Göpelwelle und Seilkorb waren durch ein kleines Zeltdach geschützt (s. Tafelteil, Bild 29).

Pferdegöpel wurden auf Schachtanlagen, wo ihre Leistung ausreichte, im Freiberger Revier noch bis 1849 errichtet und bis 1902 betrieben. Als letzte Pferdegöpel wurden 1899 der auf dem Prinz Leopold Schacht (ehemalige Halde an der Fernverkehrsstraße F 101, am Abzweig zum Narva-Betriebsgelände bei Brand-Erbisdorf) (s. Tafelteil, Bild 29) und um 1920 der auf der Grube *Friedrich August* bei Mulda – Randeck abgebrochen. Konstruktionsunterlagen von Freiberger Pferdegöpeln sind in solchem Maße erhalten, daß die denkmalpflegerische Rekonstruktion eines Beispiels dieser historisch wichtigen Entwicklungsstufe der Schachtförderung möglich ist.

Leistungsfähiger als der Pferdegöpel ist der sogenannte Wassergöpel (Abb. 13), wobei das Wort »Göpel« nun mit Förderanlage gleichgesetzt wurde. Er wird von einem Kehrrad angetrieben, einem Wasserrad mit zwei einander gegenläufigen Beschaufelungen. Je nachdem, welche Beschaufelung mit Wasser beaufschlagt wurde, drehte sich das Kehrrad rechts oder links herum, ließ sich im Drehsinn also um»kehren«, umsteuern. Kehrräder wurden je nach verfügbarer Wassermenge und Fallhöhe und benötigter Leistung bis etwa 12 m Durchmesser und 2 m Breite gebaut und über- oder untertage installiert. Schon Agricola wies 1556 auf den Einbau der Kehrräder untertage hin. Daraus resultierte als technisches Problem die Anordnung der Seiltrommel und die Kraftübertragung vom Kehrrad zur Seiltrommel (Abb. 14). Im 16. Jahrhundert wickelte sich das Förderseil sogleich auf die verlängerte Kehrradwelle auf (s. Tafelteil, Bild 30). Im 18. Jahrhundert förderte man Erz und Gestein mit einem untertägigen Kehrrad bis übertage, indem man von Kurbeln am Kehrrad aus die Bewegung mit Gestängen nach übertage auf die Seiltrommel übertrug, so z. B. im Schreiberschacht der Grube *Churprinz* bei Großschirma. Im 19. Jahrhundert wurden die Gestänge wieder überflüssig, indem man zu der bei Agricola dargestellten Anordnung zurückkehrte, von den nun aus Eisen gefertigten Seiltrommeln aus die Förderseile zunächst nach übertage und dort über Seilscheiben in den Schacht leitete. Ein Beispiel dafür ist die Kehrradanlage der *Roten Grube* in Freiberg (s. Tafelteil, Bilder 31 bis 34). Wassergöpel dieser Art waren noch im 19. Jahrhundert im Freiberger Bergbau rationell im Einsatz. Im Jahre 1863 wurde der letzte Freiberger Wassergöpel, der des Ludwigschachtes im Muldental, gebaut, und der der *Roten Grube* war noch 1944 zur Förderung von Material in Betrieb. Seine Stillegung erfolgte nicht aus technischen Gründen, sondern durch einen Bombentreffer auf das Schachtgebäude. Als im 19. Jahrhundert Turbinen in den Freiberger Bergbau eingeführt wurden, konstruierte man auch solche nach dem Kehrradprinzip und setzte sie als Fördermaschinen ein.

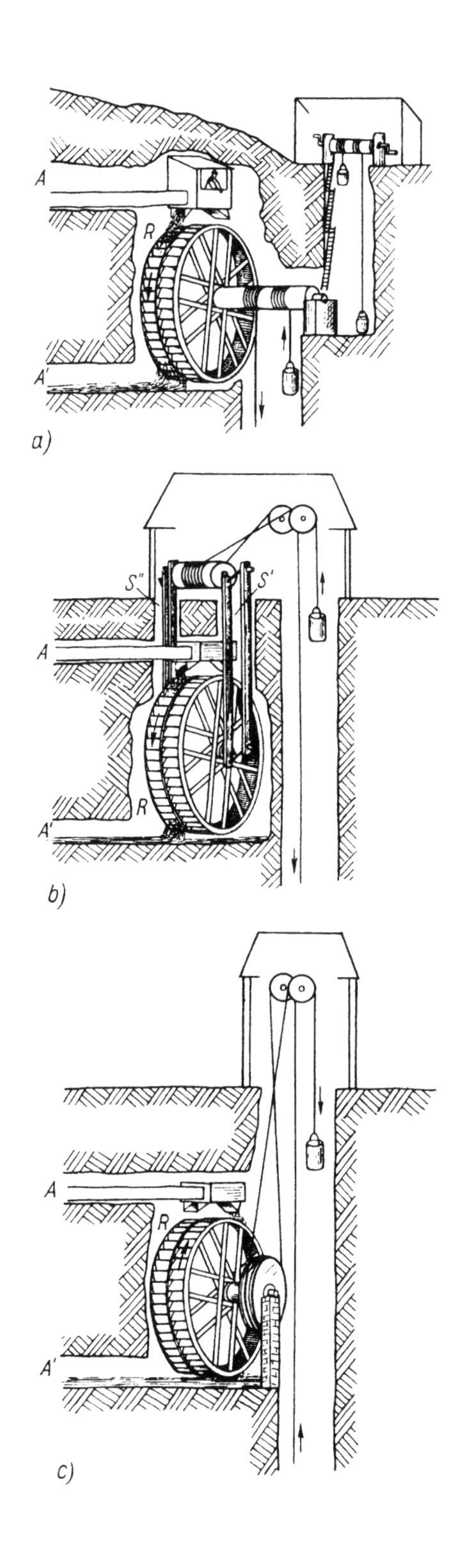

Abb. 14. Konstruktive Entwicklung der Wassergöpel vom 16. bis zum 19. Jahrhundert

a) 16. Jahrhundert: Verlängerte Kehrradwelle wirkt als Seilkorb, von dort bis übertage wird mit Handhaspel gefördert (Beispiel: Kehrrad bei AGRICOLA)

b) 18. Jahrhundert: Seilkorb separat übertage, Kraftübertragung vom Kehrrad über Gestänge in besonderen Gestängeschächten (*S'* und *S''*) (Beispiele: Schreiberschacht der Grube *Churprinz*, Großschirma, Reicheltschacht, *Himmelsfürst* bei Erbisdorf)

c) 19. Jahrhundert: Seilkorb (nun Eisen), in Verlängerung der Kehrradwelle und Seile über Seilscheiben übertage geführt (Beispiele: Abrahamschacht, *Rote Grube* in Freiberg). *A* Aufschlagrösche, *A'* Abzugsrösche, *R* Radstube. Die Pfeile geben die Bewegung des Kehrrades und der Förderseile an.

Daß im Freiberger Revier ab 1844 Dampfförderanlagen gebaut wurden, hat seinen Grund nicht in technischer Unzulänglichkeit der Wassergöpel, sondern in deren durch das Wasserangebot absolut begrenztem Leistungsvermögen. Dampfmaschinen wurden im Freiberger Bergbau so spät eingeführt, weil bis um 1850 im Freiberger Revier die Wasserkraft billiger als die Dampfkraft war, wie 1829 BRENDEL und 1851 SCHWAMKRUG berechneten (Tabelle 4). Der hohe Brennstoffverbrauch und der teure Antransport der Kohlen führten dazu, daß hier die Dampfkraft ökonomisch ungünstiger war. Historisch ersetzte sie also im Freiberger Revier nicht die Wasserkraft, sondern ergänzte diese (Tabelle 5). Im 19. Jahrhundert, als Parallelerscheinung zur Industriellen Revolution, mußte aus den Freiberger Gruben mehr Erz und Gestein gefördert werden, als mit den Wassergöpeln zu bewältigen war. Als 1844 weiteres Wasser zur Anlage neuer Wassergöpel nicht mehr zu beschaffen war, baute man deshalb auf der Grube *Reicher Bergsegen* südlich Brand-Erbisdorf die erste Dampfförderanlage des Freiberger Reviers. Die zweite erhielt aus gleichem Grunde 1847 der Lade des Bundes Schacht, die dritte folgte 1848 auf dem Schacht Alte Elisabeth der *Himmelfahrt Fundgrube* am Stadtrand von Freiberg. Es waren Balancierdampfmaschinen, sie entsprachen in der Gesamtanordnung also noch den Maschinen, die JAMES WATT um 1780 in England entwickelt hatte (Abb. 15, Bild 165). Bald stellte

Tabelle 4. Vergleich der Wirtschaftlichkeit von Wasserkraft und Dampfkraft im Freiberger Erzbergbau in den Jahren 1829 und 1851 (nach Angaben von Chr. Fr. Brendel und F.W. Schwamkrug im Jahrbuch f. d. sächs. Berg- und Hüttenmann (1829), S.210, u. (1851), S.1, sowie Wagenbreth 1968)

A) Brendel 1829 Benutztes Beispiel	Kosten der Wasserkraft	Kosten der Dampfkraft
Analyse von 43 Kunstgezeugen des Freiberger Erzbergbaus: Gesamtleistung etwa 1 100 PS, Betriebskosten gesamt	326 192 Thaler/Jahr	
Alle Kunstgezeuge auf Dampfmaschinen umgerechnet:		
Investitionen		555 880 Thaler
Brennstoffbedarf		ca. 380 000 Thaler/Jahr
Gesamtbetriebskosten		ca. 422 229 Thaler/Jahr
Betriebskosten	**296 Thaler/PS und Jahr**	**384 Thaler/PS und Jahr**

B) Schwamkrug 1851 Benutztes Beispiel	Kosten der Investition Thaler/PS	Wasserkraft Betriebskosten (mit 5% Amortisation) Thaler/PS und Jahr	Kosten der Dampfkraft Thaler/PS und Jahr
Analyse von 10 Anlagen der bergmännischen Wasserwirtschaft im Freiberger Revier			
1. Vergrößerung der Fallhöhe in den Gruben *Herzog August* und *Beschert Glück* (55 PS)	1 819,05	98,45	

Fortsetzung Tabelle 4

B) Schwamkrug 1851 Benutztes Beispiel	Kosten der Investition Thaler/PS	Wasserkraft Betriebskosten (mit 5% Amortisation) Thaler/PS und Jahr	Kosten der Dampfkraft Thaler/PS und Jahr
2. Erweiterung des Dittmannsdorfer Teichs und der zugehörigen Kunstgräben (112 PS)	1 998,00	111,22	
3. Neuer Kanal der Grube *Churprinz* (23 PS)	2 393,28	143,42	
4. Aufschlagrösche der Grube *Emanuel Erbstolln* (22 PS)	2 095,73	112,29	
5. *Wernerstolln* in Grube *Morgenstern* (43 PS)	1 426,60	86,56	
6. *Adolphstolln* in Grube *Romanus* (113 PS)	2 136,15	114,31	
7. Grabentour bei Krummenhennersdorf (58 PS)	1 368,84	77,58	
8. Verbesserung des Kunstgrabensystems (500 PS)	862,06	52,31	
9. *Treue Sachsen Stolln* in den Gruben *Churprinz* und *Christbescherung* (98 PS)	2 050,58	110,03	
10. Himmelfahrter Kunstgraben (47 PS)	1 291,63	75,11	

Fortsetzung Tabelle 4

B) SCHWAMKRUG 1851 Benutztes Beispiel	Kosten der Investition Thaler/PS	Wasserkraft Betriebskosten (mit 5 % Amortisation) Thaler/PS und Jahr	Kosten der Dampfkraft Thaler/PS und Jahr
Durchschnitt	1744,19	**101,11**	
Bei Dampfmaschinen:			
Aufwand für Kohlen (je nach Maschine)			75,7...238
Gesamtaufwand			90...290
im Durchschnitt			**130...250**

man jedoch Dampffördermaschinen mit liegenden Zylindern auf, die seitdem bis 1913 in der Schachtförderung vorherrschten (Tabelle 5, Abb. 15, Tafelteil, Bilder 35 bis 37). Später setzte man auch modernere Dampffördermaschinen ein, so z. B. die Bobine als spezielle Einrichtung zur Förderung aus großer Tiefe (Abb. 15). Legten sich bei den gewöhnlichen Seiltrommeln die runden Förderseile beim Aufwärtsgang nebeneinander, so daß der an der Trommel wirksame Hebelarm stets der gleiche blieb, so wickelte sich auf der schmalen Bobine das dort verwendete Flachseil spiralförmig übereinander. Damit erzielte man bei der Förderung aus großer Tiefe nach dem Hebelgesetz einen Ausgleich des Seilgewichts. War ein Fördergefäß in großer Tiefe, hatte die Maschine also zusätzlich zu diesem das entsprechend hohe Seilgewicht zu heben, so wirkte das Produkt aus großer Last und kleinem Lastarm – umgekehrt beim anderen Fördergefäß, das sich in geringer Tiefe befand.

Die Fördergefäße selbst hatten eine Entwicklung in Abhängigkeit von der Leistung der Fördermaschinen. Mit Handhaspeln konnte man nur kleine Kübel fördern, mit Pferdegöpeln und Wassergöpeln größere. Konstruktiv entsprachen diese den kleinen oder wurden als kastenförmige Tonnen gestaltet, die – besonders bei schrägen Schächten – mit Rollen zwischen sogenannten Spurlatten oder Leitbäumen liefen oder seit

Tabelle 5. Die Freiberger Schachtförderanlagen 1826 bis 1910 (nach dem Jahrbuch für den sächs. Berg- und Hüttenmann)

Jahr	Handgöpel	Pferdegöpel	Wassergöpel		Dampffördermaschine	Bemerkungen
			Kehrrad	Turbine		
1826	–	13	15	–	–	nur konventionelle Maschinen
1830	–	12	16	–	–	desgl.
1835	–	11	15	–	–	desgl.
1840	1	9	17	–	–	desgl.
1845	3	6	18	1	1	1. Turbinengöpel 1843 *Gesegnete Bergmanns Hoffnung*, 1. Dampfmaschine 1844 *Reicher Bergsegen*
1850	3	7	22	1	4	2 Dampffördermaschinen mit Kunstgezeugen gekoppelt
1855	2	8	17	2	9	nun auch SCHWAMKRUG-Turbinen
1860	1	7	16	2	16	ab 1855 bis 1860 verstärkter Einsatz der Dampfkraft zusätzlich zur Wasserkraft
1965	1	9	15	3	15	
1870	–	9	15	3	20	dazu 1 Wassersäulen-Fördermaschine
1875	–	3	13	5	23	dazu 1 Wassersäulen-Fördermaschine
1880	–	2	14	2	25	
1885	–	3	15	1	21	Dampffördermaschinen: 1887 (für 1885 im Jahrbuch fehlerhaft: 2)

Fortsetzung Tabelle 5

Jahr	Handgöpel	Pferdegöpel	Wassergöpel		Dampffördermaschine	Bemerkungen
			Kehrrad	Turbine		
1890	–	2	6	1	24	dazu 3 Wassersäulen-Fördermaschinen
1895	–	2	4	–	23	dazu 3 Wassersäulen-Fördermaschinen
1900	–	1	1	–	15	dazu 1 Wassersäulen-Fördermaschine; Stillegung der ersten größeren Gruben!
1905	–	–	1	–	11	dazu 1 Wassersäulen-Fördermaschine
1910	–	–	1	–	11	1913 erste Stillegung des Freiberger Bergbaus

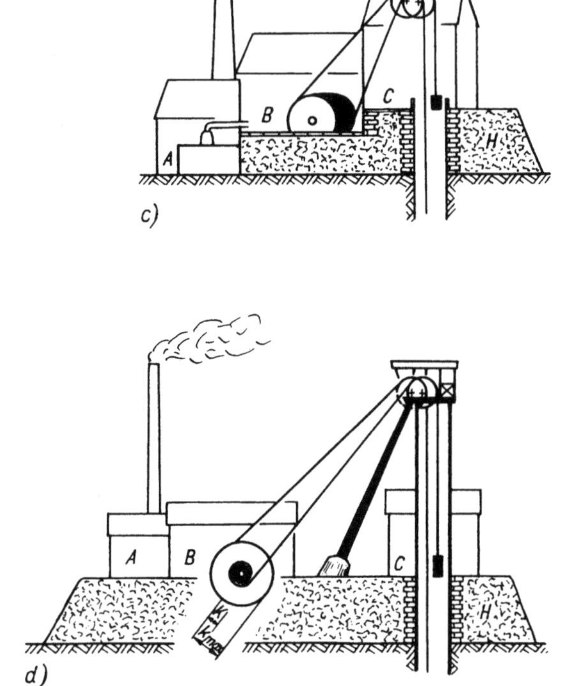

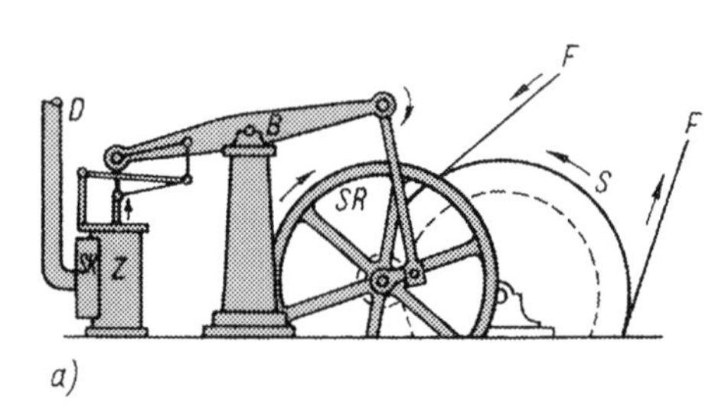

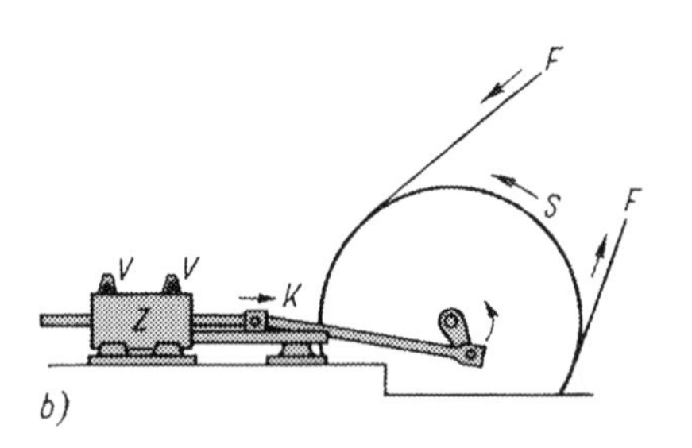

Abb. 15. Entwicklungsstufen der Freiberger Dampfförderanlagen in Schemaskizzen
oben: Fördermaschinen
unten: Gesamtanlage

a) Balancierdampffördermaschine mit Schwungrad *(SR)* und Getriebe *(gestrichelt)*

b) liegende Dampffördermaschine, direkt auf Seiltrommel wirkend
Z Zylinder, *D* Dampfzuleitung, *SK* Schieberkasten, *V* Ventile (*SK* u. *V* Steuerungen), *B* Balancier, *K* Kreuzkopf, *S* Seiltrommel, *F* Förderseile

c) ältere Dampfförderanlage (um 1850) mit Seiltrommel und massiven Gebäuden

d) Dampfförderanlage mit hohem Stahl-Fördergerüst und Bobine
A Kesselhaus, *B* Maschinenhaus, *C* Schachthaus (»Treibehaus«) – Schachteinbauten nicht dargestellt –, *H* Halde
An der Bobine: *K* derzeitiger Kraftarm des spiralförmig aufgewickelten Flachseils, K_{max} größter Kraftarm

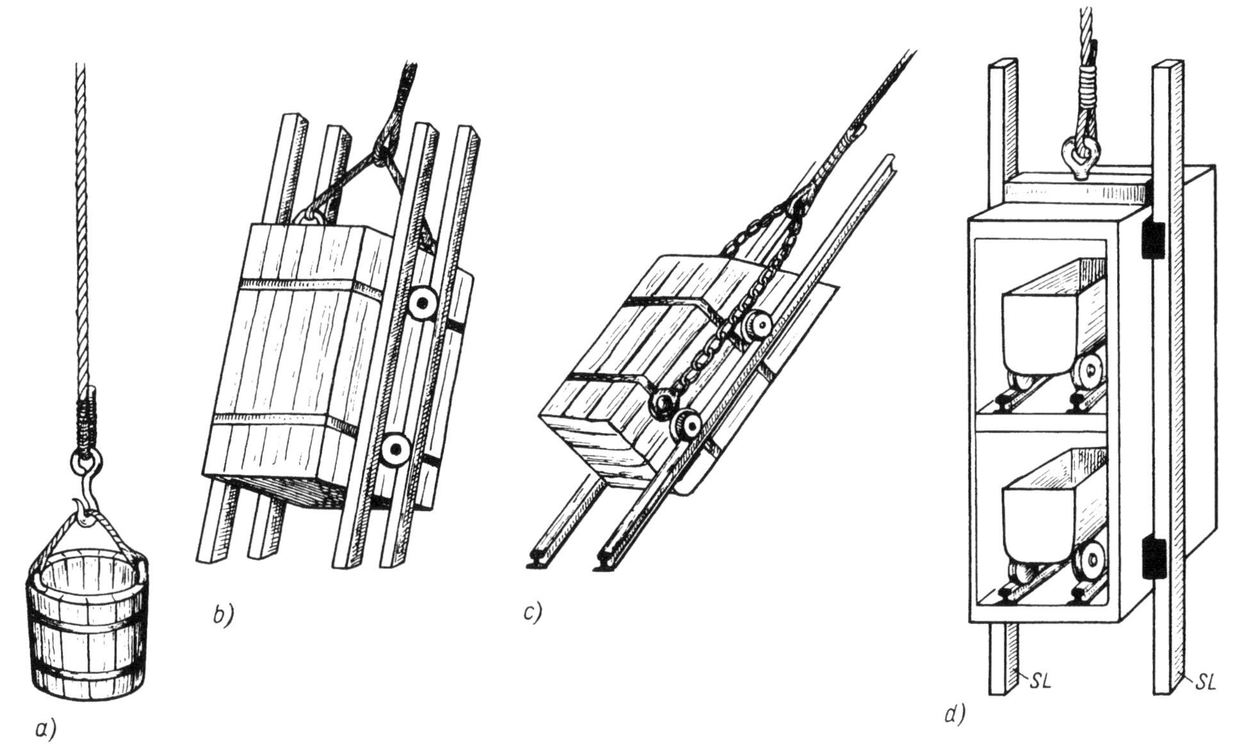

Abb. 16. Historische Entwicklung der Schacht-Fördergefäße im Freiberger Bergbau

a) Kübel

b) Tonne mit Rollen zwischen Leitbäumen in einem »tonnlägigen« Schacht

c) Tonne mit Rädern auf Schienen in einem tonnlägigen Schacht (Vorläufer des Skips)

d) Fördergestell mit zwei Etagen mit je einem Hund, zwischen Spurlatten *(SL)* geführt (Fördergestelle hatten eine bis vier Etagen mit je einem bis zwei Hunden)

1829 gar mit Rädern auf Schienen, die steil im Schacht eingebaut waren. Im 19. Jahrhundert folgte dann in vielen Schächten des Freiberger Reviers wie in anderen Revieren auch die Gestellförderung (Abb. 16). Bei dieser wurden Erz und Gestein in der Hauptförderstrecke in Hunde abgefüllt, diese ohne nochmaliges Umladen mit dem Fördergestell im Schacht nach übertage gefördert und dort in die Aufbereitung bzw. auf die Halde gefahren (Abb. 16).

In der letzten Betriebsperiode des Freiberger Bergbaus rüstete man, dem allgemeinen Stand der Bergbautechnik gemäß, die Fördermaschinen mit Elektromotor aus (Tabelle 3). In den letzten Betriebsjahren wurden bei einigen Förderanlagen die Seiltrommeln durch »Koepe-Scheiben«, d. h. durch Förderaggregate mit endlosem Seil und zwischengeschalteten Fördergestellen, ersetzt.

Die Schächte dienten nicht nur der Förderung von Erz und taubem Gestein, sondern auch der Wetterführung, d. h. der Zufuhr frischer Luft nach untertage und der Ableitung verbrauchter Luft aus der Grube. Die Schächte enthielten auch die Einrichtungen zum Ein- und Ausfahren der Bergleute, die Pumpen und Gestänge für die Wasserhebung und Signaleinrichtungen sowie in der letzten Bergbauperiode Kabel und Rohrleitungen für Wasser und Druckluft. Dem Ein- und Ausfahren der Bergleute dienten die »Fahrten« (= Leitern) oder in tiefen Schächten mit großer Belegschaft

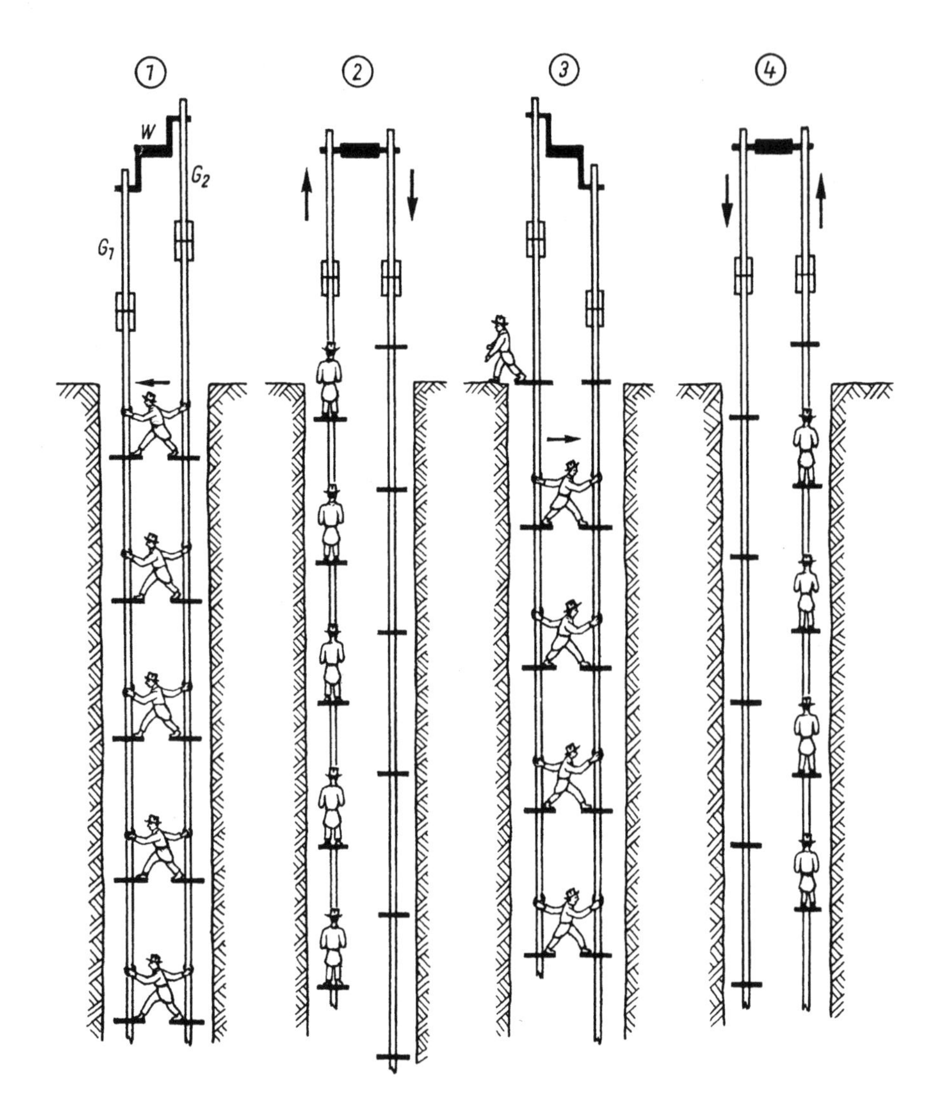

Abb. 17. Schemaskizzen zur Wirkungsweise einer Fahrkunst beim Ausfahren der Bergleute aus dem Schacht

W Kurbelwelle, angetrieben von Wasserrad oder Dampfmaschine, G_1 G_2 die beiden auf und ab gehenden Gestänge der Fahrkunst
1 und *3* Totpunkte der Gestängebewegung: Die Bergleute treten zu dem dann aufsteigenden Gestänge über bzw. oben aus dem Schacht heraus, *2* das linke Gestänge wird mit Bergleuten gehoben, *4* das rechte Gestänge wird mit Bergleuten gehoben. Zur Sicherheit waren in den Fahrkunstschächten zusätzlich »Fahrten« (= Leitern) eingebaut

die Fahrkünste, die 1833 im Zellerfelder Bergbau erfunden und in Freiberg erstmals 1853 in den Abrahamschacht eingebaut worden sind. Dies waren Gestänge, die mit ihrer auf- und abgehenden Bewegung Bergleute emporhoben oder herabließen, wenn diese im Rhythmus der Gestängebewegung hinüber- und herübertraten (Abb. 17). Die Signaleinrichtungen dienten vor allem der Verständigung der im Schacht arbeitenden Bergleute mit dem Fördermaschinisten. Mit der 1887 im Abrahamschacht der *Himmelfahrt Fundgrube* bei Freiberg installierten elektrischen Signaleinrichtung ist erstmalig die Elektrotechnik für den sächsischen Erzbergbau nutzbar gemacht worden.

5.3. Wasserhaltung

Schon in der ersten Hauptperiode des Freiberger Bergbaus bereitete das Grundwasser dem Bergbau Schwierigkeiten. Bei etwa 15 und mehr Metern Tiefe sickerte aus den Klüften des Gesteins den Gruben so viel Wasser zu, daß die Bergleute Mittel ersinnen mußten, die Erzabbaue und Schächte vom Wasser zu befreien. Sicher hat man es zunächst mit Eimern oder Töpfen ausgeschöpft. Das band Arbeitskräfte für einen an sich unproduktiven Zweck und minderte die Arbeitsproduktivität und damit die Reingewinne des Bergbaus. In der Zeit um 1600 z. B. wurden im Freiberger Bergbau 2000 Wasserknechte beschäftigt.

Schon in der ersten Hauptperiode des Freiberger Bergbaus kam man deshalb auf die Idee, Stolln von benachbarten Tälern aus unter die Gruben vorzutreiben, um dem Wasser einen Abfluß zu verschaffen. Solche Stolln brachten, wenn genügend weit vorgetrieben, mehreren Gruben Wasserlösung (Abb. 18), erforderten aber auch einen solchen Einsatz von Kapital und Arbeitskräften, daß sie nicht von einzelnen Grubenbesitzern, sondern im Regelfall von selbständigen Unternehmern, den Stöllnern bzw. Erbstöllnern, betrieben wurden, die zu den Fundgrübnern in besondere Rechtsbeziehung traten (vgl. Seite 26).

Der älteste im Freiberger Revier urkundlich genannte Stolln ist der Stolln von Tuttendorf zur *Reichen Zeche*, der spätere *Fürstenstolln* (Abb. 18). Dessen Vortrieb muß schon vor 1384 begonnen worden sein, denn in jenem Jahr übernahmen die Meißner Markgrafen BALTHASAR und WILHELM sowie die drei Söhne von FRIEDRICH DEM STRENGEN, FRIEDRICH, WILHELM und GEORG, den Stollnbau in eigene Rechnung. Der Stolln erhielt bald den Namen *Alter Fürstenstolln*, wogegen als *Tiefer Fürstenstolln* ein im ausgehenden Mittelalter etwa in gleichem Verlauf, aber mit weniger Ansteigen und daher tiefer vorgetriebener Stolln bezeichnet wurde. In der Folgezeit wurden beide Namen im Sprachgebrauch verschmolzen, so daß seitdem für alle Stollnbereiche, die in diesem Niveau liegen, der Name *Alter Tiefer Fürstenstolln* üblich geworden ist. Mit Sicherheit sind im 13. bis 15. Jahrhundert noch mehrere kleinere Stolln im Freiberger Revier angelegt worden, so insbesondere der *Weiße Taube Stolln*, der *Brand Stolln*, der *Thelersberger Stolln* bei Brand-Erbisdorf, der *Hohe Birke Stolln* südlich von Freiberg (Tabelle 6 u. Abb. 18). Die erste urkundliche Erwähnung dieser Stolln entstammt dem 15. bis 16. Jahrhundert, betrifft aber in jedem Fall die Wiederaufnahme des schon früher, also spätestens im 15. Jahrhundert begonnenen Stollnbaus. Drang der Bergbau weiter unterhalb der Stollnsohle in die Tiefe vor (Abb. 18), dann stand wieder die Aufgabe der Wasserhebung, wenn auch nicht bis übertage, sondern nur bis auf die Stollnsohle, wo das Wasser abfließen konnte. Je größere Tiefen der Bergbau erreichte, desto stärker war in der Freiberger Bergbaugeschichte auch die Tendenz zur Anlage tieferer Stolln. Die Wahl eines neuen Stollnansatzpunktes war im Grunde eine von lokalen Faktoren und vom Bergrecht (s. Seite 26: Erbstolln) modifizierte Optimierungsfrage. Dem Nachteil größerer Länge und damit höherer Anlagekosten standen bei einem tieferen Stolln drei Vorteile gegenüber (Abb. 18). Erstens brauchte aus den Abbauen zwischen den beiden Stolln das Wasser nicht mehr gehoben zu werden, sondern floß auf dem tieferen Stolln ab. Zweitens brauchte das Wasser aus den Grubenbauen unter dem tiefen Stolln weniger hoch gehoben zu werden. Und drittens stand der Höhenunterschied zwischen den Stolln – seitdem man Wasserhebemaschinen mit Wasserkraft betrieb – zum Einbau von Wasserrädern zur Verfügung, erhöhte also die dem Bergbau verfügbare Energie. Das war, als man im 16. Jahrhundert mit dem Bergbau stellenweise schon hundert bis zweihundert Meter tief unter die damaligen Stolln vordrang, eine Existenzfrage des Freiberger Bergbaus. Je tiefer darunter die tiefsten Erzabbaue lagen, desto weniger war die Wasserhebung durch manuelles Schöpfen und Heben zu bewältigen, sondern erforderte den Einsatz von Wasserhebemaschinen. Der in dieser Hinsicht entscheidende Sprung in der Entwicklung der Wasserhebetechnik vollzog sich im erzgebirgischen Bergbau im 16. Jahrhundert.

Aus den Jahren 1365 und 1379 sowie aus dem 15. Jahrhundert sind Verträge mit auswärtigen Technikern bekannt, die in Freiberger Gruben Wasserhebungsmaschinerien bauen sollten. Einige hatten zuviel versprochen und flohen vor Vollendung ihres Werkes, nachdem sie Vorschuß erhalten hatten. Von anderen sind Wirkungsweise und Effekt der Maschinen nicht bekannt. In seinem Buch »De re metallica« (1556) beschreibt GEORGIUS AGRICOLA die im 16. Jahrhundert üblichen und wohl auch in Freiberg zunächst vereinzelt angewandten Maschinen (Abb. 19). Einige waren Becher- und Kannenwerke mit endlosen Ketten. Die mit

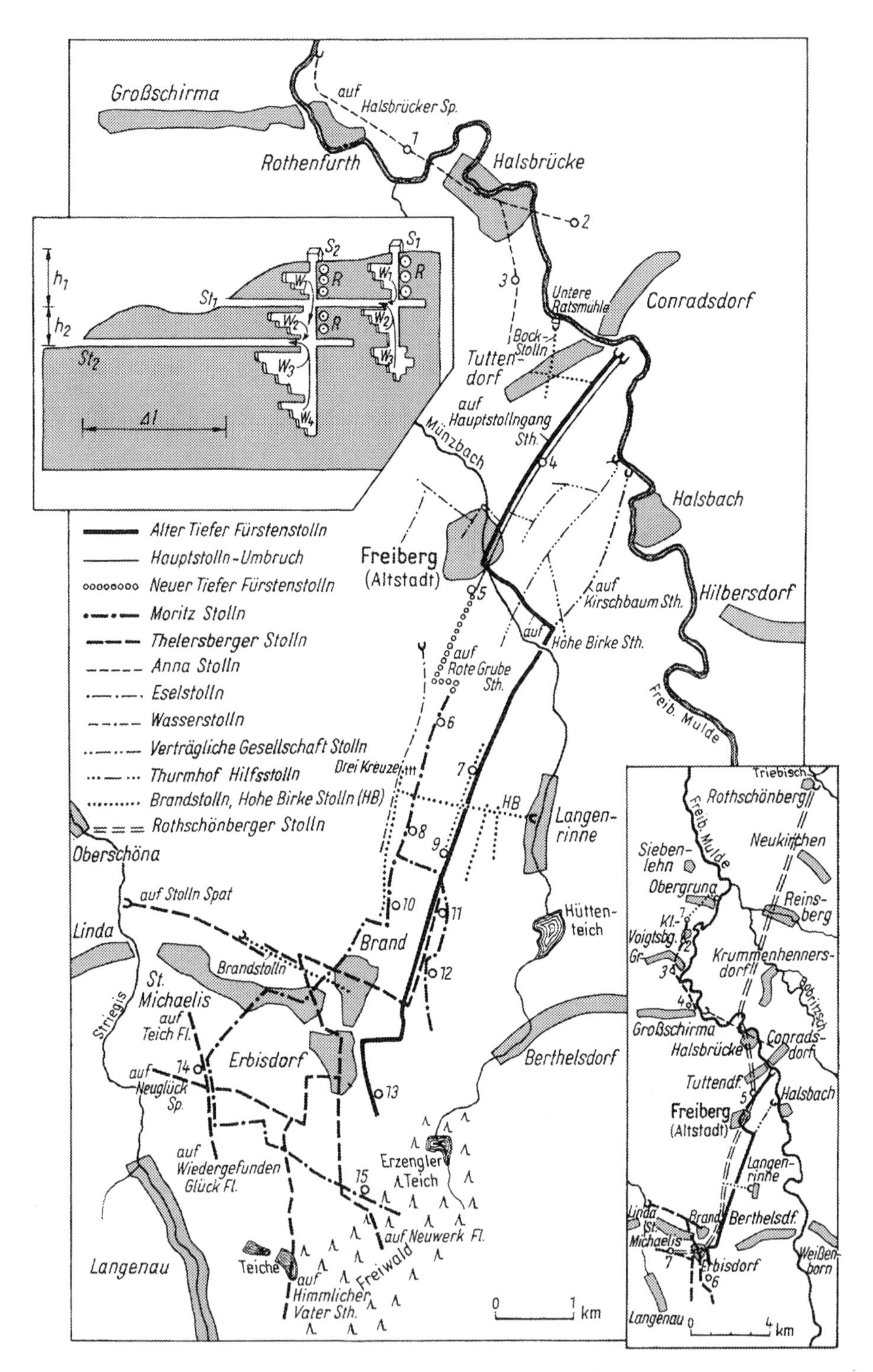

Abb. 18. Die Stolln des Freiberger Erzbergbaus

Gemäß der verschiedenen Höhe der Stollnmundlöcher liegen die Stolln im Revier in sehr unterschiedlicher Tiefe, so z. B. bei Halsbrücke der *Anna Stolln* etwa 50 m und der *Rothschönberger Stolln* 125 m tief, bei Freiberg der *Alte Tiefe Fürstenstolln* etwa 90 m und der *Rothschönberger Stolln* 200 m tief, bei Brand-Erbisdorf (Grube *Himmelsfürst*) der *Thelersberger Stolln* etwa 80 m, der *Moritzstolln* 135 m und der *Rothschönberger* 250 m tief.

◀ *Schematische Detailzeichnung links:* Der ältere, höhere und kürzere Stolln St_1 ermöglicht aus den Schächten S_1 und S_2 den Abfluß der Grubenwässer W_1 und den Betrieb von je drei Wasserrädern in der Fallhöhe h_1 zum Heben der Grubenwässer unter dem Stolln. Der jüngere, tiefere und um Δl längere Stolln St_2 ermöglicht den Abfluß des Grubenwassers W_2 aus dem Schacht S_2 schon jetzt, aus dem Schacht S_1 später (nach weiterem Stollnvortrieb) sowie im Schacht S_2 den Betrieb von zwei weiteren Wasserrädern in der Fallhöhe h_2.
In Schacht S_2 muß mit fünf Wasserrädern W_3 und W_4 auf Stolln St_2 gehoben werden, in Schacht S_1 mit drei Rädern W_2 und W_3 auf Stolln St_1
Detailkarte rechts unten: Übersichtskarte der wichtigsten Freiberger Stolln. Stark ausgezogen: *Alter Tiefer Fürstenstolln,* stark gestrichelt: *Thelersberger Stolln,* dünn punktiert: *Hohe Birke Stolln* oder *Hüttenstolln,* Strich-Doppelpunkt: *Verträgliche Gesellschaft-Stolln,* dünn gestrichelt: *Anna Stolln,* Doppelstriche: *Rothschönberger Stolln,* bei *1 (Gesegnete Bergmanns Hoffnung): Tiefe Hilfe Gottes Stolln,* bei *2, 3, 4 (Alte Hoffnung Gottes, Christbescherung, Churprinz): Treue Sachsen Stolln.* Weitere Gruben: *5 Reiche Zeche, 6 Reicher Bergsegen, 7 Himmelsfürst*
Hauptkarte: Signaturen etwa wie auf Übersichtskarte; Gruben bzw. Schächte: *1 St. Anna samt Altväter, 2 Lorenz Gegentrum, 3 Oberes Neues Geschrei, 4 Reiche Zeche, 5 Rote Grube, 6* Herzog August Neuschacht, *7* Stollnhaus Zug *(Tiefer Fürstenstolln in Emanuel), 8* Dreibrüderschacht, *9 Hohe Birke* (Obergöpel-Schacht), *10 Beschert Glück, 11* Constantinschacht, *12* Mendenschacht der *Mordgrube, 13* Neuglück und Drei Eichen, *14* Frankenschacht von *Himmelsfürst, 15 Reicher Bergsegen*

Tabelle 6. Die wichtigsten Stolln des Freiberger Bergreviers, im wesentlichen nach dem Alter geordnet (nach Gätzschmann, Trebra u. a.)

Bezeichnung Lage	Bauzeit	Höhe des Ansatzpunktes (Endpunktes) (m ü NN)	Länge Haupttrakt (Stollnflügel) (km)	Bemerkungen gelöste Gruben
A) Stolln aus der ersten Hauptperiode				
Hauptstolln später *Alter Tiefer Fürstenstolln* (Muldental oberhalb Tuttendorf)	vor 1384 (bis 19.Jh.)	314,9 ab 1613: 321,3	10,0 (30,1)	auf Hauptstollngang vorgetrieben: bis ins 19.Jh. wichtigster Freiberger Stolln
Wasserstolln (Ansatzpunkt Freiberg, Olbernhauer Straße)	wohl vor 1425		ca. 2	zur Wasserversorgung der Stadt Freiberg, bis Dreibrüderschacht, angeblich bis *Mordgrube* (?)
Eselstolln (westlicher Abzweig vom *Alten Fürsten Stolln,* im Gebiet vom *Löfflerschacht*)	14.Jh. bis 19.Jh.	347 (363)	1,9 (0,9)	bis ins Gebiet Weisbachstraße–Merbachstraße
Hermser Stolln (östlicher Abzweig vom *Alten Fürsten Stolln* im Gebiet vom *Löfflerschacht* in Richtung Zug)	14.Jh. bis 19.Jh.	346 (369)		der Name ist jünger und von der 1566 verliehenen Grube *Hermes* abgeleitet. Besonders wichtig für *Hohe Birke* Gruben
Storenberger Stolln (Rammelsberg bei Muldenhütten)	vor 1384	?		Lokale Bedeutung für die Gruben im Rammelsberg
Bockstolln (Muldental unterhalb Tuttendorf)	14.Jh.	312,3		1512 erstmals genannt, um 1550 als »uralter Stolln« bezeichnet, 1543 von Simon Bogner weitergetrieben

Fortsetzung Tabelle 6

Bezeichnung Lage	Bauzeit	Höhe des Ansatzpunktes (Endpunktes) (m ü NN)	Länge Haupttrakt (Stollnflügel) (km)	Bemerkungen gelöste Gruben
B) Stolln aus der zweiten Hauptperiode				
Hohebirker Stolln 17.Jh.: *Hüttenstolln* (Münzbachtal bei Langenrinne)	vor 1516...1565, 17.Jh.	etwa 400	etwa 3,0	1516 neu verliehen, 1542 bis *Hohe Birke obere 8.Maß, Daniel* und *Neuer Thurmhof* u.a. Gänge bei Zug
Brandstolln (oberhalb der Kirche von St.Michaelis)	1467 vorhanden (bis 19.Jh.)	425	etwa 5 (15 bis 20)	wichtigster alter Stolln für das Brander Revier, genauer Verlauf und Gesamterstreckung heute unbekannt
Thelersberger Stolln (Striegistal bei St.Michaelis)	vor 1526 (bis 19.Jh.)	391,7 (Rösche: 389,1)	6,7 (1802: 47,9)	vom 16. bis ins 19.Jh. wichtigster Stolln für das Brander Revier
Rothenfurther Stolln, auch *Simon Bogners Stolln*, dann *Anna Stolln* (Muldental unterhalb Rothenfurth)	vor 1470? 1549...1568 (dann bis 19.Jh.)	etwa 284	5,0 (etwa 1 km Umbrüche)	wichtigster alter Stolln für den Bergbau bei Rothenfurth–Halsbrücke
Fürstenstolln in Emanuel, auch *Roter Stolln, Neuer Fürstenstolln* (Nordende von Zug)	um 1580/1590 (bis 18.Jh.)	–	5,9	Flügel des *Tiefen Fürstenstollns* auf dem Hohe Birke Stehenden
Kurfürst Johann Georg Stolln (Zug)	ab 1612 (bis 19.Jh.)	362	4,0 (7,8)	Flügel des *Tiefen Fürstenstollns in Emanuel*, Abzweig unter der Ortslage Zug, erschließt u.a. Gruben *Junge Hohe Birke, Mordgrube, Einigkeit, Drei Eichen*
Neuer Tiefer Fürstenstolln (Anfang unter Freiberg, Helmertplatz)	um 1720 (bis 19.Jh.)	329	2,5 (?) (1,0?)	Abzweig von *Tiefen Fürstenstolln* in Richtung Seilerberg und Freibergsdorf
Thurmhof Hilfsstolln (Muldental, unterhalb vom Davidschacht)	1752...1773	323,6 (333)	4,4	wieder aufgenommen, im 16.Jh. als *König David Stolln* betrieben
Neuer Segen Gottes Stolln oder *Sieben Planeten Stolln* (Striegistal bei Linda)	–	391 (397,2)	3,8 (2,8)	westlich der Striegis, mit einem Flügel auch unter der Striegis hindurch zum Glückaufschacht am östlichen Talhang

Fortsetzung Tabelle 6

Bezeichnung Lage	Bauzeit	Höhe des Ansatzpunktes (Endpunktes) (m ü NN)	Länge Haupttrakt (Stollnflügel) (km)	Bemerkungen gelöste Gruben
C) Stolln aus der dritten Hauptperiode				
Tiefer Hilfe Gottes Stolln (Muldental bei Obergruna)	1789...1812	245,1 (247,8)	2,2 (0,1)	Mundloch an der Mühle Obergruna, vorgetrieben bis *Gesegnete Bergmanns Hoffnung*
Moritzstolln (Zug)	ab 1791	337 (360)	6,4 (19,1)	tieferer Flügel vom *Neuen Tiefen Fürstenstolln*, erschließt etwa die gleichen Gruben wie der *Kurfürst Johann Georg Stolln* sowie *Himmelsfürst* u. *Reicher Bergsegen*
Verträgliche Gesellschaft Stolln (Muldental unterhalb vom Davidschacht)	1801...1810	324,1 (326,4)	2,3	wieder aufgenommen, im 16.Jahrhundert als *Kirschbaum Stolln* begonnen
Hauptstolln Umbruch (Muldental oberhalb Tuttendorf)	1822...1850	321,2	3,6	durch das Nebengestein parallel zum *Alten Tiefen Fürstenstolln*, aber mit geringerem Ansteigen bis zur *Roten Grube*
Treue Sachsen Stolln (Fortsetzung des *Tiefe Hilfe Gottes Stollns* bis Großschirma)	1826...1849	247,8 (251,0)	4,4 (0,4)	hat als Fortsetzung des *Tiefe Hilfe Gottes Stollns* selbst kein Mundloch, geht durch *Alte Hoffnung Gottes*, Kleinvoigtsberg, *Christbescherung*, Großvoigtsberg, zum *Churprinz*, Großschirma, kommt dort 33m unter bisheriger Abzugsrösche ein
Adolph Stolln (Zellwald bei Siebenlehn)	1803...1816, 1837...1864	244,8 (245,6)	5,4	Mundloch am Pietzschbach, 3km NW von Siebenlehn, geht durch *Romanus*, Siebenlehn, bis zum *Tiefe Hilfe Gottes Stolln* bei Obergruna und führt dessen Wasser zur *Grube Segen Gottes* bei Roßwein
Rothschönberger Stolln fiskalischer Teil (Rothschönberg bis Halsbrücke), gewerkschaftlicher Teil (im Revier)	1844...1847 1844...1890	191,5 196,4 (228,9)	13,9 15,0 (22,0)	ab 1877 tiefster Stolln des Freiberger Reviers, mehr als 100m unter *Altem Tiefen Fürstenstolln*, setzt sich ab Constantinschacht 26,9m höher fort, reicht im Revier bis *Himmelsfürst* und verzweigt sich in fast alle tieferen Gruben
Summe des *Rothschönberger Stolln* Stollnflügel			28,9 (22,0)	Gesamtlänge des Rothschönberger Stollns einschließlich Stollnflügel etwa 51 km

Fortsetzung Tabelle 6

Bezeichnung Lage	Bauzeit	Höhe des Ansatzpunktes (Endpunktes) (m ü NN)	Länge Haupttrakt (Stollnflügel) (km)	Bemerkungen gelöste Gruben
Summe A	ab etwa 1350		ca. 15 (ca. 32)	die Zahlen enthalten bei den älteren Stolln auch die jüngeren Vortriebsleistungen
Summe B	ab 16. bis 17. Jh.		ca. 37 (ca. 60)	
Summe C	18. bis 19. Jh.		ca. 53 (ca. 42)	
Gesamtsumme Stollnflügel			ca. 105 (ca. 134)	Gesamtlänge der wichtigeren und größeren Freiberger Stolln

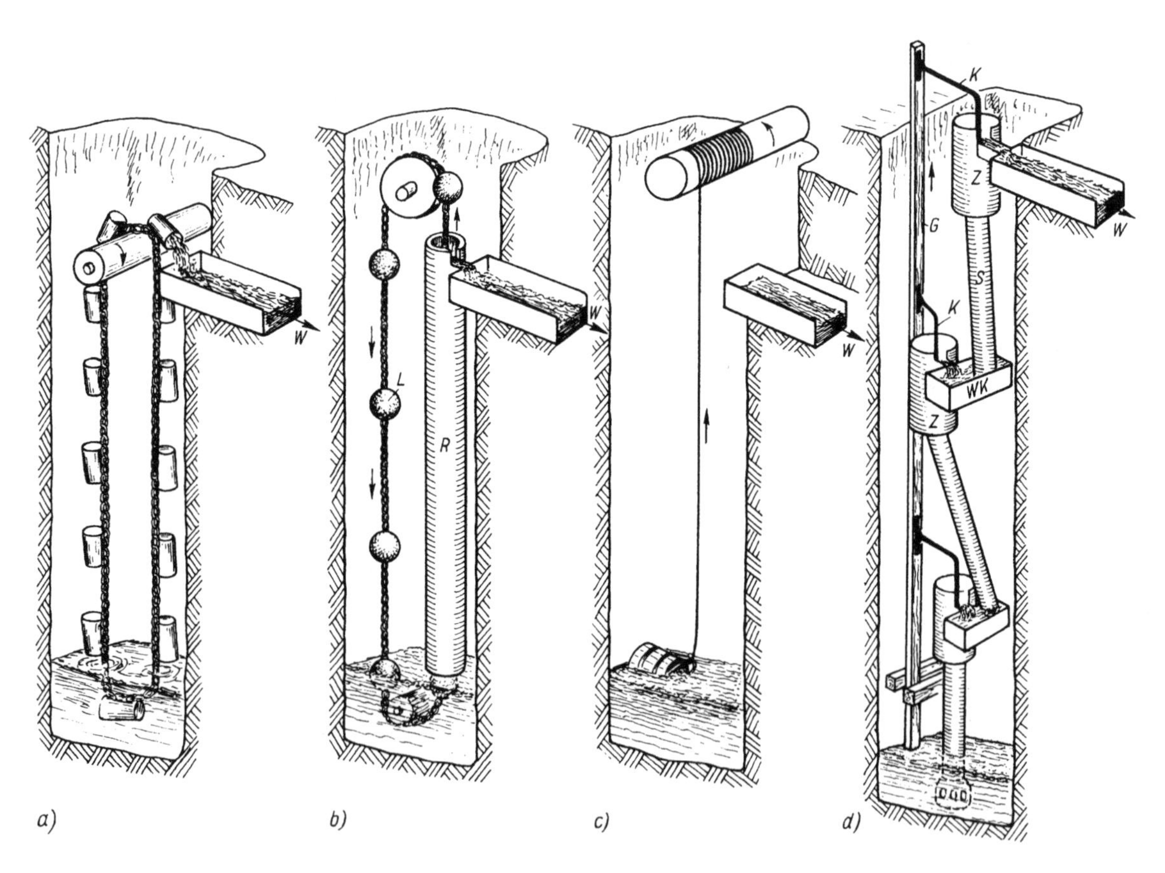

Bechern oder Kannen bestückten Ketten schöpften das Wasser und gossen es oben im Stolln aus. Bei den sogenannten Heinzenkünsten zog eine endlose Kette Lederbälle durch ein Holzrohr und hob dabei Wasser bis auf den Stolln. Der Wirkungsgrad der Heinzenkünste muß niedrig gewesen sein, denn bei guter Dichtung hatten sie eine große Reibung. Bei geringer Reibung der Lederbälle an der Rohrwandung dagegen floß sicher ein Teil des Wassers im Rohr wieder nach unten ab. Schließlich nennt AGRICOLA auch das Kehrrad – später wichtigste Fördermaschine für Erz und Gestein – nur als Wasserhebungsmaschine, allerdings als die größte. Historisch gesehen erkennt man daran, daß im Erzbergbau jeweils neue Technik vorrangig auf ihre Eignung zur Wasserhebung geprüft wurde, diese also das Hauptproblem darstellte.

Die im 16. Jahrhundert neueste Wasserhebungsmaschinerie war das nach AGRICOLA um 1540 erfundene Ehrenfriedersdorfer »Kunstgezeug« (s. Tafelteil, Bild 38). Es bestand aus mehreren untereinandergestellten und von einem gemeinsamen Gestänge angetriebenen Kolbenpumpen, von denen jeweils die tiefere das Wasser der nächst höheren zuhob. Die unterste Kolbenpumpe saugte das Wasser aus dem Schachtsumpf an, die oberste goß es auf den Stolln aus. Bildete AGRICOLA 1556 maximal drei Pumpen untereinander ab, so muß man bei den gegen Ende des 16. Jahrhunderts tiefsten Schächten – bis etwa 200 m unter den Stolln – schon 10 bis 20 Pumpen untereinander annehmen, da eine Pumpe mit etwa 7 m Saughöhe und 3

◄ Abb. 19. Unmaßstäbliche Prinzipskizzen der von GEORGIUS AGRICOLA aus dem Erzbergbau des 16. Jahrhunderts beschriebenen Wasserhaltungsmaschinen, die das Wasser aus dem Schacht bis zum Wasserabfluß *W* im Stolln heben

a) Becher- oder Kannenwerk (*W* Wasserabfluß auf dem Stolln)

b) Heinzenkunst (*R* Holzrohr, *L* Lederbälle an Kette)

c) Wasserförderung mit Kübel, angetrieben durch Handhaspel oder Kehrrad

d) Ehrenfriedersdorfer Kunstgezeug (*G* auf und ab gehendes Schachtgestänge, *K* Kolbenstange für Pumpenkolben im Zylinder *Z*, *S* Saugrohr, *WK* Wasserkasten. Die Höhe von Wasserkasten zu Wasserkasten betrug etwa 5 bis 20 m

bis 13 m Hubhöhe ungefähr 10 bis 20 m hoch war (Abb. 19). Das mit Kolbenpumpen ausgerüstete Kunstgezeug wurde im 18. und 19. Jahrhundert bis 1913 schließlich bis in Tiefen von etwa 400 m unter dem Stolln angewandt, so daß 40 Pumpen untereinander in Betrieb waren. Bei großen Wasserzuflüssen ordnete man bis zu drei Pumpen nebeneinander an. Das Kunstgezeug war die im damaligen Freiberger Bergbau wichtigste Wasserhaltungsmaschine (s. Tafelteil, Bilder 39 bis 41). Ein Schacht mit Kunstgezeugen hieß Kunstschacht. Diente ein Schacht zugleich der Wasserhebung und der Förderung von Erz und Gestein, dann bezeichnete man ihn als Kunst- und Treibeschacht.

Ein dialektischer Umschlag des beim Kunstgezeug bis an die Grenzen der technischen Möglichkeiten getriebenen Einsatzes von Kolbenpumpen fand im 19. und 20. Jahrhundert in zweierlei Richtung statt. Erstens nahm man statt des Holzes Eisen als Werkstoff für die Pumpen und konnte deshalb die nur 10 m hohen Saugpumpen durch die höheren Druckpumpen ersetzen, von denen eine das Wasser bis 80 m hoch förderte. Im Gegensatz zum Holz hielt das Eisen den in einer Druckpumpen-Steigleitung herrschenden Drükken von mehreren Atmosphären stand. Damit konnte man die Zahl der Pumpen eines Kunstgezeuges wesentlich reduzieren (Abb. 20, Bild 42). Zweitens wurden im 19. Jahrhundert – mit Verfügbarkeit des schnellaufenden Elektromotors – die Kreiselpumpen entwickelt, die im 20. Jahrhundert wie überall, so auch im Freiberger Bergbau, als Wasserhaltungsmaschinen dienten und ebenfalls eine große Förderhöhe bewältigten.

Für den Antrieb der Wasserhebungsmaschinen wurden in ähnlicher Weise wie bei der Schachtförderung die historischen Stufen der menschlichen und tierischen Kraft, der Wasserkraft, der Dampfkraft und der Elektroenergie angewandt. Wasserhebung mit menschlicher Muskelkraft erfolgte durch die Wasserknechte. Sie förderten das Wasser in Kübeln mit Haspeln oder mit Schwengelpumpen oder standen auf Bühnen im Schacht untereinander und reichten sich die Eimer, Kannen oder Töpfe zu. Anders sind die großen Zahlen der Wasserknechte, die der Oberbergmeister MARTIN PLANER z. B. im 16. Jahrhundert von den Schächten des Thurmhof Gangzuges bei Freiberg nennt, kaum erklär-

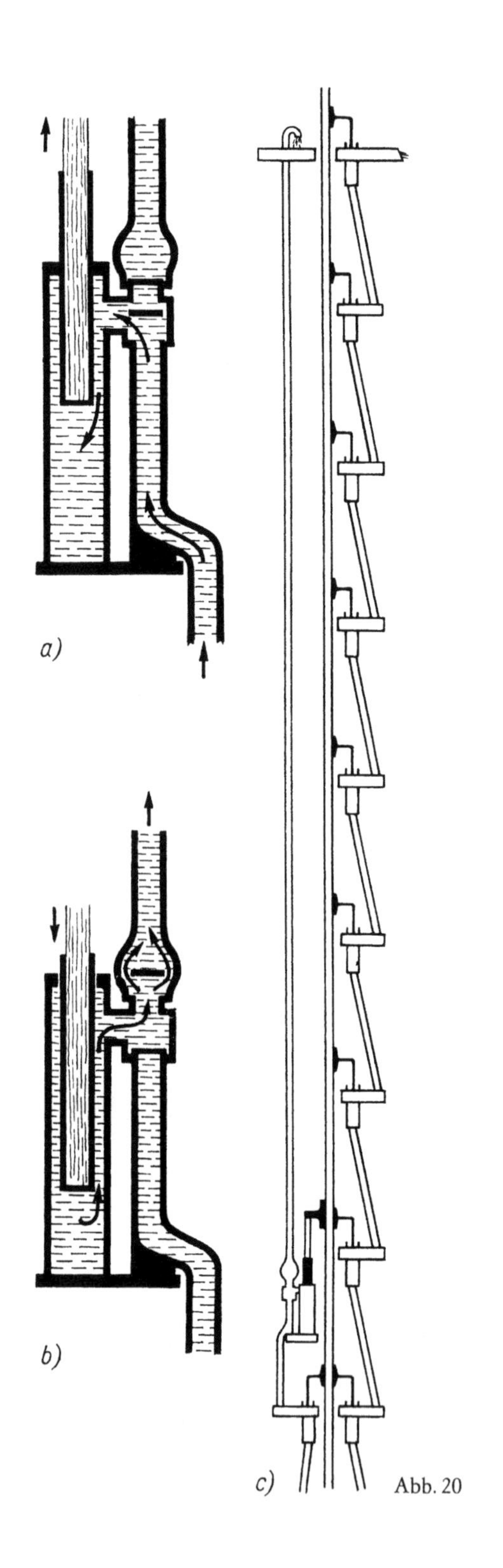

Abb. 20

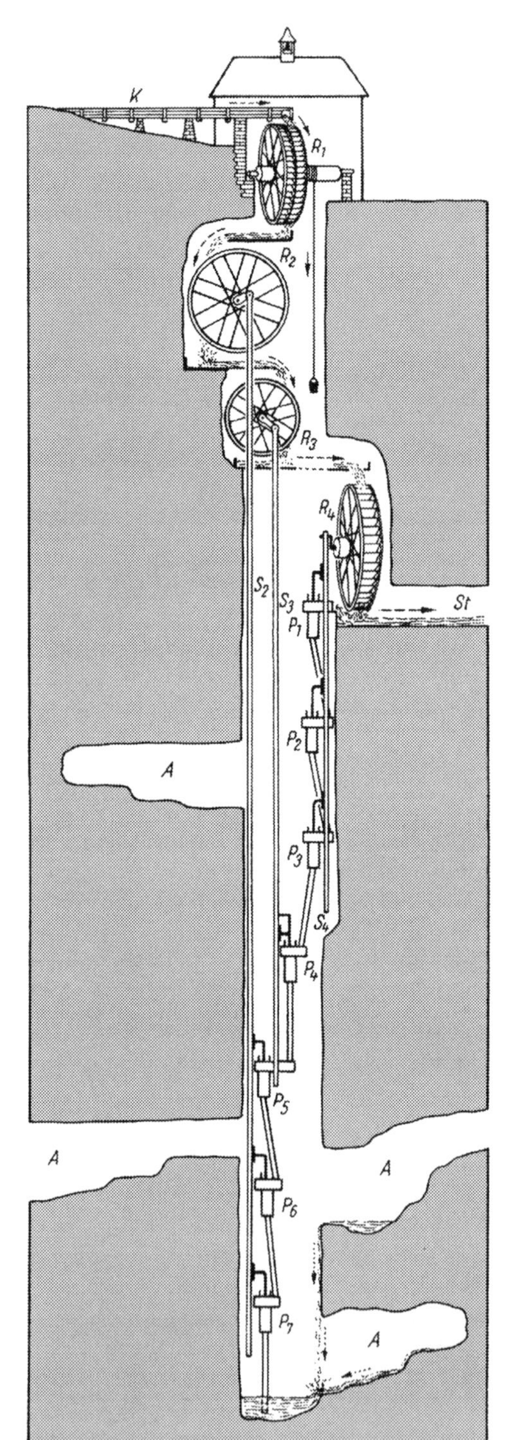

Abb. 21

◀ Abb. 20. Druckpumpe aus dem 19. Jahrhundert (nach TREPTOW: Grundzüge der Bergbaukunde (1892) in schematischen Prinzipskizzen

a) Tauchkolben saugend

b) Tauchkolben drückend, Eintritt des angesaugten Wassers in die Steigleitung, mit entsprechender Stellung der Ventile

c) Ersatz von acht je 10 m hohen Saugsätzen durch einen 80 m hebenden Drucksatz

◀ Abb. 21. Bergmännischer Betrieb mehrerer Wasserräder untereinander in einem schematischen Schnitt

Gestrichelte Pfeile: Lauf des Aufschlagwassers, *K* Kunstgraben, letztes Stück: Holzgerinne auf Pfeilern, *St* Stolln, *A* Abbauräume
punktierte Pfeile: Sickerwasser der tiefsten Abbaue, das dem Schachtsumpf zufließt. R_1 Kehrrad als Fördermaschine, R_2, R_3, R_4 Kunsträder zum Antrieb für die Schachtgestänge S_2, S_3, S_4. Diese betätigen die Kolbenpumpen P_1 bis P_7, die einander das Wasser zuheben, bis es P_1 auf den Stolln ausgießt. Im Dachreiter das gemäß dem Gang der Schachtgestänge ertönende Kunstglöckchen

bar. Kunstgezeuge mit Pferdegöpelantrieb nannte man Roßkünste.

Becherwerke und Heinzenkünste gab es mit Antrieb durch Treträder, also Menschenkraft, Pferdegöpel, also Tierkraft, und schließlich Wasserräder. Alle drei Entwicklungsstufen sind von AGRICOLA dargestellt. In der Folgezeit waren die Kunstgezeuge mit ihren zahlreichen Pumpen jedoch nur mit Wasserrädern betreibbar, da nur diese eine entsprechende Leistung erbrachten. Eine Roßkunst hatte maximal 8 PS, ein Wasserrad erreichte dagegen je nach Breite und Durchmesser bis etwa 40 PS und konnte über Kurbeln Schachtgestänge von beachtlichen Ausmaßen in Bewegung setzen. Die Kunsträder waren meist etwa 1 m breit, hatten maximal 13 m Durchmesser und konnten übertage und untertage angelegt werden (s. Tafelteil, Bilder 43 bis 45). Stand zwischen dem verfügbaren Aufschlagwasser und dem Niveau des Stollns eine größere Fallhöhe zur Verfügung, dann wurden schon im 16. bis 17. Jahrhundert mehrere Wasserräder untereinander gehängt, so daß sich die insgesamt erforderlichen Pumpen auf mehrere Schachtgestänge verteilten (Abb. 21).

Der erste, der Kunstgezeuge in großem Stil im Freiberger Revier einführte, war der Oberbergmeister MARTIN PLANER. Während seiner Tätigkeit im Freiberger Bergbau (1557 bis 1582) legte er bis 1570 achtunddreißig Kunstgezeuge an, besonders in Gruben des Thurmhof Gangzuges. Das war bereits damals eine Maßnahme der Mechanisierung und kapitalistischen Rationalisierung, bei der die zahlreichen Arbeitsplätze der Wasserknechte und die entsprechenden Lohnkosten eingespart wurden (Tabelle 7).

Wasserräder ließen sich nur dort betreiben, wo Wasser und Fallhöhe zur Verfügung standen. War das in gewisser Entfernung vom Schacht gegeben, so mußte man zwischen Rad und Schachtgestänge entweder übertage ein Feldgestänge oder untertage ein Streckengestänge zwischenschalten (Abb. 22, Bilder 46 und 47). Ihre hin- und hergehende Bewegung wurde durch »ganze« oder »halbe« Kunstkreuze in die auf- und abgehende Bewegung der Schachtgestänge übertragen. Die Feldgestänge waren um 1550 in Joachimsthal (heute Jáchymov/ČSSR) erfunden worden, fanden im 17. bis 19. Jahrhundert weite Verbreitung im Erzbergbau und Salinenwesen und wurden zur Kraftübertragung auch bei mehreren Gruben des Freiberger Reviers angewandt.

Die Nutzung größerer Fallhöhen durch mehrere Wasserräder untereinander war energetisch nicht sehr vorteilhaft. Einen höheren Wirkungsgrad versprachen Kraftmaschinen, die eine einstufige Umsetzung der Wasserenergie aus solcher Fallhöhe in mechanische Energie ermöglichten. Das waren im 18. und 19. Jahrhundert, als Eisen das Holz als Maschinenbauwerkstoff ablöste, die Wassersäulenmaschinen und die Turbinen (s. Tabelle 8).

Die ersten Wassersäulenmaschinen wurden 1749 und 1750 im Oberharzer und im ungarischen Bergbau von Schemnitz (heute Banská Štiavnica/ČSSR) gebaut. Es waren Kolbenmaschinen, die – vergleichbar den Kolbendampfmaschinen – den Druck einer hohen Wassersäule in einem Zylinder auf einen Kolben wirken ließen und damit in mechanische Energie umwandelten (Abb. 23). Die Steuerung der Wassersäulenmaschinen war allerdings komplizierter als die der Dampfmaschinen. Entscheidender als dieser Unterschied jedoch war der Umstand, daß Wassersäulenmaschinen,

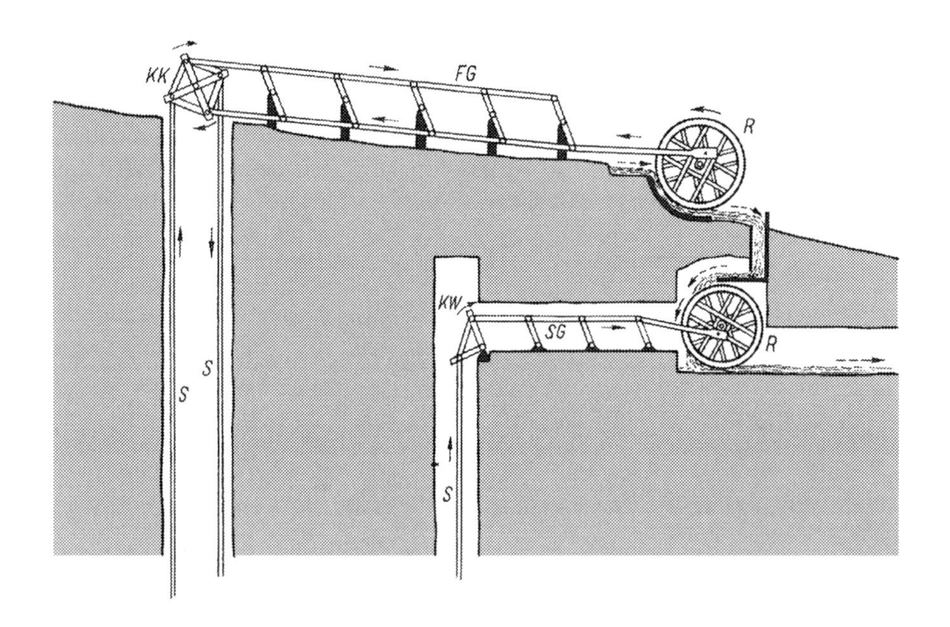

Abb. 22. Feldgestänge und Streckengestänge als mechanische Kraftübertragung im historischen Erzbergbau

R Wasserräder, Lauf des Wassers mit gestrichelten Pfeilen angedeutet, *FG* Feldgestänge, als Doppelfeldgestänge ausgebildet, Bewegung durch Pfeile markiert, *KK* Kunstkreuz, *S* Schachtgestänge (zum Antrieb von Pumpen und/oder Fahrkünsten), *SG* Streckengestänge als einfaches Gestänge ausgebildet, *KW* Kunstwinkel = »halbes Kunstkreuz«

Tabelle 7. Martin Planers Rentabilitätsberechnung für die von ihm bis 1570 gebauten Kunstgezeuge (nach Wengler 1899) (auf die Angabe der Groschen wurde hier verzichtet)

Grube	Alte Technik			Mit Kunstgezeug Kosten pro Woche (Gulden)	Einsparung pro Woche (Gulden)	Bemerkungen
	Zahl der Pferde	Zahl der Wasserknechte	Kosten pro Woche (Gulden)			
Thurmhof						
untere 3. u. 4. Maß	16	408	371	34	337	
dortiger Wassergöpel	–	–	Pferdegöpel: 55	Wassergöpel: 24	31	Förderung aus 360 m Tiefe
untere 5. Maß	16	108	180	21	158	
untere 6. Maß	6	55	48	–	–	2 Gezeuge heben nun
untere 7. Maß	–	48	32	18	102	Wasser aus 4 Gruben,
untere 8. Maß	–	18	15	–		18 Gulden ist nur
untere 9. Maß	–	31	23	–		Kunststeigerlohn

Fortsetzung Tabelle 7

Grube	Alte Technik			Mit Kunstgezeug Kosten pro Woche (Gulden)	Einsparung pro Woche (Gulden)	Bermerkungen
	Zahl der Pferde	Zahl der Wasserknechte	Kosten pro Woche (Gulden)			
untere 10. Maß	18	66	78	16	62	
untere 11., 12., 13. Maß samt Abraham	–	78	64	10	54	
obere 6. u. 7. Maß	16	12	44	8	36	
Thurmhof Gruben gesamt	72	824	910	131	780	
Kuhschacht	16	62	82	5	77	Freiberg Wernerplatz
König David	–	50	47	5	42	bei Brand
Sonnenwirbel	–	55	39	4	35	Brand
St. Bartholomäus	6	31	34	3	31	Brand
Schwarze Kaue und Löffler	?	?	160	15	145	Freiberg (Lehrgrube)
Mordgrube	48	134	167	12	155	Zug
Mordgrube untere				18		
3. u. 4. Maß	20	58	82	18	64	Zug
Reicher Trost obere 1. u. 2. Maß	–	66	45	6	39	Nähe der Freiberger Post
St. Leonhard	–	31	24	2	22	Brand
Erzengel und Heiland	–	134	83	6	77	zwischen Brand und Berthelsdorf
Wilder Mann	32	450	355	18	337	Gezeug 1570 noch im Bau, Brand
St. Wenzel	16	210	181	19	162	St. Michaelis, 2 Gezeuge
Summe außer *Thurmhof*	138	1 281	1 299	113	1 186	
Summe gesamtes Revier	210	2 105	2 209	244	1 966	Gesamteinsparung auf 1 Jahr = 102 400 Gulden

Tabelle 8. Die Antriebsmaschinen der Kunstgezeuge im Freiberger Revier 1826 bis 1913 (nach dem Jahrbuch für den sächs. Berg- u. Hüttenmann), Roßkünste, d. h. Pumpen mit Pferdeantrieb, im Freiberger Bergbau nicht mehr vorhanden

Jahr	Kunstgezeuge mit				Bermerkungen
	Wasserrad	Wassersäulenmaschine	Turbine	Dampfmaschine	
1826	36	2	–	–	Wassersäulenmaschinen: *Reicher Bergsegen* (seit 1820) und *Mordgrube* (seit 1824)
1830	36	3	–	–	
1835	32	3	–	–	
1840	34	3	–	–	
1845	32	3	2	–	erste Turbinen: *Alte Hoffnung*, Schönborn, u. 5. Lichtloch des *Rothschönberger Stollns*
1850	34	6	4	6	2 Dampfkunstgezeuge zugleich als Dampffördermaschinen, Turbinen: SCHWAMKRUG-Turbinen, also auch Zunahme der Wasserkraftmaschinen!
1855	32	10	5	5	
1860	29	12	5	9	trotz des Einsatzes der Dampfkraft nimmt Einsatz der Wasserkraft weiter zu!
1865	28	14	7	8	
1870	27	18	7	14	
1875	26	16	8	17	
1880	20	16	6	16	

Fortsetzung Tabelle 8

Jahr	Kunstgezeuge mit				Bermerkungen
	Wasserrad	Wassersäulenmaschine	Turbine	Dampfmaschine	
1885	14	18	6	21	bei Dampf einschl. 5 Lokomobilen
1890	10	16	2	8	Stillegung der ersten größeren Gruben
1895	11	15	2	4	dazu 2 andersartige Dampfpumpen
1900	8	8	1	2	Stillegung mehrerer größerer Gruben
1905	?	3	–	2	Dampfpumpen
1910	3?	3	–	?	6 Gestängepumpen ohne Angabe der Antriebsart 1913 erste Stillegung des Freiberger Bergbaus

da sie zum Betrieb den Druck einer Wassersäule benötigten, fast ausschließlich Bergbaumaschinen waren und untertage aufgestellt werden mußten, um die Wassersäule zwischen dem Zufluß des Aufschlagwassers und dem Niveau des Stollns zu nutzen. Deshalb standen sie stets unmittelbar über dem wasserabführenden Stolln und waren weniger als Fördermaschinen, aber ideal zum Antrieb der Kunstgezeuge geeignet. Auch hinsichtlich der Zahl der Spiele – etwa sieben je Minute – stimmten Wassersäulenmaschinen und Kunstgezeuge so gut überein, daß man diese direkt, d. h. ohne Zwischengetriebe, an jene anschließen konnte.

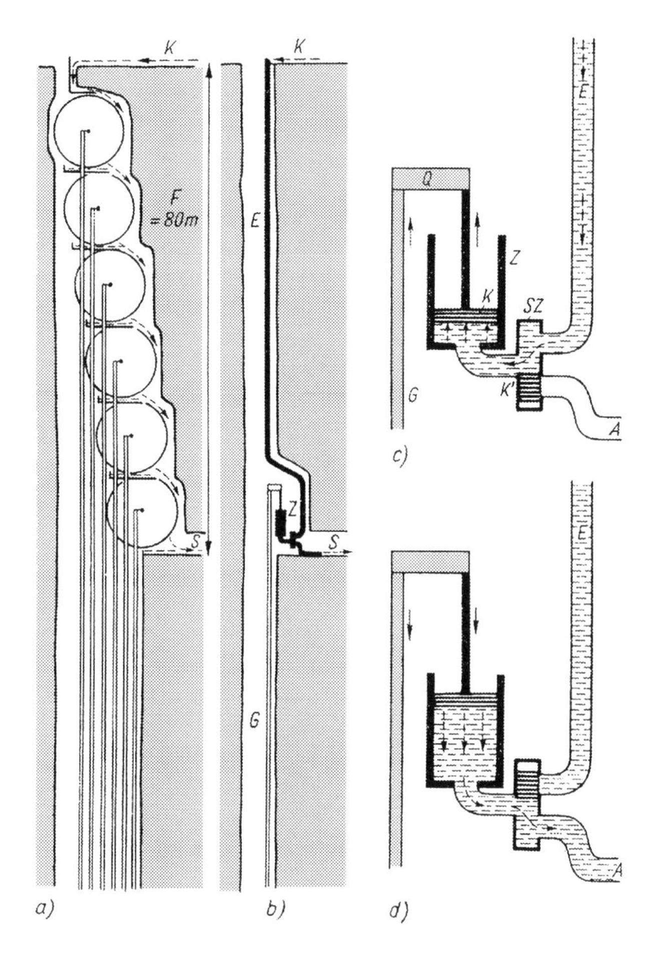

Abb. 23. Vergleich zwischen Wasserrädern (a) und Wassersäulenmaschine (b), sowie deren Wirkprinzip (c, d) in Schemaskizzen

Die Fallhöhe $F = 80$ m zwischen Kunstgraben K und Stolln S kann von 6 Wasserrädern je 12 m Höhe oder von einer Wassersäulenmaschine mit 8 at (80 m Wassersäule = 8 at Druck) ausgenutzt werden.

a) große Maschinenräume (6 Radstuben) und großer Schachtraum (6 Gestänge), sowie Druckverluste (Zwischenraum zwischen den Rädern)

b) kleiner Maschinenraum, kleiner Schachtraum (nur ein Gestänge) und wenig Druckverlust

c) Aufwärtsgang der Wassersäulenmaschine: Der Wasserdruck im Einfallsrohr E steht über den Steuerzylinder SZ mit dem Kolben K in Verbindung und treibt diesen im Zylinder Z nach oben. Die Bewegung überträgt sich über das Querhaupt Q (Traverse) auf das Schachtgestänge G. Der Steuerkolben K' sperrt das Austragerohr A

d) Abwärtsgang der Wassersäulenmaschine: Nach dem Umsteuern sperrt der Steuerkolben das Einfallsrohr E und gibt dem Wasser im Zylinder Z den Weg in das Austragerohr A frei. Das Gewicht des Gestänges läßt den Kolben dem ausfließenden Wasser folgen

Die erste Wassersäulenmaschine im Freiberger Revier wurde 1767 vom Kunstmeister Johann Friedrich Mende in der Grube *Siegfried* bei Riechberg gebaut. Sie bewährte sich jedoch nicht, wurde schon 1772 stillgelegt und durch ein Wasserrad ersetzt. Die ersten erfolgreichen Wassersäulenmaschinen im Freiberger Revier baute der Maschinendirektor Christian Friedrich Brendel 1820 für die Grube *Reicher Bergsegen* bei Erbisdorf, 1824 für die *Mordgrube* bei Zug (s. Tafelteil, Bilder 48 und 49), 1833 für den *Segen Gottes Erbstolln*, Gersdorf bei Roßwein, und 1847 für die *Einigkeit Fundgrube* bei Brand (Abb. 24). Brendels Wassersäulenmaschinen waren im 19. Jahrhundert als Meisterwerke der Technik berühmt (s. Tabelle 9). Die der *Mordgrube* behandelte Prof. Julius Weisbach in seinem Lehrbuch der „Ingenieur- und Maschinenmechanik".

Eine andere Möglichkeit, Wasserkraft mit Fallhöhen von mehr als 13 m einstufig in mechanische Energie umzusetzen, war im 19. Jahrhundert der Einsatz von Turbinen. Diese sind jedoch im Regelfall schnell laufende Maschinen. Ihre Benutzung zum Antrieb von Kunstgezeugen hätte deshalb komplizierte Getriebe erfordert und mit den daraus folgenden Energieverlusten den Vorteil der einstufigen Energienutzung wieder zunichte gemacht. Der Freiberger Oberkunstmeister Friedrich Wilhelm Schwamkrug konstruierte

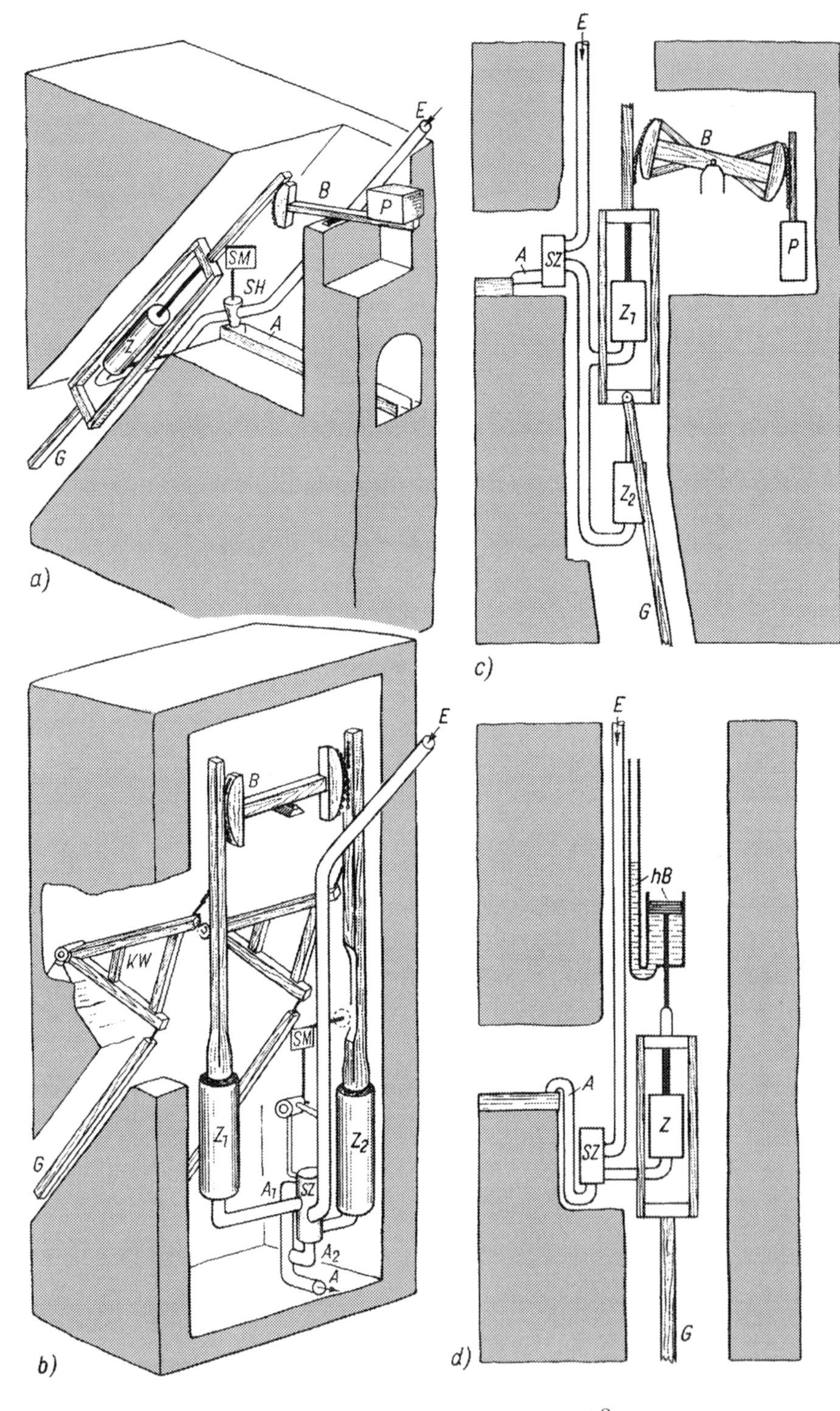

Abb. 24. Die von C. F. Brendel für Freiberger Gruben gebauten Wassersäulenmaschinen in unmaßstäblichen Schemaskizzen

a) *Reicher Bergsegen,* Brand-Erbisdorf (1820): Im Schacht liegende Einzylindermaschine mit Hahnsteuerung und Gegengewicht

b) *Alte Mordgrube,* Zug (1824): Zweizylindermaschine mit Tauchkolben und Kolbensteuerung in gesondertem Maschinenraum

c) *Segen Gottes,* Gersdorf (1833): Zwei gleichlaufende Zylinder untereinander im Schacht, mit Kolbensteuerung und Gegengewicht in besonderem, hohem gewölbtem Raum

d) *Einigkeiter* Hörnigschacht, Brand (1846): Einzylindermaschine im Schacht, mit hydraulischem Balancier als Gegengewicht;
E Einfallsrohr, *SM* Steuermechanismus, *SH* Steuerhahn, *SZ* Steuerzylinder, *Z* Zylinder (Treibezylinder), *A* Austragerohr bzw. Stollngerinne, *G* Schachtgestänge für Kolbenpumpen, *B* Balancier, *P* Gegengewicht, *KW* Kunstwinkel, *hB* hydraulischer Balancier, geschnitten gezeichnet (Die Wassersäule im Steigrohr des hydraulischen Balanciers unterstützt den Aufwärtsgang des Gestänges und damit den der Wassersäulenmaschine)

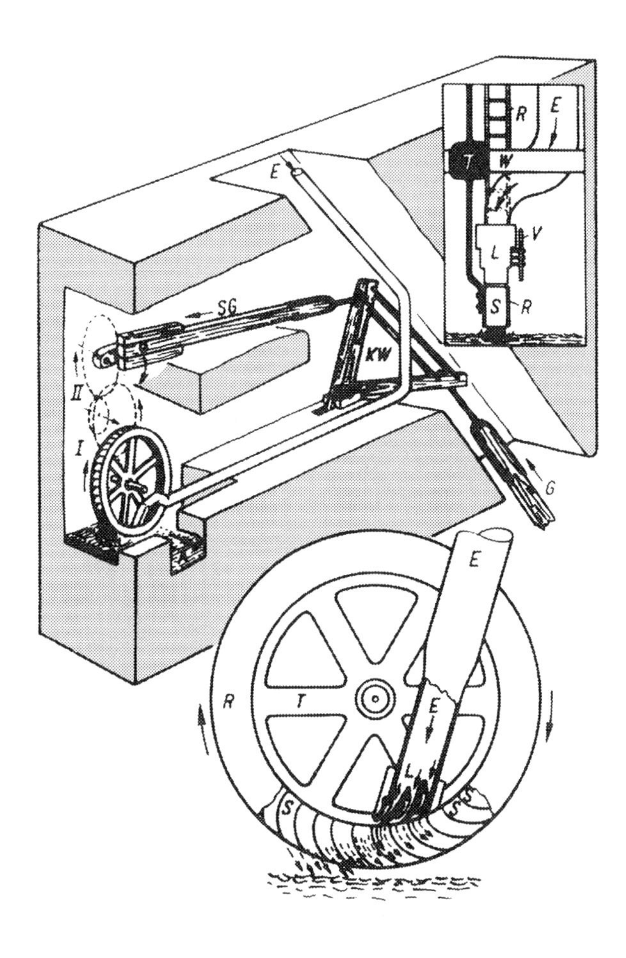

Abb. 25. Die SCHWAMKRUG-Turbine als Kunstgezeug-Antrieb im Freiberger Erzbergbau

Block: Gesamtanlage des 1850 erbauten Turbinen-Kunstgezeugs im »oberschlägigen Kunstschacht« der Grube *Churprinz*

unten und rechts oben: Detailzeichnungen der Turbine *E* Einfallsrohr (Fallhöhe 42 m), *A* Abfluß des verbrauchten Kraftwassers, *I II* (gestrichelt) zwei Langsam-Übersetzungen, *SG* Streckengestänge, *KW* Kunstwinkel, *G* Schachtgestänge, *R* Rad, *S* Turbinenschaufel, *T* seitlich angeschraubter gußeiserner Teller mit den Radarmen, auf der Welle *W* sitzend, *L* Leitapparat zur Lenkung der drei Wasserstrahlen auf die Schaufeln *S*, *V* Mechanismus zum Verstellen der Klappen zur Regulierung der Aufschlagwassermenge (Detailzeichnungen nach SCHWAMKRUG 1850)

deshalb eine Radialturbine mit partiellem Aufschlag und größerem Durchmesser (Abb. 25 u. Tafelteil, Bild 51). Diese Konstruktionsmerkmale minderten die Drehzahl und erforderten zwischen Turbine und Kunstgezeug nur ein einfacheres Zahnradgetriebe. Damit wurde die SCHWAMKRUG-Turbine eine zum Antrieb der Kunstgezeuge geeignete Kraftmaschine, und sie war für bestimmte Wassermengen und Fallhöhen den Wasserrädern und Wassersäulenmaschinen überlegen. SCHWAMKRUG-Turbinen wurden im 19. Jahrhundert in mehreren Freiberger Schächten zum Antrieb von Kunstgezeugen – einige nach dem Kehrradprinzip sogar auch als Fördermaschine – eingebaut. Für sehr geringe Fallhöhen wandte man noch andere Turbinentypen, z. B. die im Jahre 1827 in Frankreich entwickelte FOURNEYRON-Turbine, an.

Kunstgezeuge konnten natürlich auch an Dampfmaschinen angeschlossen werden, und an einigen Schächten tat man das, wenn auch meist nur vorübergehend wie beim Schacht Alte Elisabeth von 1849 bis 1877. Dampfmaschinen waren aber insofern nicht günstig dafür, als sie wegen der Kesselanlage nur übertage aufgestellt werden konnten, das Wasser aber nur bis auf die Stollnsohle gehoben werden mußte, zwischen Maschine und dem Stolln also Gestänge als tote Lasten zu bewegen waren. Im Freiberger Revier hat man deshalb die energetische Anwendung von Wasserkraft und Dampf optimal auf die Maschinentechnik abgestimmt: Mit den übertägig aufgestellten und je nach Bedarf in Gang zu setzenden Dampfmaschinen betrieb man die Förderung von Erz und Gestein (bis übertage!), mit den oberhalb der Stollnsohlen eingebauten Wasserrädern und Wassersäulenmaschinen bewirkte man durch das kontinuierlich zufließende Aufschlagwasser die ebenso kontinuierlich erforderliche Hebung des Grundwassers bis auf die Stollnsohle (s. Tabelle 5).

So wurde seit Einführung der Dampfkraft 1844 bis zur Stillegung 1913 die Freiberger Bergbautechnik von einem energiewirtschaftlich vorteilhaften Verbundsystem von Wasserkraft und Dampfkraft bestimmt.

Tabelle 9. Technische Daten von einigen Wassersäulenmaschinen und Turbinen im Freiberger Revier (nach WEISBACH 1867, WAGENBRETH 1968, 1984)

A) Wassersäulenmaschinen

Baujahr u. Grube (Konstrukteur)	Energie		Kolbendurchmesser	Hub	Spiele pro min	Leistung (PS)	Bemerkungen
	Wassermenge (m^3/min)	Fallhöhe (m)	(mm)	(mm)			
1820 *Reicher Bergsegen* (BRENDEL)	0,3 bis 0,5	90 (senkrecht)	283	2 260	4...8	8,6	die erste gut funktionierende Wassersäulenmaschine Sachsens
1824 *Mordgrube* (BRENDEL)	1,0 bis 2,9	101	425	2 550	4	65	Zweizylindermaschine mit Kolbensteuerung
1833 *Segen Gottes* (BRENDEL)	0,7 bis 5,7	39,3 u. 52,2	567	2 830	1,7...4	57	zwei Zylinder untereinander
1847 *Einigkeit* (BRENDEL)	0,5 bis 0,8	128	416	2 260	1,6...2,2	22	BRENDELS letzte Wassersäulenmaschine
1850 *Junge Hohe Birke* (BRAUNSDORF)		68,3	490	2 270			
1850 *Reiche Zeche* (BRAUNSDORF)	6,3	26,3 oder 38,4	685	2 830		40	über Hauptstolln-Umbruch
1852 *Prophet Jonas* (BRAUNSDORF)		98,5	298	1 840			zu *Junge Hohe Birke* gehörend
1863 *Churprinz* (SCHWAMKRUG)		105,3	236	950			
1863 *Segen Gottes* (BORNEMANN)	0,7 bis 5,7	93,6	567	2 830		100	Umbau der Maschine von 1833
1866 *Christbescherung* (BORNEMANN)		59,4	209	1 420			
1878 8. Lichtloch (SCHWAMKRUG)	0,25 bis 3,3	92	306	1 165 bis 1 300	3	6,74	heute auf *Grube Alte Elisabeth*

B) Turbinen

Baujahr u. Grube Konstrukteur	Energie		Laufraddurchmesser		Drehzahl pro min	Leistung (PS)	Bemerkungen
	Wassermenge (m^3/min)	Fallhöhe (m)	außen (m)	innen (m)			
1843 *Alte Hoffnung* (Brendel u. Braunsdorf)		1,76	1,12	0,84	etwa 50		Fourneyron-Turbine, erste Turbine im Freiberger Bergbau
1843/44 *Gesegnete Bergmanns Hoffnung* (Brendel u. Braunsdorf)	5,7	4,45	0,89	0,56	etwa 80	5	ebenfalls Fourneyron-Turbine als Fördermaschine
1846/47 5. Lichtloch *Rothschönberger Stolln* (Schwamkrug)	0,75 bis 3,0	10,7	2,3	1,7	40...90	4,5	erste Schwamkrug-Turbine für Kunstgezeug
1847 u. 1851 *Oberes Neues Geschrei* (Schwamkrug)	1,6 bis 3,1	29,6	2,19	1,7	110...150	13	2 Turbinen: Kunstgezeugantrieb und Turbinengöpel
1850/68 *Churprinz* (Schwamkrug)	9,3 bis 12,5	42 bis 47,5	2,94	2,3	etwa 120	100	über *Treue Sachsen Stolln*
1867/68 7. Lichtloch (Schwamkrug)	43 bis 90	4,7	7,72		5	65	größte Schwamkrug-Turbine

Von der also fast ausschließlich untertage eingebauten Wasserhebetechnik zeugten übertage die Kunstglöckchen als eine frühe Form der automatisierten Betriebsüberwachung. Mit einem kleinen Gestänge oder Seilzug wurde die Bewegung des Schachtgestänges bis in einen Dachreiter auf dem Schachtgebäude übertragen (s. Tafelteil, z. B. Bilder 130, 143, 161). Dort schlug der Mechanismus eine Glocke im Rhythmus des Kunstgezeuges, etwa siebenmal je Minute an. An der Zahl der Schläge hörte der zuständige Kunststeiger, aber auch jeder sonstige Bergmann und die Bevölkerung, ob die Maschine ordnungsgemäß lief oder zu viel oder zu wenig Aufschlagwasser hatte oder ob gar das Gestänge gebrochen war. Der rhythmische Klang der Kunstglocken in den Wächtertürmchen auf den zahlreichen Schächten prägte akustisch den Alltag des Freiberger Bergreviers im 19. Jahrhundert.

In der letzten Periode des Freiberger Bergbaus stand mit dem Elektromotor ein gut auf die nun üblichen Kreiselpumpen abgestimmtes Antriebsaggregat zur

Verfügung. Außerdem wurden Spezialpumpen für besondere Zwecke, zum Beispiel druckluftbetriebene Mammutpumpen zum Sümpfen alter Schächte oder »Wasserjäger« zur Wasserlösung in einfallenden Strekken eingesetzt.

5.4. Bergmännische Wasserwirtschaft

Die Kehrräder und Kunsträder der Freiberger Gruben, des weiteren die Wasserräder als Antriebsmaschinen der Pochwerke, Erzwäschen und Hüttengebläse, im 18. bis 19. Jahrhundert auch die Wassersäulenmaschinen und Turbinen, erforderten Aufschlagwasser, und zwar in einer Menge, die den Bedarf einzelner Mühlen damaliger Zeit bei weitem überstieg. Dabei war die Verfügbarkeit von Aufschlagwasser für viele Gruben eine Existenzfrage. In trockenen Sommern, zum Beispiel 1575 und 1580, ersoffen die Freiberger Gruben, da die Aufschlaggräben zu wenig oder kein Wasser mehr brachten. Deshalb standen die Kunsträder still, die Pumpen kamen außer Betrieb. Infolgedessen konnte das untertage zufließende Grundwasser nicht gehoben werden und stieg bis zum Stolln auf. Als MARTIN PLANER ab etwa 1557 in Freiberger Gruben in größerem Umfang Kunstgezeuge einbaute, mußte er deshalb zugleich für das erforderliche Aufschlagwasser sorgen. Unter Nutzung der für Pochwerke, Erzwäschen und Schmelzhütten schon vorhandenen Teiche und Gräben begann er den Bau eines wasserwirtschaftlichen Systems, das im 19. Jahrhundert vollendet wurde. Die gesamte Geschichte seiner Entstehung und Vollendung demonstriert, daß es zwar im 16. Jahrhundert geboren wurde, aber schon bald Charakterzüge als Element der Produktivkräfte im Montanwesen offenbarte, die, gemessen am Umfang und der Komplexität, den Rahmen der für den Feudalismus typischen Wirtschaftsbetriebe sprengten. Nach der Stillegung des Bergbaus im Jahre 1913 diente das System der Gräben und Teiche ohne einschneidende Veränderungen zur Elektroenergieerzeugung in den Kavernenkraftwerken Constantinschacht und Dreibrüderschacht südlich von Freiberg. Heute wird es noch für die Trink- und Brauchwasserversorgung von Freiberg und Karl-Marx-Stadt genutzt.

Die Anlagen der bergmännischen Wasserwirtschaft bestehen aus Kunstgräben, Röschen und Kunstteichen (Abb. 26). Kunstgräben wurden, um unter geringstem Verlust an Fallhöhe das Wasser auch den höchstgelegenen Gruben zuzuführen, nur mit dem unbedingt erforderlichen Gefälle am Hang angelegt. Ihre Seitenwände bestehen aus Trockenmauerwerk, d. h. Bruchsteinmauerwerk mit Lehm, ohne Kalkmörtel. Die Gräben wurden früher mit Brettern abgedeckt, um Verschmutzung, Verdunstungsverluste und Unfälle möglichst zu

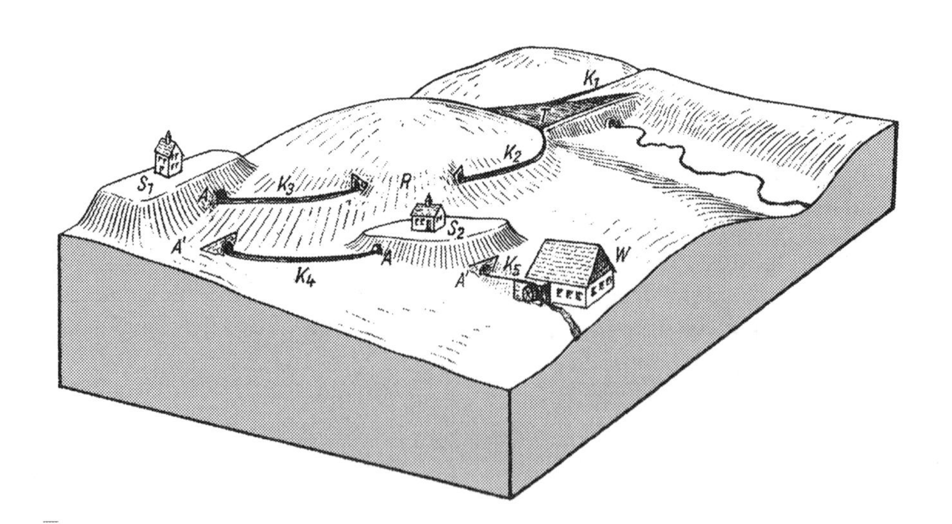

Abb. 26. Elemente der bergmännischen Wasserwirtschaft in einem schematischen Blockbild

K Kunstgräben, *R* Rösche, *T* Kunstteich, K_1 Kunstgraben zum Kunstteich, K_2, K_3 Kunstgräben vom Kunstteich zum Schacht S_1, verbunden durch eine Rösche, K_4 Kunstgraben vom Schacht S_1 zum Schacht S_2, an den Schächten Mundlöcher der Aufschlagröschen *A* und der Abzugsröschen *A'*, K_5 Kunstgraben zur Wäsche *W*

vermeiden. Heute ist die Brettabdeckung nur noch an einigen touristisch wichtigen Stellen zu sehen, sonst aber durch Betonplatten ersetzt.

Die Röschen sind untertägige, im Gelände nicht sichtbare Teile des Grabensystems. Nur an den meist sorgfältig gewölbten und gemauerten Röschenmundlöchern erkennt man, wo das Wasser vom Kunstgraben in eine Rösche hineinfließt und wo es aus dem Berg wieder hervortritt, um in einem Kunstgraben weiterzufließen.

Wasser und damit auch seine Energie läßt sich speichern. Diesem Zweck dienten die an günstigen Stellen dem Grabensystem zwischengeschalteten Kunstteiche (Abb. 26 u. Tafelteil, Bilder 83, 84, 87). Der kleinste Kunstteich oberhalb des Reviers, der von Obersaida, hatte 130 000 m³ Fassungsvermögen, der größte, der Große oder Untere Großhartmannsdorfer Teich, faßte 1 700 000 m³ Wasser. Mit insgesamt etwa 5 Millionen m³ Speicherraum hatte der Freiberger Bergbau im 19. Jahrhundert für seine Maschinen auf Wasserkraftbasis eine Energiereserve für etwa ein Vierteljahr.

Kunstgräben, Röschen und Kunstteiche lagen im wesentlichen oberhalb des Reviers. Aber auch von Grube zu Grube leiteten Kunstgräben und Röschen das Aufschlagwasser weiter. Auch speicherten Kunstteiche innerhalb des Reviers das Wasser vor einzelnen Gruben (Tafelteil, Bild 133).

Zu dem Gesamtsystem der bergmännischen Wasserwirtschaft gehören die schon genannten Stolln insofern, als auf ihnen nicht nur das gehobene Grundwasser, sondern auch das Aufschlagwasser nach seinem Lauf über die Wasserräder und Turbinen über- und untertage und nach der Nutzung durch die Wassersäulenmaschinen abfloß. Je tiefer die Stolln, desto größer die Fallhöhe und damit die potentielle Energie des in den Kunstgräben und Röschen herangeführten Wassers.

Der Bau der Gräben, Röschen und Kunstteiche begann zunächst mit einer Nutzung des Münzbachwassers in Freiberg. Dem folgten Arbeiten Mitte des 16. Jahrhunderts im oberen, südlichen Teil des Reviers. Bis ins 19. Jahrhundert schritt der Bau wasserwirtschaftlicher Anlagen immer weiter gebirgswärts fort (Abb. 27, Tabelle 10). Indem man im Lauf der Jahrhunderte die Gräben und Röschen »rückwärts« verlängerte, zapfte man immer weitere Bäche an und vergrößerte damit die dem Bergbau verfügbare Wassermenge. MARTIN PLANERS wasserwirtschaftliche Bauten, angelegt in der Zeit bis 1582, lagen nur im Einzugsgebiet der Freiberger Mulde. Aber schon 1590 trieb man zwischen Mittelsaida und Großhartmannsdorf eine Rösche unter der Wasserscheide zwischen Flöha und Mulde hindurch und zapfte damit den der Flöha zufließenden Saidenbach für den Freiberger Bergbau an. Nachdem man 1728 bis 1734 den Obersaidaer Kunstteich, 1787 bis 1790 den Dörnthaler Kunstteich, 1826 den Dittmannsdorfer Kunstteich und jeweils die zugehörigen Kunstgräben und Röschen gebaut hatte, war es 1860 soweit, den seit langem gehegten Plan, die Flöha bei Neuwernsdorf selbst anzuzapfen, zu realisieren. Doch inzwischen waren an der Flöha kapitalistische Betriebe, vor allem Spinnereien und Sägewerke, entstanden, deren Besitzer sich nicht mehr wie die Müller der Zeit zuvor mit einer bestimmten zugeteilten Wassermenge für einen kontinuierlichen Betrieb zufrieden gaben. Als kapitalistischen Unternehmern lag ihnen für die erweiterte Reproduktion beim Standort ihrer Fabriken in den Erzgebirgstälern die profitablere Nutzung weiterer Wasserkraft näher als eine Umstellung auf Dampfmaschinen. Nach fast 20 Jahren andauernder Wasserrechtsprozesse wurde 1879 zwischen den Fabrikanten an der Flöha und dem Freiberger Bergbau ein Vergleich geschlossen, in dem den Anliegern an der Flöha eine Mindestmenge von etwa 34 m³/min Wasser garantiert werden mußte, ehe Wasser in das Kunstgrabensystem abgeleitet werden durfte. Das bedeutete, daß der Bergbau im wesentlichen nur das Flutwasser der Flöha nach der Schneeschmelze im Frühjahr erhielt. Aber auch das war für den Bergbau ein Gewinn, da dieses Wasser und damit die entsprechende Energie in den Kunstteichen gespeichert und so über das ganze Jahr verteilt werden konnte. Zur technischen Realisierung des wasserrechtlichen Vergleichs wurde 1882 der Neuwernsdorfer Wasserteiler (Abb. 28) gebaut, der seine Funktion bis zur Stillegung des Bergbaus 1913 erfüllte. Er diente 1913 bis 1968 in gleicher Weise der Verteilung von Brauchwasser für das Gebiet der Flöha und den Freiberger Raum, wurde erst 1968 durch den Bau der Rauschenbachtalsperre überflüssig und verschwand in deren Stauraum. Da von der Rauschenbachtalsperre

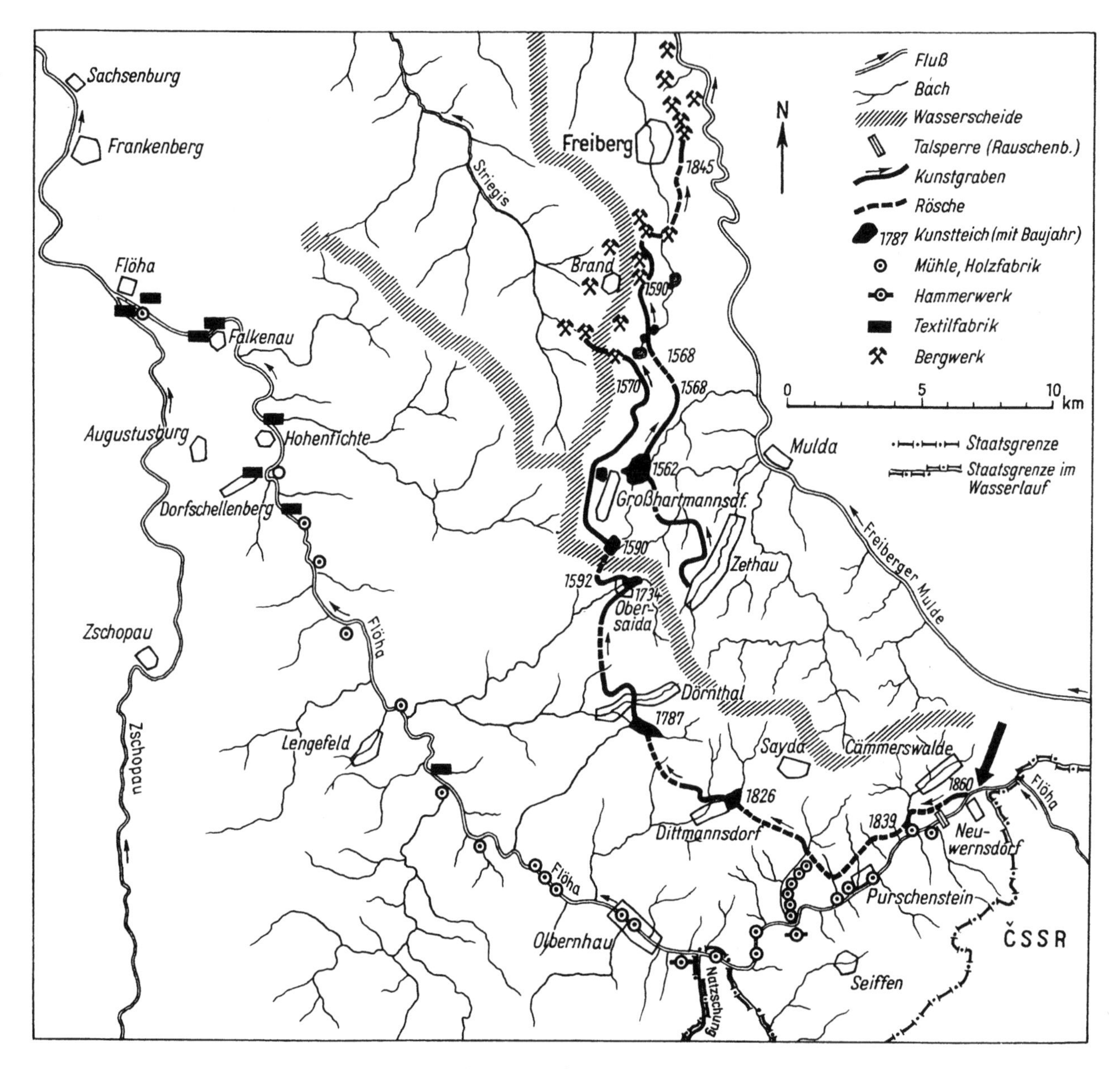

Abb. 27. Die wichtigsten Kunstgräben, Röschen und Kunstteiche von der Flöha (starker Pfeil weist auf den Neuwernsdorfer Wasserteiler) bis zu den Gruben von Brand und Freiberg um 1850 sowie die industriellen Nutzer des Wassers der Flöha zur gleichen Zeit

Abb. 28. Schematisches Raumbild des Neuwernsdorfer Wasserteilers

A–A Flöha, *B* Wehr mit Ausschnitt für die den Flöha-Anliegern zustehende Wassermenge, *C–C* Kunstgraben mit Überlaufschwelle *D,* über die Wasser erst in den Kunstgraben tritt, wenn die den Anliegern der Flöha im Vergleich garantierte Wassermenge über *B* fließt (*D* 25 cm höher als *B*), *M* oberes Mundloch der Flöha-Rösche (vgl. Abb. 96 auf Seite 249)

Tabelle 10. Anlagen der bergmännischen Wasserwirtschaft im Freiberger Revier in der Reihenfolge des Wasserlaufs (nach BORNEMANN 1893, WILSDORF 1961, WAGENBRETH 1980); die Teiche sind jeweils vor den Gräben und Röschen genannt, in die sie Wasser einspeisen

Bezeichnung (Lage)	Bauzeit	Ungefähre Höhe (m ü. NN)	Volumen und Fläche m^3 (ha)	Länge (km)	Bemerkungen
A) Oberhalb des Reviers alte, eingegangene Systeme					
Drei Waldteiche (im Freiwald)	vor 1524 und 1558	etwa 520	etwa 50 000	–	ab 1568 von Gruben auf Mordgrubner Zug genutzt, von PLANER ausgebaut
Berthelsdorfer Hüttenteich (oberhalb Langenrinne)	vor 1555 und 1560	446	349 000 (16)	–	1684 erweitert noch heute in Nutzung (!)
Alter Thurmhofer Kunstgraben (Münzbachtal, westlich des Baches)	1555	etwa 400	–	etwa 3	brachte den Wasserrädern des Thurmhof-Gangzuges Aufschlag
Langenauer Pochwerksteiche (östlich von Langenau)	um 1564 bis 1570	oberer 493 unterer 489	etwa 250 000 (9)		
Langenauer Wasser (von den Langenauer Pochwerksteichen am östlichen Striegistalhang nach Brand)	um 1564 bis 1570	477 bis 455		4	auch St. Wenzels und Einhorner Kunstgraben, später nur bis *Himmelsfürst* als Himmelsfürster Wäschgraben
Kuhschachter Teich (Münzbachtal südlich der Eisenbahn)	1674 bis 1682	etwa 400	etwa 100 000 (4)	–	lieferte den *Thurmhof*-Gruben und dem *Kuhschacht* Aufschlagwasser

Fortsetzung Tabelle 10

Bezeichnung (Lage)	Bauzeit	Ungefähre Höhe (m ü. NN)	Volumen und Fläche m³ (ha)	Länge (km)	Bemerkungen
Lorenz Gegentrümer Kunstgraben und Rösche (Oberbobritzsch – Naundorf – Conradsdorf)	um 1631 bis 1634	420...365	–	etwa 14,6	brachte Bobritzschwasser zum Halsbrücker Bergbau (Lorenz Gegentrum 8. Maß)
Gnade Gottes und König August Kunstgraben (Bobritzschtal bei Naundorf-Falkenberg)	1704...1705	etwa 340	–	2,5	am linken Bobritzschtalhang weitgehend noch erkennbar
Summen A	um 1550 bis 1705	etwa 520 bis 340	etwa 750 000 (30)	etwa 24	
B) »Untere Wasserversorgung« (16. Jahrhundert), noch in Nutzung					
Zethauer Kunstgraben und Rösche	1564...um 1570	530...490	–	7,7 Graben 0,5 Rösche	von MARTIN PLANER gebaut
Unterer (Großer) Großhartmannsdorfer Teich	1562, 1572	490	1 700 000 (61)		kleiner Teich schon vor 1524, von PLANER vergrößert
Müdisdorfer Kunstgraben mit Mendenrösche	1562...1568, 1590	485...480	–	7 Graben	von M. PLANER, Mendenrösche 18. Jh.
Müdisdorfer Rösche	1558...1568	Ob. Mundl. 482,9	–	2,8 Rösche	von M. PLANER
Erzengler Teich	um 1568	493	143 820 (8,0)	–	liefern Münzbachwasser in Berthelsdorfer Hüttenteich bzw. Hohbirker Kunstgraben
Rothbächer Teich	um 1568	480	45 000 (2,8)	–	
Lother Teich, auch Mühlteich genannt	um 1568	475	45 000 (2,4)	–	
Hohbirker Kunstgraben (östlich von Zug)	1589...1590	480...470	–	4,8	lieferte vor allem den Gruben auf dem Hohbirker Zug Aufschlagwasser
Summen B	1562...1590	530–470	etwa 1 934 000 m³	19,5 Graben 3,2 Rösche Summe 22,7	

Fortsetzung Tabelle 10

Bezeichnung (Lage)	Bauzeit	Ungefähre Höhe (m ü. NN)	Volumen und Fläche m^3 (ha)	Länge (km)	Bemerkungen
C) »Obere Wasserversorgung« (16. bis 19. Jahrhundert), noch in Nutzung					
Kunstgraben und Röschen vom Flöhatal bei Neuwernsdorf bis Mörtelgrund	1826...1859	585...575	–	10 km Graben 6 km Rösche	von Neuwernsdorfer Wasserteiler bis Mörtelgrund 8 Röschen
Martelbacher Rösche	1827...1853	575...570	–	3 km	
Dittmannsdorfer Teich	1824...1826	570	503 200 (10,6)	–	höchstgelegener Kunstteich des Freiberger Reviers
Dittmannsdorfer Kunstgraben und Rösche	1787...1826	etwa 568	–	1,1 Graben 0,2 Rösche	
Neuer Friedrich-Benno Stolln und *Friedrich-Benno Stolln*	1787...1826	565	–	3,4 Rösche	
Dörnthaler Teich	1787...1790	565	1 215 000 (19,5)		1842...1844 von BRENDEL vergrößert
Oberer Dörnthaler Kunstgraben	1786...1790	547...545	–	3,0	
Haselbacher Rösche	1857...1862	545		1,2	nachträglich angelegt, um Kunstgraben abzukürzen
Unterer Dörnthaler Kunstgraben	1606...1607	545...542		2,7	
Obersaidaer Teich	1728...1734	555	128 300 (5,7)		
Obersaidaer Kunstgraben	1592...1607	542...535		2,1	
Mittelsaidaer Rösche	1603...1607	535		0,9	durchörterte Wasserscheide zwischen Flöha und Mulde
Oberer Großhartmannsdorfer Teich	1590...1592	530	660 000 (21,2)		1591 durch Kurfürst VON JOSEPH ALLNPECK gekauft

Fortsetzung Tabelle 10

Bezeichnung (Lage)	Bauzeit	Ungefähre Höhe (m ü. NN)	Volumen und Fläche m^3 (ha)	Länge (km)	Bemerkungen
Kohlbach-Kunstgraben	1550...1570	525...505		13,0	von M. PLANER (oberer Teil später?)
Mittlerer Großhartmannsdorfer Teich	1725...1732	500	316 000 (12,1)		dient zur Abgabe von Wasser in die untere Wasserversorgung
Gelobt Land Teich (an Fernverkehrsstraße südl. Brand-Erbisdorf)	vor 1620	503	18 800 (3,8)		dem Himmelsfürster Revier vorgeschaltet
Summen C	1550...1860	585...503	2 841 000 (73)	31,9 Graben 14,7 Rösche Summe: 46,6	
D) Wichtige Kunstgräben und Kunstteiche innerhalb des Reviers					
Unverhoffter Segen Gottes Kunstgraben (Oberschöna, östlicher Striegistalhang)	16. Jh., erweitert 1790...1792	etwa 370...360	–	4,2 Graben 0,1 Rösche	Kunstgraben für *Erzengel* und *Junger Schönberg*, später für *Unverhoffter Segen Gottes*
Neue Hoffnung Gottes Kunstgräben (Wegefarth-Bräunsdorf, östlicher Striegistalhang)	um 1750	etwa 340...300	–	3 mal 5 = 15	drei Gräben am rechten Striegishang übereinander
Sonnenwirbler Kunstgraben (vom Constantinschacht zum Matthiasschacht in St. Michaelis)	17./18. Jh.	472...438,4	–	etwa 1,5 Graben 1,0 Rösche	genutzt am Hörnigschacht, Kohlhäusler Schacht und Matthiasschacht
Beschert Glücker Kunstgraben in Zug	18./19. Jh.	etwa 470...450	–	etwa 2,0	
Himmelfahrter Kunstgraben (Langenrinne – Thurmhofschacht)	1844–1845	438...417	–	3,3 Graben 2,2 Rösche	von *Junge Hohe Birke* ausgehend noch in Nutzung
Himmelfahrter Wäschteich (am Abrahamschacht)	1844...1845	416	etwa 20 000		

Fortsetzung Tabelle 10

Bezeichnung (Lage)	Bauzeit	Ungefähre Höhe (m ü. NN)	Volumen und Fläche m³ (ha)	Länge (km)	Bemerkungen
Wernergraben, *Wernerstolln* und Röschen am Stangenberg (Muldental bei Weißenborn – Muldenhütten)	1852...1860 1827...1839 1839...1860	364...363 363 362–360	– – –	2,8 Graben 0,9 Rösche 0,5 Graben 0,6 Rösche	lieferte der Grube *Morgenstern* und der Hütte Muldenhütten Muldenwasser als Aufschlagwasser
Roter Graben (Muldental Halsbach – Halsbrücke)	um 1613	323...294	–	5,0	nimmt Stollnwasser vom *Verträgliche Gesellschaft Stolln, Thurmhof-Hilfsstolln* u. *Alten Tiefen Fürstenstolln* und liefert in Halsbrücke Aufschlagwasser
Altväter Kunstgraben und Aquädukt (Münzbachtal bei Rothenfurth)	1680...1690	330...325	–	3,0	lieferte der Grube *St. Anna samt Altväter* Aufschlag aus Münzbach
Oberer Churprinzer Kunstgraben, Rösche und Zechenteich (Münzbachtal, Waltersbachtal bis Großschirma)	1749 1833 1749	330...320 321	– – 50 000	7,5 Graben 0,5 Rösche	Aufschlagwasser für Churprinzer Wassergöpel
Churprinzer Bergwerkskanal (Rothenfurth – Großschirma)	1788...1789 1822/1823 neuer Kanal, etwas höher	294...293	–	2,0	Aufschlagwasser für Churprinzer Kunstgezeuge und Wäschen, noch durch Pappenwerk genutzt
Christbescherung (Oberer Kunstgraben, Zechenteich, Bergwerkskanal bei Großvoigtsberg)	um 1780			2 Graben – 3 Kanal	 heute Badeteich
Alte Hoffnung Gottes Kunstgraben (Muldental Großvoigtsberg – Kleinvoigtsberg)	1741	277...275		2,5	Aufschlagwasser für *Alte Hoffnung Gottes.* Wassergöpel, Kunstgezeuge und Wäschen

Fortsetzung Tabelle 10

Bezeichnung (Lage)	Bauzeit	Ungefähre Höhe (m ü. NN)	Volumen und Fläche m^3 (ha)	Länge (km)	Bemerkungen
Segen Gottes bei Gersdorf,				–	zur Leitung von Wasser des *Adolph-Stollns* zum *Segen Gottes Erbstolln*
Teich im Pietzschbachtal,	1842...1844	263	etwa 100 000		
Marbacher Röschen, Kunstgräben	1788...1818	255...240		Röschen 2 Gräben 3	
Bobritzschwasserleitung sog. Grabentour (Krummenhennersdorf – Reinsberg)	1844...1846	276	–	Graben 1,7 Rösche 1,9	Aufschlag für 5. u. 4. Lichtloch des *Rothschönberger Stollns*
Summen D			etwa 170 000	Graben 59,0 Rösche 11,1 Summe 70,1	
Gesamtsummen (A, B, C, D)	um 1550...1860	im Niveau 585...240 m ü. NN	Teiche mit zusammen 5,7 Mill. m^3 Inhalt	134,4 km Kunstgräben 29 km Röschen 163,4 km Wasserlauf	da zahlreiche kleinere Gräben, Röschen und Teiche unberücksichtigt blieben, sind die wasserbautechnischen Leistungen des Freiberger Bergbaus noch größer

durch einen neuen Schacht am Hemmberg bei Cämmerswalde Wasser der Flöha auch heute noch in das Kunstgrabensystem eingespeist und nach Freiberg geleitet wird, ist diese Talsperre nicht nur ein Wasserspeicher, sondern zugleich wasserrechtlich und technisch der Nachfolger des Neuwernsdorfer Wasserteilers. Dessen Inschrifttafeln mit dem Text »Wasserversorgung des Bergreviers Freiberg« und »vollendet 1882« wurden beim Bau der Talsperre abgenommen und an einem Mundloch der Cämmerswalder Röschen neu angebracht, wo sie die Touristen nun darauf aufmerksam machen, daß dort an den Höhen des Osterzgebirges, etwa 30 km südöstlich von Freiberg, die wasserwirtschaftlichen Anlagen des historischen Freiberger Erzbergbaus beginnen.

Da auch die Stolln zu den Anlagen der bergmännischen Wasserwirtschaft gehören, kann das Mundloch des tiefsten Freiberger Stollns, des *Rothschönberger Stollns* im Triebischtal bei Rothschönberg oberhalb von Meißen, als das untere Ende der Wasserwirtschaftsanlagen des Freiberger Reviers gelten. Damit wurde Wasser der Flöha bei +585 m über NN durch den Freiberger Bergbau dem natürlichen Abfluß entzogen, in etwa 60 km langem Lauf den Gruben zugeführt und dort seine Energie genutzt, früher auf den höheren Stolln, seit 1877 auf dem *Rothschönberger Stolln* zum Abfluß gebracht und bei Rothschönberg in dem Niveau von +191,5 m über NN wieder in den natürlichen Wasserlauf eingespeist. Die Höhendifferenz beträgt fast 400 m. Allerdings floß dann dieses Wasser der Flöha

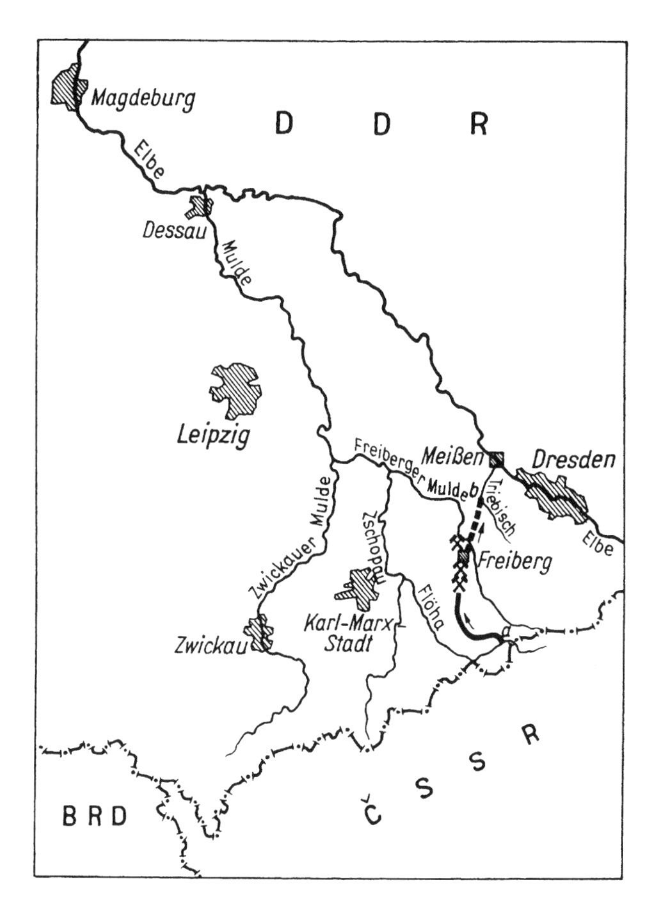

Abb. 29. Veränderung des natürlichen Wasserlaufs durch den Freiberger Bergbau

Abzweigung von Wasser aus der Flöha in den Kunstgraben bei Neuwernsdorf *(a)*, Leitung des Wassers zu den Gruben bei Freiberg, dort Wasser zur Gewinnung von Energie genutzt und bis auf *Rothschönberger Stolln* verstürzt, dessen Austritt bei Rothschönberg in die Triebisch *(b)*

nicht wie von der Natur vorgesehen bei Dessau, sondern schon bei Meißen in die Elbe (Abb. 29).

Wenn man so das System der Freiberger Kunstgräben, Röschen, Kunstteiche und Stolln von Neuwernsdorf bis Rothschönberg überschaut, erkennt man es als Meisterleistung der Wasserbautechnik und Wasserwirtschaft. Es ist aber mehr. Es zeigt heute noch, wie die sächsischen Landesherren und ihre Bergbeamten vom 16. bis zum 19. Jahrhundert mit Hilfe des Direktionsprinzips eine den differenzierten Besitzverhältnissen der einzelnen Gruben und damit den kapitalistischen Produktionsverhältnissen übergeordnete Betriebskonzentration durchgesetzt haben und wie damit der Erzbergbau den für die Zeit des Feudalismus höchsten Entwicklungsstand der Produktivkräfte darstellte. Organisatorischer Ausdruck dessen war die 1684 gegründete Stolln- und Röschenadministration.

Nicht nur das Wasser der Flöha, sondern auch das der Bobritzsch wurde dem Bergbau zugeführt und floß nach der Nutzung als Aufschlagwasser in die Mulde ab. Das Wasser der Striegis diente den Gruben bei Oberschöna und Bräunsdorf.

Typisch für die bergmännische Wasserwirtschaft war schon vor Jahrhunderten die Mehrfachnutzung des Wassers. So konnte dasselbe Wasser z. B. zunächst für Erzwäschen von Zug, dann für zwei Räder am Krönerschacht in Zug, weiter für Wasserräder der Grube *Junge Hohe Birke* bei Langenrinne verwendet werden, floß weiter der *Himmelfahrt Fundgrube* zu, diente hier den Rädern in mehreren Schächten und Aufbereitungsanlagen, kam im Muldental zutage, floß im Roten Graben nach Halsbrücke und weiter zur Grube *Churprinz* bei Großschirma, nach dortiger Nutzung zu den Gruben *Christbescherung* bei Großvoigtsberg, *Alte Hoffnung Gottes* bei Kleinvoigtsberg und *Gesegnete Bergmanns Hoffnung* bei Obergruna, gelangte von hier durch den *Treue Sachsen Stolln* und den *Adolph-Stolln* in den Zellwald und dort in das Kunstgrabensystem und auf die Räder der Grube *Segen Gottes* in Gersdorf bei Roßwein, wo es vom Bergbau in die Mulde entlassen wurde.

Einzelne technische Anlagen der bergmännischen Wasserwirtschaft sind in solchem Maße nur vom technischen Zusammenhang der betreffenden Gruben her verständlich, daß sie zusammen mit diesen dargestellt werden sollen.

Hier sei noch darauf verwiesen, daß die bergmännische Wasserwirtschaft auch ein Beispiel für den gesetzmäßigen Übergang von der technischen Praxis zur Technikwissenschaft und deren Rückwirkung auf die Praxis ist. Technikwissenschaft entsteht stets dort, wo die Technik so kompliziert wird, daß sie handwerklich-empirisch nicht mehr zu bewältigen ist. Einer der ersten Schritte zur Technikwissenschaft ist es jeweils, die zu bewältigenden technischen Vorgänge meßbar zu machen. Im Freiberger Bergbau wuchs der Energiebedarf schneller als die Zuführung weiteren Aufschlagwassers durch die Erweiterung des Kunstgrabensystems. Man mußte deshalb die Verteilung der verfügbaren Wasserkraft auf die Gruben in dem Gesamtsystem optimieren und dafür die Wassermenge meßbar machen und messen. Die Maßeinheit dafür – Wassermenge pro Zeiteinheit – legte man schon im 18. Jahrhundert fest: 1 »Rad Wasser« (= 37,85 l/s). Wurde ein neues Wasserrad oder eine neue Wassersäulenmaschine in einer Grube gebaut, erhielt diese aus dem Kunstgrabensystem eine bestimmte Wassermenge zugeteilt. Zum sparsamen Verbrauch des Wassers trug die Wassersteuer bei. Im Jahre 1853 betrug diese für ein »Lachterrad«, also für die Nutzung des Energiequantums von 37,85 l/s auf 2 m Fallhöhe, 20 Thaler pro Jahr.

5.5. Aufbereitung

Die Aufbereitung umfaßt die Arbeitsprozesse, mit denen das geförderte Roherz für das Schmelzen vorbereitet wird. Ihre Geschichte wird durch die Eigenschaften des Erzes, durch den Stand der Hüttentechnik und durch den historischen Entwicklungsstand von Technik und Wissenschaft überhaupt bestimmt, insbesondere durch das Maschinenwesen sowie Physik und Chemie.

Als man in der ersten Hauptperiode des Freiberger Bergbaus, im 12. bis 14. Jahrhundert, Bergbau in der Oxydationszone der Erzgänge betrieb, fand man meist gediegenes Silber, das schon ziemlich rein gefördert wurde, also kaum einer besonderen Aufbereitung bedurfte. Beim Aushauen des Gesteins oder Zerschlagen der gelösten Brocken löste sich das Silber leicht von dem tauben Gestein.

In den Freiberger Erzgängen sind auch in den tieferen Bereichen der primären Gangausbildung die Erzminerale und die Gangarten (die metallfreien Minerale) teilweise so grob miteinander verwachsen, daß auch später, vom 15. bis zum 19. Jahrhundert, das Scheiden und Klauben der Erze von Hand einer der wichtigsten Arbeitsprozesse der Aufbereitung war. Etwa 50 % des geförderten Erzes ließen sich so in etwa 7 % Erz und 43 % taubes Gestein trennen. Dazu wurde das geförderte Erz in einen größeren Raum oder ein besonderes Gebäude, die Scheidebank, gebracht. Dort waren an den zahlreichen und großen Fenstern grob gezimmerte Tische aufgestellt, an denen Scheidejungen im Alter von 8 bis 16 Jahren und invalide Bergleute unter Aufsicht des Scheidesteigers das Roherz zerschlugen und in Erz, taube Massen und »Pochgänge« sortierten (s. Tafelteil, Bild 53). Das Erz wurde zum Abtransport in die Schmelzhütte gesammelt, das taube Material auf die Halde gefahren. In den Pochgängen waren Erz und metallfreie Mineralien so fein verwachsen, daß sie nicht durch Scheiden von Hand aufbereitet werden konnten, sondern eine weitere maschinelle Aufbereitung erforderten. Der Einsatz von Scheidejungen zur Scheidearbeit verdient einerseits in sozialhistorischer Hinsicht als Kinderarbeit unsere Kritik. Andererseits ist nicht zu übersehen, daß sich in dieser Tätigkeit zugleich eine Form der damaligen Ausbildung von Bergleuten zeigt. Die Jungen lernten in der Scheidebank die einzelnen Minerale kennen. Sie begriffen dort, daß nicht alles, was glänzt, Erz oder Silber ist, und sie konnten dann – vom 14. Lebensjahr an untertage – auch dort erzhaltige von tauber Gangmasse unterscheiden.

Zum Zerkleinern des fein verwachsenen Erzes benutzte man zuerst nur Mühlen. Das Prinzip der Getreidemühle war bekannt. Ihre Anwendung auf die Zerkleinerung des Erzes lag nahe. Agricola bildet 1556 Erzmühlen mit Wasserradantrieb ab, und auch bei Freiberg wurden Mahlsteine gefunden, die nach der Art der Mahlspuren nur Erzmahlsteine gewesen sein können. Seit dem 16. Jahrhundert aber dürfte es Erzmühlen dieser Art nicht oder nur im Ausnahmefall im Freiberger Revier gegeben haben. Seit dem 15. Jahrhundert war das Pochwerk für den Erzbergbau die wichtigste und überall verbreitete Zerkleinerungsmaschine, zunächst das Trockenpochwerk zum Zerstampfen des Erzes ohne Zusatz von Wasser, dann das 1512 von Sigismund von Maltitz nach Sachsen eingeführte Naßpochwerk. Bei diesem wurde dem Erz Wasser zugesetzt und damit zugleich der genügend fein gepochte Schlamm zur nächsten Verarbeitungsstufe weitergespült.

Die Pochwerke arbeiteten mit etwa 3 m hohen und

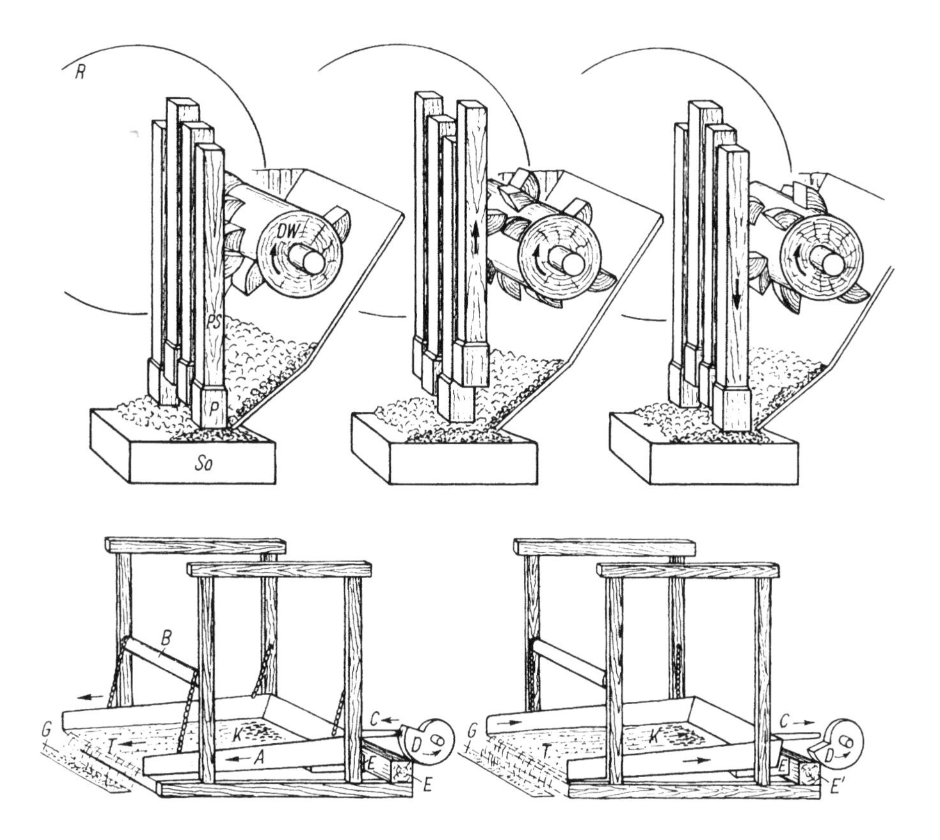

Abb. 30. Wirkungsweise eines Pochwerkes *(oben)* und eines Stoßherdes *(unten)*

R Wasserrad, *DW* Daumenwelle, *PS* Pochstempel, *P* Pochschuh, *So* Pochsohle, *oben links:* Vor dem Hub des vorderen Stempels, *Mitte:* Hub des vorderen Stempels, *rechts:* Vorderer Stempel durch Daumen freigegeben und gefallen.
A Herd, *B* Rolle zum Verändern der Herdneigung, *C* Stange, die von der Spiralscheibe *D* bewegt wird, *E* und *E'* Stauchblöcke, *E* am Herd, *E'* am Gerüst, *G* Herdflutgerinne, *K* Erzkonzentrat, das beim Zurückschlagen des Herdes und Stauchen von *E* an *E'* nach rechts gerückt wird, *T* taubes Material, das vom Wasser in *G* gespült wird

135 kg schweren Pochstempeln mit einem eisernen Pochschuh, der auf das Erz im Pochtrog aufschlug. Nocken auf der Pochwelle hoben die Stempel an und gaben sie zum Schlag auf das Erz frei (Abb. 30). Die Pochwelle wurde überall von einem Wasserrad angetrieben, das entweder direkt mit der Pochwelle gekoppelt oder von untertage aus durch ein vierfaches, nach oben arbeitendes Gestänge mit der Pochwelle verbunden war (s. Tafelteil, Bild 52).

Das fein gepochte Material (Korngröße bis maximal 2 mm) wurde in der Herdwäsche weiterverarbeitet. Die konstruktiv verschieden gestalteten Stoßherde (Abb. 30) wirkten nach dem gleichen Prinzip, wie es den Bergleuten vom Zinnstein- oder Goldwaschen in den Flüssen und Bächen schon bekannt war, nur waren die Stoßherde wesentlich größer als die Sichertröge der Goldwäscher. Das über die Stoßherde rieselnde Wasser spülte die leichten, metallfreien Körner in Gräben aus dem Gebäude und schließlich in den Schlammteich. Die schweren metallhaltigen Erzkörner wurden durch die ungleichen Stöße des Stoßherdes (s. Tafelteil, Bild 54) an dessen Rand konzentriert und konnten dort entnommen werden. In Bewegung gesetzt wurden die Stoßherde wohl überall durch Wasserräder. Deshalb baute man die Pochwerke und Wäschen oft abseits der Förderschächte, dort, wo gerade Wasserkraft verfügbar war, selbst wenn dieser Standort noch einen besonderen Erztransport von der Grube zur Aufbereitung erforderte (s. Tafelteil, Bild 55).

Pochwerk und Stoßherdwäsche waren die wichtigsten Freiberger Aufbereitungsmaschinen vom 16. bis ins 19. Jahrhundert. Sie sind aber an keiner Stelle des Reviers mehr erhalten. Es existieren nur noch einige typische Aufbereitungsgebäude, wogegen im Altenberger Zinnbergbau eine alte Zinnerzaufbereitung mit Pochwerk und Stoßherden erhalten ist und jährlich von etwa 150 000 Besuchern besichtigt wird.

Im 19. Jahrhundert kamen u. a. Walzwerke als Erzaufbereitungsmaschinen für die Zerkleinerung auf. Besonders ab 1880 versuchte man, durch neue große Aufbereitungsanlagen die durch das Sinken des Silberpreises zurückgehenden Erträge des Bergbaus hoch zu halten. So entstanden vor allem bei den Gruben *Himmelfahrt Fundgrube, Junge Hohe Birke, Vereinigt Feld* und *Himmelsfürst* damals moderne Aufbereitungen, größtenteils mit Dampfantrieb.

In der Bergbauperiode ab 1937 installierte man zur Erzaufbereitung Kugelmühlen als Zerkleinerungsmaschinen und wandte die Flotation als modernes Aufbereitungsverfahren an. Bei dieser wird feingemahlenes Erz mit Wasser zu Schlamm verrührt und mit verschiedenen Chemikalien versetzt. Diese machen das Erz wasserabweisend und bilden Schaum. Damit lagern sich die Erzpartikeln an die Schaumbläschen an, werden mit diesen nach oben an die Wasseroberfläche der Flotationszelle getragen und können dort abgestrichen werden. Quarz und andere taube Minerale werden vom Wasser benetzt, sinken in der Flotationszelle zu Boden, werden dort ausgetragen und durch Rohre, Rinnen und Schläuche auf die Absetzhalde gespült.

6. Die rechtliche, wirtschaftliche und technische Entwicklung des Freiberger Hüttenwesens

Das reiche Silbererz, aber auch das gediegene Silber, das in der ersten Hauptperiode des Freiberger Bergbaus gefördert wurde, mußte aus- und umgeschmolzen werden. So entstanden unmittelbar nach den ersten Gruben auch die ersten Schmelzhütten. Ihre Entwicklung wurde zwar insgesamt durch die gleichen gesellschaftlichen Verhältnisse bestimmt, die für den Bergbau galten, weist aber hinsichtlich Standort, Besitzverhältnissen, Anzahl und Betriebsgröße Besonderheiten auf, die verschiedene Gründe haben.

Im 12. bis 14. Jahrhundert war das Ausschmelzen und Umschmelzen des Silbers technisch so einfach, daß man dazu wohl nur kleine Hütten mit primitiver technischer Ausstattung unmittelbar neben den Gruben errichtete. Ob diese Hütten den Besitzern der Gruben gehörten oder von anderen betrieben wurden, ist für jene Zeit nicht überliefert. Neueste Ausgrabungen im Stadtgebiet Freiberg erbrachten flache Tonschalen der Zeit 1200 bis 1300, die als Gießformen für Silberbarren gedient haben.

Im 14. bis 17. Jahrhundert, also gegen Ende der ersten und in der zweiten Hauptperiode des Freiberger Bergbaus, wurden Schmelzhütten – oder richtiger die Standorte zum Bau von Hütten – dem noch herrschenden Lehnssystem gemäß mit Privilegien des Landesherren verliehen. Gruben und Hütten gehörten aber meistens verschiedenen Eigentümern, deren ökonomische Interessen gegensätzlich waren. Die Bergwerkseigentümer wollten das Erz so teuer wie möglich an die Hüttenbesitzer verkaufen, diese aber das Erz möglichst niedrig bezahlen. Kurfürstliche Bergbeamte mußten deshalb vermittelnd eingreifen, die Erzpreise festsetzen und eine korrekte Bewertung der Erze garantieren. Das führte zur Gründung des Oberhüttenamtes im Jahre 1555, zur Einsetzung eines Oberhüttenverwalters und von »Wardeinen«, d. h. Beamten zur unparteiischen Prüfung der Metallgehalte des Erzes und auch zur Ausbildung der Probierkunde, einer Vorläuferwissenschaft der Analytischen Chemie.

Zur Verhüttung der nun ärmeren Erze benötigte man leistungsfähigere Öfen und Gebläse. Für letztere war der Antrieb mit Wasserrädern erforderlich. Auf die zahlreichen kleinen Schmelzhütten der ersten Hauptperiode folgten deshalb im 15. bis 18. Jahrhundert weniger, aber größere Hüttenwerke, die zwar in der Nähe der in Abbau befindlichen Erzgänge, aber stets am Ort der Wasserkraft lagen (Abb. 31). So befinden sich die Hütten für das Erz von Freiberg an der Mulde, die für die Gruben auf dem Hohe Birker Gangzug bei Zug am Münzbach bei Langenrinne, die für die Erze von Brand bei Linda an der Striegis und die Halsbrücker Hütte an der Mulde als Gründung für den um 1620 auf-

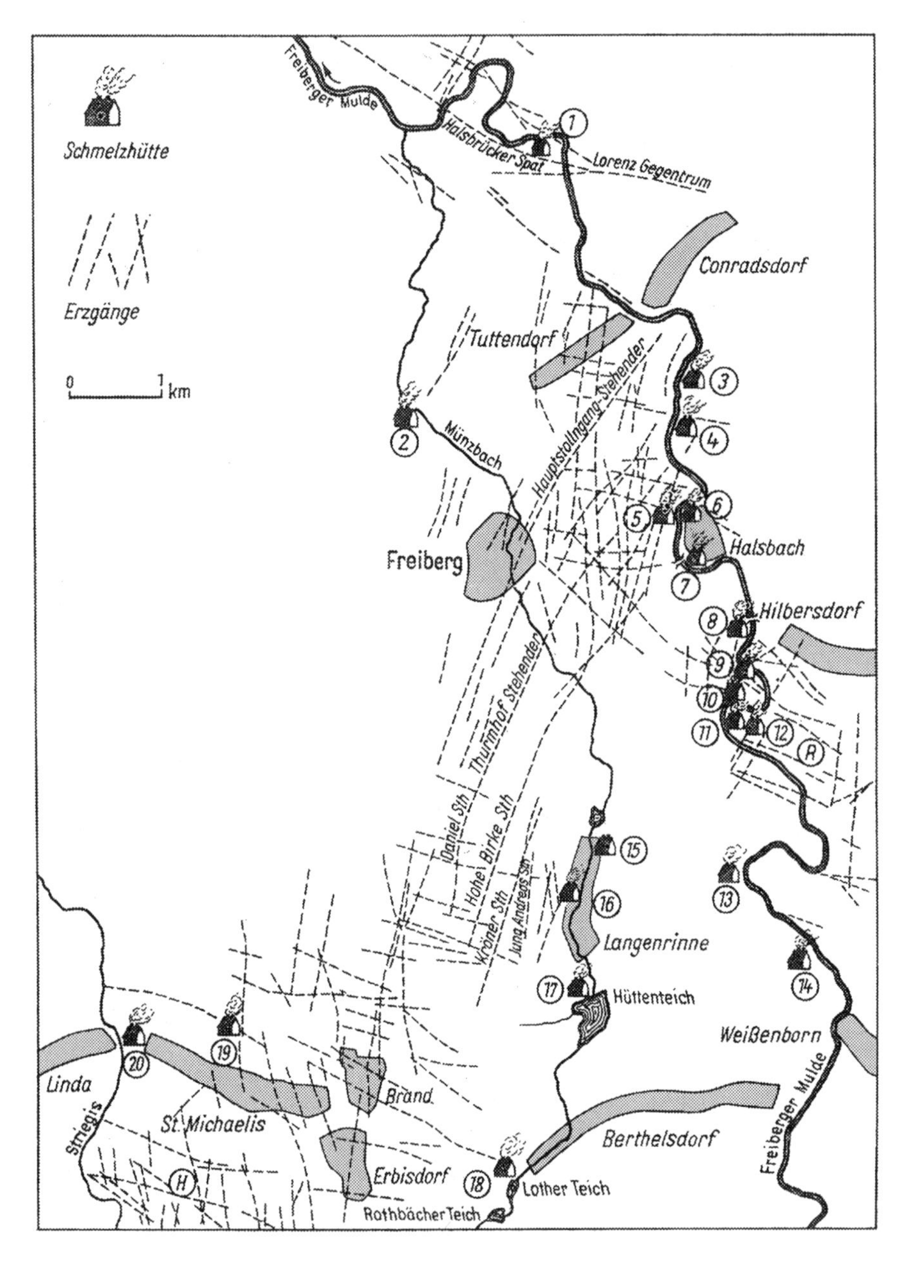

Abb. 31. Standorte der historischen Freiberger Hütten in Abhängigkeit von den Wasserläufen und von der Lage der Erzgänge (Weitere urkundlich bekannte, aber nicht lokalisierbare Hütten sind hier nicht berücksichtigt)

1 Halsbrücker Hütte, *2* Johann Nicol Müllers Hütte am Münzbach, *3* und *4* Hütten unterhalb von Halsbach, *5* Thurmhof 3. u. 4. Maß Hütte, *6* Christoph Buchführers Hütte, 7 Matz Köhlers Hütte, seit 1546 Thurmhof 5. Maß Hütte, *8* älteste Hütte »an der Hilbersdorfer Brücke« (identisch mit *9*?), *9* »alte Hütte« nach Öder – Zimmermann, *10* Zinnhütte (für Zinnerze vom Rammelsberg = *R*), *11* Untere Muldner Hütte, *12* Obere Muldner Hütte, *13* Teichhütte, später Hütte des kleinen Erzkaufs, *14* Rölings Hütte, *15* Untere Münzbachhütte, *16* Mittlere Münzbachhütte, auch Erasmus Hütte, zuletzt Pragerscher Hüttenhof, *17* Obere Münzbachhütte, auch Strauchhütte, *18* Wolf Röligs Hütte, *19* Jacob Krells Hütte, *20* Lindaer Hütte
H Himmelsfürster Grubenrevier

blühenden Bergbau auf dem Halsbrücker Spatgang.

Eine weitere historische Entwicklungstendenz ist die Übernahme der Hütten in kurfürstliches Eigentum. Die einzelnen Gruben, die sehr unterschiedliche Erträge abwarfen und oft genug Zubuße erforderten, beließ der Kurfürst den Eigenlehnern oder privaten Gewerkschaften. Die Hütten aber warfen auf Grund der relativ regelmäßigen Erzlieferung aus dem gesamten Revier einen stetigen Gewinn ab. Ihr Besitz (Tabelle 11) bot deshalb dem Kurfürsten einerseits die Garantie einer – im Vergleich zur Bergbauproduktion – risikolosen Profitaneignung, zweitens die Monopolisierung des Erzkaufs zu günstigen (niedrigen) Preisen und drittens das Monopol über die Silber- und Kupferproduktion sowie die Kontrolle über die Gewinnung und Verarbeitung des sächsischen Münzmetalls. Andererseits erhob der Besitz der Hütten den Kurfürsten in die Position der entscheidenden Triebkraft für die Beschleunigung des wissenschaftlich-technischen Fortschritts im Hüttenwesen. Das bedeutete die Konzentration der Produktion in noch weniger, aber größeren Hüttenwerken, in denen gezielt an Verbesserungen der Technik gearbeitet wurde. Für die 1710 allein noch existierenden drei staatlichen Hüttenwerke schuf August der Starke die Generalschmelzadministration. Diese richtete eine zentrale Erzeinkaufsstätte mit festgelegten Aufkaufpreisen ein und regelte das Probierverfahren, d. h. die Untersuchung der Erze auf ihren Metallgehalt. Als Keimzelle der heutigen Bergakademie Freiberg wuchs die 1702 gegründete Stipendienkasse beim Oberbergamt Freiberg zu einem wichtigen Faktor für die Herausbildung qualifizierter Fachleute, die besonders den steigenden technischen Anforderungen in den hüttenmännischen Arbeitsprozessen Rechnung tragen mußten. Es ist dabei nicht übertrieben, wenn man der Theorie und Praxis des Freiberger Hüttenwesens seitdem einen gewichtigen Platz bei der weiteren Formierung der Montanwissenschaft einräumt. Seitdem 1825 die obere und die untere Muldener Hütte zusammengelegt worden waren, gab es im Freiberger Revier nur noch zwei Hüttenwerke, Muldenhütten und die Halsbrücker Hütte.

Erst im 20. Jahrhundert sind zwei neue Hütten zu nennen. Von 1937 bis 1976 verarbeitete eine an der Berthelsdorfer Bahnstrecke gelegene, in einer ehemaligen Glashütte eingerichtete Zinnhütte die Zinnerze aus dem oberen und östlichen Erzgebirge. Seit 1961 produziert im Rahmen des VEB Bergbau- und Hüttenkombinat »Albert Funk« die heutige Hütte Freiberg u. a. Zink, anfangs auf der Basis der Freiberger Zinkblende, seit 1968 mit Importen. Im Jahre 1976 nahm in diesem Hüttenwerk die neue Zinnhütte den Betrieb auf und seit 1984 als jüngster metallurgischer Betrieb im Weichbild der Stadt die Bleischrotthütte. So bleibt Freiberg, auf alter Tradition fußend, bis zum heutigen Tag ein schöpferisches metallurgisches Zentrum.

Die technische Entwicklung der Produktionsmittel im Freiberger Hüttenwesen entspricht dem geschichtlichen Wandel der Hüttenwerke. Als in der ersten Hauptperiode des Freiberger Bergbaus im 12. bis 14. Jahrhundert das Silber bis in etwa 50 m Tiefe aus der Oxydationszone in Form des gediegenen Metalls oder reicher Silbererze gewonnen wurde, genügte zur Herstellung des Münzmetalls ein einfaches Ausschmelzen oder Umschmelzen. Zum Raffinieren des Silbers benutzte man aber auch schon Blei, mit dem das Silber zusammen eingeschmolzen und aus dem es in der sogenannten »Treibarbeit« durch Verdampfen des Bleioxids in reiner Form dargestellt wurde. Allerdings nahm man anfangs dazu nicht den Bleiglanz der Freiberger Erzgänge, sondern, wie aus einer Urkunde von 1390 zu schließen, Blei vom »Bleiberg bei Frankenberg«, worunter man vermutlich den alten Bergbau auf dem Treppenhauer nördlich von Sachsenburg an der Zschopau zu verstehen hat. Bezeichnend für den niedrigen Stand der Metallurgie jener Zeit sind die Tatsachen, daß man das in den Freiberger Erzgängen enthaltene Blei offenbar nicht für die Hüttentechnik des Silberschmelzens nutzte und das dafür benutzte fremde Blei nach dem teilweise Verdampfen als Bleioxid nicht wieder auffing und deshalb nicht nochmals zur Silberraffination benutzen konnte.

In der zweiten Hauptperiode des Freiberger Bergbaus, im 15. bis 16. Jahrhundert, als nunmehr dominierend die ärmeren, meist sulfidischen Erze gefördert wurden, benötigte man zu deren Verhüttung kompliziertere Verfahren, wie sie von Agricola 1556 beschrieben und in der Folgezeit um 1566 von Lazarus Ercker und 1585 von Barthel Köhler mit dem »hohen Ofen« weiterentwickelt wurden.

Tabelle 11. Die wichtigsten Freiberger Hütten, ihre Geschichte, ihre Standorte, und ihre Betriebskonzentration (nach KNEBEL 1908, u. a.)

Name der Hütte (Eigentümer)	Lage	Gründung oder (erste Erwähnung)	Kauf durch den Kurfürsten	Betrieben bis	Bemerkungen
Untere Muldner Hütte	an der Mulde oberhalb Hilbersdorf	(1318)	vor 1600	(s. unten: Muldenhütten)	vermutlich die 1318 bei Hilbersdorf erwähnte Schmelzhütte
Obere Muldner Hütte	an der Mulde oberhalb Hilbersdorf		um 1550	(s. unten: Muldenhütten)	
Thurmhofer Hütten	bei Halsbach an der Mulde	(1524)	vor 1600	um 1760	um 1520 22 Hütten in Betrieb
Martin Hilliger'sche Hütte	unterhalb Halsbach an der Mulde	(um 1550)		?	
Röhlingshütte	unterhalb Weißenborn an der Mulde	(um 1550)		?	
Erzkauf- oder Teichhütte	unterhalb Weißenborn an der Mulde	1583		1710	
Herzog-Heinrich-Hütte	bei Berthelsdorf	(um 1550)		?	
Brandstöllner Hüttenhof	bei St. Michaelis an der Striegis	(um 1550)		?	
Lindaer Hütte	bei Linda an der Striegis	1526		?	
Obere Münzbachhütte (= Strauchhütte) (ALNPECK, PRAGER)	zwischen Hüttenteich und *Junge Hohe Birke*	(1363?)	1623?	1623	

Fortsetzung Tabelle 11

Name der Hütte (Eigentümer)	Lage	Gründung oder (erste Erwähnung)	Kauf durch den Kurfürsten	Betrieben bis	Bemerkungen
Mittlere Münzbachhütte (= Erasmushütte) (ALNPECK, PRAGER)	bei Langenrinne nahe der ehemal. »Hüttenpfütze«	(1363?)	1590	1789	zuletzt nur noch zu hüttentechnischen Versuchen genutzt
Untere Münzbachhütte (HILLIGER, PRAGER)	bei Langenrinne oberhalb des Hilligerschen Vorwerks	(1363?)	1690	1711	
Halsbrücker Hütte	in Halsbrücke an der Mulde	1612	1663	heute	
Muldenhütten	bei Hilbersdorf	1825		heute	durch Vereinigung der Unteren u. Oberen Muldner Hütte
20. Jahrhundert:					
Zinnhütte	an Berthelsdorfer Bahn	1937	–	1976	
Hütte Freiberg	an Frauensteiner Straße	1968	–	heute mit neuer Zinnhütte	

Die Hüttenprozesse in den Schmelzhütten umfaßten damals im wesentlichen

- das Rösten als oxydierendes Erhitzen des Erzes an freier Luft zwecks Abtreiben des Schwefels und Überführung der Metalle in oxidische Verbindungen sowie zur mechanischen Lockerung des Gefüges
- das Schmelzen der silberhaltigen Kupfer- und Bleierze in Schachtöfen von anfangs etwa 2 m, ab 1585 etwa 4,5 m Höhe mit stärkerem Gebläsewind aus wasserradbetriebenen Blasebälgen; das Ergebnis war ein stark metallhaltiger »Stein« mit Blei, Kupfer und Silber (s. Tafelteil, Bild 56)
- das Trennen des silberhaltigen Bleis von Kupfer auf den Saigerherden der Saigerhütten; das Ergebnis war Schwarzkupfer und silberhaltiges Blei
- das oxydierende Schmelzen des Bleis und sein »Abtreiben«, d. h. Abfließen und teilweises Verdampfen des Bleioxids zur Gewinnung des Silbers (s. Tafelteil, Bild 58)
- das Feinbrennen des Silbers zwecks Entfernen der letzten Verunreinigungen.

Alle fünf Stufen des metallurgischen Prozesses haben ihre eigene Geschichte, die sich in verschiedenen technischen Aggregaten und Produktionsprozessen widerspiegelt. Dabei zeichnet sich das 19. Jahrhundert durch einen großen Fortschritt in der Hüttentechnik und durch intensivere Ausnutzung der nun ärmeren Erze, vor allem durch die Gewinnung weiterer Rohstoffkomponenten, aus.

Das Rösten erfolgte anfangs wohl in einfachen Haufen des Erzes unter freiem Himmel. Aus dem 16. Jahrhundert bildet AGRICOLA »Röststadel« ab, das sind dreiseitig ummauerte, oben offene Röststätten. Im 19. und 20. Jahrhundert, ab 1838, wurden verschiedene mechanisierte Röstapparate und geschlossene Röstöfen entwickelt und auch im Freiberger Hüttenwesen eingesetzt. Damit konnte man ab 1856 in Muldenhütten, ab 1865 in Halsbrücke das beim Rösten abgetrennte Schwefeldioxid auffangen und einer Schwefelsäurefabrikation zuführen. Für diese benutzte man anfangs das Bleikammerverfahren, ab 1876 in Muldenhütten auch das von dem Chemie-Professor der Bergakademie CLEMENS WINKLER entwickelte Kontaktverfahren.

Für das Schmelzen der gerösteten Erze ersetzte man 1844 die alten, ungefähr 4,5 m hohen Schachtöfen durch die 2,2 m hohen Wellnerschen Doppelöfen, die einen Übergang zu den späteren Wassermantelöfen darstellten und 10 t Leistung pro Tag erbrachten und die Verarbeitung ärmerer Erze ermöglichten. Vor allem deshalb konnte die jährliche, von den Freiberger Gruben an die Hütten gelieferte Erzmenge von etwa 10 000 t im Jahre 1845 auf ungefähr 30 000 t im Jahre 1865 steigen. In diesem Jahr jedoch wurden die von GUSTAV JULIUS PILZ entwickelten, etwa 5,0 bis 8,5 m hohen Pilzschen Hochöfen eingeführt, von denen einer mehr leistete als mehrere der kleinen alten Öfen. Im Pilzschen Hochofen konnten noch ärmere Erze mit Erfolg verschmolzen werden. Ab 1857 bis zum Anfang des 20. Jahrhunderts gewann man in Muldenhütten aus der schwarzen Freiberger Zinkblende auch Zink, und zwar in besonderen Muffelöfen mit Siemensscher Regenerativfeuerung.

Das Ergebnis des Bleischmelzens war das sogenannte Werkblei, das noch Gehalte von Kupfer, Eisen, Nickel, Kobalt, Arsen, Antimon und Zinn aufweist. Durch das Saigern trennte man das Kupfer, durch Behandlung des beim Saigern ausgeschmolzenen Bleis in besonderen Raffinieröfen die anderen Bestandteile ab, die auch gewonnen und zu Verkaufsprodukten verarbeitet wurden.

Das silberhaltige Blei wurde von 1855 an nicht sogleich dem Treibeprozeß unterworfen, sondern zunächst dem »Pattinson-Verfahren«. Bei diesem läßt man bei bestimmter Temperatur aus der Blei-Silber-Schmelze silberarme Bleikristalle ausscheiden, so daß die verbleibende Bleischmelze an Silber angereichert wird. Durch mehrfaches Anwenden dieses Verfahrens erzielte man fast reines Verkaufsblei und »Reichblei« mit 2 % Silber, das man dem klassischen Treibeprozeß unterwarf.

Von 1790 bis 1857 benutzte man zur Gewinnung des Silbers aus reichen Silbererzen in der Halsbrücker Hütte die kalte Amalgamation, die man aus dem damaligen ungarischen Hüttenwesen übernommen hatte. Das Halsbrücker, von CHR. E. GELLERT und J. F. W. VON CHARPENTIER erbaute Amalgamierwerk war als »8. Weltwunder« international bei den Metallurgen bekannt und wurde oft besucht. Es arbeitete nach folgendem Verfahren: Die reichen Erze wurden mit Kochsalz geröstet, so daß sich mit diesem das Silber zu Silberchlorid verband. Das Röstgut mischte man anschließend in rotierenden Fässern (s. Tafelteil, Bild 59) mit Quecksilber, Eisenstücken und Wasser, so daß sich Eisenchlorid und Silberamalgam bildeten. Dadurch wurden 90 % bis 95 % des Silbers in das Quecksilber überführt. Das ausgewaschene Amalgam erhitzte man so, daß das Quecksilber verdampfte und wieder aufgefangen werden konnte, während Silber zurückblieb. In den ersten 50 Jahren seines Bestehens verarbeitete das Halsbrücker Amalgamierwerk fast zwei Drittel aller angelieferten Erze, d. h. etwa 150 000 t, und erzeugte mit einem Aufwand von 6,6 t Quecksilber insgesamt 316,4 t Silber. Ein wesentlicher Vorteil der Amalgamation war die Einsparung großer Mengen von Holzkohle. Das Halsbrücker Amalgamierwerk erhielt 1816 durch den Professor der Chemie der Bergakademie W. A. LAMPADIUS die erste Gasbeleuchtung des Kontinents.

Das Größerwerden der Schmelzöfen im 19. Jahrhundert und die steigenden zur Verhüttung angelieferten Erzmengen machten den Einsatz von Steinkohle und Steinkohlenkoks an Stelle von Holzkohle erforderlich.

Zunächst benutzte man Steinkohle zum Rösten der Erze. Ab 1823 war die Holzkohle fast völlig verdrängt.

Der Einsatz von Steinkohle und Koks und die im 19. Jahrhundert üblichen Größen der Schmelzöfen erforderten leistungsstärkere Gebläse. So wurden um 1827 bis 1835 die alten Blasbälge und Kastengebläse durch starke Zylindergebläse, zunächst mit Wasserradantrieb, später auch mit Antrieb durch Kolbendampfmaschinen, abgelöst.

Die im 19. Jahrhundert ansteigende Produktion hatte in der Umgebung der Hütten starke Hüttenrauchschäden zur Folge. Um diese zu mindern, baute man an den Talhängen der Mulde 1858 bis 1859 einen 58 m hohen Schornstein in Muldenhütten und 1888 bis 1889 die 140 m hohe berühmte Halsbrücker Esse, die die Restschadstoffe in höhere Luftschichten eintreten lassen, in denen sie sich weiträumig verteilen.

Neben der Verarbeitung der vom sächsischen Bergbau geförderten Erze gab es im 19. Jahrhundert in den Freiberger Hütten noch mehrere besondere Produktionszweige. Im Jahre 1857 wurden die Zink-Produktion, 1862 die Wismut-Extraktion, 1863 die Herstellung feuer- und säurefester Tonwaren aufgenommen. Kupfererze wurden zu Kupfervitriol verarbeitet. Weiter erzeugte man ab 1862 Arsenprodukte und Schlackensteine. Im Jahre 1862 wurde in der Halsbrücker Hütte eine Goldscheideanstalt eingerichtet, in der man vorwiegend fremdes Material verarbeitete. Das Gold wurde ab 1888 nach der Plattnerschen Gold-Extraktionsmethode durch Chlor, ab 1903 mit der Goldelektrolyse gewonnen. 1887 wurde die sächsische Münzstätte von Dresden nach Muldenhütten verlegt.

Nachdem das Werk Muldenhütten 1861 Bahnanschluß erhalten hatte, begann man 1868 mit der Verarbeitung ausländischer Erze und »Gekrätze«, d. h. metallhaltiger Abprodukte. Gerade damit wurden die Freiberger Hütten weltberühmt. »Gut genug für Freiberg«, sagte man, wenn man so geringhaltige oder schwer verhüttbare Erze oder Abprodukte hatte, daß andere Metallhütten nicht, wohl aber die Freiberger eine Verwertung zustande brachten. So ist verständlich, daß die Freiberger Hütten als Verarbeitungsstätten ausländischer Rohstoffe in Betrieb blieben, als 1913 der Freiberger Bergbau stillgelegt wurde.

Die Geschichte des Freiberger Hüttenwesens spiegelt die enorme Entwicklung von Produktionserfahrungen und theoretischem Erkenntnisfortschritt wider, ohne die der Mensch bei der Aneignung der Natur im Produktionsprozeß gescheitert wäre. Der wissenschaftlich-technische Fortschritt wurde in den metallurgischen Hauptprozessen sowohl durch die Veränderung der Erzbeschaffenheit bei der Verlagerung des Abbaus in immer größere Tiefen als auch durch das Streben nach ständiger ökonomischer und effektiverer Gestaltung derselben erzwungen. Die im Verlaufe dieser Entwicklung vom Menschen beherrschten Arbeitsprozesse zeichneten sich dabei nicht nur durch immer größere Aggregate, sondern auch durch mehr und mehr kompliziertere und komplexere Technologien aus. Im Unterschied zur Geschichte der Gewinnung und des Abbaus des Erzes in den Freiberger Gruben, tritt uns in den entscheidenden metallurgischen Arbeitsprozessen in technischer Hinsicht weitaus mehr Dynamik entgegen. Freibergs Weltruf gründet sich deshalb auch auf sein Hüttenwesen.

7. Die soziale, ökonomische, organisatorische und kulturelle Entwicklung des Freiberger Bergbaus

Von 1168 bis 1900 wurden bei Freiberg über 5000 t Silber gefördert, davon der größere Teil im 19. Jahrhundert. Um 1850 arbeiteten im Freiberger Revier über 9000 Mann im Montanwesen, davon etwa 7500 Bergleute und 1500 Hüttenleute. Damit erweist sich das Montanwesen als ein für Freiberg auch im 19. Jahrhundert noch bestimmender Faktor. Jahrhundertelang hat es die gesellschaftlichen Verhältnisse der Stadt und ihrer Umgebung geprägt.

Zu Beginn des Freiberger Bergbaus im 12. Jahrhundert waren die Besitzer der Gruben zugleich die Produzenten. Ein Bergmann schürfte, erwarb mit der Verleihung eines Grubenfeldes den Besitz der Bodenschätze und baute diese mit eigener Arbeit auf eigene Rechnung ab. Die mit dem Tieferwerden der Gruben erforderliche Arbeitsteilung in Gewinnen des Erzes, Fördern des Erzes und Heben des Wassers und die entsprechende Berufsspezialisierung in Hauer, Haspelknechte und Wasserknechte führten zur Herausbildung von Lohnarbeit. Dies und die geologisch bedingten Unterschiede in der Erzführung der Gänge hatten schon im 13. Jahrhundert die weitere Differenzierung von Lohnarbeit und Kapital zur Folge. Kam das erste Kapital von den erfolgreichen Bergleuten gut erzführender Gruben, so zog der Kapitalbedarf der Folgezeit auch bergbaufremde Geldgeber, vor allem das mittelalterliche Handelskapital, an. Damit waren zunächst de facto, bald aber auch de jure die meisten arbeitenden Bergleute nicht mehr die Besitzer der Gruben, sondern nur noch Lohnarbeiter.

Zwar hat es bis ins 19. Jahrhundert Gruben gegeben, die einzelnen Bergleuten gehörten und von ihnen betrieben wurden, aber diese Eigenlehnergruben*) hatten – zumindest seit dem 16. Jahrhundert – eine unter-

---

*) In der bergbaugeschichtlichen Literatur findet man für Bergleute, die eine kleine, nur ihnen gehörende Grube betreiben, die Bezeichnungen Eigenlehner und Eigenlöhner. Abgesehen davon, daß beide Worte sachlich die gleiche Wurzel haben können und sich – bei akustischer Ähnlichkeit – nur in der Schreibweise unterscheiden, bietet GRIMMS Deutsches Wörterbuch auch verschiedene Erklärungen, die beide berechtigt sind:

Eigenlehner:
Bergmann, der eine verliehene Grube selbst (allein) besitzt (im Gegensatz zu Gewerken, die nur Anteile besitzen)

Eigenlöhner:
Bergmann, der die Grube auf eigene Rechnung betreibt, sich selbst Lohn zahlt (im Gegensatz zu Bergleuten, die auf kapitalistisch betriebenen Gruben Lohnarbeit leisten und Lohn empfangen)

geordnete Bedeutung. Entweder hatten sie keinen dauernden Bestand, oder sie wurden früher oder später in eine Kapitalgesellschaft umgewandelt.

Hatte der Markgraf als Inhaber des Bergregals aus seinem Eigentumsrecht an den Bodenschätzen nur dadurch Nutzen ziehen können, daß er mit der Freigabe des Bergbaus Bergleute heranzog und diesen einen Teil des Gewinns überließ, so teilten sich nun drei soziale Gruppen den Bergbauertrag: die Grubenbesitzer als die Geldgeber, die die Verzinsung ihrer Investitionen erhofften, die Bergleute als die Produzenten, deren Arbeitskraft regeneriert werden mußte, und der Landesherr als Regalinhaber und damit im feudalen Sinn Eigentümer der Bodenschätze. Alle drei sozialen Gruppen entwickelten sich in einer für den Erzbergbau spezifischen Weise.

Daß sich die bergbaulichen Kapitalgesellschaften ursprünglich aus Vereinigungen selbst arbeitender Bergleute bildeten, wird an ihrem bis ins 20. Jahrhundert üblichen Namen deutlich: Sie hießen Gewerkschaften. Eine solche Gewerkschaft teilte das Grubeneigentum ideell anfangs in 32, später in 128 Anteile, die sogenannten Kuxe. Während eine »Aktie« der späteren für den Kapitalismus typischen Aktiengesellschaften, einmal erworben, unabhängig vom Betriebsergebnis nichts kostete, mußte der Inhaber eines Kuxes stets zuzahlen, wenn die Grube mit Verlust arbeitete. Tat er das nicht, ging er seines Kuxes verlustig, auch wenn die Grube in der Folgezeit wieder Gewinn brachte. Da das ein Gewerke möglichst nicht riskieren wollte, zahlte er in der Regel die Zubuße in der Hoffnung auf künftige Ausbeute. Das Eintreiben der Zubußen und Austeilen des Gewinns erfolgte unter Regie der staatlichen Bergbeamten durch den Zubußboten, war also fest geordnet.

Die Gewerken waren in der ersten Hauptperiode wohl vor allem reiche Kaufleute in Freiberg oder anderen Städten Sachsens, in der zweiten Hauptperiode ebensolche und solche aus den Handelsstädten des Reiches wie Nürnberg und Augsburg sowie der Landesherr selbst, in der dritten Hauptperiode, im 18. bis 19. Jahrhundert, aber zum großen Teil auch Angehörige des Kleinbürgertums, wie Handwerker, Beamte, Lehrer, Pfarrer, reiche Witwen usw. Im 19. Jahrhundert fand das »Großkapital« bessere Profitaussichten im Steinkohlenbergbau, in der Eisenindustrie und im Eisenbahnbau, und es konzentrierte sich deshalb dort.

Vier der 128 Kuxe waren sogenannte Freikuxe. Diese berechtigten zum Empfang von Ausbeute (wenn solche verteilt wurde) ohne die Pflicht zur Zubußzahlung. Jede Gewerkschaft hatte je zwei Freikuxe an die Kirche und an die Schule zu geben, die damit Einnahmen aus dem kapitalistischen Sektor der Gesellschaft erhielten. Vier Kuxe standen den Grundeigentümern zu, um ihnen damit die Einbuße durch mögliche Bergschäden zu ersetzen.

Je nach augenblicklicher Ertragslage wurden die Gruben in vier verschiedene Kategorien eingeteilt:

- Zubußzechen, die nur mit Zuschüssen der Gewerken (oder später des Staates) weiterbetrieben werden konnten,
- Freibauzechen, deren Einnahmen aus dem Erzverkauf gerade die Selbstkosten deckten,
- Verlagszechen, die mit Gewinn bisherige Zuschüsse erstatteten, und
- Ausbeutezechen, die Ausbeute als echten Überschuß (über die bisherige Zubuße hinaus) verteilten.

Meist standen – wie die ab 1529 gedruckten Ausbeutbögen (Bild 7) zeigen – wenige Ausbeutezechen zahlreichen Zubußzechen gegenüber. Reiche und langdauernde Ausbeute lieferten wenige Gruben. Viele dagegen waren lange Zeit Zubußzechen (Tab. 12).

Will man die Erträge des Freiberger Erzbergbaus insgesamt historisch beurteilen, muß man Metallausbringen und wirtschaftlichen Gewinn unterscheiden. Aus der ersten Hauptperiode ist beides kaum noch schätzungsweise anzugeben. Von der zweiten Hauptperiode an ist ein über die Jahrhunderte verhältnismäßig gleichbleibendes bzw. nur schwach steigendes Metallausbringen zu beobachten, das eine gewisse Kontinuität des Bergbaus und einen beachtlichen Produktionsanstieg im 19. Jahrhundert (Abb. 32) bezeugt. Ebenso stetig waren die Einnahmen des sächsischen Kurfürsten bzw. Königs aus dem Bergbau. Die Stetigkeit von Metallausbringen und Staatseinnahmen resultiert nur aus dem Ausgleich der im einzelnen stark schwankenden wirtschaftlichen Situation der einzelnen Gruben und der Verlagerung der Abbauschwerpunkte innerhalb des Reviers. So kam der Bergbau von Halsbrücke um 1610 zu einer Blüte, als die Gruben auf dem Thurmhof Gangzug im Ertrag nachließen. Und nachdem um 1830 die *Neue Hoffnung Gottes* bei Bräunsdorf im Ertrag nachließ, stieg die Förderung der *Himmelfahrt Fundgrube*. Eine weitere wirtschaftliche Tendenz überlagert in der Geschichte aber selbst diesen Ausgleich, nämlich die Verminderung der Bergbauerträge mit zunehmender Tiefe der Gruben. Bei gleichen geologischen Verhältnissen, bei gleicher Technik und bei gleich hoher Erzförderung steigen die Selbstkosten und sinken deshalb die wirtschaftlichen Erträge mit dem Fortschreiten des Bergbaus in die Tiefe. Selbst bei gleichbleibender Förderung kommt deshalb der Berg-

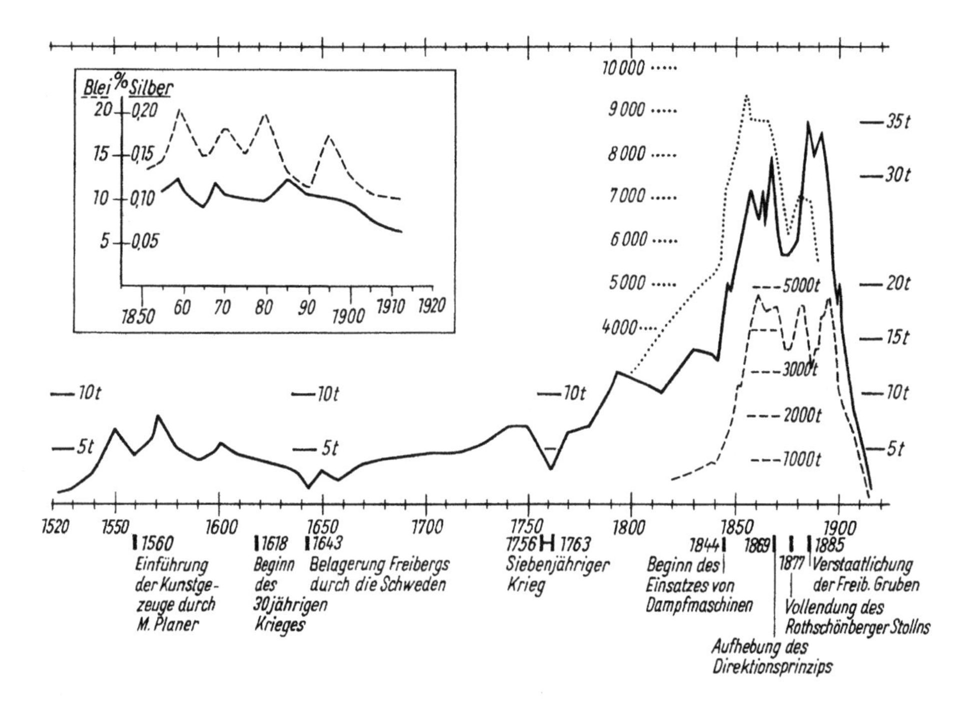

Abb. 32. Die Silber- und Bleiproduktion sowie die Zahl der Bergleute und – in dem gesonderten Diagramm links oben – der Metallgehalt im Liefererz des Freiberger Reviers von 1520 bis 1915 bzw. von 1850 bis 1915

Ausgezogene Linien: Silber, *gestrichelt:* Blei, *punktiert:* Zahl der Bergleute. Darunter Ereignisse, die die Höhe der Produktion beeinflußt haben. Ab etwa 1885: Steigende Produktion und sinkende Belegschaft zeigen die damalige Rationalisierung. (Umgezeichnet nach »Freibergs Berg- und Hüttenwesen«, 1893, und R. Hirsch: Der Freiberger Erzbergbau und die Aussichten bei seiner Wiederaufnahme. – Jb. Berg- und Hüttenwesen in Sachsen 1927, Teil II)

Daten zur vierten Hauptperiode des Freiberger Bergbaus

A) Grubenbaue

Betriebs-abteilung	1945 vorhandene Stolln und Strecken in km	Von 1950 bis 1969 aufgefahrene/geteufte	
		Stolln und Strecken in km	Schächte, Blindschächte, Überhauen in km
Freiberg	500	195	31
Brand-Erbisdorf	625	62	9
Halsbrücke	145	93	18
Gesamt	1270	350	58

B) Produktion

Produktion	In staatlichen Gruben von 1887 bis 1892*) in t	In volkseigenen Gruben von 1950 bis 1969**) in t
Durchgesetztes **Roherz** (naß)		
Gesamt	722730	4705984
Im Jahresdurchschnitt	120455	241332
Ausgebrachte Menge an		
Blei		
Gesamt	20401	92187
Im Jahresdurchschnitt	3400	4720
Zink		
Gesamt	1261	59274
Im Jahresdurchschnitt	210	3040
Silber		
Gesamt	139	240
Im Jahresdurchschnitt	23,2	12,3
Schwefel		
Gesamt	24454	139430
Im Jahresdurchschnitt	4076	7150

*) Vergleichszahlen des repräsentativen Zeitabschnittes von sechs Jahren vor der Stillegung einzelner Betriebsabteilungen
Nach Hirsch: Der Freiberger Bergbau und die Aussichten bei einer Wiederaufnahme. Jahrb. f. d. Berg- und Hüttenwesen in Sachsen. Jahrg. 1927, II. Teil, S. A13 und Beilage II
**) Nach Akten des VEB Bergbau- und Hüttenkombinat »Albert Funk« Freiberg

Tabelle 12. Der Wechsel von Zubuße und Ausbeute pro Kux bei mehreren Gruben in einigen Jahrzehnten des 18. Jahrhunderts (Zahlen bedeuten Thaler/Groschen, bei Ausbeute z. T. auch Gulden) In Klammern: Kuxtaxe; Z Zubuße, F Freibau, A Ausbeute; *1 Alte Mordgrube, 2 Himmelfahrt samt Abraham vor dem Donatstor, 3 Beschert Glück, 4 Junger Löwe, 5 Siegfried* bei Riechberg, *6 Unverhofter Segen Gottes* bei Oberschöna, *7 Güte Gottes und König David Stolln* bei Scharfenberg (Bemerkungen: *7* seit 1662 die größte und ergiebigste Scharfenberger Grube, 1747 bei *6* Beginn einer kurzen Blütezeit, 1765 bis 1768 *4* Eigenlehnerzeche, 1768 bis 1769 bei *5* Bau der ersten Wassersäulenmaschine, 1777 bei *3* Beginn einer längeren Blütezeit)

Jahr	*1*	*2*	*3*	*4*	*5*	*6*	*7*	Summen Z + A
1740	4 Z (30)	nicht in Betrieb	6 Z (100)	nicht in Betrieb	F (100)	F (80)	**16 A** (110)	− 10 + 16 = +6
1741	4 Z (50)	nicht in Betrieb	4/12 Z (70)	2 Z (20)	F (100)	F (85)	**16 A** (120)	− 10/12 + 16 = **+6/12**
1742	4 Z (55)	nicht in Betrieb	4/12 Z (70)	4 Z (20)	4/16 Z (85)	F (70)	**12 A** (120)	− 17/4 + 12 = − 5/4
1743	4 Z (60)	nicht in Betrieb	6 Z (60)	4 Z (20)	8 Z (80)	5/8 Z (40)	**16 A** (210)	− 27/8 + 16 = − 11/8
1744	4 Z (70)	nicht in Betrieb	6 Z (60)	4/8 Z (20)	8 Z (95)	5/8 Z (40)	**15 A** (240)	− 27/16 + 15 = − 12/16
1745	4 Z (90)	nicht in Betrieb	6 Z (60)	5/8 Z (30)	8 Z (100)	5/8 Z (40)	**9 A** (240)	− 28/16 + 9 = − 19/16
1746	4 Z (90)	nicht in Betrieb	6 Z (60)	5/8 Z (35)	7 Z (100)	5 Z (45)	**3 A + F** (195)	− 27/8 + 3 = − 24/8
1747	6/16 Z (80)	nicht in Betrieb	6 Z (60)	5/8 Z (40)	4 Z (100)	**31 A** (550)	F (180)	− 22 + 31 = **+9**
1748	5/8 Z (80)	nicht in Betrieb	6 Z (60)	5/8 Z (40)	4 Z (100)	**32 A** (720)	**1 A** (180)	− 20/16 + 33 = **+13/16**
1749	5/8 Z (80)	nicht in Betrieb	6 Z (60)	5/8 Z (40)	4 Z (100)	**26 A** (800)	F (180)	− 20/16 + 26 = **+6/16**
1750	5/16 Z (80)	nicht in Betrieb	5/20 Z (60)	5/8 Z (40)	4 Z (90)	**6 A + F** (680)	F (180)	− 20/20 + 6 = − 14/20
1751	6 Z (80)	nicht in Betrieb	5/8 Z (60)	5/8 Z (40)	4 Z (60)	F + 1/8 Z (90)	F (180)	− 22 + 0 = − 22
1752	6 Z (80)	nicht in Betrieb	5/8 Z (60)	5/8 Z (40)	4 Z (60)	5/8 Z (70)	F + 2 Z (175)	− 28 + 0 = − 28
1753	6/12 Z (80)	nicht in Betrieb	5/8 Z (50)	5/8 Z (40)	6 Z (60)	**5 A** (80)	7/12 Z (100)	− 30/16 + 5 = − 25/16
1754	6 Z (80)	nicht in Betrieb	3 Z (40)	5/8 Z (40)	6 Z (60)	**1 A** (75)	6 Z (80)	− 26/8 + 1 = − 25/8
1755	4 Z (80)	nicht in Betrieb	**5 A** (80)	4 Z (40)	6 Z (60)	6 Z (50)	F (80)	− 20 + 5 = − 15
1756	3 Z + F (80)	nicht in Betrieb	**5 A** (100)	4 Z (40)	6 Z (60)	5/16 Z (40)	**4 A** (80)	− 18/16 + 9 = − 9/16
1757	F (85)	nicht in Betrieb	F	4 Z (40)	6 Z (60)	5/8 Z (40)	**4/8 A** (80)	− 15/8 + 4/8 = − 11
1758	2 Z + F (70)	nicht in Betrieb	F (85)	4 Z (40)	6 Z (60)	4 Z (40)	**1 A** + F (80)	− 16 + 1 = − 15
1759	4 Z (70)	nicht in Betrieb	F (85)	4 Z (40)	5/16 Z (60)	2/16 Z (40)	F + 2 Z (80)	− 18/8 + 0 = − 18/8

Fortsetzung Tabelle 12

Jahr	*1*	*2*	*3*	*4*	*5*	*6*	*7*	Summen Z + A
1760	4 Z (70)	nicht in Betrieb	F (85)	3/16 Z (40)	5/8 Z (60)	2/16 Z (40)	2 Z (80)	−17/16 + 0 = −17/16
1761	4 Z (70)	nicht in Betrieb	F (85)	2/16 Z (40)	5/8 Z (60)	2/16 Z (40)	8 Z (80)	−22/16 + 0 = −22/16
1762	4 Z (70)	nicht in Betrieb	F (85)	2/16 Z (40)	5/8 Z (60)	2/16 Z (40)	8 Z (80)	−22/16 + 0 = −22/16
1763	4 Z (70)	nicht in Betrieb	**2 A** (85)	2/16 Z (35)	5/8 Z (60)	2/16 Z (40)	8 Z (80)	−22/16 + 2 = −20/16
1764	4 Z (50)	nicht in Betrieb	0/16 Z (75)	1/8 Z (20)	4/8 Z (50)	2/16 Z (40)	4 Z (80)	−17 + 0 = −17
1765	4 Z (30)	2 Z (80)	5/8 Z (70)	–	4 Z (50)	2/16 Z (30)	F (80)	−18 + 0 = −18
1766	4 Z (30)	11 Z (80)	5/8 Z (70)	F	4 Z (50)	2/16 Z (20)	**3 A** (95)	−27 + 3 = −24
1767	4 Z (30)	12 Z (80)	5/8 Z (70)	–	4 Z (50)	2/16 Z (20)	**4 A** (120)	−28 + 4 = −24
1768	4 Z (30)	12 Z (80)	5/8 Z (70)	–	4 Z (50)	2/16 Z (20)	**4 A** (120)	−28 + 4 = −24
1769	4 Z (30)	12 Z (80)	5/8 Z (70)	0/16 Z (–)	4 Z (50)	2/16 Z (20)	**1 A + F** (120)	−28/16 + 1 = −27/16
1770	4 Z (30)	12 Z (80)	5/8 Z (70)	2/16 Z (10)	4 Z (50)	2/16 Z (20)	8 Z (120)	−38/16 + 0 = −38/16
1771	4 Z (30)	12 Z (80)	3/16 Z (70)	2/16 Z (10)	4 Z (50)	2/16 Z (20)	8 Z (120)	−37 + 0 = −37
1772	4 Z (30)	12 Z (80)	0/20 Z (70)	4 Z (10)	6/16 Z (50)	4 Z (20)	6/12 Z (110)	−38 + 0 = −38
1773	4 Z (30)	12 Z (80)	**5 A** (85)	10 Z (20)	1/8 Z (60)	8 Z (20)	6 Z (100)	−41/8 + 5 = −36/8
1774	4 Z (30)	5 Z (80)	**8 A** (100)	7 Z (20)	1/8 Z (60)	14 Z (20)	6 Z (100)	−37/8 + 8 = −29/8
1775	4 Z (30)	4/6 Z (100)	2/16 Z (100)	6 Z (20)	3/8 Z (60)	15 Z (20)	6 Z (100)	−41/6 + 0 = −41/6
1776	4 Z (30)	8 Z (100)	2/8 Z (100)	4 Z (20)	2 Z (60)	8 Z (20)	5/12 Z (100)	−33/20 + 0 = −33/20
1777	4 Z (30)	8 Z (100)	**4 A** (100)	4 Z (20)	2 Z (60)	8 Z (20)	4 Z (100)	−30 + 4 = −26
1778	4 Z (30)	8 Z (100)	**4 A** (100)	4 Z (20)	1/16 Z (60)	5 Z (20)	2/12 Z (100)	−25/4 + 0 = −21/4
1779	4 Z (30)	8 Z (100)	**4 A** (100)	4 Z (20)	**7 A** (100)	4 Z (20)	1 Z (100)	−21 + 11 = −10
1780	4 Z (30)	8 Z (100)	**4 A** (100)	nicht in Betrieb	F + 2 Z (100)	4 Z (20)	**4 A** (100)	−18 + 8 = −10
Summen	−172/12 + 0	−146/6 + 0	−124/8 + 41	−149/16 + 0	−175,8 + 7	−153/8 + 101	−101 + **113**/8	−1022/2 + 262/8
Jahre Zubuße	39	16	26	35	38	32	19	
Freibau	2	–	6	1	2	3	6	
Ausbeute	–	–	9	–	1	6	16	
Grube als Eigenlehner-Zeche oder nicht in Betrieb	–	25	–	5	–	–	–	

bau schließlich an eine Rentabilitätsgrenze, wo die Frage entsteht, ob man ihn aufgeben oder mit moderner Technik einem neuen wirtschaftlichen Aufschwung zuführen soll. In der positiven Lösung dieser Problematik liegt jeweils der Beginn einer neuen Hauptperiode des Freiberger Bergbaus, weniger in einem deutlichen Anstieg der Metallproduktion. Ein solcher kann allenfalls Folge der neu eingesetzten Mittel sein.

So ist der Produktionsanstieg im 19. Jahrhundert Ausdruck des Einsatzes neuer Bergbaumaschinen und damit einer gewissen Industrialisierung des Erzbergbaus als Folge oder Parallelerscheinung sowohl der Industriellen Revolution speziell als auch der bürgerlichen Umwälzung überhaupt.

Solange Silber Währungsmetall war, wurde der wirtschaftliche Ertrag der Gruben im wesentlichen durch die steigenden Selbstkosten gemindert. Als aber 1872 im Deutschen Reich die Silberwährung abgeschafft wurde, ließ das starke Sinken des Silberpreises auf Grund der amerikanischen Konkurrenz (Tabelle 13) den Freiberger Bergbau unwirtschaftlich werden, obwohl man die Gruben modernisierte, die Betriebe rationalisierte und die Förderung auf zuvor nicht erreichte Höhe steigerte.

Die Bergleute des Freiberger Erzbergbaus unterlagen – wenn auch in ihrer Erscheinungsform feudal verbrämt – im wesentlichen den sozialen Bedingungen der Lohnarbeiter im Kapitalismus, wenn auch mit einigen Besonderheiten. Grundsätzlich galt für ihre Lebensbedingungen, insbesondere für ihre Löhne (Tabelle 14), die Feststellung von Marx, daß sie relativ unabhängig von der Ertragslage der Gruben um das Existenzminimum schwankten und gerade zur Regenerierung der Arbeitskraft ausreichten. Man erfährt daher schon aus mittelalterlichen Quellen von Streiks und Bergarbeiteraufständen in Freiberg, die ihre Ursache in der Klassendifferenzierung, der Herausbildung von Kapitalgesellschaften und Lohnarbeit und einer dementsprechenden Verelendung der Bergarbeiter haben. Sie richteten sich meist gegen die Bergbeamten, da ihnen im Bergrevier diese und nicht die meist außerhalb wohnenden Kuxbesitzer gegenüberstanden und das Betriebsgeschehen bestimmten. Schon 1447 beklagten sich Münzmeister und Bergschreiber beim Lan-

Tabelle 13. Der Silberpreis vom 16. bis 19. Jahrhundert, bezogen auf die Währung um 1900 (nach Ebel 1958, Heucke 1920)

Zeit	Silberpreis (Durchschnitt) (Mark/kg)	Bemerkungen
1493...1600	250,–	Entdeckung Amerikas und Import amerikanischen Silbers nach Europa
1601...1700	200,–	relativ konstant, da Währungsmetall (Rückgang nur durch Münzverschlechterung)
1701...1800	185,–	
1801...1870	180,–	
1871	178,–	1869 Aufhebung des Direktionsprinzips
1872	177,–	Goldwährung im Deutschen Reich
1873	176,–	
1874	171,–	
1875	167,–	
1876	157,–	
1880	154,–	
1885	143,–	
1886	133,–	Übernahme der wichtigsten Freiberger Gruben durch den Staat
1888	126,–	
1890	140,–	
1892	117,–	1893 bis 1899 Stillegung der ersten größeren Gruben bei Freiberg
1895	88,–	
1897	85,–	
1900	83,–	
1909	83,–	1913 Stillegung des Freiberger Bergbaus
1914	78,–	

Tabelle 14. Ungefähre Nominallöhne und Gehälter von Freiberger Bergleuten und Bergbeamten pro Woche; Werte etwas gerundet (Unterschiede der Arbeitszeit in verschiedenen Jahrhunderten sind nicht berücksichtigt, fl Florengroschen = Gulden = 21 Groschen, Th Thaler = 24 Groschen, NGr Neugroschen) (nach C. A. RICHTER, A. F. WAPPLER, d'AUBUISSON, HEUCHLER u. a.)

Erläuterung zu den Aufgabenbereichen

Grubenjungen und Knechte: Vorwiegend für das Fördern der Erze in Strecken und Haspelschächten zuständig
Häuer: Für die Gewinnung der Erze, den Streckenvortrieb und das Abteufen von Schächten verantwortlich
Obersteiger: Betriebsleiter der einzelnen Grube (nur bei größeren Gruben)

Geschworener: Beamter des Bergamtes, der die Gruben regelmäßig zu befahren und den Gedingelohn festzusetzen hatte
Bergmeister: Oberster Beamter eines Bergamtes
Kunstmeister: Oberster Maschinenbeamter eines Bergamtes
Oberberghauptmann: Oberster Leiter des gesamten Montanwesens in Sachsen
Oberbergmeister: Oberster Beamter des Bergamtes Freiberg

Zeit Jahr	Grubenjungen und Knechte	Häuer	Obersteiger	Geschworner	Bergmeister Kunstmeister	Oberberghauptmann (Obermeister)
15. Jh.						
1453		16 Gr				
16. Jh.						
1570	7...12 Gr	11...12 Gr	2/3 fl...1 fl 3 Gr		4 fl	(5 fl)
1597		12 Gr...1 fl 6 Gr				
17. Jh.						
1612	6...10 Gr	10...11 Gr	1 fl 5 Gr bis 1 fl 15 Gr			
18. Jh.						
1767	15...20 Gr	25 Gr...1 Th 3 Gr	1 Th 12 Gr bis 2 Th 12 Gr		8...10 Th	
1775					9 Th 19 Gr	
1790	19...25 Gr	1 Th 6 Gr bis 1 Th 10 Gr	2...3 Th			
19. Jh.						
1801	18...25 Gr		1 Th 6 Gr bis 9 Th 19 Gr*)		11 Th 16 Gr bis 19 Th 6 Gr	57 Th 22 Gr
1828/29		1 Th 3 Gr bis 1 Th 10 Gr		5 Th 20 Gr	12 Th 22 Gr	
1831				12 Th 12 Gr	28 Th 22 Gr	
1836		2 Th 10 NGr	2 Th 12 NGr bis 2 Th 20 NGr		12 Th 22 Gr	

Fortsetzung Tabelle 14

Zeit Jahr	Grubenjungen und Knechte	Häuer	Obersteiger	Geschworner	Bergmeister Kunstmeister	Oberberghauptmann (Oberbergmeister)
1844						54 Th
1856		2 Th 9 Gr bis 2 Th 12 Gr	3 Th 24 Gr bis 4 Th 21 Gr			
1867		1 Th 6 Gr bis 1 Th 18 Gr	4 Th 15 Gr...8 Th			
1876	7 Gr...1 Th 5 Gr	1 Th 20 Gr	10...12 Th			
1878/1886	1,42 Mark	8,55 Mark	150 Mark			
1887/1892	14,40 Mark	15,70 Mark				

*) Je nach Zubuße oder Ausbeute der Grube.

desherrn über das solidarische Auftreten und den Kampfgeist der Arbeiter. Im Jahre 1453 legten die etwa 1000 Freiberger Bergleute über acht Tage die Arbeit nieder, um eine Verbesserung der Arbeits- und Lebensbedingungen zu erzwingen. Weitere Kampfaktionen mit dem Ziel sozialer Verbesserungen sind aus den Jahren 1728, 1737 und 1790 bekannt. Im letztgenannten Jahr trieb nicht nur der Hunger, sondern wohl auch die sich in Deutschland langsam abzeichnende revolutionäre Situation und das Beispiel der französischen Revolution die Bergleute zum Aufstand.

In der folgenden Zeit erreichte die Klassendifferenzierung im Freiberger Bergbau nicht die Schärfe wie in anderen Produktionszweigen, so daß sich hier weder der typische Industriekapitalismus noch ein klassenbewußtes Bergarbeiterproletariat entwickelten. Die auf den Dörfern wohnenden Bergleute hatten meist etwas Land und Kleinvieh, womit die physische Existenz trotz der niedrigen Löhne gesichert, aber auch die Freizügigkeit gehemmt war. Der Bergmann hielt lieber, auch bei niedrigen Löhnen, auf seinem kleinen Besitztum aus, als auch dieses noch preiszugeben und aufs Ungewisse in eine Industriestadt zu ziehen. Weiter sah der Bergmann vor Ort als erster die Unregelmäßigkeit der Erzführung und den meist relativ geringen Erzgehalt der Erzgänge, so daß er selbst die oft mißliche wirtschaftliche Lage seiner Grube einschätzen konnte und froh war, wenn sie nicht ganz stillgelegt wurde. Es kam vor, daß Bergleute ohne Lohn weiterarbeiteten in gleicher Hoffnung wie der Grubenbesitzer, daß sich die Erzgänge doch wieder veredeln würden und auf die Periode bloßen Zubußbetriebes auch wieder Ausbeute und Lohnzahlung folgen würden. Solche Zeiten überstand der Bergmann mit seinen in eigener Häuslerwirtschaft erzeugten Lebensmitteln. Das erklärt mit, daß die Anteilnahme der Bergleute an der Revolution 1849 in Dresden nur gering war. Die Masse verhielt sich im Knappschaftskorpsgeist konservativ-königstreu.

Bei solcher Besonderheit der sozialen Stellung ist es nicht verwunderlich, daß die ursprünglich als Kampforganisation entstandene Knappschaft der Bergleute,

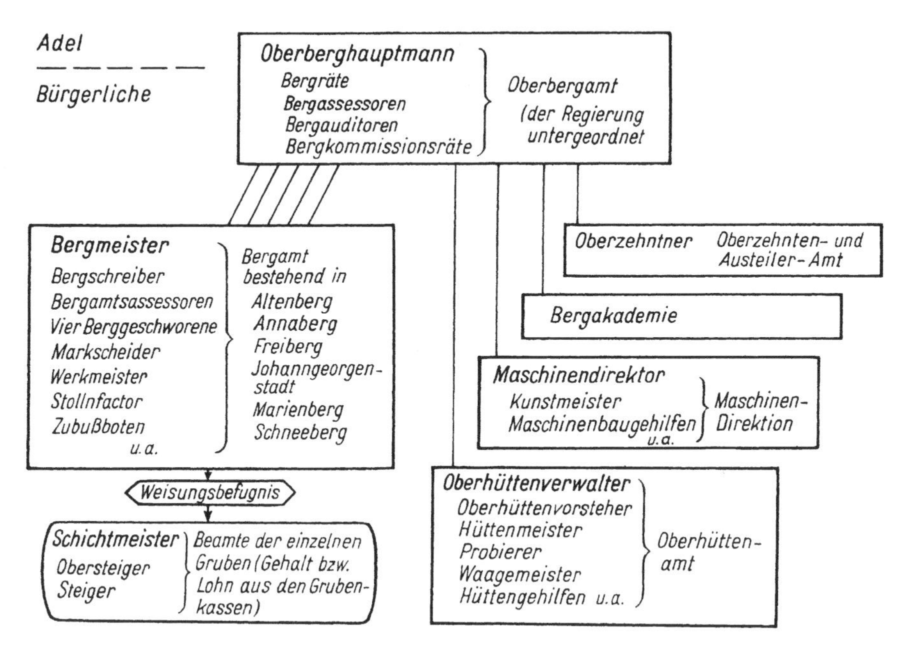

Abb. 33. Schema der königlich-sächsischen Bergverwaltung um die Mitte des 19. Jahrhunderts, Organisationsform des Direktionsprinzips

zumindest seit dem 16. Jahrhundert, diese Bedeutung verlor und schließlich nur eine Vereinigung zur Demonstration eines sozialen Status und zum Ausgleich sozialer Härtefälle wurde.

Der Klassenkampf zwischen den Grubenbesitzern und den Bergleuten wurde im Freiberger Bergbau auch durch die Leitungsform des Direktionsprinzips gemindert, das im sächsischen Erzbergbau bis 1851 bzw. 1869 den Feudalismus repräsentierte. Das seit dem 12. Jahrhundert mehr und mehr ausgeprägte Direktionsprinzip besagte, daß sich der Landesherr als Inhaber des Bergregals und damit eigentlicher Eigentümer der Bodenschätze das Recht nahm, den Bergbau, konkret die einzelnen Gruben, durch seine Bergbeamten technisch und ökonomisch leiten zu lassen. Damit schob sich – in den Anfängen im 12. und 13. Jahrhundert, im 16. Jahrhundert deutlich ausgebildet und im 19. Jahrhundert besonders detailliert organisiert – die staatliche Bergbehörde (Abb. 33) mit Entscheidungsbefugnis zwischen die Grubeneigentümer und die Bergleute. Staat und Bergbehörde bestimmten letztlich die Höhe des Profites der Grubeneigentümer und sicherten vor allem auch den Gewinn des Landesherrn. Ein solcher war gewährleistet bei Zubußfreudigkeit der Gewerken und Arbeitsfähigkeit der Bergleute. Die staatliche Bergbehörde erzwang deshalb bei den Grubeneigentümern für die Bergleute gewisse Mindestlöhne und konnte beim Eingehen von Gruben eine Arbeitslosigkeit der Bergleute durch administrative Umsetzung auf andere Gruben vermeiden. Die Bergbehörde beschränkte auch die Zahlung von Ausbeute an die Gewerken – oft genug gegen deren Willen –, indem sie bei Ausbeutezechen die Einführung technischer Neuerungen und Investitionsmaßnahmen verfügte. Sie setzte damit die Realisierung eines langfristigen Grubenbetriebes gegenüber dem kurzfristigen Profitstreben der Gewerken durch. Die Gruben hatten Teile ihrer Erträge in Kassen zu zahlen, aus denen Zubußzechen oder gemeinschaftliche technische Anlagen wie Kunstgräben und Kunstteiche finanziert wurden. So realisierte die Bergbehörde mit dem Direktionsprinzip einen Grad der Betriebskonzentration, wie er bei rein kapitalistischen Produktionsverhältnissen damals im Erzbergbau nicht erreichbar gewesen wäre. Damit wirkte das Direktionsprinzip technisch und betriebsorganisatorisch noch bis ins 19. Jahrhundert im Freiberger Bergbau effektiv, indem es mit seinen Möglichkeiten »auf höherer Ebene« die wirtschaftlichen Schwankungen ausglich, die durch die Wechselhaftigkeit der Erzgehalte der Gänge den Betrieb in den einzelnen Gruben verunsicherten. Der Höhepunkt dieser Entwicklung begann 1817 mit der Einführung aufeinander abgestimmter Fünfjahrpläne für die Gruben des Freiberger Reviers unter Oberberghauptmann von Trebra durch den damaligen Bergrat von Herder.

Repräsentatives Denkmal des Direktionsprinzips ist das Gebäude des ehemaligen Oberbergamtes (s. Tafelteil, Bild 61). Im Jahre 1542 gegründet, befand es sich seit 1679 im ehemaligen Freihof der Adelsfamilie Schönlebe, Kirchgasse 11. Hier wirkten als bedeutende Oberberghauptleute 1676 bis 1711 Abraham von Schönberg, der Verfasser der »Berginformation« (s. Tafelteil, Bilder 8 und 9), 1712 bis 1714 Hans Carl von Carlowitz, den der Holzverbrauch des Berg- und Hüttenwesens zu einem Mitbegründer der Forstwissenschaft werden ließ, und 1801 bis 1819 Friedrich Wilhelm Heinrich von Trebra (s. Tafelteil, Bild 12), der besonders mit der Einführung straffer Betriebsorganisation und klarer Lohnverhältnisse einen Aufschwung des sächsischen Bergbaus einleitete. Sein Nachfolger, Siegmund August Wolfgang Freiherr von Herder (1776 bis 1838) (s. Tafelteil, Bild 13), Sohn des bekannten Weimarer Superintendenten Johann Gottfried Herder und Patensohn Goethes, ist einerseits durch seine konservativ-romantische Grundhaltung bekannt geworden, hat aber andererseits durch seine Maßnahmen für die maschinentechnische Modernisierung des Freiberger Bergbaus, durch sein Projekt des *Tiefen Elbstollns* sowie als Förderer von Wissenschaft und Kunst auch historisch bleibende Bedeutung. Als letzter Oberberghauptmann jener Zeit amtierte 1843 bis 1867 bis zur Aufhebung des Freiberger Oberbergamtes mit der Einführung des liberalen Berggesetzes Friedrich Constantin Freiherr von Beust (1806 bis 1891). Nunmehr wich das Direktionsprinzip dem Inspektionsprinzip. Die kapitalistische Großindustrie hatte in ganz Deutschland die aus dem Feudalismus resultierende staatliche Bevormundung beseitigt. Sie bestimmte fortan allein Technologie, Löhne und Profit. De facto wurde das Direktionsprinzip im Freiberger Bergbau überflüssig, als sich im Zuge der Industriellen Revolution eine leistungsfähige Maschinenindustrie entwikkelte, die den Gruben die benötigten Maschinen, vor allem die Dampfmaschinen, direkt, d. h. ohne die Projektierungsarbeit der staatlichen Berg- und Maschinenbeamten, liefern konnte. Die Wasserkraftanlagen, deren Bau ab 1550 nur mit dem Direktionsprinzip ermöglicht worden war und die damit auch dessen Ausbildung gefördert hatten, wurden auch nach 1869 weitergenutzt. Jedoch waren sie inzwischen soweit vollendet, daß staatlicherseits im wesentlichen nur der weitere Betrieb inspiziert und kein weiterer Bau dirigiert werden mußte.

Nach Auflösung des Oberbergamts Freiberg wurde im gleichen Hause – Kirchgasse 11 – das Bergamt Freiberg gebildet, dessen Kompetenz im Rahmen des damaligen Berggesetzes auf die Verleihung des Abbaurechts und die bergpolizeiliche Aufsicht über den Bergbaubetrieb beschränkt war. Für die eigentliche Leitung des Freiberger Bergbaus war 1869 ein Revierausschuß als gemeinschaftliches Organ aller Gruben gebildet worden. Darin zeigt sich, daß auf Grund der Wechselhaftigkeit der Erzgänge hier auch unter den neuen Produktionsverhältnissen eine den einzelnen Gruben übergeordnete Leitungsinstanz erforderlich war.

Das Haus in der Kirchgasse 11 führt heute mit dem »Bergarchiv« als Außenstelle des Staatsarchivs Dresden die Tradition der alten sächsischen Bergbehörde fort.

Die der sächsischen Bergbehörde mit dem Direktionsprinzip gegebene umfassende Kompetenz prägte entschieden die Anfänge der Institutionalisierung technikwissenschaftlicher Lehr- und Forschungsstätten. Oberberghauptmann Abraham von Schönberg machte mit der 1702 gegründeten Stipendienkasse den bis dahin je nach Bedarf gegebenen montanwissenschaftlichen Unterricht zu einer stetigen Einrichtung zur Ausbildung des Bergbeamten-Nachwuchses. Generalbergkommissar Friedrich Wilhelm Anton von Heynitz und Oberberghauptmann Friedrich Wilhelm von Oppel veranlaßten 1765 die Gründung der Freiberger Bergakademie (s. Tafelteil, Bilder 10, 11 und

60). Diese unterstand bis 1872 dem Oberbergamt bzw. dem Bergamt Freiberg. Die an der Bergakademie tätigen Wissenschaftler hatten nicht nur internationale Bedeutung für die Entwicklung der Natur- und Technikwissenschaften, sondern – der ursprünglichen Bestimmung der Bergakademie gemäß – auch Verdienste um den Freiberger Bergbau. Dafür hier nur wenige Beispiele:

Abraham Gottlob Werner (1749 bis 1817) (s. Tafelteil, Bild 62), der führende Mineraloge und Geologe seiner Zeit, war zugleich als Bergkommissionsrat Mitglied des Freiberger Oberbergamtes. Hier war er für Fragen der montanwissenschaftlichen Lehre, für die geologische Landesuntersuchung Sachsens, aber auch für die bergmännische Wasserwirtschaft des Freiberger Reviers und für maschinentechnische Fragen zuständig.

Julius Weisbach (1806 bis 1871) (s. Tafelteil, Bild 63) war an der Bergakademie Professor für angewandte Mathematik, Bergmaschinenlehre und allgemeine Markscheidekunst. Er gilt international als Mitbegründer der Technischen Mechanik und führte die Wissenschaft der Bergmaschinenlehre zu ihrem Höhepunkt und zur Vereinigung mit dem wissenschaftlichen Maschinenwesen überhaupt und gilt als dessen Mitbegründer. Um 1840 bewies er mit der Vermessung des *Rothschönberger Stollns* die meßtechnische Überlegenheit des Theodoliten gegenüber dem herkömmlichen von Balthasar Rössler im 17. Jahrhundert entwickelten bergmännischen Hängekompaß und hat damit die von Freiberg aus über alle Bergreviere verbreitete »Neue Markscheidekunst« geschaffen.

Ferdinand Reich (1799 bis 1882) war der Physiker an der Bergakademie, stellte besonders elektrische und magnetische Messungen in Gestein und Erzgängen der Freiberger Gruben an und gilt deshalb heute als einer der Begründer der Geophysik. Als Hüttenbeamter entdeckte er zusammen mit dem Freiberger Metallurgen Prof. H. Th. Richter (1824 bis 1898) in der Freiberger Zinkblende das Element Indium.

Bernhard von Cotta (1808 bis 1879) (s. Tafelteil, Bild 64) wurde als Geologe und Erzlagerstättenkundler weltbekannt, war aber auch Bergrat und nach Aufhebung des Direktionsprinzips und Lösung der Grubenverwaltungen von der Bergbehörde ab 1869 Mitglied des Freiberger Revierausschusses, also des von den Gruben gewählten übergeordneten Leitungsorgans. Cotta machte sich mit den von ihm begonnenen »Gangstudien« besonders um die Dokumentation und Erforschung der Freiberger Erzgänge verdient.

Noch mehr gilt dies für seinen Schüler Carl Hermann Müller (1823 bis 1907) (s. Tafelteil, Bild 65). Dieser wurde nach Aufhebung des Oberbergamts 1869 Bergmeister und Mitglied des neuen Bergamts Freiberg, 1873 Bergamtsrat und 1876 Oberbergrat und war 1871 bis 1878 Leiter der staatlichen Gruben *Churprinz* in Großschirma und *Beihilfe* bei Halsbrücke sowie Administrator des *Rothschönberger Stollns*. Am bekanntesten wurde er aber durch seine exakte Dokumentation der sächsischen Erzgänge im Rahmen der 1872 von Hermann Credner begründeten Geologischen Landesuntersuchung Sachsens. Noch heute von großer Bedeutung ist seine Veröffentlichung »Die Erzgänge des Freiberger Bergreviers« (1901). Sie brachte ihm 1907 die erste Ehrenpromotion der Bergakademie Freiberg und den ehrenden Namen »Gangmüller« ein.

Im 20. Jahrhundert hatten die Wissenschaftler der Bergakademie neben Aufgaben im Freiberger Bergrevier mehr überregionale, internationale Bedeutung. Als Beispiele für diese Situation seien die Forschungen Karl Kegels für die Braunkohlenindustrie und die gebirgsmechanischen Forschungen Georg Spackelers für den Kalibergbau genannt. Besonders ab 1950 erhielt Freiberg zahlreiche neue montanwissenschaftliche Institutionen und wurde damit zum berg- und hüttenmännischen Zentrum der DDR.

Der Freiberger Bergbau war nicht nur fruchtbarer Nährboden für die Wissenschaften, sondern auch für die Kunst. Aus allen Hauptperioden des Freiberger Bergbaus sind uns Kunstwerke überliefert, die ihre Wurzel im Bergbau haben, sei es, daß in ihnen bergmännische Motive dargestellt werden, oder sei es auch nur, daß das Freiberger Silber direkt oder indirekt die Grundlage für ihre Entstehung bildete. Das gilt sowohl für erstrangige Kunstwerke wie auch für zahlreiche Schmuckelemente an und in Freiberger Bürgerhäusern. So ist die um 1230 im Auftrag des Markgrafen von Meißen und für seine Marienkirche (den späteren Dom) geschaffene Goldene Pforte nicht ohne den auf Freiberger Silber beruhenden Reichtum des Landesherrn denkbar (s. Tafelteil, Bild 67). Auch der nach dem Stadtbrand 1484 bis 1500 erfolgte Neubau des Freiberger Doms als spätgotische Hallenkirche ist nur mit dem Gewinn aus erzgebirgischen Erzlagerstätten, vor allem aus dem Schneeberger Silber, verständlich. Gleiches gilt für die 1508 bis 1510 von HANS WITTEN geschaffene Tulpenkanzel (s. Tafelteil, Bild 66) und für Figuren am Freiberger Knappschaftsgestühl (s. Tafelteil, Bild 71). Die aus dem 16. Jahrhundert stammenden Freiberger Renaissance-Portale und Hauszeichen (s. Tafelteil, Bild 72) sind wohl durchweg mit Erträgen aus dem Freiberger Silber bezahlt worden. Ein schlichter Grabstein von 1509 im Freiberger Dom enthält das älteste nachweisbare Freiberger Beispiel von Schlägel und Eisen in gekreuzter Darstellung als Bergmannssymbol (s. Tafelteil, Bild 70).

Die Freiberger Patrizierfamilie SCHÖNLEBE, die mit MICHAEL SCHÖNLEBE im 16. Jahrhundert einen Oberhüttenverwalter und Vertrauten von Kurfürst AUGUST und mit JONAS SCHÖNLEBE einen bedeutenden Freiberger Bürgermeister in der Zeit des Dreißigjährigen Krieges gestellt hat, ließ zwei heute noch erhaltene besondere Kunstwerke mit bergmännischen Motiven anfertigen. Im Wohnhaus des Bürgermeisters und Zehntners JONAS SCHÖNLEBE – Obermarkt 1 – ist eine um 1630 bemalte Decke erhalten, in der zwischen Rankenwerk technische Motive des Bergbaus nach den Darstellungen von AGRICOLA eingefügt sind (s. Tafelteil, Bild 68). Derselbe JONAS SCHÖNLEBE stiftete 1638 für den Freiberger Dom die Bergmannskanzel (s. Tafelteil, Bild 66). Deren Korb wird von einem Steiger in Festtracht, die Treppe von einem Bergmann in Arbeitskleidung getragen. Im Freiberger Stadt- und Bergmuseum ist das aus mehreren Geräten bestehende und aus verschiedener Zeit stammende Knappschaftssilber zu sehen, ein auf dem Freiberger Erzreichtum gegründeter Schatz der Goldschmiedekunst (s. Tafelteil, Bild 69). Gleiches gilt für den 1678 vom Freiberger Goldschmied SAMUEL KLEMM angefertigten, jetzt im Dresdener Grünen Gewölbe befindlichen Bergmannsschmuck des sächsischen Kurfürsten JOHANN GEORG II. Das ist wohl ein Beweis dafür, daß dem Kurfürsten die Bedeutung der Bergleute und ihrer Arbeit für ihn und das Kurfürstentum durchaus bewußt gewesen ist. Gleiches gilt für AUGUST DEN STARKEN. Die von ihm angeordneten Bergaufzüge, z. B. im Jahre 1719 beim Saturnusfest anläßlich der Vermählung seines Sohnes mit MARIA JOSEPHA, der Tochter des Kaisers, waren nicht schlechthin Zeugnisse barocken Prunkbedürfnisses, sondern Demonstrationen des von den Bergleuten geförderten Reichtums des Kurfürstentums und dessen wirtschaftlicher Kraft. Die dafür geschaffenen Paradeuniformen der Berg- und Hüttenleute, der niederen und der höheren Berg- und Hüttenbeamten demonstrierten dabei die mit dem Direktionsprinzip durchgesetzte privilegierte Einordnung des Bergmannsstandes in den Staat, dessen Spitze der Kurfürst als Veranstalter des Festes darstellte. Mit der Durchsetzung des Kapitalismus im 19. Jahrhundert aber wurden derartige Erscheinungen reaktionär. Bergleute und Bergbeamte sollten nun mit Uniform und Bergparaden ihre Königstreue beweisen, als sich die Arbeiter in der Chemnitzer Textilindustrie und im Zwickau-Oelsnitzer Steinkohlenbergbau zur selbstbewußten Klasse formierten.

Mit den Bestimmungen des neuen Berggesetzes von 1869 wurde der Zwang zum Tragen der Uniform aufgehoben. Damit wurde diese von nun an bloßes Schaukostüm, angelegt bei Aufzügen zur Kennzeichnung bergbaulicher Tradition. Ebenso konservativ ist die Grundhaltung des von Oberberghauptmann VON HERDER in Auftrag gegebenen Chorwerks »Der Bergmannsgruß«. Vom Freiberger Konrektor MORITZ DÖRING gedichtet, vom Musikdirektor AUGUST FERDINAND ANAKKER komponiert und 1832 erstmals aufgeführt, stellt es das harte Berufslos und ärmliche Leben der Freiberger Erzbergleute romantisch-verklärend und damit verfälscht dar. Kulturgeschichtlich wichtiger dagegen sind die Zeichnungen von EDUARD HEUCHLER, die das Leben und die Arbeit des Freiberger Bergmanns um 1850 im wesentlichen naturalistisch widerspiegeln und uns deshalb heute als Quelle bergbaugeschichtlicher Forschung dienen können. HEUCHLER hat auch Denkmale und Bauplastik mit bergmännischen Motiven entworfen, so z. B. 1838 Herdersruhe als Grabmal für den Oberberghauptmann VON HERDER (s. Tafelteil, Bild 73), 1843 bis 1844 das Schwedendenkmal und 1850 das WERNER-Denkmal.

Im 19. und 20. Jahrhundert schuf der Langenauer Bergmannssohn ERNST DAGOBERT KALTOFEN (1841 bis 1922) vorwiegend nach Motiven EDUARD HEUCHLERS zahlreiche Plastiken und Reliefs mit Darstellungen aus dem Freiberger Bergmannsleben.

Verschiedene bergmännische Plastiken wurden an Freiberger Häusern noch im 19. und 20. Jahrhundert angebracht, doch atmen sie meist mehr den Geist einer alten Tradition als den der künstlerischen Darstellung aktueller Arbeitsprozesse (s. Tafelteil, Bilder 74 und 75).

In besonderer Weise kommen bergmännische Kultur sowie die Kunst- und Wissenschaftsgeschichte des Bergbaus in der Freiberger Grabmalkunst zum Ausdruck. Das Bergmannssymbol finden wir nicht nur auf der schon genannten Grabplatte von 1509, sondern ebenso auf späteren Grabsteinen bis zu solchen der jüngsten Zeit. In der Freiberger Petrikirche ist das Epitaph des Markscheiders BEYER aus dem 18. Jahrhundert mit einer allegorischen Markscheiderfigur und dem zugehörigen Vermessungsgerät erhalten. Auf dem Donats-Friedhof begegnen wir den Grabstätten bedeutender Bergbeamter und Montanwissenschaftler aus etwa 150 Jahren, wie z. B. des Oberberghauptmanns VON TREBRA (1819), des Berghauptmanns FREIESLEBEN (1846), der Oberkunstmeister BRENDEL (1861) und SCHWAMKRUG (1880), des Bergrates MÜLLER, genannt GANGMÜLLER (1907), sowie der Professoren LAMPADIUS (1842), WEISBACH (1871), BREITHAUPT (1873), VON COTTA (1879), RICHTER (1898) und aus den letzten Jahrzehnten u. a. die Grabstätten der Professoren KEGEL und SPACKELER.

8. Übersicht über die Arten bergbaulicher Denkmale im Freiberger Revier und ihre gegenwärtige Nutzung

Die Vielfalt berg- und hüttenmännischer Tätigkeit spiegelt sich in den sehr unterschiedlichen Denkmalen wider.

Von den untertägigen Grubenräumen, den wichtigsten Arbeitsstätten des Bergmanns, sind im Freiberger Revier noch zahlreiche erhalten, jedoch sind zur Zeit nur wenige zugänglich, und zwar dort, wo die Grubenräume heute als Lehrgrube der Bergakademie weitergenutzt werden, wie z. B. im Bereich *Alte Elisabeth – Reiche Zeche*. Bei günstigen Umständen lassen sich Untertageanlagen, z. B. einzelne Radstuben, als historische Besichtigungsobjekte erschließen, so die Radstube von *Unverhoffter Segen Gottes Erbstolln* in Oberschöna. Historisch besonders wertvoll sind untertägige Anlagen dann, wenn in ihnen noch alte Maschinen erhalten sind.

Aber auch an jenen Orten, wo man untertägige Anlagen nicht mehr betreten kann, lassen die übertage erhaltenen Bergwerksgebäude die Komplexität des Arbeitsprozesses und die historische Entwicklung des Bergbaus oft bis ins Detail erkennen (Abb. 34). Man kann dann von den Übertageanlagen auf die jeweiligen untertägigen Gegebenheiten schließen.

Die Schachtgebäude repräsentieren von den übertägigen Bauwerken den bergbaulichen Arbeitsprozeß am unmittelbarsten. Sie lassen mit ihrer Architektur Rückschlüsse auf die Technik der Schachtförderung zu. Allerdings sind technische Einrichtungen nur noch in wenigen Schachthäusern erhalten. Meist stehen diese leer, sind also bloß als Baukörper erhalten. Andere werden heute als Wohnungen genutzt. In beiden Fällen aber haben sie, wie die Beispiele zeigen, als technische Denkmale noch großen Wert und hohe Aussagekraft. Die relativ wenigen noch vorhandenen Schachtgebäude müssen deshalb als Denkmale erhalten werden.

Die Stolln- und Röschenmundlöcher sind wie Schachthäuser Anlagen, die im Gelände die Zugänge zu einstigen Arbeitsstätten untertage repräsentieren. Darüber hinaus verdeutlichen sie in ihrer Gesamtheit und mit den Kunstgräben die bergmännische Wasserwirtschaft, wenn auch in unterschiedlicher Weise. Die Röschenmundlöcher sind nur Teile der für die Zu- und Abführung des Aufschlagwassers angelegten Graben- und Röschensysteme. Die Stollnmundlöcher sind die übertägigen Zeugnisse der für den Abfluß des Grubenwassers geschaffenen Stolln, von denen einige größte historische Bedeutung für das ganze Revier hatten, wie z. B. der *Alte Tiefe Fürstenstolln*, der *Thelersberger Stolln* und der *Anna Stolln*. Im Freiberger Revier sind Stolln- und Röschenmundlöcher meist aus dem festen Gestein ausgehauen oder so sorgfältig in Bruchsteinmauerwerk ausgeführt, daß Bauschäden durch natürlichen Verfall kaum zu befürchten sind. Die große Zahl der Mundlöcher als technische Denkmale zu erhalten ist nötig, um die regionale Verbreitung des Bergbaus erlebbar zu machen, aber auch möglich, da besondere Erhaltungskosten nicht zu erwarten sind.

In den Bergschmieden wurden verschiedene Ausrüstungsgegenstände des Bergbaus gebaut oder repariert, vor allem aber die untertage stumpf geschlagenen Bergeisen und Handbohrer von einem Tag zum anderen neu geschärft. Je nach der Größe der Grube und der Zahl der dort anfahrenden Bergleute gab es deshalb große und kleinere Bergschmieden. Typisch für Bergschmieden sind ihrem Zweck gemäß nicht ein großes, sondern mehrere kleine Schmiedefeuer.

Manche Bergschmieden wurden vom Bergmeister an selbständige Handwerker verliehen.

Aufbereitungsgebäude befinden sich vor allem dort, wo Wasserkraft für den Antrieb der Pochwerke und Stoßherde vorhanden war. Die Scheidebänke lagen im Regelfall unmittelbar neben dem Schacht, da in ihnen mit dem Ausklauben reinen Erzes und dem Scheiden von grobverwachsenem Erz von Hand die erste Verarbeitungsstufe des Fördergutes stattfand und dazu Wasserkraft nicht benötigt wurde. Pochwerke und Stoßherdwäschen lagen in einigen Fällen in der Nähe des Schachtes, in anderen weiter entfernt. Manchmal waren besondere Anlagen für den Erztransport erforderlich, die auch technische Denkmale hinterlassen haben.

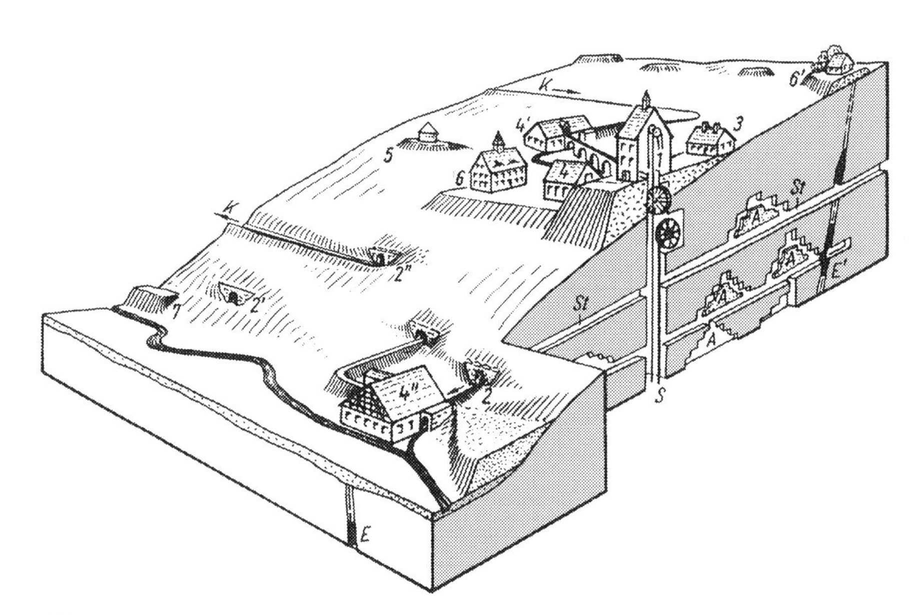

Abb. 34. Verschiedene Grubengebäude in ihrem funktionalen Zusammenhang und ihrer landschaftlichen Wirksamkeit als technische Denkmale

E, E' Erzgänge, *A* Abbaue, *St* Stolln, *S* Schacht, *K* Kunstgraben (die Pfeile geben die Fließrichtung des Wassers an), *1* Schachthaus (Treibehaus), darunter Schacht mit Wasserrädern, Förderseilen und Pumpengestänge, *2* Stollnmundloch, *2'* zugemauertes Stollnmundloch (ohne Wasserabfluß), *2"* Röschenmundloch (Aufschlagwasser fließt zur nächsten Grube), *3* Bergschmiede, *4* Scheidebank, *4'* Pochwerk mit Brücke für den Erztransport, *4"* Stoßherdwäsche mit Erzbahn *(links)* und Schlammhalde *(rechts)*, *5* Pulverhaus, *6* Huthaus, *6'* kleines Huthaus auf alter Halde (kleine alte Grube), 7 Schlackenhalde als letzter Rest einer alten Schmelzhütte

Die meisten einst im Freiberger Revier vorhanden gewesenen Aufbereitungsgebäude sind mit Stillegung des Bergbaus abgebrochen worden. Einige wurden für Wohnungen, Werkstätten und andere Zwecke ausgebaut und blieben dadurch als Baukörper erhalten. Ihr historischer Wert liegt darin, daß sie regionalgeschichtlich einen Standort alter Bergbautechnik bezeugen und technikgeschichtlich (wenigstens noch in einigen Beispielen) in der architektonischen Gestalt den einstigen technischen Prozeß abzulesen gestatten.

Größere Gruben besaßen für die Aufbewahrung des für das Schachtabteufen, den Streckenvortrieb und die Erzgewinnung erforderlichen Pulvers besondere Pulverhäuschen oder kleine Pulvertürme, die – um Schäden bei Explosionen möglichst geringzuhalten – stets entfernt von anderen Gebäuden errichtet wurden. Die wenigen noch vorhandenen lassen sich auf Grund ihrer soliden Beschaffenheit und geringen Größe ohne besondere Probleme erhalten. Das ist auch zweckmäßig, da gerade die Pulvertürme durch ihre Gestalt und Lage Aufmerksamkeit für den historischen Bergbau erregen.

Am häufigsten – von manchen Gruben als einziges Zeugnis des alten Bergbaus – sind noch die Huthäuser vorhanden. Sie enthielten die Wohnung des Verwalters der Übertageanlagen, des Hutmannes. Stets waren im Huthaus eine Gezähe- und eine Erzkammer zur Aufbewahrung des Erzes bis zum Transport in die Wäsche oder Hütte sowie eine Mannschafts- und Betstube, manchmal auch eine Obersteigerwohnung und Bergschmiede u. a. untergebracht. Dem Verwendungszweck gemäß, entsprach die Größe des Huthauses der Größe der Grube, so daß wir diese heute näherungsweise an der Größe der erhaltenen Huthäuser ablesen können. Ebenfalls ihrer Aufgabe gemäß wurden die Huthäuser stets auf oder neben den Halden der zugehörigen Schächte gebaut.

Die Huthäuser hatten als Bergwerksgebäude einen besonderen Rechtsstatus, meist auch noch eine gewisse Zeit, nachdem der Bergbau eingegangen war. Alle Hut- und Zechenhäuser sowie auch die Bergschmieden unterstanden der Berggerichtsbarkeit. Neben gewissen Steuerbefreiungen war für sie eine beschränkte Schankberechtigung von Bedeutung. Dort durfte den ausgefahrenen Bergleuten nach Schichtende als »Labetrunk« Bier verabreicht werden, ehe sie den oft langen Heimweg antraten.

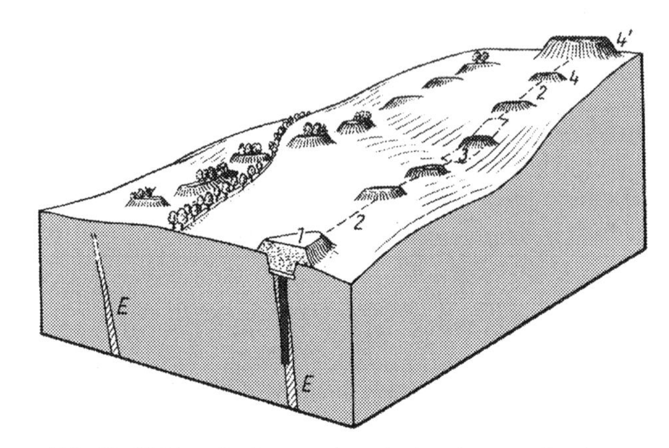

Abb. 35. Halden des historischen Erzbergbaus im Landschaftsbild

E – E Erzgang
Links: Ein zum Teil mit Buschwerk und Bäumen bewachsener Haldenzug im Gelände
Rechts: Ein ebensolcher Haldenzug historisch interpretiert: *1* die Halde als Punkt eines ehemaligen Schachtes, dieser verbühnt (abgedeckt) und darüber mit Haldenmaterial verfüllt, *2 (gestrichelt)* das an dem Haldenzug ablesbare Streichen des Erzganges, *3 (strichpunktiert)* die am Haldenabstand ablesbare Größe des ehemaligen Abbaufeldes, *4* und *4'* die an der Haldengröße erkennbare ehemalige Fördertechnik: *4* alter Handhaspelschacht, *4'* Halde eines mit größerer Fördermaschine aus dem 19. Jahrhundert betriebenen Schachtes

Heute werden die meisten Huthäuser als Wohnungen genutzt, so daß ihre Erhaltung in der Regel gesichert ist. Aufgabe der Denkmalpflege ist es dabei vor allem, die erforderliche Modernisierung gestalterisch so zu lenken, daß die historische Aussage gewahrt bleibt. Gelingt dies, dann ist das Huthaus, auch wenn sonstige Bergbauanlagen nicht mehr erhalten sind, mit dem an ihm haftenden Namen der Grube und der Halde durchaus ein Zeuge des historischen Bergbaus.

Auch die Halden sind aussagekräftige Denkmale des historischen Bergbaus, oft die einzigen einer Grube, die noch vorhanden sind. Die Bergbauhalden unterscheiden sich von Abfallhalden anderer Industriezweige grundsätzlich. Alte Bergbauhalden (Abb. 35) markieren mit ihrer Lage den einstigen Schacht, bezeugen mit ihrer Größe und Gestalt die Fördertechnik des früheren Bergbaus und mit ihrem Abstand die Größe der Grubenfelder. Kleine Halden stammen von Handhaspelschächten meist höheren Alters. Große und hohe Halden entstanden dort, wo im 19. Jahrhundert leistungsfähige Fördermaschinen angelegt waren. Die Gangzüge in den Erzbergbaurevieren werden heute übertage von entsprechend gerichteten Haldenreihen nachgezeichnet. So bieten auch die Halden des historischen Freiberger Bergbaus, aufmerksam betrachtet, eine Fülle von Aussagen zur Geologie der Erzgänge, zur Geschichte der Bergbautechnik und zu den Produktionsverhältnissen früherer Jahrhunderte. Der Denkmalschutz von Halden und Haldenreihen des Erzbergbaus erfordert keinerlei Mittel, ist aber notwendig, um sie vor unnötiger Beseitigung oder Veränderung zu bewahren. Die alten Freiberger Bergbauhalden haben über ihre geschichtliche Aussage hinaus auch große Bedeutung für den Naturschutz. Sie weisen eine besondere Haldenflora und -fauna mit einigen seltenen Pflanzenarten auf. Als Standort von Flurgehölzen bieten sie den Ackerflächen Windschutz, wirken als Sauerstoffproduzenten und Zufluchtstätten für Tiere, die auf den Großflächen der Landwirtschaft keine Existenzmöglichkeit mehr finden. Einige Halden stehen deshalb auch unter Naturschutz.

Manche alte Halden bieten dem Mineraliensammler auch heute noch Fundmöglichkeiten. Das bloße Gesteinsmaterial der Halden aber kündet von der jahrhundertelangen Arbeit Tausender von Bergleuten, von ihrem Ringen mit dem festen Gestein, um Erz und Metall zu gewinnen. So gesehen lassen gerade die Halden die Arbeitsleistung erahnen, die die Freiberger Bergleute im Laufe der Jahrhunderte untertage vollbracht haben.

Kunstgräben, Röschen und Kunstteiche werden im Freiberger Revier noch heute fast ausschließlich wasserwirtschaftlich genutzt und sind damit in ihrem Bestand gesichert. Bei der Ausdehnung dieser Anlagen ist es selbstverständlich, zu ihrer Erhaltung auch moderne Mittel einzusetzen, z. B. statt der früher allgemein üblichen Holzabdeckung der Kunstgräben Betonplatten zu wählen. Die Aussage des Gesamtsystems bleibt trotzdem erhalten. Gesichtspunkte der Denkmalpflege bei dem bergmännischen Wasserwirtschaftssystem sind hinreichend gewahrt, wenn die Röschenmundlöcher in ihrer historischen Substanz oder Form erhalten bleiben und bei den Kunstgräben an wenigen, touristisch besonders beachtlichen Teilstücken die Abdeckung auch künftig mit Brettern erfolgt. Einige alte Kunstgräben, z. B. in Freiberg und Halsbrücke, wurden schon vorzeiten zugeschüttet und zu Wegen umgestaltet. Diese bieten mit ihrer Lage und fast horizontalen Linienführung durchaus noch die bergbaugeschichtliche Aussage der ehemaligen Kunstgräben.

Die genannten Gruppen von technischen Denkmalen des Freiberger Bergbaus dokumentieren vor allem den ehemaligen Produktionsprozeß und seine Leitung auf den einzelnen Gruben. Ihre Aussage wird ergänzt durch andere Denkmale des gesellschaftlichen Lebens und kommt erst in der Einheit mit diesen voll zur Geltung. Das sind z. B. sozialgeschichtlich wichtige Gebäude wie Wohnhäuser von Bergleuten, von reichen und bedeutenden Gewerken und von Bergbeamten, die Gebäude der Bergstifte (Bergmannskrankenhäuser) in Freiberg (Mühlgasse 2a, Ecke Bergstiftsgasse, erbaut 1793, Bergstift von 1844 bis 1913), und Brand-Erbisdorf (St. Michaeliser Straße 11, Bergstift seit 1786, vgl. Bild 108), sowie das Knappschaftliche Oberversicherungsamt für das Königreich Sachsen (Humboldtstraße 13). Zeugnisse des Direktionsprinzips als der historisch wichtigsten Leitungsform des Freiberger Bergbaus sind die Gebäude des Oberbergamtes und Oberzehntenamtes (Kirchgasse 11) und des Oberhüttenamtes (Kirchgasse 13, seit 1859 Nonnengasse 22). Der mit Auflösung des Oberbergamtes 1869 gegründete Revierausschuß sowie die Revierwasserlaufsanstalt und die 1886 gegründete Oberdirektion der Königlichen Erzbergwerke hatten ihren Sitz im Revierhaus (Freiberg, Karl-Liebknecht-Platz 3). Weitere bergbauliche Denkmale mit einstiger Funktion für das gesamte Revier sind das Bergmagazin (Teil des Schlosses Freudenstein), das wohl um 1790 erbaute Seilerhaus an der Brander Straße, wo damals die zahlreichen für den Bergbau benötigten Förderseile gefertigt wurden, östlich der Brander Straße die seit je von der Freiberger Bergknappschaft unterhaltenen, 1577 erstmals erwähnten drei Kreuze sowie westlich der Brander Straße im Hospitalwald der Hungerborn, eine alte Versammlungsstätte der Freiberger Bergleute.

Denkmale für die Geschichte der montanwissenschaftlichen Lehre und Forschung sind die älteren Gebäude der Bergakademie (Freiberg, Akademiestraße 6) und die ehemalige Bergschule (Freiberg, Prüferstr. 9). Auf die Bedeutung des Bergbaus für Freibergs Baudenkmale und Kunstschätze wurde schon verwiesen. Ihre Interpretation darf den historischen Bergbau nicht außer acht lassen. Umgekehrt aber müssen sie auch in den Darstellungen der Bergbaugeschichte als Sachzeugen des früheren Freiberger Silberreichtums gewürdigt werden.

Historische Bauwerke des Hüttenwesens gibt es vergleichsweise nur wenige, da die Produktion der Hütten jeweils am gleichen Standort modernisiert worden ist und dabei die alten Anlagen neueren weichen mußten. Um so wichtiger ist es, typische Anlagen auch aus jüngerer Zeit für eine spätere Erschließung als technische Denkmale vorzusehen. Aus vergangenen Jahrhunderten sind in den Freiberger Hütten vor allem noch die Verwaltungsgebäude, aber auch noch einige Produktionsgebäude und besondere technische Anlagen erhalten, die in diesem Buch dargestellt werden.

9. Zeittafel zur Geschichte des Freiberger Berg- und Hüttenwesens

Bergbau in der Zeit des Hochfeudalismus

Erste Hauptperiode

1156	OTTO VON WETTIN wird Markgraf von Meißen nach dem Tode seines Vaters KONRAD
1156/1161	Markgraf OTTO läßt das Land zwischen Mulde und Striegis roden (»Waldland«)
1162	Stiftung des Zisterzienser-Klosters Cella Sanctae Mariae (nach der Gründung von Neuzelle an der Oder 1268: »Altzella«) bei Nossen als Hauskloster und künftige Begräbnisstätte der Meißener Markgrafen. Auf Antrag von Markgraf OTTO übereignet Kaiser FRIEDRICH BARBAROSSA dem Kloster 800 Hufen Land
1168	Entdeckung eines Silbererzvorkommens, vermutlich auf dem Hauptstollngang am östlichen Hang des Münzbachtales im Bereich der heutigen Berggasse in Freiberg. Zuzug von niedersächsischen Bergleuten
1169/1170	Markgraf OTTO nimmt auf Grund der Silberfunde die Fluren von Tuttendorf, Christiansdorf und Berthelsdorf durch Tausch vom Kloster Cella (Altzella) zurück
um 1170	Markgraf OTTO erhält vom Kaiser FRIEDRICH BARBAROSSA das Bergregal. Wenig später wird der Rechtsgrundsatz der Bergbaufreiheit geprägt und praktiziert. Entstehung bergbaulicher Siedlungskerne bei Christiansdorf mit Namen Sächsstadt
1170/1175	Markgraf OTTO befestigt das Gebiet des Silberfundes mit der Burg Freiheitsstein (später Freudenstein)
1180	Sturz des Sachsenherzogs HEINRICH DES LÖWEN im Kampf mit FRIEDRICH BARBAROSSA – Niedergang des Bergbaus von Goslar/Niedersachsen
1180/1185	Weiterer Zuzug Goslarer Bergleute nach Christiansdorf. Markgraf OTTO gründet in der Nähe seiner Burg die Marienkirche (heute Freiberger Dom)
um 1181	Anlage einer planmäßigen befestigten Siedlung um die Nikolaikirche
1185	Erste urkundliche Erwähnung der Freiberger Silberfunde
1189	Markgraf OTTO durch seinen Sohn ALBRECHT in Döben bei Grimma gefangen gesetzt. Die Böhmen rauben OTTOS Silberschatz
1190	Tod des Markgrafen OTTO DER REICHE

1210/1218 Gründung der Freiberger Oberstadt mit Rathaus und Petrikirche durch OTTOS Sohn Markgraf DIETRICH

um 1230 An der Westfassade der Marienkirche, dem heutigen Dom, wird die Goldene Pforte eingefügt

1233 Erste urkundliche Erwähnung des Freiberger Bergrechts (»ius Freibergense«) – in der Handfeste von Kulm (Chelmo/VR Polen)

1241 Vertrag von Krummenhennersdorf, erste nur den Bergbau betreffende Urkunde: Regelung der Rechtsansprüche bei Errichtung eines Bergwerks auf dem Gebiet des Klosters Altzella

1244 (1227?) Prägung von Meißner Groschen in einer Freiberger Münzstätte; damit Beginn der urkundlich belegten Freiberger Münztradition

1255 Der Freiberger Rat erhält die Berggerichtsbarkeit. Daraus entwickelt sich später der Bergschöppenstuhl als überörtliche Bergrechtsinstanz

1269 ALBERTUS MAGNUS in seinem Buch »De mineralibus et rebus metallicis« erwähnt erstmals das Freiberger Silber in der Literatur

1307 Erste Niederschrift des Freiberger Bergrechts (Formulierung A) unter Benutzung des von mündlicher Weitergabe des Freiberger Bergrechts geprägten, 1249 erstmals niedergeschriebenen Bergrechts von Iglau (Jihlava/ČSSR)

1320 Dem Rat der Stadt Freiberg wird das Recht des Erbbereitens bestätigt

1346/1375 Zweite Niederschrift des Freiberger Bergrechts (Formulierung B) unter Benutzung des Bergrechts von Iglau (Jihlava/ČSSR) in der Fassung von 1340

um 1350 Nachlassen der Erträge des Bergbaus

1384/1402 Die Markgrafen von Meißen übernehmen den weiteren Bau des Hauptstollns auf eigene Kosten, seitdem *Fürstenstolln* (heute *Alter Tiefer Fürstenstolln*). In der Urkunde erste Nennung einzelner Gruben, z. B. *Roter Schacht* (wohl die spätere *Rote Grube*), *Reicher Trost, Reiche Zeche*
Neben dem Freiberger Bergmeister werden weitere kurfürstliche Bergbeamte genannt. Aus diesem Beamtenkollegium ging später das Freiberger Bergamt hervor

1387 Erste Nennung einer Grube im Gebiet von Brand: die Grube *Zu dem schmalen Gange*

1429/1432 Die Hussiten im Zuge der Hussitenkriege (1419/1436) im Raum Dresden – Freiberg, dabei Zerstörung der Bergwerke

1438 Anlegen einer ersten Flöße auf der Mulde von der böhmischen Grenze bis Freiberg durch HANS MÜNZER zwecks Anlieferung von Kohlholz für die Schmelzhütten

1444/1467 Unruhen und Streiks der Bergleute

1451/1456 Gruben bei Mohorn am Tharandter Wald mit Silberlieferungen urkundlich belegt

Bergbau in der Periode des Frühkapitalismus und der frühbürgerlichen Revolution bis zum 18. Jahrhundert

Zweite Hauptperiode

1467 Erste Nennung des *Brandstollns* des damaligen Hauptstollns der Brander Gruben

1470/1521 Neue Silberfunde im oberen Erzgebirge und Gründung der Bergstädte Schneeberg, Annaberg, Marienberg sowie Joachimsthal (heute Jáchymov/ČSSR) u. a., Erträge akkumulieren Kapital auch in Freiberg

1477 Silberlieferungen vom Rammelsberg bei Muldenhütten urkundlich belegt

1480 Herzog ALBRECHT und Kurfürst ERNST veranlassen die Gründung eines Kollegiatstiftes an der Freiberger Marienkirche, die seitdem als Dom bezeichnet wird

1481 Gruben bei Oederan als Silberlieferanten genannt (in Münzmeister-Rechnungen)

1484 Letzter großer Stadtbrand in Freiberg, dabei auch der romanische Dom zerstört

um 1490 Neubau des Doms (Langhaus) als spätgotische Hallenkirche

1500 Der Freiberger Stadtarzt und Bürgermeister ULRICH RÜLEIN VON CALW (1465 bis 1523) veröffentlicht »Ein nützlich Bergbüchlein«, das erste montanistische Buch in deutscher Sprache

1507 Einführung der Naßpochwerke durch SIGISMUND VON MALTITZ

1511 Beginn der Bergbelehnungsbücher und damit der schriftlichen Überlieferung der Grubenbesitzer im Freiberger Revier. Die 1509 erschienene Annaberger Bergordnung wird auch für den Freiberger Bergbau gültig

ab 1514 Steigende Erträge im Freiberger Bergbau

1515 Die Bergbausiedlung »auf dem Brand« erhält von Herzog GEORG Schankberechtigung (»Bergflecken Brand«; Stadtrecht 1834)

1524 Beginn genauer Überlieferung des Silberausbringens im Freiberger Revier

1525 Einführung von Schurfprämien für die Entdeckung von Silbergängen in Sachsen

1526/1550 Bergmeister (später Bergvogt) SIMON BOGNER verstärkt den Vortrieb älterer Stolln

1529 Erstmals Ausgabe gedruckter Ausbeutbogen, bis 1551 dreimal jährlich, dann quartalsweise zu den kirchlich bezeichneten Terminen: Reminiscere, Trinitatis, Crucis und Luciae

1530 Gegenschreiber durch Herzog GEORG in der Freiberger Bergbehörde eingeführt (im obererzgebirgischen Bergbau schon 1509), hatten im »Gegenbuch« als Rechtsgrundlage ein Verzeichnis aller Zechen sowie der Besitzer und ihrer Anteile zu führen

1533 Einführung von Prämien für die Entdekkung versetzten oder verstürzten Erzes (d. h. gegen die Verheimlichung von Erz)

1535 Verbot des Feuersetzens im Freiberger Bergbau auf Grund mehrerer tödlicher Unfälle

Das Amt des Ausbeuteausteilers im Freiberger Revier eingeführt

Festsetzung von Pflichtbeiträgen der Bergleute zur Knappschaftskasse (Sozialversicherung): 3 Pfennige vom Wochenlohn (= Büchsenpfennige)

1536 Einführung des Hüttenraiteramtes in Freiberg durch Bestallung von VALTEN ALNPECK als obersten Aufsichtsbeamten über die Hütten

Herzog GEORGS Bergordnung wird publiziert

Freiberger Bergleute werden nach Norwegen gerufen

1538/1542 Planung und Bau einer Heinzenkunst in einer Brander Grube

1540 Grundwasser bringt Brander Gruben teilweise zum Ersaufen

In Freiberg Gründung der Gnadengroschenkasse (von den Gewerken gebildeter Reservefonds zur Unterstützung einzelner Gruben bei betrieblich-technischen Problemen, später de facto Investitionsbank)

1542 Herzog MORITZ (ab 1548 Kurfürst) teilt sein Land in Kreise. Der Oberhauptmann des erzgebirgischen Kreises wird in der Folge zum Oberberghauptmann, seine Kanzlei zum Oberbergamt; Entdeckung des Silbers von Potosi (Südamerika), dessen Importe in der Folgezeit den Wert des sächsischen Silbers in Europa mindern

1545 HANS RÖLING wird erster Bergamtsverwalter und SIMON BOGNER erster Bergvogt

1554 Kurfürst AUGUST erläßt in Annaberg eine neue Bergordnung für das gesamte Kurfürstentum Sachsen. Ausprägung des Direktionsprinzips

1555 Kurfürst AUGUST I. gründet das Freiberger Oberhüttenamt. Im Hüttenwesen wird das »Schmelzen über dem Krummofen« eingeführt

1556 Verlegung der Münze von Freiberg nach Dresden durch Kurfürst AUGUST I.

Kurfürst AUGUST I. befährt den *Thelersberger Stolln* auf 3,2 km Länge

1557/1582 MARTIN PLANER, Bergmeister, Bergverwalter und Oberbergmeister in Freiberg, baut Kunstgezeuge, Kunstgräben und Kunstteiche und führt damit den Freiberger Bergbau zu neuem Aufschwung

1560 Anlegung des Berthelsdorfer Hütteneiches

Erster Versuch zur Errichtung einer Erzkaufanstalt (vgl. 1582)

ab 1564 Verstärkter Bau von Kunstgezeugen durch MARTIN PLANER in einer größeren Anzahl von Gruben

1567 PLANER führt die Grubenmauerung ein (Radstube in der Grube *Thurmhof unt. 3./4. Maß*)

1569 Verlängerung der Muldenflöße bis an die Thurmhofer Schmelzhütten bei Halsbach zwecks Lieferung von Kohlholz (vgl. 1438)

1572 Größter Ertrag der Freiberger Gruben in der zweiten Hauptperiode 8 t Silber, davon 117 924 Gulden Ausbeute

1573 Grubenunglück bei Brand; acht Bergleute durch Wassereinbruch in der Grube *Wilder Mann* ertrunken

1581 Grubenunglück bei Brand; in der Grube *St. Stephan* werden vier Bergleute verschüttet, einer davon überlebt

1582 Der staatliche Freiberger Erzkauf wird eingerichtet; das Erzkaufhaus lag in der Nähe von Hütten bei Hilbersdorf an der Mulde

1585 Einführung der »hohen Öfen« in den Freiberger Hütten durch BARTHEL KÖHLER

1589 Kurfürst CHRISTIAN I. erläßt eine neue Bergordnung für das Kurfürstentum Sachsen

1595 Kurfürst CHRISTIAN II. verfügt die Abhaltung von Andachten vor dem Einfahren in die Gruben, seitdem Betstuben in den Huthäusern sächsischer Bergwerke

um 1600 Aufblühen des Bergbaus bei Halsbrücke

1612 Vortrieb des *Kurfürst Johann Georg Stollns* wird begonnen (ein Hauptflügel des *Tiefen Fürstenstollns* im Bereich Zug)

1618 Stillegung der letzten Thurmhofer Gruben infolge Wasseraufstiegs (*Thurmhofer Fundgrube* und *obere und untere 1. Maß*)

1624/1629 Im Quartal Reminiscere: erstmals seit Einführung der Ausbeutbögen (1529) keine Ausbeute gezahlt;
Kurfürst JOHANN GEORG I. erläßt Bergdekrete

1628 Bergkommission berät im Freiberger Schloß Freudenstein über Maßnahmen gegen Mängel im Bergbau

1632/1642 Starker Rückgang des Freiberger Bergbaus durch Belagerungen Freibergs und Truppendurchzüge von Kaiserlichen und Schweden im Dreißigjährigen Krieg

1643 Der aus dem Harz gekommene CASPAR MORGENSTERN führt das Bohren und Schießen (Sprengen untertage) in den Freiberger Bergbau ein – in Gruben auf dem Hohe Birker Gangzug

1649/1663 BALTHASAR RÖSSLER (1605 bis 1673), Erfinder des Hängekompasses und Verfasser des »Hellpolierten Bergbauspiegels«, des wichtigsten montanwissenschaftlichen Werkes zwischen G. AGRICOLA und der Gründung der Bergakademie, ist Bergbeamter und Gewerke im Freiberger Revier

1659 (19. 3.) Aufstand Freiberger Bergleute. Verweigerung der Zahlung des Büchsenpfennigs, um ihre Forderungen nach ordnungsgemäßer Verwaltung der Kasse durchzusetzen (betraf Krankengelder) (vgl. 1535)
(6. 8.) Bergdekret des Kurfürsten JOHANN GEORG II. gegen Mißstände im Bergbau und zur Regelung der Büchsenpfennige und Unterstützung von Stollnvortrieben

1662 Einbruch von Grubenbauen bei Halsbrücke: »Johannesbruch« (1709 nochmaliger Bruch)

1670 Erfindung der einmännischen Bohrer (zum Gesteinsbohren für Sprengbetrieb)

1679 Das Oberbergamt kauft das Haus Kirchgasse 11 als ständigen Sitz

1684 Gründung der kurfürstlichen Stolln- und Röschenadministration

um 1685 Bau der Altväterbrücke bei Rothenfurth als Kunstgraben-Aquädukt für die Grube *St. Anna samt Altväter* (1690: berühmte Ausbeutemedaille)

1687 Bergkommission berät in Freiberg über die Beschaffung von Holz für das Freiberger Berg- und Hüttenwesen

1693 Oberberghauptmann A. v. SCHÖNBERG gibt das betriebsorganisatorische Handbuch »Ausführliche Berginformation« heraus

1695 Markscheider JOHANN BERGER gestorben. Er hat für sein Werk »Freiberga subterranea« die ersten genauen Gesamtgrundrisse der

Freiberger Stolln und Gruben gezeichnet und damit Planungsgrundlagen für weitere bergmännische Unternehmen geschaffen

1700 Balthasar Rösslers »Hellpolierter Bergbauspiegel« von seinem Enkel, dem Freiberger Schichtmeister Goldberg, im Druck herausgegeben (vgl. 1649/1663)

1702 Gründung der Stipendienkasse beim Oberbergamt zur Förderung der montanwissenschaftlichen Ausbildung von Berg- und Hüttenbeamten. Keimzelle der Institutionalisierung der Montanwissenschaften im Komplex der Technikwissenschaften außerhalb der Universitäten und Akademien

1706/1710 Mitwirkung des Freiberger Bergrats Pabst von Ohain sowie sechs Freiberger Berg- und Hüttenleute bei der Erfindung des Meißner Porzellans durch J. F. Böttger.

1708 Große Bergwerkskommission tagt in Freiberg und beschließt die Durchführung regelmäßiger Generalbefahrungen der Stolln und Gruben (realisiert ab 1709) sowie Arbeitsschichten am Sonnabend. (14. 11.) Einführung eines Tarifs für Bergschmiedearbeiten

1709 Die Halsbrücker Gruben schließen sich zum »Halsbrücker Vereinigt Feld« zusammen

1710 August der Starke gründet die Generalschmelzadministration für das nunmehr fast ganz verstaatlichte Freiberger Hüttenwesen. Aufkauf auch armer Silbererze sowie Bezahlung des Erzes nicht nur nach dem Gehalt an Silber, sondern auch dem an Kupfer und Blei

1711 (17. 10.) Zar Peter I. besucht die Hütte Halsbrücke und die Grube *König August Erbstolln* zu Niederschöna und arbeitet kurz selbst vor Ort

1713 Der 1712 bis 1714 amtierende Oberberghauptmann Hans Carl von Carlowitz begründet mit seinem Buch »Sylvicultura oeconomica oder hauswirtschaftliche Nachricht und Anweisung zur wilden Baumzucht« die Forstwirtschaftslehre

1715 Der Leipziger Handelsherr Ludwig Milich macht testamentarisch eine Stiftung für arme alte und kranke Bergleute in Böhmen und Freiberg (wohl Stätten seines Kuxbesitzes)

1720 Grubenunglück bei Conradsdorf; in der Grube *Lorenz Gegentrum* werden drei Bergleute verschüttet, zwei überleben

1733 Einbruch der Gruben *St. Lorenz* zu Halsbrücke

1733/1744 Bergrat Henkel erteilt in seinem Laboratorium den Stipendiaten im Auftrag des Oberbergamts chemisch-metallurgischen Unterricht

1737 Unruhen unter den Freiberger Bergleuten gegen Erhöhung der Brotpreise

1739/1740 Michail Wassiljewitsch Lomonossow und Dimitri Iwanowitsch Winogradow, der Erfinder des russischen Porzellans, studieren auf Weisung der russischen Regierung bei Bergrat Henkel in Freiberg

um 1743 Einführung des »Schießens aus dem Ganzen«, d. h. Vortrieb von Stolln und Strecken mit Sprengen jeweils auf dem ganzen Querschnitt

1749 Reicher Silbererzanbruch auf *Himmelsfürst Fundgrube* bei Brand-Erbisdorf leitet eine lange Periode guter Erträge dieser Grube ein

1747/1752 Vorläufiges Ende des Halsbrücker Bergbaus

1749 (12. 6.) Kurfürst Friedrich August II. erläßt eine neue Stollnordnung

1749 Markscheider August Beyer (1677 bis 1753) gibt sein montanwissenschaftlich wichtiges Buch »Gründlicher Unterricht von Bergbau nach Anleitung der Markscheidekunst« heraus

1750 Letztes Erbbereiten im Freiberger Bergbau bei den Gruben *Himmelsfürst* und *Gelobt Land* bei Erbisdorf, *Neue Hoffnung Gottes* bei Bräunsdorf, *Unverhoffter Segen Gottes* bei Oberschöna und *Kuhschacht* bei Freiberg (vgl. 1320)

1754 Erstmals geteerte Seile auf Förderanlagen

im Freiberger Bergbau, auf *Lorenz Gegentrum* bei Conradsdorf

1755 Einführung der Stoßherde in die Aufbereitung, bei den Halsbrücker Gruben

1756/1763 Siebenjähriger Krieg und Ruin der Wirtschaft Kursachsens. Die Umgebung Freibergs wird Schauplatz mehrerer Gefechte und einer Schlacht, wobei viele Bergbau- und Hüttenanlagen zerstört werden

Bergbau in der Zeit der Überwindung der feudalen Produktionsverhältnisse, der bürgerlichen Umgestaltung, des Siegens der kapitalistischen Produktionsweise bis zum Imperialismus

Dritte Hauptperiode

1763/1769 FRIEDRICH WILHELM VON OPPEL (1720 bis 1769) amtiert als Oberberghauptmann

1763 FRIEDRICH ANTON VON HEYNITZ (1725 bis 1802) zum Generalbergkommissar berufen (schied 1774 aus dem sächsischen Staatsdienst aus)

1765 (13. 11.) Gründung der Bergakademie Freiberg auf Veranlassung von F. A. VON HEYNITZ und F. W. VON OPPEL (Vorlesungsbeginn Frühjahr 1766, erster Student F. W. H. VON TREBRA)

1768 Reskript über Markscheiderinstrumente und Grubenrisse im sächsischen Bergbau

1768/1769 J. F. MENDE baut in der Grube *Siegfried* bei Riechberg die erste Wassersäulenmaschine Sachsens

1770/1798 J. F. MENDE wirkt im Freiberger Bergrevier als Kunstmeister, der erste Maschinenbeamte mit Hochschulbildung. Er baute u. a. verbesserte Pferdegöpel und Wassergöpel sowie Schleusen und ein Schiffshebewerk

1774/1817 ABRAHAM GOTTLOB WERNER verschafft der Bergakademie internationalen Ruf als montanwissenschaftliche Hochschule

1777 Gründung der Freiberger Bergschule zur Ausbildung von Steigern, teilweise auch zur Vorbereitung auf das Studium an der Bergakademie

1785 Einrichtung eines Bergmagazins im Schloß Freudenstein, um die Versorgung der Bergleute mit Brotgetreide zu gleichbleibendem Preis zu gewährleisten

J. FR. LEMPE, Professor an der Bergakademie Freiberg, gibt das »Magazin für Bergbaukunde« heraus (die erste montanwissenschaftliche Zeitschrift)

1786 Einrichtung eines Bergstiftes (Bergmannskrankenhauses) in Brand durch Wundarzt KNICKER

1787/1791 Bau und Inbetriebnahme des Amalgamierwerkes in Halsbrücke

1787 Bau des Dörnthaler Kunstteiches und der »Benno-Stollnrösche«

1788/1789 Bau des Churprinzer Bergwerkskanals und des Rothenfurther Kahnhebehauses, des ersten Schiffshebewerkes, durch J. F. MENDE

1780/1790 Einführung der Firstenrollen zur Erleichterung der Massenförderung aus den Firstenbauen auf die Förderstrecken

1790 Aufstand der Freiberger Bergleute, Kampfaktion gegen Hungersnot und Wucher mit Lebensmitteln

1791/1794 Brand und Wiederaufbau des Amalgamierwerkes in Halsbrücke

1796 In Freiberg wurde vor dem Peterstor (in der Nähe des jetzigen Bahnhofs) ein Bergstift errichtet (1844 in das Haus Bergstiftsgasse, Ecke Mühlgasse verlegt)

1796/1872 Nutzung der heißen Hüttenschlacken in Halsbrücke für med. »Schlackenbäder«

1801/1819 FRIEDRICH WILHELM HEINRICH VON TREBRA (1740 bis 1819) amtiert als Oberberghauptmann, fördert die Maschinentechnik im Bergbau und verbessert Betriebswirtschaft und Betriebsplanung durch Einführung der Quinquennialkonferenzen (mit Fünfjahrplänen)

1811/1851 CHR. FRIEDRICH BRENDEL, Kunstmeister und ab 1817 als Maschinendirektor oberster Maschinenbeamter im sächsischen Berg- und Hüttenwesen

1816 Errichtung der ersten Gasanstalt auf dem europäischen Festland in der Halsbrücker Hütte durch Prof. A.W. LAMPADIUS (bis 1895 betrieben)

1819 Einrichtung einer Bergmaterialien-Niederlage (Einkauf- und Lieferbetrieb für Grubenbedarf, hervorgegangen aus einer Pulvereinkaufs- und Verkaufsanstalt)

1820 CHR. FRIEDRICH BRENDEL baut die erste erfolgreiche Wassersäulenmaschine im Freiberger Revier, Grube *Reicher Bergsegen* bei Erbisdorf
Im Freiberger Hüttenwesen erstmals Nutzung von Steinkohle (von Döhlen, heute Freital)

1821/1838 SIEGMUND AUGUST WOLFGANG FREIHERR VON HERDER (1776 bis 1838) amtiert als Oberberghauptmann

1826 Bau des Dittmannsdorfer Kunstteiches, des höchstgelegenen Kunstteiches des Freiberger Bergbaus

1831 Prof. F. REICH und CHR. F. BRENDEL führen im Dreibrüderschacht Fallversuche zum Nachweis der täglichen Erdumdrehung durch

1835 Einführung eiserner Förderseile im Freiberger Bergbau, erstmals beim Pferdegöpel des Alt Hörniger Schachts bei Brand

1837 Abgabe der Berggerichtsbarkeit über die Grundstücke stillgelegter Bergwerke an die Zivilgerichte

1838 Oberberghauptmann VON HERDER veröffentlicht sein Projekt eines *Tiefen Meißner Erbstollns*

1839 Durch sehr gute Erzanbrüche wird die *Himmelfahrt Fundgrube* zur ertragreichsten Freiberger Grube des 19. Jahrhunderts

um 1840 Prof. JULIUS WEISBACH entwickelt die »Neue Markscheidekunst«, in der der Theodolit den Hängekompaß im Grubenvermessungswesen ablöst

1844 Aufstellung der ersten Dampfmaschine im Freiberger Revier, Grube *Reicher Bergsegen*

1844/1877 Bau des *Rothschönberger Stollns*

1845 Einsetzung einer Kommission zur Untersuchung der Freiberger Erzgänge unter Leitung von Prof. B. COTTA

ab 1845 Vertikaler Abstand der Abbausohlen von 20 Lachter (40 m) auf 30 bzw. 40 Lachter (60 bzw. 80 m) erhöht

1846/1847 Bau und Einsatz der ersten vom Freiberger Kunstmeister F. W. SCHWAMKRUG erfundenen SCHWANKRUG-Turbine

1848/1849 Freiberger Bergleute reichen eine Petition zur Verbesserung ihrer sozialen Lage ein. Die Freiberger Knappschaft tritt in die Kommunalgarde ein und wirkt als städtische Ordnungsmacht mit. Einige wenige Bergleute und Bergstudenten, darunter G. A. ZEUNER, nehmen an den bewaffneten Kämpfen in Dresden teil. Prof. B. COTTA führend in den demokratischen Bewegungen in Freiberg

1850 (25. 8.) Letzte Generalstollnbefahrung auf dem *Thelersberger Stolln* bei Brand
Vereinigung der Gruben *Vergnügte Anweisung samt Reußen, Sonnenwirbel samt Holewein* sowie *Matthias* zur Grube *Einigkeit* zu Brand

1851 Prof. B. COTTA begründet mit Vorlesung, Forschung und Lehrbuch die »Freiberger Schule« der Erzlagerstättenkunde

1851/1852 Erlaß und Einführung des Gesetzes über den Regalbergbau vom 22. Mai, Beginn der Beseitigung des Direktionsprinzips, Einführung der »Geviertfelder« an Stelle der nach dem Gang gestreckten alten Grubenfelder. Herabsetzung der Bergwerksabgaben auf 5 % vom Reingewinn als Gewerbesteuer.
In der Halsbrücker Hütte werden erstmals Gold und Silber durch Salpetersäure getrennt

1852 Gründung des Revierausschusses als Leitungsgremium und Interessenvertretung der Freiberger Gruben
Einführung von eisernen Druckpumpen zur Wasserhebung in den Gruben, zuerst bei *Segen Gottes Herzog August Fundgrube* (Leistung eines Drucksatzes etwa das 18fache gegenüber den zuvor üblichen Saugsätzen)

1853/1857 Einbau einer Fahrkunst im Abrahamschacht der *Himmelfahrt Fundgrube*, erste maschinelle Einrichtung zur Mannschaftsfahrung beim sächsischen Erzbergbau

1855 Stärkste je erreichte Zahl der Beschäftigten im Freiberger Berg- und Hüttenwesen: 9 512 Mann (einschließlich 1 227 Tagelöhner) im Bergbau, 837 Mann im Hüttenwesen

1856 Abgabe der Berggerichtsbarkeit der in Betrieb befindlichen Gruben an die Zivilgerichte, Aufhebung des Bergschöppenstuhls (vgl. 1255)

Beginn der Schwefelsäureproduktion in den Freiberger Hütten

1857 Stillegung des Amalgamierwerkes Halsbrücke (nach 67 Jahren Betriebszeit)

1861/1862 Eröffnung der Eisenbahn Dresden–Muldenhütten bzw. Dresden–Freiberg; damit Erleichterung der Kohlentransporte von den Döhlener Steinkohlengruben zu den Freiberger Gruben und Hütten

1862 Stillegung der Gruben bei Bräunsdorf (betrieben seit 1664). Einrichtung einer Goldscheideanstalt in der Halsbrücker Hütte

1863 Bau des letzten Wassergöpels im Freiberger Revier, auf dem Ludwigschacht der *Himmelfahrt Fundgrube*

1865 Leistungssteigerung im Hüttenwesen durch Einführung der Pilzschen Hochöfen

1868 Die Hütte Muldenhütten beginnt mit der Verarbeitung ausländischer Erze

1868/1869 Erlaß und Einführung des neuen sächsischen Berggesetzes. Aufhebung des Direktionsprinzips, des Freiberger Oberbergamts und aller einzelnen Bergämter. Ausscheiden des letzten Oberberghauptmanns FRIEDRICH CONSTANTIN FREIHERR VON BEUST (1806 bis 1891). Gründung eines für das Verleihen von Grubenfeldern und die bergpolizeiliche Aufsicht in allen sächsischen Revieren zuständigen Bergamts Freiberg unter Bergamtsdirektor B. C. L. BRAUNSDORF

1869 Eröffnung der Eisenbahnlinie Zwickau–Chemnitz–Freiberg und damit Bahnanschluß Freibergs an das westsächsische Steinkohlenrevier von Zwickau-Oelsnitz

1871 Einstellung der Ablieferung des Freiberger Silbers an die Königliche Münze zu Dresden (damit ist das Silber ohne Einschränkung den Gesetzen der kapitalistischen Warenproduktion unterworfen)

1873 Abschaffung der Silberwährung in dem 1871 gegründeten Deutschen Reich, Einführung der Goldwährung

1873 Erster (erfolgloser) Versuch mit einer sächsischen Gesteinsbohrmaschine im Juliusschacht der *Himmelfahrt Fundgrube* nach dem Patent des bergakademischen Modellmeisters C. F. SCHUMANN von 1860

1874 Einstellung der Muldenflöße auf Grund des Bahnbaus Freiberg–Mulda 1875 (vgl. 1569)

1876 Versuche mit Gesteinsbohrmaschinen beim Vortrieb des *Rothschönberger Stollns*

1877 Vollendung des *Rothschönberger Stollns* von Rothschönberg bis Halsbrücke (staatlicher Teil, etwa 14 km lang) (vgl. 1844)

1880 Erste Seilfahrtanlage zur Mannschaftsförderung im Freiberger Revier auf Grube *Junge Hohe Birke.*

Größtes Grubenunglück in der Geschichte des Freiberger Bergbaus: Der Bruch der Fahrkunst im Abrahamschacht forderte 11 Todesopfer

1882 Bau und Inbetriebnahme des Neuwernsdorfer Wasserteilers und damit Vollendung des bergmännischen Wasserwirtschaftssystems im Freiberger Revier

1884 Höchste je erreichte Jahresproduktion der Freiberger Gruben (etwa 35 t Silber)

1886 Kauf der wichtigsten privaten Gruben im Freiberger Revier *Himmelfahrt, Himmelsfürst, Beschert Glück, Junge Hohe Birke* und *Vereinigt Feld* durch den sächsischen Staat und Beginn einer technischen Modernisierung der Gruben; dazu (1. 3. 1886) Errichtung der »Oberdirektion der Königlichen Erzbergwerke« für die Leitung der Gruben des gesamten staatlichen Freiberger Bergbaus.

Verstärkte Einführung von Gesteinsbohrmaschinen neben dem Bohren von Hand

	Prof. Clemens Winkler findet in dem erst 1885 in der Grube *Himmelsfürst* neu entdeckten Silbermineral Argyrodit das Element Germanium
1887	Verlegung der sächsischen Münze von Dresden nach Muldenhütten bei Freiberg (Münzen mit Signum E)
1889	Bau und Inbetriebnahme der Halsbrücker Esse, einst mit 140 m Höhe der höchste Ziegelschornstein der Welt
1890	Eröffnung der Zweigbahn Brand–Langenau, damit Bahnanschluß der Grube *Himmelsfürst,* und der Bahn Freiberg–Halsbrücke
1893/1900	Betriebseinstellung einiger größerer Gruben wegen Unrentabilität, so *Junge Hohe Birke* in Langenrinne (1893), *Vereinigt Feld* bei Brand (1896), *Gesegnete Bergmanns Hoffnung* bei Obergruna (1898), *Beschert Glück* 1899, *Beihilfe* bei Halsbrücke und *Churprinz* bei Großschirma (1900)
1897	Schweres Hochwasser mit erheblichen Schäden in Freiberger Gruben und Hütten. Die Halsbrücker Gruben ersaufen vollständig, was mit zu ihrer Schließung beiträgt
1901	Als Ergebnis jahrzehntelanger Dokumentationsarbeiten erscheint das lagerstättenkundliche Standardwerk »Die Erzgänge des Freiberger Bergreviers« von Oberbergrat Carl Hermann Müller (genannt »Gangmüller«)
1903	Beschluß des sächsischen Landtages, den Freiberger Bergbau planmäßig stillzulegen In der Halsbrücker Hütte wird die elektrolytische Gold-Platin-Trennung eingeführt
1909	In der Halsbrücker Hütte wird die Silberelektrolyse eingeführt
1913	Abschluß der Stillegungsmaßnahmen im Freiberger Bergbau
1913/1915	Umbau der Schachtanlagen Constantinschacht und Dreibrüderschacht zu einem Kavernenkraftwerk. Inbetriebnahme des Kraftwerkes Dreibrüderschacht am 26. 1. 1915, des Kraftwerkes Constantinschacht 1924
1923	Unter Beibehaltung der Aufgaben – vor allem bergpolizeiliche Aufsicht und Rechtsinstanz für Versicherungsfragen – wird das Bergamt Freiberg wieder in Oberbergamt und werden die sächsischen Berginspektionen in Bergämter umbenannt

Bergbau in der Periode des Faschismus – Der Neubeginn 1945 – Der Bergbau in der sozialistischen Deutschen Demokratischen Republik

Vierte Hauptperiode

1935	Beginn der Wiedererschließung der Grube *Beihilfe* bei Halsbrücke
1937	Die Grube *Beihilfe* nimmt die Produktion auf. Beginn der Wiedererschließung der Grube *Himmelfahrt* bei Freiberg
1944	Die Grube *Himmelfahrt* nimmt die Produktion auf
1945	Ende des 2. Weltkrieges, Zerschlagung des Faschismus, Ende des Grubenbetriebes unter faschistischer Regie. Nach wenigen Wochen Stillstand leitet der sowjetische Stadtkommandant die Sümpfungsarbeiten der bis zur 11. Gezeugstrecke ersoffenen Grube *Himmelfahrt* ein, die drei Wochen dauern
1946	(August/September) Wiederaufnahme der Produktion im Freiberger und Halsbrücker Revier durch die Sowjetische AG »Wismut« und den volkseigenen Bergbaubetrieb
1947/1948	Neuerschließung des Grubenfeldes Brand durch die SAG »Wismut«
1951	(1. 1.) Vereinigung der drei nun volkseigenen Gruben zum VEB Bleierzgruben. Dem Betrieb wird der Name des besonders in Zwickau und im Ruhrgebiet tätig gewesenen, 1933 von den Faschisten ermordeten Bergarbeiterfunktionärs Albert Funk verliehen Untersuchungsarbeiten bzw. Wiedererschließung der Gruben *Alte Hoffnung Gottes,* Kleinvoigtsberg, und *Churprinz,* Großschirma

1952/1962 Bau und Inbetriebnahme der Zinkhütte Freiberg

1961 (1.1.) Gründung des VEB Bergbau- und Hüttenkombinat »Albert Funk«

1962 Auffahrung einer Hauptförderstrecke vom Brander Revier in den Bereich der Grube Freiberg zum Davidschacht (9 km lang in 600 m Tiefe)

Vereinigung der Gruben Brand und Freiberg zum Verbundbetrieb Freiberg

1967 Angliederung der Grube Halsbrücke, Vereinigung zum Betrieb *Gruben Freiberg*

1968 Stillegung des Kavernenkraftwerkes Dreibrüderschacht und Constantinschacht

1968/1970 Planmäßige Stillegung des Freiberger Bergbaus

1980/1984 Bau einer Bleischrotthütte im Werk Muldenhütten

10. Denkmale aus der ersten Hauptperiode des Freiberger Bergbaus

Es ist ohne weiteres verständlich, daß die Jahrhunderte seit dem Ende der ersten Hauptperiode des Freiberger Bergbaus deren Spuren weitestgehend verwischt haben. Die alten oberflächennahen Grubenbaue werden nur an wenigen Stellen zufällig und vorübergehend durch Bauarbeiten aufgeschlossen. Alte Pingen sind seit langem verfüllt, die Halden oft abgefahren oder eingeebnet. Die technischen Anlagen und Grubengebäude waren primitiv und aus Holz gefertigt und hatten schon von daher keine Aussicht, die Zeiten zu überdauern. Bergbau der späteren Epochen und Siedlungsvorgänge haben Stadt und Land in der Folgezeit stark überprägt. Trotzdem findet der aufmerksame Betrachter in und um Freiberg noch eine Reihe von Denkmalen aus der ersten Hauptperiode des Bergbaus.

10.1. Der Bergbau im Gebiet der heutigen Stadt Freiberg und ihrer engeren Umgebung

Der Freiberger Bergbau begann aller Wahrscheinlichkeit nach dort, wo der wichtigste Erzgang, der »Hauptstollngang-Stehende«, das Münzbachtal kreuzte und an dessen steilem Osthang am ehesten von Regengüssen und bei Hochwasser vom Bach selbst freigespült werden konnte (Abb. 36). Auf diese Stelle macht eine Gedenktafel am Haus Wasserturmstraße 34 aufmerksam (s. Tafelteil, Bild 76). Vom ersten Erzfundpunkt aus hat man den Gang sicher sofort in seiner Längserstreckung verfolgt, so daß er in kurzer Zeit nach beiden Seiten mit zahlreichen Grubenfeldern belegt war. Zunächst baute man das Silbererz im Tagebau ab, häufte dabei die tauben Massen beiderseits der Abbaue auf, verfüllte diese aber wohl wieder, wenn ein weiteres Eindringen in die Tiefe nicht möglich war. Dann teufte man, so wie es das Bergrecht im 12. bis 13. Jahrhundert vorschrieb, auf jedem Grubenfeld im Abstand von etwa 30 bis 50 Metern Schächte ab, aus denen man Erz und taubes Gestein mit Handhaspel förderte (Abb. 37). Das taube Gestein schüttete man rings um die Haspelschächte etwa 2 bis 3 m hoch auf, so daß die Handhaspel jeweils mitten auf der Halde standen, und zwar frei oder nur durch Bretterbuden, den Kauen, vor Wetter geschützt. Von dieser primitiven Technik hat sich natürlich nichts bis in unsere Zeit erhalten, nur zahlreiche Halden aus jener Zeit sind technische Denkmale der ersten Periode des Freiberger Bergbaus. Da die Schächte stets im Erzgang selbst niedergebracht wurden, markieren die Halden dort, wo noch vorhanden, die Lage und die Erstreckung des Erzganges. So erkennen wir den Verlauf des Hauptstollnganges zwi-

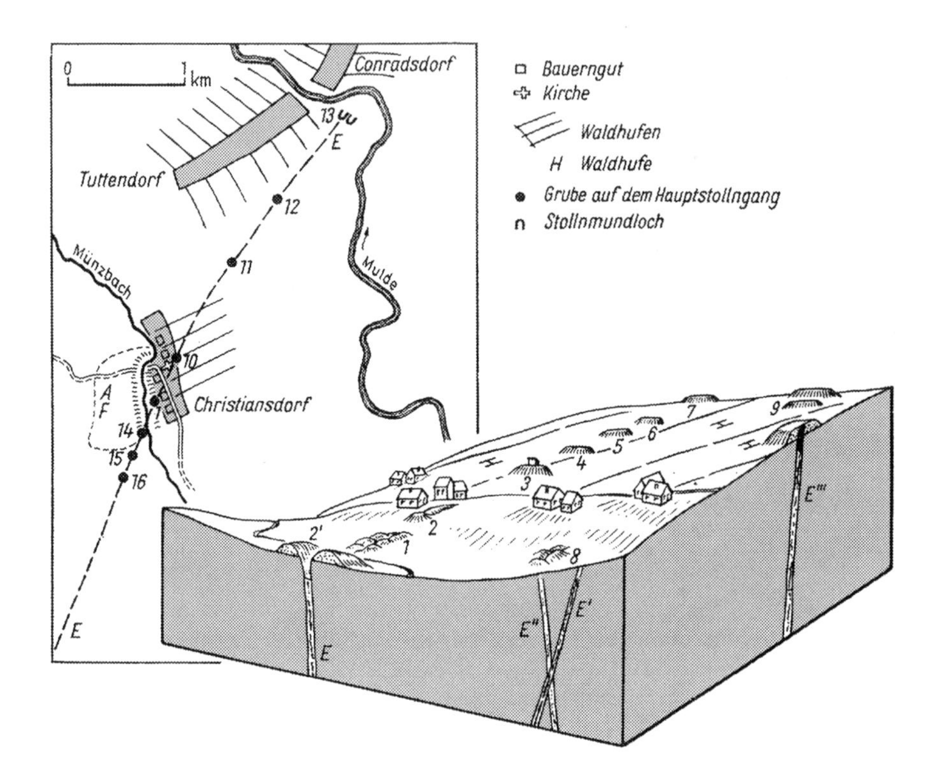

Abb. 36. Die Landschaftssituation zu Beginn des Bergbaus um 1170 in und um Christiansdorf

E Hauptstollngang, *E'*, *E''*, *E'''* weitere Erzgänge (schematisch), *1* erster Erzfundpunkt: Schurf dort wo Hauptstollngang an steilem Münzbach-Talhang zutage tritt. *2–7* weitere Schürfe und Gruben auf dem Hauptstollngang in der Reihenfolge ihres Beginns Richtung Norden, *2'* weitere Schurftätigkeit auf dem Hauptstollngang Richtung Süden. *8* und *9* Schürfe und Halden auf den Erzgängen *E'*, *E''* und *E'''*, *H* Hufen der Dorfflur
Dazu Kartenskizze mit den ältesten urkundlich genannten Gruben. *1* Erster Erzfundpunkt, *10 Löfflerschacht, 11 Reiche Zeche, 12 Die Asche, 13* Mundloch des *Alten Tiefen Fürstenstollns* (rechts daneben das Mundloch des *Hauptstolln Umbruchs* von 1822), *14 Reicher Trost, 15 Jodenberg, 16 Rote Grube, AF (gestrichelt):* Die spätere Altstadt von Freiberg

schen Freiberg und der *Reichen Zeche* an Ödlandstreifen alten Haldengebietes und wenigen Halden, zwischen der *Reichen Zeche* und dem Muldental an einem markanten Haldenzug (Abb. 38, Tafelteil, Bild 77). Die *Reiche Zeche* selbst ist zwar auch schon als Grube auf dem Hauptstollngang aus dem Jahre 1384 urkundlich belegt, doch entstammen die große Halde und auf dieser die Gebäude der letzten Bergbauperiode aus dem späten 19. und dem 20. Jahrhundert. Die alte *Reiche Zeche* wird von der nordöstlich nächstgelegenen Halde markiert, die ihre Größe aber noch nicht im 13. bis 14. Jahrhundert, sondern erst im 16. bis 18. Jahrhundert erlangt hat. In Verlängerung des Haldenzuges befinden sich im Muldental am Roten Graben zwei Mundlöcher (s. Tafelteil, Bilder 78 und 79). Das westliche, mit einer Korbbogen-Wölbung aus dem 18. Jahrhundert, liegt genau

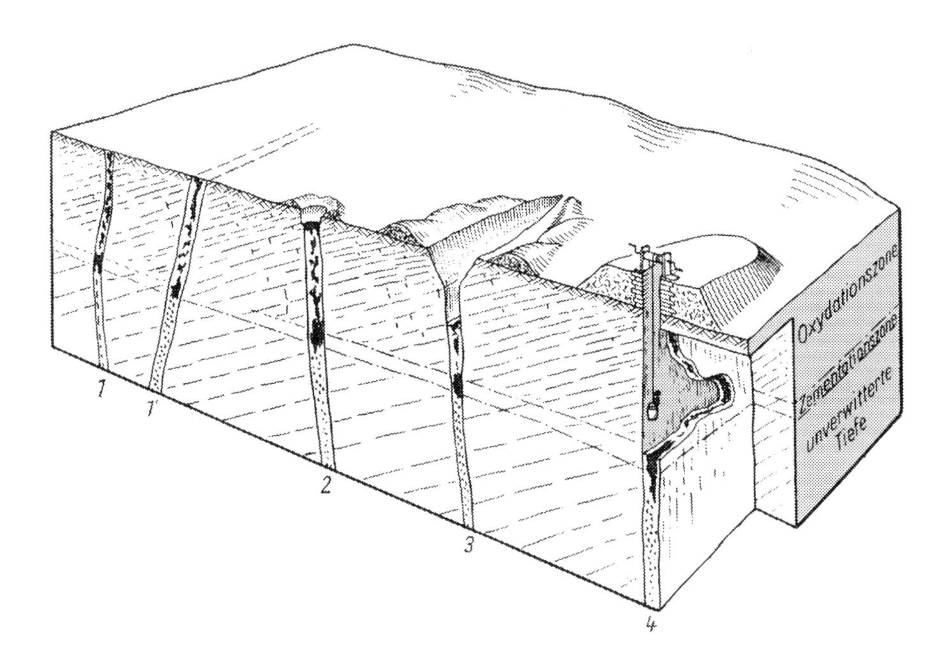

Abb. 37. Schematisches Blockbild der ältesten Bergbautechnik in der Oxydations- und Zementationszone der Freiberger Erzgänge

1 Erzgänge ohne oberflächliche Anzeichen, verdeckt, mit reichem Erz (schwarz) gleich unter dem Ackerboden (bei *1'* die Streichrichtung angedeutet), *2* Erzgang erschürft, dabei Feststellung der Streichrichtung, *3* Tagebaue im Streichen des Ganges, *4* ältester Tiefbau mit Handhaspelschacht im Erzgang

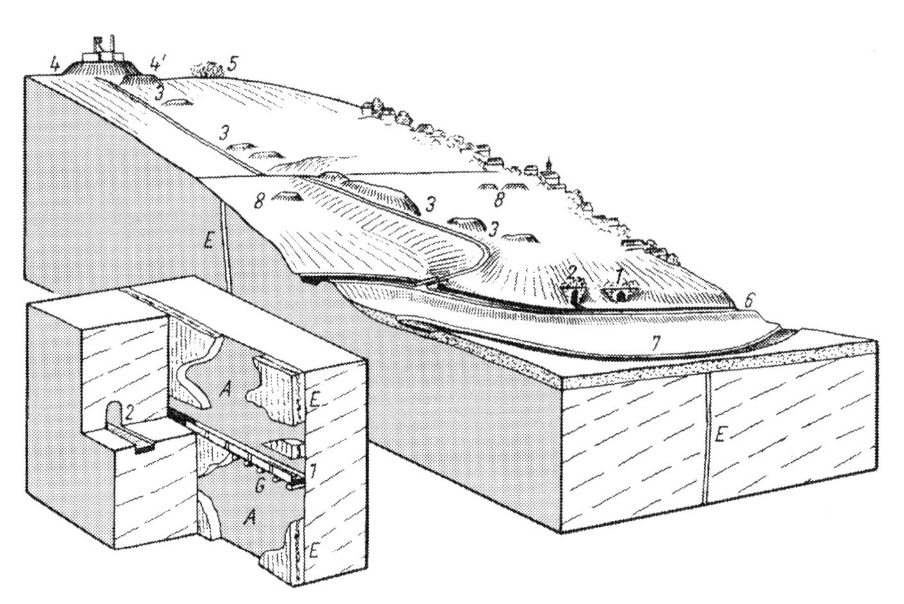

Abb. 38. Bergbaulandschaft im Gebiet des Hauptstollnganges östlich von Tuttendorf, links daneben ein Ausschnitt aus dem Blockbild des *Alten Tiefen Fürstenstollns* und des *Hauptstolln Umbruchs*

1 Alter Tiefer Fürstenstolln (Nullpunktgrotte), *2 Hauptstolln Umbruch, 3* alte Halden auf dem Hauptstollngang, *4 Reiche Zeche, 4' Alte Reiche Zeche, 5 Herdersruh, 6* Roter Graben, 7 Mulde, *8* Halden auf dem Samuel Spat, *E* Erzgang, *A* alte Abbauhohlräume, *G* Holzgerinne zur Leitung der Stollnwässer über alte Abbaue im Hauptstollngang; es ist das Mundloch vom *Alten Tiefen Fürsten Stolln* und kann damit auch als Zeuge des 1384 erwähnten *Fürsten Stollns* dienen, dessen Mundloch im gleichen Bereich, aber bis zum Bau des Roten Grabens um 1615 5,1 m tiefer gelegen hat. Der *Alte Tiefe Fürsten Stolln* war jahrhundertelang der wichtigste Stolln des Reviers. Deshalb hat man in diesem Stolln, nahe an seinem Mundloch, im Jahre 1851 den für das damalige bergmännische Vermessungswesen maßgeblichen Höhen-Nullpunkt festgelegt und markiert. Darauf bezieht sich der für dieses Mundloch einige Zeit üblich gewesene Name »Nullpunktgrotte«.

Da das auf dem *Alten Tiefen Fürsten Stolln* abfließende Wasser oft aus undicht werdenden Holzgerinnen ausfloß, in die unter dem Stolln im Hauptstollngang befindlichen Erzabbaue hinabstürzte und aus diesen mühsam wieder gehoben werden mußte, legte man in etwa 40 m Abstand östlich vom und parallel zum *Alten Tiefen Fürsten Stolln* in den Jahren 1822 bis 1850 im tauben Gestein einen neuen Stolln an. Auf dem konnte nun das Wasser abfließen, ohne die tieferen Erzabbaue zu gefährden (Abb. 38). Das um 1822 gebaute Mundloch vom »Hauptstolln-Umbruch« liegt etwa 40 m östlich der »Nullpunktgrotte« und läßt noch heute Wasser aus den alten Grubenbauen von untertage dem Roten Graben zufließen.

Können die Halden auf dem Hauptstollngang als direkte Sachzeugen und das Mundloch des *Alten Tiefen Fürsten Stollns* wenigstens indirekt als technisches Denkmal aus der ersten Hauptperiode des Freiberger Bergbaus gelten, so bezeugen in der Stadt Freiberg einige Gebäude und überlieferte Grubennamen den Verlauf des Hauptstollnganges und einige der ältesten Gruben (Abb. 36). Zu nennen sind am oberen Ende der Unterhofstraße die Halde und das (allerdings jüngere) Huthaus des Löfflerschachtes (vgl. Seite 131), undeutliche Haldenreste im Bereich Berggasse – Terrassengasse, am Helmertplatz die 1851 errichtete »Königliche Schrotfabrik« (Helmertplatz 1), die den Schacht der schon 1384 erwähnten Grube *Reicher Trost* enthält und zur Schrotfabrikation nutzte, sowie am Roten Weg die *Rote Grube.* Deren Halde und Schachtgebäude entstammen zwar dem 19. und 20. Jahrhundert, markieren aber doch den Verlauf des Hauptstollnganges und annähernd die Lage der vielleicht 1384, bestimmt 1441 urkundlich belegten alten *Roten Grube.* Die Stollngasse am Helmertplatz erinnert noch heute an das bis 1872 dort befindliche, auch dem *Alten Tiefen Fürsten Stolln* zugeordnete Stadtstollnhaus.

Ein indirektes, aber höchst wichtiges Denkmal der ersten Hauptperiode des Freiberger Bergbaus ist der Grundriß und die historische Bausubstanz der Freiberger Altstadt. Der Grundriß (Abb. 39) spiegelt die frühe Siedlungsgeschichte im Gebiet der Stadt Freiberg wider. Da sich in Freiberg die mit der Besiedelung entstandene Sozialstruktur der Stadtviertel über Jahrhunderte – im wesentlichen sogar bis ins 20. Jahrhundert – erhalten hat, bezeugt auch die jetzige größtenteils aus dem 15. bis 18. Jahrhundert stammende Bausubstanz die Siedlungsgeschichte des 12. bis 13. Jahrhunderts. Diese aber war wesentlich durch den Bergbau bestimmt und verlief etwa wie folgt:

Von 1156 an entstand in dem von Markgraf Otto beherrschten Rodungsgebiet zwischen Mulde und Striegis u.a. das Waldhufendorf Christiansdorf, dessen mittlerer Teil im Gebiet der heutigen Pfarrgasse lag. Die erste Jacobikirche (an Stelle der jetzigen Dürerschule) war vermutlich die Dorfkirche. An der Stelle der Klosterschänke wird das Erbrichtergut von Christiansdorf vermutet. Die Dorfstraße und die Umgebung des Kreuzungspunktes von Münzbachtal und Hauptstollngang waren wohl schon um 1160 in ein Wegenetz des Fernverkehrs, vielleicht einen der »böhmischen Steige« einbezogen, die an verschiedenen Stellen über das Erzgebirge führten. Damit wird die von Agricola 1546 schriftlich festgehaltene alte Überlieferung, Salzfuhrleute aus Halle hätten auf ihrer Fahrt nach Böhmen das Freiberger Erz in einem ausgespülten Fahrweg ent-

Abb. 39. Siedlungsgeschichte der Freiberger Altstadt in schematisierten Grundrissen (umgezeichnet nach Douffet u. Gühne 1982) ►

I) um 1168 bis 1170: Christiansdorf und die Entdeckung des Silbererzes. *EE* Hauptstollngang, *Th* Thurmhofgut (markgräflicher Wirtschaftshof), *H* Hufen der Bauerngüter, *1* vermutlicher erster Erzfundpunkt, *2* alte Halden im Bereich der jetzigen Terrassengasse, *3* Jakobikirche, *4* möglicherweise markgräflicher Wachtturm zur Kontrolle des Bergbaus

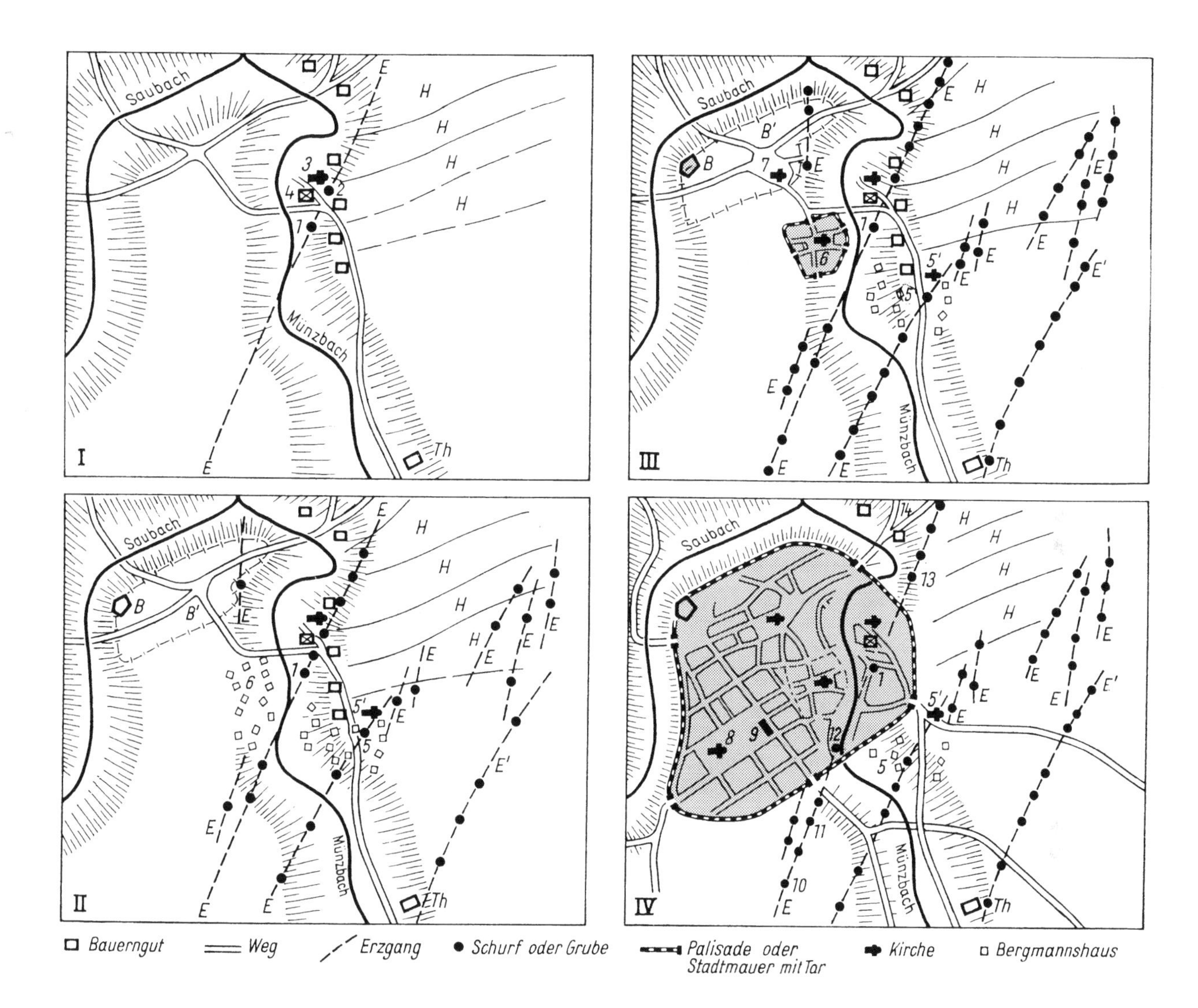

II) um 1170 bis 1180: Entdeckung weiterer Erzgänge *(E)* und Ausbreitung des Bergbaus (*E'* Thurmhof Gang), östlich vom Münzbachtal nicht genau lokalisierbare bergmännische Streusiedlung *(5)* mit der Donatskirche *(5')*, westlich vom Münzbachtal bergmännische Streusiedlung *(6)*. Markgraf OTTO baut auf dem Sporn zwischen Saubach und Münzbach seine Burg *(B)* und siedelt seine Dienstmannen im Burglehn *(B')* an

III) um 1181: Zwischen Burglehn und Bauerndorf gründen Kaufleute eine städtische Siedlung mit der Nikolaikirche *(6)* und einer Umwehrung. An einem Handelsplatz (Wegekreuzung) läßt Markgraf OTTO für sich und das Burglehn eine Marienkirche (den späteren Dom) bauen *(7)*

IV) um 1215: Erste Stadterweiterung durch erneute Ansiedlung von Kaufleuten als Kapitalgebern für den Bergbau Gründung des Petri-Viertels mit Obermarkt, Petrikirche *(8)* und Rathaus *(9)*. Anlage der Stadtmauer durch Markgraf DIETRICH, ein Rest der Bergmannssiedlung *(5)* mit der Donatskirche *(5')* bleibt außerhalb der Stadtmauer, von Christiansdorf bleibt nur ein Rest *(14)* erhalten. 1384 und Folgezeit erste urkundlich bekannte Grubennamen: *10 Rote Grube, 11 Jodenberg, 12 Reicher Trost, 13 Löfflerschacht*

deckt und nach ihrer Rückkehr von Goslarer Schmelzern auf seinen Erzgehalt prüfen lassen, durchaus glaubwürdig, zumal die ersten Bergleute aus Niedersachsen nach Freiberg gekommen sein sollen. Für den älteren Teil der Freiberger Altstadt war, wie urkundlich belegt, zeitweise – zuerst 1241, aber auch zu AGRICOLAS Zeit – der Name Sächsstadt üblich.

Die Bergleute, die nach dem Erzfund 1168 auf Grund der Bergbaufreiheitt scharenweise nach Christiansdorf strömten, haben sich damals kaum zwischen den für die Bauern abgemessenen Hofplätzen und Feldhufen ansiedeln können und suchten sich wohl deshalb Siedlungsplätze auf freiem Gelände, aber möglichst nahe an ihrer Arbeitsstelle, also besonders an den auf dem Hauptstollngang gelegenen Gruben, und nahe am Wasser, also wohl beiderseits des Münzbachs außerhalb der Bauerngüter. Der urkundliche Nachweis einer Donatskirche als Pfarrkirche 1225 – gebaut aber sicher schon Jahrzehnte eher – rechtfertigt die Vermutung, daß eine Bergmannssiedlung im weiteren Bereich des damals außerhalb der Dorfflur von Christiansdorf gelegenen jetzigen Alten Donatsfriedhofs bestanden hat. Während jedoch diese später aufgegeben und nicht in den Verband der Altstadt Freiberg eingegliedert wurde, entwickelte sich das Nikolaiviertel wohl ab 1181 zur Keimzelle der eigentlichen Stadt Freiberg. Denn bald nach Entstehen der Bergmannssiedlung wurden auch Handwerker und Kaufleute hier angesiedelt, und Nikolaikirchen bezeugen in den mittelalterlichen Städten Sachsens meist Kaufmannssiedlungen. Somit ist die Nikolaikirche die älteste Stadtkirche Freibergs, und die älteren romanischen Teile ihrer Türme sind im Stadtbild die ältesten Zeugen aus der bergbaubedingten Siedlungsgeschichte.

Wollte Markgraf OTTO sich seiner aus dem Bergbau kommenden Einnahmen sicher sein, so mußte er von seinen Dienstmannen die Förderung des Silbererzes unmittelbar überwachen lassen.

Nur zu vermuten, aber durchaus möglich ist es, daß das turmartige Gebäude Pfarrgasse Nr. 35 gegenüber der Dürerschule, das unmittelbar am Hauptstollngang steht und in seiner Gestalt von Bürgerhäusern völlig abweicht und eher einer Kemenate gleicht, in seinem Kern ein markgräflicher Wachtturm aus der ersten Hauptperiode des Freiberger Bergbaus gewesen ist. Von einem Turm an dieser Stelle konnten Dienstmannen des Markgrafen die Bergleute um 1170 bis 1300 direkt bei ihrer Arbeit im Hauptstollngang beobachten und kontrollieren. Solche Wachtürme sind auch aus anderen Bergrevieren, z. B. von Goslar, bekannt.

Auf eine historische Sonderrolle des turmartigen Hauses Pfarrgasse Nr. 35 in Freiberg weist auch seine Funktion in späterer Zeit. In den Jahren um 1550 ist es als Amtshaus des kurfürstlichen Schössers urkundlich belegt.

Als Siedlung des Markgrafen und seiner Dienstmannen sicher belegt und nachgewiesen ist das Viertel zwischen Schloß Freudenstein und dem Untermarkt. Auf einem Bergsporn über dem Saubachtal, das heute von den Kreuzteichen, der Akademischen Kampfbahn und dem Schlüsselteich fast völlig aufgefüllt ist, baute Markgraf OTTO sich um 1175 eine Burg, um der Quelle seines Silberreichtums nahe zu sein. Wenig entfernt, an der Straße nach seiner Hauptresidenz Meißen, wo sich an Wegekreuzungen ein Markt, der spätere Untermarkt, entwickelte, ließ ab etwa 1180 bis 1185 der Markgraf seine Marienkirche errichten, die wenige Jahrzehnte später, um 1220 bis 1230, zum Zeichen der landesherrlichen Macht und des aus dem Bergbau fließenden Reichtums mit der Goldenen Pforte und einem reich gestalteten Lettner ausgestattet wurde, zu dem auch die romanische Kreuzigungsgruppe des Doms gehörte. Um den Untermarkt bis zum jetzigen Schloß Freudenstein, im sogenannten Burglehen, entstanden für die Dienstmannen des Markgrafen Adelshöfe, die jahrhundertelang dieses Stadtviertel geprägt haben. Der Schönbergsche Hof, Kirchgasse 15, war bis ins 19. Jahrhundert im Besitz der zum wettinischen Dienstadel gehörenden Familie VON SCHÖNBERG und übersteigt – noch heute dem Betrachter deutlich – mit seinen drei Gebäudeflügeln beträchtlich die Dimensionen eines Bürgerhauses.

Um 1210 bis 1218 entstanden Obermarkt, Rathaus, Petrikirche und ringsum Häuser an einem rechtwinkligen Straßennetz – ein neues Viertel der Kaufleute und wohlhabenden Bürger. Ob in dieser Tatsache auch historisch eine neue Welle von Kapitalzufluß nach Freiberg gesehen werden kann, muß wohl Vermutung bleiben. Denkbar ist, daß die Gruben nach etwa 50 Jahren Abbau nun doch bis in etwa 30 bis 50 m Tiefe kamen, dadurch eine Arbeitsteilung erforderlich wurde, eine weitere Klassendifferenzierung einsetzte, Kapital benötigt wurde und die Produktionsverhältnisse nun schon stärker als um 1180 bis 1190 von Kapitalgesellschaften bestimmt waren. Mit Gründung der Oberstadt ließ Markgraf Dietrich der Bedrängte um einen Teil von Christiansdorf, das Nikolaiviertel, das Burglehen und das neue Kaufmannsviertel um St. Petri eine Stadtmauer mit fünf Toren bauen. Damit war die Siedlungsgeschichte der Freiberger Altstadt abgeschlossen. Ihre Sozialstruktur blieb in den folgenden Jahrhunderten im wesentlichen die gleiche. Nur wandelte sich der zur Stadt gezogene Teil von Christiansdorf, der Bereich Pfarrgasse, zu einem Viertel mit vorwiegend ärmeren Hausbesitzern und im 18. bis 19. Jahrhundert zum Armenviertel der Stadt. Das Untermarktviertel blieb der Wohnsitz von Adelsfamilien, wurde allerdings im Lauf der Zeit von zahlreichen Bürgerhäusern durchsetzt. Obermarkt, Rathaus und die Straßen ringsum sind seit ihrer Entstehung Stadtzentrum und Kaufmannsviertel geblieben.

Verlauf und Breite der Straßen, die Größe und der ornamentale Reichtum der Häuser aus verschiedener Zeit und mehrere Gedenktafeln machen auf diesen vom Silberfund im Bereich der Berggasse ausgehenden Siedlungsvorgang und die historische Sozialstruktur Freibergs aufmerksam.

10.2. Zur Frage des alten Bergbaus in der Umgebung von Freiberg

Es gibt einige indirekte Anzeichen dafür, daß der Bergbau der ersten Hauptperiode nicht nur auf dem Hauptstollngang umgegangen ist, wenn auch für andere Stellen keine urkundlichen Belege existieren und die vorhandenen kleinen Halden nicht sicher datiert sind (Abb. 40, Tafelteil, Bild 5).

Um 1169/1170, bezeugt durch die Urkunde vom 2. 8. 1185 in Verbindung mit der Urkunde von 1183, nahm Otto der Reiche die Fluren von Tuttendorf, Christiansdorf und Berthelsdorf gegen guten Ersatz vom Kloster Altzella zurück, weil bei diesen drei Dörfern Silber erschürft worden war. Der Bergbau auf dem Hauptstollngang läßt sich auf Tuttendorf und Christiansdorf beziehen. Wenn damals bei Berthelsdorf Bergbau stattgefunden hat, wie nach der Urkunde anzunehmen ist, dann sind das vermutlich Gruben beim heutigen Ort Zug gewesen, deren Erzgänge Berthels-

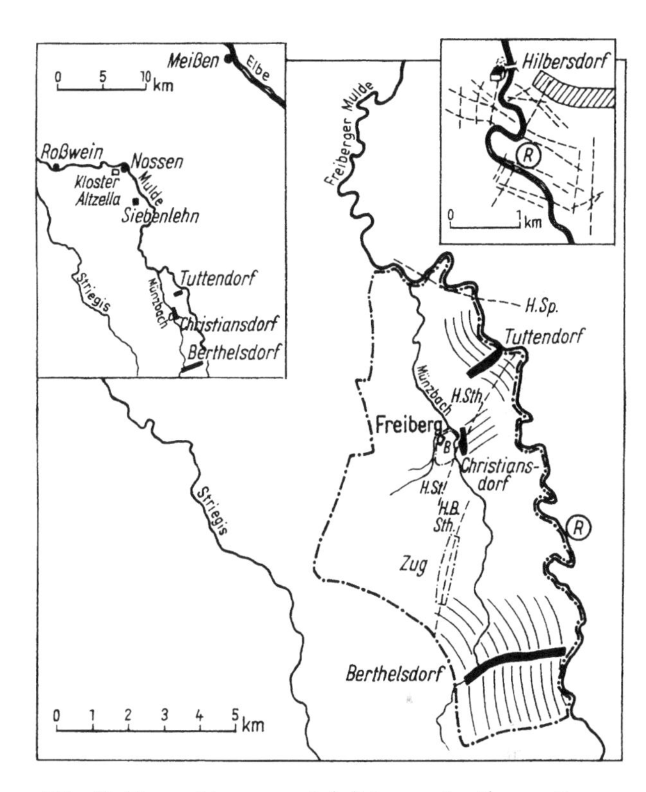

Abb. 40. Kartenskizzen zur Lokalisierung des ältesten Bergbaus in der Umgebung von Freiberg

Hauptkarte: Die Fluren der von Markgraf Otto auf Grund der Silberfunde aus dem Klosterbesitz zurückgenommenen Dörfer Tuttendorf, Christiansdorf und Berthelsdorf (*dünn strichpunktiert:* spätere Ortslagen, *stark strichpunktiert:* Das von Markgraf Otto zurückgenommene Gebiet). *Gestrichelt:* Die wichtigsten Erzgänge: *H. Sp.* Halsbrücker Spat, *H. Sth.* Hauptstollngang Stehender, *H. B. Sth.* Hohe Birke Stehender, *B* Burg des Markgrafen

Rechts oben: Die Erzgänge *(gestrichelt)* am Rammelsberg (R) südlich von Hilbersdorf und die hypothetische Schmelzhütte an der Hilbersdorfer Brücke

Links oben: Übersichtskarte des Gebietes Meißen–Nossen–Freiberg mit der Lage des Klosters Altzella und des Ortes Siebenlehn

dorf am nächsten lagen. Die heute in und bei Zug sichtbaren Halden sind aber wohl in der Hauptsache Zeugen des dort im 16. Jahrhundert besonders regen Bergbaus. Halden des 12. bis 13. und des 16. bis 18. Jahrhunderts im Raum Zug zu unterscheiden ist nur mit archäologischen Funden möglich. In der Nähe der Roscherstraße am Seilerberg wurden zusammen mit Erzgangmaterial Scherben aus der Zeit um 1300 gefunden.

Wenn man von der These ausgeht, daß Schmelzhütten bei Nutzung der Wasserkraft zwar am Wasserlauf, aber doch möglichst in der Nähe der erzliefernden Gruben angelegt worden sind, dann regt die Existenz einer Hütte 1318 im Raum Muldenhütten die Vermutung an, daß dort in der ersten Hauptperiode im 12.(?) bis 14. Jahrhundert auch schon Bergbau getrieben worden ist. Der an Goslar erinnernde Flurname »Rammelsberg« könnte in jener Zeit schon von niedersächsischen Bergleuten auf das erzführende Gebiet oberhalb von Muldenhütten übertragen worden sein.

Den Stolln der dort gelegenen Grube *Storenberg* kauften die Meißner Markgrafen 1402, wohl auch um weiteren Bergbau zu fördern. Die erste nachweisbare Silberlieferung vom Rammelsberg 1477 und das Silberausbringen von 4,2 t in der Zeit 1524 bis 1600 gehören jedoch in die zweite Hauptperiode.

Umstritten ist auch heute noch das Alter des Bergbaus von Siebenlehn. Urkundlich genannt wird er erstmalig im Jahre 1320. Seit 1590 ist jedoch in der Bergchronik des Petrus Albinus die offenbar alte Überlieferung zu lesen, der Siebenlehner Bergbau sei älter als der Freiberger. Möglich wäre dies nach folgender Überlegung: Wahrscheinlich bedeutet der Ortsname ein bergmännisches Grubenfeld. Da bereits die ersten nachweisbaren Freiberger Bergrechtsvorschriften festlegen, daß jedem erfolgreich schürfenden Bergmann ein Grubenfeld von »Sieben Lehen« verliehen wird, muß sich der Ortsname auf einen Ort oder eine Zeit beziehen, wo die Bezeichnung Siebenlehn noch etwas Besonderes war, da Eigennamen immer von dem relativ Einmaligen, dem Unterscheidungsmerkmal abgeleitet werden. Wenn der Name Siebenlehn in heutiger Form der ursprüngliche ist und nicht etwa nur der Rest eines einst längeren Eigennamens mit anderem, heute sprachlich entfallenem Unterscheidungsmerkmal (z. B. »Die sieben Lehen auf dem Berge«), dann muß der Ortsname die einzigen sieben Lehen in einem gewissen Umkreis betreffen. Das könnte Anlaß zu der Vermutung geben, daß der Siebenlehner Bergbau älter als der Freiberger ist. Auch die geographische Lage spricht dafür. Die Gegend von Siebenlehn liegt weiter nördlich und dürfte daher eher besiedelt worden sein als der Raum Tuttendorf – Christiansdorf – Freiberg. Daß der Siebenlehner Bergbau sich urkundlich nicht so früh nachweisen läßt wie der Freiberger, ist vielleicht mit seiner noch heute bekannten geringeren Erzführung und deshalb wesentlich geringeren ökonomischen Bedeutung erklärbar. Der Gedankengang bleibt Vermutung, doch sollte man die historische Aussagekraft von Ortsnamen nicht unterschätzen. Für eine Klärung der Problematik können archäologische Funde wesentlich werden.

10.3. Der alte Bergbau auf dem Treppenhauer bei Frankenberg

Die Landschaft des Zschopautales nördlich von Frankenberg wird durch die bei Sachsenburg gelegene bewaldete Höhe des Treppenhauers beherrscht. Der Treppenhauer spielt seit langem in der Bergbaugeschichte und in der Heimatgeschichtsschreibung eine besondere Rolle. Während im 18. Jahrhundert bei den Einwohnern der Umgebung die Sage lebendig war, daß einst auf dem Treppenhauer eine Stadt gestanden habe, nahmen Chronisten dieser Zeit auf diesem Berg den Standort der slawischen Burg Gozne an. Der Bergbau auf dem Treppenhauer sollte bereits im 10. Jahrhundert in Gang gekommen sein. Selbst Agricola in seinem Buch »De veteribus et novis metallis libri II« (1546, S. 406) und P. Albinus in der Meißnischen Bergchronik (1590) stellten das Bergwerk auf dem Treppenhauer als sehr bedeutend heraus.

Auf der Hochfläche des Treppenhauers ist heute noch ein Areal von etwa 80 ha völlig mit mittelalterlichen Bergbauresten bedeckt. Es handelt sich um trichterförmige Pingen mit einer durchschnittlichen Tiefe von 3 bis 5 m und einem Durchmesser von 8 bis 12 m. Diese Pingen sind ringwallartig von Halden umgeben. Das ganze Bergbauareal wird von einem z. T. sehr an-

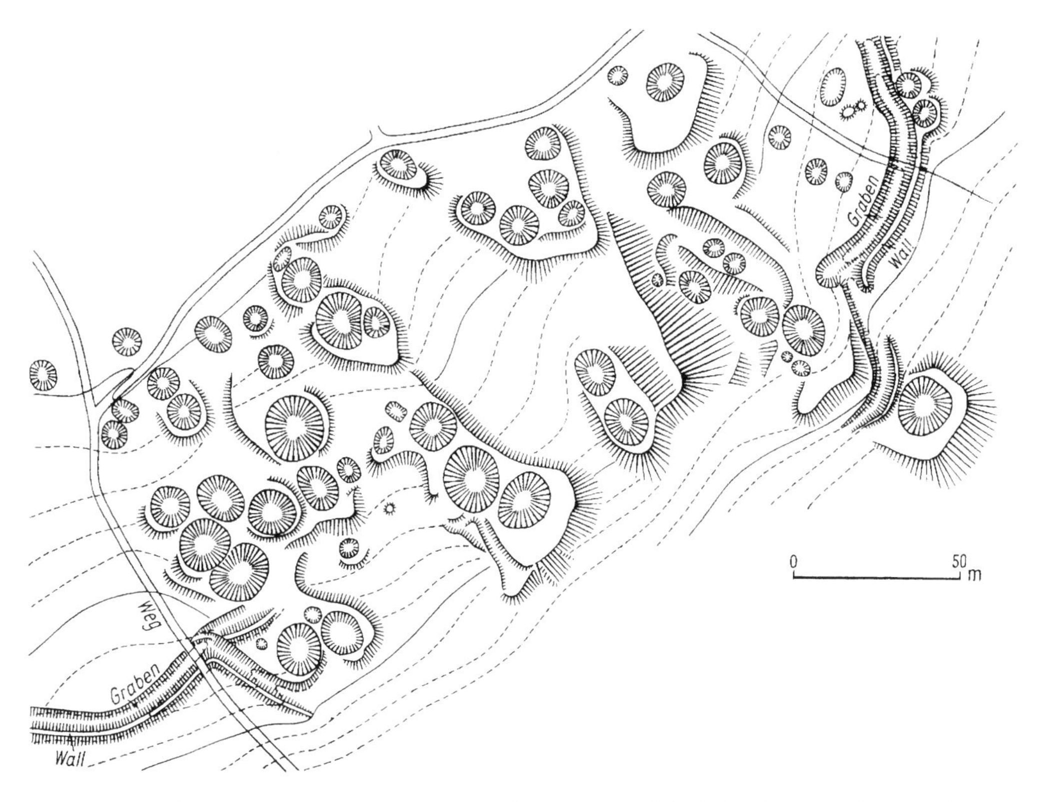

Abb. 41. Lageplan der Pingen, Halden und Umwallung des mittelalterlichen Bergbaugebietes auf dem Treppenhauer bei Sachsenburg, Südostteil der Anlage. Ausschnitt aus dem Vermessungsplan des Landesmuseums für Vorgeschichte Dresden (aufgenommen März 1984 von T. Gerlach und J. Krüger)

sehnlichen Graben mit einem nach außen geschütteten Wall umgrenzt. An einigen Stellen werden Wall, Graben und mittelalterliche Bergbaureste durch jüngeren Bergbau (16. bis 18. Jahrhundert) überlagert (Abb. 41).

Geologisch gehört der Treppenhauer zum Schiefermantel des sächsischen Granulitgebirges. Als Gestein kommt hauptsächlich Phyllit vor, der von einigen Erzgängen durchzogen wird.

Seit 1977 werden auf dem Treppenhauer montanarchäologische Untersuchungen durchgeführt, die zwar noch nicht abgeschlossen sind, die aber schon wesentliche Erkenntnisse zum mittelalterlichen Bergbau bei Sachsenburg erbracht haben. Durch die Grabungen konnte sichergestellt werden, daß sich von der 2. Hälfte des 13. Jahrhunderts bis in die 2. Hälfte des 14. Jahrhunderts auf dem Treppenhauer eine Bergbausiedlung befand, in der Wohn- und Produktionsstätten dicht beieinander lagen. Der Bergbau von Sachsenburg begann also nicht wie in Freiberg unmittelbar nach der bäuerlichen Besiedlung im 12. Jahrhundert. Dies wäre im 12. Jahrhundert in Sachsenburg auf Grund der territorialen Besitzverhältnisse auch nicht möglich gewesen. Sachsenburg gehörte damals nicht dem Markgrafen von Meißen, der das Bergregal besaß, sondern den Reichsministerialen von Mildenstein, die das Gebiet vom Kloster Hersfeld in Lehn hatten. In Folge des Mildensteiner Zehntenstreites (1214 bis 1232) gelangte der Landstrich unmittelbar östlich der Zschopau im Jahre 1232 an die Wettiner. Erst danach setzte der Bergbau auf dem Treppenhauer ein. Die damals bereits vorhandene Sachsenburg wurde möglicherweise zur Verwaltung der Sachsenburger Bergwerke genutzt.

Der die Siedlung umgebende Graben und Wall diente als Fortifikation. Er ist in zwei Phasen errichtet worden. Es handelt sich nur um eine sehr einfache Befestigung ohne Mauer oder Palisade. Sicherlich war sie – ähnlich den mittelalterlichen Landwehren – mit dornigem Strauchwerk bepflanzt.

Um der Frage nachzugehen, ob es sich bei den vergleichsweise sehr tiefen Pingen um ehemalige Tagebaue handelte, wie ältere Forscher annahmen, oder ob es verbrochene Schächte sind, wurde ein Sondierungsschnitt durch eine Pinge gezogen; dabei wurden Schachtstöße gefunden (Abb. 42). Die Freilegung ergab einen seigeren Schacht mit einem Querschnitt von etwa 2 × 2 m im oberen Teil und von 1 × 1,5 m ab etwa 10 m Tiefe. Bei etwa 8 m Tiefe kam eine nach NW verlaufende ansteigende Strecke zum Vorschein, die bis etwa 0,5 m unter die Firste verfüllt war. Die Länge der Strecke beträgt nur 3 m. Sie ist nicht von dem aufgewältigten Schacht aus vorgetrieben worden, sondern sie kommt von einem älteren benachbarten Schacht, der bis zur Tagesoberfläche mit Abraum ausgestürzt ist. Bei etwa 14 m Tiefe wurde ein Querschlag freigelegt, der zu einem weiteren benachbarten Schacht führt.

Die Entstehung des heute vorhandenen Zustandes muß man sich etwa wie folgt vorstellen: Nachdem man mit dem Abteufen des Schachtes begonnen hatte, verteilte man den anfallenden Abraum um die Schachtöffnung. Gleichzeitig mußten die Schachtstöße verzimmert werden, da die oberen Gesteinspartien sehr brüchig waren. Konnten die Gesteinsmassen nicht mehr mit Hand bewältigt werden, wurde auf die Hängebank ein Haspel gestellt. Da an diesem Schacht kein natürlicher Haldensturz (Abhang) vorhanden war, wurde die Hängebank von Zeit zu Zeit durch Aufsattelung erhöht, um so die erforderliche Haldensturzhöhe zu erreichen. Durch diese Aufsattelungen ergab sich die horizontale Schichtung in den Halden. Nachdem der Schacht wieder verlassen worden war, verfaulte die Zimmerung. Das Schachtmundloch stürzte ein. Die oberen Teile der Schachtstöße, die sich im verwitterten Gestein befanden, konnten sich ebenfalls ohne Zimmerung nicht halten, so daß allmählich eine trichterförmige Pinge entstand.

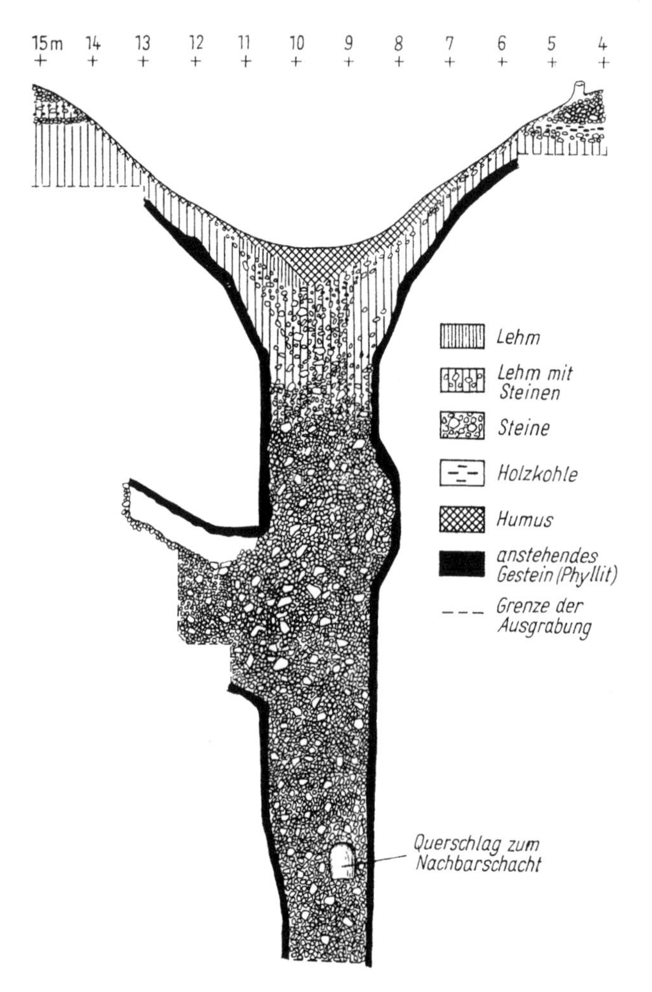

Abb. 42. Profil eines Schachtes, der unter einer Pinge im mittelalterlichen Bergbaugebiet des Treppenhauers ausgegraben wurde (Stand der Ausgrabung Dezember 1983, nach SCHWABENICKY 1984)

Zwischen den Schächten wurden Reste von einigen Häusern entdeckt. Funde, wie z. B. zwei Spielzeugpferdchen und ein Spinnwirtel, zeigen, daß hier die Bergleute mit ihren Familien wohnten. Der Grundriß eines Gebäudekomplexes war noch recht gut erhalten. Es handelte sich ursprünglich um zwei auf Steinfundamenten errichtete Blockhäuser. In der Ecke des einen befand sich noch der Unterteil eines Ofens. Funde neben dem Ofen, wie Schlacken, Holzkohle,

Stücke von Blei und der Rest eines Schmelztiegels, machen wahrscheinlich, daß der Ofen zum Schmelzen von Erz im kleineren Maßstab gedient hat. Unter diesem Gebäudekomplex befand sich neben einer älteren Abfallgrube, die u. a. sehr viele Schlacken enthielt, auch ein bis oben hin verstürzter Schacht. Diese Befunde machen deutlich, daß die Bergbausiedlung während ihres Bestehens nicht konstant war, sondern daß ständig neue Schächte abgeteuft und ältere verstürzt wurden. Diese alte Bergbautechnologie entspricht weitgehend dem aus anderen Bergrevieren des frühen und hohen Mittelalters bekannten »Duckelbergbau«. Dabei ist es auch zu Verlegungen von Häusern gekommen. Das montanarchäologisch ermittelte Bild des mittelalterlichen Bergbaus und der Bergbausiedlung auf dem Treppenhauer zeigt uns, wie wir uns die erste Phase des Bergbaus und den Siedlungsbeginn der Stadt Freiberg vorzustellen haben.

Am Südwesthang des Treppenhauers befindet sich ein Stollnmundloch mit vorgelagerter Halde. Der Stolln ist etwa 100 m lang. Er wurde mit Schlägel und Eisen gehauen. Er verfolgt zunächst auf 75 m eine zwischen N und NNO streichende Kluft im Phyllit, die letzten 25 m verläuft er im Kieselschiefer. In diesem Bereich befinden sich zahlreiche sekundäre Mineralbildungen. Durch Keramikfunde ist belegt, daß der Stolln in der 2. Hälfte des 14. Jahrhunderts begonnen worden ist und noch um 1400 in Betrieb war. Es handelt sich um den bislang ältesten datierbaren Stolln im Bergbaugebiet von Frankenberg–Mittweida.

Aus späteren Betriebsperioden sind am Treppenhauer neben Pingen von Tageschächten noch zwei jetzt verbrochene Mundlöcher von Stolln vorhanden. Das eine befindet sich unmittelbar unterhalb des Ortes Sachsenburg. Offensichtlich handelt es sich um den 1514 an Wolf Bertolt verliehenen Suchstolln. Der wiederholt in den Bergbelehnungsbüchern des 16. Jahrhunderts genannte Erbstolln am Treppenhauer ist höchstwahrscheinlich der später unter dem Namen *Treppenhauer* oder *Treppenauer Stolln* betriebene tiefe Stolln, dessen Mundloch am sogenannten Schenkgarten im Zschopautal liegt und der sich bis fast unter das Dorf Sachsenburg erstreckt. Der im 16. bis 18. Jahrhundert im Treppenhauer betriebene Bergbau hatte keine Bedeutung erlangt, dafür scheinen aber die bergbaulichen Aktivitäten im Mittelalter sehr ertragreich gewesen zu sein.

In der Nähe des Treppenhauers liegt die im 19. Jahrhundert bedeutende Grube *Alte Hoffnung* bei Schönborn (vgl. Abschnitt 13.16.).

Der Aufschwung des erzgebirgischen Bergbaus im 15. und 16. Jahrhundert begann mit den reichen Silberfunden und dem Abbau des oberflächennah vorhandenen gediegenen Silbers und reichen Silbererzes in den obererzgebirgischen Revieren, in denen damals z. B. die Bergstädte Schneeberg, Annaberg und Marienberg entstanden. Vom Ertrag des Bergbaus in diesen Revieren profitierten offenbar auch die Freiberger Bergherren und, wie durch das intensive Baugeschehen vor und nach 1500 ersichtlich, auch die Stadt Freiberg. So gesehen zeugen in Freiberg der nach 1484 begonnene Wiederaufbau des Doms, die Tulpenkanzel in diesem und zahlreiche Bürgerhäuser der Spätgotik und Renaissance von dem neuen fast schlagartigen Aufschwung des erzgebirgischen Bergbaus. Die bedeutendsten am Bergbau beteiligten Freiberger Geschlechter und ihre Häuser waren die Alnpeck, Mönchstraße 1 und Korngasse 1, die Trainer, Kaufhausgasse 6, die Buchführer, Obermarkt 23, die Röhling, Kirchgasse 11, und die Prager, ehemals Obermarkt 7.

Im Freiberger Revier verlief die Entwicklung des Bergbaus langsamer. Hier waren keine sensationellen Silberfunde mehr zu machen, die reichen Erze der Oxydationszone waren erschöpft. Ein neuer Aufschwung war nur von einer technisch besseren Nutzung der ärmeren Erze und vom Aufschluß und Abbau tieferer Bereiche der Erzgänge zu erwarten. Für die dazu erforderlichen Investitionen hatten die Bergherren und der nun auch als kapitalistischer Gewerke auftretende sächsische Kurfürst die Erträge von ihrem Kuxbesitz in den anderen Bergrevieren zur Verfügung.

Ab etwa 1526 trieb man im Freiberger Revier unter dem Bergmeister und späteren Oberbergmeister Simon Bogner vor allem die schon früher angesetzten Stolln intensiv weiter vor, um dem Grundwasser besseren Abfluß zu verschaffen und damit tiefere Bereiche der Erzgänge leichter abbauen zu können (Tabelle 15). Ab 1557, in verstärktem Maße ab 1564, baute der Bergmeister, Bergverwalter und Oberbergmeister Martin Planer in zahlreichen Gruben Kunstgezeuge ein, um das Grundwasser rationell bis auf die Stolln zu heben. Diese Arbeiten führten zu guten Erträgen des Bergbaus vor allem in der Zeit von etwa 1530 bis 1580.

Martin Planer war der bedeutendste Techniker im Freiberger Bergbau des 16. Jahrhunderts und über den Bergbau hinaus technischer Sachverständiger von Kurfürst August. In dessen Auftrag schuf er die Brunnenanlagen der Burg Stolpen, der Festung Königstein und der Augustusburg, sowie Schacht und Pumpenanlage der Saline Poserna bei Weißenfels. Denkmal für Planer ist sein Wohnhaus, das noch aus dem 16. Jahrhundert stammende Haus Pfarrgasse 20 in Freiberg.

Tabelle 15. Die von SIMON BOGNER um 1540 bis 1550 angesetzten bzw. weitergeführten und die unter MARTIN PLANER 1557 bis 1570 weiter vorgetriebenen Stolln im Freiberger Revier nach WENGLER 1899 und WAGENBRETH 1986 (Originalangaben der Längen in Lachter, im 16. Jahrhundert: 1 Lachter = etwa 2 m)

Stolln	Erreichte Gruben	Vortrieb (m)	Zahl der Häuer	Bemerkungen
Tiefer Fürstenstolln	von *St. Erasmus* über *Reiche Zeche* bis *Rote Grube*, dabei durch *Reicher Trost, Löfflerschacht, Geharnischter Mann, Eherne Schlange, St. Elisabeth*, bis *Hohe Birke*, auch *Thurmhof* angeschlossen	7 530	etwa 70	wichtigster Stolln im Gebiet von Freiberg; Vortrieb auf mehreren Stollnflügeln gleichzeitig
Alter Fürstenstolln	*Daniel, Neuer Thurmhof, Hohe Birke* u. a.	1 260	20	höheres (älteres) Niveau des *Tiefen Fürstenstollns* im Gebiet Freiberg – Zug
Bockstolln	vom Muldental aus	?	?	1512 vorhanden 1543 von S. BOGNER weiter betrieben
Fortuna Stolln	*St. Anna* in Loßnitz (später *Anna Fortuna*)	280	?	Münzbachtal unterhalb Freiberg
Anna Stolln	*St. Anna*	200	3	wohl Schieferleithe bei Hilbersdorf – Weißenborn

Fortsetzung Tabelle 15

Stolln	Erreichte Gruben	Vortrieb (m)	Zahl der Häuer	Bemerkungen
Rothenfurther Stolln	in Richtung auf Halsbrükker Gruben	440	?	vor 1470?, 1549 von S. BOGNER weitergeführt, 1570 auflässig, im 17. Jh. fortgesetzt, dann wichtigster Stolln bei Halsbrücke; anfangs auch *S. Bogner-Stolln*, zuletzt *Anna Stolln* genannt
Sohn David Stolln	bei *St. Margaretha* u. *St. Donat*	1850	?	beim jetzigen *Thurmhof Hilfsstolln* im Tal der Freiberger Mulde
Sauberger Stolln	*St. Jacob* u. a.	1 000	4	Muldental unterhalb des jetzigen Davidschachtes
Drei Könige Stolln	?	200	?	Schieferleithe bei Hilbersdorf – Weißenborn
St. Christoph Stolln	bei Muldenhütten	820	5	im Rammelsberg 1544 von SIMON BOGNER begonnen

Fortsetzung Tabelle 15

Stolln	Erreichte Gruben	Vortrieb (m)	Zahl der Häuer	Bemerkungen
Andreas Alnpecks Stolln	auf Lungenberger Spatgang	500	2	im Rammelsberg bei Hilbersdorf
St. Peter Stolln	*St. Peter*	200	?	nur Stollnflügel 1570 auflässig
Paul Kauffarts Stolln	ein neuer Stolln	30	2	Schieferleithe bei Weißenborn
Eselstolln	*Löfflerschacht*	760	4	in Freiberg: Kreuzmühle bis Weisbachstraße, Abzweig vom *Alten Fürstenstolln*
Hohe Birker Stolln (auch *Hüttenstolln*)	Hohe Birke	?	?	1542 von S. BOGNER begonnen, im Münzbachtal bei der Erasmushütte angesetzt
Brandstolln	*Mordgrube, Loth Erzengel* u.a.	11 790	45	im Gebiet nördlich und östlich von Brand; schon 1467 bekannt, angesetzt bei St. Michaelis; Vortrieb auf mehreren Stollnflügeln gleichzeitig
Thelersberger Stolln	*St. Peter, Sonnenwirbel, St. Wenzel, Güldene Schelle, Güldene Rose, Weiße Taube, Himmlisch Heer, Einhorn, Gottesgabe, Mordgrube Erzengel*	14 464	86	1526 von S. BOGNER aufs neue begonnen; in der Folgezeit der wichtigste Stolln der Brander Gruben
Summe	–	etwa 42,6 km	240	also etwa 300 m pro Jahr = etwa 12 m pro Mann und Jahr Vortrieb

Bergwerksgebäude und maschinentechnische Anlagen aus jener Zeit sind nicht mehr erhalten. Nur einige, jedoch weitgehend verfüllte Radstuben der PLANERschen Kunstgezeuge des 16. Jahrhunderts waren bei Brand vor einigen Jahren zeitweise untertage zugänglich, z. B. die der Gruben *König David, St. Wenzel* und *Sonnenwirbel.* Doch gibt es noch verschiedenartige Sachzeugen, die uns den Bergbau jener Periode am originalen Standort nachempfinden lassen.

11.1. Gruben auf dem Thurmhof Stehenden

Bergwerke auf dem Thurmhof-Stehenden-Gangzug sind seit 1442 nachgewiesen und wurden um 1531 bis 1595 besonders intensiv betrieben (s. Tabelle 16). Nördlich und südlich der an der Eisenbahnbrücke, Berthelsdorfer Straße, gelegenen *Thurmhof Fundgrube* waren als selbständige Grubenfelder 15 »untere« und 11 »obere« Maßen verliehen, von denen einige um 1570 im wesentlichen dem Kurfürst AUGUST gehörten (Abb. 43). Der Name des Ganges und der Gruben ist vom »Thurmhof« abgeleitet, jenem großen Gut, das als Herrschafts-

Tabelle 16. Übersicht über die Gruben auf dem Thurmhof-Stehenden Erzgang im 16. Jahrhundert, von Nord nach Süd (nach RICHTER 1876 u. WENGLER 1899) vgl. Abb. 43

Name der Grube	Betrieben von bis (Ausbeutejahre)	Gefördertes Silber (kg)	Ausbeute (Gulden) gesamt	Ausbeute (Gulden) pro Jahr	Zahl der Bergleute	Tiefe der Grube (m)	Maschinen-technische Ausrüstung	Bemerkungen
Untere 14. u. 15. Maß	1564...1611	1564/65: 1,4	–	–	?	?		Halden eingeebnet
Untere 12. u. 13. Maß (Krieg u. Frieden)	1544...1612 (1551...1563)	1544/89: 1750	17 440	1 450	1572: 6 bis 30	1557: 180		Halde erhalten; Einbrüche 1892, 1945
Untere 11. Maß	1557...1606 (1562...1563)	1557/85: 500	832	416	?	1557: 200		
Untere 10. Maß samt Neidhardt	1547...1620 (1572...1580)	1547/1607: 580	11 872	1 480	1582/89: 50	1557: 240	1 Kunstgezeug 1589 stillgelegt	1582/97 von sächsischen Kurfürsten finanziert; Einbrüche 1905, 1970
Untere 9. Maß	1545...1620 (1555...1585)	1545/1608: 1540	19 776	6 600	1582/1604: 1–2	1557: 240		
Untere 8. Maß	1542...1602 (1551...1565)	1542/96: 4 500	51 008	3 640	1593/98: 7 bis 18	1557: 310		Halde erhalten, Einbrüche 1888, 1983
Untere 7. Maß	1540...1574 (1549...1560)	1540/74: 6 900	57 728	5 250	?	1557: 270	1 Kunstgezeug	Einbruch 1787
Untere 6. Maß	1544...1618 (1545...1567)	1544/1618: 6 100	41 088	1 870	?	1557: 290	1 Kunstgezeug	jetzt Maßschachthalde
Untere 5. Maß	1544...1576 (1545...1558)	1536/76: 6 800	33 280	2 560	?	1557: 300	1 Kunstgezeug (?)	Einbruch 1787
Untere 3. u. 4. Maß	1535...1610 (1535...1595)	1536/1610: 32 200	395 520	6 600	?	1557: 330 1570: 440	vor 1557 ein Kunstgezeug, 1564 drei neue Kunstgezeuge u. ein Wassergöpel	reichste Grube; lieferte die Hälfte des gesamten Silbers im Gang, Halde erhalten; Einbrüche 1568, 1735, 1772, 1781, 1829, 1839, 1897, 1951, 1960, 1965

Fortsetzung Tabelle 16

Name der Grube	Betrieben von bis (Ausbeutejahre)	Gefördertes Silber (kg)	Ausbeute (Gulden) gesamt	Ausbeute (Gulden) pro Jahr	Zahl der Bergleute	Tiefe der Grube (m)	Maschinen-technische Ausrüstung	Bemerkungen
Untere 2. Maß	1542…1555 (1547)	1542/55: 82	96	96	?	?		
Untere 1. Maß	1553…1556 (1553…1554)	1555/56: 2,8	86016	42008	?	?		1557 mit Fundgrube vereinigt
Thurmhof Fundgrube u. Obere 1. Maß	1531…1617 (1531…1538)	1531/65: 415	7232	1033	1575: 270…300 1581/96: 50…80 1597/1617: 3…12	?		1565/80 mit Unt. 1. bis 7. Maß vereinigt; Einbrüche 1922, 1950
Obere 2. Maß	vor 1569…1591	1569/91: –	–	–	ab 1569: keine	?	1 Kunstgezeug	Einbrüche 1889, 1942, 1950, 1954
Obere 3. bis 5. Maß	vor 1589…1594	1589/94: –	–	–	1582/83: 1–2	?	–	
Obere 6. bis 8. Maß 1750/71: *Wolfgang Fundgrube*	1529…1600 –	1550/94: 56	–	–	1582/95: 8	?	1 Kunstgezeug	heute erhalten: Halde von Wolfgang Stangenschacht
Obere 9. bis 11. Maß samt Narrenfresser	1544…1600 (1544…1582)	1556/1600: 3500	39584	1040	?	?	1 oder 2 Kunstgezeuge	Halden im Bereich Thomas-Mann-Straße, Gaststätte »Am Seilerberg« und Siedlerweg/Max-Roscher-Straße; Einbrüche 1772, 1806, 1950
Thurmhof Gruben gesamt	1529…1620 (1531…1595)	65000	680160	10600	ca. 900 (?)	–	etwa 10 Kunstgezeuge 1 Wassergöpel	

Abb. 43. Der Bergbau auf dem Thurmhof-Gangzug

Links oben: Die Lage der Thurmhof-Grubenfelder in der jüngeren städtischen Bebauung, *F* Fundgrube (Grubenfeld in der Hauptkarte strichpunktiert umgrenzt), *12'* bis *1'* obere Maßen, *1* – 12/13 untere Maßen

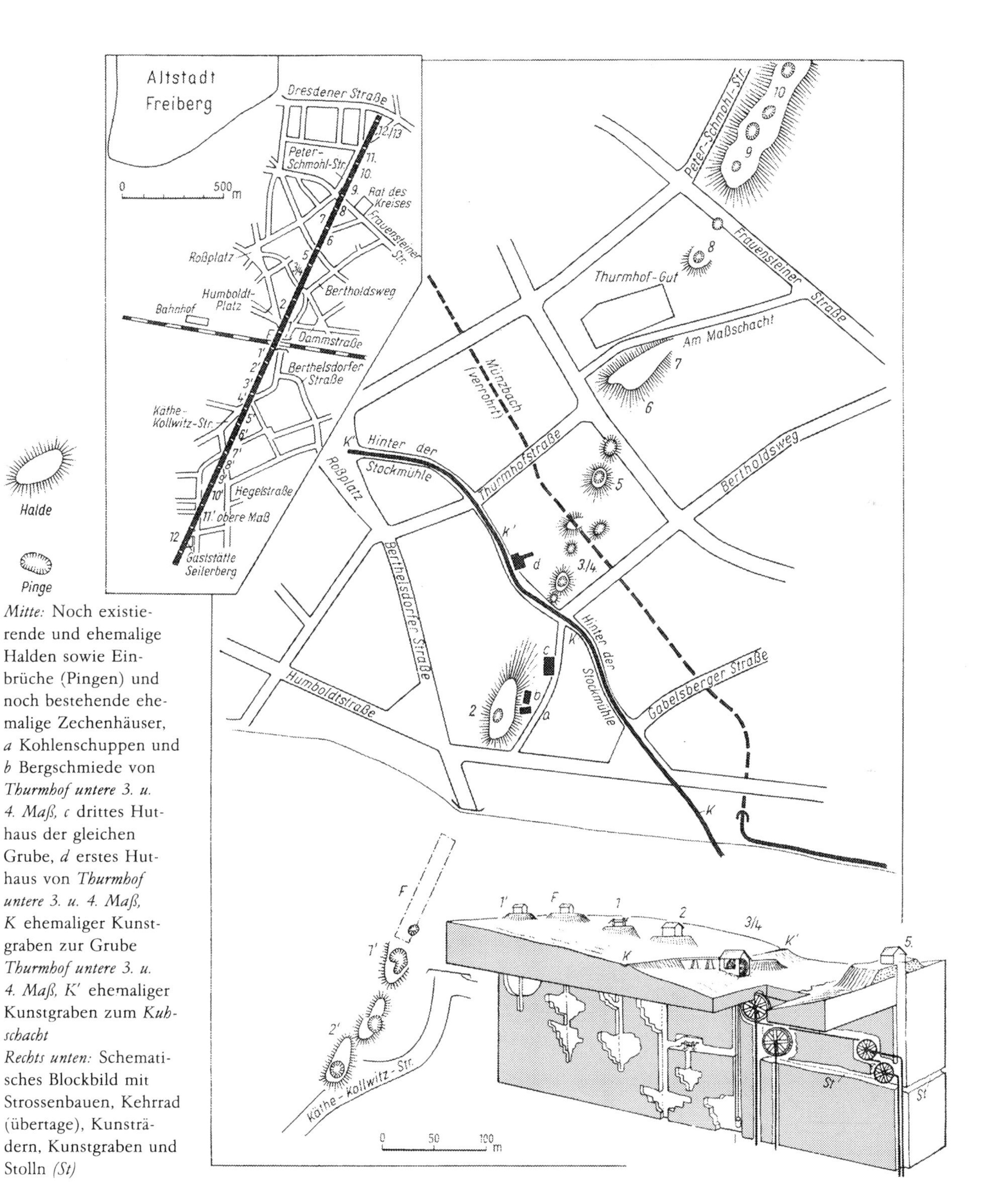

Mitte: Noch existierende und ehemalige Halden sowie Einbrüche (Pingen) und noch bestehende ehemalige Zechenhäuser, *a* Kohlenschuppen und *b* Bergschmiede von *Thurmhof untere 3. u. 4. Maß*, *c* drittes Huthaus der gleichen Grube, *d* erstes Huthaus von *Thurmhof untere 3. u. 4. Maß*, K ehemaliger Kunstgraben zur Grube *Thurmhof untere 3. u. 4. Maß*, *K'* ehemaliger Kunstgraben zum *Kuhschacht*
Rechts unten: Schematisches Blockbild mit Strossenbauen, Kehrrad (übertage), Kunsträdern, Kunstgraben und Stolln *(St)*

hof zur Versorgung der städtischen Bevölkerung wohl schon im 12. Jahrhundert gegründet worden ist (heute Silberhofstraße 9). Diese Gruben erreichten um 1580 bis etwa 350 m Tiefe; das Wasser mußte etwa 250 m bis auf das Niveau des *Alten Tiefen Fürstenstollns* gehoben werden. Das geschah anfangs durch Wasserknechte, dann mit Hilfe der von MARTIN PLANER gebauten Kunstgezeuge. Die Förderung erfolgte wohl meist durch Handhaspel. Nur die wichtigste Grube, *»Thurmhof untere 3., 4. Maß«*, hatte einen Wassergöpel als Fördermaschine. So müssen wir uns den Bergbau auf dem Thurmhof-Stehenden als Beispiel der von AGRICOLA überlieferten Maschinentechnik vorstellen (Abb. 43). Nachdem die Thurmhof-Gruben von 1531 bis 1618 insgesamt 300 838 Gewichts-Mark (= 70 271 kg) Silber und etwa 9 000 t Kupfer geliefert und 1531 bis 1595 etwa 680 000 Gulden Ausbeute geschüttet hatten, ging der Bergbau im Jahre 1618 ein.

Von den einst umfangreichen Anlagen dieses Bergbaus ist nur noch wenig erkennbar. Die Lage der Gruben auf dem Thurmhof-Gangzug innerhalb der jetzt städtischen Bebauung ist an einigen, im Kern vielleicht noch dem 16. Jahrhundert zugehörigen Gebäuden und wenigen Haldenresten ablesbar. Hinter der Stockmühle Nr. 6 (s. Tafelteil, Bild 80) war einst die Bergschmiede der bedeutenden Grube *Thurmhof, untere 3., 4. Maß*, das Wohnhaus Nr. 8 daneben der zugehörige Kohlenschuppen. In dem Haus Hinter der Stockmühle, Nr. 4, verbergen sich auch ehemalige Gebäude der Grube *Thurmhof, untere 3. u. 4. Maß.* Auch das Haus Nr. 7 ist ein ehemaliges Thurmhofer Zechenhaus. Für die Kunsträder und den Wassergöpel der dortigen Thurmhof-Gruben war schon um 1550 ein Kunstgraben angelegt und um 1555 bis 1564 von MARTIN PLANER verbessert worden. Dieser wohl älteste Kunstgraben des Freiberger Reviers zweigte von dem damals offen fließenden Münzbach links ab, ging in ein auf Holzböcken liegendes Gerinne über, das das Wasser dem Wassergöpel zuführte, und ist heute noch an dem fast horizontalen Verlauf der Straße »Hinter der Stockmühle« erkennbar.

Den Bewohnern Freibergs wird der Thurmhof-Gangzug vor allem durch die öfters auf ihm eintretenden Bergschäden in Erinnerung gebracht. Der mit etwa 2,5 bis maximal 6 m ziemlich mächtige und weithin auch reich vererzt gewesene Gang ist im 16. Jahrhundert im Strossenbau abgebaut worden und daher heute vorwiegend noch offen. Da die Verwahrungsarbeiten in früheren Jahrhunderten an vielen Stellen mit Holz und somit nicht sehr dauerhaft ausgeführt wurden, brachen öfters die über dem Gang-Hohlraum lagernden Massen ein. Heute werden diese Einbruchsstellen mit Beton so sicher verwahrt, daß an gleicher Stelle nach menschlichem Ermessen neue Bergschäden nicht zu erwarten sind. Die auf dem Thurmhof Stehenden eingetretenen Bergschäden lassen sowohl die Lage des SSW – NNO streichenden Erzganges wie auch die wichtigsten alten Gruben erkennen (Abb. 43). So liegen Bergschadenstellen der letzten Jahre im Bereich der *Thurmhof Fundgrube*, am Bertholdsweg im Grubenfeld der *unteren 3., 4. Maß*, an der Frauensteiner Straße im Bereich der *unteren 8. Maß* und an der Peter-Schmohl-Straße in der *unteren 10. Maß.* Einige Meter beiderseits des Ganges ist die Erdoberfläche nicht durch Bergschäden gefährdet (Abb. 44).

Nachdem das Wasser den Wassergöpel und die untertägigen Kunsträder betrieben hatte, floß es in einem Stollnflügel, dem seit 1470 bekannten *Thurmhofer Stolln*, zum *Tiefen Fürstenstolln* und damit dem Muldental zu. Der *Thurmhof Hilfsstolln* dagegen mit seinem Mundloch im Muldental (s. Tafelteil, Bild 171) wurde erst von 1752 bis 1773 zur Entlastung des *Tiefen Fürstenstollns* (als Hilfsstolln) bis zur Grube *Thurmhof untere 6. Maß* getrieben. Er ist im Bereich der Lehrgrube *Alte Elisabeth* auf eine größere Strecke noch heute zugänglich.

Die auffällige Halde »Am Maßschacht« ist erst durch bergmännische Untersuchungen des Thurmhof-Gangzuges um 1858 bis 1870 entstanden, als man dort eine 12-PS-Dampfmaschine zum Antrieb eines Kunstgezeuges aufgestellt hatte, um die alten Gruben des 16. Jahrhunderts zu entwässern, zugänglich zu machen und auf ihre Erzführung zu prüfen. Trotz des geringen Alters der Halde markiert diese die Lage der auch im 16. Jahrhundert von MARTIN PLANER mit einem Rad-Kunstgezeug ausgerüsteten Grube *Thurmhof untere 6. Maß.*

Ganz dem 19. Jahrhundert entstammt der Thurmhof-Schacht und seine große Halde an der Dresdner Straße. Hier hat 1842 bis 1857 die *Himmelfahrt Fundgrube* einen Richtschacht abgeteuft und als Hauptförderschacht

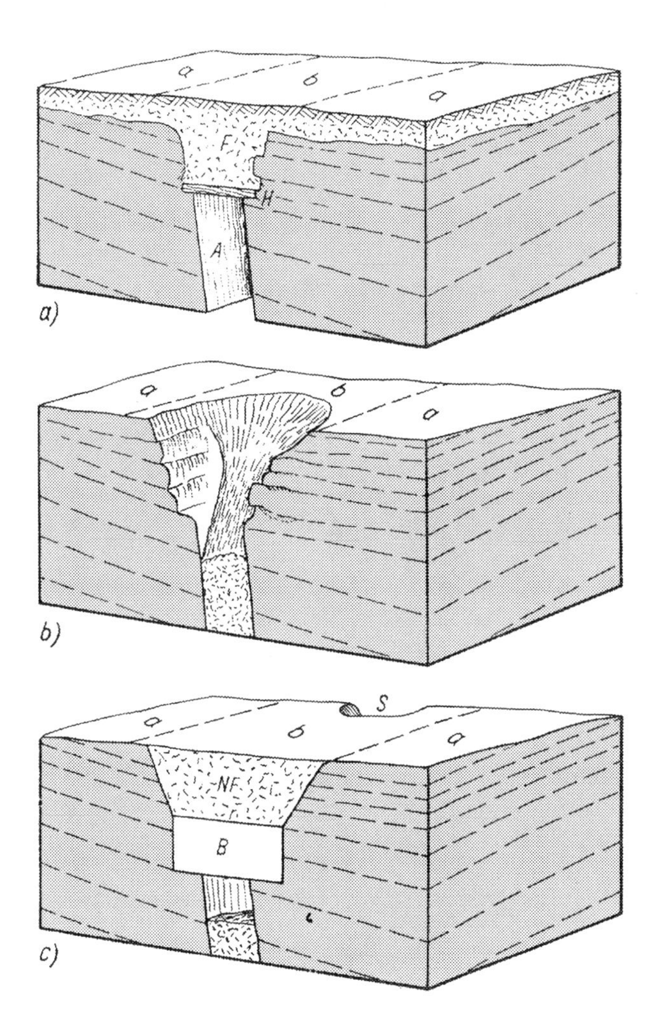

Abb. 44. Schema eines Bergschadens auf einem Freiberger Erzgang und seiner Beseitigung

a) Füllmassen *F* liegen auf einer nicht mehr tragfähigen alten Holzabdeckung eines noch offenen Abbauhohlraumes *(A)* oder Schachtes und

b) brechen durch, so daß über dem Erzgang ein Einsturztrichter (Pinge) entsteht. *a* nicht gefährdetes Gebiet, *b* bergschadengefährdetes Gebiet

c) Der Bergsicherungsbetrieb legt das neben dem Erzgang befindliche feste Gestein frei, bedeckt den Hohlraum mit einer absolut tragfähigen Betonplatte und verfüllt den Trichter; *S* neuer Einsturztrichter in der Fortsetzung des Erzganges, d. h. nur im bergschadengefährdeten Gebiet; *NF* Neue Füllmasse

eingerichtet, mit dem die Erzgänge nordöstlich der alten Thurmhofer Gruben abgebaut werden sollten (vgl. Seite 210).

11.2. Der Kuhschacht und andere Freiberger Gruben des 16. bis 18. Jahrhunderts

Inmitten der aus dem 19. bis 20. Jahrhundert stammenden Bebauung des Wernerplatzes und seiner Umgebung fällt das Haus Wernerplatz Nr. 15 mit seinem niedrigen Erdgeschoß und hohen Satteldach schon architektonisch auf (s. Tafelteil, Bild 102). Das um 1700 erbaute Huthaus der Grube *Kuhschacht* ist neben der im Relief dieses Platzes noch etwas erkennbaren Halde der letzte Zeuge der seit 1516 bekannten und bis 1838 existierenden Grube, die besonders 1693 bis 1765 Ausbeute abwarf, damals mit 150 bis 300 Mann belegt war und deren obere Maßen sich nach Süden bis zum Gebiet des heutigen Bahnhofs erstreckten. Schon 1538 lieferte die Grube Erz. Die Förderung erfolgte durch einen Pferdegöpel, der nördlich des Huthauses auf dem heutigen Wernerplatz stand (s. Tafelteil, Bild 28). Schon vor 1570 hat Martin Planer in dieser Grube drei Kunstgezeuge gebaut und damit 62 Wasserknechte und 16 Pferde ersetzt. Diese Gezeuge gingen allerdings 1590 zu Bruch. In der Folgezeit wurden 1688 und 1705 vier neue Kunstgezeuge gebaut. Bergschäden in der Bahnhofstraße, etwa 130 m oberhalb des Kuhschacht-Huthauses, gaben Einblick in die oberste der vier untereinander befindlichen Radstuben – ein Beweis für die umfangreiche technische Ausrüstung der Grube *Kuhschacht* im 17. bis 18. Jahrhundert (Abb. 45). Das Aufschlagwasser erhielt die Grube aus dem Thurmhofer Kunstgraben und aus dem 1680 angelegten, im Bereich der Silberhofstraße südlich der Bahn gelegenen und bis 1839 bestehenden Neu- oder Kuhschacht-Teich. Das Wasser wurde zuerst in der unmittelbar am Teich gelegenen ersten Kuhschachter Pochwäsche genutzt und dann (vom Bereich des heutigen Roßplatzes) in einem aufgebockten hölzernen Gerinne in eine Rösche und mit dieser den Kunstgezeugen zugeführt. Das oberste, aus dem Jahre 1746 stammende Kunstrad hing etwa 12 m untertage und war mit 14,5 m Durchmesser vielleicht das größte je gebaute Wasserrad des sächsischen Berg-

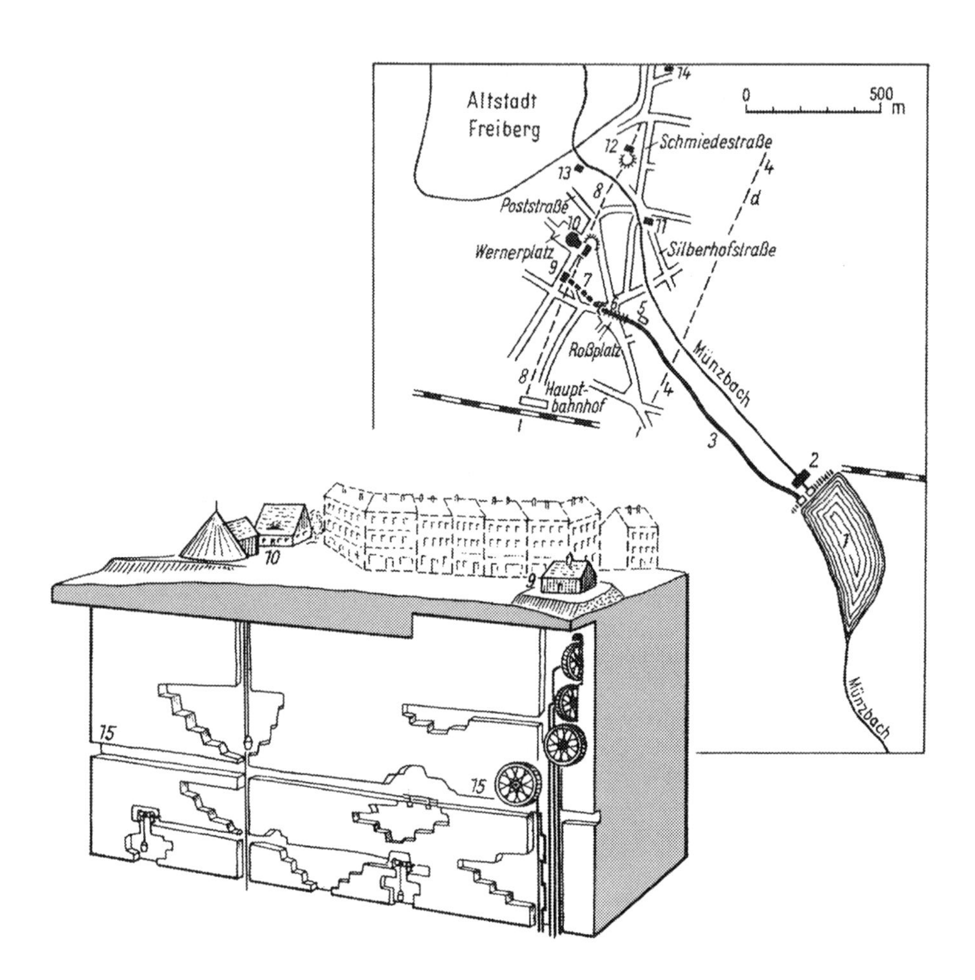

Abb. 45. Lageplan und schematisches Blockbild der Grube *Kuhschacht* im Freiberger Stadtgebiet (jetzige Bebauung gestrichelt angedeutet)

(*TD* Technisches Denkmal, *tw. e.* teilweise erhalten, *n. e.* nicht erhalten)
1 Neuteich = Kuhschachter Kunstteich *(n. e.)*, *2* erstes Kuhschachter Pochwerk *(n. e.)*, *3* Kunstgraben (*tw. e.*: am Weg erkennbar: »Hinter der Stockmühle«), *4* Thurmhof Stehender Gangzug, *5* Stockmühle *(n. e.)*, *6* Holzgerinne des Kunstgrabens über den jetzigen Roßplatz *(n. e.)*, *7* Rösche mit Mundloch *(n. e.)*, *8* Kuhschacht Stehender Gang (obere Maßenschächte am Hauptbahnhof), *9* Kunstschacht mit vier Kunsträdern (*n. e.*: Bahnhofstraße Ecke Buchstraße), *10* Pferdegöpel *(n. e.)* und Huthaus *(TD.)*, *11* zweite (untere) Kuhschachter Wäsche *(n. e.)*, *12* Methusalem Huthaus und Halde *(TD)*, *13* Eherne Schlange *(n. e.)*, *14* Huthaus Segen Gottes *(TD)*, *15 Alter Tiefer Fürstenstolln* als Abfluß des Grubenwassers und des verbrauchten Aufschlagwassers

baus. Eine weitere, sicher ältere Wäsche des *Kuhschachtes* lag am unteren Ende der Silberhofstraße. Wissenschaftsgeschichtlich bemerkenswert sind Messungen der Gesteinstemperatur, die 1791 bis 1792 der damalige Student ALEXANDER VON HUMBOLDT im Kuhschacht und in der *Jungen Hohen Birke* bei Langenrinne durchgeführt hat.

Zur Grube *Kuhschacht* gehörte seit 1789 auch die seit 1515 nachweisbare, besonders 1693 bis 1789 ergiebige Grube *Methusalem*. Ausbeute konnte diese jedoch nur von 1750 bis 1754 zahlen. Deren Huthaus (Schmiedestraße 18) entstammt im wesentlichen dem 16. bis 17. Jahrhundert, ist aber um 1960 im Dachbereich grundlegend umgebaut worden. Auf der deutlich sichtbaren Halde steht das ehemalige Bergschmiedegebäude (Schmiedestraße 20). Die Schmiedestraße hat ihren Namen von der früheren, 1886 völlig umgebauten Methusalemer Bergschmiede (Schmiedestraße 2).

Weitere Huthäuser sind im Stadtgebiet Freiberg von folgenden alten Gruben erhalten:

Junger Löwe (Friedrich-Engels-Straße 27), bekannt seit 1615, mit geringen Erzlieferungen bis 1854 betrieben. Auf der Halde Reste des alten Huthauses, baulich völlig umgestaltet.

Segen Gottes (Ulrich-Rülein-Straße 11), bekannt seit 1598, betrieben bis 1775, Huthaus noch im originalen Zustand der Zeit um 1700 und typisch für die damaligen, meist kleinen Gruben (s. Tafelteil, Bild 103).

Löfflerschacht (Unterhofstraße 2a), bekannt seit 1387 (zu den leffelern), Huthaus aus der Zeit um 1750, ursprünglich gehörte es zu Schlüssel Fdgr. und kam 1772 zur Grube *Neubeschert Glück vor der Stadt*, nach 1834 in ein privates Wohnhaus umgewandelt, heute vom Krankenhaus Freiberg genutzt. Die heute um das Haus noch erkennbare Halde war bis um 1900 wesentlich größer.

Zu *Neubeschert Glück* in der Stadt gehörte ab 1752 auch der nach der *Schlüssel Fundgrube* benannte Schlüsselteich, der das Kunstgezeug des Wiesenschachtes im Münzbachtal mit Aufschlagwasser versorgte.

Geharnischter Mann (Unterhofstraße 2), bekannt seit 1511, in der Grube *Alte Elisabeth* heute noch Strecke im Gang »Geharnischt Männer Spat« befahrbar, kleines Huthaus, vielleicht aus dem 18. Jahrhundert (und umgebaut?) auf der zugehörigen Halde.

Der Straßenname »Eherne Schlange« erinnert an die einst im Bereich des ehemaligen Gaswerkes gelegene Grube gleichen Namens, die von 1543 bis 1749 bestand.

An der Ecke Dresdener Straße/Peter-Schmohl-Straße liegt die Halde der dem Thurmhofer Gangzug zugehörigen Grube *Krieg und Frieden*, als *Thurmhof untere 11., 12. Maß* seit 1545 bekannt. Untertage ist die Grenze zwischen den Gruben *Krieg und Frieden* und *Alte Elisabeth* mit einer noch heute zugänglichen Schrifttafel markiert (s. Tafelteil, Bild 94).

11.3. Gruben des 16. bis 18. Jahrhunderts in und bei Zug

Von den südlich der *Thurmhof Fundgrube* gelegenen »oberen« Maßen auf dem Thurmhof-Gangzug sind auf den Feldern zwischen Freiberg und Zug einige Halden erhalten. Die südliche Fortsetzung des Thurmhof Stehenden wurde bei Zug als Rosenkranz Stehender oder Prophet Daniel Stehender bezeichnet. Vom dortigen Bergbau steht noch an der zugehörigen Halde das Huthaus Daniel (s. Tafelteil, Bild 111).

Parallel zum Thurmhof Stehenden, etwa 400 bis 500 m östlich von diesem, aber mehr im Süden ausgebildet, liegt der auf etwa 4,5 km Länge erzführende Gangzug Hohe Birke Stehender. Auf diesem wurden 30 Gruben betrieben, die von 1529 bis 1740 in hoher Blüte standen, vom 16. Jahrhundert und bis 1803 etwa 745 000 Mark (= 173 593 kg) Silber und über 4 000 t Kupfer geliefert und rund 1 500 000 Gulden Ausbeute verteilt haben. Gefördert wurden Erze mit vermutlich über 500 000 t Blei, das aber auf Grund der im 16. bis 18. Jahrhundert üblichen Hüttentechnik nur zum kleinsten Teil gewonnen werden konnte. Die *Hohe Birke Fundgrube* lag im Bereich des Grundstücks Zug Nr. 134. Von dort schlossen sich nach Norden 26 untere, nach Süden 12 obere Hohebirker Maßen sowie einige weitere Gruben an, so nach Norden bis ins Muldental bei Freiberg u. a. *St. Barbara, St. Peter* (Frauensteiner Straße), *Kirschbaum* (an der Dresdener Straße) und *Verträgliche Gesellschaft Stolln* (im Muldental, heute mit Stollnmundloch (s. Tafelteil, Bild 170), Huthaus mit Scheidebank erhalten), nach Süden die *Zscherper-Fundgrube* mit zwei unteren und sechs oberen Maßen (wenig nordwestlich der Zugspitze) (s. Tafelteil, Bild 109).

Im 17. bis 18. Jahrhundert erreichten die Grubenbaue auf dem Hohe Birke Stehenden eine Tiefe von etwa 400 m. Das zudringende Wasser mußte bis zu 272 m hoch auf das Niveau des *Alten Tiefen Fürstenstollns* gehoben werden. Dem dienten mehrere Kunstgezeuge, deren Räder mit Wasser aus dem 1590 gebauten Hohbirker Kunstgraben beaufschlagt wurden (Abb. 46).

Zur Zeit des Bergbaus auf dem Hohe-Birke-Stehenden muß man sich in diesem Gebiet – wie auf dem Thurmhof Gangzug – zahlreiche Schächte mit Handhaspeln und kleinen Halden vorstellen. Die Halden markieren noch heute den Verlauf des Hohe Birke Stehenden zwischen Freiberg und Zug und im Ort selbst (Abb. 46 und Tafelteil, Bild 81). Dieser hat von dem Gangzug des Hohe Birke Stehenden seinen Namen, und noch vor wenigen Jahrzehnten war als Ortsangabe statt des Wortes »Zug« die Formulierung »auf dem Zuge« im Sprachgebrauch üblich. Die Hauptstraße des Ortes schlängelt sich noch heute deutlich zwischen den Halden des »Hoh-Birker Zuges« hindurch, besonders deutlich beim »Obergöpeler Schacht« (Abb. 46 und Tafelteil, Bild 81). Der Schacht war nach dem oberen der zwei auf dem Hohe Birker Gangzug betriebenen Pferdegöpel benannt. Dieser obere Göpel, erbaut 1647/48, förderte aus der Grube *Hohe Birke obere 9., 10. Maß.* Der sogenannte niedere Göpel stand an der *Hohen Birke untere 4. Maß*, etwa im Bereich der Grundstücke Zug Nr. 123/124.

Auf dem Hohe Birker Gang und einigen Parallelgängen sind in und bei Zug noch Haldenzüge alten Bergbaus aus dem 16. bis 18. Jahrhundert und mehrere, jedoch meist in späterer Zeit gebaute Huthäuser erhalten, und zwar von West nach Ost (Abb. 46).

Auf dem Palmbaum-Stehenden (und Nachbargängen):

- die kleinen Halden zwischen dem Gasthaus Letzter Dreier und VEB NARVA Brand-Erbisdorf unmittelbar an der Fernverkehrsstraße 101. Der Letzte Dreier steht an der Stelle des früheren Huthauses der *Gnade Gottes Fundgrube.*

Auf dem Johann Georg Stehenden, dem Gottes Segen macht reich Stehenden und dem Alt Rosenkranz Stehenden

Abb. 46. Bergbaulandschaft und Denkmale des Bergbaus im Gebiet von Zug ▶

Nicht alle in der Karte eingetragenen Halden sind noch erhalten. Die noch vorhandenen stehen sämtlich unter Denkmalschutz. An der Straße Freiberg–Brand:
1 Seilerhaus, *2* Oelberger Schacht, *3 Augustus oder Gnade Gottes,* früher Huthaus Gnade Gottes, *5* Palmbaum, *6 Dreieinigkeit, 7* Christoph Hörnigs Bergschmiede, *8 Beschert Glück* Richtschacht, *9 Affe, 10 Herzog August* Neuschacht, *11* Halbe Kaue, *12* Bergschmiede von *Herzog August, 13* Huthäuser *Herzog August (links)* und *Kurfürst Johann Georg Stolln (rechts), 14* Dreibrüderschacht, *15* Hungerschächte auf dem Beschert Glück Stehenden, *16* Alter Tageschacht der *Neuen Hohen Birke, 17* Neuschacht auf *Neuer Hoher Birke, 18 Beschert Glück* Röschenschacht, *19* Friedrich-Schacht
1' Daniel Huthaus, *2' Daniel 5. Maß, 3' Daniel 3. Maß, 4' Daniel Fundgrube, 5'* Kannengießer-Schacht = *Thurmhof ob. 13. Maß, 6' Morgenstern = Thurmhof ob. 12. Maß, 7' St. Wolfgang, 8'–11' Thurmhof ob. 8. bis 11. Maßen, 12'* Huthaus *Junger Thurmhof, 13'* Wäsche von *Junger Thurmhof, 14'* Stollnhaus Zug, *15'* Frisch Glücker Schacht, *16' St. Georgen, 17'* auf dem oberen Brande, *18' Jung Himmlisch Heer, 19' Tzscherper 3. bis 5. Maß, 20' Tzscherper Fundgrube, 21'* Hermes Schacht, *22'* Neujahr Schacht, *23'* Constantinschacht, *24' Loth unt. 2. bis 3. Maß, 25'* Wäschhalde der *Mordgrube, 26' Alte Mordgrube 7. unt. Maß, 27' St. Georgen, 28' Alte Mordgrube, 29'* Mendenschacht der *Alten Mordgrube.*
Auf dem Hohbirker Zug: *FS* Fundschacht, nördlich davon: 4. bis 12. untere Maßen (4. Maß = Niederer Göpel), südlich vom Fundschacht: 2. bis 12. obere Maßen, (11. u. 12. Maß = Obergöpelschacht), starke Linie rechts: Kunstgraben
An der Zuger Kapelle:
W_1 Obere Wäsche (von *Vergnügte Anweisung*), W_2 Mittlere Wäsche (von *Beschert Glück*), W_3 Untere Wäsche (von *Jung Himmlisch Heer)*
Auf Kröner Zug:
Hs Kröner Huthaus, 5. bis 7. und 12. = untere Maßen von Kröner.
Östlich vom Hohe Birker und Kröner Zug:
30 Neuschacht *Junge Mordgrube, 31 Junge Mordgrube* Kunst- und Treibeschacht, *32 Junge Mordgrube* alter Kunstschacht oder 2. u. 3. unt. Maß, *33 Junge Mordgrube Fundgrube, 34* Steinschacht, *35* Großschönbergschacht, *36* Rungschacht, *37 Alter Andreas, 38 Junger Andreas, 39 Junger Tobias, 40 Jung Andreas* Tageschacht, *41 König David, 42 Manasse, 43 Junge Hohe Birke,* nördlich davon *Hohe Birke Stolln* oder *Hüttenstolln, 44 Prophet Jonas, 45* Obere Münzbachhütte oder Strauchhütte, *46* Mittlere Münzbachhütte oder Erasmushütte (Pragerscher Hüttenhof), *47* Untere Münzbachhütte

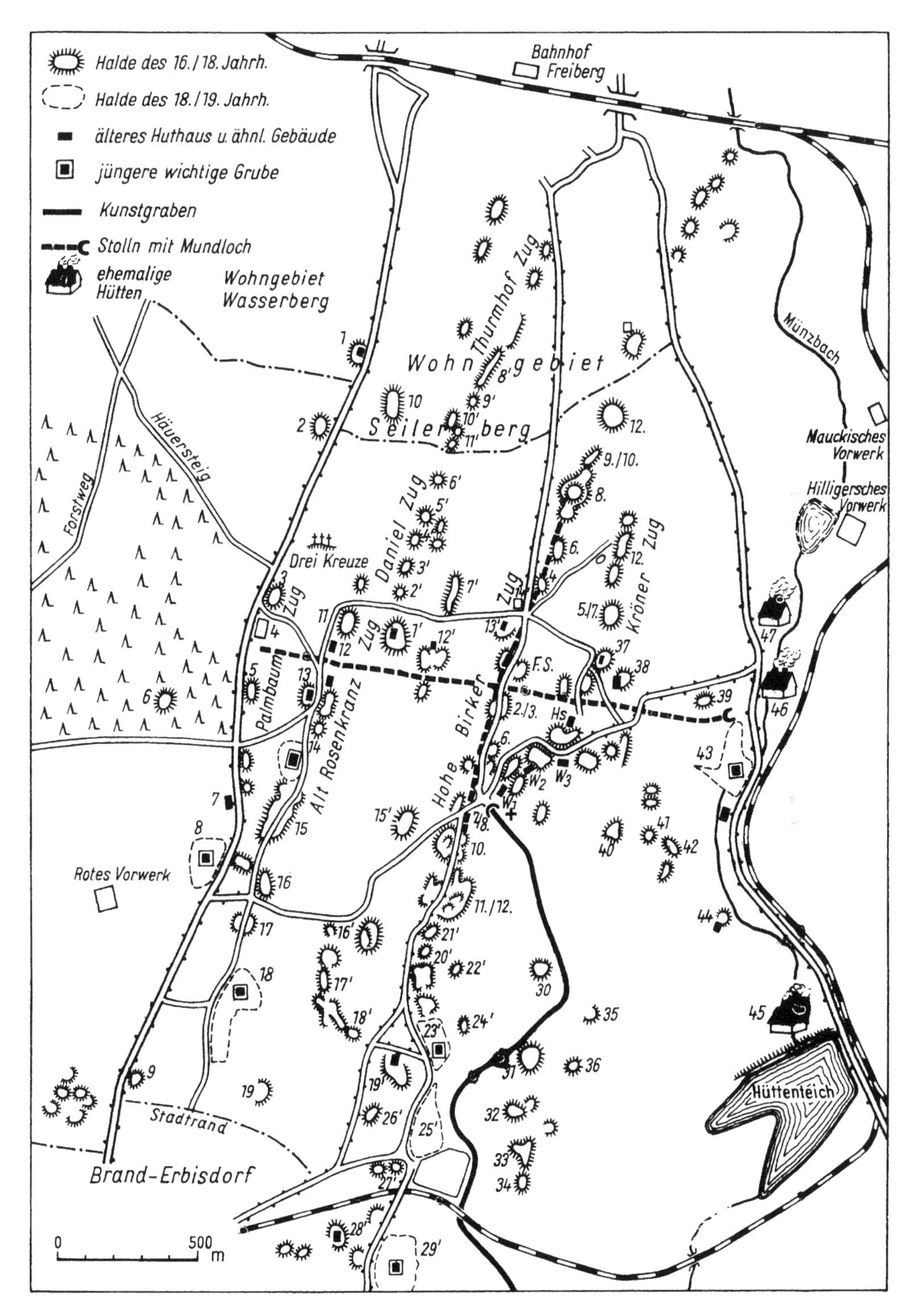

Halde des 16./18. Jahrh.
Halde des 18./19. Jahrh.
älteres Huthaus u. ähnl. Gebäude
jüngere wichtige Grube
Kunstgraben
Stolln mit Mundloch
ehemalige Hütten
Wohngebiet Wasserberg
Bahnhof Freiberg
Thurmhof Zug
Wohngebiet Seilerberg
Münzbach
Mauckisches Vorwerk
Hilligersches Vorwerk
Häuersteig
Forstweg
Drei Kreuze
Daniel Zug
Kröner Zug
Palmbaum Zug
Alt Rosenkranz Zug
Hohe Birker Zug
Rotes Vorwerk
Stadtrand
Brand-Erbisdorf
Hüttenteich
0 500 m

- das Huthaus *Kurfürst Johann Georg Stolln* (Zug Nr. 23) (Bild 112), erbaut um 1710/20, der Stolln bekannt seit 1612,
- Das Huthaus *Herzog August Fundgrube* Zug Nr. 21, (s. Tafelteil, Bild 113), erbaut in der 1. Hälfte des 18. Jahrhunderts, die Grube bekannt seit 1612
- sowie mehrere Halden im Streichen des Ganges,

Auf dem Daniel Stehenden

- das Huthaus von *Prophet Daniel Fundgrube* (Bild 111), erbaut um 1700, die Grube bekannt seit 1514,
- sowie mehrere Halden im Streichen des Ganges

Auf dem Junger Thurmhof Stehenden, etwa 200 m östlich vom Daniel Stehenden,

- das heute allerdings völlig umgebaute *Jung-Thurmhofer* Huthaus, Zug Nr. 146, östlich davon die *Jung-Thurmhofer* Wäsche, Zug Nr. 144.

Auf dem Kröner Stehenden

- das Huthaus von *Kröner Fundgrube* (Zug Nr. 192), ursprünglich Krone Fundgrube genannt, erbaut um 1750, die Grube bekannt seit 1514, ferner das
- Huthaus von *Kröner untere 3. bis 7. Maß* (Zug Nr. 156) 1830 als ungangbar bezeichnet, welches zeitweise die Wäsche vom kurfürstlichen *Tiefen Fürsten Stolln in Emanuel* war und deshalb auch als »kurfürstliche oder Stollnwäsche« bezeichnet wurde. Das Gebäude stammt im Ursprung wohl noch aus dem 17. Jahrhundert, im 18. Jahrhundert verändert,

Auf dem Jung Andreas Stehenden

- das Huthaus der *Andreas Fundgrube*, Zug Nr. 191 erbaut 1807, heute noch im Baukörper ein typisches kleines Huthaus der Zeit 17./18. Jahrhundert und auf der zugehörigen Halde gelegen.

Im 19. Jahrhundert wurden im Gebiet von Zug besonders die Gruben *Herzog August, Beschert Glück* und *Mordgrube* betrieben, die durch ihre Gebäude und ihre großen Halden als Betriebe aus der dritten Hauptperiode des Freiberger Bergbaus zu erkennen geben, daß sie im 19. Jahrhundert noch bzw. wieder intensiv betrieben wurden. Sie bauten zwar die gleichen Erzgänge, aber in wesentlich größerer Tiefe ab (vgl. Seiten 153, 215 und 220).

Als das Aufschlagwasser des Hohbirker Kunstgrabens nicht mehr für die Kunstgezeuge in den Gruben des Hohbirker Zuges benötigt wurde, nutzte man es für den Betrieb von Erzwäschen (s. Tafelteil, Bild 55). Noch im 19. Jahrhundert bestanden drei solche in der Senke unterhalb der jetzigen Zuger Kapelle und wurden mit dem Wasser des Kunstgrabens betrieben. Heute sieht der aufmerksame Beobachter davon nur noch die Sandhalden des ausgewaschenen tauben Materials.

Als Schmelzhütten für die im 16. bis 18. Jahrhundert aus dem Hohbirker Gangzug geförderten Erze wurden die Münzbachhütten (vgl. Seite 75) sowie für diese der Berthelsdorfer Hüttenteich angelegt.

Östlich von Zug, beiderseits des Muldentals zwischen Hilbersdorf und Weißenborn, bestanden, besonders im Rammelsberg (vgl. Seite 118), vor allem im 16. Jahrhundert zahlreiche Gruben, die neben Kupfer und Zinn auch bemerkenswerte Mengen Silber geliefert haben; so an der Schieferleithe *St. Anna* 1510 bis 1601 1 278 kg und *Wasserschacht Fundgrube* 1544 bis 1600 1 326 kg sowie *St. Christoph* 1524 bis 1601 496 kg. Von 1682 bis 1852 erbrachte *Himmelsfürst samt Günther Erbstolln* bei Weißenborn 1 377 kg Silber und 1843 bis 1893 *Friedrich Erbstolln im Rammelsberg* aus Abbauen in dem alten Berggbaugebiet, aber in größerer Tiefe, nochmals 8 023 kg Silber. Heute finden wir in den dortigen Wäldern zahlreiche Pingen und Halden als Zeugen des alten Bergbaus in diesem etwas abseits gelegenen Teil des Reviers.

11.4. Gruben des 16. bis 18. Jahrhunderts im Gebiet von Brand-Erbisdorf und St. Michaelis

Die jetzige Kreisstadt Brand-Erbisdorf hat siedlungsgeschichtlich zwei Keimzellen (Abb. 47). Die ältere ist

Abb. 47. Die in Brand-Erbisdorf und St. Michaelis erhaltenen Huthäuser, Scheidebänke und Bergschmieden von Gruben des 16. bis 18. Jahrhunderts und die Erzgänge dieses Gebietes ▶

Zu den Nummern: vergleiche Tabelle 17. Einige der wichtigsten Erzgänge sind in der Abbildung mit Namen und Richtung verzeichnet (*Stb* Stehender Gang, *Fl* Flacher Gang, *Mg* Morgengang, *Sp* Spatgang, vgl. Abb. 3)

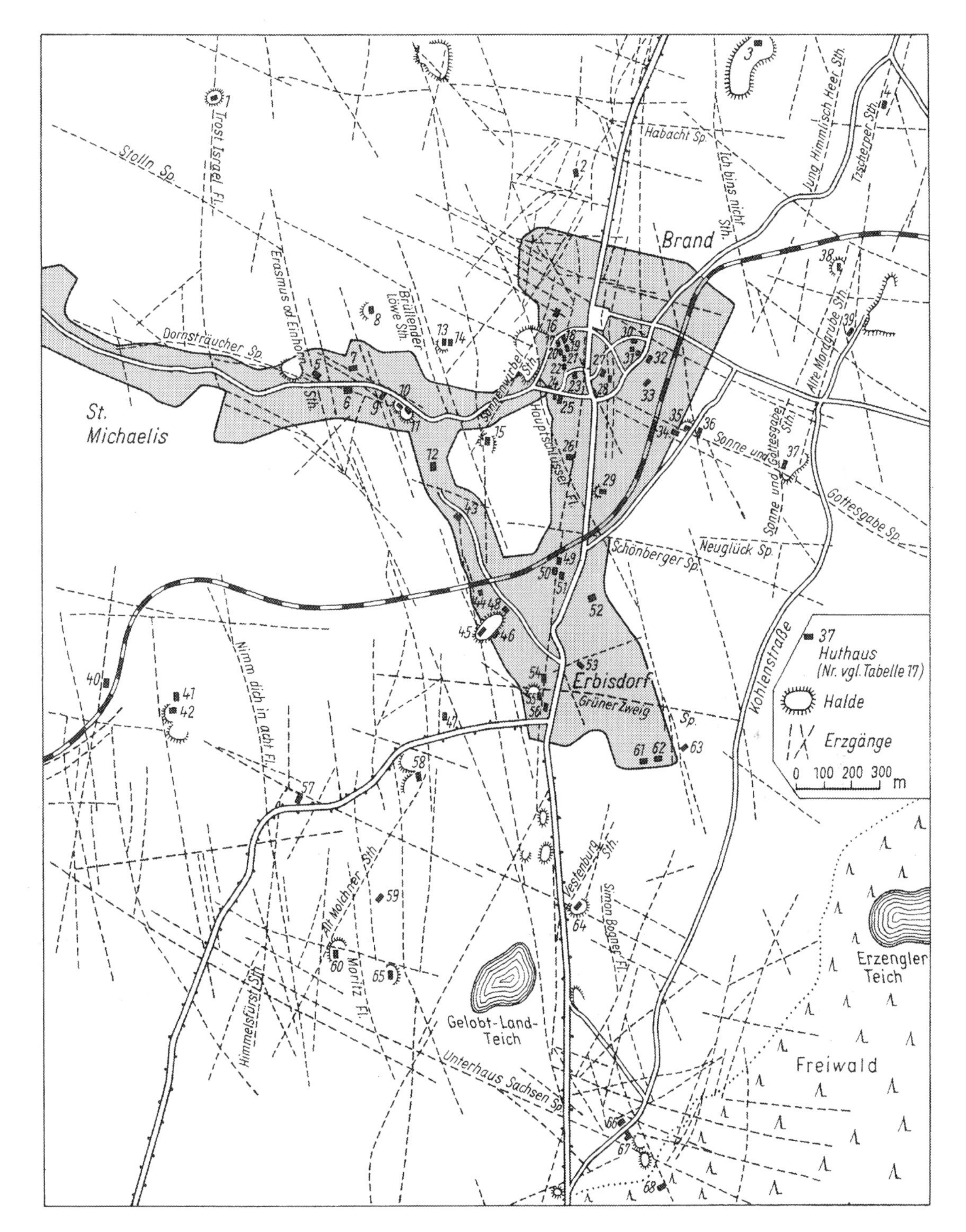

Brand
St. Michaelis
Erbisdorf
Freiwald
Gelobt-Land-Teich
Erzengler Teich
Kohlenstraße
Stolln Sp.
Trost Israel Fl.
Erasmus od. Einhorn Sth.
Brüllender Löwe Sth.
Dornsträucher Sp.
Habacht Sp.
Ich bins nicht Sth.
Jung Himmlisch Heer Sth.
Tscherper Sth.
Alte Mordgrube Sth.
Hauptschlüssel Fl.
Sonne und Gottesgabe Sp.
Sonne und Gottesgabe Sth.
Gottesgabe Sp.
Schönberger Sp.
Neuglück Sp.
Nimm dich in acht Fl.
Grüner Zweig Sp.
Vestenburg Sth.
Simon Bogner Fl.
Alt Molchner Sth.
Moritz Fl.
Himmelsfürst Sth.
Unterhaus Sachsen Sp.
37 Huthaus (Nr. vgl. Tabelle 17)
Halde
Erzgänge
0 100 200 300 m

das um 1150 gegründete Waldhufendorf Erbisdorf. Der Ortskern Brand dagegen ist um 1515 als bergmännische Streusiedlung auf Erbisdorfer Flur entstanden, als sich dort mit dem frühbürgerlichen Aufschwung des erzgebirgischen Bergbaus, seiner zweiten Hauptperiode, besonders auf den Erzgängen St. Erasmus Sth., Wilder Mann Zug (Hauptschlüssel Fl.), Obersilberschnur Fl., Bartholomäus Sth., Sonnenwirbel oder St. Wenzel Zug (Richtschacht Sth.), Einhorn Sth., Elias Fl., Vogelbaum Zug (Hase Fl.), Sonne und Gottes Gabe Sth., Alte Mordgrube Sth., Sonnenglanz Sth., Alte Rose Sth., Grüngärtner Sth. zahlreiche Gruben entwickelten. Auch hier muß man sich die damalige Bergbaulandschaft von zahlreichen kleinen Halden mit Haspelschächten und einigen Pferdegöpeln geprägt vorstellen. Doch schon nach wenigen Jahrzehnten, zwischen 1557 und 1570, waren Kunstgezeuge nötig, die Martin Planer z. B. auf den Gruben *Wilder Mann, St. Wenzel, König David, St. Leonhard, St. Bartholomäus, Sonnenwirbel, St. Erasmus, Erzengel, Mordgrube 2. Maß* und *Mordgrube 3. u. 4. Maß* baute und für die man zum Abfluß des verbrauchten Aufschlagwassers und gehobenen Grundwassers den *Brandstolln* und den etwa 24 m tiefer einkommenden *Thelersberger Stolln* vortrieb. Der *Brandstolln* war etwa 700 m oberhalb der Kirche von St. Michaelis (in der westl. Fortsetzung der Branddelle) am linken Hang des Goldbachtales angesetzt worden und zog sich schon 1518 unter dem Ort Brand hindurch, verzweigte sich und reichte nach Norden bis unter den jetzigen VEB Narva, nach Osten etwa bis zur *Mordgrube* und nach Süden bis an den Freiwald. Sein Mundloch ist nicht mehr erhalten. Ebenfalls oberhalb der Kirche von St. Michaelis, jedoch am rechten Talhang, war vielleicht schon vor dem 16. Jahrhundert der *Weiße Taube Stolln* angesetzt worden, der auch den Freiwald erreichte. Der *Thelersberger Stolln* beginnt im Striegistal etwa 500 m oberhalb der Schrödermühle und erstreckt sich unter Erbisdorf hindurch, dort in etwa 70 bis 80 m Tiefe, verzweigt sich und reicht nach Norden etwa bis zu dem Obergöpelschacht in Zug und bis zum Hospitalwald, nach Osten fast bis Berthelsdorf und nach Süden bis unter den Freiwald und unter die Pochwerksteiche bei Oberlangenau. Sein Mundloch, in heutiger Form von etwa 1810, ist der Bedeutung des Stollns gemäß repräsentativ gestaltet (s. Tafelteil, Bild 101).

In Erbisdorf, Schulweg Nr. 3, sind das Huthaus des *Thelersberger Stollns* und daneben die Schachtkaue und Bergschmiede von einem seiner zahlreichen Lichtlöcher, dem sogenannten Stollnhausschacht, erhalten.

Der *Thelersberger Stolln* entwässerte insbesondere das Himmelsfürster Grubenrevier zwischen Erbisdorf und Langenau, wo er 60 bis 90 m untertage lag. Dieses hatte seine größte Bedeutung in der dritten Hauptperiode des Freiberger Bergbaus. Neben den großen Halden des 19. bis 20. Jahrhunderts sind aber auch dort zahlreiche kleine Haspelschachthalden Zeugen der Bergbauperiode des 16. bis 18. Jahrhunderts (s. Tafelteil, Bild 82).

Die These, daß sich Schmelzhütten zwar am Ort der Wasserkraft, aber stets in der Nähe aufkommenden Bergbaus entwickelten, bestätigt sich auch im Gebiet von Brand. Im 16. Jahrhundert befanden sich bedeutende Hütten zwischen St. Michaelis und Linda im Striegistal – die Lindaer Hütte – sowie im Goldbachtal 1,5 km westlich von Brand am Brandstolln-Mundloch, vermutlich die Krellen-Hütte.

In Erbisdorf, St. Michaelis und Brand gibt es noch viele kleine Halden, oft mit noch erhaltenen, mehr oder weniger umgebauten Huthäusern, Wäschen oder Bergschmieden (s. Tabelle 17).

Die meisten dieser Gebäude sind kleine Häuser, bestehend aus Erdgeschoß und Satteldach, manchmal mit Dachgaupen oder anderen Dachausbauten. Einerseits entsprechen diese Huthäuser den früher im Erzgebirge allgemein üblichen Wohnhäusern, andererseits dokumentieren sie durch den Namen der Grube und (meist) durch ihre Lage auf oder an einer Halde ihre einstige bergbauliche Zweckbestimmung. Ihre Kleinheit ist zugleich Zeugnis für die geringe Größe der Gruben im 16. bis 18. Jahrhundert und wird besonders deutlich beim Vergleich mit den bei Brand-Erbisdorf erhaltenen Gebäudekomplexen jüngerer großer Gruben, wie der *Mordgrube*, der *Einigkeit Fundgrube, Neuglück und Drei Eichen* oder *Himmelsfürst* (vgl. Abschn. 13.12. bis 13.15.). Die kleinen Huthäuser und Bergschmieden prägen noch heute weitgehend städtebaulich das Gebiet von Brand-Erbisdorf. Der ursprüngliche Charakter des heutigen Stadtgebietes als bergbauliche Streusiedlung sollte durch eine entsprechende Planung auch künftig bestimmend für das Bild der Stadt, des einstigen »Bergflecken« Brand, bleiben.

Tabelle 17. Huthäuser, Bergschmieden und Scheidebänke des 17. bis 18. Jahrhunderts in und um Brand-Erbisdorf und St. Michaelis; vgl. Abb. 46 (die Betriebsdaten nach den Lehnbüchern im Bergarchiv Freiberg, *M* St. Michaelis, *E* Erbisdorf, *Z* Zug)

Nr.	Name der Grube (Lage)	Betriebszeit	Funktion des Hauses, Alter	Bemerkungen
1	*Trost Israel* (*M* Nr 160)	1552 ... um 1775	Huthaus 17. Jahrh.	original, klein, eingeschossig, weithin sichtbar auf Halde
2	*Friedlicher Vertrag* (*M* Nr 155)	um 1570 ... um 1830	Huthaus Anfang 18. Jh.	original, klein, eingeschossig, genannt »Götzenhäusel« nach Steiger Götze
3	*Beschert Glück* (*Z* Nr 29)	1697 ... 1899	Huthaus 1786	original, vgl. Seite 219
4	*Tzscherper Maßen* (*Z* Nr 38)	16. Jh.	Huthaus 18. Jh.	wenig verändert, Fachwerk-Obergeschoß mit störenden Anbauten
5	*Einhorn obere 2., 3. Maß* (*M* Nr 121)	1552 ... Ende 17. Jh.	Huthaus 17. Jh.	stark verändert, eingeschossig, auf kleiner Halde
6	*Alte breite Aue* (*M* Nr 15)	1571 ... Ende 17. Jh.	Huthaus 17. Jh.	wenig verändert, zweigeschossig, früher mit Fachwerk auf kleiner Halde
7	*Himmelskrone* (*M* Nr 138)	1559 ... 1720	Huthaus 17. Jh.	original, klein, eingeschossig
8	*Hörnig und Berg Tabor* (*M* Nr)	Hörnig 1549 ... um 1770 Berg Tabor 1714 ... 1730	Huthaus Ende 17. Jh.	original, klein, eingeschossig, auf flacher Halde
9	*Junge breite Aue* (*M* Nr 11)	1571 (?) ... Ende 17. Jh.	Huthaus 17. Jh.	original, klein, eingeschossig, auf kleiner Halde
10	*Elias* (*M* Nr 8)	1552 ... Ende 17. Jh.	Huthaus 17. Jh.	wenig verändert, zweigeschossig, auf kleiner Halde
11	*Drei Lilien* (*M* Nr 7)	1570 ... um 1730	Huthaus Anfang 18. Jh.	wenig verändert, klein, eingeschossig, auf kleiner Halde

Fortsetzung Tabelle 17

Nr.	Name der Grube (Lage)	Betriebszeit	Funktion des Hauses, Alter	Bemerkungen
12	*Goldene Schelle* (Otto-Nuschke-Str. 34)	1540 ... 17. Jh.	Bergschmiede 17. Jh.	wenig verändert, klein, eingeschossig, auf kleiner Halde
13	*Brüllender Löwe* (Brüllender Löwe 2)	1537 ... Ende 17. Jh.	Huthaus 17. Jh.	original, klein, zweigeschossig, auf kleiner Halde
14	*Sonnenwirbel* (Brüllender Löwe 1)	1530 ... 1850 (In Grube Einigkeit aufgegangen)	Huthaus 17. Jh.	original, klein, eingeschossig, auffallend, auf kleiner Halde
15	*Goldene Schelle* (Str. des Friedens 26)	1540 ... 17. Jh.	Huthaus 17. Jh.	original, klein, eingeschossig, auf kleiner Halde
16	*Goldene Pforte* (??) (Buttermilchtorweg 3)	?	Huthaus 17. Jh.	wenig verändert, klein, eingeschossig, auf der sog. Kauhalde
17	*Wilder Mann* (St. Michaeliser Str. 11)	1526 ... 17. Jh.	Bergschmiede ab 1786 das Brander Bergstift	wenig verändert, zweigeschossig, Inschriftstein: »Berg Gestifts Haus 1786«
18	Grube unbekannt (St. Michaeliser Str. 5)	?	Huthaus Anfang 18. Jh.	original, zweigeschossig, auf kleiner Halde
19	Grube unbekannt (St. Michaeliser Str. 7)	?	Huthaus 17. Jh.	original, eingeschossig, auf kleiner Halde
20	Grube unbekannt (St. Michaeliser Str. 9)	?	Huthaus 17. Jh.	original, zweigeschossig, auf Halde
21	Grube unbekannt (A.-Bebel-Str. 6)	?	Huthaus 18. Jh.	wenig verändert, wohl später aufgestockt, auf flacher Halde

Fortsetzung Tabelle 17

Nr.	Name der Grube (Lage)	Betriebszeit	Funktion des Hauses, Alter	Bemerkungen
22	Grube unbekannt (A.-Bebel-Str. 8)	?	Huthaus 17. Jh.	wenig verändert, klein, eingeschossig, auf flacher Halde
23	Grube unbekannt (Berggäßchen 2)	?	Huthaus 18. Jh.	nachträglich aufgestockt, auf Halde
24	Grube unbekannt (Wiesenstr. 7)	?	Huthaus 17. Jh.	original, typisches Bergmannswohnhaus
25	Grube unbekannt (Wiesenstr. 5)	?	Huthaus 17. Jh.	original, typisches Bergmannswohnhaus
26	Grube unbekannt (A.-Schäfer-Steig 3)	?	Huthaus 17. Jh.	sehr klein, eingeschossig, auf abgeflachter Halde
27	Grube unbekannt (Heinrich-Heine-Str. 3)	?	Huthaus 17. Jh.	eingeschossig, mit sehr gut erhaltenem Fachwerk
28	*Augustus* (Lutherweg 8)	um 1700 bis um 1780	Huthaus um 1750	original, zweigeschossig, auf steiler Halde
29	*Junger Schönberg* (E.-Thälmann-Str. 31)	um 1600 bis um 1750	Huthaus Anfang 17. Jh.	original, klein, eingeschossig, auf Halde, auch »Kaiser Heinrich Huthaus« (seit 1542)
30	Grube unbekannt (Goethestr. 3)	?	Huthaus 17. Jh.	original, klein, eingeschossig
31	*St. Wolfgang* (Lutherweg 3)	1531 … 18. Jh.	Huthaus	zweigeschossig, wenig verändert
32	Grube unbekannt (Lutherweg 2)	?	Huthaus 17. Jh.	original, klein, eingeschossig

Fortsetzung Tabelle 17

Nr.	Name der Grube (Lage)	Betriebszeit	Funktion des Hauses, Alter	Bemerkungen
33	*Alte Fichte* (R. Luxemburg-Str. 17)	1550 u. 1739 bis um 1760	Huthaus Mitte 18. Jh.	leicht verändert, eingeschossig, auf Halde
34	*St. Seligen* (Dammstraße 7)	1532 ... Anfang 18. Jh.	Huthaus um 1700	wenig verändert, zweigeschossig auf kleiner Halde, unterhalb der Halde von Junger Hase F.
35	*Junger Hase* (Hasenweg 3)	1528 ... Mitte 18. Jh.	Huthaus um 1720	wenig verändert, klein, eingeschossig, auf steiler Halde
36	*Christoph* (Hasenweg 2)	1518 ... Mitte 18. Jh.	Huthaus Anfang 18. Jh.	wenig verändert, eingeschossig, auf steiler Halde
37	*Sonne u. Gottesgabe* (Kohlenstraße 6)	1543 (»Sonne«) 1840/1850	Bergschmiede oder/und Huthaus, Anfang 18. Jh.	original, klein, eingeschossig, auf großer Halde (störende Garagen)
38	*Alte Mordgrube* (Zug)	1516 ... 1850 (in »Vereinigt Feld bei Brand« aufgegangen)	Huthaus 18. Jh.	wenig verändert, eingeschossig, auf Halde, heute in Industriekomplex, ab 1843 Armenhaus von Zug
39	*Alte Mordgrube* (An der Zugspitze 5)	1516 ... 1850 (wie zuvor)	Zechenhaus 17. Jh.	sehr klein, eingeschossig, auf flacher Halde, auch »Lehmhäusel« genannt
40	*Himmelsfürst* (Himmelsfürst Nr 171)	1573 ... 1913	Treibehaus auf Dorothea Schacht	vgl. Seite 236
41	*Himmelsfürst*	1573 ... 1913	»Unteres Himmelsfürster Huthaus«	vgl. Seite 236, stark verändert (aufgestockt)
42	*Himmelsfürst*	1573 ... 1913	Pulverhaus (18. Jh.)	original, vgl. Seite 236
43	*Junger Schönberg* (O.-Nuschke-Str. 27)	1704 ... um 1750	Wäsche (»Gräupelwäsche«) um 1717	klein, eingeschossig, am Dorfbach

Fortsetzung Tabelle 17

Nr.	Name der Grube (Lage)	Betriebszeit	Funktion des Hauses, Alter	Bemerkungen
44	*Goldene Rose* (Himmelsfürster Weg 6)	1547 ... 1730	Huthaus Anfang 18. Jh.	wenig verändert, eingeschossig, auf kleiner Halde
45	*Goldene Rose* (O.-Nuschke-Str. 11)	1547 ... um 1730	Zechenhaus 18. Jh.	stark verändert, eingeschossig, auf kleiner Halde
46	*Goldene Rose* (O.-Nuschke-Str. 10)	1547 ... um 1730	Bergschmiede Anfang 18. Jh.	original, eingeschossig, neben Halde
47	*Alter grüner Zweig* (Langenauer Str. 8)	1552 ... 1848 (mit *Gelobt Land* vereinigt)	Bergschmiede u. Scheidebank Anfang 18. Jh.	klein, eingeschossig, auf Halde, auch *Weiße Taube* oder *Gregorius* genannt
48	*Thelersberger Stolln* (O.-Nuschke-Str. 15)	1526 ... um 1850	»alte« Schmiede 17. Jh.	eingeschossig
49	*Thelersberger Stolln* (Schulweg 2)	1526 ... um 1850	Bergschmiede Anfang 18. Jh.	original, zweigeschossig
50	*Thelersberger Stolln* (zu Schulweg 2)	1526 ... um 1850	Stollnkaue (Schachtgebäude)	original, hier erfolgte 1850 die letzte Generalstollnbefahrung
51	*Thelersberger Stolln* (Schulweg 3)	1526 ... um 1850	Huthaus, 1811 abgebrannt und neu erbaut	groß, zweigeschossig
52	*Beständige Freundschaft* (Kirchweg 2)	1709 ... um 1730	Huthaus Anfang 18. Jh.	original, eingeschossig, 1747 bis 1785 bei Neuglück und Drei Eichen
53	*Neidhard* (Am Dorfteich 4)	1546 ... 18. Jh.	Bergschmiede 18. Jh.	zweigeschossig, neben Halde
54	Hopfgarten (E. Thälmann-Str. 66)	1542 ... Anfang 19. Jh.	Zechenhaus um 1700	original, klein, zweigeschossig, auf Halde

Fortsetzung Tabelle 17

Nr.	Name der Grube (Lage)	Betriebszeit	Funktion des Hauses, Alter	Bemerkungen
55	*Hopfgarten* (E. Thälmann-Str. 68)	1542 ... Anfang 19. Jh.	»Altes Zechenhaus« 17. Jh.	stark umgebaut, zweigeschossig, neben Halde
56	*Strauß* (E. Thälmann-Str. 72)	1539 ... 17. Jh.	Huthaus 17. Jh.	original, klein, eingeschossig, auf Halde
57	*Himmelsfürst* (Langenauer Str. 18)	1573 ... 1913	Bergschmiede Anfang 18. Jh.	wenig verändert, klein, eingeschossig, Jahreszahl 1534 am Gebäude ist falsch!
58	*Gelobt Land* (Langenauer Str. 9)	1572 ... 1854 (von *Himmelsfürst* übernommen)	Huthaus mit Bergschmiede, um 1740	original, groß, zweigeschossig, vor großer Halde, Bergschmiede noch zum Teil erhalten
59	*Gelobt Land* (Landner Wäsche 1)	1572 ... 1854 (wie zuvor)	»Neuberts Bergschmiede« um 1700	wenig verändert, eingeschossig
60	*Alter Molchen* (Landner Wäsche 3)	um 1580 ... Anfang 18. Jh.	Huthaus 17. Jh.	original, klein, eingeschossig, auf kleiner Halde
61	*Neuglück und Drei Eichen* (Ob. Dorfstr. 17)	17. Jh., 1706 vereinigt (1856 in »Vereinigt Feld bei Brand« aufgegangen«)	Wäsche 1783	verändert, vgl. Seite 229
62	*Neuglück und Drei Eichen* (Fabrikstraße 1)	17. Jh., 1706 ... 1856 (wie zuvor)	Pochwerk (sog. »Pochhäusel«) um 1783	original, zweigeschossig
63	*Neuglück und Drei Eichen* (Kirchweg 32)	1706 ... 1856 (wie zuvor)	Huthaus 1784	wenig verändert, eingeschossig, früher daneben der Pferdegöpel
64	*Alte Vestenburg* (E. Thälmann-Str. 83)	1612 ... um 1850	Huthaus 17. Jh.	wenig verändert, eingeschossig

Fortsetzung Tabelle 17

Nr.	Name der Grube (Lage)	Betriebszeit	Funktion des Hauses, Alter	Bemerkungen
65	*Alter Moritz* (Landner Wäsche 4)	1621 ... um 1740	Huthaus 16. Jh.	original, klein, eingeschossig, auf Halde
66	*Simon Bogners Neuwerk* (Vereinigt Feld 1)	1558 ... 1845 (in »Vereinigt Feld in der Buschrevier« aufgegangen)	Bergschmiede Anfang 18. Jh.	original, zweigeschossig
67	*Obersilberschnur obere 13. bis 20. Maß* (Vereinigt Feld 2)	1543 ... um 1730	Zechenhaus 18. Jh.	original, zweigeschossig (später aufgestockt ?), auf Halde
68	*Obersilberschnur obere 13. bis 20. Maß* (Vereinigt Feld 4)	1543 ... um 1730	Scheidebank 18. Jh.	original, zweigeschossig, auf Halde vom »Scheidehäusler Schacht«

Weitere Huthäuser, Bergmannswohnhäuser u. ähnl. sind (mehr oder weniger umgebaut): August-Bebel-Straße 6, 8 und 9, Röschenweg 2 und 3, August-Schäfer-Steig 2, Obere Dorfstraße 5, Marktgäßchen 2 und 3, Lutherweg 1, Wiesenstraße 1, St. Michaeliser Straße 3 und 6, Rudolf-Breitscheid-Straße 7, Gartenstraße 12, 14, 15 und 18, Berggäßchen 4.

11.5. Anlagen der bergmännischen Wasserwirtschaft aus dem 16. Jahrhundert

Die Kunstgezeuge und Wassergöpel in den Gruben des Thurmhof-Ganges, des Hohe-Birker-Gangzuges und verschiedener anderer Erzgänge im Gebiet Freiberg–Brand sowie die benachbarten Erzwäschen erforderten die Zuführung von Aufschlagwasser. Nach Anfängen um 1550 begann besonders der Bergmeister und Oberbergmeister MARTIN PLANER mit dem Ausbau eines Systems von Teichen, Gräben und Röschen, das bis 1882 erweitert wurde, größtenteils noch heute funktionsfähig erhalten ist und der gegenwärtigen Wasserwirtschaft dient (Abb. 48).

Die wohl ältesten Anlagen, die MARTIN PLANER schon vorgefunden, aber verbessert und erweitert hat, waren der um 1550 für die Münzbachhütten angelegte Berthelsdorfer Hüttenteich (s. Tafelteil, Bild 83) und – von diesem durch den Münzbach gespeist – der Thurmhofer Kunstgraben. Dieser ist heute nicht mehr erhalten, wohl aber der Berthelsdorfer Teich. Da dessen Wasser für die Stadt Freiberg und den Bergbau nicht ausreichte, hat schon PLANER durch Anlagen im Hospitalwald die Wasserversorgung der Stadt verbessert und für den Berthelsdorfer Teich ein größeres Einzugsgebiet erschlossen. Im Jahre 1562 wurde der 1524 bereits vorhandene Großhartmannsdorfer Mühlteich vom Kurfürsten für den Bergbau angekauft und von PLANER 1572 durch Erhöhung des Teichdammes um 2,8 m wesentlich vergrößert. Damit erhielt dieser Teich, der jetzige Untere Großhartmannsdorfer Teich (s. Tafelteil, Bild 84), schon im 16. Jahrhundert hinsichtlich Höhe und Länge des Dammes sowie Fassungsvermögen Abmessungen, die die handwerklichen Maßstäbe

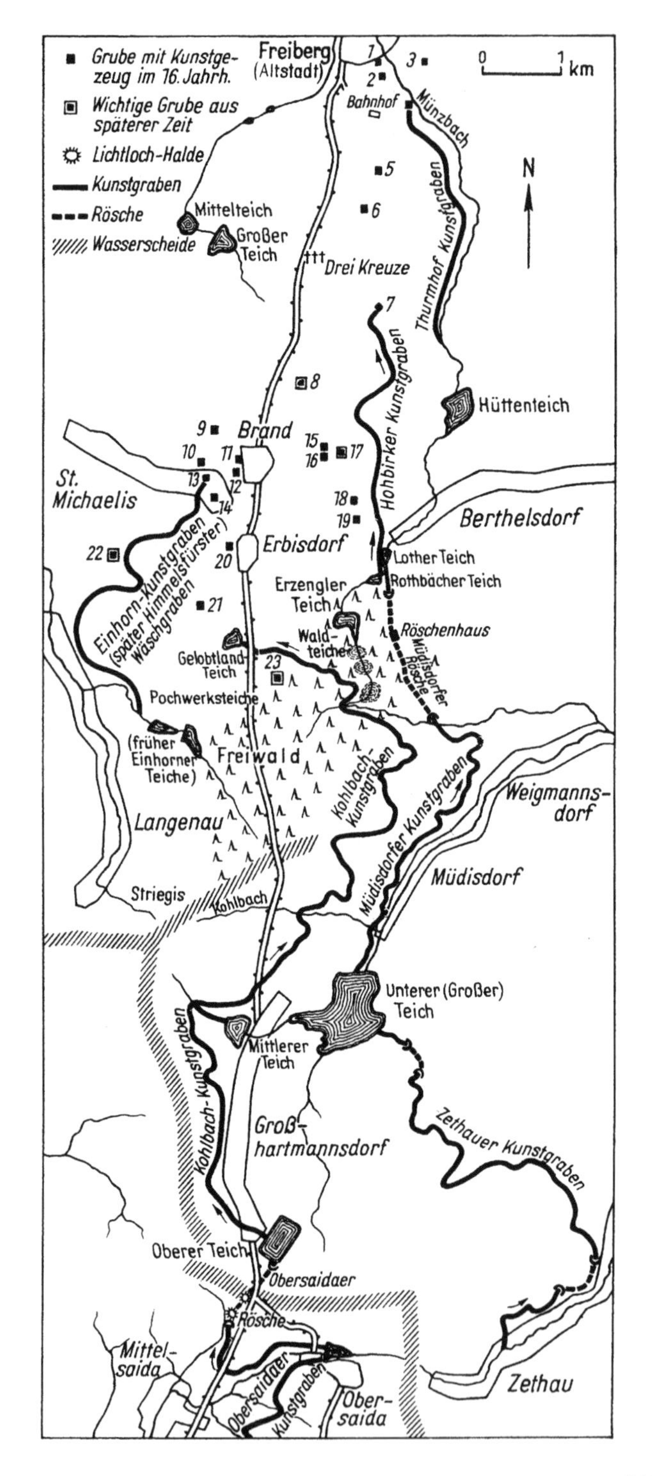

der Kraftanlagen einzelner Mühlen und Hämmer bei weitem überstiegen. So zeigt uns noch heute der Untere Großhartmannsdorfer Teich, wie mit Hilfe des Direktionsprinzips im 16. Jahrhundert der Landesherr und seine Bergbeamten Fortschritte in der Entwicklung der Produktivkräfte ermöglichten, die der einzelnen Kapitalgesellschaft einer Grube nicht möglich gewesen wären.

Um das Wasser vom Großhartmannsdorfer Teich über die Wasserscheide zwischen Mulde und Münzbach in den Berthelsdorfer Hüttenteich zu leiten, ließ Planer nach eigener vermessungstechnischer Vorarbeit ab 1558 den Müdisdorfer Kunstgraben (s. Tafelteil, Bild 86) und durch den Freiwald die Müdisdorfer Rösche anlegen. Übertage wird diese durch ihre beiden Mundlöcher, im Freiwald selbst aber durch das Röschenhaus (s. Tafelteil, Bild 88) markiert, das bis heute der Verwaltung und Unterhaltung der Wasserlaufsanlagen dient. Die Müdisdorfer Rösche führt das Wasser in den Lother oder Mühlteich. Dieser sowie die oberhalb von ihm gelegenen Teiche, der Rothbächer Teich (s. Tafelteil, Bild 87) und der Erzengler Teich, sind 1568 bis 1570 von Martin Planer für den Bergbau hergerichtet worden, dienten der Speicherung von Wasser im obersten Bereich des Münzbachtales und erhöhten so die Leistungsfähigkeit des vom Berthelsdorfer Hüttenteich gespeisten Thurmhofer Kunstgrabens. Die Leistungsfähigkeit des Großhartmannsdorfer Teiches erhöhte Planer um 1570 bis 1580, indem er einen Kunstgraben

Abb. 48. Anlagen der bergmännischen Wasserwirtschaft im Freiberger Revier im 16. Jahrhundert (mit einigen jüngeren Teilstücken), (vgl. Tabelle 10)

Nicht mehr erhalten, aber teilweise noch erkennbar sind der Thurmhof-Kunstgraben und der Einhorn-Kunstgraben. Die anderen Kunstgräben und Röschen sind noch in wasserwirtschaftlicher Nutzung und zugleich technische Denkmale. Gruben: *1 Reicher Trost, 2 Kuhschacht, 3 Thurmhof unt. 10. Maß, 4 Thurmhof unt. 3. u. 4. Maß, 5 Thurmhof ob. 7. Maß, 6 Thurmhof ob. 8. bis 11. Maß* (Narrenfresser), *7 Hohe Birke, 8 Beschert Glück, 9 St. Leonhard, 10 Sonnenwirbel, 11 Erasmus, 12 Wilder Mann, 13 St. Wenzel, 14 König David, 15 Mordgrube unt. 2. Maß, 16 Mordgrube unt. 3. u. 4. Maß, 17 Mendenschacht, 18 Aller Welt Heiland, 19 Erzengel, 20 St. Bartholomäus, 21 Gelobt Land, 22 Himmelsfürst, 23 Reicher Bergsegen* mit zwei kurzen Röschen von Zethau an den Hängen der kleinen Täler oberhalb Helbigsdorf entlang dem Teich zuführte und dessen Wassermenge um den Zufluß aus diesen Tälern vermehrte.

Von PLANER wohl begonnen, aber unter seinen Nachfolgern um 1590 vollendet wurden der Hohbirker Kunstgraben und der Kohlbachgraben. Der Hohbirker Kunstgraben zweigte Wasser aus der Müdisdorfer Rösche ab, entzog es also zunächst dem Berthelsdorfer Hüttenteich und führte es auf dem Hang oberhalb von diesem den Kunstgezeugen der Gruben auf dem Hohbirker Gangzug zu.

Seinen Abfluß fand es teils auf dem *Tiefen Fürstenstolln*, teils zum Berthelsdorfer Teich, stand damit also den Nutzern dieses Teiches wieder zur Verfügung. Der Kohlbach-Kunstgraben (s. Tafelteil, Bild 89) führte Wasser durch den Freiwald in den Gelobt-Land-Teich und damit auf die Kunstgezeuge der Grube *Gelobt Land* und anderer im Himmelfürster Revier gelegener Gruben. Gespeist wurde (und wird noch heute) der Kohlbach-Kunstgraben aus dem 1590 bis 1591 gebauten Oberen Großhartmannsdorfer Teich (s. Tafelteil, Bild 85). Da dieser durch seine hohe Lage nahe der Wasserscheide nur wenig direkte Zuflüsse zu erwarten hatte, zapfte man 1603 den Saidenbach bei Obersaida an, führte das Wasser in einem etwa 2 km langen Kunstgraben am Hang entlang (wo er heute bei Mittelsaida von der Fernverkehrsstraße gequert wird) und durch eine etwa 1 km lange Rösche unter der Wasserscheide zwischen Flöha und Mulde hindurch dem Oberen Großhartmannsdorfer Teich zu.

Mit dem Bau des Mittleren Großhartmannsdorfer Teiches 1725 bis 1732 (als Ausgleichsbecken zwischen dem Oberen und dem Unteren Teich) und des Obersaider Teiches 1728 bis 1734 waren die wasserwirtschaftlichen Bauten oberhalb des Reviers in der zweiten Hauptperiode des Freiberger Bergbaus und ihrer Folgezeit im wesentlichen abgeschlossen.

Einen von diesen Anlagen unabhängigen Kunstgraben ließ PLANER, wie aus Archivquellen zu vermuten ist, am rechten Talhang der Striegis von Langenau zu Gruben in St. Michaelis bauen. Möglicherweise handelte es sich dabei um die jetzigen Langenauer Teiche und den im 19. Jahrhundert als Himmelsfürster Wäschgraben bezeichneten Kunstgraben.

11.6. Das Kehrrad in der Roten Grube

Die Geschichte des Freiberger Bergbaus und die Darstellungen in GEORGIUS AGRICOLAS Buch »De re metallica« (1556) zeigen, daß Wasserräder vom 16. Jahrhundert an die typischen Kraftmaschinen zum Antrieb von Kunstgezeugen, Förderanlagen, Pochwerken, Stoßherden und Hüttengebläsen waren. Typisch für den Bergbau des 16. bis 18. Jahrhunderts waren bis 14 m hohe, hölzerne, meist untertage eingebaute Wasserräder.

Solche sind, wie bei ihrer Bauweise aus Holz nicht anders zu erwarten ist, aus dem 16. bis 18. Jahrhundert nicht mehr erhalten. Wohl aber gibt es aus dem 19. Jahrhundert noch einige hölzerne Wasserräder untertage, die denen aus der Zeit AGRICOLAS konstruktiv so bis ins Detail entsprechen, daß sie als technische Denkmale nicht nur die Freiberger Maschinentechnik ihrer Bauzeit, sondern ebenso oder noch mehr die Maschinentechnik des 16. bis 18. Jahrhunderts repräsentieren. Diese untertägigen Wasserräder sind in den vergangenen Jahrzehnten fotografisch dokumentiert worden (s. Tafelteil, Bilder 30–34, 38–47), werden aber künftig unzugänglich bleiben. Lediglich der Schacht der *Roten Grube* am Roten Weg in Freiberg und die in ihm enthaltenen Räder würden sich verhältnismäßig leicht so erschließen und rekonstruieren lassen, daß Interessenten untertage nicht allein Grubenräume, sondern die historische Maschinentechnik mit Wasserrädern beachtlicher Dimensionen sehen können. Der jetzige Schacht der *Roten Grube* und die in ihm enthaltenen Maschinen sind erst 1856 angelegt worden und dienten bis 1877 dem Vortrieb, dann der Instandhaltung des *Rothschönberger Stollns*, bis 1944 im 2. Weltkrieg eine Bombe das Schachthaus zerstörte und damit die seit 1856 betriebene Kehrrad-Förderanlage außer Betrieb setzte. Obwohl die 1856 erbauten Maschinen in der *Roten Grube* aus der dritten Hauptperiode des Freiberger Bergbaus stammen, können sie als Beispiel für die Maschinentechnik des Freiberger Bergbaus in seiner zweiten Hauptperiode gelten.

Als man ab 1822 neben dem *Alten Tiefen Fürsten Stolln* vom Muldental aus den »Hauptstollnumbruch« im festen Freiberger Gneis auffuhr, wählte man für den neuen Stollnvortrieb ein geringeres Ansteigen (1:2080) als für den alten (1:425). So ergab sich bei 3,5 km Länge

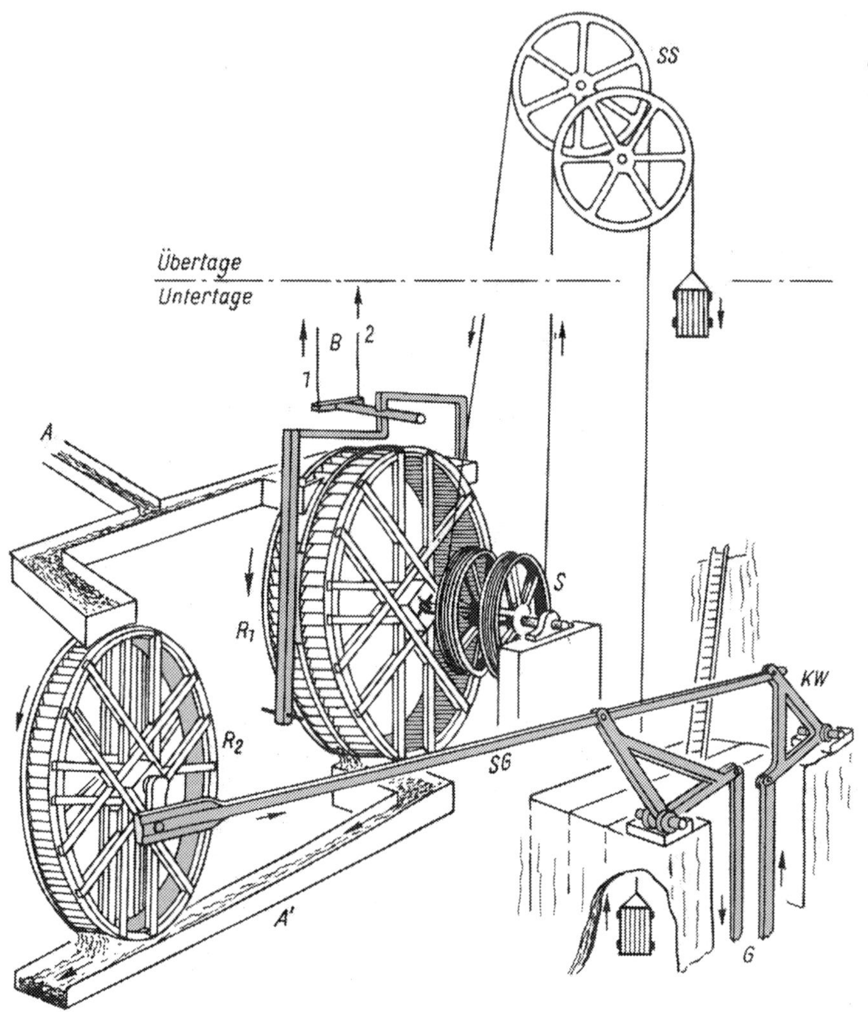

Abb. 49. Schematisches Raumbild der zur Zeit unzugänglichen Maschinerie in der *Roten Grube*

A Aufschlaggerinne, *A'* Abzugsgerinne (Die Schützen sind nicht mit gezeichnet), R_1 Kehrrad, *S* Seilkörbe, *SS* Seilscheiben, *B* Bremsmechanismus (Ziehen von *1* löst die Bremse, Ziehen von *2* betätigt die Bremse). R_2 Kunstrad, *SG* Streckengestänge, *KW* Kunstwinkel (Gußeisen), *G* Schachtgestänge

des Hauptstollnumbruchs in dem 1848 bis 1856 abgeteuften Rote Grube Schacht zwischen dem *Alten Tiefen Fürsten Stolln* und dem *Hauptstolln-Umbruch* ein Niveauunterschied von 7,5 m (Abb. 49). Das auf dem *Alten Tiefen Fürsten Stolln* zufließende Wasser stürzte im Schacht der *Roten Grube* bis auf den Umbruch herab, ließ sich aber noch bis auf etwa 10 m Fallhöhe anstauen, so daß man es dort als Aufschlagwasser für entsprechend hohe Wasserräder nutzen konnte. So baute man in 90 m Tiefe neben dem Schacht 1852 ein Kunstgezeug und nach Errichtung eines hohen, aus Holzfachwerk bestehenden Schachthauses 1856 eine Kehrradanlage als Fördermaschine ein. Das etwa 10 m hohe Kunstrad trieb ein ungefähr 10 m langes Horizontalgestänge an (vgl. Bild 45), das über gußeiserne Kunstwinkel (Bilder 46, 47) die senkrechten Schachtgestänge des Kunstgezeuges in Bewegung setzte. Solange der *Rothschönberger Stolln* nicht vollendet war, hoben die von dem Schachtgestänge betätigten Kolbenpumpen das Wasser aus etwa 200 m Tiefe bis zum Hauptstollnumbruch, auf dem es zusammen mit dem verbrauchten Aufschlagwasser ins Muldental bei Tuttendorf abfloß und dort in den Roten Graben mündete (vgl. Seite 150).

Ein Teil des zufließenden Wassers wurde auf das ebenfalls in 90 m Tiefe neben dem Schacht eingebaute Kehrrad gelenkt. Direkt mit diesem gekoppelt waren zwei etwa 3 m hohe eiserne Seilkörbe, von denen die Förderseile hinauf bis ins Schachthaus, in diesem über Seilscheiben und wieder hinab in den Schacht liefen. So konnte man – betätigt durch übertage angeordnete Hebel mit Seilzügen – mittels des in 90 m Tiefe hängenden Kehrrades die Fördertonnen (mit 0,66 m^3 Inhalt) sogleich bis zutage treiben. Zum Materialtransport war die Kehrradanlage bis 1944 in Betrieb. Mit seiner doppelten Beschaufelung, seiner Höhe von über 10 m, seiner Breite von etwa 2,25 m und seiner aus vier Kanthölzern zusammengesetzten, 80 cm starken Welle entspricht das Kehrrad der *Roten Grube* in seiner Konstruktion und seinen Abmessungen derart der von Agricola 1556 beschriebenen Anlage, daß wir es als ein generelles Beispiel für die bergmännische Maschinentechnik im 16. bis 18. Jahrhundert betrachten dürfen.

Zur Zeit werden die Möglichkeiten geprüft, die hier beschriebenen Maschinen im Schacht der *Roten Grube* zugänglich zu machen, zu restaurieren und in gewissem Maße für die Öffentlichkeit zu erschließen.

12. Technische Denkmale des Halsbrücker Bergbaus aus dem 17. bis 18. Jahrhundert

Als der Bergbau auf dem Thurmhof- und dem Hohe Birke Stehenden Erzgang um 1600 an Bedeutung verlor, kam intensiver Bergbau bei Halsbrücke nördlich von Freiberg auf. Zwar hatte es dort zuvor auch schon Gruben gegeben, aber wohl nur solche geringer Bedeutung. Möglicherweise deutet der Krummenhennersdorfer Vertrag von 1241 schon auf Bergbau bei Halsbrücke hin.

In einer Münzmeisterrechnung von 1438 bis 1442 werden u. a. Gruben *Zum Hals* genannt.

Im 16. Jahrhundert wurden (1547 bis 1548) bei Halsbrücke die Gruben *St. Lazarus Stolln, St. Peters Glück* und *Sieben Brüder Erbstolln* verliehen.

Auch sind schon im 16. Jahrhundert für die Halsbrükker Gruben Stolln vorgetrieben worden. So nahm 1550 Simon Bogner den Betrieb auf dem vermutlich um 1470 begonnenen *Rothenfurther Stolln* wieder auf. Als *Bogners tiefer Stolln zu Rothenfurth* wurde der Stolln in Richtung auf Halsbrücke vorgetrieben. Später änderte sich der Name nach der 1670 verliehenen Grube *St. Anna* in *Anna-Stolln.* Sein jetzt auf den Wiesen unterhalb von Rothenfurth sichtbares Mundloch ist um 1800 angelegt und 1980 vom VEB Bergsicherung Schneeberg restau-

Abb. 50. Übersichtsskizze und technische Denkmale vom Halsbrücker Bergbau des 17. bis 18. Jahrhunderts ▶

(*TD* Technisches Denkmal, *tw. e.* teilweise erhalten, *n. e.* nicht erhalten)

1 Anna-Stollnrösche *(n. e.), 2* Mundloch des *Anna Stollns (TD), 3* Ferdinandschacht *(tw. e.), 4 St. Anna samt Altväter* Huthaus *(TD), 5* Altväter-Brücke *(tw. e.), 6* Kunstgraben, *(tw. e.), 7 Schwarzer Mittag Stolln, (TD) 8 Planer-Stolln, (tw. e.), 9* Isaak-Wäsche *(n. e.)* und Kahnhebehaus *(TD), 10 Beihilfe (tw. e.), 11* Isaak-Kunstschacht *(n. e.)* und *Isaak Stolln (TD), 12* Johannisbruch *(tw. e.), 13* Lorenz Kunstschacht *(n. e.), 14* 8. Lichtloch und *Freudensteinstolln (TD), 15* Wäsche vom *Oberen Neuen Geschrei (TD)* sowie rechts daneben das Huthaus *Rheinischer Wein* und die Wäsche von *Güte Gottes, 16* Roter Graben *(TD), 16'* dessen ehemaliger unterer Teil *(tw. e.), 17* Pingen *Lorenz Gegentrum (tw. e.), 18 Lorenz Gegentrum* 4. Maß Kunst- und Treibeschacht *(n. e.), 19 Lorenz Gegentrum* 8. Maß Kunst- und Treibeschacht *(n. e.), 20* Kunstgraben von *Lorenz Gegentrum, 21 Gnade Gottes* bzw. *König August Erbstolln* bei Falkenberg *(n. e.), 22* Hoffnungschacht der Grube *Oberes Neues Geschrei* mit Aufschlagrösche *(TD), 23 Hosianna Stolln (TD), 24 Löffler Stolln (TD), 25 Alter Tiefer Fürstenstolln* und *Hauptstolln Umbruch (TD), 26* Ludwigschachthalde, *27 Rudolph Erbstolln (TD), 28 Verträgliche Gesellschaft Stolln* und *Thurmhof Hilfsstolln (TD)*

riert worden. Einst führte von dieser Stelle noch eine Rösche das Stollnwasser unter der Mulde hindurch auf das linke (Großschirmaer) Ufer des Flusses. Auch Martin Planer begann um 1570 etwa 200 Meter oberhalb der Altväterbrücke einen Stollnvortrieb, den *Kurfürst zu Sachsen Tiefer Erbstolln*, später *Planerstolln*, der allerdings keine Bedeutung erlangte. Besonders intensiv aber wurde der Bergbau bei Halsbrücke ab 1602 bis 1746 betrieben. Die dortigen Gruben förderten in dieser Zeit Erz mit 417 266 (Gewichts-)Mark = fast 100 t Silber.

Der wichtigste Erzgang bei Halsbrücke ist der etwa 7 km in OSO-WNW-Richtung verfolgbare, streckenweise aus mehreren Gangtrümern bestehende und bis etwa 6 m mächtige, zur fluorbarytischen Bleierzformation gehörende Halsbrücker Spat, der mehrfach unter dem Muldenbett hindurch streicht.

Der Halsbrücker Spatgang und seine Nebentrümer sind zwar nicht sehr erzreich, aber die große Gangmächtigkeit hat in den Halsbrücker Gruben untertage besonders große Abbauräume zur Folge gehabt, nach deren Einbruch der Verlauf des Halsbrücker Spatganges übertage durch zahlreiche langgestreckte und tiefe Pingen nachgezeichnet wurde (Abb. 50). So ist 1662 die Grube *St. Johannes* eingebrochen, wobei vier Bergleute den Tod fanden. Von dem 1709 erfolgten völligen Ein-

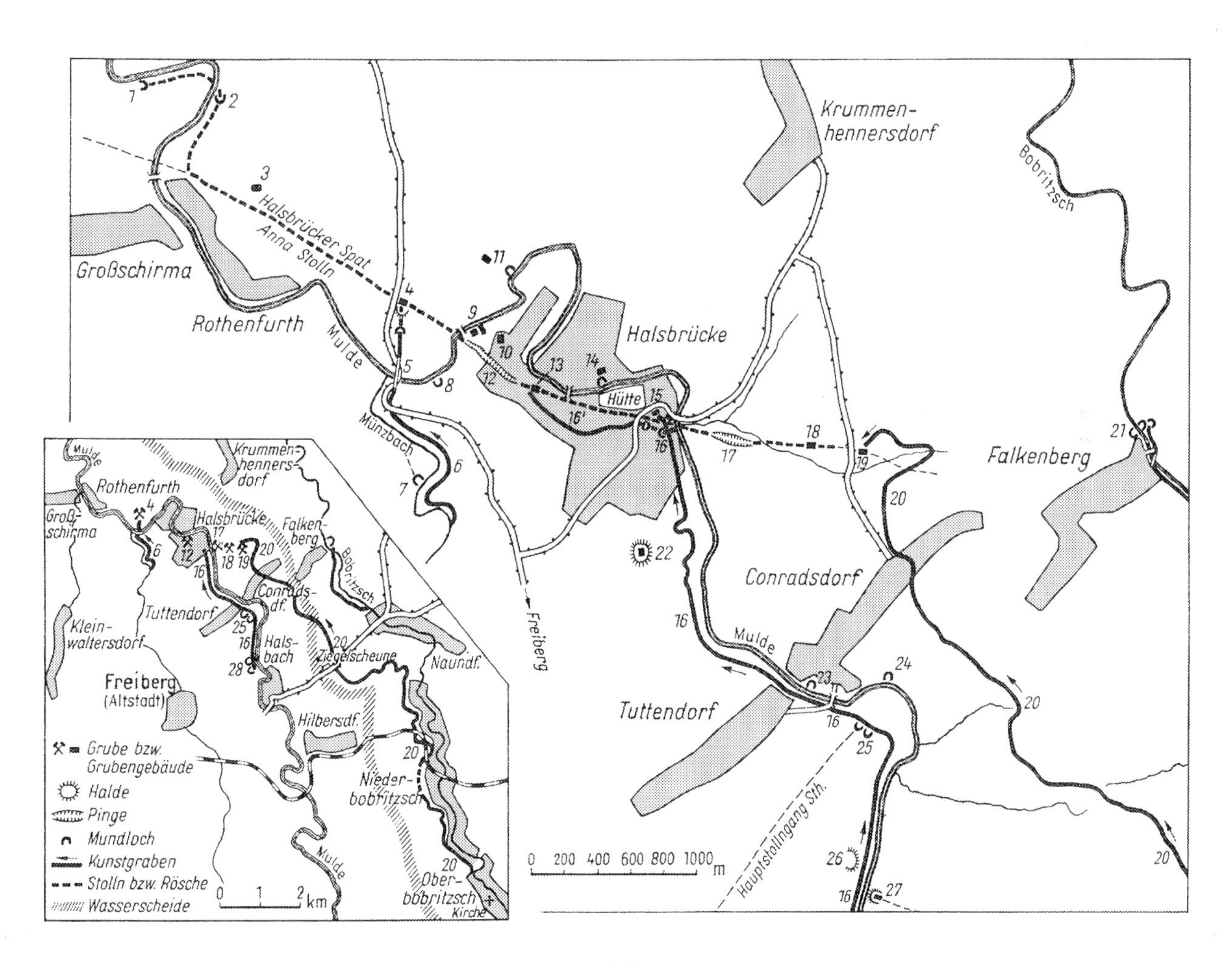

bruch der Grube *St. Johannes* zeugte lange Zeit die über 100 m tiefe, dem Streichen des Ganges entsprechend gestreckte Pinge des sogenannten Johannesbruches. Nachdem dieser über lange Zeit hindurch mit Haldenmassen verfüllt worden ist, läßt sich heute nur noch ein kleiner Rest dieser einst imposanten Pinge erkennen.

Die alten Bergleute bezeichneten das auf der gegenüberliegenden Seite eines Tales gelegene Teilstück eines Erzganges als Gegentrum. Da westlich der Mulde auf dem Halsbrücker Spatgang die Grube *St. Lorenz* betrieben wurde, nannte man das bei Halsbrücke östlich der Mulde in Richtung Conradsdorf gelegene Teilstück des Halsbrücker Spatganges »Lorenz-Gegentrum«. Auch hier hat von etwa 1620 bis 1780 lebhafter Bergbau stattgefunden, und mit etwa 500 Mann Belegschaft wurde eine Tiefe von 300 Metern erreicht. Klüftiges Nebengestein ließ um 1780 Muldenwasser in solch starkem Maße in die Grubenbaue eintreten, daß der Betrieb eingestellt werden mußte. Heute sind Haldenreste und zum Teil aufgefüllte Pingen (s. Tafelteil, Bild 95) Zeugen des alten Bergbaus auf *Lorenz-Gegentrum* und markieren hier den Verlauf des Halsbrücker Spatganges (Abb. 50).

Der Halsbrücker Bergbau bestätigt auch die für die älteren Perioden formulierte These, daß Hütten stets am Ort der Wasserkraft, aber auch nahe an den erzliefernden Gruben angelegt wurden, denn im Jahre 1612, also zu Beginn des Aufschwungs des Halsbrücker Bergbaus, errichteten die Gruben *St. Lorenz* und *Rheinischer Wein* eine Schmelzhütte, aus der 1663 die kurfürstliche Halsbrücker Hütte hervorging. Diese bekam später Bedeutung für das gesamte Freiberger Revier (vgl. Abb. 31 und Seite 77).

Durch die Lage im Muldental hatten die Halsbrücker Gruben stets viel Grundwasser zu heben. Deshalb erlangte im 18. Jahrhundert der Bau von Kunstgezeugen, Stolln und wasserwirtschaftlichen Anlagen auch für den Halsbrücker Bergbau besondere Bedeutung. So erreichte der Vortrieb des *Rothenfurther Stollns* (späteren *Anna-Stollns*) vor 1700 die Halsbrücker Gruben, lag hier allerdings (bei etwa 3 km Entfernung vom Mundloch) nur etwa 10 m unter dem Niveau der Mulde. Mit Abzweig von der Mulde nordöstlich Freibergs wurde um 1612 bis 1613 der über 4 km lange Rote Graben links des Flusses angelegt, der den Gruben und der Halsbrücker Hütte Aufschlagwasser in einem Niveau von mehr als zehn Meter über dem Muldenspiegel lieferte. Heute beginnt der nach starken Eisenhydroxid-Ausscheidungen benannte Rote Graben (s. Tafelteil, Bild 96) am Mundloch des *Verträgliche Gesellschaft Stollns* (s. Tafelteil, Bild 170) mit dessen Grubenwasser, führt zwischen dessen Huthaus und dem Mundloch des *Thurmhofer Hilfsstollns* (Bild 171) durch und an den Mundlöchern des *Hauptstolln Umbruchs* und des *Alten Tiefen Fürsten Stollns* vorbei nach Halsbrücke. Kurz vor seinem übertägigen Ende gabelt er sich in einen Teil, der in ein Röschenmundloch (s. Tafelteil, Bild 152) und einen anderen, der zur ehemaligen Wäsche der Grube *Oberes Neues Geschrei* und weiter zur Hütte fließt. Früher führte der Graben weiter bis ins Gebiet der Grube *Beihilfe*, wie der Bergmannsweg in Halsbrücke noch erkennen läßt, der dem Verlauf des zugeschütteten Roten Grabens am Hang folgt.

Für die rechts der Mulde gelegenen Gruben, insbesondere für die Schächte auf dem *Lorenz-Gegentrum*, zweigte man in den Jahren 1631 bis 1634 bei Oberbobritzsch einen Kunstgraben von der Bobritzsch ab, führte ihn am linken Bobritzschtalhang entlang und bei Falkenberg–Conradsdorf über die Wasserscheide ins Gebiet von Lorenz Gegentrum. Von diesem etwa 15 km langen Graben sind heute nur noch Reststücke im Gebiet des Bobritzschtales bei Naundorf undeutlich im Landschaftsrelief zu erkennen (Abb. 50).

Die bedeutendste wasserwirtschaftliche Anlage des Halsbrücker Bergbaus war die Altväterbrücke. Die seit 1670 bestehende Grube *St. Anna samt Altväter* hatte ihren Schacht rechts der Mulde in der Nähe der Straße nach Bieberstein, wo heute noch, wenn auch umgebaut, das wohl im 17. oder 18. Jahrhundert errichtete Huthaus steht. Der Förderung diente ein Pferdegöpel (Abb. 51), der Wasserhebung ein Kunstgezeug. Da rechts der Mulde Aufschlagwasser nicht verfügbar war, mußte man der Grube das Wasser quer über das Muldental zuführen. Man hatte wohl um 1610 für die Grube *St. Lorenz* im Münzbachtal, beginnend etwa 1,5 km oberhalb von dessen Mündung, am rechten Talhang einen Kunstgraben angelegt, der 14 m über dem Spiegel der Mulde das Muldental erreichte. Um diese Wasser der nördlich der Mulde gelegenen Grube

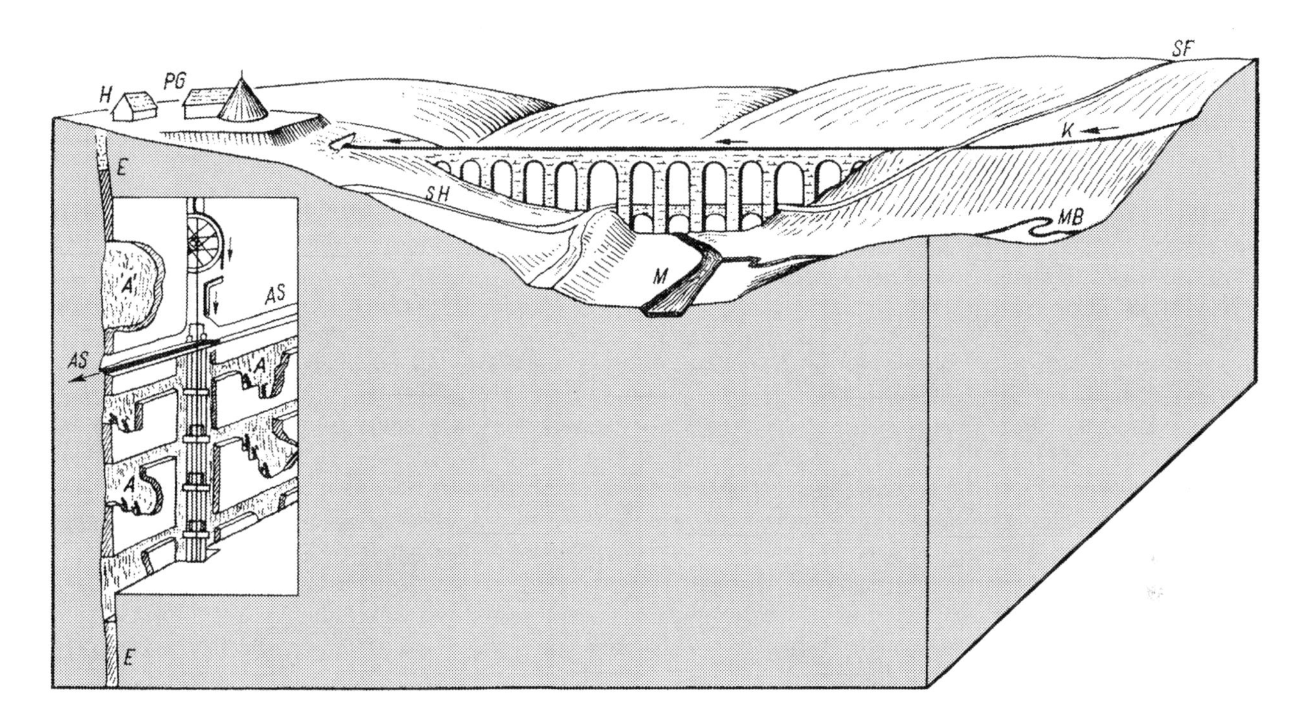

Abb. 51. Bergbaulandschaft und Untertage-Situation der Grube *St. Anna samt Altväter* mit der Altväterbrücke bei Halsbrücke–Rothenfurth

Übertage:
K Kunstgraben aus dem Münzbachtal, *H* Huthaus und *PG* Pferdegöpel der Grube *St. Anna samt Altväter.*
Die stark ausgezogene Linie und die Pfeile markieren den Wasserlauf, *SF* Straße nach Freiberg, *SH* Straße nach Hohentanne (alte Meißener Straße)
Untertage:
E–E Erzgang (Halsbrücker Spat), *A'* alter Abbau oberhalb der Stollnsohle, *AS Anna Stolln, A* Abbau unterhalb der Stollnsohle, Im Schacht: Kunstrad und Kunstgezeug, das das Wasser aus den Grubenbauen unter dem *Anna Stolln* bis auf dessen Niveau hebt, um es auf ihm abfließen zu lassen

St. Anna samt Altväter zuzuführen, baute man von Juni 1686 bis 1715 einen Aquädukt. Neben den Pfeilern der aus dem 16. Jahrhundert stammenden Straßenbrücke über die Mulde errichtete man höhere Pfeiler, die Bruchsteingewölbebogen trugen. Ehe die Brücke ganz aus Stein errichtet war, leitete man auf ihr, wie eine Ausbeutemedaille von 1690 zeigt, Aufschlagwasser zum Teil auch durch ein Gerinne auf Holzböcken. Diese wurden bis 1715 nach und nach durch massive Gewölbebögen ersetzt. Schließlich bestand der 188,5 m lange Aquädukt aus zwölf Steinbogen mit 10 bis 14 m Spannweite und maximal 24 m Höhe. Er galt schon zur Bauzeit als Meisterwerk der Technik, denn die Ausbeutemedaille von 1690 trägt den Spruch

»WAS MENSCHEN-HAND
DURCH GOTT THUN KANN,
DAS SIEHT MAN HIER
MIT WUNDER AN«.

Das über die Brücke geleitete Wasser trieb im Schacht der Grube ein Kunstrad an und floß mit dem gehobenen Grundwasser auf dem *Anna Stolln* ab. Der Bau der Altväterbrücke fällt in die Blütezeit der Grube: Die *St. Anna samt Altväter Fundgrube* hat von 1672 bis 1752 für 605 010 Taler Erz geliefert. Im Jahre 1709 wurden elf

Gruben bei Halsbrücke zum »Halsbrücker Vereinigt Feld« zusammengelegt. Dieses kam 1747 zum Erliegen, nachdem man das Erz bis in etwa 260 m Tiefe abgebaut, dann jedoch Schwierigkeiten mit Grundwasser bekommen hatte und ein Zusammenbruch der großen Abbauhohlräume erfolgt war. Im Jahre 1752 stellte auch die Grube *St. Anna samt Altväter* ihren Betrieb ein. Der Aquädukt lieferte dann 1767 bis 1795 noch dem *Isaak Erbstolln* Aufschlagwasser für ein Kunstgezeug. In der Folgezeit hielt man die Altväterbrücke für eventuelle weitere Benutzung instand, bis starke Bauschäden den Abbruch der Brücke im September 1893 veranlaßten. Heute ermöglicht eine Zusammenschau der Kunstgrabenreste, der Straßenbrücke mit den unteren Teilen der Aquäduktpfeiler und des hoch am Hang gelegenen Huthauses eine gewisse Vorstellung dieses einstigen Wunderwerkes des Freiberger Bergbaus.

In der näheren und weiteren Umgebung von Halsbrücke hat es noch mehrere kleine Gruben gegeben, die verschiedene weniger bedeutende Erzgänge abgebaut haben und deren Stollnmundlöcher erhalten und bemerkenswerte Denkmale sind. An der Mulde nördlich der Halsbrücker Hütte finden wir an dem rund gewölbten Mundloch des Freudensteinstollns die Jahreszahl 1769, die älteste Datierung eines Mundlochs im Freiberger Revier (s. Tafelteil, Bild 97). Die heute weitestgehend unleserliche Inschrift nennt den November 1769 und den Kurfürst Friedrich August, hat also offenbar nichts zu tun mit einem anderen Ereignis aus der Geschichte des Stollns. Am 12. Mai 1769, einen Tag nach der Huldigung für den Kurfürsten, wurden dieser und seine Gemahlin von Bergmeister von Trebra in den Stolln bis zum dortigen Kunstgezeug geführt. Der 1789 bis 1798 und erneut 1811 bis 1813 betriebene *Hosianna Stolln* bei Conradsdorf (s. Tafelteil, Bild 97) hat – wohl typisch für eine kleine Eigenlöhnerzeche – ein kleines nicht gewölbtes Mundloch mit einfacher Deckplatte aus dem Jahre 1789. Der *Isaak Stolln* (s. Tafelteil, Bild 1) ist überhaupt bloß aus dem festen Fels ausgehauen und benötigte keinerlei Mauerung. Fachlich einwandfreie Arbeit der Grubenmaurer lassen das wohl um 1850 angelegte elliptisch gewölbte Mundloch des *Löfflerstollns* bei Conradsdorf und das mit Korbbogen gewölbte Mundloch des *Schwarzen Mittag Stollns* der Grube *Neu komm Glück mit Freuden* im Münzbachtal erkennen.

Im Muldental, aber näher an Freiberg und nahe an der im 19. Jahrhundert wichtigen Grube *Himmelfahrt*, lag der *Rudolph Erbstolln*, von dem heute am unteren Ortsende von Halsbach Halde und Huthaus erhalten sind. Diese Grube nutzte im 18. Jahrhundert die Energie des Muldenwassers durch ein westlich des Flusses angeordnetes Wasserrad, an dem ein Feldgestänge angeschlossen war und die Bewegung über den Fluß und in das Stollnmundloch der Grube übertrug.

In der östlichen Fortsetzung des Halsbrücker Spatganges bestand bei Falkenberg im 17. bis 18. Jahrhundert die Grube *Gnade Gottes*, an gleicher Stelle ab 1715 die kurfürstliche Grube *König August Erbstolln*. Auf seiner Reise durch Sachsen im Jahr 1711 hat Zar Peter der Grosse in dieser Grube vor Ort mit Schlägel und Eisen gearbeitet. Auch dies bezeugt, daß sie gerade in jener Zeit – wenn auch kurzfristig – gewisse Bedeutung erlangt hat. Als technisches Denkmal dieser Grube sind Reste des Kunstgrabens von 1704 erhalten.

Als die alten Halsbrücker Berggebäude im Laufe des 18. Jahrhunderts an Bedeutung verloren, fand der Bergbau auf dem Halsbrücker Spatgang historisch und regional seine Fortsetzung nach Westnordwest durch den Aufschwung der Grube *Churprinz* in Großschirma. Erst ab 1861 begann auch in Halsbrücke selbst wieder Bergbau durch den neuen Schacht der Grube *Beihilfe*, der wenig nördlich des Johannesbruches abgeteuft wurde (vgl. Seite 189). Auch beim Bau des *Rothschönberger Stollns* 1844 bis 1877 spielte der alte Bergbau von Halsbrücke eine wichtige Rolle (vgl. Seite 191).

13. Technische Denkmale der dritten Hauptperiode des Freiberger Bergbaus aus dem 18. bis 19. Jahrhundert

Für die Zeit von etwa 1780 bis 1870 waren – der allgemeinen Entwicklung der Produktivkräfte zur Zeit der Industriellen Revolution gemäß – für den Freiberger Bergbau größere Gruben typisch. Sie waren meist aus dem Zusammenschluß älterer kleinerer entstanden, bauten nun in einem großen Grubenfeld zahlreiche Gänge ab, besaßen deshalb meist auch mehrere Schachtanlagen und mußten für die neue Technik des 19. Jahrhunderts auch neue Gebäude errichten. Sie hatten nun meist mehrere hundert Mann Belegschaft und setzten neben den traditionellen Wasserrädern ab 1820 Wassersäulenmaschinen und ab 1844 Dampfmaschinen ein. Da die alten Schächte meist weiterverwendet wurden, blieben neben den Neuanlagen oft auch Bauwerke aus älterer Zeit erhalten. Damit repräsentiert die gegenwärtig sichtbare Bausubstanz nicht nur das 18. bis 19. Jahrhundert, sondern bezeugt oft auch ältere Perioden der Freiberger Bergbaugeschichte.

Von 1870 bis zur Stillegung des Freiberger Bergbaus 1913 sind der damaligen wirtschaftlichen Lage der Gruben entsprechend nur wenig moderne technische Anlagen errichtet worden. Die Denkmale bezeugen damit im wesentlichen den Zustand der Gruben um die Mitte des 19. Jahrhunderts.

Die folgende Darstellung behandelt die Gruben in lockerer chronologisch-regionaler Gliederung.

13.1. Die Segen Gottes Herzog August Fundgrube in Zug bei Freiberg

Die seit 1612 bekannte Grube ist nach dem Bruder des Kurfürsten Johann Georg I., dem 1589 als zweiten Sohn des Kurfürsten Christian I. geborenen »Herzog« August, benannt. Sie lieferte im 19. Jahrhundert bei etwa 200 Mann Belegschaft vor allem in der Zeit von 1830 bis 1854 Ausbeute und wurde 1898 eingestellt. Neben der Halde des alten Handhaspelschachtes steht das niedrige, langgestreckte Huthaus (s. Tafelteil, Bild 113), nach Größe und Bauform typisch für das 18. Jahrhundert (1785?). Noch um 1900 besaß es ein Strohdach und teilweise Holzfachwerk.

Mit dem schräg gegenüberliegenden Huthaus des *Kurfürst Johann Georg Stolln* (s. Tafelteil, Bild 112, um 1700?), dem Huthaus Daniel (s. Tafelteil, Bild 111; vgl. auch S. 133) und den umliegenden Halden bezeugt das Huthaus *Herzog August* noch ein Stück der für das 18. Jahrhundert typischen Bergbaulandschaft (vgl. Abb. 46). Das quadratische Pulverhaus der Grube *Herzog August*, dem Huthaus südöstlich gegenüber auf einer alten Halde gelegen, ist heute zu einem Gartenhaus umgebaut, dessen Architektur fragwürdig ist.

Vor 1790 begann man 1 km nördlich des Huthauses in der Fortsetzung des Gangzuges mit dem Abteufen des

Herzog August Neuschachtes, dessen Halde an der Glückaufstraße im Wohngebiet Seilerberg noch erhalten ist. Der Schacht diente als Lichtloch sowohl dem Vortrieb des *Moritzstollns* um 1800 wie auch dem des *Rothschönberger Stollns* um 1850. Die Halde und das zugehörige runde Pulverhaus neben der Gaststätte Seilerberg (s. Tafelteil, Bild 114) sind heute noch Zeugnis dafür, daß die Grube *Segen-Gottes-Herzog-August* im 19. Jahrhundert in diesem Gebiet untertage Erz abgebaut hat.

Der Hauptschacht der Grube war allerdings seit langer Zeit der etwa 200 m südlich des Huthauses gelegene Dreibrüderschacht. Seine große und hohe Halde mit dem Mauerwerk einer Erzverladeanlage links der Haldenauffahrt ist typisch für den maschinellen Förderbetrieb des 18. bis 19. Jahrhunderts. Mit dem Anschluß des Schachtes an den *Moritzstolln* baute man 1823 bis 1824 in etwa 126 bis 148 m Tiefe ein Kehrrad und ein Kunstrad ein und errichtete für die Förderanlage übertage ein Wassergöpel-Treibehaus. Der Schacht war fast senkrecht, aber zweimal geknickt und etwa 390 m tief. In ihm führte 1831 Ferdinand Reich, der Professor für Physik an der Bergakademie, seine berühmten Fallversuche zum Nachweis der Achsendrehung der Erde durch.

Das mit Krüppelwalmdach und Wächtertürmchen architektonisch gut wirkende Treibehaus (s. Tafelteil, Bild 115) mußte 1913 bis 1914 dem für das Kavernenkraftwerk erforderlichen neuen Schachtgebäude weichen. In der architektonischen Gestaltung und seiner landschaftlichen Wirkung ist das neue Gebäude dem alten deutlich nachempfunden (s. Tafelteil, Bild 116). Erhalten ist daneben das um 1820 erbaute Scheidebankgebäude.

Von 1915 bis 1972 war der Dreibrüderschacht das »Unterwerk« des Kavernenkraftwerkes (Abb. 52). Hier floß in etwa 135 m Tiefe vom Constantinschacht aus auf dem *Moritz Stolln* Wasser einem Gesenk zu, fiel in diesem in Rohrleitungen bis in 272 m Tiefe und betrieb in einem neben dem Schacht gelegenen Maschinenraum vier 800-PS-Hochdruck-Freistrahl-Turbinen mit je einem 60-kVA-Generator, also zusammen etwa 2,4 Megawatt Leistung. Die Untertage-Räume des Kavernenkraftwerkes sind nicht mehr zugänglich. Um so wichtiger ist die Bedeutung des Schachthauses des Dreibrüderschachtes als technisches Denkmal für das erste Kavernenkraftwerk der Welt, das in die Tradition solcher großer moderner Anlagen wie des Pumpspeicher- und Kavernenkraftwerks Markersbach/Erzgebirge gehört. Der Dreibrüderschacht dokumentiert den ersten gesellschaftlichen Funktionswechsel des insgesamt als technisches Denkmal zu bewertenden Systems der bergmännischen Wasserwirtschaft von der Kammregion des Osterzgebirges bis Rothschönberg bei Meißen.

13.2. Die Junge Hohe Birke Fundgrube in Zug, Ortsteil Langenrinne

Die *Junge Hohe Birke Fundgrube*, schon 1597 im Münzbachtal verliehen und besonders in der Zeit von 1742 bis 1754 ertragreich, hat nicht nur das 1703 erbaute große Huthaus hinterlassen, das im südlichen Teil des Erdgeschosses die Bergschmiede mit sechs Schmiedefeuern enthielt (s. Tafelteil, Bild 110). Sie war auch im 19. Jahrhundert eine bedeutende Grube. Davon zeugt besonders die große, an der Straße Freiberg–Berthelsdorf gelegene Halde. Diese trug früher architektonisch und maschinentechnisch bemerkenswerte Anlagen (Abb. 53). Im Jahre 1788 legte der Kunstmeister J. Fr. Mende im Niveau der Halde über dem Schacht ein Kunstrad und ein Kehrrad an, deren Radstuben mit dem Schachtgebäude eine repräsentative symmetrische Baugruppe bildeten. Die Zuführung des Aufschlagwassers ist im umliegenden Gelände heute noch ablesbar (Abb. 53). Von den ehemaligen Zuger Wäschen bzw. der *Kröner Fundgrube* her kommend trat das Aufschlagwasser auf der westlichen Seite des Münzbachtales aus einer Rösche und wurde etwa 420 m in dem vom Berthelsdorfer Hütteneich abgeleiteten Junge Hohe Birke Kunstgraben geführt, der noch heute – wenn auch verrohrt – Wasser nach Freiberg leitet. Anfangs (1788) wurde das Wasser in einem Gerinne auf Holzböcken, seit 1845 auf einem Damm aus Bruchsteinmauerwerk und über eine große Münzbach-Überwölbung auf die Halde der *Jungen Hohen Birke* geführt, wo es die Räder antrieb und danach in den Münzbach abfloß, bis es 1844 bis 1845 sogleich in den damals neu gebauten Himmelfahrter Kunstgraben eingespeist wurde, der heute noch das Wasser zum Teich am Abrahamschacht führt.

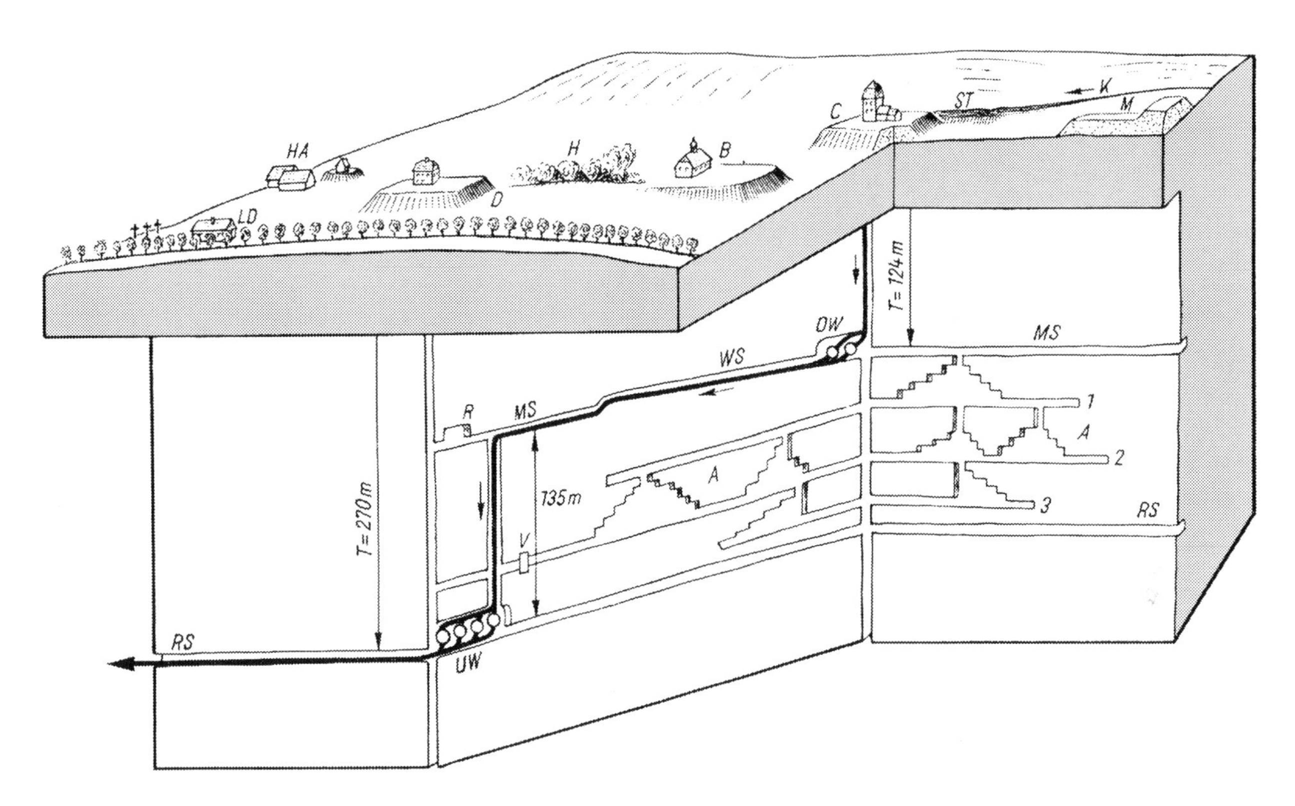

Abb. 52. Bergbaulandschaft und Untertageanlagen im Bereich der Grube *Herzog August* und des Untertagekraftwerks

Übertage:
K Hohbirker Kunstgraben, *M* Halde vom Mendenschacht (Zugspitze), *ST* Sammelteich, *C* Constantinschacht, *B* Huthaus Beschert Glück, *H* alte kleine Halden auf dem Rosenkränzer Gangzug, *D* Dreibrüderschacht, *HA* von links nach rechts: Huthaus vom *Kurfürst Johann Georg Stolln,* Huthaus und Pulverhaus von *Herzog August Fundgrube, LD* Gasthof Letzter Dreier, davor Fernverkehrsstraße Freiberg–Brand.

Untertage:
T Tiefenangaben von Sammelteich bzw. Haldenoberfläche aus, *A* Abbaue, *1, 2, 3:* erste, zweite, dritte Gezeugstrecke, *MS Moritzstolln, WS* Wasserstrecke, *R* alte Radstube des Dreibrüderschachts, *RS Rothschönberger Stolln, OW* Oberwerk mit zwei Turbinen und Generatoren, *UW* Unterwerk mit vier Turbinen und Generatoren, *V* Verspünden, um Wasser aus den Abbauen vom Dreibrüderschacht fernzuhalten. Die stark ausgezogene Linie mit Pfeilen gibt den untertägigen Lauf des Wassers an (In Anlehnung an Angaben bei Moschner 1970)

Im Jahre 1870 ersetzte man das Kehrrad der damals mit 270 Mann belegten und rund 400 m tiefen *Jungen Hohen Birke* durch eine Dampfförderanlage mit der typischen Höhenstaffelung von Kesselhaus, Maschinenhaus und Schachthaus. Im Jahre 1893 wurde die nun 564 m tiefe Grube durch einen Preissturz des Silbers unrentabel, trotz noch vorhandenen Erzes stillgelegt und die Schachtanlage abgebrochen.

Im 19. Jahrhundert gehörte zur *Jungen Hohen Birke* auch das Grubenfeld der um 1580 verliehenen und bis um 1800 selbständigen Grube *Prophet Jonas.* Von dieser ist etwa 500 m südlich der *Jungen Hohen Birke* am Westhang des Tales das durch Aufstockung allerdings völlig untypisch gewordene Huthaus erhalten. Im 19. Jahrhundert diente ihr vor dem Huthaus gelegener 525 m tiefer Schacht der *Jungen Hohen Birke* als Kunstschacht. Er wurde 1852 untertage mit einer von Oberkunstmeister Braunsdorf konstruierten Wassersäulenmaschine

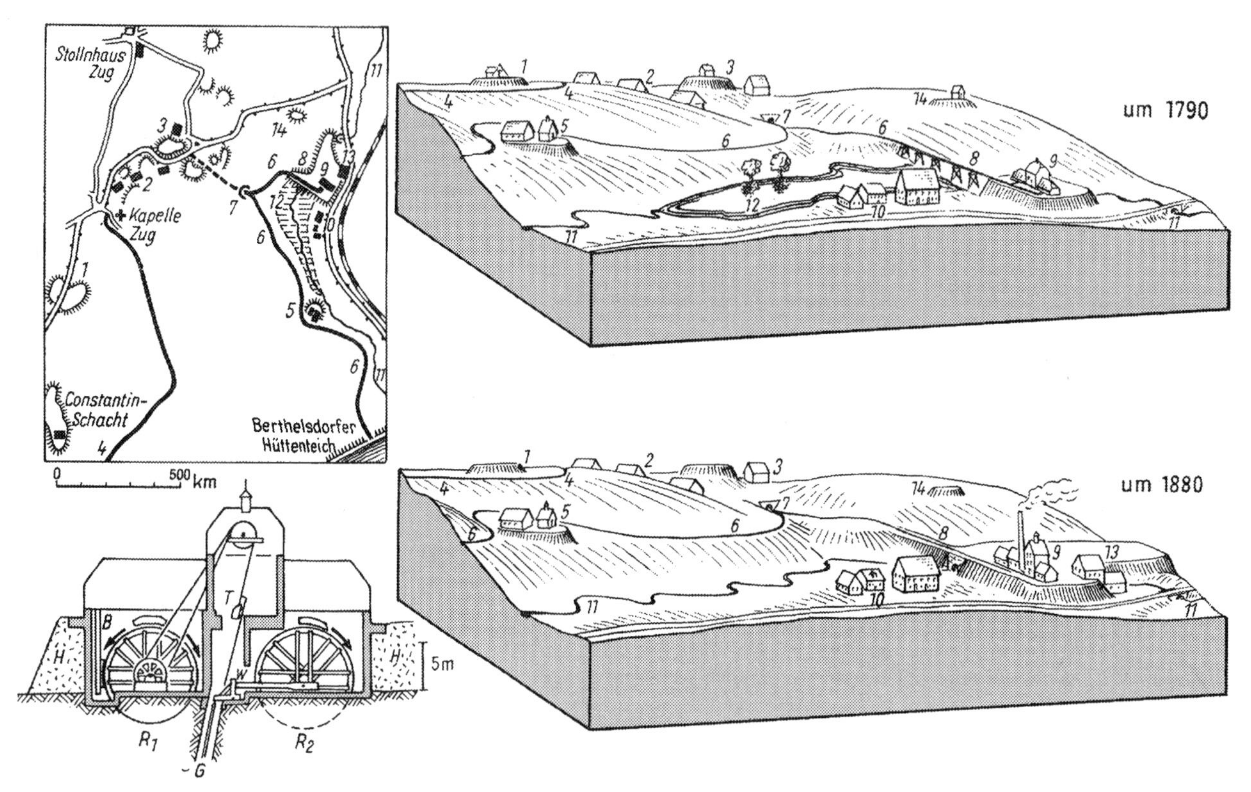

ausgerüstet, übertage mit einer kleinen massiven Schachtkaue versehen.

Im Jahre 1871 übernahm die Grube *Junge Hohe Birke* die wirtschaftlich schwach gewordene Grube *Friedrich am Rammelsberg* südlich von Hilbersdorf. Dort hatte man 1856 an dem damals 215 m tiefen Theodor Richtschacht eine Dampfförderanlage errichtet, von der Reste ebenso wie das Huthaus und ein Stollnmundloch im Bobritzschtal erhalten sind. Größere Bedeutung hat der Betrieb dieser Grube jedoch nur in dem ertragreichen Jahr 1867 erlangt.

13.3. Die Neue Hoffnung Gottes Fundgrube bei Bräunsdorf und benachbarte Gruben

Die bedeutendste Grube im Striegistal etwa 10 km westlich von Freiberg war die Fundgrube *Neue Hoffnung Gottes* bei Bräunsdorf. Dieser Ort war ursprüng-

Abb. 53. Die *Junge Hohe Birke* im Lageplan *(links oben)*, zwei Raumbilder *(rechts)* und Profil der alten Maschinenanlage *(links unten)*
(*TD* technisches Denkmal, *n. e.* nicht erhalten, *tw. e.* teilweise erhalten)
1 Obergöpelschacht der *Hohen Birke*, (Halde = *TD*), *2* die drei Zuger Wäschen *(n. e.)*, *3* Kröner-Halde und Huthaus *(TD)*, *4* der Hoh Birker Kunstgraben *(TD)*, *5* Prophet Jonas, Huthaus und Kunstschacht *(tw. e.)*, *6* Jung Hoh Birker Kunstgraben *(tw. e.)*, *7* Mundloch der Kröner-Abzugsrösche *(TD)*, *8* Kunstgrabenüberführung über den Münzbach, um 1790 auf Holzböcken *(n. e.)*, ab 1845 auf Damm mit Brücke *(TD)*, *9* Förderanlage der *Jungen Hohen Birke*, um 1790 Wassergöpel (vgl. *links unten*), ab 1870 Dampfförderanlage *(n. e.)*, *10* von oben nach unten im Lageplan bzw. rechts nach links in den Blockbildern: Huthaus *(TD)*, Obersteigerwohnhaus *(TD)*, Markscheiderei *(TD)*, *11* Münzbach, *12* Teich »Hüttenpfütze« *(n. e.)*, *13* Scheidebank und Wäsche *(n. e.)*, *14* Halde der Grube *Tobias*
In der Skizze *links unten*: R_1 Kehrrad als Fördermaschine, *B* Bremsbalken, *T* Fördertonne, R_2 Kunstrad, *W* Kunstwinkel, *G* Pumpengestänge im Schacht, *H* Halde

lich ein Bauerndorf, ist aber im Dreißigjährigen Krieg fast völlig untergegangen. Bei seiner Wiederbelebung nach dem Krieg spielte der Bergbau eine solche Rolle, daß dies noch heute im Ortsbild deutlich ist. Im Ort gibt es seit jener Zeit zahlreiche Häuslerstellen. Der große Anteil der Bergleute an der Bevölkerung von Bräunsdorf hat außerdem mit dem Zechendorf (s. Tafelteil, Bild 117) eine eigenständige Bergmannssiedlung entstehen lassen (Abb. 54). Sie besteht aus einer Anzahl kleiner Häuslergrundstücke, die am Osthang des Striegistales in dichter Reihung quer zum Tal angeordnet sind. Vor einiger Zeit hatten die meisten dieser Häuser Fachwerk aus dem 18. bis 19. Jahrhundert. Trotz der inzwischen erfolgten Umbauten ist das Zechendorf – schon mit seinem Namen – ein besonders typi-

Abb. 54. Kartenskizze der wichtigsten Bergbauanlagen bei Bräunsdorf und Riechberg an der Striegis

(*TD* technisches Denkmal, *n. e.* nicht erhalten, *tw. e.* teilweise erhalten)
1 Huthaus *(TD)* und Obere Wäsche *(n. e.)* der Grube *Neue Hoffnung Gottes* sowie Gebiet der Kunstschächte *(n. e.)*, *2* Untere Wäsche der *Neuen Hoffnung Gottes (n. e.)*, *3 – 3* Bergwerkskanal *(tw. e.)*, *4 – 4* Unterer Kunstgraben der *Neuen Hoffnung Gottes*, am unteren Ende quer zum Tal und auf Holzböcken (vgl. Abb. 55) *(n. e.)*, *5 – 5* Oberer Kunstgraben der *Neuen Hoffnung Gottes (tw. e.)*, *6 – 6* Kunstgraben der Grube *Verträgliche Gesellschaft (n. e.)*, *7* Halden und Kunstteiche dieser Grube im Ort Bräunsdorf *(tw. e.)*, *8* Halden und Huthaus der Grube *Siegfried (tw. e.)*, *9 – 9* Kunstgraben der Grube *Siegfried* mit Aufschlagrösche zum Kunst- und Treibeschacht *(n. e.)*

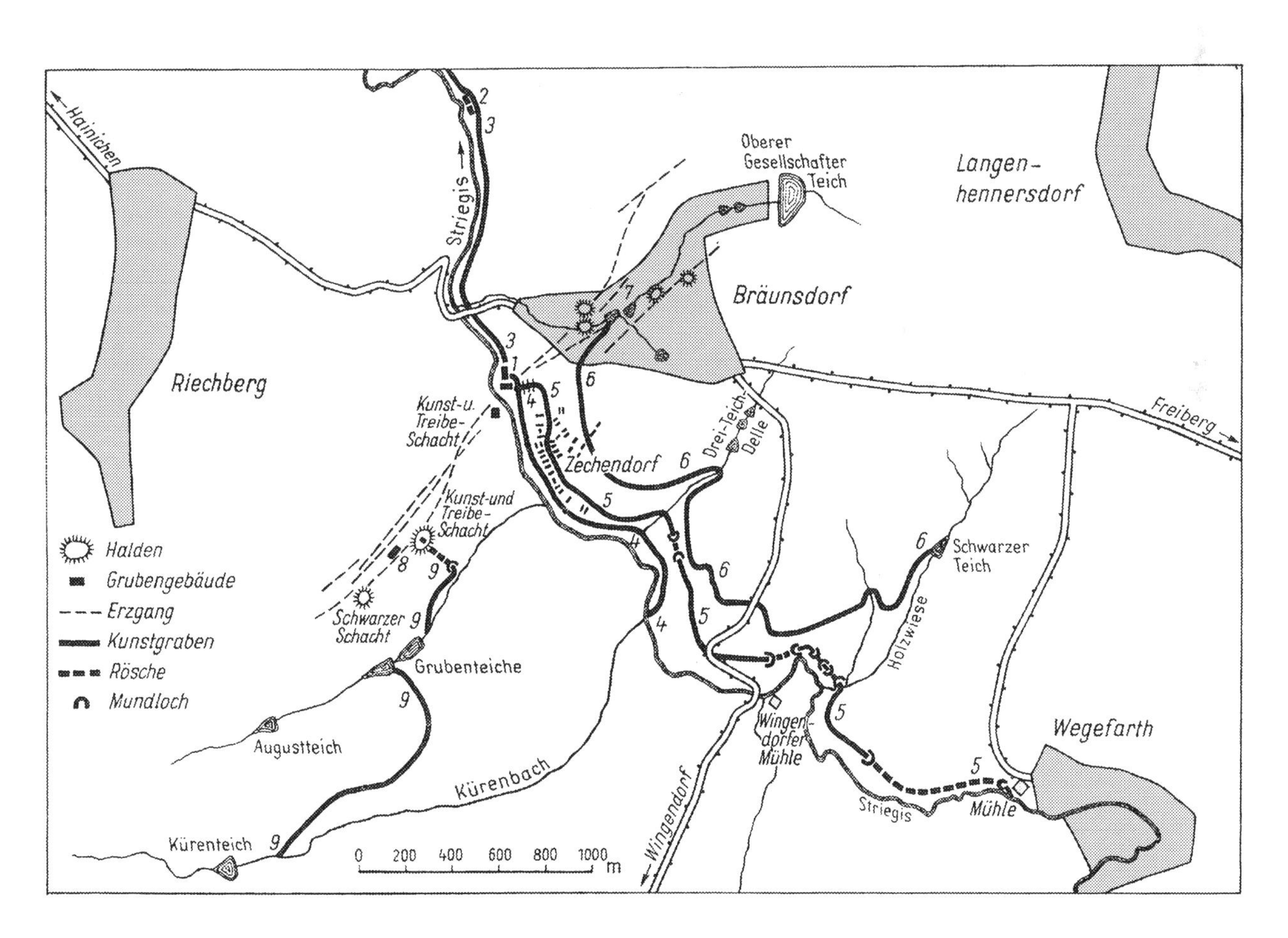

sches Beispiel für den Einfluß des Bergbaus auf die Sozialstruktur und bauliche Überlieferung eines Dorfes im Freiberger Revier.

Die Bräunsdorfer Gänge, insbesondere der Neue Hoffnung Gottes Stehende und der Neue Segen Gottes Stehende, lieferten zum Teil reiche Silbererze und hatten einen gewissen Goldgehalt, zeitweise sogar in gewinnbarer Höhe.

Erster Bergbau soll schon im 14. Jahrhundert betrieben worden sein, aber damals auch sein Ende gefunden haben. Im 16. Jahrhundert, als andernorts der Bergbau wieder aufkam, war das in Bräunsdorf offenbar nicht der Fall. Erst im Jahre 1664, nach anderer Quelle 1673, begann der Besitzer des Rittergutes, der Leipziger Jurist Dr. ROMANUS TELLER, bei Bräunsdorf wieder mit dem Bergbau. Damals und im 18. Jahrhundert entstanden in der Umgebung mehrere Gruben, von denen jedoch nur die *Neue Hoffnung Gottes Fundgrube* größere Bedeutung erlangte und im Lauf der Zeit andere Gruben übernahm, während die übrigen eingingen. Noch 1814 wurde die 1 km entfernte Grube *Siegfried bei Riechberg* mit der *Neuen Hoffnung Gottes* vereinigt, so daß diese im 19. Jahrhundert ein Bergbaubetrieb beachtlicher Größe war und Erze bis in 290 m Tiefe abbaute. Das gesamte Ausbringen des Bräunsdorfer Bergbaus betrug 1673 bis 1862 112 t Silber, das mit 5 119 000 Thalern vergütet wurde. Diese Erzförderung ermöglichte periodisch die Auszahlung von Ausbeute, vor allem im Zeitraum von 1764 bis 1815. In der sonstigen Zeit deckten die Einnahmen nur oder nicht einmal die Unkosten, und gerade von der *Neuen Hoffnung Gottes* ist bekannt, daß die Grube öfters »Lohn einborgen« mußte, d. h. die Bergleute arbeiten ließ, den Lohn dafür aber für die Zeit nach neuen Erzanbrüchen in Aussicht stellte. In dem abgelegenen Dorf hatten die an die Häuslerstellen gebundenen Bergleute in der Regel keine andere Wahl, als trotz ihrer Armut darauf einzugehen. In einem Gesuch Bräunsdorfer Einwohner auf Erlaß der Kriegssteuer 1814 heißt es: »... Es ist unsere alte, aber leider wohlgegründete Klage, daß wir meistens Bergleute sind, nur halbes Lohn seit langer Zeit haben und eine außerordentliche Menge Kinder zählen, die wir meistens halbnackend gehen lassen müssen. Viele von uns haben sich seit einem Jahre nicht satt gegessen im trockenen Brot. Wir müssen uns und unsern Kindern die Bissen vorzählen und halbhungernd täglich zu Bette gehen. Unsere Häuser tragen kaum die Abgaben und Baukosten, an Nebenverdienst fehlt es ganz, der Scheffel Korn gilt über 6 Thaler. Unsere sogenannten Großgärtner haben ihre Lieferungen schon borgen müssen, haben meistens schon ihren Samen verbacken, und unsre Erdäpfel sind verzehrt. Sonntagskleider haben schon viele nicht mehr. Der Bergmann muß mit 12 Groschen Wochenlohn Abgaben geben und oft 3, 4 auch 6 Kinder ernähren. In den allermeisten Häusern ist kein Groschen, geschweige ein Thaler. Zu verkaufen haben die meisten nichts mehr. In vielen Häusern ist kein Brot, kein Holz, kein Bett ...« Insgesamt waren im Bräunsdorfer Bergbau je nach dessen Lage etwa 150 bis 560 Mann beschäftigt, von denen allerdings auch welche aus den Nachbardörfern kamen. An der Zahl der Bergleute (Tabelle 18) ist der Niedergang der Grube im 19. Jahrhundert deutlich erkennbar. Um 1850 führten eine starke Verringerung der Erzanbrüche, ein Schachtbruch, Schäden an den Kunstteichen, eine enorme Verschuldung und die Verweigerung von Zubußzahlungen durch die Gewerken zum Ruin der Grube, die dann 1863 endgültig stillgelegt wurde.

Von dem also nur für die erste Hälfte der dritten Hauptperiode des Freiberger Bergbaus bedeutenden Bräunsdorfer Bergbau sind noch das Huthaus der *Neuen Hoffnung Gottes*, verschiedene Halden und Reste der einst beachtlichen Wasserkraftanlagen erhalten.

Das ziemlich große Huthaus der *Neuen Hoffnung Gottes Fundgrube* (s. Tafelteil, Bild 118) wurde um 1750 mit massivem Erdgeschoß und Fachwerkobergeschoß erbaut und erhielt 1830 einen neuen Dachreiter mit Wetterfahne, die die Inschrift »NHG. d. 25. Junii 1830« enthält. Die Halde des Hauptschachtes ist fast völlig abgefahren. Von den zwei einst der *Neuen Hoffnung Gottes* gehörenden Kunstgräben (Abb. 54) ist der um 1800 angelegte Obere Kunstgraben in einigen Teilstükken und verfallenen Röschenmundlöchern im Gelände noch erkennbar. Er wurde an der Wegefarther Mühle aus der Striegis abgezweigt und führte der Grube sogar Wasser zu, das aus dem Oberen Großhartmannsdorfer Teich kam, durch den Kohlbachgraben zur Grube *Himmelsfürst* bei St. Michaelis gelangte, dort Räder trieb und durch den *Thelersberger Stolln* in die Striegis floß.

Tabelle 18. Die Belegschaft im Bräunsdorfer Bergbau 1748 bis 1843 (nach RENKEWITZ 1930); im Jahre 1856 hatte die Grube insgesamt noch eine Belegschaft von 100 Mann

	1748	1768	1770/1775	1777	1782	1805	1818	1837	1843
Obersteiger	1	1	1...3	2	2	2	1	1	
Steiger	9	12	15...12	10	11	15	8	7	
Häuer	113	154	190...213	168	192	235	181	166	
Maurer Zimmerlinge Schmiede	26	16	40...36	22	33	44	28	31	
Bergknechte	68	149	139...72	62	74	51	27	30	
Kunstarbeiter u. Treibemeister	1	–	2...3	3	3	3	4	6	
Grubenjungen	31	38	33...23	12	29	25	20	26	
Ausschläger, Wäsch- u. Pocharbeiter u. a.	56	–	142...143	113	97	102	86	55	
Insgesamt	305	370	562...505	382	437	477	355	322	160 bis 140

Im Jahre 1768 wurde die Grube *Neue Hoffnung Gottes* ausdrücklich mit »Zwei Rädern Wasser auf dasige Kunstgezeuge und Pochwerke aus dem Oberen Großhartmannsdorfer Bergwerksteich, jedoch mit Vorbehalt des Vorrechts für die mit bemerktem Wasser bereits belehnten Bergwerke« belehnt, ein Beispiel, in welch regional großem Rahmen die Bergbehörde die Energieversorgung der Gruben regelte. Das Kunstgrabenwasser wurde zunächst für ein fast 12 m hohes Kehrrad und zwei Kunsträder von 12 m und 10 m Durchmesser verwendet, die alle drei übertage hingen. Vom oberen Kunstrad übertrug ein etwa 150 m langes Feldgestänge die Energie zum Kunstschacht (Abb. 55).

Die Grube besaß eine Obere Wäsche nahe am Huthaus und eine Untere Wäsche an der Striegis etwa 1,1 km talabwärts (Abb. 54). Die Obere Wäsche erhielt ihr Aufschlagwasser vom Unteren Kunstgraben der Grube, die Untere Wäsche durch einen von JOH. FR. MENDE um 1780 neben der Striegis erbauten Kanal, auf dem auch das Erz mit Kähnen zur Wäsche befördert wurde.

Im Ort Bräunsdorf sind noch zwei Schachthalden erkennbar und Kunstteiche der Grube *Verträgliche Gesellschaft* erhalten. Dieser Grube gehörte auch ein dritter, am östlichen Hang des Striegistales oberhalb des Oberen Kunstgrabens der *Neuen Hoffnung Gottes* entlangführender Kunstgraben.

Am westlichen Talhang der Striegis lag zwischen Bräunsdorf und Riechberg die erstmals 1715 verliehene Grube *Siegfried*, von der das Huthaus und Reste ihrer beiden Schachthalden noch vorhanden sind. Auch sie besaß eine eigene Wasserversorgung, bestehend aus fünf teils noch erhaltenen Teichen, einem Kunstgraben und einer zum Kunst- und Treibeschacht führenden Rösche. Bergbaugeschichtlich bekannt geworden ist die Grube vor allem durch die 1768 bis 1769 für sie von

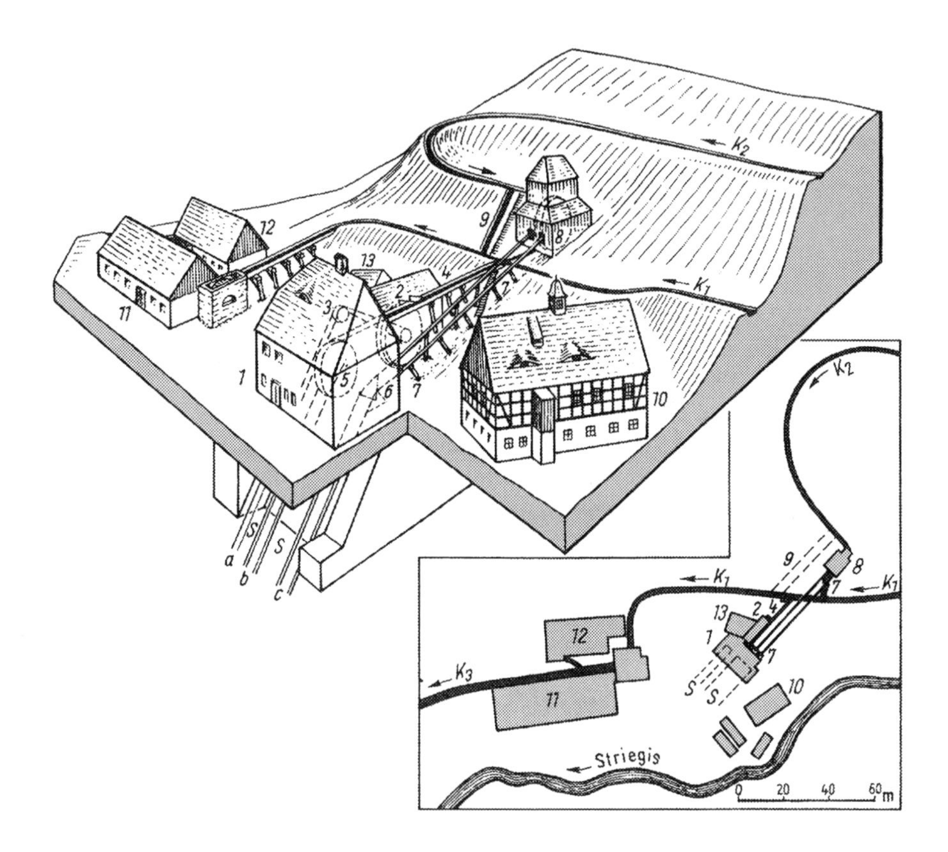

Abb. 55. Raumbild der *Neuen Hoffnung Gottes* bei Bräunsdorf, unter Verwendung einer im Stadt- und Bergbaumuseum Freiberg befindlichen Sepiazeichnung des Obermarkscheiders LESCHNER (um 1830) und eines Grubenrisses von 1802 bis 1809

1 Kunst- und Treibeschachtgebäude (Linke Hälfte Treibeschacht mit den Förderseilen *a* im Schacht, *S*, rechte Hälfte Kunstschacht mit Wächtertürmchen und den Kunstgestängen *b* und *c*, *2* Kehrradstube, *3* Seilscheiben, *4* Gerinne vom Unteren Kunstgraben K_1 zum Kehrrad und zum Kunstrad *5*, *6* Kunstwinkel für das Gestänge *c*, angetrieben durch das Feldgestänge 7 – 7 von dem oberen Kunstrad *8* aus, dieses vom Oberen Kunstgraben K_2 beaufschlagt, *9* Überlauf vom oberen zum Unteren Kunstgraben (für Flutwasser), *10* Huthaus, *11* Neue Wäsche, *12* Alte Wäsche (*11* und *12*: »Obere Wäsche«), *13* Bergschmiede, K_3 Bergwerkskanal von der Oberen zur Unteren Wäsche

Kunstmeister JOHANN FRIEDRICH MENDE erbaute Wassersäulenmaschine. Als erste im sächsischen Bergbau kündigte sie den Beginn einer neuen Epoche des Maschinenwesens an. Allerdings funktionierte sie nicht den Erwartungen gemäß und wurde schon 1772 wieder durch ein Wasserrad ersetzt. MENDE baute bis 1777 drei weitere Wassersäulenmaschinen in Marienberger Gruben.

Die Wassersäulenmaschine hatte zwei Zylinder, als innere Steuerung eine waagerecht liegende Kolbensteuerung und als äußere Steuerung einen Fallblock. Erst mit der etwa 50 Jahre später von BRENDEL in der Grube *Reicher Bergsegen* bei Brand-Erbisdorf eingebauten Wassersäulenmaschine begann der erfolgreiche Einsatz dieses Maschinentyps im Freiberger Revier.

13.4. Der Unverhoffte Segen Gottes Erbstolln und andere Gruben bei Oberschöna

Bei Oberschöna am Westrand des Freiberger Erzreviers ist ebenfalls bereits im 16. bis 18. Jahrhundert Bergbau umgegangen. Überliefert sind aus jener Periode Züge kleiner Halden, die mit ihrer Lage und Richtung die damals abgebauten Erzgänge markieren und mit ihrer geringen Größe verraten, daß aus diesen Schächten mit Handhaspeln gefördert wurde. Aus dem 18. Jahrhundert stammt das Huthaus der Grube *Hohneujahr* (Abb. 56 u. Tafelteil, Bild 105), das mit seiner Bauform typisch für eine kleine Grube des 18. Jahrhunderts ist und schon beim Blick aus der Eisenbahn südlich der Oberschönaer Brücke am östlichen Talhang der Striegis auffällt. Die Halde am Hohneujahr-Huthaus war früher größer. Sie wurde für den Bau des Bahndammes an der Brücke um 1860 zum großen Teil abgetragen.

Von kleineren Gruben des 18. Jahrhunderts sind in und bei Oberschöna noch umgebaute Huthäuser und Stollnmundlöcher erhalten, so von den Gruben *Junger Schönberg Stolln*, *Ehre Gottes Stolln* und *Eherne Schlange Stolln*.

Westlich von Oberschöna, zwischen Kirchbach und der Straße nach Oederan, liegt frei im Feld auf einer kleinen Halde das aus dem 18. Jahrhundert stammende, original erhaltene Huthaus vom *Neuen Segen Gottes Erbstolln*, etwas nordwestlich davon die Fundschachthalde dieser Grube.

Die wichtigste Grube von Oberschöna war der *Unverhoffter Segen Gottes Erbstolln* südlich der Eisenbahnbrücke. Diese Grube war 1728 bis 1816 in Betrieb, warf bis 1755 zeitweise hohe Ausbeute ab und hat uns bemerkenswerte technische Denkmale überliefert. Der Grubenbetrieb erstreckte sich auf mehreren Erzgängen über der Stollnsohle. Nur auf dem Anfänger des Glücks Spat versuchte man einen Tiefbau mit Haspelförderung einzurichten, der 1777 bereits 32 m unter dem Stolln angelangt war. Zur Hebung der reichlich zufließenden Grundwasser und zum Aufschluß tieferer Sohlen legte man 1774 bis 1775 vom Hammergraben aus ein Feldgestänge mit Kunstgezeug an, das aber 1790 bis 1792 durch ein neues Kunstgezeug ersetzt wurde. Mit diesem konnte man nun auch tiefere Erzabbaue unter dem Stolln in Angriff nehmen. Die Tiefbauarbeiten mußten allerdings bei 67 m Tiefe unter dem Stolln schon 1807 ohne Erfolg eingestellt werden. Für das Kunstgezeug baute man von der heutigen Ölmühle oberhalb des Ortes Oberschöna unter Nutzung eines alten etwa 2,9 km langen Kunstgrabens einen neuen mit insgesamt 4,3 km Länge, der am Schacht mit einem Nutzgefälle von der Höhe des Kunstrades (11,3 m) einkam. Dieser Graben durfte der Striegis nur soviel Wasser entziehen, wie ihr durch den *Thelersberger Stolln* etwas oberhalb zugeleitet wurde. Er ist heute nur noch in Waldstücken erhalten. Die etwa 13,5 m hohe, 12,5 m lange und bis 2 m breite Radstube legte man östlich des Schachtes unmittelbar unter der Tagesoberfläche an (Abb. 57). Die tiefreichende Verwitterung des Gneises erforderte hier sowohl im Schacht als auch in der Radstube eine umfangreiche und sorgfältige ausgeführte Gneis-Bruchsteinmauerung. Von den Wellenlagern führen kurze horizontale Gestängestrecken zum Schacht, wo Kunstwinkel die Bewegungsrichtung der Kunstgestänge entsprechend dem mit 57° nach Westen einfallenden Schacht veränderten (Abb. 57). Im südlichen Teil des Schachtes ist der ehemalige Standort des Handhaspels mit seinen beiden Nischen für die Haspelknechte erkennbar. Weiter nach Süden schließen sich alte Erzabbaue an, die heute nach kurzer Erstrekkung verbrochen sind. Neigung und Richtung dieser Abbaue zeigen dem Besucher deutlich, daß auch der Schacht selbst im Erzgang abgeteuft worden ist.

Nördlich des Schachtes führt die dem Wasserabfluß dienende Abzugsrösche zum Mundloch, durch das heute Besucher die Anlage besichtigen können. Die Verwahrung des Schachtes, die Sicherung der Hohlräume und die Wiederherstellung des Mundloches in elliptisch gewölbter Bruchsteinmauerung erfolgten 1974 bis 1975 durch den VEB Bergsicherung Schneeberg unter Beachtung denkmalpflegerischer Gesichtspunkte. Dabei wurden Teile der alten hölzernen Pumpen aus dem Schacht geborgen und auf der jetzigen Betonsohle des Schachtes aufgestellt.

Die Abzugsrösche mündet in den Abzugsgraben eines ehemaligen Eisenhammers, der 1786 für die Grube zu einem Pochwerk mit Erzwäsche umgebaut wurde.

Von der Stillegung des Abbaus im Feld des *Unverhofft Segen Gottes Erbstolln* selbst im Jahre 1816 an baute

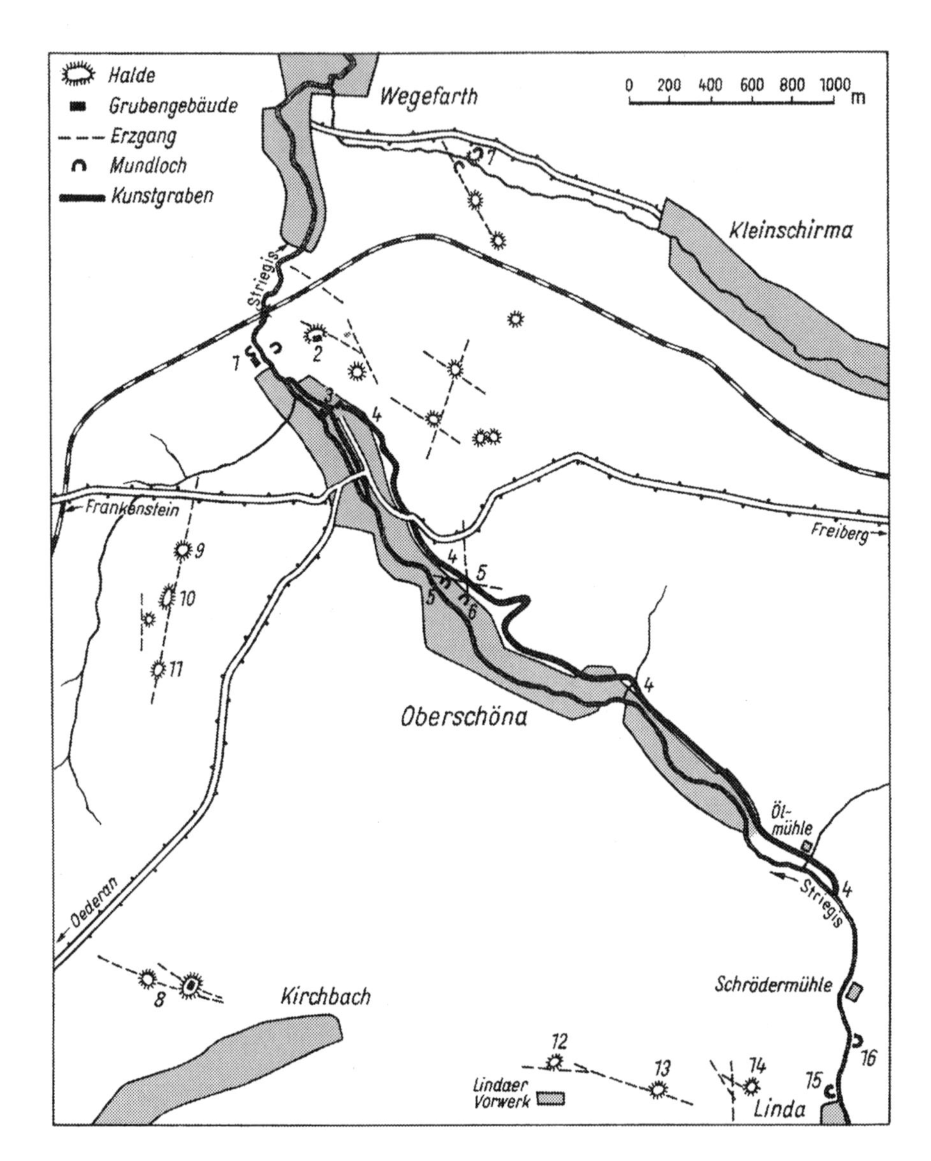

Abb. 56. Kartenskizze der wichtigsten Bergbauanlagen in der Umgebung von Oberschöna (*TD* technisches Denkmal, *n. e.* nicht erhalten, *tw. e.* teilweise erhalten)
1 Huthaus *(TD)* und Stollnmundloch *(n. e.)* der *Ehernen Schlange*, *2* Huthaus *(TD)* und Stollnmundloch *(tw. e.)* von *Hohneujahr*, *3* Erzwäsche *(TD)* mit Aufschlaggraben und Radstube *(TD)* der Grube *Unverhoffter Segen Gottes*, *4 – 4* der zugehörige Kunstgraben *(n. e.)*, *5 Ehre Gottes (tw. e)*, *6 Junger Schönberg (tw. e.)*, *7 Friedrich August (TD)*, *8* Fundschacht *(links)* und Huthausschacht *(rechts)* von *Neuer Segen Gottes (TD)*, *9, 10, 11* Halden von Müllerschacht, Theodorschacht und Paulschacht des *Dorothea Erbstollns (TD)*, *12, 13, 14* Halden vom Roßkunstschacht, Tageschacht und Hainschacht der Grube *Sieben Planeten (tw. e.)*, *15 Neuer Segen Gottes Stolln (tw. e.)*, *16 Thelersberger Stolln (TD)*

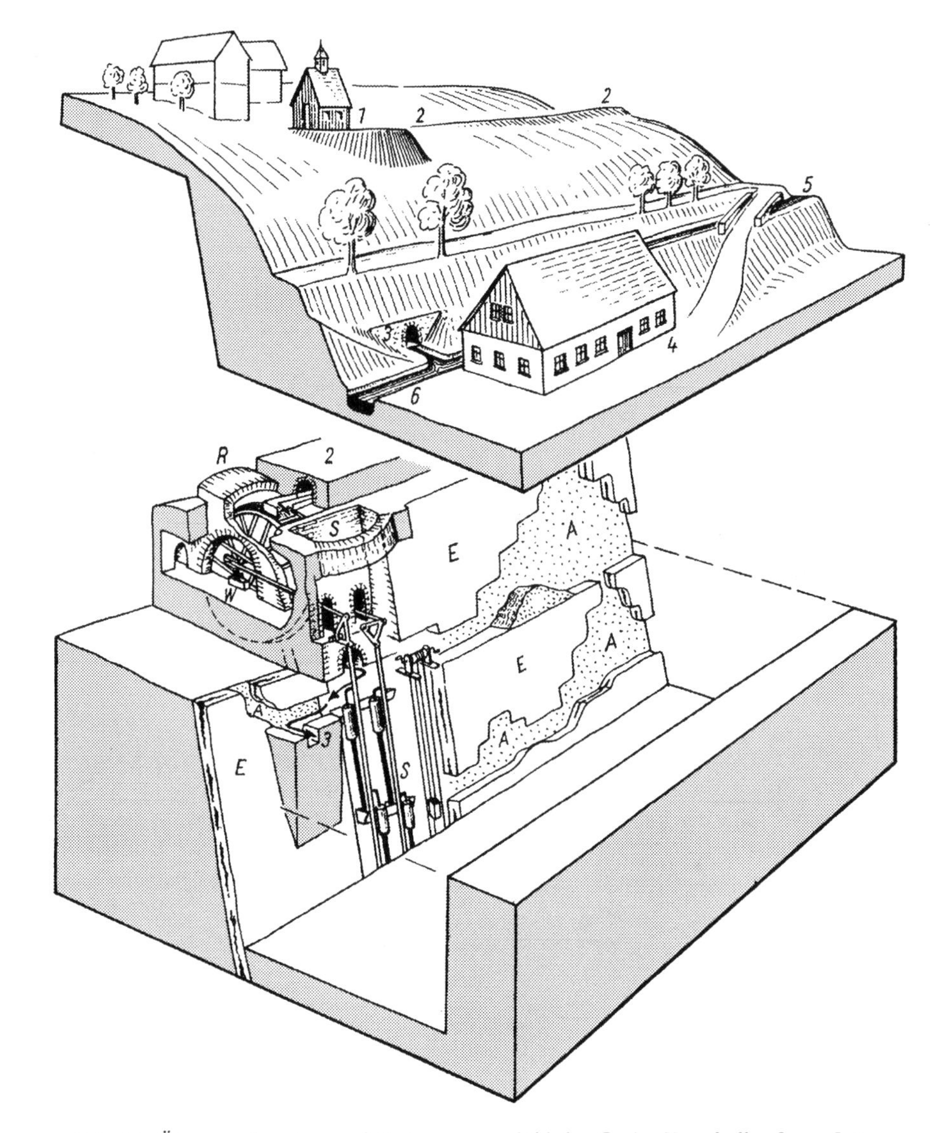

Abb. 57. Übertagesituation und Untertageraumbild der Grube *Unverhoffter Segen Gottes Erbstolln* in Oberschöna

(*TD* technisches Denkmal, *n. e.* nicht erhalten)
1 Kunstschachtgebäude mit Kunstglöckchen *(n. e.)* auf Halde *(TD)*, *2* Kunstgraben *(n. e.*, vgl. Abb. 56), *3* Abzugsrösche *(TD)*, *4* Erzwäsche *(TD)*, *5* Aufschlaggraben für die Wäsche *(TD)*, *6* Abzugsgraben für die Wäsche *(TD)*, Raumbild: *S – S* tonnlägiger Schacht, oben mit Bruchsteinmauerung und Gewölbe *(TD)*, mit Kunstwinkeln, Pumpensätzen und Handhaspel *(n. e.)*, *R* Radstube mit Bruchsteinmauerung und Gewölbe *(TD)*, Wasserrad *(n. e.)*, *W* Wellenlager, Bruchsteingewölbe *(TD)*, *E* Erzgang, *A* Abbauräume *(TD)*, *V* Versatz- und Bruchmassen. Die Pfeile geben die Fließrichtung des Wassers an

die Gewerkschaft bis 1843 Erz im Feld des *Friedrich August Stolln* östlich von Wegefarth ab, dessen Mundloch heute der örtlichen Wasserversorgung dient. Durch Zusammenlegung mehrerer Gruben im Jahre 1843 verlagerte sich der Bergbaubetrieb in Oberschöna auf den jenseitigen Talhang. Dadurch erhielt die Grube mit ihrer Erzwäsche den Namen *Dorothea Erbstolln*. Das jetzt vorhandene Gebäude (s. Tafelteil, Bild 120) ist die 1858 bis 1859 erbaute Wäsche. In ihr setzten zwei Wasserräder drei Naßpochwerke und ein Trockenpochwerk mit je drei Stempeln sowie drei Stoßherde in Bewegung. Außerdem enthielt das Gebäude die Steigerwohnung.

Die auf den Talhängen erkennbaren Haldenzüge markieren gut die Lage der Erzgänge, in denen die Gruben *Dorothea* und *Unverhoffter Segen Gottes* Erz abbauten. Die kleinen, aber steilen und höheren Halden des 200 m tiefen Paulschachtes und des Theodorschachtes, beide nördlich der Straße Freiberg–Oederan, sind die letzten Zeugen der 1878 bis 1894 betriebenen *Zenith Fundgrube*, des letzten Bergbauunternehmens in Oberschöna.

13.5. Die Gesegnete Bergmanns Hoffnung Fundgrube bei Obergruna und andere Gruben im Raum Siebenlehn–Reinsberg

Als nördlichste große Grube im engeren Freiberger Revier hat die nach früheren Bergbauperioden 1752 als Eigenlöhnergrube verliehene und 1768 in eine Gewerkschaft umgewandelte Grube *Gesegnete Bergmanns Hoffnung* im Tal des Emrichbaches 1 km südlich von Obergruna im 19. Jahrhundert Bedeutung erlangt. Von 1867 bis 1893 arbeitete sie mit beachtlichem Gewinn. In dieser Grube wurden einige Gänge der Edlen Quarzformation abgebaut, insbesondere der »Heinrich Spat« und der »Traugott Spat«.

Ende des 18. Jahrhunderts besaß die Grube einen Pferdegöpel, an der Mulde ein Kunstrad und daran anschließend ein etwa 580 m langes einfaches Feldgestänge (Abb. 58). Die Grubenbaue erreichten im 19. Jahrhundert bis 584 m Tiefe, die Belegschaft betrug über 300 Mann.

Im Jahre 1843/1844 baute Kunstmeister BRAUNSDORF einen Turbinengöpel als Fördermaschine in etwa 53 m Tiefe im Hauptschacht der Grube, dem 572 m tiefen Steyerschacht, ein. Diese Turbine war die zweite im Freiberger Bergbau, und zwar eine FOURNEYRON-Turbine. Sie hatte ein waagerechtes Laufrad, das sich nur in einer Richtung um die senkrechte Welle drehte und Wasser mit 4,45 m Fallhöhe nutzte. Das für die Verwendung als Fördermaschine erforderliche Umsteuern erfolgte durch das seitliche Verschieben einer mit zwei Ritzeln versehenen Getriebewelle, wodurch einem Getriebezahnrad jeweils entgegengesetzter Drehsinn verliehen wurde. Von den untertage liegenden Seilkörben wurden die Förderseile nach übertage und dort über Seilscheiben in die Fördertrümer des Schachtes geleitet. Als Abzugsrösche diente der *Tiefe Hilfe Gottes Stolln*, dessen Mundloch auf der westlichen Seite der Mulde

Abb. 58. Raumbild der Grube *Gesegnete Bergmanns Hoffnung* ▶ südlich von Obergruna im Tal des unter der Halde hindurch fließenden Emrichbaches und Kartenskizze der wichtigsten Gruben im Raum Obergruna-Siebenlehn

(*TD* = technisches Denkmal, *n. e.* nicht erhalten, *tw. e.* teilweise erhalten)
1 Bergschmiede *(n. e.)*, *2* Kessel- und Dampffördermaschinenhaus *(TD)* mit Schornstein *(n. e.)*, *3* Treibehaus *(TD)*, *4* Gezähekammer *(n. e.)*, *5* Scheidebank und Steigerwohnungen *(TD)*, *6* Erzbrecher *(TD)*, *7* Bethaus mit Verwalterwohnung *(TD)*, *8* Pulverturm *(n. e.)*, *9* Schuppen
In der Karte: *10* Mundlöcher der Grube *Gute Börnichen Erbstolln (TD)*, *11* Huthaus Fröhlicher Sonnenblick (Ruine), *12 Romanus Stolln (TD)*, *13* Halde vom Sohrschacht, *14* Halde vom neuen Romanus Treibeschacht (Bushaltestelle), *15 – 15 Adolph Stolln* mit Lichtloch-Halde *15' (TD)*, *16* Halde vom *Neubeschert Glück Erbstolln*, *17 Emanuel Stolln (TD)*, *18* Riedelschacht *(TD)* *19 – 19* Aufschlagrösche zum Riedelschacht, *20* Wäsche von *Emanuel Erbstolln (tw. e.)*, *21 – 21 Treue Sachsen Stolln*, *22* Steyerschacht von *Gesegnete Bergmanns Hoffnung* (siehe Raumbild oben), *23* Feldgestänge zu diesem Schacht *(n. e.)*, *24* Wäsche von *Gesegnete Bergmanns Hoffnung (n. e.)*, *25* Einigkeitschacht von *Alte Hoffnung Gottes Erbstolln (TD)*, *26* Casparschacht, *27* Burkhardtschacht, *28* Wäsche, *29* Feldgestänge zum Einigkeitschacht *(n. e.)*, *30* Kunstgraben zur *Alten Hoffnung Gottes* (mit Rösche, *TD*), *31* Huthaus Berg Zion, *32 Moritzstolln* (zur Radegrube *32'*) *(TD)*, *33 Michaelisstolln (TD)*

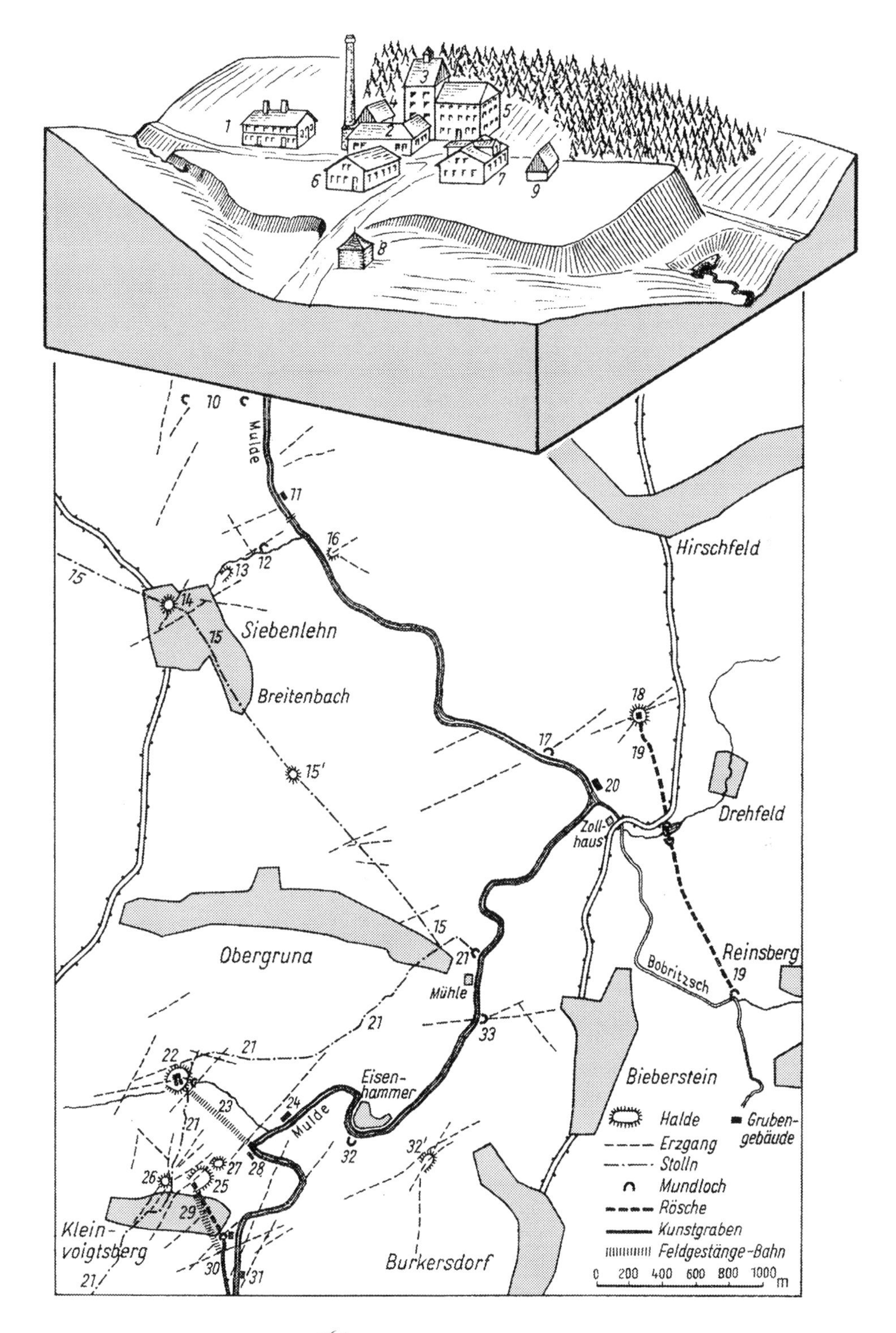
Mulde
Hirschfeld
Siebenlehn
Breitenbach
Drehfeld
Zoll-
haus
Obergruna
Reinsberg
Bobritzsch
Mühle
Eisen-
hammer
Bieberstein
Klein-
voigtsberg
Burkersdorf
Halde
Gruben-
gebäude
Erzgang
Stolln
Mundloch
Rösche
Kunstgraben
Feldgestänge-Bahn
0 200 400 600 800 1000 m

an der Obergrunaer Amtsmühle liegt. Von 1864 an floß das Wasser jedoch vom *Tiefe Hilfe Gottes Stolln* schon untertage in den nun fertiggestellten *Adolf-Stolln*, im Zellwald aus dessen Mundloch und in Kunstgräben der Grube *Segen Gottes* bei Roßwein zu. Im Jahre 1879 wurde der Turbinengöpel der *Gesegneten Bergmanns Hoffnung* durch eine 40-PS-Dampffördermaschine ersetzt.

Heute ist von der Grube noch eine größere Gebäudegruppe erhalten (Abb. 58 und Tafelteil, Bild 121). Das turmartige, im Jahre 1843 bis 1844 für den Turbinengöpel errichtete Schachtgebäude entspricht in Größe und Gestaltung ganz dem 1839 erbauten Treibehaus des Abrahamschachtes bei Freiberg, hat allerdings das einst vorhandene Wächtertürmchen seit längerer Zeit eingebüßt. In dem unmittelbar am Schachthaus anschließenden, mehrstöckigen, auch 1843 bis 1844 errichteten Gebäude befanden sich Scheidebank, Betstube, Gezähkammer sowie die Wohnungen für Steiger und Obersteiger.

In der Umgebung von Obergruna bestanden im 19. Jahrhundert noch andere Gruben. Östlich der Mulde, aber 1,5 bis 2,5 km weiter südlich, gehörten die *Radegrube* bei Burkersdorf und die Grube *Gottvertrauter Daniel* bei Hohentanne im 19. Jahrhundert mit zur *Gesegneten Bergmanns Hoffnung*, waren zuvor jedoch selbständige Gruben gewesen. Von der *Radegrube* sind im Muldental ein gewölbt gemauertes Mundloch aus der Zeit um 1800, von dem 1776 als Gewerkschaft gegründeten *Gottvertrauten Daniel* die weit sichtbare Halde und das Huthaus erhalten. Ebenfalls zu Hohentanne gehörig, aber am rechten Muldenhang gegenüber von Kleinvoigtsberg gelegen, sind das Huthaus mit Fachwerkobergeschoß, das Stollnmundloch und die oberhalb am Hang gelegene Halde vom *Berg Zion Erbstolln*.

Gegenüber der Obergrunaer Mühle liegt am rechten Muldenufer das sehr gut erhaltene, elliptisch gewölbte Mundloch des *Michaelis Stollns*.

Nördlich von Obergruna, in und bei Siebenlehn, ging schon in der ersten Hauptperiode sowie im 16. Jahrhundert Bergbau um und bestand in den Zeiträumen 1737 bis 1745, 1774 bis 1778 und 1786 bis 1857 die kleine Grube *Romanus Erbstolln*, in der 1856 30 Mann arbeiteten. Von ihr zeugen die Mundlöcher des *Romanus Stolln* und des *Wolf Stolln* sowie die Halde des neuen Treibeschachtes an der Bushaltestelle Siebenlehn und die Halde des Sohrschachtes in dem zur Mulde führenden Taleinschnitt. Auf dem 1839 angelegten Treibeschacht im Ort stand ein Handgöpel und war ein Pferdegöpel geplant.

Kleinere Gruben bestanden im Muldental zwischen Siebenlehn und Nossen, so an der Autobahnbrücke die Grube *Fröhlicher Sonnenblick* um 1850, deren 1849 vor dem Stollnmundloch erbautes Huthaus an der Siebenlehner Autobahnbrücke 1979 abgebrannt ist, und weiter nördlich am westlichen Muldentalhang der *Gute Börnichen Erbstolln* (Abb. 58). Im Jahre 1859 vereinigten sich mehrere dieser Gruben zu der Grube *Vereinigt Feld bei Siebenlehn*.

Zwischen Zollhaus Bieberstein und Drehfeld fällt westlich der Straße ein etwa 7 m hoher Mauerklotz auf. Dieser ist der Rest des 1841 mit einem Kunstrad und 1844 bis 1845 mit einem Wassergöpel ausgestatteten Riedel-Schachtes der 1822 bis 1884 betriebenen Grube *Emanuel-Erbstolln* bei Reinsberg. Der Mauerklotz ist bergbaugeschichtlich ebenso wie das Parallelbeispiel am 2. Lichtloch des *Rothschönberger Stollns* bei Neukirchen ein besonders lehrreiches Denkmal (vgl. Bild 141). Um das aus dem Schacht geförderte taube Gestein ohne nochmalige Aufwärtsförderung sogleich rings um die Schachtöffnung abstürzen zu können, pflegte man um diese bis zu der geplanten Haldenhöhe eine sogenannte Aufsattelung aufzumauern und die Förderanlage auf dieser aufzustellen (Abb. 59). Mit der Förderung des tauben Gesteins und dem Aufschütten der

Abb. 59. Schemaskizzen zur Erläuterung einer Schachtaufsattelung ▶

a) Beginn des Schachtabteufens mit Handhaspel

b) Beim Erreichen der für Handhaspel maximalen Teufe Einbau einer Fördermaschine (hier Kehrrad), Aufbau der Schachtaufsattelung *A* und des Treibehauses, Beginn der Haldenschüttung vom Treibehaus aus rings um die Schachtaufsattelung in deren Höhe.

c) Die Schachtaufsattelung ganz von der Halde *H* umgeben.

d) Ende des Bergbaus: Verwahrung des Schachtes mit Gewölbe, Verfüllung mit Haldenmaterial, gegebenenfalls Abbruch des Treibehauses, Abfuhr von Haldenmaterial, bis die Schachtaufsattelung wieder freigelegt ist (*H'* Reste der Halde)

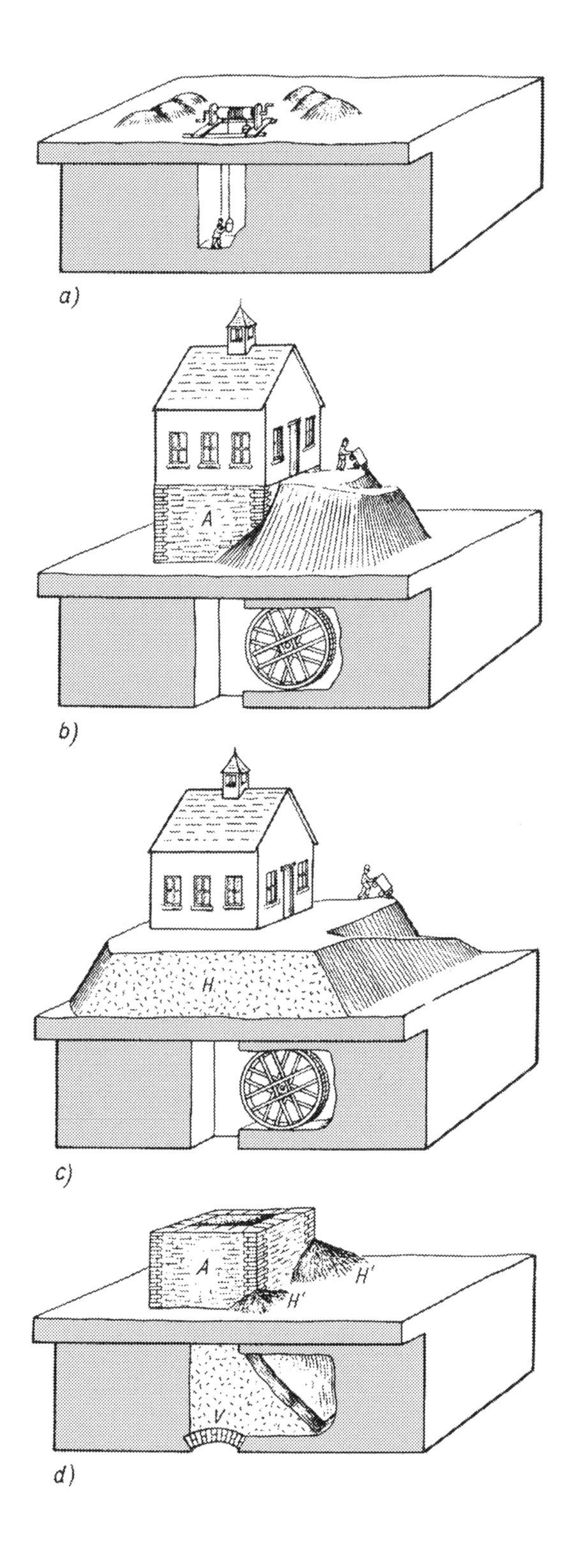

Halde rings um den Schacht verschwand die Aufsattelung in den Haldenmassen. Damit sind in den zahlreichen Halden des Reviers zwar Aufsattelungen vorhanden, aber nicht sichtbar. Nur am Riedel-Schacht und beim 2. Lichtloch des *Rothschönberger Stollns* sind die Halden abgefahren, die Aufsattelungen dadurch freigelegt und bis heute noch erhalten geblieben. Die Grube *Emanuel Erbstolln* konnte trotz der Maschinenbauten bis 1846 Ausbeute zahlen. Schon im Jahre 1847 war dies durch Verschlechterung der Erzführung nicht mehr möglich. Damit begann der Niedergang der Grube, die eine größere Bedeutung nie erlangt hat.

13.6. Die Grube Alte Hoffnung Gottes Erbstolln bei Kleinvoigtsberg

Die im Gebiet älteren Bergbaus 1741 verliehene und 1742 in eine Gewerkschaft umgewandelte Grube hat in fast zweihundertjährigem Betrieb mehrere Gänge besonders der Edlen Quarzformation abgebaut und dabei eine Tiefe von etwa 530 m erreicht. In den 150 Jahren bis 1891 hat die Grube (in damaliger Währung) 26 556 Mark Zubuße erfordert, aber über 3 Millionen Mark Ausbeute erbracht und für fast 16 Millionen Mark Erz geliefert. Sie war also eine der ertragreichsten Gruben des Freiberger Reviers (Tabelle 19).

Hauptschacht der Grube war der 531 m tiefe Einigkeit-Kunst- und Treibeschacht. Für die Jahre 1771 bis 1773 ist ein Kunstgezeug nachgewiesen, das von einem Wasserrad zwischen Kunstgraben und Mulde über ein bis zum Schacht reichendes Feldgestänge betätigt wurde. Um 1780 erhielten der Einigkeitschacht und der wenig weiter oberhalb gelegene Casparschacht zur Förderung Pferdegöpel.

Nach Vollendung einer Aufschlagrösche zwischen Kunstgraben und Schacht (Abb. 60) baute man in diesem 1789 bis 1790 einen Wassergöpel ein. Dessen damals errichtetes und im wesentlichen noch heute erhaltenes Treibehaus (s. Tafelteil, Bild 123) ist der wohl älteste erhaltene Wassergöpelbau im Freiberger Revier. Mit zwei massiven Geschossen, Fachwerkgiebel und Krüppelwalmdach bildet es für den unteren Teil des Ortes einen architektonischen Mittelpunkt. Bei Untersuchungsarbeiten in der vierten Hauptperiode wurde

Tabelle 19. Erzförderung, Ausbeute und Belegschaft der Grube *Alte Hoffnung Gottes* von 1741 bis 1930 (nach Geschäftsbericht der Grube 1891/1892 und Jahrb. f. d. sächs. Berg- u. Hüttenwesen, Freiberg)

Jahr	Erzförderung (gerundet)		Ausbeute Thaler	Mark	Belegschaft (Mann)	Bemerkungen
	(t)	Erlös (Thaler/Mark)	pro Kux	gesamt		
1741			–	–	2?	Eigenlöhnerzeche 1742 vergewerkschaftet
			Thaler:			
1751/53			11	1408	29	Verlagszeche
1755			12	1536	?	
1760			4	512	41	
1765			–	–	?	Freibauzeche (1764 bis 1768)
1770			23	2944	76	1769 Huthaus
1775			72	9216	210	
1780			84	10752	214	
1785			96	12288	264	1786 Feldgestänge durch Rad untertage ersetzt
1790			96	12288	327	Wassergöpel erbaut
1795			96	12288	344	1797 zweites Kunstgezeug
1800			96	12288	319	
1805			64	8192	331	
1810			24	3072	257	
1815			9	1152	225	
1820			–	–	59	Freibauzeche (1816 bis 1821)
1825			–	–	115	Zubußzeche (1822 bis 1826)
1830			–	–	121	Freibauzeche (1827 bis 1838)
1835			–	–	181	
1840			4	512	224	
1845			4	512	256	1846 Durchschlag des *Treue Sachsen Stollns*
1850		Thaler:	16	2048	307	
1855	610	69620	24	3072	463	
1860	490	33664	–	–	209	1857/1859 wenig Erze!
1865	680	43859	24	3072	248	1867 Neubau der Wäsche
1870	630	60099	40	5120	256	Sinken des Silberpreises
		Mark:	Mark:	Mark:		
1875	795	199012	400	51200	267	1879 Dampffördermaschine
1880	925	237991	400	51200	339	
1885	950	315290	600	76800	348	
1890	580	370641	600	76800	311	

Fortsetzung Tabelle 19

Jahr	Erzförderung (gerundet) (t)	Erlös (Thaler/Mark)	Ausbeute Thaler pro Kux	Ausbeute Mark gesamt	Belegschaft (Mann)	Bemerkungen
1895	1 633	341 811		69 120	340	ärmere Erze?
1900	1 586	272 684		19 200	240	Ausbeute aus »Spezial-Reservefonds« entnommen
1905	848	131 027	–	–	122	
1910	607	83 351	–	–	92	1913 Stillegung des staatlichen Freiberger Bergbaus
1915	322	75 020	–	–	47	
1920	302	947 430	–	–	67	inflationäre Entwicklung
1925	662	165 557	–	–	101	
1930	–	168	–	–	2	Erlös aus Stücken für Mineraliensammlungen

1955 in das Treibehaus ein modernes Fördergerüst eingebaut, dessen Seilscheibenstuhl das Dach überragt. An das Treibehaus schließt sich die für das 19. Jahrhundert typische große Halde an.

Im Jahre 1848 wurde die Aufschlagrösche neu hergerichtet. Sie erhielt ein neues, gewölbtes Mundloch mit einem Schlußstein mit der Inschrift »Alt Hoffnung Gotteser Aufschlag-Rösche 1848« (s. Tafelteil, Bild 125) und eine Eisenschienenbahn. Auf dieser wurde nun das Erz durch die Aufschlagrösche zu deren Mundloch ausgefördert, um es einfacher in die ebenfalls um 1850 erbauten Aufbereitungsanlagen zu bringen. Das Erz wurde auf dem ebenen Platz vor dem Röschenmundloch aufgeschüttet und der weiteren Verarbeitung zugeführt. Das grob verwachsene Erz kam in die unmittelbar unterhalb des Platzes gelegene, heute nur noch an ihren Umfassungsmauern erkennbare Scheidebank, das feiner verwachsene Erz in die Poch- und Stoßherdwäsche, ein langes, heute für Wohnungen genutztes Gebäude.

Im Jahre 1879 wurde das Kehrrad durch eine 40-PS-Dampffördermaschine ersetzt. Als Schachthaus blieb das Wassergöpelgebäude erhalten. Man fügte ihm jedoch ein Kessel- und Maschinenhaus an und baute einen Schornstein. Dieser ist erhalten und enthält in seinem Sockel eine Tafel mit Schlägel und Eisen, der Jahreszahl 1879 und den Buchstaben AHG (= Alte Hoffnung Gottes). Im Jahre 1887 installierte man eine zweite Dampffördermaschine mit zwei Zylindern und Bobine, die allein dem Ein- und Ausfahren der Untertage-Belegschaft diente. Die Wasserhebung erfolgte bis ins 20. Jahrhundert weiter mit zwei Wasserrädern von etwa 10 m Durchmesser und Kunstgezeugen, die das gehobene Wasser seit 1830 auf den *Treue Sachsen Stolln* ausgossen.

Das alte Kessel- und Maschinenhaus von 1879 wurde 1955 durch einen Neubau für die zu den Untersuchungsarbeiten erforderliche neue Fördermaschine ersetzt.

Mehr den Wohngrundstücken des Dorfes eingeordnet, sind oberhalb des Schachthauses von der *Alten Hoffnung Gottes* noch das achteckige Pulverhaus (s. Tafelteil, Bild 124), die ehemalige, heute stark umgebaute Bergschmiede und das von 1769 stammende Huthaus erhalten (s. Tafelteil, Bild 122). In dessen 1834 aufgesetztem Dachreiter hängt die Bergglocke, mit der den Bergleuten im Dorf der Schichtbeginn angekündigt wurde.

Die somit ziemlich verstreut liegenden Gebäude der Grube *Alte Hoffnung Gottes* waren nicht nur für das Dorfbild, sondern auch für Leben und Existenz vieler

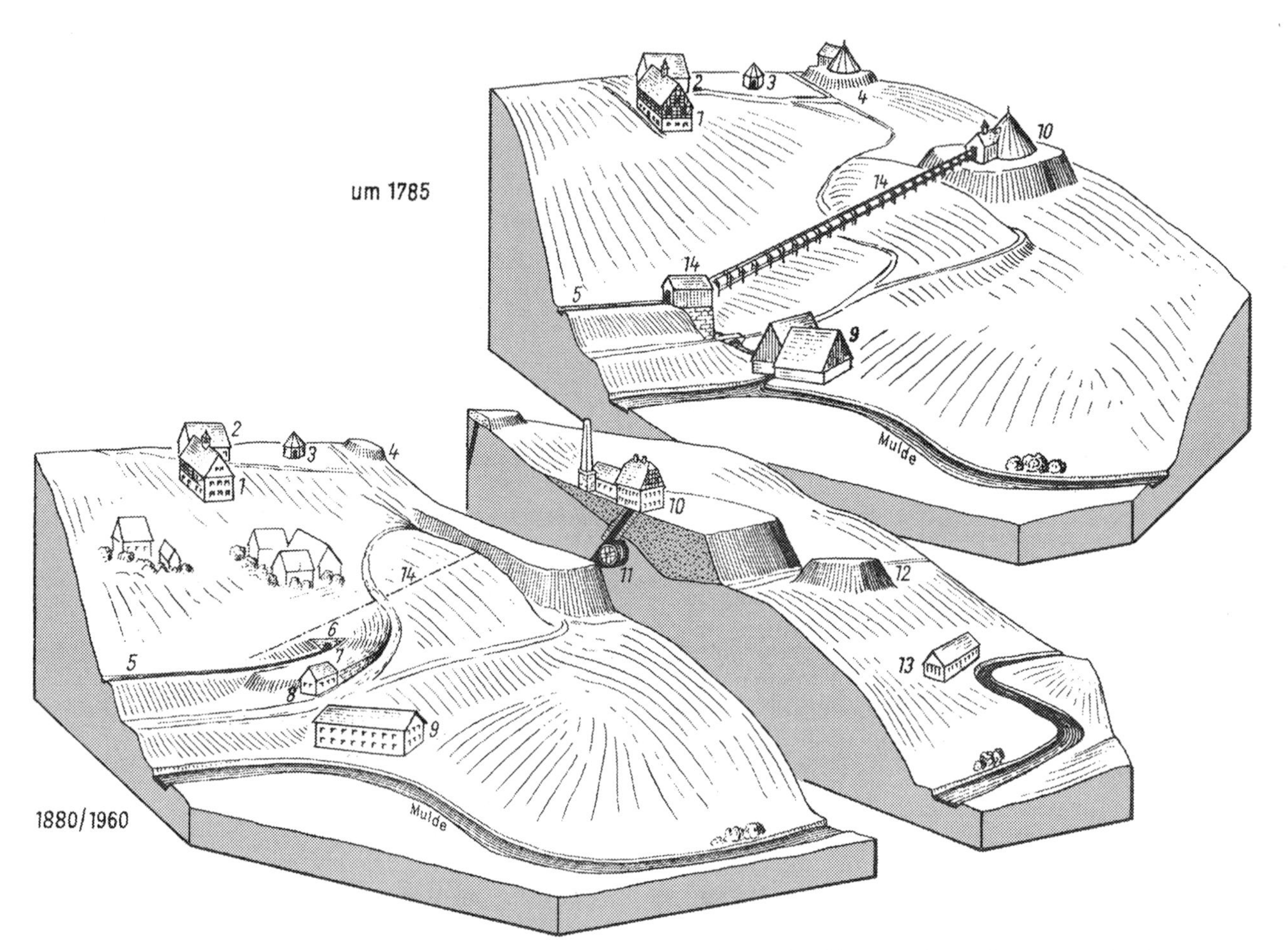

Abb. 60. Etwas schematisierte Raumbilder der Grube *Alte Hoffnung Gottes Erbstolln* bei Kleinvoigtsberg um 1785 *(rechts oben)* und um 1880 bis 1960 *(links unten)*

(*TD* Technisches Denkmal, *n. e.* nicht erhalten)
1 Huthaus *(TD)*, *2* Bergschmiede *(TD)*, *3* Pulverturm *(TD)*, *4* Casparschacht (um 1785 mit Pferdegöpel) *(n. e.)*, *5* Kunstgraben, *6* Mundloch der Aufschlagrösche *(TD)*, *7* Ausschlagplatz des aus der Aufschlagrösche auf einer Eisenschienenbahn geförderten Erzes, *8* Scheidebank *(TD)*, *9* Poch- und Stoßherdwäsche *(TD)* (um 1785: ältere Wäschegebäude), *10* Einigkeitschacht (um 1785 Pferdegöpel, ab 1790 Wassergöpel, 1879 Anbau des Dampfmaschinen- und Kesselhauses mit Schornstein; *TD*), *11* Zwei Kunsträder nebeneinander, *12* Halde vom Burkhardtschacht, *13* Untere Erzwäsche *(n. e.)*, *14* Radstube mit Feldgestänge zum Kunstgezeug im Einigkeitschacht (heute im Gelände noch erkennbar: *links unten strichpunktiert*)

Bewohner des kleinen Ortes bestimmend. So ist es auch erklärlich, daß noch um 1921 bis 1936 kapitalschwache Unternehmer im Dorf billige Arbeitskräfte fanden, die den Grubenbetrieb und Erzabbau in geringem Maße und mit der an sich längst überholten Technik aufrechterhielten, was sich in bergbauromantisch verklärten Werbeaufsätzen des Sächsischen Heimatschutzes über diese Grube widerspiegelte.

13.7. Die Grube Christbescherung Erbstolln bei Großvoigtsberg

Die am Muldental südlich des Ortes Großvoigtsberg gelegene Grube *Christbescherung* (Abb. 61) wurde nach älterem Bergbau 1714 neu verliehen, hat mit etwa

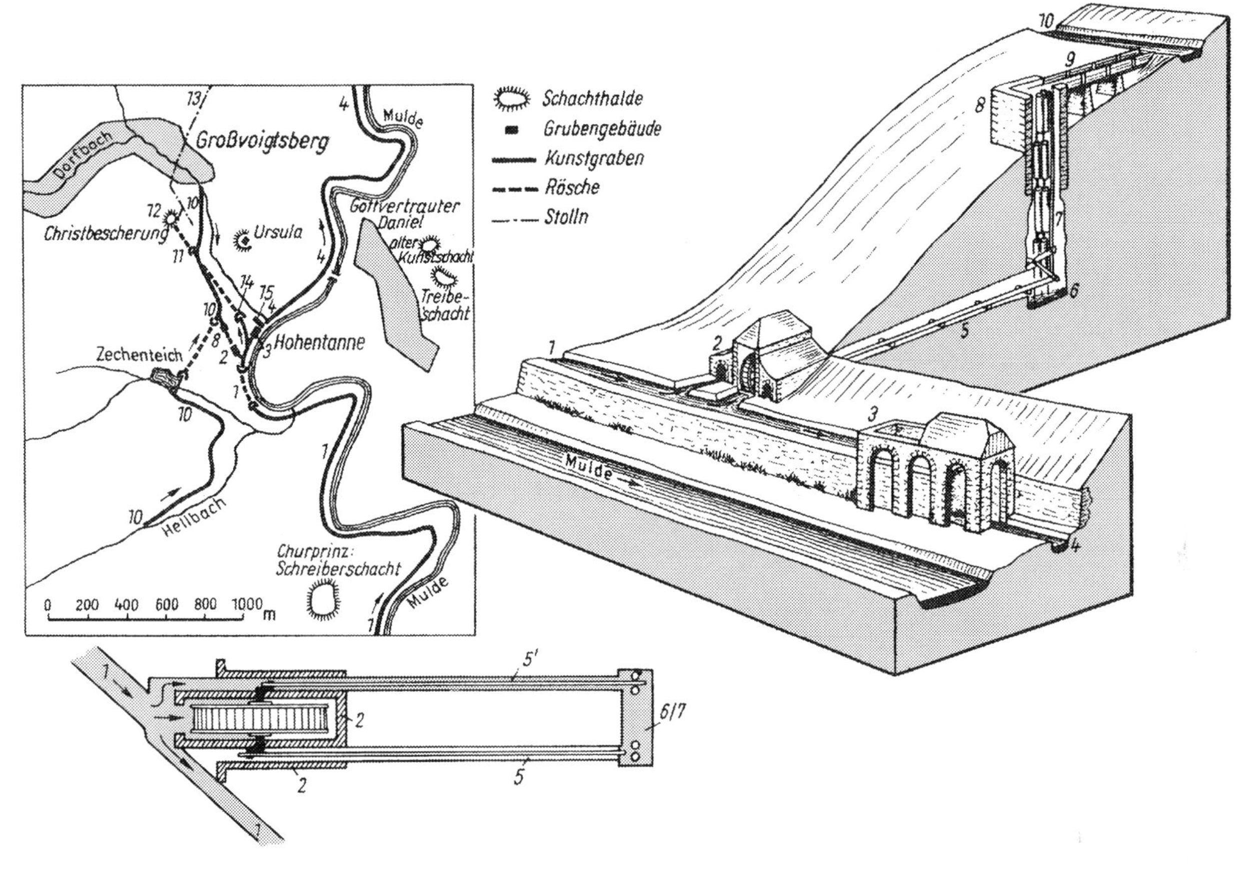

Abb. 61. Lageskizze *(links)*, schematisches Raumbild *(rechts)* und Grundriß *(unten)* der 1788 von J. F. MENDE für die Grube *Christbescherung* erbauten Wasserhebeanlage.

(*TD* technisches Denkmal, *n. e.* nicht erhalten)
1 Bergwerkskanal (3,5 m über der Mulde; *TD*), *2* Wasserhebehaus *(n. e.)* Rad = 11,2 m Durchmesser, 1,5 m breit, *3* Kahnhebehaus *(TD)*, *4* Kunstgraben der *Alten Hoffnung Gottes*, *5* Strecke mit Streckengestänge auf Walzen (42 m lang, je 10 m eine Walze), *6* Schachtsumpf, aus dem im Schacht *7* 2 × 2 Pumpensätze nebeneinander und 4 Sätze übereinander das Wasser bis *8* (= gemauerter Schachtkopf) heben, *9* Gerinne zum Abfluß des gehobenen Wassers in den Oberen Christbescherung Kunstgraben = *10* (33 m über dem Schachtsumpf und damit über dem Kanal).
Nur in der Karte: 11 Röschenmundloch zum Schacht (Lage fraglich), *12* Christbescherung-Halde *(TD)*, *13 Treue Sachsen Stolln,* 14 Aufschlagrösche von 1825 *(TD)*, *15* Wäsche Christbescherung *(TD)*,
Nur in Grundriß: 5 Gestängestrecke ohne Wasser, *5'* Gestängestrecke, durch die das Wasser vom Kanal *1* in den Schachtsumpf *6* fließt, von wo es im Schacht *7* gehoben wird

100 Mann Belegschaft einige Erzgänge von geringerer Erstreckung abgebaut, z. B. den Peter Stehenden und besonders in der Zeit von 1731 bis 1799 und 1834 bis 1908 Erz geliefert.

In den Jahren 1759 bis 1763 legte man vom Großvoigtsberger Dorfbach eine Rösche nach dem damaligen, heute im Gelände nicht mehr erkennbaren Hauptschacht der Grube an, um in diesem ein Kunstgezeug zu betreiben. Da der Dorfbach zu wenig Wasser lieferte, führte man 1770 bis 1773 eine zweite Rösche von dem südlicher gelegenen Tal an den Schacht und baute 1775 bis 1778 in diesem den Zechenteich, der seit 1788 auch noch Wasser aus dem Hellbach erhielt. Trotzdem reichte das Aufschlagwasser für das 1769 in Betrieb genommene Kunstgezeug noch immer nicht. Deshalb baute J. F. MENDE 1787/1789 für die Grube ein maschinentechnisch bemerkenswertes Wasserhebehaus, das an dem Christbescherunger Bergwerkskanal stand (Abb. 61). In ihm wurde mit einem Teil des Kanalwassers ein 11,2 m hohes unterschlächtiges Wasserrad betrieben, das mit einem Streckengestänge ein Kunstgezeug in einem Schacht antrieb. Dieses hob einen weiteren Teil des Kanalwassers in den 33 m höher gelegenen oberen Kunstgraben der Grube und vermehrte damit deren Aufschlagwasser.

Am unteren Ende des Kanals baute J. F. MENDE ein Kahnhebehaus, dessen Umfassungsmauern noch erhalten sind. Offenbar plante MENDE den Erztransport per Kahn von der *Alten Hoffnung Gottes* aus zur Hütte. Betrieben wurde Schiffahrt auf dem Kanal von 1789 bis 1868 zwischen Großschirma und der Halsbrücker Hütte, von 1790 bis etwa 1805 von Großvoigtsberg bis Großschirma, aber wohl ohne Benutzung des Großvoigtsberger Hebehauses.

Ab 1824 umfaßte die Grube *Christbescherung* auch das sich nördlich anschließende, 1734 verliehene Grubenfeld von Ursula Erbstolln.

In den Jahren um 1835 bis 1836 legte man für den Kanal einen 450 m langen Umbruch an, führte das Wasser also parallel zu der alten, noch an der Ufermauer oberhalb des Talweges erkennbaren Kanaltrasse im Gestein entlang und der Grube zu. Um das Aufschlagwasser am Schacht für ein Kunstgezeug verfügbar zu haben, trieb man im Niveau des Kanals 1825 bis 1835 eine Aufschlagrösche vor. Deren elliptisch gemauertes Mundloch ist erhalten (s. Tafelteil, Bild 127) und trägt im Schlußstein die Inschrift: »Aufschlags-Rösche Christbescherung, Qu. Remin (= Quartal Reminiscere) 1825«.

Als 1835 der *Treue Sachsen Stolln* von der *Alten Hoffnung Gottes* her die *Christbescherung* erreichte, hatte man einen etwa 33 m tieferen Wasserabfluß als zuvor, baute in die so gewonnene Fallhöhe zwischen Aufschlagrösche und diesem Stolln eine Wassersäulenmaschine ein und konnte damit wieder Erzabbaue in größerer Tiefe erschließen.

Vom Hauptschacht der Grube zeugt heute nur noch eine ziemlich kleine Halde. Im Jahre 1854 hatte man auf diesem etwa 180 m tiefen Schacht eine Dampfförderanlage errichtet, deren Schachthaus architektonisch an die Wassergöpel erinnerte und auch ein Wächtertürmchen mit Kunstglocke für das Anzeigen des Kunstgezeugganges trug (s. Tafelteil, Bild 126). Durch ihre Lage an der oberen Kante des Muldentales war die Dampfförderanlage der *Christbescherung* über hundert Jahre lang, bis etwa 1970, ein Wahrzeichen des Freiberger Bergbaus in der Landschaft des nördlichen Reviers.

Von den Gebäuden der Grube *Christbescherung* erhalten ist die heute durch Wohnungen genutzte Erzwäsche im Muldental, deren einstige Funktion und das Baujahr 1872 eine Inschrift im Türsturz nennt (s. Tafelteil, Bild 128).

Nach der Stillegung der Grube im Jahre 1908 wurde zwischen 1923 und 1948 in ihr nochmals der Betrieb aufgenommen und – zuerst von der Hohenstein-Ernstthaler Erzbergwerke AG – in geringem Umfang Schwerspat abgebaut.

13.8. Die Grube Churprinz Friedrich August Erbstolln zu Großschirma

Im Jahre 1707 kaufte AUGUST DER STARKE eine westlich der Mulde im unteren Ortsteil von Großschirma gelegene, kurz zuvor von CHRISTOPH BÖHME aufgenommene Eigenlöhnergrube und nannte sie nach seinem Sohne *Churprinz Friedrich August Erbstolln.* Diese im Volksmund meist kurz *Churprinz* genannte Grube war von dieser Zeit an bis zur Stillegung 1900 staatlich. Sie baute Erz auf der nordwestlichen Verlängerung des Halsbrücker Spatganges, insbesondere auf dem Ludwig Spat und dem Drei-Prinzen-Spat und benachbarten Erzgängen ab und war vom 18. Jahrhundert bis zu ihrer Stillegung eine der wichtigsten Freiberger Gruben, sowohl was ihre Erzförderung, Größe und Belegschaftszahl wie auch was ihre bauliche und maschinentechnische Ausstattung betrifft (Tabelle 20). Demgemäß finden wir von ihr heute noch einen umfangreichen und aussagekräftigen Komplex technischer Denkmale (Abb. 62).

Am bekanntesten ist das Huthaus vom *Churprinz* (s. Tafelteil, Bild 129). In der Erdgeschoß-Nordhälfte des Hauses lag die Betstube. Im Mauerwerk des Erdge-

Tabelle 20. Daten zur Geschichte der Grube *Churprinz, Friedrich August Erbstolln* bei Großschirma (Th = Thaler, M = Mark; bei Fallhöhe = links »Untere Wasserversorgung«, rechts »Obere Wasserversorgung«)

Jahr	Erreichte Tiefe		Verfügbare Fallhöhe der Wasserkraft (ungefähre Werte)	Belegschaft (Mann)	Erzförderung (t) (Erlös)	Bemerkungen
	Gezeugstrecke	Meter unter Gelände				
1700	Stollnbetrieb	35	–	2...5	20 t/Jahr	Eigenlöhnerzeche des CHRISTOPH BÖHME, 1707 von AUGUST DEM STARKEN gekauft
1725	1.	55		22...31		
1742	2.	87		50...70		
1745	3.	121	2 m	46...61	72 t/Jahr	unterschlächtige Kunstgezeuge zwischen Mulde (286 m ü. NN) und *Anna Stolln* (284 m über NN)
1758	4.	157	2 m + 35 m	ca. 210		1749 Zechenteich und Oberer Kunstgraben, dieser am Schreiberschacht 320 m über NN
1780	5.	190		180		1784 Aufbereitung: 18 Pochstempel, 2 Stoßherde
1790	6.	225	5 m + 35 m	300		1788 Bergwerkskanal (am *Churprinz* 289 m über NN), 1795 Wassergöpel für Schreiberschacht
1805	7.	261		330		1807 3 Kunstgezeuge mit komplizierten Gestängen
1823	8.		9 m + 35 m			1820 Neugestaltung der Wasserhaltung, 1823 Kanal in höherem Niveau: 293 m über NN
1829	8.	296				1824 Aufbereitung: 51 Pochstempel, 8 Stoßherde

Fortsetzung Tabelle 20

Jahr	Erreichte Tiefe		Verfügbare Fallhöhe der Wasserkraft (ungefähre Werte)	Beleg-schaft (Mann)	Erz-förderung (t) (Erlös)	Bemerkungen
	Gezeug-strecke	Meter unter Gelände				
1830	9.	331		635		
1834	10.	366				
1839	11.	402				
1850			42 m + 69 m	400 (1856)		1849 *Treue Sachsen Stolln* in *Churprinz* eingebracht, bei 251 m über NN: 1852 Turbine für Kunstgezeuge
1861	12.	438				1864 Dampfförderanlage für Schreiberschacht
1870	12.	438		567	1460 (836330 Th)	
1880	12.		122 m + 149 m	430	954 (191183 M)	1885 *Rothschönberger Stolln* bei etwa 171 m über NN in Churprinzer Ferdinandschacht eingebracht
1890	12.			400	1830 (299204 M)	Belegschaften 1890 bis 1900 einschließlich Grube *Beihilfe*, Halsbrücke
1900	12.	440		265	801 (144838 M)	1895 *Rothschönberger Stolln* bei etwa 171 m über NN in Churprinzer Kunstschächte eingebracht 1900 Stillegung der Grube

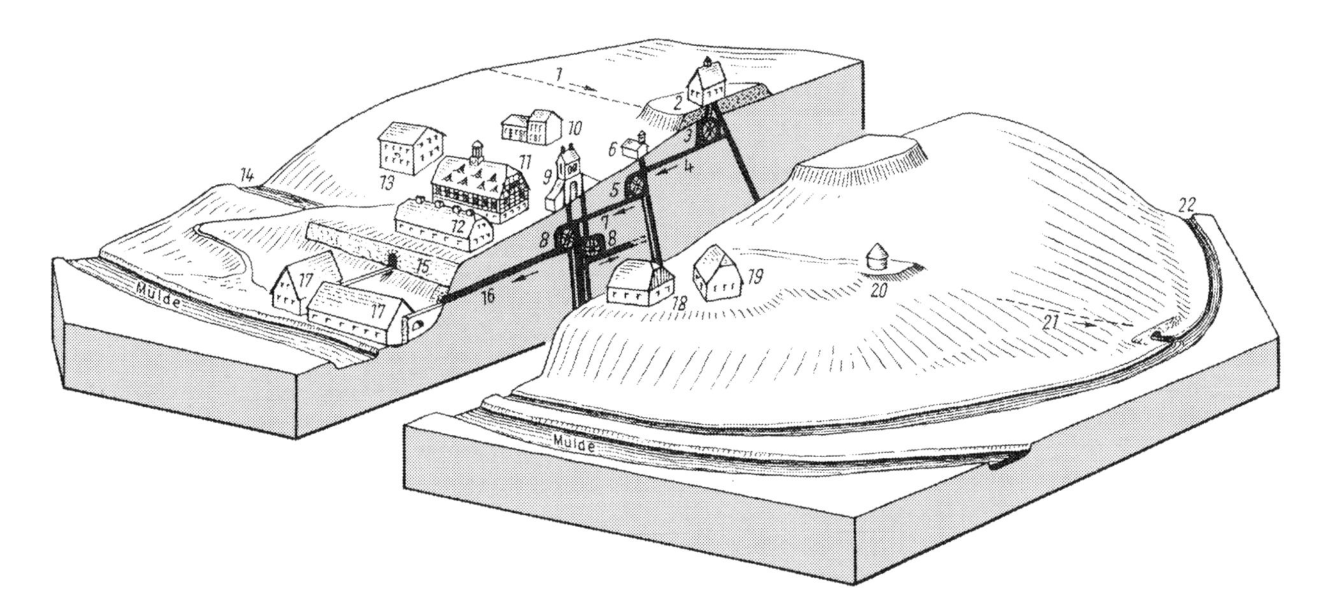

Abb. 62. Etwas schematisiertes Raumbild der Übertageanlagen und Schächte der Grube *Churprinz Friedrich August Erbstolln* bei Großschirma
(TD Technisches Denkmal)
1 Rösche vom Oberen Kunstgraben zum Schreiberschacht (vgl. Abb. 64),
2 Schreiberschacht (Förderschacht), *3* Kehrrad, *4* Rösche zum Oberschlächtigen Kunstschacht mit Kunstgestänge, *5* Kunstrad an diesem Schacht, *6* der zugehörige Obere Wächter, 7 Rösche zum Mittelschlächtigen Kunstschacht, *8* zwei Kunsträder *(TD)* an diesem Schacht mit Gestängen, *9* der zugehörige Untere Wächter *(TD)*, *10* der Constantinschacht (zur Wasserhaltung mit Dampfmaschine *(TD)*, *11* Huthaus *(TD)*, *12* Bergschmiede *(TD)*, *13* Beamtenwohnhaus *(TD)*, *14* Bergwerkskanal *(TD)*, *15* Mundloch zur Kanalrösche zur Verladestation des Erzes *(TD)*, *16* Rösche zur Wäsche, *17* Pochwerk und Erzwäsche (an der Stelle der jetzigen Pappenfabrik), *18* Zimmerhaus, *19* Materiallager, *20* Pulverturm, *21* Abzugsrösche von den tieferen Kunsträdern *(8)* mit Mundloch und Abfluß in den Kanal, *22* Bergwerkskanal von der Churprinzer Erzwäsche zur Grube *Christbescherung* (vgl. Abb. 61)
Die Pfeile geben die Fließrichtung des Wassers an

schosses schon auf die Gründungszeit um 1710 zurückgehend, im Jahre 1747 umgebaut und vielleicht erweitert und um 1820 mit einem klassizistischen tempelartigen Dachreiter mit Glocke und Uhr versehen, gehört es mit dem umgebenden Park zu den repräsentativsten Huthäusern des sächsischen Bergbaus überhaupt. Der Oberberghauptmann von Herder hat auf Grund der unmittelbaren Unterstellung der staatlichen Grube unter die Bergbehörde und auf Grund der schönen Lage des Huthauses im Jahre 1831 Goethe eingeladen, dort einen Sommeraufenthalt und seinen Geburtstag zu verbringen und eine Bergmannskantate zu dichten. Goethe lehnte altershalber ab, und Herder betraute den Freiberger Konrektor Döring mit der gleichen Aufgabe. Das Ergebnis war der schon erwähnte »Bergmannsgruß«, der allenfalls die Romantik von Huthaus, Park und Bergglöckchen, nicht aber die technische Problematik der Grube und die wirkliche soziale Lage der etwa 630 bis 640 Bergleute der Grube um 1830 widerspiegelt.

Die technischen Probleme der Grube werden an mehreren anderen Denkmalen des *Churprinz* deutlich. Hauptförderschacht der Grube war der Schreiberschacht, dessen große Halde westlich des Weges ins Muldental, etwa 250 Meter nordwestlich des Huthauses liegt. Im 18. Jahrhundert niedergebracht, hatte er zunächst einen Handhaspel, ab 1785 einen Pferdegöpel, ab 1795 einen Wassergöpel, dessen sorgfältig ausgemauerte Radstube in 11 bis 21 m Tiefe lag, und ab 1864 eine 30-PS-Dampfförderanlage. Von 1955 bis 1968 wurde der Schacht mit einem Stahlfördergerüst und elektrischer Fördermaschine als Förderschacht der Grube *Halsbrücke* des Bergbau- und Hüttenkombinates »Albert Funk« genutzt.

Im Jahre 1863 begann man mit dem Abteufen des Ferdinandschachtes östlich der Mulde, um dort vermutete Erzvorräte zu erschließen, und rüstete ihn 1869 mit einer 10-PS-Förder- und Wasserhaltungsdampfmaschine aus. In der vierten Hauptperiode, um 1960, diente der »Ferdinand« besonders der Förderung tauben Gesteins, das zu einer heute allerdings nicht mehr vorhandenen Spitzhalde aufgeschüttet wurde.

In den Jahren 1868 bis 1873 wurde nahe am Huthaus der zu Ehren des 1867 aus dem sächsischen Staatsdienst ausgeschiedenen Oberberghauptmanns FRIEDRICH CONSTANTIN FREIHERR VON BEUST benannte Constantinschacht abgeteuft und 1873 mit einer 80-PS-Wasserhaltungsdampfmaschine ausgerüstet. Der Schacht, dessen Gebäude noch erhalten ist (s. Tafelteil, Bild 131), hat für die Grube jedoch keine große Bedeutung erlangt und auch nach 1945 im wesentlichen nur der Wasserhaltung gedient.

Die Hebung des aus dem Muldental den weiten Grubenbauen auf den mächtigen Gängen zufließenden Grundwassers war über die gesamte Betriebszeit das technische Hauptproblem der Grube. Technisches Denkmal für diese Problematik ist die sogenannte »Kapelle«, der in neugotischen Formen um 1825 gebaute Untere Wächter auf dem Mittelschlächtigen Kunstschacht (s. Tafelteil, Bild 130). Seine frühe Neogotik ist ein besonders gutes Beispiel bewußter industriearchitektonischer Gestaltung der Zeit. »Wächter« waren kleine Gebäude auf den nur der Wasserhebung dienenden Kunstschächten und trugen – wie die Kunst- und Treibeschächte in den Wächtertürmchen – die Kunstglocke, die mit dem Kunstgezeug gekoppelt übertage den Gang des Kunstgezeuges anzeigte und damit von übertage aus seine Kontrolle ermöglichte. Auf dem Oberschlächtigen Kunstschacht der Grube *Churprinz* stand ursprünglich auch ein in den Formen allerdings recht einfacher Wächter, der 1954 aus betrieblichen Gründen beseitigt werden mußte. Damit ist der Untere Wächter neben dem Churprinzer Huthaus das einzige im Freiberger Bergbau erhaltene Wächtergebäude. In etwa zehn Meter Tiefe unter ihm ist ein 1852 eingebautes eisernes Kunstrad erhalten und ermöglicht damit eine Vorstellung von der Funktionsweise der Anlage (Abb. 63).

Der Untere Wächter repräsentiert heute die komplizierten Wasserhaltungsanlagen der Gruben. Aus dem Anfang des 19. Jahrhunderts sind drei Kunstschächte des *Churprinz* bekannt, in denen Wasserräder, Streckengestänge, Schachtgestänge und zahlreiche Kolbenpumpen wirkten. Maschinendirektor BRENDEL hatte 1818 bis 1821 die Aufgabe, das komplizierte System zu vereinfachen, dadurch leistungsfähiger zu machen und mit dem Leistungszuwachs der Churprinzer Wasserhaltung Möglichkeiten für das weitere Vordringen des Bergbaus in die Tiefe zu schaffen. Er tat dies, indem er das zudringende Grundwasser nur einem tiefsten Punkt zufließen und durch die Kunstgezeuge aus diesem »Sumpf« heben ließ. Der Untere Wächter ist ein Teil dieser im 19. Jahrhundert rationalisierten Wasserhaltungsanlagen des *Churprinz* (Abb. 63).

Die Hebung großer Grundwassermengen blieb auch weiterhin das Hauptproblem der Grube. So ist es fast symptomatisch, daß Kunstmeister FR. W. SCHWAMKRUG das zweite Exemplar der von ihm entwickelten SCHWAMKRUG-Turbine 1852 zum Antrieb eines Kunstgezeuges in die Grube *Churprinz* einbaute, und zwar zur Nutzung von 12,5 m³/min Wasser in der Fallhöhe von 41 m zwischen der Aufschlagrösche und dem nun in die Grube *Churprinz* eingebrachten *Treue Sachsen Stolln*. Die Turbine stand unmittelbar über dem Stolln am Oberschlächtigen Kunstschacht, wo sie dessen Wasserrad ersetzt hatte (Abb. 63). Sie hatte etwa 2,5 m Durchmesser (s. Tafelteil, Bild 51) und trieb über ein Vorgelege zwei Horizontalgestänge und weiter über zwei Kunstwinkel die beiden Pumpengestänge im Oberschlächtigen Kunstschacht an.

Neben Huthaus und Unterem Wächter steht das Gebäude der Bergschmiede, heute nicht mehr als solche erkennbar. Abseits des Grubengeländes ist der Pulverturm als Zeugnis für die Sprengarbeit beim Streckenvortrieb und Abbau erhalten (Bild 132). Die seit 1708 entstandenen und in der Folgezeit mehrfach veränderten Pochwerke und Herdwäschen des Churprinz lagen unterhalb des Huthauses an der Stelle der jetzigen Pappenfabrik, die 1913 nach Stillegung der Grube als Nachfolgeindustrie des Bergbaus entstanden ist.

Für den Wassergöpel, die Kunsträder und die Turbine sowie zum Antrieb der Aufbereitungsmaschinen benötigte die Grube Churprinz auf Grund ihrer Größe und der reichlichen Wasserzuflüsse untertage eine überdurchschnittlich große Menge Aufschlagwasser. So entstand für sie im 18. bis 19. Jahrhundert ein eigenständiges System der bergmännischen Wasserwirtschaft, das im wesentlichen noch heute erkennbar ist und in einigen Teilen sogar weiterhin der Wasserversorgung der Pappenfabrik dient (Abb. 64). Als erstes wurde schon 1707 bis 1708 im Waltersbachtal ein heute nicht mehr vorhandener Teich angelegt, im Jahre 1749 folgte der Bau des Zechenteiches am Waltersbachtal, der das Wasser des Waltersbaches und eines Nebentales speicherte und 1801 bis 1826 erhöht wurde (s. Tafelteil, Bild 133). Diese Jahreszahlen nennt der Schlußstein eines Mundlochs im Teichdamm. An ihm begann der Obere Churprinzer Kunstgraben, der am Westhang des Tales weithin noch erkennbar heute das Wasser in einer Rohrleitung nach Großschirma bringt. Der Kunstgraben führt im Ort über den Dorfbach (s. Tafelteil, Bild 134) und endete einst am Schreiberschacht, für dessen Wassergöpel er das Aufschlagwasser lieferte. Im 19. Jahrhundert wurde dem Oberen Churprinzer Kunstgraben zusätzlich Wasser aus dem Münzbach zugeführt, indem man von diesem unterhalb des Fürstenhofes einen Kunstgraben links abzweigte, am linken Talhang nach Norden und mit der 1833 vollendeten Münzbachrösche durch den westlich gelegenen Höhenrücken ins Waltersbachtal führte. Beide Röschenmundlöcher sind mit ihrer elliptischen Gewölbemauerung gut erhalten. Das im Waltersbachtal am Nordrand des Fürstenbusches liegende wurde 1980 vom VEB Bergsicherung Schneeberg ausgegraben und bei der Verwahrung gut restauriert. Auch die Grabenführung selbst ist sowohl im Münzbachtal wie auch am westlichen Hang des Waltersbachtales im Gelände noch erkennbar. In der Nähe des Zechenteiches gelangte der Kunstgraben, dessen Wasser ja »talaufwärts« fließen mußte (Abb. 64), ins Niveau der Talsohle. Dort wurde er in einem Holzgerinne auf Holzböcken quer über das

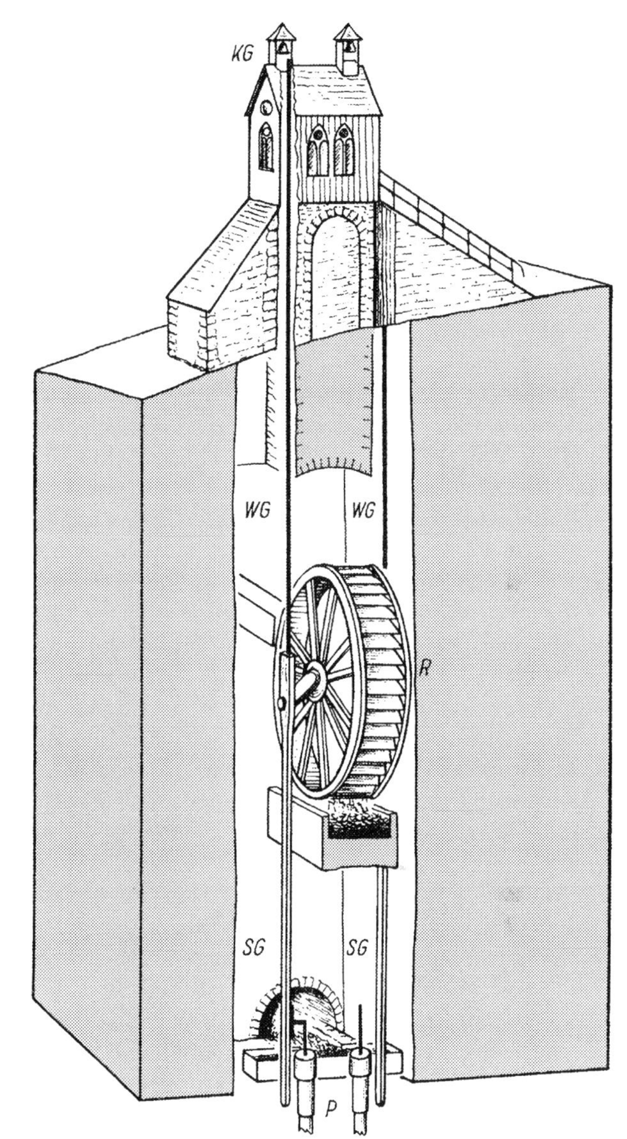

Abb. 63. Funktionsskizze des Unteren Wächters auf dem Mittelschlächtigen Kunstschacht der Grube *Churprinz*

P Oberster Pumpensatz, das gehobene Wasser in das Stollngerinne ausgießend, *SG* Schachtgestänge, an Kurbelzapfen beiderseits des Kunstrades *R* angeschlossen, dieses als eisernes und mittelschlächtig gezeichnet, *WG* Wächtergestänge, an das Kunstgestänge angeschlossen und in das Wächterhäuschen führend, *KG* Kunstglöckchen, das im Rhythmus des Schachtgestänges vom Wächtergestänge angeschlagen wird

Tal geführt und in den vom Zechenteich kommenden älteren Teil des Oberen Churprinzer Kunstgrabens eingespeist.

Noch komplizierter wurde die Wasserführung für die Obere Churprinzer Wasserversorgung, als man 1844 bis 1845 das Münzbachwasser bei Langenrinne oberhalb von Freiberg in den neuen Himmelfahrter Kunstgraben abzweigte, es also dem Oberen Churprinzer Kunstgraben verlorenzugehen drohte. Das Wasser diente den Schächten der damals aufblühenden Grube *Himmelfahrt* als Aufschlagwasser, gelangte nach Nutzung durch den *Verträgliche Gesellschaft Stolln* oder den Hauptstolln-Umbruch in den Roten Graben und kam so nach Halsbrücke. Um es – wie notwendig – auch wieder den Rädern der Grube *Churprinz* zuzuführen, trieb man eine Rösche vom Roten Graben weiter muldenabwärts und leitete das Wasser in den ehemaligen Altväter-Kunstgraben auf der östlichen Seite des Münzbachtales. In diesem Kunstgraben mußte das Wasser nun aber ein kurzes Stück talaufwärts fließen. Im Jahre 1846 baute Chr. Fr. Brendel quer durch das Münzbachtal eine »Röhrenfahrt« – den ersten Düker in der bergmännischen Wasserwirtschaft. Durch diesen konnte man das Wasser doch wieder in die Obere Wasserversorgung der Grube *Churprinz* einspeisen – ein Beispiel dafür, welchen Grad der Mehrfachnutzung von Wasser der Freiberger Bergbau um 1850 schon erreicht hatte.

Ebenso bemerkenswert ist die im Tal der Mulde angelegte Untere Churprinzer Wasserversorgung, der erste, von Kunstmeister J. Fr. Mende 1788 bis 1789 angelegte Bergwerkskanal. Mende hatte oberhalb der Altväterbrücke den Graben von der Mulde abgezweigt und im Muldental mit kompliziertem Verlauf und mehreren Schleusen der Grube *Churprinz* zugeführt. Da die Mulde etwa 32 m^3/min Wasser abzuleiten erlaubte, baute Mende den Graben so breit, daß er zum Erztransport per Kahn von der Grube bis zur Hütte benutzt werden konnte (s. Tafelteil, Bild 135). Von dieser besonderen wasserbautechnischen Leistung Mendes zeugen heute noch eine an der Altväterbrücke erhaltene, aus Gneis gemauerte, lange Schleusenkammer (s. Tafelteil, Bild 137) und das Rothenfurther Kahnhebehaus von 1788 bis 1789, wohl das erste Schiffshebewerk der Welt (s. Tafelteil, Bild 138 und Abb. 65). In ihm wurden die Kähne etwa 6,8 m hoch gehoben. Dazu fuhr man sie an der unteren Stirnseite in das Hebehaus hinein, hängte sie an einen fünffachen Flaschenzug, hob sie mit diesem über 7 m hoch, fuhr sie in dieser Stellung mit einer Laufkatze über das Oberbecken und senkte sie dort mit dem Flaschenzug wieder ins Wasser.

Als um 1820 die Grube *Churprinz* auf Grund des Abbaufortschritts in die Tiefe und dadurch vermehrter Grundwasserzuflüsse in Schwierigkeiten der Energieversorgung geriet, baute Maschinendirektor Chr. Fr. Brendel 1822 bis 1823 den Kanal neu, und zwar in höherem Niveau. Damit wurde zwar nicht die verfügbare Wassermenge, wohl aber die Fallhöhe und damit die Energie vergrößert, und die Leistungsfähigkeit der Wasserhebung in der Grube war gewährleistet. Damals entstand auch die Kanalrösche mit ihren beiden Mundlöchern in der Nähe des Ortes Großschirma (s. Tafelteil, Bild 136).

Auf dem von Brendel gebauten und bis heute erhaltenen und für die Wasserversorgung der Pappenfabrik Großschirma genutzten Bergwerkskanal fand der Erztransport wie folgt statt: Die etwa 7,75 m langen, bis 1,35 m breiten und 0,7 m hohen Erzkähne wurden in der Nähe des Churprinzer Huthauses in der zum Kunstrad führenden Rösche mit je etwa 2,5 t aufbereiteten Erzes beladen und dann von zwei Mann kanalaufwärts getreidelt, während ein dritter auf dem Kahn stehend stakte und lenkte. Aus der Rösche am *Churprinz* heraus und durch die Rösche vom Waltersbachtal ins Muldental zog man sich, indem alle drei Mann auf dem Kahn saßen, an einem längs gespannten Seil. An der Altväterbrücke mußte die Mulde gequert werden. Dabei wurde von einem Steg aus getreidelt. Nach einer Fahrt auf dem etwa 600 m langen Kanalstück rechts der Mulde gelangte man in den am Kahnhebehaus liegenden »Oberen Wehrteich«, querte diesen, fuhr ins Hebehaus ein, ließ den Kahn heben und setzte in dem oberen Teil des Bergwerkskanals die Fahrt bis zur Hütte Halsbrücke fort. Die Fahrt vom *Churprinz* bis zur Halsbrükker Hütte dauerte knapp drei Stunden.

Als im Jahre 1868 das Muldenwasser und die Fallhöhe zwischen der Halsbrücker Hütte und dem Kahnhebehaus zum Betrieb der Maschinen im 7. Lichtloch des *Rothschönberger Stollns* benötigt wurden, stellte man

Abb. 64. Übersichtskarte der Aufschlagwasserversorgung der Grube *Churprinz* bei Großschirma

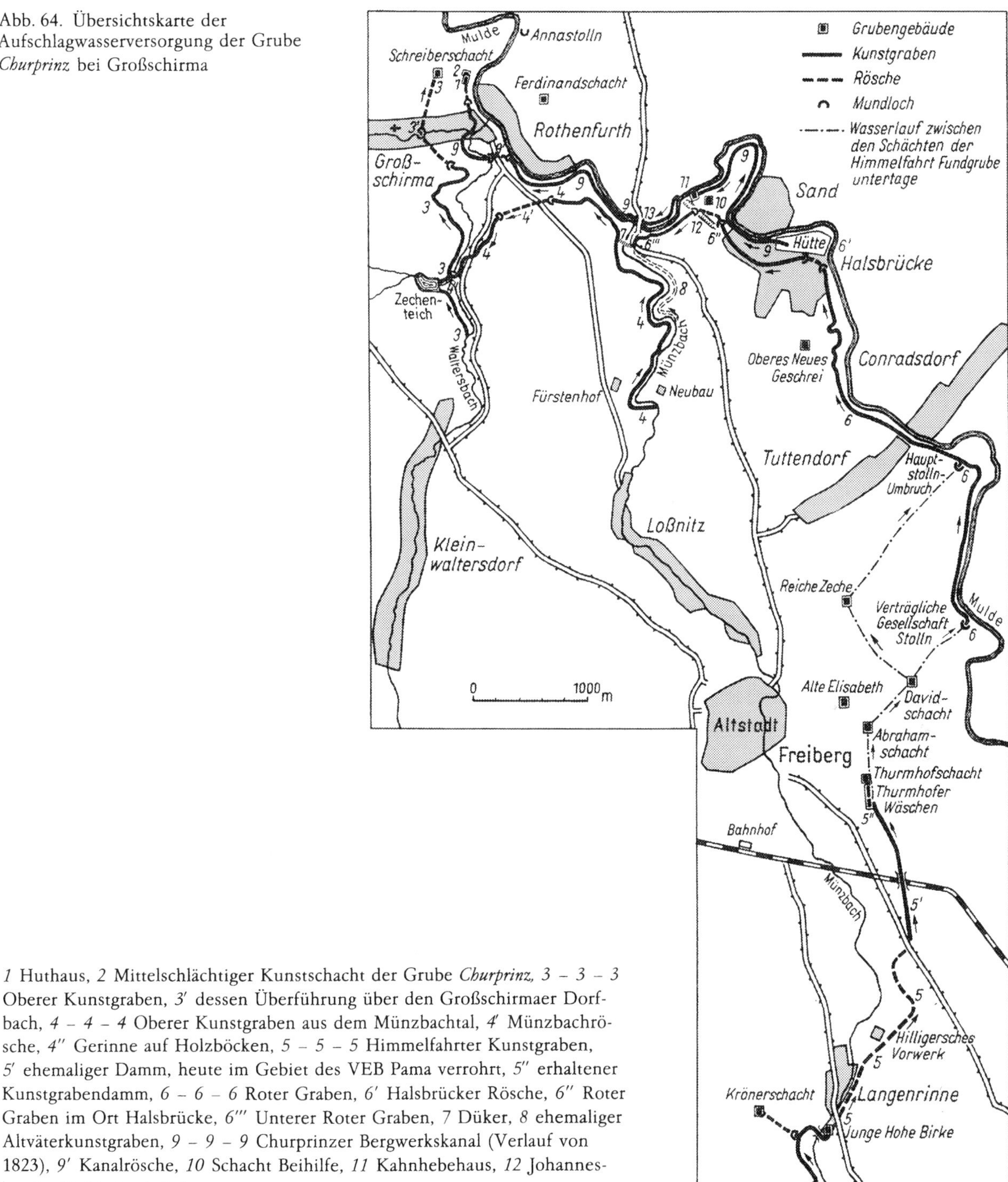

1 Huthaus, *2* Mittelschlächtiger Kunstschacht der Grube *Churprinz*, *3 – 3 – 3* Oberer Kunstgraben, *3'* dessen Überführung über den Großschirmaer Dorfbach, *4 – 4 – 4* Oberer Kunstgraben aus dem Münzbachtal, *4'* Münzbachrösche, *4''* Gerinne auf Holzböcken, *5 – 5 – 5* Himmelfahrter Kunstgraben, *5'* ehemaliger Damm, heute im Gebiet des VEB Pama verrohrt, *5''* erhaltener Kunstgrabendamm, *6 – 6 – 6* Roter Graben, *6'* Halsbrücker Rösche, *6''* Roter Graben im Ort Halsbrücke, *6'''* Unterer Roter Graben, 7 Düker, *8* ehemaliger Altväterkunstgraben, *9 – 9 – 9* Churprinzer Bergwerkskanal (Verlauf von 1823), *9'* Kanalrösche, *10* Schacht Beihilfe, *11* Kahnhebehaus, *12* Johannesbruch, *13* Altväterbrücke

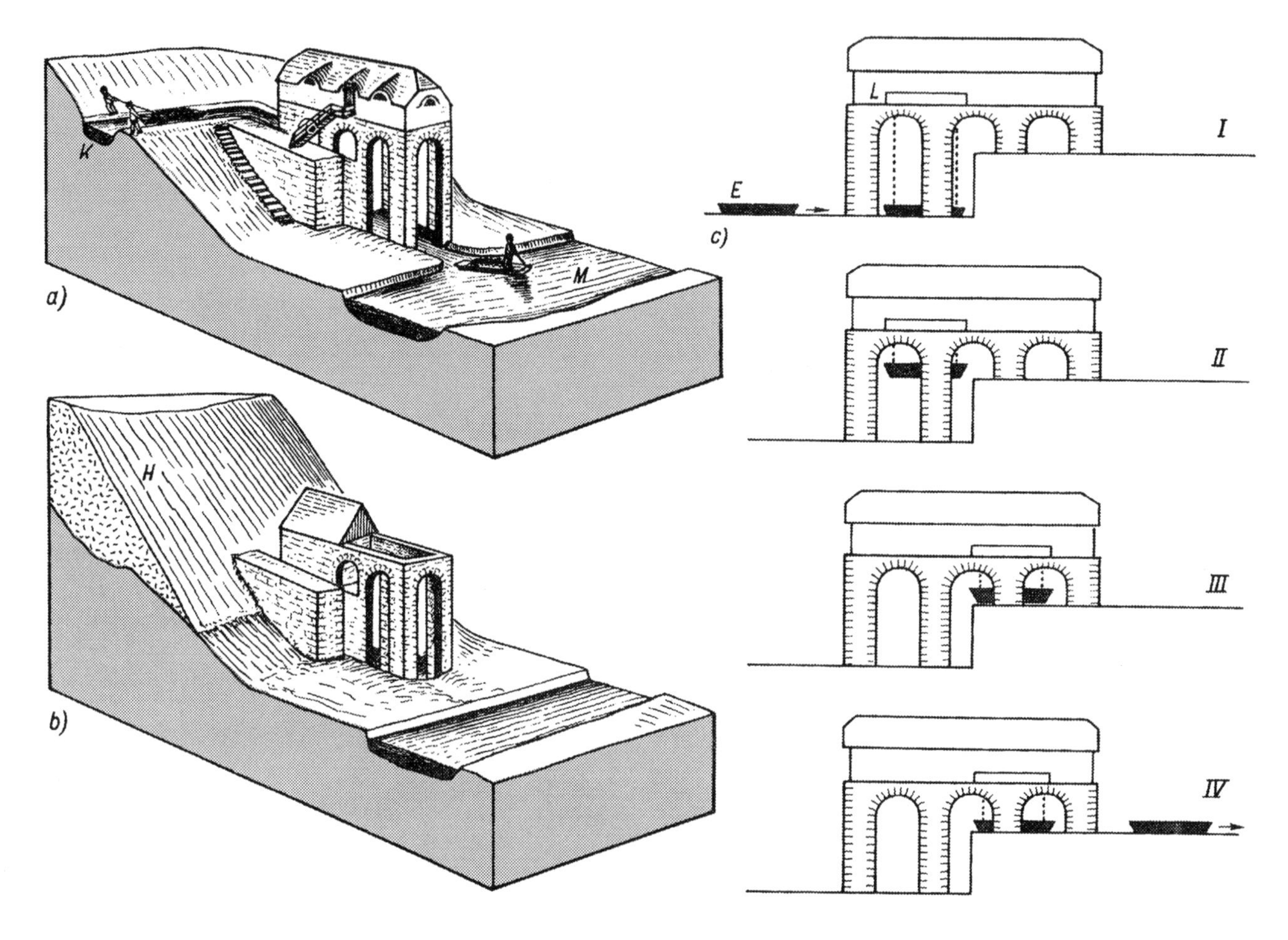

den Erztransport per Kahn ganz ein, zumal er nur wenig billiger als der Transport mit Pferdefuhrwerk war. Achtzig Jahre lang hatte sich so der 5,350 km lange Wasserweg für den Transport des Erzes von der Grube zur Hütte bewährt. Bedenkt man, daß der Bergwerkskanal 1790 bis 1792 vom *Churprinz* noch bis zur Grube *Christbescherung* verlängert worden war und damals die Erze dieser Grube und die der *Alten Hoffnung Gottes* bei Kleinvoigtsberg auch per Kahn, also 8,5 km auf dem Wasser zur Hütte transportiert wurden, dann wird die wasserbautechnische Leistung der Kunstmeister MENDE und BRENDEL deutlich. MENDE hatte 1790 bis 1795 nach seinem Projekt von 1778 auch die Unstrut von Naumburg bis Bretleben, im kursächsischen Teil ihres Laufes, schiffbar gemacht. Er gab damit ein Beispiel,

Abb. 65. Ursprünglicher (a) und jetziger Zustand (b) des Kahnhebehauses am Churprinzer Bergwerkskanal mit Funktionsskizzen (c)

a) *M* Mulde, *K* oberer Kanal

b) Mulde reguliert, Kahnhebehaus z. T. abgebrochen, auf Land stehend, *H* Halde der Grube *Beihilfe* aus dem 20. Jahrhundert

c) *I* Der Erzkahn *E* fährt von der Mulde aus in das Kahnhebewerk ein und wird an die Ketten der Laufkatze *L* angehängt; *II* Der Erzkahn wird mit den Flaschenzügen der Laufkatze über das Niveau des oberen Kanals emporgehoben; *III* Die Laufkatze fährt mit dem Erzkahn über den oberen Kanal; *IV* Der Erzkahn wird mit den Flaschenzügen der Laufkatze in den oberen Kanal hinabgelassen und setzt in diesem seine Fahrt fort

wie damals die Techniker des Bergbaus die allgemeine Entwicklung der Technik vorantrieben. Jahrhunderte zuvor war der Bergbau vor allem Nutzer von Maschinentechnik gewesen, die außerhalb seiner Arbeitsprozesse geboren wurde. Spätestens aber im 16. Jahrhundert formten eigenständige Innovationen eine eigenständige Bergmaschinentechnik, wie bereits AGRICOLA beweist. Am Vorabend der Industriellen Revolution ist die produktive Nachnutzung montanistischer Technik in vielen Bereichen der Volkswirtschaft zu registrieren. Das ist zu bedenken, wenn man den Churprinzer Bergwerkskanal als technisches Denkmal betrachtet. Das Kahnhebehaus aber gehört in die Vorgeschichte der großen, im 20. Jahrhundert gebauten Schiffshebewerke wie Niederfinow bei Eberswalde und Rothensee bei Magdeburg.

Der Zechenteich und der Bergwerkskanal versorgen noch heute die Pappenfabrik Großschirma mit Wasser.

13.9. Der Rothschönberger Stolln und die Grube Beihilfe bei Halsbrücke

Bei Obergruna, Klein- und Großvoigtsberg sowie Großschirma waren es jeweils einzelne Gruben des 18. bis 19. Jahrhunderts, die am Ort und im Muldental den Bergbau bestimmten und von denen technische Denkmale erhalten sind.

In Halsbrücke ist als Grube des 19. bis 20. Jahrhunderts die *Beihilfe* zu nennen. Doch bedeutsamer für die Bergbaugeschichte des 19. Jahrhunderts bei Halsbrücke ist der *Rothschönberger Stolln*, der die Gründung der Grube *Beihilfe* gefördert hat und von dem in und bei Halsbrücke noch mehrere technische Denkmale künden.

Der *Rothschönberger Stolln* (Abb. 66, 67 und Tabellen 21, 22) ist der jüngste und längste Stolln des Freiberger Bergbaus.

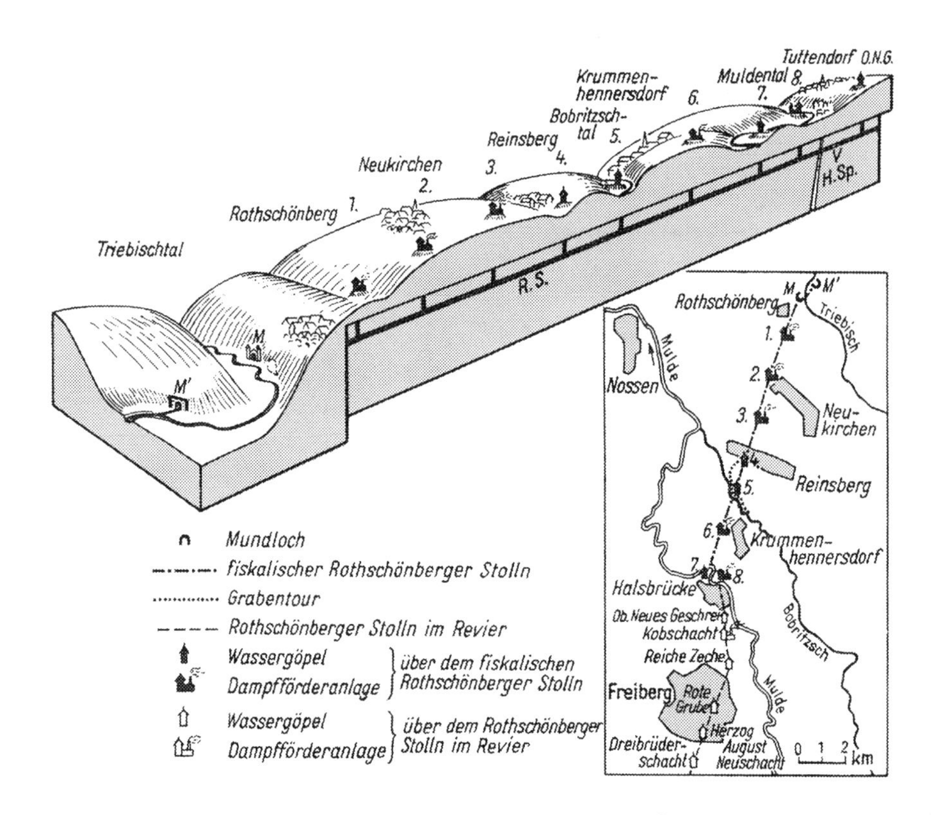

Abb. 66. Schematisches Raumbild und Kartenskizze des *Rothschönberger Stollns (R. S.)* und seiner Lichtlöcher
M Hauptstollnmundloch, rechts das geplante, links etwas Triebisch – aufwärts das ausgeführte; *M'* Mundloch der Stollnrösche, *1* bis *8* Lichtlöcher, *O. N. G.* Oberes Neues Geschrei, *H. Sp.* Halsbrücker Spatgang, *V* Verstufungspunkt = Grenze zwischen dem fiskalischen Teil des Stollns und dem Stolln innerhalb des Reviers

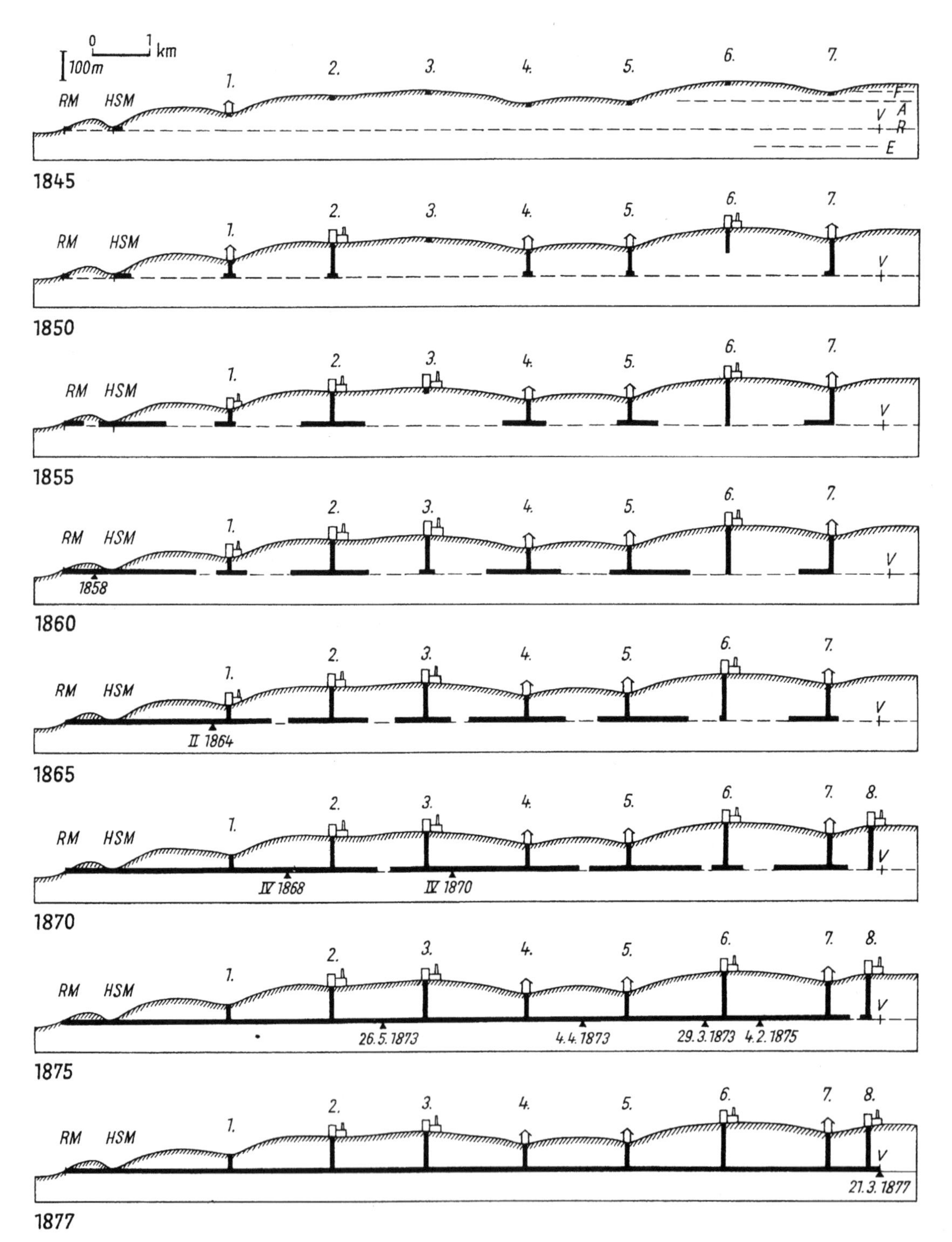
0
1 km
100m
RM
HSM
1.
2.
3.
4.
5.
6.
7.
8.
F
A
V
R
E
1845
1850
1855
1860
1858
1865
II 1864
1870
IV 1868
IV 1870
1875
26.5.1873
4.4.1873
29.3.1873
4.2.1875
1877
21.3.1877

◀ Abb. 67. Profilfolge zum Bauablauf des *Rothschönberger Stollns*

HSM Hauptstollnmundloch, *RM* Röschenmundloch
1–8 Lichtlöcher (mit Wassergöpeln bzw. Dampfförderanlagen) Stark ausgezogen: Erreichte Lichtlochtiefen bzw. vollendete Stollnabschnitte. *V* Verstufungspunkt, d. h. Endpunkt des fiskalischen (staatlichen) *Rothschönberger Stollns.* Im obersten Profil die Niveaus älterer Stolln: *F Alter Tiefer Fürstenstolln, A Anna-Stolln, E* der von Herder projektierte *Tiefe Meißner Erbstolln*

Tabelle 21. Teufen der Lichtlöcher und Längen der Teilstrecken des staatlichen Teils vom *Rothschönberger Stolln* (Rothschönberg – Halsbrücke)

Arbeitsort	Teufe des Lichtlochs (m)	Vortrieb des Stollns nach SW (m)	Vortrieb des Stollns nach (NO m)	Gesamtstrecke (m)	Bemerkungen
Triebischrösche	–	–	–		in Arbeit 1844 bis 1858
				847	
Hauptstollnmundloch	–	1 744	–		in Arbeit 1844 bis 1864
				1 972	
1. Lichtloch	53	992	228		wegen Sandeinbruch ab 1851 nach NO wenig Vortrieb
				1 730	
2. Lichtloch	109	915	738		in Betrieb 1845 bis 1873
				1 626	
3. Lichtloch	129	487	711		in Betrieb 1845 bis 1849 u. 1855 bis 1873
				1 717	
4. Lichtloch	84	950	1 230		in Betrieb 1844 bis 1873
				1 693	
5. Lichtloch	91	1 349	742		in Betrieb 1844 bis 1873
				1 671	
6. Lichtloch	155	591	322		tiefstes Lichtloch, in Betrieb 1845 bis 1851 und 1864 bis 1875
				1 754	
7. Lichtloch	123	ca. 570	1 162		in Betrieb 1844 bis 1876
				665	
8. Lichtloch	139	227	ca. 95		in Betrieb 1865 bis 1877
				227	
Verstufungspunkt	–	29	–		Durchschlag 1877
Summe	883	–	–	13,9 km	

Tabelle 22. Übersicht über den Bauablauf des *Rothschönberger Stollns* (nach WAGENBRETH 1978)

Jahr	Ort	Baumaßnahme
1825 bis 1838	–	Diskussion über einen tieferen Stolln
1838	–	Oberberghauptmann v. HERDER veröffentlicht sein Projekt des *Tiefen Meißner Erbstollns*
1838 bis 1844	–	Projekt und Beschluß zum Bau des *Rothschönberger Stollns*
1844	1., 4., 5. u. 7. Lichtloch	Bau von Schmieden und Pulverhäusern, Beginn des Schachtabteufens der Lichtlöcher, Bau des Huthauses in Reinsberg
	Rothschönberg	Beginn des Vortriebs am Mundloch des Stollns
	Grabentour	Beginn des Baus der Gräben und Röschen
1845	2., 3. u. 6. Lichtloch	Beginn des Schachtabteufens der Lichtlöcher
	1. Lichtloch	Kunstrad und Kunstgezeug in Betrieb genommen
1846	Grabentour	vollendet
	4. u. 7. Lichtloch	Kunstgezeuge in Betrieb
1847	Hauptstollnort	weiterer Vortrieb mit Ventilator
	1. Lichtloch	Schacht fertig, Stollnvortrieb nach Nordost (Gegenortbetrieb zum Hauptstollnort)
	2. Lichtloch	18-PS-Dampfmaschine für Kunstgezeug in Betrieb
	5. Lichtloch	Turbinen-Kunstgezeug in Betrieb
	6. Lichtloch	18-PS-Dampfmaschine in Betrieb
1848	4. Lichtloch	Wassergöpel mit Kehrrad eingebaut
	1. u. 4. Lichtloch	Stollnvortrieb nach NO (in Richtung auf Mundloch und 3. Lichtloch) und SW (in Richtung auf 2. und 5. Lichtloch) begonnen

Fortsetzung Tabelle 22

Jahr	Ort	Baumaßnahme
1849	2., 5. u. 7. Lichtloch	Lichtlöcher vollendet, Stollnvortrieb nach SW und NO begonnen
1850	7. Lichtloch	Wassergöpel mit Kehrrad eingebaut
1851	1. Lichtloch	Sandeinbruch im Stollnort nach NO, Vortrieb eingestellt
	6. Lichtloch	Schacht vollendet, starker Wasserzufluß, deshalb kein Stollnvortrieb
1852	2. Lichtloch	3-PS-Dampffördermaschine aufgestellt
	5. Lichtloch	Turbinengöpel eingebaut
1853	5. u. 7. Lichtloch	weitere Pumpen eingebaut
1854	4. Lichtloch	Turbinenkunstgezeug eingebaut
1855	3. Lichtloch	Dampfförderanlage vom 6. Lichtloch auf 3. Lichtloch umgesetzt
1856	2. Lichtloch	starker Wasserzufluß, Vortrieb nach SW eingestellt
	7. Lichtloch	Vortrieb in Richtung SO begonnen
1857	1. Lichtloch	80-PS-Wasserhaltungs- und Förderdampfmaschine aufgestellt
1858	Triebisch-Rösche vollendet!	
1859	2. Lichtloch	Betrieb eingestellt, weil Dampfmaschine zu schwach
1860	7. Lichtloch	Einbau einer Wassersäulenmaschine
1861	7. Lichtloch	Einbau der Wassersäulenmaschine vollendet
1864	Hauptstollnort zum 1. Lichtloch	Durchschlag in der »6. Woche Trinitatis«
	6. Lichtloch	die auf dem 1. Lichtloch nun entbehrliche Dampfmaschine auf 6. Lichtloch umgesetzt und auf 120 PS verstärkt

Fortsetzung Tabelle 22

Jahr	Ort	Baumaßnahme
1865	6. Lichtloch	Vortrieb des Stollns wieder aufgenommen
	8. Lichtloch	Beginn des Schachtabteufens
1866	1. Lichtloch	Bruchstelle von 1851 fertig ausgemauert
1867	7. Lichtloch	Einbau einer SCHWAMKRUG-Turbine
1868	1./2. Lichtloch	Durchschlag im 4. Quartal, damit Stolln bis Neukirchen vollendet
1870	3./4. Lichtloch	Durchschlag im 4. Quartal
1873	5./6. Lichtloch	Durchschlag am 29. 3. 1873
	4./5. Lichtloch	Durchschlag am 4. 4. 1873
	2./3. Lichtloch	Durchschlag am 25. 5. 1873, Stolln bis Krummenhennersdorf vollendet
	8. Lichtloch	Stollnvortrieb nach NW und S
1874	8. Lichtloch	starke Wasserzuflüsse, Lokomobile für Wasserhaltung aufgestellt
1875	6./7. Lichtloch	Durchschlag am 4. 2. 1875, damit Stolln bis Halsbrücke vollendet und Grube *Beihilfe* an Stolln angeschlossen
1876	7./8. Lichtloch	ab 7. 2. 1876 Einsatz von Druckluftbohrmaschinen, Durchschlag am 8. 8. 1876, am 21. 12. 1876 mit Stollnvortrieb in die alten Abbaue im Halsbrücker Spatgang eingeschlagen
1877	255,7 m südlich vom 8. Lichtloch (48,5 m südlich vom Halsbrücker Spat)	Am 21. 3. 1877 Durchschlag zwischen dem Fiskalischen *Rothschönberger Stolln* (Rothschönberg – Halsbrücke) und dem vom Revier aus, vom Hoffnungschacht der Grube *Oberes Neues Geschrei*, vorgetriebenen Gegenort, am 12. 4. 1877 Fertigstellung des Durchschlags, Abfluß der Grubenwasser aus dem Freiberger Revier und damit Vollendung des staatlichen Teils des *Rothschönberger Stollns*

Um 1825 waren die auf Wasserkraft basierenden Energiereserven des Freiberger Bergbaus erschöpft. Das verfügbare Aufschlagwasser und die Fallhöhen zwischen den Kunstgräben und den bis dahin tiefsten Stolln, dem *Alten Tiefen Fürstenstolln* bzw. dem *Anna-Stolln* reichten nicht aus, um in noch größerer Tiefe gewonnenes Erz und anfallendes Gestein zu fördern und die dabei zufließenden beträchtlichen Mengen Grundwasser zu heben. Oberberghauptmann v. HERDER erwog daher das für solche Fälle seit Jahrhunderten übliche Mittel, nämlich den Bau eines tieferen Stollns. Ein solcher brachte drei technische Vorteile (Abb. 18 auf S. 46). Erstens konnte das zwischen dem höheren und dem tieferen Stolln zufließende Wasser auf diesem abfließen, ohne daß dafür Energie aufgewendet werden mußte. Mit anderen Worten: Alle zuvor oberhalb des tiefen Stollns installierten Pumpen wurden überflüssig. Zweitens brauchte man das in den tieferen Grubenbauen zufließende Wasser weniger hoch zu heben, sparte also auch hierdurch Energie. Drittens gewann man in dem Niveauunterschied zwischen den Stolln zusätzliche Energie, indem man das verfügbare Aufschlagwasser nun bis in das Niveau des tieferen Stollns nutzen konnte. Um 1825 war allerdings in der Energiefrage auch die Dampfkraft eine echte Alternativvariante, nachdem JAMES WATT 1769 bis 1780 die Dampfmaschine verbessert hatte, 1785 bei Hettstedt für den Kupferschieferbergbau die erste deutsche Dampfmaschine erbaut worden war und 1818 bis 1821 der Freiberger Kunstmeister und Maschinendirektor BRENDEL schon eine Wasserhaltungs-Dampfmaschine für den Steinkohlenbergbau von Döhlen (heute Freital) bei Dresden gebaut hatte. HERDER ließ deshalb 1829 von BRENDEL die Kosten der Dampfkraft und der Wasserkraft im Freiberger Revier berechnen, um die ökonomisch günstigere Variante zu wählen (vgl. Seite 39 und Tabelle 4). Der Vergleich fiel eindeutig zugunsten der Wasserkraft aus, so daß der Bau eines tieferen Stollns damals durchaus noch gerechtfertigt war. HERDER hoffte außerdem, daß beim Vortrieb des Stollns neue, bisher unbekannte Erzgänge entdeckt werden würden und damit die Zukunft des Freiberger Bergbaus auch durch Erhöhung der Lagerstättenvorräte weiter gesichert wäre. Er bearbeitete ein Projekt, erbat sich von GOETHE und ALEXANDER VON HUMBOLDT Gutachten und ließ es 1838 einschließlich der beiden positiven Gutachten unter dem Titel »Der tiefe Meißner Erbstolln« drucken. Wie schon der Titel zeigt, schlug er als Ansatzpunkt für den Stolln den tiefst möglichen vor, nämlich das Elbtal bei Meißen. Dabei sollte der Stollnbau von Meißen bis Halsbrücke vom Staat übernommen, innerhalb des Freiberger Reviers aber von jeder Grube für ihr Grubenfeld durchgeführt werden. Als Alternativvariante sah HERDER die Möglichkeit, den 1817 bis 1834 für den Steinkohlebergbau beim heutigen Freital angelegten *Dresdener Elbstolln* bis Freiberg zu verlängern. Nach diesem Projekt wäre der Stolln bis Halsbrücke 23 km lang geworden, hätte zum Bau 11 Lichtlöcher (Hilfsschächte), eine Bauzeit von 47 Jahren und die Summe von über 4 Millionen Thalern erfordert, wäre dafür aber im Revier etwa 200 m unter dem *Alten Tiefen Fürstenstolln* eingekommen, wahrhaftig ein gewaltiges Projekt! Doch schon HERDER erwog den Bau nicht so tief gelegener und damit kürzerer und weniger teurer Stollnvarianten, so von der Mulde bei Gersdorf östlich Roßwein, von der Mulde bei Kloster Altzella sowie von der Triebisch bei Rothschönberg. Für diese Variante lieferte er sogar bereits eine Berechnung, warb aber schließlich doch für den *Tiefen Meißner Erbstolln* als der seiner Meinung nach aufs Ganze gesehen wirtschaftlichsten Variante für die Zukunft des Freiberger Bergbaus.

Als HERDER 1838 gestorben war, scheute man die hohen Kosten und langen Bauzeiten und entschied sich für einen der Vorschläge eines Stollns in nicht so tiefem Niveau, nämlich für den *Rothschönberger Stolln*. Dieser wurde von dem 1826 bis 1836 amtierenden Freiberger Bergmeister und späteren Regierungsbeamten KARL GUSTAV ADALBERT VON WEISSENBACH (1797 bis 1848) genauer projektiert, so daß seine Ausführung 1844 beschlossen werden konnte. Das Projekt sah das Stollnmundloch in einem etwa 90 Meter höheren Niveau im Triebischtal bei Rothschönberg vor und ergab eine Stollnlänge von 12,8 km bis Halsbrücke, sieben Lichtlöcher, eine Bauzeit von 22 Jahren und Kosten von 1,3 Millionen Thalern, erbrachte aber auch nur 128 m Tiefe unter dem *Alten Tiefen Fürstenstolln*. Nun glaubte man richtig zwischen Aufwand und Effekt optimiert zu haben, beantragte bei Regierung und Landtag das Geld, erhielt dieses und begann 1844 mit dem Bau. Daß der Stollnbau nicht 1866, sondern 1877 beendet wurde, also nicht 22, sondern 33 Jahre und nicht 1,3 Millionen Thaler, sondern etwa 7,1 Millionen Mark, also 3 Millionen Mark über den Plan erforderte, lag in verschiedenen technischen Schwierigkeiten und in der über die 33 Jahre spürbaren Geldentwertung begründet.

Solange der Freiberger Bergbau und das Kavernenkraftwerk Dreibrüderschacht betrieben wurden, diente der *Rothschönberger Stolln* als Wasserabfluß. Aus den Gruben bei Brand, Freiberg und Halsbrücke wurden durch den Stolln 27 bis 97 m³/min abgeführt, wozu bei Betrieb des Kraftwerkes Dreibrüderschacht in Spitzenzeiten weitere 150 m³/min kamen. Der Stolln wurde vierteljährlich auf einwandfreien Zustand überprüft. Das geschah, indem man in den Schacht der *Roten Grube* einen Kahn für 2 bis 3 Mann 212 Meter bis auf den *Rothschönberger Stolln* hinabließ, dann der Stollnsteiger mit seinen Mitarbeitern mit dem Kahn unter Freiberg hindurch bis unter das 7. Lichtloch in Halsbrücke fuhr und dort den Kahn wieder zutage förderte. Ebenso wurde mit einem größeren Kahn – für etwa sechs Mann – das Stollnstück von Halsbrücke bis Reinsberg und am anderen Tage das von Reinsberg bis Rothschönberg befahren. Zu diesen unterirdischen Kahnfahrten, die etwa vier bis fünf Stunden dauerten, nahm der Stollnsteiger in früheren Jahrzehnten ausnahmsweise auch betriebsfremde Interessenten mit, sofern diese gewillt waren, die Fahrten (Leitern) in den etwa 80 bis 120 m tiefen Lichtlöchern hinab und auch wieder hinaufzusteigen.

Der *Rothschönberger Stolln* ist besonders an den zu seinem Bau und Betrieb errichteten Hilfsanlagen zu studieren. Diese aber lassen noch heute viele, auch problematische bis dramatische Einzelheiten aus der Geschichte des Stollns erkennen.

Im Triebischtal oberhalb von Rothschönberg liegt an der Straße nach Schmiedewalde–Wilsdruff das dortige Stollnhuthaus und jenseits des Flusses am Fuß des bewaldeten Talhanges das architektonisch der Bedeutung der Anlage gemäß anspruchsvoll gestaltete Stollnmundloch mit der Inschrift: »Königlicher Rothschönberger Stolln, angefangen 1844, vollendet 1877« (s. Tafelteil, Bild 139). Dem aufmerksamen Betrachter fällt sogleich auf, daß man weder am Mundloch selbst noch am Bett der Triebisch den Austritt des Stollnwassers entdecken kann. Das beruht auf einer Projektänderung beim Stollnbau infolge Beachtung von Umweltschutz 1844. Man hatte den Ansatz des Stollns näher am Ort Rothschönberg projektiert, befürchtete dann aber, damit dessen Wasserversorgung zu schädigen, und rückte den Punkt des Stollnansatzes talaufwärts an die jetzige Stelle. Da man aber die projektierte Tiefe des Stollns unter Gelände beibehalten wollte, lag nun der projektierte Wasserspiegel im Stolln unter dem der Triebisch, so daß das Wasser hier nicht in diese abfließen konnte. Man löste das Problem, indem man eine Rösche unter der Triebisch hindurch anlegte und durch den nächsten Bergrücken trieb, so daß das Stollnwasser nun etwa 1 km unterhalb des Dorfes Rothschönberg aus einem anderen, auch gut gestalteten Stollnmundloch mit großer Geschwindigkeit hervorschießt und in die Triebisch fließt (Abb. 66 und Tafelteil, Bild 140).

Als mit Einstellung des Freiberger Bergbaus 1968/1969 das Grundwasser alle Grubenbaue unterhalb des *Rothschönberger Stollns* füllte, in den alten Strecken und Abbauorten die verschiedensten Minerale, vor allem aber Brauneisen auflöste und ausspülte und so mit Fremdstoffen beladen auf dem Stolln abfloß, färbte das rostbraune Stollnwasser die Triebisch von diesem unteren Mundloch an bis in die Elbe intensiv braun. Heute, nach knapp zwanzig Jahren, ist die Färbung des Stollnwassers schon wesentlich weniger intensiv.

Im Jahre 1851 wurde zwischen dem Stollnmundloch und dem ersten Lichtloch mit dem Stollnvortrieb eine 35 m mächtige, mit nassem Sand und Schlamm gefüllte Spalte angefahren. Dieses Material brach immer wieder in den Stolln herein, so daß der Vortrieb um Jahre aufgehalten wurde. Erst 1864 gelang die Vollendung des Stollnstückes zwischen Mundloch und erstem Lichtloch. Die gefährliche Stelle sicherte man auf 40 m Länge durch ein etwa 50 cm starkes Sandsteingewölbe. Uns können heute an gleicher Stelle übertage Reste ehemaliger Sandgruben 1,5 km südlich von Rothschönberg an diese für den Stollnbau kritische Situation erinnern.

Am 1. Lichtloch, in dem Wäldchen etwa 1,5 km südsüdwestlich von Rothschönberg, bestanden um 1910 noch die Halde und Fundamentmauern des Schachtgebäudes. Heute findet man noch Haldenreste, den Damm des dortigen Kunstteiches und das Pulverhaus.

Vom 2. Lichtloch fällt am westlichen Ortsausgang von Neukirchen an der Straße nach Hirschfeld ein quadratischer Klotz aus Bruchsteinmauerwerk von etwa 8 m Länge und Breite sowie 5 m Höhe auf (s. Tafelteil, Bild 141). Das sind die Fundamente des ehemaligen Schachtgebäudes. Wie bei allen Freiberger Schächten, so hat man auch beim Abteufen des 2. Lichtlochs den Schacht »aufgesattelt«, um das taube Gestein rings um das Schachtgebäude abstützen zu können – neben der Grube *Emanuel Erbstolln* zwischen Zollhaus Bieberstein und Hirschfeld das einzige Beispiel einer heute noch bzw. wieder sichtbaren Aufsattelung im Freiberger Bergrevier (vgl. Abb. 59 auf S.167)

Vom 3. Lichtloch auf der Höhe zwischen Neukirchen und Reinsberg sind nur ganz geringe Haldenreste erkennbar.

Am 4. Lichtloch in Reinsberg war der Sitz der Verwaltung des Baus und später des Betriebes des *Rothschönberger Stollns.* Bergschmiede, Zimmerschuppen und Huthaus bilden einen repräsentativen Dreiseithof, das Huthaus in den Stilformen von 1844 (d. h. nun mit relativ flachem Dach) und mit einer Schrifttafel über der Tür: »Huthaus vom Rothschönberger Stolln 1844« (s. Tafelteil, Bild 142). Der Hof ist in Richtung auf die Halde und das Schachtgebäude offen, die Haldenoberfläche geht unmittelbar in das geneigte Gelände am Huthaus über (Abb. 68). An der steilen Haldenböschung unmittelbar neben der ehemaligen Bahntrasse Nossen–Mohorn steht das hölzerne 1848 erbaute Wassergöpel-Treibehaus des 4. Lichtlochs mit Wächtertürmchen für die Kunstglocke des für den Stollnbau erforderlichen Kunstgezeuges (s. Tafelteil, Bild 143). Das bis auf die Halde herabreichende Dach des westlich anschließenden Anbaus deckt die darunter zwar noch erhaltene, aber verfüllte Radstube für Kunst- und Kehrrad der Schachtanlage. Im Obergeschoß des Treibehauses ist jedoch ein bis in jüngste Zeit für die Materialförderung verwendeter Handhaspel erhalten.

Oberhalb des 4. Lichtloches finden wir in dem Wäldchen, unterhalb am Dorfbach die gewölbt gemauerten Mundlöcher der Aufschlag- und der Abzugsrösche für die Wasserräder (s. Tafelteil, Bild 144).

Das Wasser für das 4. Lichtloch lieferte die Bobritzsch über die insgesamt 3,6 km lange, 1844 bis 1846 erbaute »Grabentour« (Abb. 69), womit zur Bauzeit

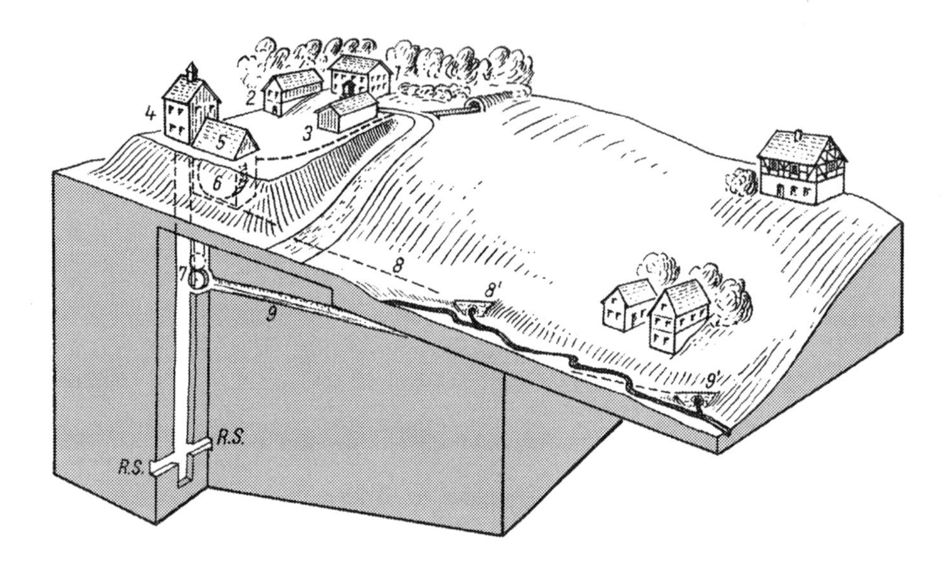

Abb. 68. Schematisches Raumbild vom 4. Lichtloch *des Rothschönberger Stollns* in Reinsberg

1 Huthaus, *2* Bergschmiede, *3* Zimmerschuppen, *4* Treibehaus, *5* Radstubenkaue, *6* Kehrrad, *7* Turbine für Kunstgezeug, *8* Obere Abzugsrösche, *9* untere Abzugsrösche, *8'* und *9'* die zugehörigen Mundlöcher, beide am Dorfbach, *R. S. Rothschönberger Stolln.* (vgl. dazu Lageplan Abb. 69)

des Stollns die Wasserführung bezeichnet wurde, heute aber ein beliebter Wanderweg – meist neben dem Graben – gemeint ist. Um für das 4. und 5. Lichtloch Aufschlagwasser zu bekommen, verlängerte man unterhalb der Krummenhennersdorfer Mühle deren Abzugsgraben und führte ihn mit geringstem Gefälle je nach Steilheit des Geländes teils als Kunstgraben übertage, teils als Rösche untertage am rechten Bobritzschtalhang entlang. Wandern wir heute die Grabentour, so können wir an insgesamt neun Mundlöchern (s. Tafelteil, Bild 145) den Übergang vom Graben zur Rösche und umgekehrt verfolgen (Abb. 69). Etwa in der Mitte der Grabentour tritt der Graben durch ein Mundloch in die Halde des 5. Lichtlochs ein, dessen Schachtfundamente noch erhalten sind (s. Tafelteil, Bild 146). Hier wurde ein Teil des Wassers ab 1847 zum Betrieb eines Kunstgezeugs mit einer SCHWAMKRUG-Turbine benutzt, die Oberkunstmeister F. W. SCHWAMKRUG in die Fallhöhe zwischen Kunstgraben und Bobritzsch einbaute und mit der das Kunstgezeug beim Bau des Stollns betrieben wurde. Da also in der Grabentour unterhalb des 5. Lichtlochs nur noch die Hälfte des Wassers, das für das 4. Lichtloch, weiterfloß, sind hier sowohl der Graben wie auch die elliptischen Mundlochgewölbe schmaler als oberhalb des 5. Lichtlochs. Am letzten Mundloch der Grabentour beginnt die 0,9 km lange »Reinsberger Rösche«, die direkt zum 4. Lichtloch führt. An der »Porzellanfelsenrösche« verrät dem Kundigen eine Tafel die Namen derer, die den Bau der Grabentour geleitet haben: »Ausgeführt 18 L (= Luciae) 44/18 C (= Crucis) 46 durch Ob. Ef E v. W. (= Obereinfahrer Ernst v. Warnsdorff), Ostg. A. J. (= Obersteiger August Jobst), Mstg. G. B. (= Maschinensteiger G. Beier). Unterhalb der Tafel erkennt man den Grund für den Namen dieser Rösche, das hier anstehende, dem Gneis eingelagerte helle weiße Quarzitgestein, das dem Porzellan ähnelt, aber auch als Glasurmaterial in der Porzellanmanufaktur Meißen verwendet worden ist.

Auf der Höhe zwischen Krummenhennersdorf und Halsbrücke liegt zwischen Feldern die kleine, aber auffällige Halde des 6. Lichtlochs. Die an ihrer Nordseite sichtbaren Mauer- und Gewölbereste stammen von den hier 1847 bis 1875 betriebenen Dampfförderanlagen (s. Tafelteil, Bild 147). Im Jahre 1851 hatte man am 6. Lichtloch die Arbeiten zunächst aufgegeben, weil die dort installierte 18-PS-Dampfmaschine der zufließenden Wasser nicht Herr geworden war. Mit der 1866 aufgestellten 120-PS-Dampfmaschine aber bewältigte man die Probleme so, daß 1873 der Durchschlag der Stollnörter zwischen 5. und 6. Lichtloch erfolgte und damit das Wasser nun auf dem Stolln abfließen konnte. 1875 erzielte man dann den Durchschlag zwischen dem 6. und dem 7. Lichtloch.

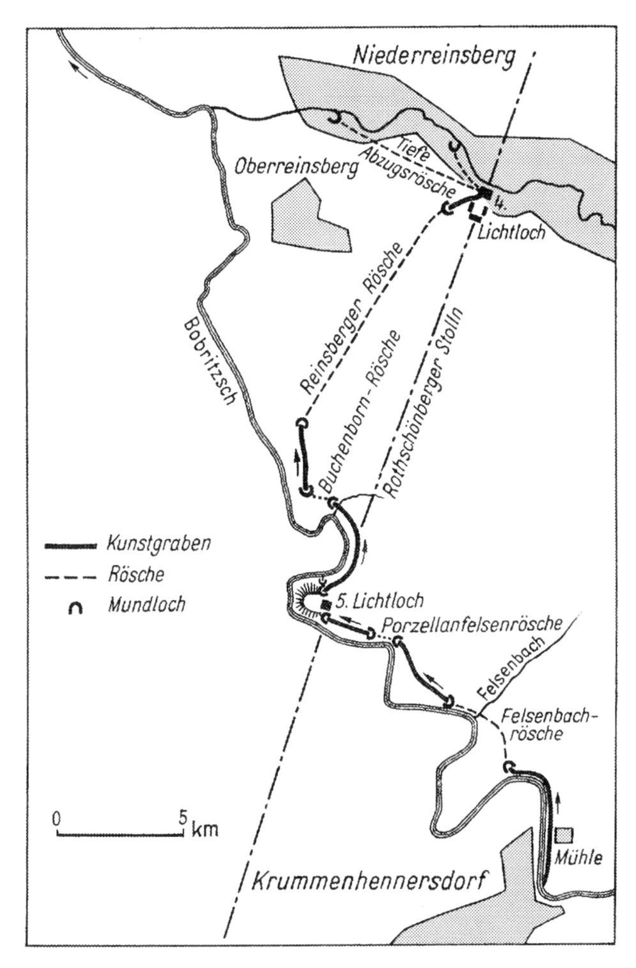

Abb. 69. Die Grabentour als Anlage der bergmännischen Wasserwirtschaft für den Bau des Rothschönberger Stollns

Als oberes Mundloch der Felsenbachrösche hat man das Mundloch des *Augustusstollns* benutzt

Das 7. Lichtloch finden wir in dem großen Muldenbogen zwischen Halsbrücke und Rothenfurth. Es liegt zwar wie das 4. Lichtloch auf der zugehörigen Schachthalde. Diese aber ist heute ringsum von den Aufbereitungsabgängen der Grube *Beihilfe* verdeckt. Trotzdem bildet das 7. Lichtloch auch heute noch eine interessante Gebäudegruppe (Abb. 70) und bietet besondere Aussagen für die Schlußphase des Stollnbaus. Das 1850 erbaute Schachthaus (s. Tafelteil, Bild 148) entspricht als Holzbau mit Wächtertürmchen in Gestalt und Größe dem des 4. Lichtlochs und bezeugt damit die Verwendung von Typenprojekten beim Bau des *Rothschönberger Stollns.* Einst hat es die gleiche Radstube besessen, wie wir sie am 4. Lichtloch kennengelernt haben. Der Schacht des 7. Lichtlochs wurde 1846 mit einem Kunstgezeug mit Wasserrad, 1850 mit einem Kehrrad, 1861 mit einer Wassersäulenmaschine als Kunstgezeugantrieb, 1867 bis 1868 zu gleichem Zweck mit der wohl größten je gebauten SCHWAMKRUG-Turbine mit 7,72 m Durchmesser ausgerüstet. In der Nähe des Schachthauses stehen noch der quadratische Pulverturm von 1844 und das niedrige, langgestreckte, 1844 als Fachwerkbau errichtete Huthaus, in dessen nördlichem Teil die Bergschmiede untergebracht war (s. Tafelteil, Bild 149).

Vom 7. Lichtloch aus sollte mit dem nach SSW gerichteten Stollnvortrieb der Durchschlag in die alten Baue auf dem Halsbrücker Spatgang erfolgen. Damit wollte man diese entwässern und so die Voraussetzungen für die Wiederaufnahme des 1747 eingegangenen Halsbrücker Bergbaus schaffen. Die Lage des Halsbrükker Spatganges unter dem Muldental, seine große Mächtigkeit und damit die große Weite der alten Grubenbaue ließen das Vorhandensein großer Wassermengen in diesen befürchten und mahnten deshalb zu größter Vorsicht beim weiteren Stollnbau. Man begann deshalb 1861 unabhängig vom Bau des *Rothschönberger Stollns* mit dem Abteufen eines neuen Schachtes nördlich des Halsbrücker Spatganges, des Johannesschachtes im *Beihilfer Feld,* später nur *Beihilfe* genannt, erschloß von ihm aus den Halsbrücker Spatgang und begann mit dessen Entwässerung. Weiter änderte man 1865 das Projekt des *Rothschönberger Stollns,* indem man noch ein 8. Lichtloch ansetzte, um den Halsbrücker Spat an mehreren Stellen anzuzapfen, also den Wasserzufluß an jeder einzelnen Stelle zu verringern und mit dem Stolln schneller durch die alten Abbaue im Halsbrücker Spat in die Freiberger Gruben zu gelangen. Der verschiedenen Wasserprobleme ungeachtet gelangen diese Unternehmungen. Im Jahre 1875 erfolgte der Durchschlag des Stollns zwischen dem 7. Lichtloch und der *Beihilfe* und 1876 der Durchschlag zwischen dem 7. Lichtloch und dem ab 1865 betriebenen 8. Lichtloch. Dieses war zunächst mit einem Turbinenkunstgezeug,

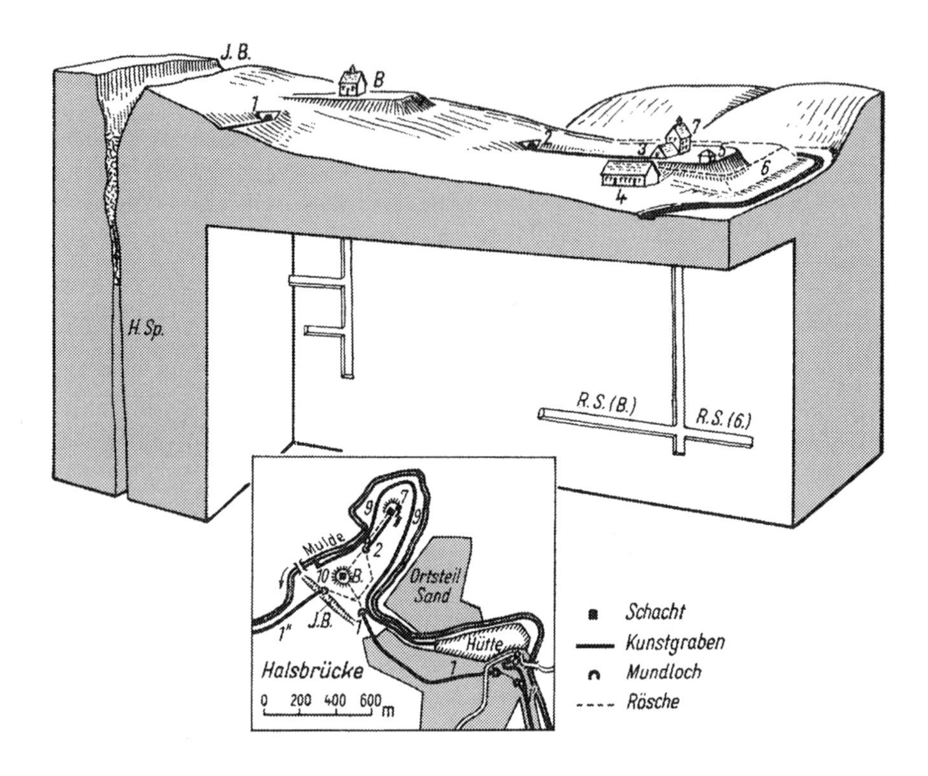

Abb. 70. Schematisches Raumbild und Lageplan des 7. Lichtloches und der Grube *Beihilfe*

J. B. Johannisbruch über dem Halsbrücker Spat *(H. Sp.)*, *B. Beihilfe*, *R. S.* (B) *Rothschönberger Stolln*, Vortrieb Richtung *Beihilfe*, *R. S. (6) Rothschönberger Stolln*, Vortrieb Richtung 6. Lichtloch,
1 ehemaliger Roter Graben im Ort Halsbrücke, *1'* noch bestehender Roter Graben oberhalb des Ortes, *1''* »Unterer Roter Graben« Richtung Grube *Churprinz*, *2* Abzugsrösche von der *Beihilfe* und Aufschlaggraben zum 7. Lichtloch (in der Karte links daneben dessen Abzugsrösche), *3* Radkaue des 7. Lichtloches, *4* Huthaus, *5* Pulverhaus, *6* jetzige Sandhalde von der Aufbereitung der *Beihilfe* im 20. Jahrhundert, 7 Treibehaus des 7. Lichtlochs, *8* Wäsche vom *Oberen Neuen Geschrei*, *9* Churprinzer Bergwerkskanal, *10* Kahnhebehaus

schließlich aber mit einer Dampfmaschine als Kunstgezeugantrieb ausgerüstet worden. Seine Bauformen (s. Tafelteil, Bild 150) und die daneben errichtete Kaue weichen so von der Gestaltung der älteren Lichtlöcher ab, daß man schon daran das jüngere Alter dieser Anlage erkennt.

Das 8. Lichtloch hatte damals Einfluß auf die Wasserversorgung der Gemeinde Halsbrücke. Als man ab 1864 mit dem Stollnvortrieb stark wasserführende Klüfte antraf und Wasser in den Stolln einbrach, versiegten allmählich die Brunnen im Ort. Der Bergbau mußte also der Gemeinde wieder Wasser verschaffen. Dazu stellte man unmittelbar über dem *Rothschönberger Stolln* im 8. Lichtloch eine Wassersäulenmaschine auf, führte ihr Muldenwasser zu, nutzte also eine Fallhöhe von 92 m zu ihrem Betrieb und hob mit ihr etwa 1 Liter

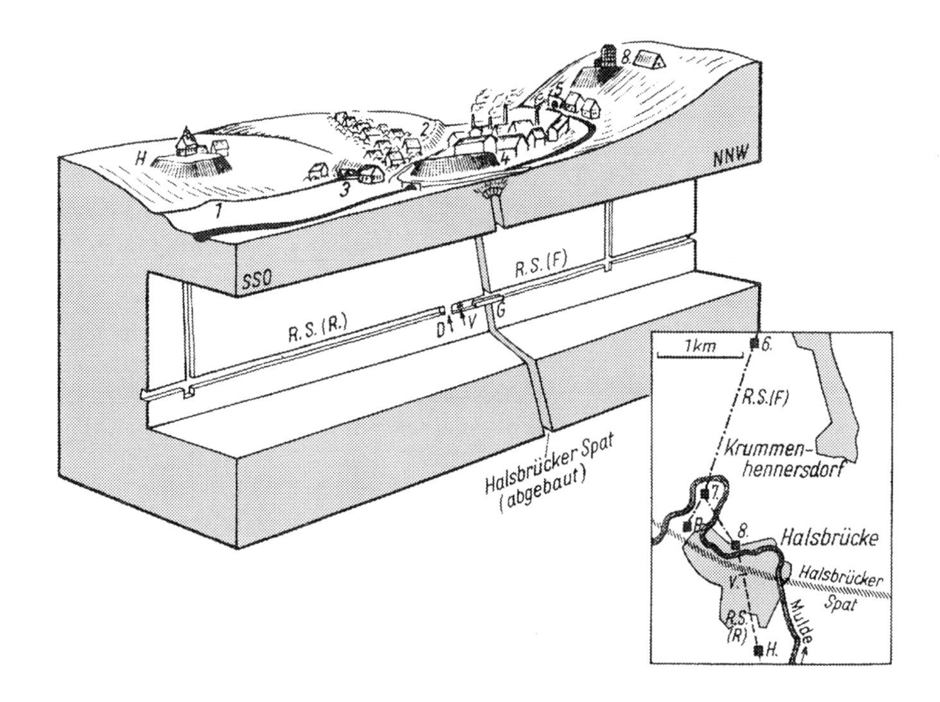

Abb. 71. Lageplan und schematische Karte zur Durchschlagssituation zwischen dem fiskalischen Teil des *Rothschönberger Stollns [R. S. (F)]* und dem *Rothschönberger Stolln* innerhalb des Reviers *[R. S. (R)]*

H Hoffnungschacht der Grube *Oberes Neues Geschrei* (mit Scheidebank und Bergschmiede), *1* Roter Graben, *2 (gestrichelt)* dessen einstige Verlängerung Richtung *Beihilfe*, *3* Röschenmundloch des Roten Grabens und Wäsche vom *Oberen Neuen Geschrei*, *4* Schlackenhalde und Hütte Halsbrücke, *5* Mundloch des *Freudensteinstollns*, *6* und *7* (nur in der Karte) 6. und 7. Lichtloch, *8* 8. Lichtloch mit Kaue, *B* Grube *Beihilfe*, *G* Überbrückung der Abbauhohlräume im Halsbrücker Spat mit einem Stollngerinne, *D* Durchschlagspunkt zwischen Revierstolln und fiskalischem Teil des *Rothschönberger Stollns* (48,5 m südlich vom Halsbrücker Spat), *V* Verstufung (Grenzmarkierung) zwischen Revierstolln und staatlichem Stolln

pro Sekunde Wasser aus dem Stolln in die Wasserversorgung des Ortes. Diese Wassersäulenmaschine ist heute in der *Alten Elisabeth* bei Freiberg museal aufgestellt (vgl. Seite 204).

Im Dezember 1876 schlug man mit dem Stollnvortrieb vom 8. Lichtloch aus in die 2,25 m weiten alten Abbaue im Halsbrücker Spatgang ein und fand sie durch die Vorsichtsmaßnahmen vom 7. Lichtloch und von der *Beihilfe* her schon frei von Wasser, überbrückte sie und trieb den Stolln weiter nach Südost vor (Abb. 71). Von 1844 an hatten die Freiberger Gruben in ihren jeweiligen Grubenfeldern am Bau des Stollns gearbeitet und diesen nach NO in Richtung auf Halsbrücke vorgetrieben. Am 21. März 1877 erfolgte unter Halsbrücke 48,5 m südlich des Halsbrücker Spatganges der Durchschlag zwischen dem staatlichen Teil des Stollns und dem vom Revier aus vorgetriebenen Stollnort. Damit war nach 33 Jahren Bauzeit eine der größten technischen Unternehmungen des Freiberger Bergbaus vollendet. Am 12. April 1877 fand aus diesem Anlaß am Durchschlagpunkt untertage eine Feier von Vertretern der Bergbehörden, der Gruben und der Stadt Freiberg statt. Die Belegschaft des Stollns, 200 bis 250 Mann, erhielt ein »Bergbier« in den Gasthöfen von Krummenhennersdorf und Reinsberg.

Auf Grund der Vortriebsarbeiten innerhalb des Reviers konnten schon im Jahre 1877 die meisten Freiberger Gruben an den *Rothschönberger Stolln* angeschlossen werden. Die im Süden des Reviers gelegene Grube *Himmelsfürst* wurde 1882 an den Stolln angeschlossen.

Der Stolln hat dem Freiberger Bergbau die auf S. 45 erläuterten drei Vorteile bis 1913, also zunächst 36 Jahre lang, geboten. Auch 1935 bis 1969, also weitere 34 Jahre, ermöglichte er eine tiefe Ableitung der Grubenwässer und bot in der vierten Hauptperiode des Freiberger Bergbaus den Gruben eine energiegünstige Wasserhaltung, auch ohne daß noch Kraftmaschinen mit Wasser betrieben wurden. Schließlich ermöglichte der *Rothschönberger Stolln* 1915 bis 1972 den Bau und Betrieb des Kavernenkraftwerkes Dreibrüderschacht und Constantinschacht. Heute hält der *Rothschönberger Stolln* den Betrieb der Lehrgrube *Reiche Zeche – Alte Elisabeth* bis in eine Tiefe von 230 Metern frei von Wasser. Die Meinung, daß der *Rothschönberger Stolln* eigentlich eine nutzlose Fehlinvestition gewesen sei, besteht also nicht zu Recht, wenn sich auch seine geistigen Väter den Nutzen des Stollns für die Wasserkraftanlagen des Freiberger Bergbaus anders und vor allem von längerer Dauer gedacht hatten.

Unabhängig von dieser Diskussion über Sinn und Nutzen des Stollnbaus muß der *Rothschönberger Stolln* als Meisterleistung der Bergbautechnik und des Tunnelbaus bezeichnet werden. Mit 13,9 km ausgeführter Länge des staatlichen Teils, 25 km Gesamtlänge durch das Revier und 50,9 km Gesamtlänge mit allen Verzweigungen zu den verschiedenen Gruben ließ der *Rothschönberger Stolln* »alle bis dahin ausgeführten Stolln und Tunnel aller Länder der Erde weit hinter sich« (C. H. Müller).

Besonders bemerkenswert ist die vermessungstechnische Leistung. Es galt, vom Mundloch und acht Lichtlöchern aus den eigentlichen Stollnvortrieb an 17 Stellen so genau in der richtigen Tiefe und in der richtigen Richtung anzusetzen, daß sich zwei Stollnörter, die man im »Gegenortbetrieb« einander entgegen vortrieb, auch wirklich trafen. Was das bedeutete, kann man an der Tatsache ermessen, daß der Stolln bei etwa 2,5 m Breite und 3,0 m Höhe schon nach 70 bzw. 85 m Vortrieb aus dem geplanten Verlauf seitlich bzw. in der Höhe völlig herausgeraten wäre, wenn man die Richtung oder das Gefälle um einen Winkel von zwei Grad verfehlt hätte. Beim Bau des *Rothschönberger Stollns* ist man mit allen Gegenörtern aufeinandergetroffen, obwohl die Lichtlöcher, also die Ansatzpunkte, in sehr verschiedener Höhe und meist 1,6 bis 1,9 km voneinander entfernt lagen. Die größten bei den Durchschlägen eingetretenen Abweichungen von der geplanten Lage des Stollns waren 7 m seitlich und 55 cm in der Höhe, also etwa 0,4 bzw. 0,7%.

Bei der vermessungstechnischen Vorbereitung des *Rothschönberger Stollns* wurde diskutiert, ob die klassische, seit dem 17. Jahrhundert im Bergbau übliche Ziehmarkscheidekunst mit Hängekompaß und Gradbogen oder die neue Visiermarkscheidekunst mit dem Theodoliten vorzuziehen sei. Prof. L. Weisbach vertrat die Vermessung mit dem Theodoliten und wies auch dessen höhere Genauigkeit nach, wogegen sich das Oberbergamt, um nicht zusätzlich zum Stollnbau überhaupt das Risiko einer neuen Meßmethode einzugehen, für die Kompaßmessung entschied. Trotzdem haben Weisbachs auf eigene Kosten am *Rothschönberger Stolln* durchgeführte Vermessungsarbeiten mit dem Theodoliten zu dessen umfassender Einführung in das Markscheidewesen beigetragen.

Gegenüber dem *Rothschönberger Stolln* und seinen technischen Denkmalen sind die Geschichte und erhaltenen Sachzeugen des Halsbrücker Bergbaus aus dem 19. Jahrhundert relativ bescheiden.

Die 1861 erschlossene Grube *Beihilfe* erhielt zunächst Wassersäulenmaschinen und Turbinen, die ihr Aufschlagwasser durch die 1862 bis 1863 angelegte »Halsbrücker Rösche« (s. Tafelteil, Bild 151) sowie vom Roten Graben erhielten. Ein jüngeres Mundloch am Roten Graben ist im Süden des Ortes erhalten (s. Tafelteil, Bild 152), wogegen ein zweites, unmittelbar vor dem Schacht gelegen, heute verschüttet ist. In der Schacht-

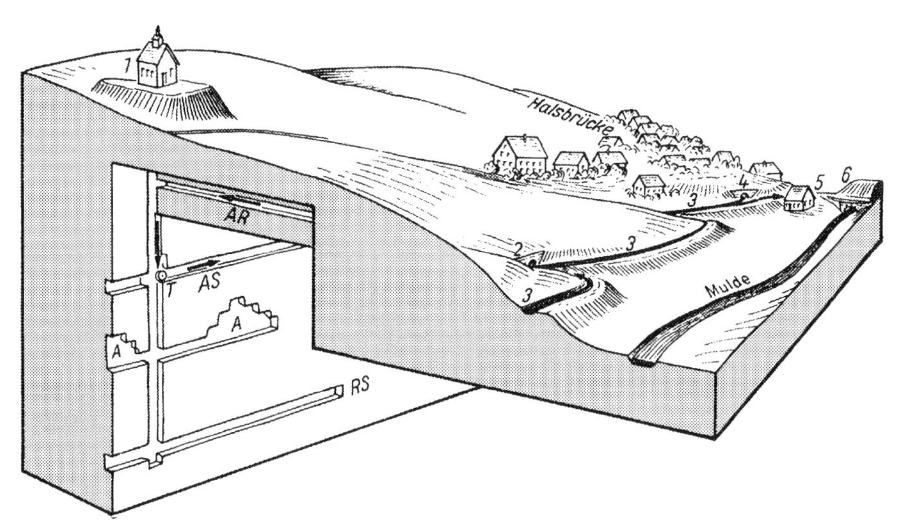

Abb. 72. Die Grube *Oberes Neues Geschrei* bei Halsbrücke in einem schematischen Raumbild (alle übertage genannten Anlagen sind als technische Denkmale erhalten)

1 Treibehaus, *2* Aufschlagröschenmundloch, *3* – *3* – *3* Roter Graben, *4* Abzweig des Roten Grabens zur *Beihilfe* mit Mundloch, *5* Wäsche vom *Oberen Neuen Geschrei*, *6* Schlackenhalde der Halsbrücker Hütte, *AR* Aufschlagrösche (am Schacht in 34 m Tiefe), *T* zwei Schwamkrug-Turbinen als Fördermaschine und Kunstgezeugantrieb, *AS Anna Stolln* (30 m unter Aufschlagrösche), *A* Abbaue, *RS Rothschönberger Stolln* (etwa 100 m unter *Anna Stolln*) noch im Bau gezeichnet, Stollnvortrieb Richtung Halsbrücke / 8. Lichtloch.
Die Pfeile geben die Fließrichtung des Wassers im Roten Graben und untertage an

förderung trat 1893 an die Stelle des bis dahin benutzten Turbinengöpels eine Dampffördermaschine. Im Jahre 1894 installierte man in 160 m Tiefe zwei Dampfkunstgezeuge aus der Freiberger Maschinenfabrik Paschke u. Kästner. Nach mehreren Jahren bloßer Erschließungsarbeiten lieferte die *Beihilfe* 1874 bis 1900 vorwiegend aus dem Halsbrücker Spatgang durch Abbaue bis in etwa 350 m Tiefe insgesamt etwa 4 500 t Erz mit 7,2 t Silber und 2 000 t Blei. In der Betriebsperiode 1935 bis 1968 erhielt die Grube völlig neue Gebäude und ein für den Bergbau des 20. Jahrhunderts typisches Stahlfördergerüst, das bis 1969 auf der Höhe in dem Halsbrücker Muldenbogen stehend Ortsbild und Landschaft prägte.

Weniger durch ihre Erzlieferungen, mehr für den Bau des *Rothschönberger Stollns* wichtig war die Grube *Oberes Neues Geschrei* südlich von Halsbrücke (Abb. 72). Diesen Namen trug ursprünglich eine Grube in der Nähe des Hauptstollngangs östlich von Tuttendorf. Ab 1844 wurde unter gleichem Namen ein Grubenfeld zwischen Tuttendorf und Halsbrücke erschlossen, auch um von ihm aus den Bau des *Rothschönberger Stollns* zu betreiben. Man teufte 1844 bis 1850 den Hoffnungschacht ab, erbaute 1851 das noch heute mit seinem Wächtertürmchen und der Halde die Landschaft bestimmende Schachtgebäude (s. Tafelteil, Bild 153) und rüstete den Schacht mit einem Turbinenkunstgezeug und einem Turbinengöpel aus, beide mit Schwamkrug-Turbinen von 1,7 m Innendurchmesser und 2,2 m Außendurchmesser. Das Aufschlagwasser (2,3 m³/min) erhielten die Turbinen durch eine Aufschlagrösche vom Roten Graben. An diesem ist das 1844 gebaute elliptische Röschenmundloch noch erhalten. Die Rösche kam in 34 m Tiefe in den Schacht und bot bis zum *Anna-Stolln* dem Aufschlagwasser 30 m Fallhöhe (Abb. 72). Auf dem *Anna-Stolln* floß das von den Turbinen verbrauchte Kraftwasser und das beim Grubenbetrieb und beim Vortrieb des *Rothschönberger Stollns* zufließende und vom Kunstgezeug gehobene Grundwasser ab.

Ebenfalls der Zeit um 1850 entstammt die am Ende des Roten Grabens in Halsbrücke an der Straße nach Krummenhennersdorf gelegene Wäsche der Grube *Oberes Neues Geschrei* (s. Tafelteil, Bild 154). Sie enthielt ein Pochwerk und drei Stoßherde und bezeugt schon durch die geringe Maschinenausstattung und die Kleinheit des Baus, daß die Erzförderung der Grube nicht groß war. Obwohl von den Maschinen nichts mehr erhalten ist, zeigt das Gebäude noch seine ehemalige Funktion: Der an der Giebelseite ankommende Rote Graben mündet in die Radstube, fließt heute unter dieser der Hütte zu, bewegte aber früher in der Wäsche das Wasserrad, mit dem Pochwerk und Stoßherde angetrieben wurden.

Schon im Jahre 1854 wurde das *Obere Neue Geschrei* von der *Himmelfahrt Fundgrube* aufgekauft. Nun diente der Schacht im wesentlichen nur noch als Lichtloch des *Rothschönberger Stollns*. Zwischen ihm und dem 8. Lichtloch fand 1877 der historische Durchschlag zwischen dem staatlichen Stollnteil und dem Revierstolln und damit die Vollendung des Stollnbaus statt (Abb. 71).

13.10. Die Himmelfahrt Fundgrube bei Freiberg

Die *Himmelfahrt Fundgrube* ist seit 1715 urkundlich belegt und umfaßte ursprünglich ein Grubenfeld im Gebiet zwischen Donatsturm und *Alte Elisabeth* (Abb. 73).

Während schon um 1800 der Abrahamschacht der Hauptschacht der *Himmelfahrt Fundgrube* gewesen ist, bezeichnete der Name *Abraham Fundgrube* ursprünglich eine selbständige Anlage im Gebiet des jetzigen Abrahamschachtes am Nordende des Thurmhof Gangzuges. Im Jahre 1796 wurden die *Abraham Fundgrube* und die *Alte Elisabeth Fundgrube* der *Himmelfahrt Fundgrube* zugeschlagen.

Zu Beginn des 19. Jahrhunderts war *Himmelfahrt samt Abraham* eine ziemlich unbedeutende, wenig ertragreiche Grube. Das ist auch an der aus jener Zeit noch am Abrahamschacht erhaltenen Bausubstanz abzulesen. Ein vermutlich aus dem 18. Jahrhundert stammendes eingeschossiges Gebäude war möglicherweise zum Teil das alte Huthaus und wurde Mannschaftshaus, als man 1813 ein größeres Huthaus baute (vgl. Abb. 74). Einigermaßen repräsentativ wirkte um 1800 das sich nach oben verjüngende hölzerne Schachtgebäude des Abrahamschachtes, dessen Aussehen auf alten Aquarellen überliefert ist.

Da schlug man im Jahre 1828 mit einer Strecke auf dem Gottlob Morgengang in etwa 250 m Tiefe einen bis dahin unbekannten Gang an, den man den Neu Hoffnung Flachen nannte. Das Gangkreuz und die Gänge führten dort so reiches Erz, daß die *Himmelfahrt Fundgrube* sozusagen über Nacht eine der reichsten Gruben des Reviers wurde. Das kommt in der Statistik ihrer Erzförderung und Ausbeute deutlich zum Ausdruck, ebenso in ihrer Größe, d. h. der Zahl der Schächte und der Belegschaft (Tabellen 23 und 24). Die Bergleute selbst hatten den damaligen kapitalistischen Produktionsverhältnissen gemäß keinen Anteil an diesem Bergsegen, sondern erhielten denselben Lohn, der auf ärmeren Gruben bzw. Zubußgruben üblich und dort auch kaum zu erhöhen war. Die hohen Gewinne der *Himmelfahrt Fundgrube* nach 1830 gelangten teils als Ausbeute an die Gewerken, teils wurden sie für die Erweiterung des Betriebes genutzt. Die Grube *Himmelfahrt* gehörte insgesamt über hundert Gewerken, die Kuxe in sehr verschiedener Anzahl, von 3/80 Kux bis zu 12 Kuxen, besaßen. Die soziale Gliederung der Kuxinhaber um 1840 bis 1850 wird an folgenden Beispielen deutlich: Friedrich August, König von Sachsen (4 13/32 Kuxe), E. F. C. F. Freiherr v. Opel in Dresden (1), Gotthelf Kuhn, Kaufmann in Leipzig (2), G. H. Heydenreich, Superintendent in Weißenfels (1), H. W. Christiane verw. Majorin Gössnitz in Dresden (1/2), Dr. H. B. Plitt,

Abb. 73. Das Grubenfeld *(stark strichpunktiert)* und die Erzgänge *(schwach gestrichelt)* der *Himmelfahrt Fundgrube* um 1860 bis 1870 ▶

Schwarze Rechtecke: Schächte und einige Erzwäschen. An den wichtigsten Erzgängen sind die Namen verzeichnet.
Schwach strichpunktiert: Himmelfahrter Kunstgraben, *Werner Stolln* und Röschen am Stangenberg.
(Nach Stollnkarte von Weinhold 1866 und Geschäftsbericht der Grube *Himmelfahrt* 1871)

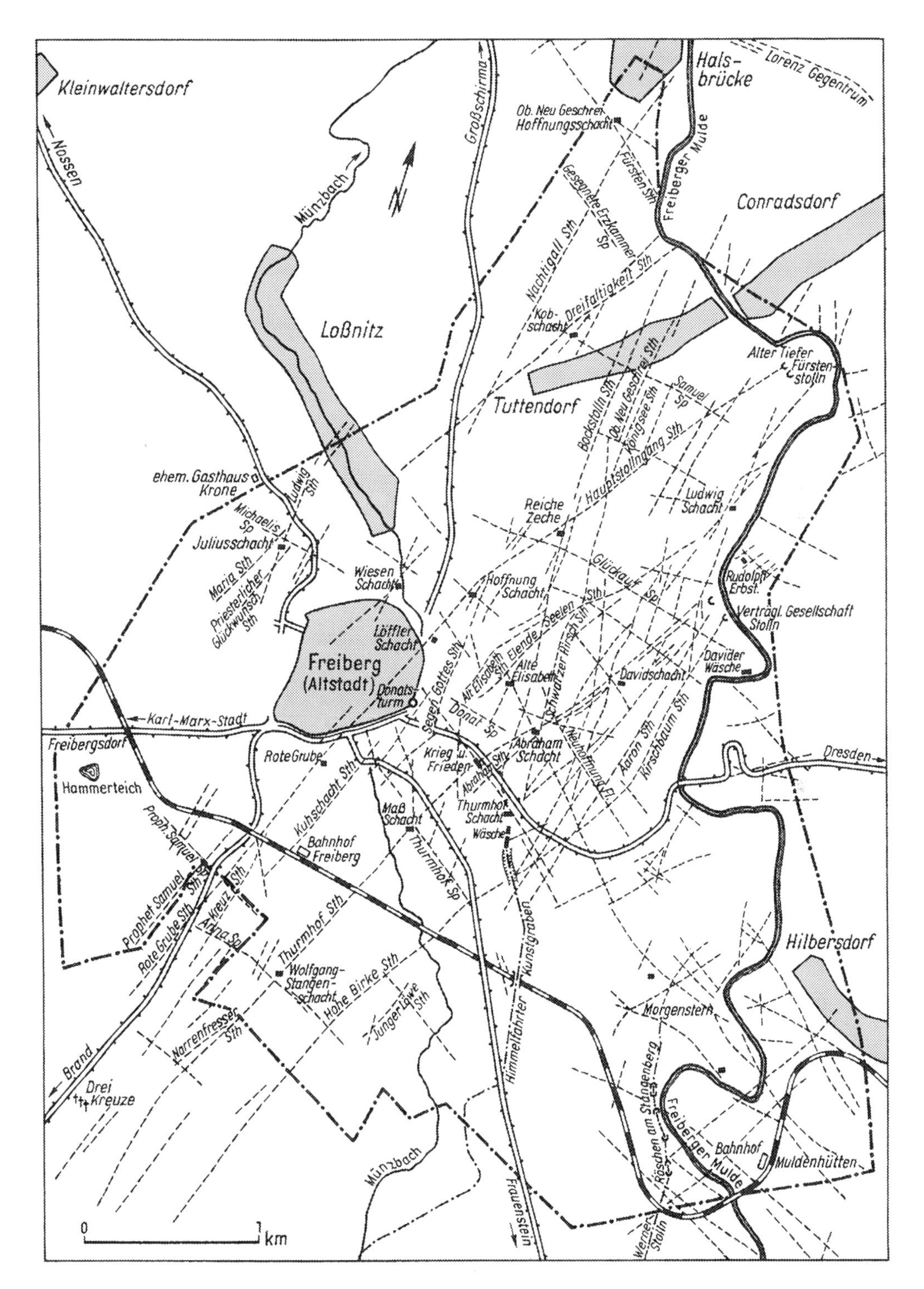

Kleinwaltersdorf
Nossen
Münzbach
Großschirma
Halsbrücke
Lorenz Gegentrum
Ob. Neu Geschrei Hoffnungsschacht
Freiberger Mulde
Conradsdorf
Loßnitz
Tuttendorf
Alter Tiefer Fürstenstolln
ehem. Gasthaus Krone
Juliusschacht
Reiche Zeche
Ludwig Schacht
Wiesen Schacht
Hoffnung Schacht
Löffler Schacht
Freiberg (Altstadt)
Donatsturm
Davidschacht
Davider Wäsche
Abraham Schacht
Karl-Marx-Stadt
Freibergsdorf
Hammerteich
Rote Grube
Bahnhof Freiberg
Maß Schacht
Thurmhof Schacht
Dresden
Wolfgang-Stangen-schacht
Morgenstern
Hilbersdorf
Kunstgraben
Drei Kreuze
Brand
Bahnhof Muldenhütten
Frauenstein
0
km

Tabelle 23. Erzförderung und Ausbeute aus den im Grubenfeld der Himmelfahrt Fundgrube gelegenen älteren Gruben (nach Geschäftsbericht der Grube 1870 und 1871, Jahrbuch f. d. Berg- und Hüttenwesen in Sachsen)

Einzelne Vorgängergruben (Auswahl aus den 330 genannten Gruben)

Grube	Zeit der Produktion	Zeit der Verteilung von Überschuß	Insgesamt produziertes Silber (kg)	Bemerkungen
Abraham	1542...1600 1730	1547...1580	1 030	1752 mit *Himmelfahrt* konsolidiert
St. Elisabeth	1525...1673	1539...1593	3 700	seit 1796 zu *Himmelfahrt*
(Alte Elisabeth)	1710...1840	u. 1799	3 340	gehörig
Auferstehung Christi	1722...1783	–	49	
St. Donat	1524...1617	1531...1533 u. 1575...1577	1 520	
Eherne Schlange	1543...1599 1601...1708	1562...1563	255	nahe der früheren Gasanstalt
Geharnischter Mann	1524...1599 1623...1625 1720...1730	1561...1577	390	im Gebiet des Krankenhauses
Heilige Drei Könige	1646...1660	–	1 200	Halde von Herdersruhe
St. Hermes	1539...1548 1566...1587	1567...1573	2 820	
Himmelfahrt	1716...1751	–	140	
	1752...1800	1752...1763	5 900	mit *Abraham* konsolidiert
	1800...1840	1813...1840	20 000	nach 1840 siehe Tabelle 24
Junger und Alter Donat	1710...1719	–	39	östlich von Donatsturm
Junge Reiche Zeche	1786	–	–	Gebiet der *Reichen Zeche*
Krieg und Frieden	1730...1840	1764...1766	2 280	Dresdener Straße – Peter-Schmohl-Str.
Kuhschacht	1538...1570 1681...1833	1564...1568 1693...1765	7 000	am Wernerplatz
Kuppersberg	1524...1630	1562...1569 1583...1584	1 810	Gebiet der *Alten Elisabeth*
Löffler	1561...1590	–	126	Krankenhaus/Unterhofstraße
Methusalem	1539...1594	–	535	Schmiedestraße, seit 1801
	1633	1741...1754	3	zu *Kuhschacht* gehörig
	1710...1800		5 565	
Morgenstern	1546...1624	1545...1593	2 960	Zwischen Muldenhütten
	1710...1840	1742...1772	10 030	und Hütte Freiberg

Fortsetzung Tabelle 23

Einzelne Vorgängergruben (Auswahl aus den 330 genannten Gruben)

Grube	Zeit der Produktion	Zeit der Verteilung von Überschuß	Insgesamt produziertes Silber (kg)	Bemerkungen
Neubeschert Glück	1710...1834	–	2 150	im Gebiet Krankenhaus/ Wasserturmstr.
Neu Geschrei	1735...1747	–	8	bei Tuttendorf
Oberes Neues Geschrei	1771...1840	–	200	bei Tuttendorf
Reicher Trost	1524...1584	1530 u. 1568	425	Freiberg, Helmertplatz – Post
Reiche Zeche	1564...1610	1568...1578	720	Gebiet der *Reichen Zeche*
Rote Grube	1540...1589	–	202	Roter Weg
	1712...1795	–	276	
	1801...1815	–	60	
Rudolph	1802...1840	–	254	in Halsbach
Thurmhof	1529...1620	1531...1595	65 000	gesamter Gangzug, vgl. Tabelle 13
Verträgliche	1793...1796	–	–	im Muldental am David-
Gesellschaft	1804...1840	–	36	schacht (siehe Bild 170)

Amtsphysikus in Tharandt ($\frac{1}{2}$), J. C. DITTRICH, Zwirnfabrikant in Hinterhermsdorf bei Sebnitz (2), J. G. GRAICHEN, Gutsbesitzer in Arnsdorf ($\frac{7}{36}$), Dr. J. G. KEIL, Hofrat in Leipzig ($\frac{13}{16}$), C. E. HAHN, Amtsaktuar in Kamenz ($\frac{1}{5}$), E. W. BERNHARDI, Bürgermeister in Freiberg ($\frac{3}{16}$), C. A. UHLMANN, Pfarrer an St. Petri, Freiberg (2), C. G. UNGER, Schneidermeister in Pirna ($\frac{1}{4}$), Juliane FLORENTINE verehelichte Hutmacher PUSCHMANN in Friedeburg am Queis ($\frac{3}{80}$).

Wie aus diesen Angaben ersichtlich, war selbst die *Himmelfahrt Fundgrube* als ergiebigste Grube im sächsischen Erzbergbau des 19. Jahrhunderts hinsichtlich Kapitalkraft, Kapitalkonzentration und Profithöhe der Unternehmer nicht mit den für das 19. Jahrhundert typischen, kapitalistischen montanistischen Großbetrieben und den von Ausbeutung und Klassendifferenzierung geprägten Industriezweigen vergleichbar. Auch die Stadt Freiberg hatte keinen nennenswerten direkten Vorteil von den Erträgen.

Wie ein Teil der Erträge der Grube nach ihrem Aufblühen durch die reichen Erzfunde ab 1830 für die Erweiterung des Betriebes benutzt worden ist, zeigt

Tabelle 24. Erzförderung, Ausbeute und Belegschaft der Himmelfahrt Fundgrube und ihrer Vorläufergruben im 16. und 19. Jahrhundert (nach Geschäftsbericht der Grube 1870 und 1871, Jb. f. d. Berg- und Hüttenwesen in Sachsen)
Alle Gruben des Himmelfahrter Grubenfeldes des 19. Jahrhunderts
(Werte etwas gerundet)

Betriebs- periode Zeit	Erzlieferung			Verteilter Überschuß			Beleg- schaft (Mann)	Bemerkungen
	(t)	gesamt (Thaler)	Durch- schnitt (Thaler/ Jahr)	gesamt (Thaler)	Durch- schnitt (Thaler/ Jahr)	Jahres- durch- schnitt pro Kux		
1524...1600		4 982 000	64 690	1 223 900	17 000	133		Erträge vorwiegend vom Thurmhof-Gang
1601...1710		792 330	7 200	75 320	684	5,4		Depression!
1711...1800		3 041 540	33 800	225 800	2 500	19,5		
1801...1840		1 816 620	45 415	46 630	1 165	9,1	1 831 : 165	
In »Neugeld«:				1 637 156	–	–		
Summe		11 074 560	–					
1841...1845		885 770	177 154	28 930	5 785	45		Beginn der hohen Gewinne der Grube
1846...1850		1 431 700	286 340	83 200	16 640	130		
1851...1855		1 902 445	380 490	186 240	37 248	290		Grenzen der konkreten Gewinne: 3/80 Kux = 23 Thaler/Jahr
1856...1860		2 924 220	584 844	395 520	79 104	620	2 882	12 Kuxe = 7 440 Thaler/Jahr
1861...1865		3 044 140	608 830	396 800	79 360	620		
1866...1870		3 831 080	766 220	428 800	85 760	670		1841 bis 1870 Überschuß = 12 % der Einnahme
1871...1875		2 734 433	546 890	387 000	77 600	605	1 900	1871/1872 höchster Überschuß pro Kux 740 Thaler = 14 % der Einnahmen
1876...1880	55 730	Mark 6 573 800	Mark 1 314 760	Mark 648 000	Mark 129 600	Mark 1 010	2 200	ab 1872 Sinken des Silberpreises
1881...1885	64 270	7 781 000	1 556 200	256 000	51 200	400	2 060	1885 höchste Förderung: 13 637 t
1886...1890	59 250	5 080 700	1 016 140	–	–	–	1 510	1886 Übergang der Grube in Staatseigentum

Fortsetzung Tabelle 24

Betriebs-periode Zeit	Erzlieferung			Verteilter Überschuß			Beleg-schaft (Mann)	Bemerkungen
	(t)	gesamt (Thaler)	Durch-schnitt (Thaler/Jahr)	gesamt (Thaler)	Durch-schnitt (Thaler/Jahr)	Jahres-durch-schnitt pro Kux		
1891...1895	59000	4648000	929600	–	–	–	1580	hohe Investitionen zwecks Modernisierung
1896...1900	45670	3404000	680800	–	–	–	1080	
1901...1905	50860	2979300	595860	–	–	–	894	1903 Beginn der Abrüstung der Grube
1906...1910	35000	2025000	405000	–	–	–	525	
1911...1913	10000	521500	140400	–	–	–	267	
Summe (Thaler) 1841...1913	–	27760000	–	2207823	–	–	–	1841 bis 1913 Überschuß = 8% der Einnahme
Summe 1524...1913	–	38830000	–	3845000	–	–	–	also 74% des Ertrages in den letzten 70 von 400 Jahren!

die Geschichte der Schachtanlagen und die noch erhaltene Denkmalsubstanz. Die *Himmelfahrt Fundgrube* kaufte zahlreiche zuvor selbständige Gruben auf, so z. B. 1843 den *Verträgliche Gesellschaft Stolln* (s. Tafelteil, Bild 170), 1846 *Krieg und Frieden*, 1854 *Oberes Neues Geschrei*, 1855 *Rudolph Erbstolln* bei Halsbach und 1859 *Morgenstern Erbstolln* und erwarb 1834 durch Neubelehnung das Gebiet des Hauptstollngangs mit der alten *Reichen Zeche*. In diesen Grubenfeldern wurden mehrere Schächte völlig neu abgeteuft und mit Wassergöpeln, also Kehrrädern oder Turbinengöpeln, oder aber mit Dampfförderanlagen ausgestattet. Gleichzeitig errichtete man neue Bergschmieden, Scheidebänke, Pochwerke, Erzwäschen und Anlagen für den Erztransport, so daß um 1850 bis 1870 die *Himmelfahrt Fundgrube* nach Größe, Belegschaft und technischer Ausrüstung den Maßstab der Gruben des 18. Jahrhunderts weit überstieg und in gewissem Maße den mit der Industriellen Revolution entstandenen Betrieben entsprach (Abb. 73 und Tafelteil, Bilder 155 und 156). Im einzelnen entwikkelten sich die Schachtanlagen der *Himmelfahrt Fundgrube* im 19. Jahrhundert wie folgt:

Hauptschacht war damals und blieb weiterhin der Abrahamschacht. Er wurde nach den reichen Erzfunden 1835 im Querschnitt erweitert und erhielt 1839 eine neue Förderanlage. Ein konventionelles, über 10 m hohes Kehrrad in etwa 50 m Tiefe wurde 1836 bis 1837 und ein massives Treibehaus dazu 1839 erbaut (s. Tafelteil,

Bild 161). Die im Schacht zur Wasserhebung betriebenen Kunstgezeuge waren mit dem Kunstglöckchen im Dachreiter des Treibehauses gekoppelt. In diesen Jahren wurden rings um den Schacht weitere Betriebsgebäude errichtet (Abb. 74), so 1834 eine Bergschmiede und eine Setzwäsche, 1840 bis 1842 eine große Scheidebank mit 34 Arbeitsplätzen (vgl. Bild 53) und 1845 bis 1846 neben dem aus der früheren, bescheideneren Betriebsperiode stammenden Huthaus ein neues Verwaltungsgebäude. Die schon von außen erkennbare geringe Höhe von dessen Mittelstockwerk verrät die einstige Nutzung: Hier war das umfangreiche Archiv der nun großen Grube mit zahlreichen Akten und Grubenrissen untergebracht.

Die Bergschmiede läßt an der Form der Schornsteine noch heute erkennen, daß an jeder Giebelseite zwei Schmiedefeuer angelegt waren (s. Tafelteil, Bild 160). Einst waren noch acht weitere in der Mitte des Gebäudes, insgesamt also zwölf Schmiedefeuer vorhanden. Das macht die Aufgabe einer Bergschmiede deutlich: Hier waren nicht einzelne große Werkstücke herzustellen, sondern von einem Tag zum anderen die zahlreichen, von den vielen Bergleuten der Grube untertage am Gestein stumpf geschlagenen Bergeisen und Bohrer neu zu schärfen.

Als man ab etwa 1840 die Schächte und Aufbereitungen zu einem technischen Verbundsystem vereinigte, legte man als erstes 1841 bis 1842 eine 600 m lange Pferdeeisenbahn von der Abrahamer Setzwäsche zum Davidschacht an. Dafür mußte durch die Halde des Abrahamschachtes ein 63 m langer Tunnel gebaut werden. Dessen Mundlöcher sind noch erhalten (s. Tafelteil, Bilder 156 und 157).

Als die *Himmelfahrt Fundgrube* 1886 vom sächsischen Staat übernommen wurde, setzte auch am Abrahamschacht eine technische Modernisierung ein. Der Wassergöpel wurde 1887 durch eine 60-PS-Zwillingsdampffördermaschine ersetzt. Baulich kam das in einem neuen großen Kessel- und Maschinenhaus sowie in einem schlanken, hohen eisernen Fördergerüst zum Ausdruck, das man dem alten Treibehaus an Stelle des hohen steilen Daches aufsetzte (s. Tafelteil, Bild 159). So war der Förderturm des Abrahamschachtes Wahrzeichen der Freiberger Bergbaulandschaft auch nach der Stillegung des Bergbaus 1913. Als das eiserne Fördergerüst jedoch um 1955 so korrodiert war, daß man es nur mit einer gründlichen Reparatur hätte erhalten können, entschied man sich denkmalpflegerisch für eine andere Lösung. Da als Beispiel für den Typ des eisernen Fördergerüstes das der *Reichen Zeche* ebenso wertvoll war, die Gebäudegruppe des Abrahamschachtes aber fast völlig der Zeit um 1850 entspricht, brach man sein Fördergerüst ab und stellte 1960 den ursprünglichen, von 1839 bis 1887 bestehenden Zustand wieder her, nämlich das Dach des Abrahamschachtes aus der Zeit des Wassergöpels (s. Tafelteil, Bild 161).

Damit bietet uns die Baugruppe des Abrahamschachtes das typische Aussehen eines großen erzgebirgischen Erzbergwerkes aus der Zeit des 19. Jahrhunderts.

Der Abrahamschacht war auch der Ort des schwersten Grubenunglücks im sächsischen Erzbergbau. Hier brach am 29. 2. 1880 das Gestänge der ersten, 1853 bis 1856 erbauten, 460 m tief in den Schacht reichenden Fahrkunst. Elf Bergleute stürzten in den Schacht und fanden den Tod. Dieses Unglück gab Anlaß, in den Folgejahren an Stelle der in den Schächten Rote Grube, Thurmhofschacht und Kobschacht befindlichen Fahrkünste Seilfahrt, also Einfahrt der Belegschaft in Fördergestellen, einzurichten.

Der zweite Hauptschacht der *Himmelfahrt Fundgrube* war im 19. Jahrhundert der Davidschacht, 500 m nordöstlich vom Abrahamschacht. Der Schacht wurde ab 1835 abgeteuft, 1837 mit einem Kehrrad ausgerüstet, das die ersten, aus sächsischem Eisen gefertigten Förder-Drahtseile erhielt. In den Jahren 1850 bis 1851 stellte man auf dem Davidschacht eine 30-PS-Dampffördermaschine auf und errichtete dafür neue Schachtgebäude (s. Tafelteil, Bilder 155 und 156). In den Jahren 1837 bis 1847 baute man zwei Rad-Kunstgezeuge mit Druckpumpen ein (vgl. Abb. 20 auf Seite 52). Übertage errichtete man 1837 einen Pulverturm und 1841 bis 1843 ein Pochwerk mit neun Stempeln, das mit Gestängen von einem in 48 m Tiefe hängenden Wasserrad angetrieben wurde.

Auch der Davidschacht wurde ab 1887 modernisiert, erhielt 1893 eine neue Dampffördermaschine und ein eisernes Fördergerüst sowie Gestellförderung mit Seilfahrt, wurde aber auch 1913 stillgelegt und abgebrochen. Im Zuge der staatlichen Modernisierung wurden die

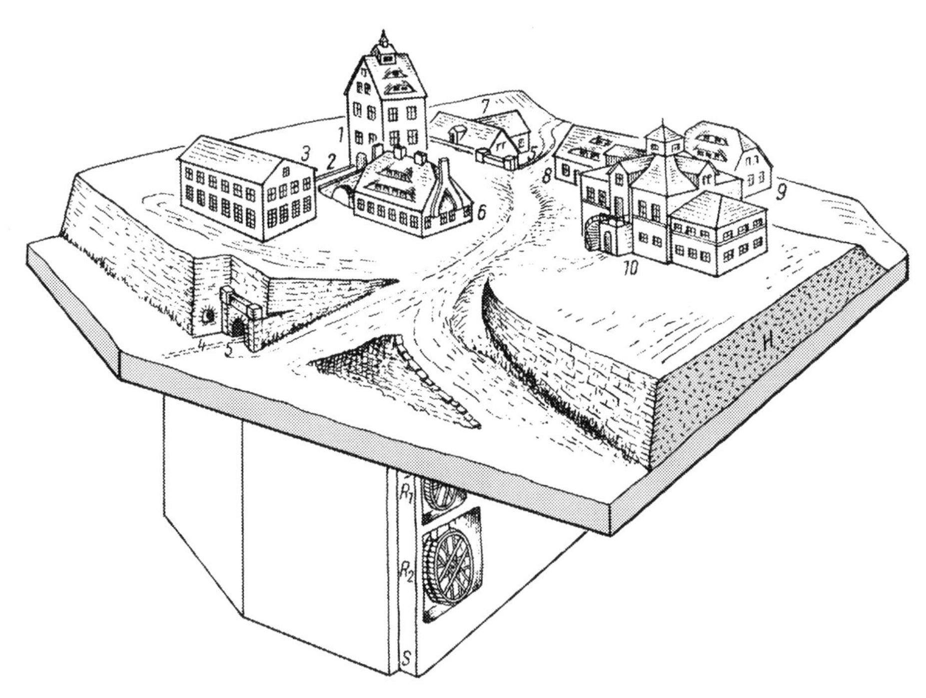

Abb. 74. Etwas vereinfachtes Raumbild der technischen Denkmale am Abrahamschacht

1 Treibehaus, *2* Brücke für den Erztransport, *3* Scheidebank, *4* Erzrolle zum Abziehen der Pochgänge in die Wagen der Pferdeeisenbahn, *5 – 5* Erzbahntunnel, *6* Bergschmiede, 7 Mannschaftshaus, *8* altes Huthaus, *9* Setzwäsche, später Materiallager, *10* Verwaltungsgebäude,
H Halde, *S* Schacht, R_1 Kunstrad als Antrieb des Kunstgezeugs und der Fahrkunst, R_2 Kehrrad als Fördermaschine

Aufbereitungsgebäude am Thurmhofschacht und Davidschacht sowie die Wäschen an der Hornmühle und an der ehemaligen Mittleren Ratsmühle stillgelegt und 1889 durch eine neue Zentralwäsche mit Walzwerk und Setzmaschinen ersetzt. Diese stand südlich vom Davidschacht im Bereich der jetzigen Porzellanfabrik, erhielt Dampfmaschinenantrieb und für den Erztransport Eisenbahnanschluß.

Der Davidschacht war der Hauptförderschacht des Freiberger Bergbaus in der vierten Hauptperiode, was heute noch die Größe der teilweise allerdings wieder abgetragenen Halde bezeugt. Die neue Förderanlage von 1943 bestand aus einer elektrischen Fördermaschine mit Koepescheibe und vieretagigen Fördergestellen sowie einer Trommelfördermaschine. Der Schacht erreichte 1942 eine Teufe von 736 m.

Am Davidschacht sind aus dem 19. Jahrhundert einige Haldenmauern und aus dem 20. Jahrhundert die Gebäude erhalten. Allerdings wurde das Fördergerüst von 1943 nach der Einstellung des Freiberger Bergbaus 1969 abgebrochen.

Von den Aufbereitungsanlagen des 19. Jahrhunderts ist noch eine bemerkenswerte, 1854 bis 1857 gebaute Erztransportanlage erhalten. Da man die Erzaufbereitung mit Wasserkraft betreiben wollte und für den Aufbereitungsprozeß selbst auch Betriebswasser benötigte, dieses aber am Davidschacht nicht verfügbar war, legte man 1855 an der Stelle der ehemaligen Mittleren Rats-

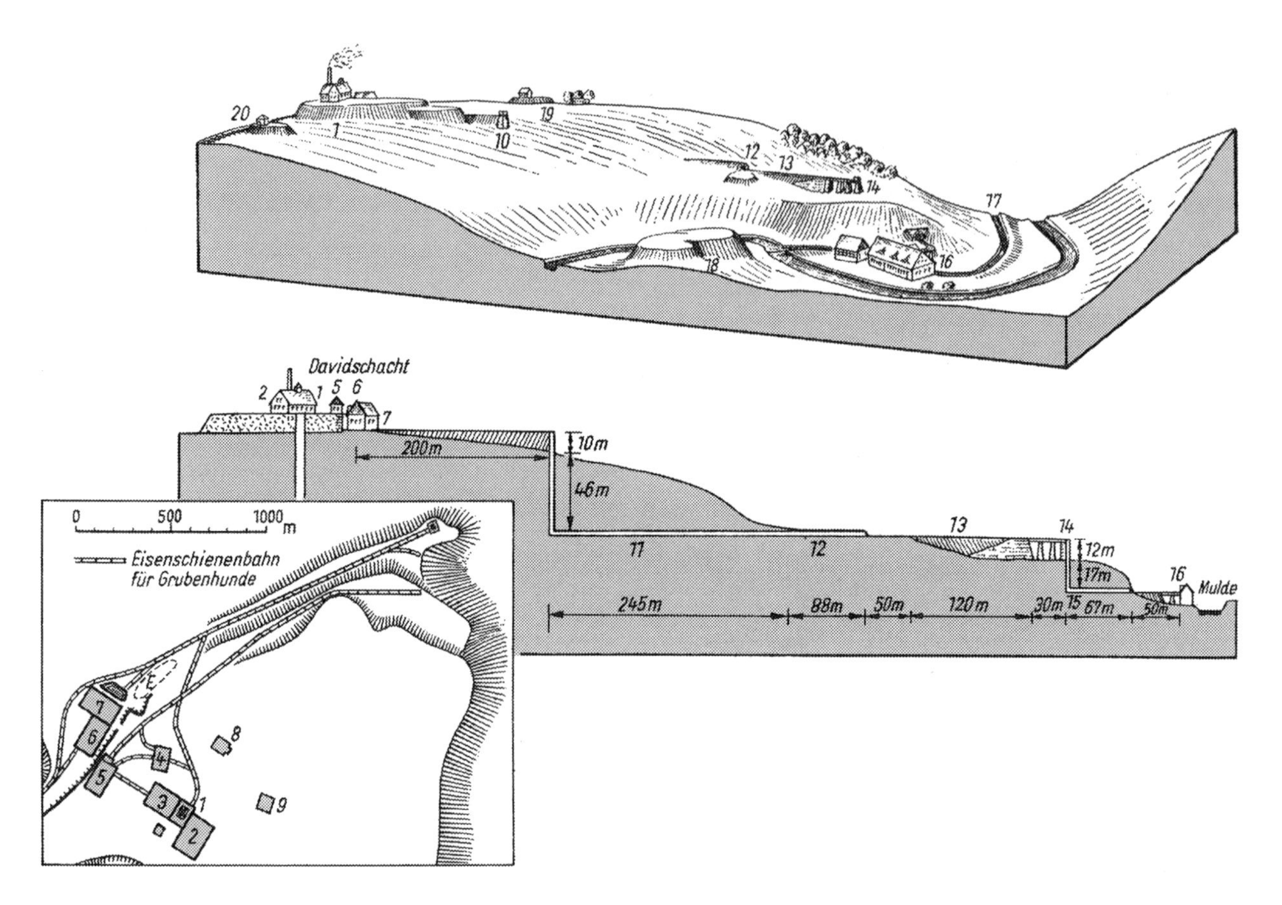

mühle, der jetzigen Pappenfabrik im Muldental, eine neue Poch- und Stoßherdwäsche mit 24 Pochstempeln und 8 Stoßherden an, deren Maschinerie von HEUCHLER zeichnerisch überliefert worden ist (s. Tafelteil, Bilder 52 und 54). Dazu galt es, eine Transportanlage zu schaffen, mit der die Entfernung von 874 m und der Höhenunterschied von 87 m zwischen Davidschacht und der Erzwäsche technisch günstig bewältigt werden konnten. Man baute dafür zwei Schächte, zwei Tunnel und einen Erzbahndamm mit Brücke (Abb. 75). Das aus dem Davidschacht geförderte und in der neuen Wäsche aufzubereitende Erz nahm nun folgenden Weg:

Am Davidschacht wurde es in einen etwa 56 m tiefen Schacht gestürzt und aus diesem untertage in Förderwagen abgezogen, in diesen auf einer Eisenschienenbahn durch einen 242 m durch Gestein vorgetriebenen

Abb. 75. Lageplan, Profil und Raumbild der Aufbereitungs- und Erztransportanlagen am Davidschacht um 1860

1 Schachtgebäude, *2* Maschinenhaus, *3* Scheidebank, *4* Schuppen, *5* Ausschlageschauer, *6* Trockenpochwerk (angetrieben von 50 m tief gelegenem Wasserrad im Bärschacht), 7 Setzwäsche, *E* Erzvorratsplatz, *8* Bergschmiede, *9* Magazin, *10* Oberer Rollschacht, *11* Erzbahntunnel in festem Gestein, *12* Erzbahntunnel überwölbt, *13* Erzbahn auf Damm und Brücke, *14* Unterer Rollschacht, *15* Unterer Erzbahntunnel, *16* Davider Wäsche an der Mittleren Ratsmühle, *17* Roter Graben, *18* Schlackenhalde der Thurmhofer 5. Maß-Hütte, *19* *Reiche Zeche* und *Herders Ruhe,* *20* Pulverturm der *Himmelfahrt Fundgrube,* zwischen Abrahamschacht und Davidschacht, dahinter die Pferdeeisenbahn zwischen diesen beiden Schächten und 88 m in Lockermassen eingeschnittenen und überwölbten Tunnel an den Hang des Muldentals gefördert (s. Tafelteil, Bild 168), dort auf einem etwa 5,5 m hohen Damm aus Trockenmauerwerk und über eine Brücke bis zu einem zweiten, mit der Aufmauerung 29 m tiefen Schacht gefahren. Nun wurde das Erz in diesen gestürzt, gelangte so in das Niveau der Erzwäsche und erreichte diese selbst durch einen zweiten, 67 m langen Tunnel. Der Damm und die elliptisch gewölbten Mundlöcher der beiden Tunnel sind erhalten. Das obere ist nach böswilliger Zerstörung im Jahre 1981 durch die Freiberger Kulturbund-Interessengemeinschaft Bergbaugeschichte der Gesellschaft für Denkmalpflege wiederhergestellt worden.

Um noch weiter nördlich Erzabbau in den tieferen Sohlen einzurichten, ließ sich die *Himmelfahrt Fundgrube* 1834 mit dem alten Grubenfeld um den Hauptstollngang einschließlich des 1691 letztmalig verliehenen Grubenfeldes *Reiche Zeche* belehnen und begann dort 1841 mit dem Abteufen eines neuen Richtschachtes. Dieser ist heute allgemein als *Reiche Zeche* bekannt und durch sein Fördergerüst aus dem Jahre 1953 für Freiberg und Umgebung ein Wahrzeichen der Bergbaulandschaft (s. Tafelteil, Bild 162). Im Jahre 1844 erhielt der Schacht einen 8männischen Handgöpel, 1846 bis 1847 einen Wassergöpel mit 11,2 m hohem Kehrrad, das sein Aufschlagwasser durch eine 504 m lange Rösche in 67 m Tiefe vom Gebiet des Davidschachtes her erhielt, 1847 ein Kunstgezeug mit Wasserrad, aber schon 1849 bis 1850 eine Wassersäulenmaschine zum Antrieb des Kunstgezeuges, das das Wasser bis auf den *Hauptstolln Umbruch* zu heben hatte. Im Jahre 1882 baute man für die *Reiche Zeche* eine neue Wassersäulenmaschine 140 m tiefer auf dem *Rothschönberger Stolln* und 1898 – im Rahmen der Modernisierungsmaßnahmen der seit 1886 staatlichen Grube – eine Dampfförderanlage mit einem für die Zeit typischen eisernen Fördergerüst. Die damals installierte Fördermaschine ist nicht mehr erhalten, wohl aber der Schornstein und das Maschinenhaus von 1898 mit dem für die Uhr und die Schichtglocke aufgesetzten Dachreiter.

Nach Stillegung des Freiberger Bergbaus 1913 übernahm die Bergakademie 1919 die Reiche Zeche und richtete in den Gebäuden und auf der Haldenoberfläche 1921 bis 1925 ein Maschinenversuchsfeld ein. In der vierten Hauptperiode war die Reiche Zeche von 1937 bis 1969 mit 724 m Endteufe einer der Hauptschächte der Grube Freiberg. In dieser Zeit ersetzte man 1940 die Dampffördermaschine durch eine elektrische und 1953 das Fördergerüst durch ein neues, das dem alten aber in Größe und Gestalt und damit in der historischen Aussage und landschaftlichen Wirkung weithin entspricht. In der Zeit um 1950 bis 1969 wurde intensiv aus dem Schacht gefördert und die Halde auf der Westseite in Richtung auf die Stadt Freiberg vergrößert. Heute ist die Reiche Zeche der Hauptschacht der Lehrgrube der Bergakademie Freiberg.

Zwischen Reiche Zeche und Abrahamschacht liegt auf hoher Halde am Rande der Stadt Freiberg der Schacht Alte Elisabeth. Eine Grube dieses Namens wird erstmals 1511 genannt, bestand aber sicher schon vorher. Sie lieferte im Jahre 1516 reiche Silbererze, war 1570 schon etwa 80 m tief und kam 1796 als »Beilehn« zur Fundgrube *Himmelfahrt samt Abraham.* Allerdings ist diese Grube nicht mit dem heutigen Schacht Alte Elisabeth identisch, sondern ihr Schacht hat die kleinere Halde in der nördlich anschließenden Kleingartenanlage hinterlassen. Der dort befindliche alte Schacht der *St. Elisabeth Fundgrube* ist heute von untertage aus zugängig. Die Gewerkschaft *Himmelfahrt samt Abraham* teufte ab 1808 südlich des alten Schachtes den jetzigen Schacht für die *Alte Elisabeth* ab und rüstete ihn mit einem Pferdegöpel und Kunstrad aus. Der Schacht wurde im Erzgang, also mit 45° nach der Stadt zu fallend, niedergebracht, um gleich beim Abteufen Erz zu gewinnen und die geringere Festigkeit der Gangmasse gegenüber dem festen Nebengestein für das Abteufen zu nutzen. Im Jahre 1843 wurden der 213 m tiefe Schacht stillgelegt und Kunstrad und Pferdegöpel abgebrochen.

Wenige Jahre später, 1847, nahm die *Himmelfahrt Fundgrube* den Betrieb aus zwei Gründen wieder auf, und zwar, um von diesem Schacht aus den Bau des inzwischen begonnenen *Rothschönberger Stollns* mitzubetreiben und um die Erzgänge in tieferen Horizonten zu erschließen. Während die zweite Absicht nur bedingt von Erfolg war, also Erze nur in verhältnismäßig bescheidenem Umfang angetroffen wurden, hat die *Alte Elisabeth* ihre Aufgabe für den Bau des *Rothschönberger Stollns* erfüllt. Es war festgelegt worden, daß der

Rothschönberger Stolln vom Mundloch bis Halsbrücke als »fiskalischer Stolln« vom Staat finanziert, sein Vortrieb im Bergrevier von den Gruben selbst durchgeführt und kostenmäßig getragen werden sollte. Demgemäß hat die *Himmelfahrt Fundgrube* für den Stollnbau u. a. im Feld der Grube *Oberes Neues Geschrei* den Hoffnungschacht und den Kobschacht, weiter südlich die Reiche Zeche und die Alte Elisabeth als Hilfsschächte benutzt. Dazu errichtete man 1848 bis 1849 die Dampfförderanlage mit Kesselhaus, Maschinenhaus und Treibehaus (Abb. 76 und Tafelteil, Bilder 164 bis 166). Die Gebäude der Alten Elisabeth sind das letzte erhaltene Beispiel der für die Freiberger Dampfförderanlagen der Zeit um 1850 typischen Höhenstaffelung von Kesselhaus, Maschinenhaus und Treibehaus, insbesondere, wenn man sich die später zugefügten Gebäudeteile wegdenkt (Abb. 76, Bild 164). Im Kesselhaus waren einst zwei Flammrohrkessel installiert. Heute steht dort die gegenwärtig betriebene elektrische Fördermaschine. Der neben dem Kesselhaus stehende, etwa 18 m hohe quadratische Schornstein dürfte einer der ältesten erhaltenen Industrieschornsteine überhaupt sein. Im Treibehaus ist die Hängebank-Einrichtung voll erhalten (Bild 163). Man sieht die mit der Schachtneigung von 45° in den Raum herausragenden Leitbäume, zwischen denen die Fördertonnen beim Auf- und Abwärtstreiben geführt wurden. Eine der alten Tonnen ist in Kippstellung erhalten, ebenso der Hund, in den die geförderten Massen gekippt und mit dem sie auf die Halde bzw. auf den Vorscheideplatz und zur Scheidebank gefahren wurden. Deutlich erkennt man auch die Einteilung des Schachtes in zwei Fördertrümer und ein mit Fahrten (Leitern) ausgestattetes Fahrtrum, in dem die Bergleute in den Schacht einfahren (einsteigen) mußten, bis 1953 dafür eine maschinelle Einrichtung geschaffen wurde.

Im Maschinenhaus steht am ursprünglichen Ort die 1848 bis 1849 von der Maschinenfabrik »Constantin Pfaff« gelieferte 12-PS-Balancier-Dampffördermaschine (Tabelle 25 und Tafelteil, Bild 165). Mit ihrem stehenden Zylinder, dem Balancier und dem Wattschen Parallelogramm zeigt sie noch Elemente, die schon für die Dampfmaschinen der Zeit um 1784 bis 1800 typisch waren. Der Maschinenbaustoff Eisen sowie die Ausbildung mehrerer konstruktiver Details, wie die Steuerung, bezeugen ihre Zugehörigkeit zum 19. Jahrhundert. Einige Teile der Maschine sind auch Jahrzehnte nach ihrer Aufstellung umgebaut worden. Bezeichnend für die älteren Dampfförderanlagen ist das separate, zwischen Kurbelstange und Seiltrommeln zwischengeschaltete Schwungrad, wogegen bei neueren Fördermaschinen die Seiltrommeln selbst als Schwungrad wirken. Die Dampffördermaschine der *Alten Elisabeth* ist die drittälteste des Freiberger Bergbaus und die viertälteste erhaltene Dampfmaschine in der DDR. Darüber hinaus ist sie ein Denkmal aus der Frühzeit des Karl-Marx-Städter Maschinenbaus.

Im Maschinenhaus der *Alten Elisabeth* sind ein eiserner Handhaspel vom 8. Lichtloch des *Rothschönberger Stollns* und ebenfalls von dort eine Wassersäulenmaschine aus der Zeit um 1875 museal aufgestellt (vgl. Tabelle 9). Die Wassersäulenmaschine (Bild 50) hatte eine Leistung von etwa 6 PS und mußte damit von 1878 bis 1934 aus dem *Rothschönberger Stolln* etwa 1 Liter pro Sekunde Trinkwasser 173 m hoch in den an der Hohen Esse befindlichen Hochbehälter des Ortes Halsbrücke heben. Das geschah wie folgt: Man führte etwa 4,2 bis 5,5 Liter pro Sekunde Wasser von der Mulde an den

Abb. 76. Schematisches Raumbild und bauliche Entwicklung ▶ des Schachtes Alte Elisabeth

1 Schachtgebäude, *rechts daneben:* Maschinen- und Kesselhaus, *2* Scheidebank und Betstube, *3* Gebläsehaus (errichtet 1936), *4* Bergschmiede, *5* Halde des alten Schachtes der Grube *Alte Elisabeth, 6* Halde des Butterschachtes mit rekonstruierter Handhaspelkaue
Untertage: Erzgänge E_1 Alt Elisabeth Stehender, E_2 Geharnischt Männer Spat, *strichpunktiert:* Fortsetzung des Gangkreuzes beider Gänge in die Tiefe, Grubenbaue: *S* Alt Elisabeth Schacht, *R* zugehörige Radstube, *K – K* Kupferberger Schacht (mehrmals abgesetzt), *Tb, I, II Thurmhofer Hilfstolln* sowie I. und II. Gezeugstrecke im Alt Elisabeth Stehenden, *Tb', I', II''* dieselben Grubenbaue im Geharnischt Männer Spat, *F, F', F''* die zugehörigen Füllörter im Schacht, *A* Abbaue, teils mit *V* Versatz.
Die bauliche Entwicklung der Schachtgebäude von *oben* nach *unten*: Pferdegöpel (1808/1811–1843), Dampfförderanlage (1848), südlich und westlich als spätere Fachwerk-Anbauten Steigerstube, Scheidebank und Betstube (1854 bis 1856), sowie am Schornstein neue Scheidebank mit Erzrollen für die Pferdeeisenbahn (1864); *unten*: Schnitt durch die Gebäudegruppe

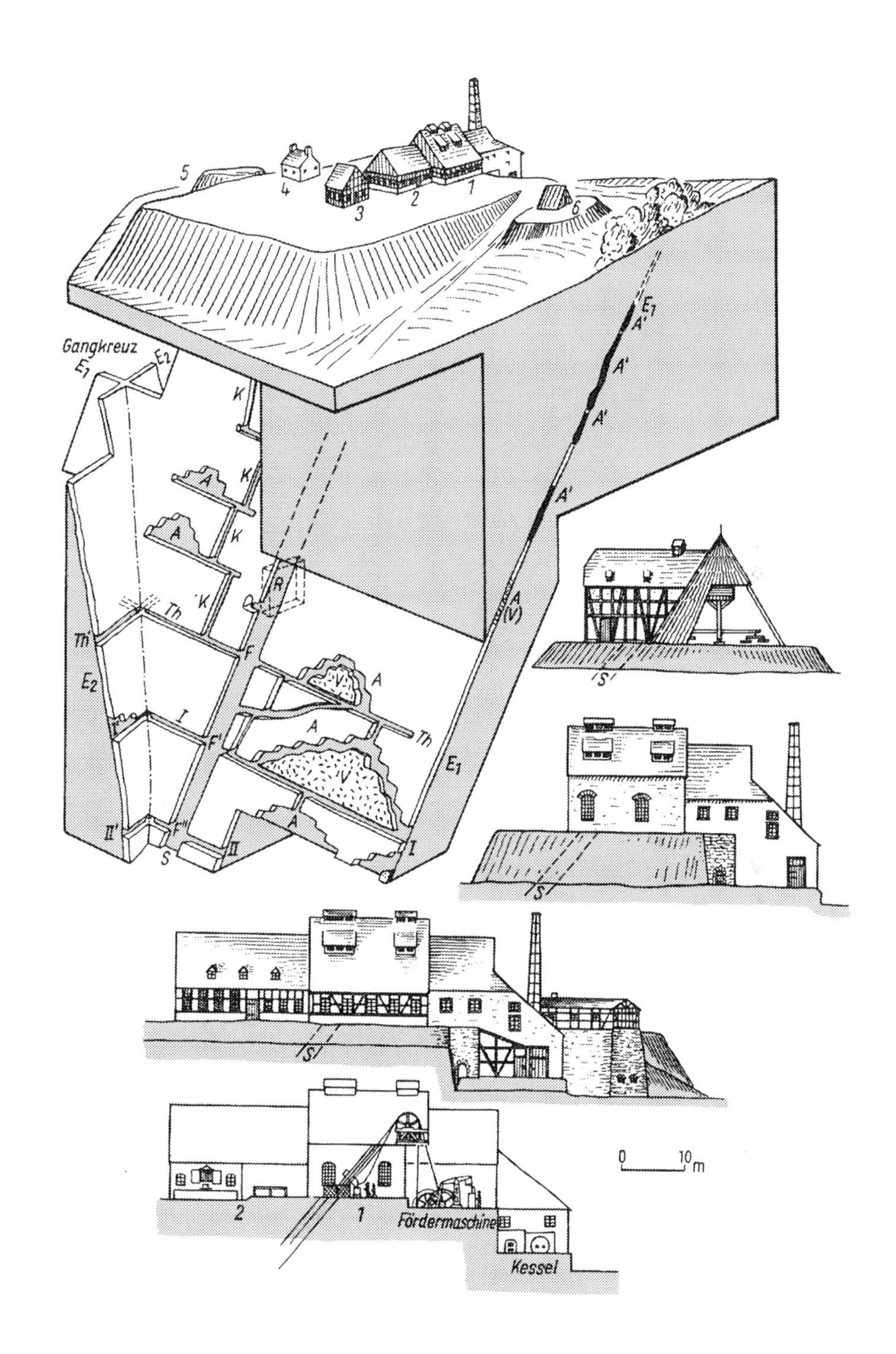
Gangkreuz
Fördermaschine
Kessel
0
10 m

Tabelle 25. Technische Daten der Balancier-Dampffördermaschine der Grube *Alte Elisabeth* bei Freiberg

Kenngröße	Altes Maß	Heutiges Maß
Kolbendurchmesser	18¼ Zoll	436 mm
Hub	42 Zoll	993 mm
Drehzahl	25 U/min	25 U/min
Dampfdruck im Kessel	3 at	3 at
im Zylinder	2 at	2...3 at
Länge des Balanciers	5 Ellen 21 Zoll	3,326 m
Schwungraddurchmesser	6 Ellen	3,4 m
Leistung	12...18 PS	12...18 PS
Förderleistung	5...6 Treibe- tonnen/Stunde	5...6 Treibe- tonnen/Stunde
Inhalt der Fördertonnen	leer 600 kg voll 1450 kg	leer 600 kg voll 1450 kg
Kesseldurchmesser Kessellänge	3 Ellen 19 Ellen	1,7 m 10,75 m
Kohleverbrauch Schieferkohle Kleinstückige Steinkohle	 16...17 Scheffel pro Tag und 20...22 Scheffel pro Tag	 etwa 2,8 t/Tag

Schacht des 8. Lichtloches und in diesem in eine 92 m tief bis auf den *Rothschönberger Stolln* hinabreichende Rohrleitung. Damit stand die genannte Wassermenge im Niveau des *Rothschönberger Stollns* mit einem Druck von 9,2 at zur Verfügung (Abb. 77). Wenn der Steuerzylinder der Maschine dem Wasser den Weg zum Kolben freigab, trieb es diesen in die Höhe. Die mit der Kolbenstange verbundenen Pumpenkolben saugten dabei 1 l/s Wasser an. War der Kolben der Wassersäulenmaschine in seiner höchsten Stellung angekommen, wurde der Steuerungsmechanismus ausgelöst. Dieser veranlaßte die Bewegung der Steuerkolben im Steuerzylinder so, daß die 92 m hohe Wassersäule von der Maschine abgeriegelt, dem Wasser im Zylinder aber der Weg in den *Rothschönberger Stolln* freigegeben wurde. Damit drückte das Gegengewicht den Kolben der Wassersäulenmaschine, aber auch die Kolben der beiden Pumpen nieder, und diese drückten das zuvor angesaugte Wasser nach übertage in den Hochbehälter. Die heute in der *Alten Elisabeth* aufgestellte Maschine gehört zu den kleinsten Wassersäulenmaschinen, ist aber das einzige im Original zugängliche Beispiel dieser Maschinengattung. Da Wassersäulenmaschinen ihrem Wirkprinzip gemäß nur untertage aufgestellt werden konnten, sind sie, sofern überhaupt noch erhalten, untertage erhalten und deshalb im allgemeinen unzugänglich.

In der Zeit unmittelbar nach Errichtung der Dampfförderanlage wurde die Gebäudegruppe der *Alten Elisabeth* so erweitert, daß sie das jetzige Aussehen erlangte (vgl. Abb. 76). Im Jahre 1854 baute man an der Südseite des Treibehauses eine 4,5 m breite und 13 m lange Scheidebank mit 19 Arbeitsplätzen an. Von außen wirkten nun das Fachwerk und das vom Treibehaus weit herabgezogene Dach. Schon im Jahre 1856 wandelte man diesen Raum in eine Steigerstube um und baute westlich an das Treibehaus eine größere Scheidebank mit 30 Arbeitsplätzen an. Im Jahre 1864 aber richtete man im Westteil dieses Raumes die heute noch erhaltene Betstube ein und stattete sie mit einer Orgel aus, deren Werk noch dem 18. Jahrhundert zuzurechnen ist. Gleichzeitig baute man eine neue Scheidebank neben dem Schornstein. Von dieser Anlage sind noch die Fundamentmauern mit den zwei Erzrollen erhalten, aus denen das Erz in Pferdefuhrwerke und später in die Wagen der Pferdeeisenbahn abgezogen wurde. Im Vorraum der Betstube, also in dem 1856 bis 1864 als Scheidebank genutzten Raum, wurden 1983 drei Arbeitsplätze einer Scheidebank eingerichtet. Im gleichen Jahr rekonstruierte man die auf der Halde gelegene, um 1850 gebaute Bergschmiede und baute in sie das Schmiedefeuer und den Blasebalg aus der Bergschmiede des 4. Lichtlochs bei Reinsberg ein. Neben der Auffahrt zur *Alten Elisabeth* wurde 1984 auf der kleinen alten Halde des Butterschachtes vom VEB Bergsi-

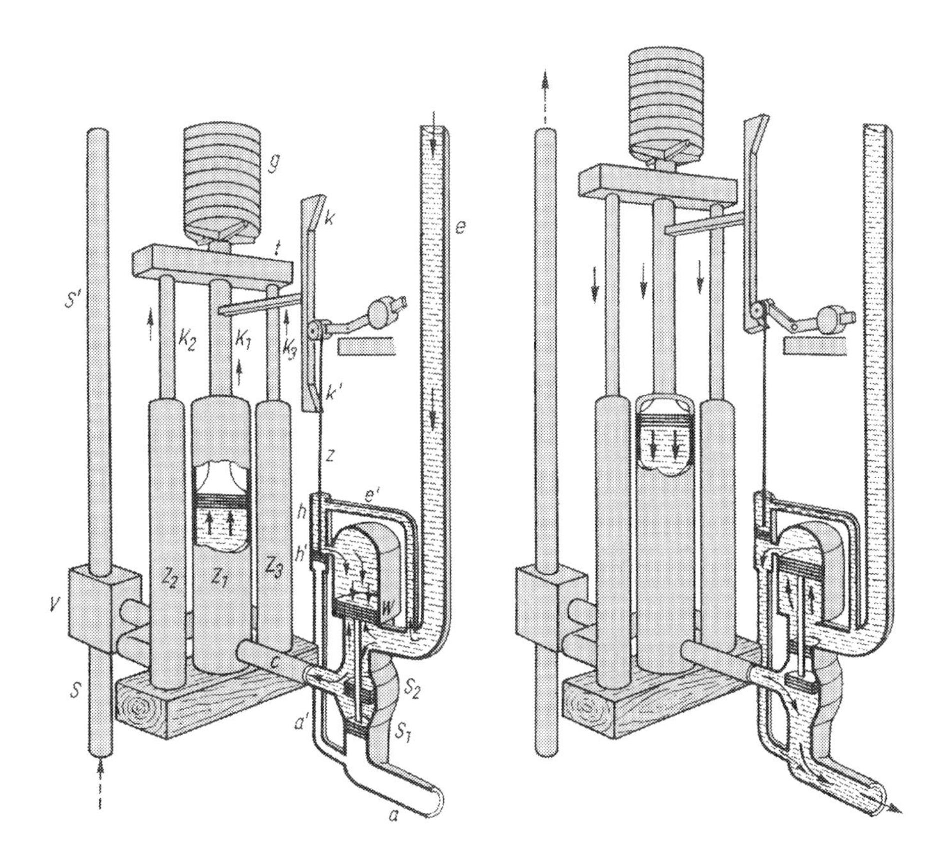

Abb. 77. Schemaskizzen zur Wirkungsweise der Wassersäulenmaschine vom 8. Lichtloch des *Rothschönberger Stollns,* heute museal im Maschinenraum der Lehrgrube *Alte Elisabeth,* teils in Ansicht, teils geschnitten gezeichnet

Z_1 Zylinder der Wassersäulenmaschine, Z_2, Z_3 Pumpenzylinder, K_1, K_2, K_3 zugehörige Kolbenstangen, verbunden durch die Traverse *t* und belastet mit dem Gegengewicht *g*, *S* Saugleitung zu den Pumpen Z_2 und Z_3, *S'* Steigleitung von den Pumpen nach Übertage, *V* Ventilkasten. *c* Kommunikationsrohr, *e* Einfallsrohr, zwischen *c* und *e* der Steuerzylinder mit den durch eine gemeinsame Kolbenstange verbundenen Wendekolben *W* und Steuerkolben S_1 und S_2', *h* Hilfssteuerzylinder mit dem Hilfssteuerkolben *h'*, *a* Austragerohr, *e'* und *d'* Verbindungen des Hilfssteuerzylinders mit dem Einfallsrohr bzw. Austragerohr

Links: Aufwärtsgang der Kolben: Die auf den Wendekolben wirkenden Kräfte heben sich auf, so daß die Steuerkolben durch den Wasserdruck in ihre untere Lage gebracht sind und die Wassersäule von *e* in Z_1 wirkt. In Z_2 und Z_3 wird Wasser angesaugt.

Rechts: Keil *K'* hat mit *Z* den Hilfssteuerkolben *h'* gehoben. Nun entfällt der Druck von *e* auf den Wendekolben *W*. Die Kraftdifferenz des Wasserdrucks auf *W* und S_1 bringt die Steuerkolben in ihre obere Lage. Damit wird *e* von Z_1 getrennt, Z_1 aber mit dem Austragerohr *a* verbunden und so der Abwärtsgang eingeleitet und das Wasser aus Z_2 und Z_3 durch die Steigleitung *S'* nach übertage gedrückt

cherung Schneeberg eine Handhaspelkaue rekonstruiert.

Nachdem im Jahre 1925 im Hüttenwerk Halsbrücke das »Schwarzenberg-Gebläse« außer Betrieb gesetzt worden war, ließ es der damalige Maschinenkundler der Bergakademie, Prof. Dr. O. FRITZSCHE, im Jahre 1936 auf der Halde der *Alten Elisabeth* wieder aufstellen und mit einem in Fachwerk ausgeführten Schutzhaus umgeben (vgl. Seite 260). Dieses Gebläsehaus wurde 1962 zur Übernahme des Kastengebläses aus der Oberen Ratsmühle um ein Fachwerkfeld erweitert.

Die Übertageanlagen der Grube *Alte Elisabeth* können heute nach Vereinbarung besichtigt werden.

Untertage sind von der *Reichen Zeche* und von der *Alten Elisabeth* aus zahlreiche Strecken, Blindschächte und ehemalige Abbauorte als Lehrgrube der Bergakademie erschlossen und dienen insbesondere den Studenten der Fachrichtungen Markscheidewesen, Bergbau – Tiefbau, Geotechnik, Geologie, Geophysik, Mineralogie und Gewinnungsmaschinen als Ausbildungsstätte.

In beschränktem Maße sind Besichtigungen der Untertageanlagen auch Außenstehenden nach Vereinbarung möglich. Zugänglich sind Stolln, Strecken, Abbauorte und andere Grubenräume im Gebiet der Schächte Alte Elisabeth und Reiche Zeche auf etwa 1 km Nord-Süd- und 1 km West-Ost-Erstreckung und bis zum *Rothschönberger Stolln*, also eine Tiefe von etwa 230 m. Am meisten besichtigt werden in etwa 90 m Tiefe die Grubenbaue in der Sohle des *Thurmhofer Hilfsstollns* (s. Tafelteil, Bild 171), des *Alten Tiefen Fürstenstollns* und des *Hauptstolln-Umbruchs* sowie die 1. Sohle in 150 m Tiefe. Zugang besteht an einigen Stellen auch zu höher liegenden älteren Sohlen und Stolln, z. B. zum Hermser Stolln und Eselstolln.

Im Bereich der Lehrgrube *Alte Elisabeth* und *Reiche Zeche* sind etwa zwanzig Erz- und Mineralgänge erschlossen. Besucher können auf einem untertage eingerichteten geologisch-lagerstättenkundlichen Lehrpfad deren Lagerungsverhältnisse, Mineralinhalt und Gefüge sehen und damit die Entstehung der Freiberger Erzgänge kennenlernen. Deren wichtigste sind »stehende« (Nord-Süd-streichende) Gänge der kiesigblendigen Bleierzformation mit den Namen: Hauptstollngang Stehender, Wilhelm Stehender, Schwarzer Hirsch Stehender, Königsee Stehender, Elende Seelen Stehender, Alte Elisabeth Stehender, Maria Stehender und Auferstehung Christi Stehender. Die West-Ost-streichenden »Spatgänge« haben an den Gangkreuzen mit den stehenden Gängen oft reichere Vererzungen verursacht und sind damit besonders für die Erkundung der Lagerstätte von Bedeutung. Wichtige Spatgänge sind u. a. der Glückauf Spat und der Riemer Spat als Schwerspatgänge der fluorbarytischen Bleierzformation sowie der Geharnischt Männer Spat, der Auferstehung Christi Spat und der Wilhelm Spat. Darüber hinaus kann der Besucher mineralogische Besonderheiten wie Sinterbildungen oder kleine Tropfsteine sehen.

Die zur Lehrgrube gehörenden Tagesschächte, von denen die meisten heute allerdings nur noch untertage zugänglich sind (Abb. 78), sind Beispiele für die Geschichte des Schachtabteufens und der Schachtfördertechnik. Im Erzgang selbst abgeteuft ist zum Beispiel der »tonnlägige«, mit 45° nach West einfallende, aus dem 19. Jahrhundert stammende Schacht der *Alten Elisabeth*. Ein Richtschacht, d. h. ein senkrechter Schacht im Nebengestein, ist der ab 1841 abgeteufte Schacht der *Reichen Zeche*. Mit Schlägel und Eisen gearbeitet sind die alten Schächte von St. Elisabeth und Kupferberg (beide vor oder um 1500), der Hoffnungschacht und der Wiesenschacht (beide 16. Jahrhundert). Der ab 1808 über 600 m tief niedergebrachte Schacht der *Alten Elisabeth* ist in den oberen befahrbaren Sohlen mit etwa 50 cm tiefen, von Hand hergestellten Bohrlöchern und Sprengen mit Schwarzpulver abgeteuft worden. Die Bohrlochspuren und Vortriebszeichen sind bei Schachtbefahrungen gut erkennbar. Mit der gleichen Technik wurde ab 1841 auch der Richtschacht Reiche Zeche abgeteuft. Der Fundschacht St. Elisabeth, der Kupferberger Schacht, der Hoffnungschacht und der Wiesenschacht hatten Haspelförderung. Sie wurden deshalb als »abgesetzte Schächte« niedergebracht, da man mit Handhaspeln nur aus maximal etwa 45 m Tiefe fördern durfte und deshalb in den insgesamt etwa 120 m tiefen Schächten mehrere Haspel untereinander in Absätzen von etwa 20 bis 30 m aufstellen mußte (Abb. 78). Die im 19. Jahrhundert zunächst mit Pferdegöpel bzw. Kehrrad, dann mit Dampffördermaschinen ausgerüsteten Schächte der *Alten Elisabeth* und *Reichen Zeche* konnten durchgehend mehrere hundert Meter tief niedergebracht werden, da diese Fördermaschinen eine Förderung aus dieser Tiefe erlaubten. Die Entwicklung der Fördermaschinentechnik ist an der Kehrradstube der *Reichen Zeche*, an der Dampffördermaschine der *Alten Elisabeth* und an den neuen elektrischen Fördermaschinen beider Schächte in gewissem Maße ablesbar. Erhalten und benutzbar sind die traditionellen Ausrüstungen für die Fahrung (den Personentransport) in Schächten und Überhauen, in Form der aus Holz oder Eisen hergestellten Fahrten (Leitern) wie am Alte Elisabeth Schacht oder den in das Gestein eingeschlagenen Treppenstufen wie am Kupferberger Schacht und St. Elisabether Fundschacht. Die Schuffauer Schächte und der *Löfflerschacht* im Hauptstollngang Stehenden und der Geharnischt Männer Schacht im gleichnamigen Spatgang erweisen sich mit ihrem Querschnitt von etwa 3×1 m (oder kleiner) als ehemalige Handhaspelschächte und lassen an ihrem oberen Ende den Standort des Haspels und dazu die »Hornstatt«, den Arbeitsplatz der Haspelknechte, erkennen. Wasserräder sind im Bereich der Lehrgrube nicht mehr erhalten, wohl aber mehrere Radstuben von etwa 14 m Höhe, so die Kunstradstube der *Alten Elisabeth* (1810), die am Wiesenschacht (um 1790) und die Kehrradstube der *Reichen Zeche* (1847), die erstgenannte aus dem Fels ausgehauen, die beiden anderen in sorgfältiger Gneismauerung.

In den zahlreichen horizontalen Grubenbauen der Lehrgrube, wie Gangstrecken (im Erzgang aufgefahren), Querschlägen (durch das Nebengestein vorgetrieben), Abbaustrecken (zum Ansetzen von Erzabbau) und Stolln (zum Abfluß der Grubenwässer), findet der Besucher nicht nur die dem Alter entsprechenden verschieden großen Querschnitte (vgl. Tabelle 1), sondern auch die Spuren verschiedener Vortriebstechnik, z. B. Schlägel- und Eisenarbeit (s. Tafelteil, Bilder 90 und 91), Vortrieb mit Bohren und Sprengen, und zwar Handbohrungen und maschinell hergestellte Bohrlöcher, Spuren des Sprengens mit Schwarzpulver (s. Tafelteil, Bild 92) und solche mit Dynamit und anderen brisanten Sprengstoffen. An Experimente mit einer neuen Sprengmethode 1767 unter Generalbergkommissar F. A. von Heynitz erinnert eine Inschrift über das »Schießen aus dem Ganzen« auf dem Churprinz Friedrich August Flachen (s. Tafelteil, Bild 93). Die auf der 1. Sohle unter dem *Thurmhofer Hilfsstolln* befahrbaren Strecken und Querschläge sind fast durchgängig Sachzeugen der Bergbauperiode 1950 bis 1969, also mit moderner Bohr- und Sprengtechnik vorgetrieben.

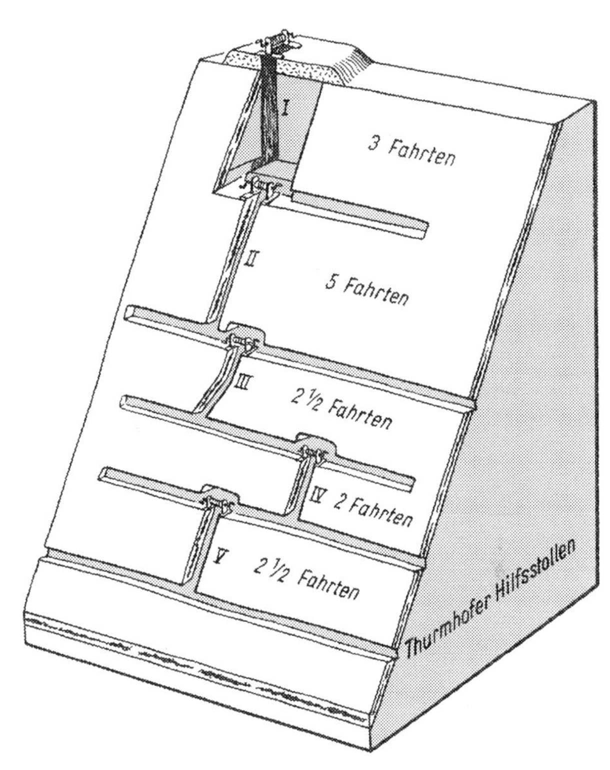

Abb. 78. Der fünffach abgesetzte Schacht des St. Elisabeth Fundschachtes um 1500, abgeteuft im Erzgang und von der Lehrgrube aus im Bereich des *Thurmhofer Hilfstollns* zugänglich, nach zeichnerischen Unterlagen von D. F. Hecht, 1805, und H. Pforr, 1979
1 Fahrt = etwa 6,8 m

Von den Strecken aus sind in der Lehrgrube Abbauorte zugänglich, die die verschiedenen historisch aufeinander folgenden Abbauverfahren erkennen lassen (vgl. Abb. 10 auf Seite 32), und zwar

- Strossenbau, im Hauptstollngang Stehenden am *Löfflerschacht* und am Hoffnunger Umbruch (Stollnsohle)
- Offener Firstenbau, im Jung und Alt Elisabeth Stehenden und Geharnischt Männer Spat (Stollnsohle)

- Firstenbau mit Versatz, im Maria Stehenden und Goldner Friede Flachen (Stollnsohle und 1. Sohle)
- Firstenstoßbau mit Versatz im Wilhelm Stehenden und Königsee Stehenden.

Wenn auch das Gestein, dem die Erzgänge eingeschaltet sind, der Freiberger Gneis, so fest ist, daß die Stolln und Strecken meist ohne Mauerung oder sonstigen Ausbau auf Dauer fest stehen, so hat der Freiberger Bergmann doch stets an einigen gefährdeten Stellen Grubenausbau einbringen müssen. Die in der Lehrgrube zugänglichen Strecken enthalten verschiedene Ausbauformen, hergestellt aus Holz, Gneisplatten, Stahlstangen und -schienen sowie Beton, also ebenfalls in einer gewissen historischen Abfolge.

Zeugnisse des bergmännischen Vermessungswesens untertage, der Markscheidekunst, sind die seit 1720 nachweisbaren eingemeißelten, mit Jahreszahlen versehenen Vortriebsmarkierungen und Gedingezeichen sowie die Markscheide-Tafeln, also untertägige Grenzmarkierungen zwischen den Feldern verschiedener Gruben (s. Tafelteil, Bild 94).

Wenn man von der Halde der *Alten Elisabeth* aus zum Abrahamschacht und zur *Reichen Zeche* schaut, dann empfindet man nicht nur die für das 19. Jahrhundert bezeichnende Größe des Grubenfeldes der *Himmelfahrt Fundgrube*, sondern sieht zugleich drei Schachtanlagen, die verschiedene historische Perioden der Schachtfördertechnik repräsentieren: den Abrahamschacht als typischen Wassergöpel, die Alte Elisabeth als Beispiel für die ersten Dampfförderanlagen im Freiberger Revier um 1850 und die Reiche Zeche als eine für die Zeit um 1900 typische Schachtanlage.

Zur *Himmelfahrt Fundgrube* gehörten im Umkreis aber noch weitere Schachtanlagen.

In den Jahren 1842 bis 1857 teufte die *Himmelfahrt Fundgrube* in ihrem nun größeren Grubenfeld den Thurmhof Richtschacht auf der Höhe östlich der Dresdener Straße ab. Mit dieser völlig neuen Schachtanlage wollte man die Fortsetzung des im 16. Jahrhundert so ergiebigen Thurmhof Gangzuges erschließen. Der Schacht wurde bis zum Jahre 1896 etwa 580 m tief und erhielt als technische Ausrüstung zunächst einen Handgöpel, ab 1853 einen Pferdegöpel, 1857 eine 40-PS-Dampffördermaschine und zur Wasserhaltung 1847 und 1855 Kunstgezeuge mit SCHWAMKRUG-Turbinen und 1857 eine cornische, d. h. nach den in Cornwall üblichen Maschinen bezeichnete 100-PS-Wasserhaltungsdampfmaschine.

Von der einst architektonisch repräsentativen Dampfförderanlage (s. Tafelteil, Bild 158) sind heute nur noch wenige Fundamentmauern und Gebäudereste erhalten.

Neben der großen Halde des Thurmhofschachtes legte man auch mehrere Aufbereitungsgebäude an, so 1845 bis 1846 eine Poch- und Stoßherdwäsche, die 1857 erweitert wurde und deren Pochrad in 3 bis 12 m Tiefe unter dem Hofpflaster noch erhalten ist, sowie 1850 bis 1853 ein Erzwalzwerk mit Setzwäsche (Abb. 79). Diese Gebäude werden heute, mehr oder weniger umgebaut, von verschiedenen Betrieben genutzt.

In der Nähe des Thurmhof-Schachtes, wo der Knappenweg die Höhe überquert, befindet sich ein aussagekräftiges Denkmal der bergmännischen Wasserwirtschaft im 19. Jahrhundert: der Himmelfahrter Kunstgraben mit drei kleinen Aquädukten, von denen der über den sogenannten Knappenweg führende erhalten ist (s. Tafelteil, Bild 167). Als die *Himmelfahrt Fundgrube* sich nach dem großen Erzfund ab etwa 1830 erweiterte, nutzte sie nicht nur die nun verfügbare Dampfkraft, wie seit 1849 auf der Alten Elisabeth, seit 1851 auf dem Davidschacht und seit 1857 auf dem Thurmhofschacht, sondern weiterhin auch die Wasserkraft, und verbesserte 1845 bis 1846 ihren Anschluß an das Wasserwirtschaftssystem des Freiberger Reviers. Man übernahm in Langenrinne das Kunstgrabenwasser der *Jungen Hohen Birke* und das Münzbachwasser und leitete es am rechten Talhang teils unmittelbar unter der Geländeoberfläche, teils – und zwar von der Frauensteiner Straße an – auf einem etwa 320 m langen, bis 4,5 m hohen Damm dem Thurmhofschacht zu (vgl. Abb. 64 auf Seite 179). Östlich der Frauensteiner Straße wurde der Graben 1960 bis 1965 verrohrt und der Damm beseitigt, als man dort einen neuen Betriebsteil des VEB Papiermaschinenwerke errichtete. Die 1862 in Betrieb genommene Reichsbahnstrecke Freiberg – Dresden unterfährt den Kunstgrabendamm auch heute noch in einem kleinen, von der Frauensteiner Straße aus sichtbaren Tunnel. Am Knappenweg gelangte der insgesamt etwa 3,5 km lange Kunstgraben auf einem 320 m langen und

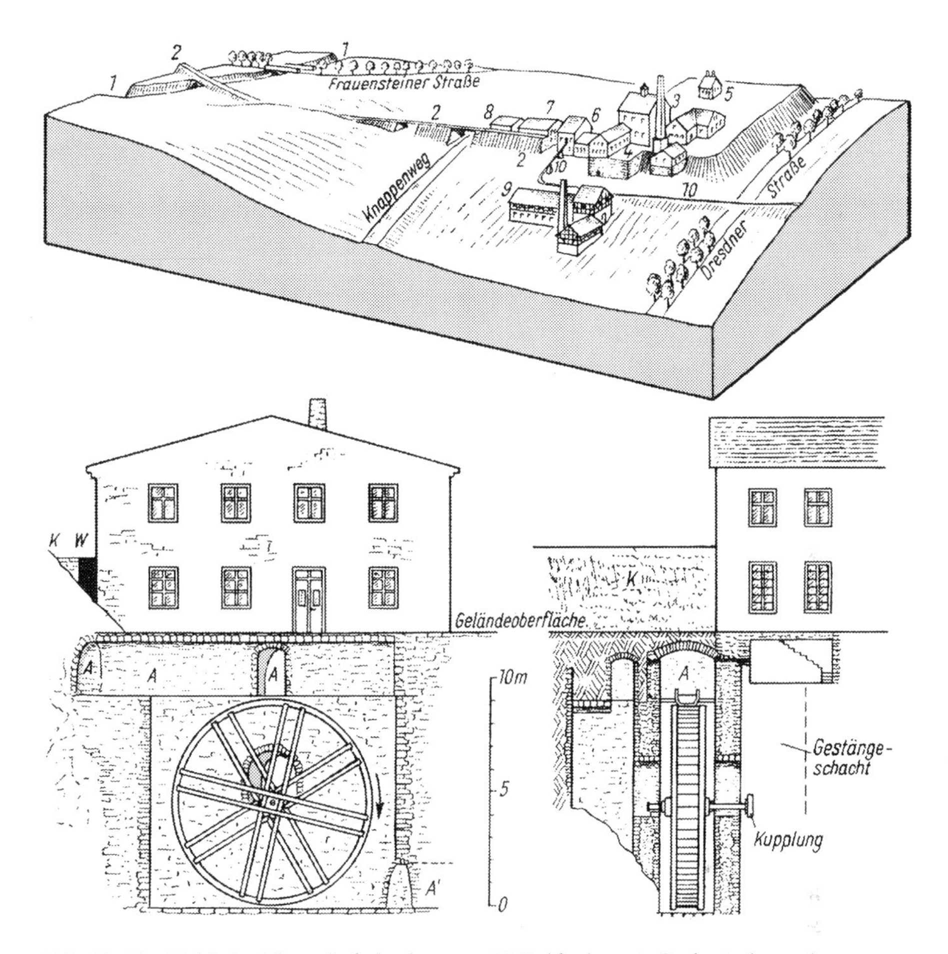

Abb. 79. Blockbild des Thurmhofschachtes um 1875 *(oben)* sowie Pochwäsche und Pochrad in zwei Ansichten nach Zeichnungen von W. Scheunert, 1956

(*TD* technisches Denkmal, *tw. e.* teilweise erhalten, *n. e.* nicht erhalten)
1 – 1 Bahnstrecke Dresden–Freiberg, *2 – 2* Himmelfahrter Kunstgraben *(TD)*, *3* Schachtgebäude (Dampfförderanlage und Dampfkunstgezeug, Fundamente = *TD*), *4* Scheidebank *(TD)*, *5* Bergschmiede *(TD)*, *6* Erzwalzwerk *(tw. e.)*, *7–8* Pochwerk und Wäschen *(TD)*, *9* Dampfwalzwerk und Setzwäsche von 1862 *(tw. e.)*, *10 – 10* Pferdeeisenbahn *(n. e.)*
In den Zeichnungen unten: *K* Kunstgraben, *W* Radstuben für die Wäsch-Räder (Durchmesser etwa 5 m *[n. e.]*), *A – A* Aufschlagrösche zum Pochrad (dieses 9 m hoch, *TD*), *A'* Abzugsrösche

bis zu 4,5 m hohen Damm zu den Anlagen am Thurmhofschacht. Das Aufschlagwasser erreichte das Himmelfahrter Revier also nicht nur auf dem zwischen Münzbach und Mulde gelegenen Höhenrücken, sondern sogar auf einem diesem Höhenrücken aufgesetzten Damm, in 423 m über Normal Null. Es war eine beachtliche Leistung der bergmännischen Wasserwirtschaft, so das Aufschlagwasser auf den höchsten Geländepunkt des Grubenreviers zu bringen. Östlich vom Knappenweg und über diesem selbst wird das Kunstgrabenwasser in Rohren über drei sorgfältig aus Gneismauerwerk gebaute Brücken geführt, von denen zwei jetzt allerdings verschüttet sind. Westlich des Knappenweges endet der Damm an der ehemaligen Thurmhofer Pochwäsche, wo das Wasser die ersten Räder, z. B. das noch erhaltene 9 m hohe Pochrad, trieb. Von da an diente ein Teil des Wassers als Aufschlag für die Wasserräder, Turbinen und Wassersäulenmaschinen im Thurmhof- und Abrahamschacht, ein anderer Teil wurde unmittelbar unter Geländeniveau in den Teich am Abrahamschacht eingespeist, von wo aus es dem Davidschacht, den dortigen Erzwäschen und der Reichen Zeche zufloß. Nachdem es durch zahlreiche Räder und Wassersäulenmaschinen für Aufbereitungsanlagen, Kunstgezeuge, Wassergöpel und Fahrkünste genutzt worden war, floß es teils auf dem *Verträgliche Gesellschaft Stolln*, teils auf dem *Hauptstolln Umbruch* dem Roten Graben zu (Abb. 80).

Im Stadtgebiet, am Roten Weg, in der Nähe der seit dem 15. Jahrhundert nachgewiesenen Roten Grube (vgl. Seite 114), teufte die *Himmelfahrt Fundgrube* 1848 bis 1858 den Schacht der neuen *Roten Grube* ab und baute in ihr auf konventionelle Weise 1852 ein Kunstrad mit Kunstgezeug und 1856 ein Kehrrad (vgl. Seite 145, Abb. 49 und Tafelteil, Bilder 30 bis 34). Auch hier haben sich im 19. Jahrhundert Grubenbetrieb und Erzabbau nur in ganz bescheidenem Umfang entwickelt. Der Schacht diente 1856 bis 1877 fast nur dem Bau des *Rothschönberger Stollns* und in der Folgezeit der Kontrolle und Unterhaltung des Stollns. Deshalb ist die am Roten Weg noch heute auffallende Halde zwar so hoch wie die anderen des 19. Jahrhunderts angelegt, im Umfang aber doch wesentlich kleiner geblieben. Das dreigeschossige, aus Holzfachwerk gebaute Schachthaus bildete eine städtebauliche Dominante am Rand der Freiberger Altstadt und galt als Wahrzeichen des Freiberger Bergbaus, bis es 1944 durch angloamerikanische Bomben zerstört wurde. Damals erst kam auch das Kehrrad außer Betrieb, das bis dahin als Fördermaschine für die Instandhaltung des Schachtes und des *Rothschönberger Stollns* benutzt worden war.

Mit dem 1854 bis 1870 abgeteuften Juliusschacht wollte die *Himmelfahrt Fundgrube* Erzgänge im Westen ihres Grubenfeldes im alten Feld der ehemaligen Grube *Priesterlicher Glückwunsch* erschließen. Das Schachthaus des Juliusschachtes war dem der *Roten Grube* auf Grund des gleichen Alters sehr ähnlich, doch hatte man 1870 den Juliusschacht mit einer 10-PS-Dampffördermaschine ausgerüstet. Auch hier erfüllten die nur in geringem Umfang angetroffenen Erzvorkommen die Hoffnungen nicht. Der Schacht wurde 1877 bei 178 m Endteufe stillgelegt und verfüllt. Heute erkennt man im Garten des Grundstücks Weisbachstraße Nr. 15, auch vom Gelände der Bergakademie (Gellertbau und Zeunerstraße 1) aus sichtbar, nur noch die kleine Halde und Reste der Gebäude- und Schornsteinfundamente.

Zwischen Halsbrücke und Tuttendorf gehörte das *Obere Neue Geschrei* (vgl. Seite 193) seit 1854 zur *Himmelfahrt Fundgrube.* Am Ortsrand von Tuttendorf teufte diese ab 1854 den Kobschacht ab. Dieser erhielt 1857 bis 1858 eine 40-PS-Dampffördermaschine, wurde aber 1877 bei 208 m Teufe eingestellt, u. a. um die Wasserversorgung von Tuttendorf nicht zu gefährden. Die Gebäudegruppe mit der Höhenstaffelung von Kesselhaus, Maschinenhaus und Schachthaus und dem seitlich angeordneten Schornstein (vgl. Tafelteil, Bild 36) war bis zu ihrem Abbruch um 1925 die baulich typischste Dampfförderanlage im Freiberger Revier. Sie zeigte in besonderer Weise eine Korrelation zwischen technischer Ausrüstung und Industriearchitektur. Heute ist vom Kobschacht außer Resten der Gebäudefundamente nur noch die Halde vorhanden.

Am westlichen Hang des Muldentals zwischen Tuttendorf und Halsbach legte 1853 bis 1869 die *Himmelfahrt Fundgrube* den Ludwigschacht an. Er erhielt 1863 ein Kunstrad und als Fördermaschine ein 10 m hohes Kehrrad, das letzte im sächsischen Bergbau gebaute. Das Aufschlagwasser führte man von der Mulde an der Davider Wäsche in Kunstgräben und Röschen von zusam-

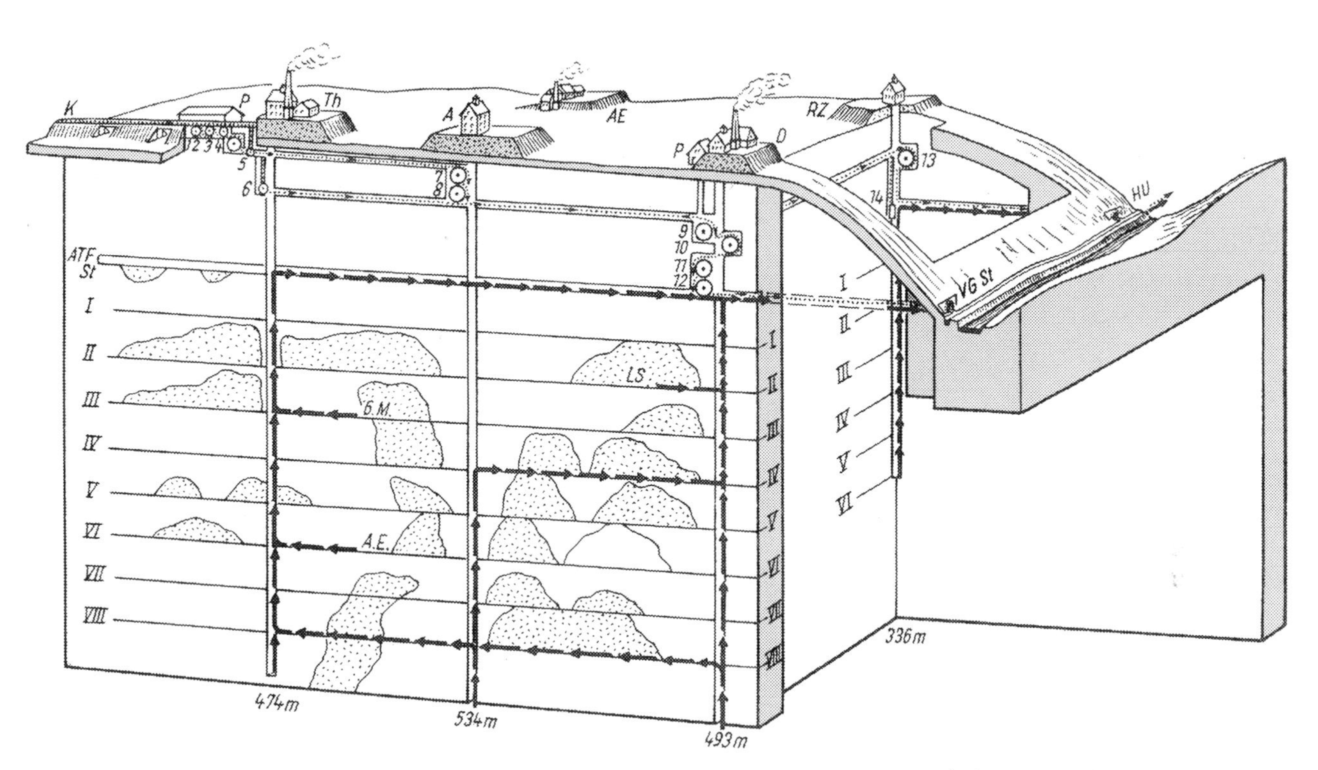

Abb. 80. Raumbild der Wassernutzung und Wasserhebung in den Hauptschächten der *Himmelfahrt Fundgrube* um 1871, etwas schematisiert

Punktierte Pfeile: Lauf des Aufschlagwassers, *starke Pfeile:* Lauf des mit Kunstgezeugen gehobenen Wassers.
I–VIII: I. bis *VIII.* Gezeugstrecke (Abstand voneinander etwa 40 m hoch), darin *punktiert:* Erz-Abbaue, *K* Himmelfahrter Kunstgraben (von Langenrinne, vgl. Abb. 64)
Th Thurmhofschacht mit *P* Pochwerk und Wäsche, *A* Abrahamschacht, *AE Alte Elisabeth, D* Davidschacht mit *P* Trokkenpochwerk, *RZ Reiche Zeche, VGSt Verträgliche Gesellschaft Stolln, HU Hauptstolln Umbruch, A. T. F. St. Alter Tiefer Fürstenstolln*

Untertage: 6. M: Wasserzufluß vom 6. Maß-Schacht, *LS* Wasserzufluß vom Ludwigschacht. *1, 2, 3* Thurmhofer Wäschräder, *4* Pochwerksrad, *5* Turbine für Walzwerk, *6* Turbine für Kunstgezeug (Ein weiteres Kunstgezeug im Thurmhofschacht wurde von einer Dampfmaschine angetrieben), *7* Kunstrad, *8* Kehrrad, *9* Pochrad mit Gestängeschacht zum Trockenpochwerk, *10, 11, 12* Kunsträder, *13* Kehrrad, *14* Wassersäulenmaschine.
Abfluß des verbrauchten Kraftwassers und des gehobenen Grundwassers aus dem *Verträgliche Gesellschaft Stolln* und dem *Hauptstolln Umbruch* durch den Roten Graben im Muldental.
Dampfförderanlagen: Thurmhofschacht, *Alte Elisabeth,* Davidschacht

men 850 m Länge in die Halde hinein und den Rädern zu. Von diesen floß es unterhalb des Roten Grabens durch eine Rösche direkt in die Mulde ab (Abb. 81). Das Schachthaus ähnelte, wie bei der Bauzeit zu erwarten, dem der Roten Grube. Nach Stillegung des Bergbaus wurde es abgebrochen. Heute fällt der recht abseits gelegene Schacht, dessen Erzabbaue um 1866 bis 1870 reiche Silbererze lieferten, nur noch durch seine große, an den Talhang angelagerte Halde auf.

An der Straße Freiberg – Muldenhütten lag im Feld der alten Grube *Morgenstern Erbstolln* der 1860 bis 1871 von der *Himmelfahrt Fundgrube* abgeteufte »Morgensterner Neuschacht«. Seine Halde ist nur noch zum Teil erkennbar, zum großen Teil aber von der Halde der

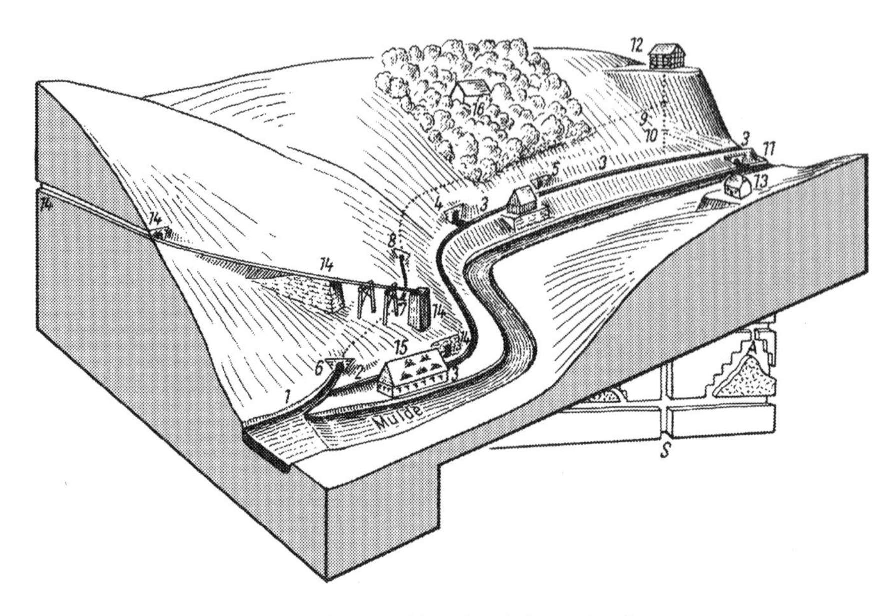

Abb. 81. Die Bergbaulandschaft im Muldental östlich von Freiberg

(*TD* technisches Denkmal, *tw. e.* teilweise erhalten, *n. e.* nicht erhalten)
1 Abzweig des Kunstgrabens an der ehem. Mittleren Ratsmühle *(n. e.)*, *2* Aufschlaggraben der ehem. Mittleren Ratsmühle *(n. e.)*, *3 – 3* Roter Graben *(TD)*, heute beginnend bei *4* Mundloch des *Verträgliche Gesellschaft Stollns (TD)*, rechts daneben dessen Huthaus *(TD)*, *5* Mundloch des *Thurmhof Hilfsstollns (TD)*, *6* Röschenmundloch des Kunstgrabens zum Ludwigschacht *(n. e.)*, *7–8* Kunstgraben zum Ludwigschacht *(n. e.)*, *8–9* Aufschlagrösche zum Ludwigschacht, *10–11* Abzugrösche vom Ludwigschacht (Mundloch *TD*), *9–10* Fallhöhe des Wassers für Kunstrad und Kehrrad, *12* Treibehaus des Ludwigschachtes *(n. e.)* und Halde *(TD)*, *13 Rudolph Erbstolln (TD)*, *14 – 14* Erzbahn vom Davidschacht *(tw. e.: TD)* bis: *15* Wäsche Mittlere Ratsmühle *(tw. e.)*, *16* ehemalige Gaststätte Muldenhof.
Untertage (schematisch): *S* Ludwigschacht, *A* Abbaue auf einem Stehenden Gang

Hütte Freiberg verschüttet. Auch in dieser Schachtanlage fanden Grubenbetrieb und Erzabbau nur in geringerem Umfang statt. Sie war ausgerüstet mit einer Dampfफördermaschine und einer »Cornischen Wasserhaltungsdampfmaschine«, von der die Bergakademie ein historisch wertvolles Modell besitzt. In den Schächten im Morgensterner Grubenfeld waren damals und zuvor auch Wasserräder installiert. Da das Grubenfeld weit abseits des Freiberger Grabensystems lag, hatte man 1827 bis 1855 für die Grube einen eigenen Kunstgraben angelegt. Dieser zweigte bei Weißenborn links von der Mulde ab, führte zunächst an der Freiberger Straße entlang, wo er durch die Begrenzung der Gartenparzellen noch erkennbar ist, und verlief dann, teilweise überwölbt, an den Südrand des Wäldchens »Rosinenbusch«. Eine als »Wernerstolln« bezeichnete, 1827 bis 1839 gebaute, etwa 900 m lange Rösche führte das Wasser unter dem Wald hindurch bis an den von der Frauensteiner Straße nach Muldenhütten führenden Fahrweg. An diesem ist das untere Mundloch des *Wernerstollns* erhalten (s. Tafelteil, Bild 169), wogegen das obere Mundloch heute verfallen und verschüttet ist.

Vom unteren Mundloch des *Wernerstollns* aus lief das Wasser abwechselnd durch Gräben und Röschen am Hang entlang und passierte dabei mehrere Mundlöcher, ehe es in die eigentliche Aufschlagrösche zum *Morgenstern* eintrat. Mehrere Mundlöcher dieser Röschen am Stangenberg sind in dem bewaldeten unwegsamen Gelände noch erhalten (s. Tafelteil, Bild 169).

Der *Wernerstolln* hat seinen Namen nach dem bekannten Mineralogen und Geologen ABRAHAM GOTTLOB WERNER erhalten, der als Bergkommissionsrat im Oberbergamt für Fragen der bergmännischen Wasserwirtschaft zuständig war und auch die Anregung zu der Anlage gegeben hatte.

Nach Größe des Grubenfeldes, Umfang der technischen Anlagen und Zahl der Bergleute war die Himmelfahrt Fundgrube im 19. Jahrhundert das größte Erzbergwerk des Freiberger Reviers, ja ganz Sachsens. Wenn festzustellen ist, daß allein im Freiberger Revier, nicht in den anderen Revieren des Erzgebirges, im Erzbergbau des 19. Jahrhunderts der Durchbruch zur großen Industrie erfolgte, dann betrifft das vor allem die *Himmelfahrt Fundgrube*. Daraus resultiert die Frage: In welcher Hinsicht und in welchem Maße läßt sich die *Himmelfahrt Fundgrube* mit den Betrieben des in jener Zeit fortgeschrittensten Bergbauzweiges, des Steinkohlenbergbaus, vergleichen? Am ehesten entsprachen einander die Belegschaftszahlen sowie die soziale Lage der Bergarbeiter. Während aber im Steinkohlenbergbau die rein kapitalistische Produktionsweise zu einer starken Klassendifferenzierung zwischen den hinsichtlich des Kapitals mächtigen Unternehmern und dem politisch aktiven Bergbau-Proletariat führte, ist gleiches selbst bei dem Großbetrieb *Himmelfahrt Fundgrube* nur mit Einschränkungen zu beobachten. Gegenüber den Gewerken aus dem kapitalschwachen Kleinbürgertum oder später dem Staat entwickelten die Freiberger Bergleute kein solches Klassenbewußtsein wie ihre Berufskollegen in den Steinkohlengruben.

Das Grubenfeld der *Himmelfahrt Fundgrube* war wohl noch größer als das der größten sächsischen Steinkohlengruben. Das aber war kein Maßstab für den Grad der Industrialisierung, sondern eher ein Symptom der Zersplitterung des Betriebes. An den einzelnen Abbauorten erfolgte die Gewinnung des Erzes wie der Kohle noch von Hand, im Erz mit wenigen Bergleuten pro Ort, in der Kohle mit immer größeren Gruppen. Im wesentlichen einander ähnlich, erreichte in beiden Bergbauzweigen die Aufbereitung im 19. Jahrhundert technisch hohes Niveau, allerdings bei der Steinkohle fast ohne Vorstufen, beim Erzbergbau dagegen, nachdem man jahrhundertelang mit Pochwerken und Stoßherden gearbeitet hatte. Diese blieben bei vielen Gruben bis zuletzt üblich, wurden in der *Himmelfahrt Fundgrube* aber von der damals durchaus modernen Zentralwäsche abgelöst.

Während im Steinkohlenbergbau dort, wo der Einsatz von Maschinen erforderlich wurde, fast ausschließlich sofort die Dampfmaschine auftrat, blieb im Erzbergbau trotz Einführung der Dampfkraft die Wasserkraft bis 1913 wesentliche Grundlage der Maschinentechnik. Beides ist ökonomisch verständlich. An den Steinkohlengruben war Wasserkraft nur ausnahmsweise und in geringem Umfang verfügbar oder beschaffbar, die Kohle aber als eigenes Produkt billig (ohne Transportkosten!) vorhanden. Im Freiberger Bergbau war Kohle im 19. Jahrhundert eine mit hohen Transportkosten belastete, also teure Energiequelle, wogegen das leistungsfähige traditionelle Wasserkraftsystem des 16. bis 19. Jahrhunderts in Verbindung mit dem *Rothschönberger Stolln* und den im 19. Jahrhundert neu entwickelten Wasserkraftmaschinen selbst so großen Gruben wie der *Himmelfahrt Fundgrube* die Lösung der Energiefrage ermöglichte. Die große Industrie war vorhanden, aber viele in Jahrhunderten gewachsene traditionelle Elemente blieben aktuell. Das unterschied den Freiberger Erzbergbau von den Kohlezentren an der Ruhr, in Schlesien, an der Saar und selbst in Westsachsen.

13.11. Die Beschert Glück Fundgrube bei Zug

Inmitten der vom Bergbau des 16. bis 18. Jahrhunderts geprägten Haldenlandschaft in und um Zug liegt die Grube *Beschert Glück* (Abb. 82). Seit 1697 bekannt, hat sie besonders in der Zeit von 1786 bis 1825 reiche Ausbeute erbracht. Sie übernahm deshalb – ähnlich wie später die *Himmelfahrt Fundgrube* – die Felder benachbarter Bergwerke wie *Habacht Fundgrube*, *Palmbaum* sowie Anfang des 19. Jahrhunderts *Jung Himmlisch Heer*

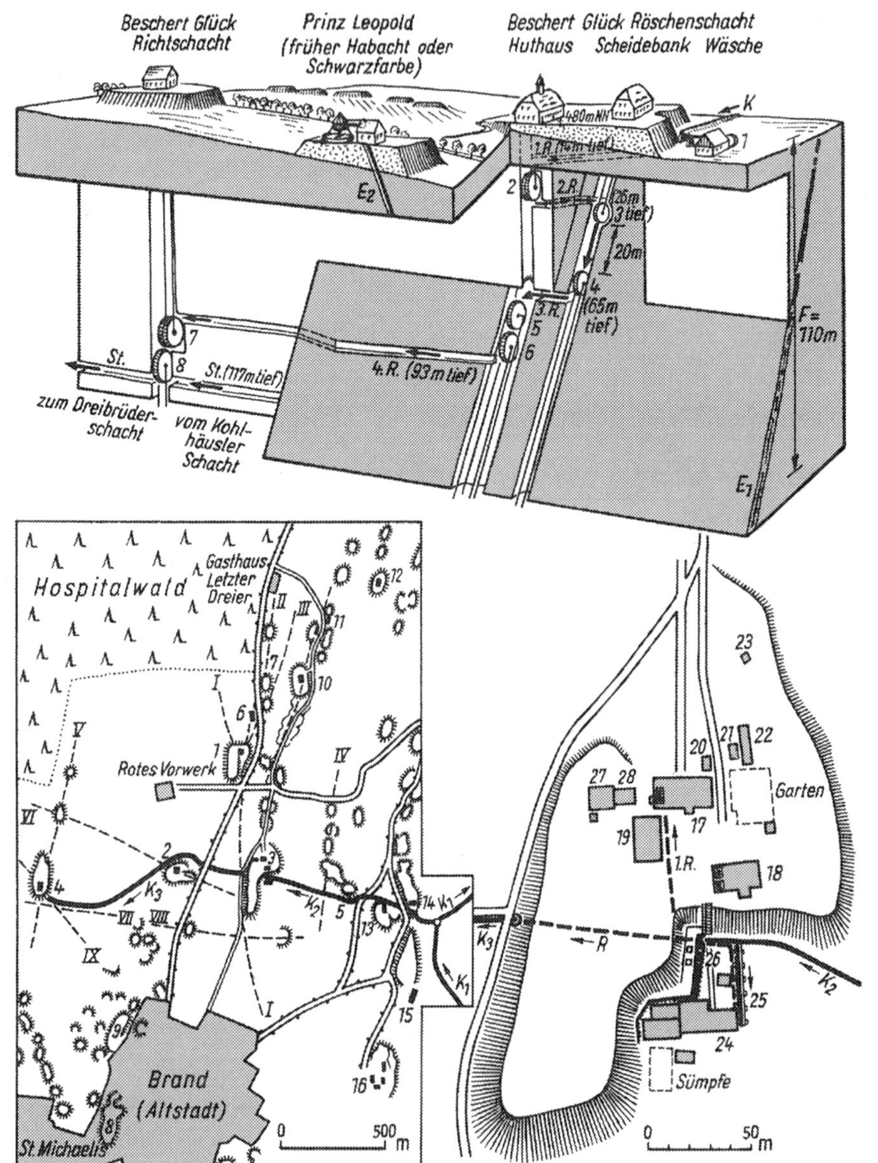

Abb. 82. Raumbild der Grube *Beschert Glück* mit einem Schema der Aufschlagwasserführung, Übersichtsskizze der Grube und historischer Lageplan der Gebäude am Beschert Glücker Röschenschacht um 1850

◀ (*TD* technisches Denkmal, *tw. e.* teilweise erhalten, *n. e.* nicht erhalten)
In der Übersichtsskizze: 1 Beschert Glück Richtschacht (Halde erh.), *2* Prinz Leopold-Schacht *(n. e.), 3* Beschert Glück Röschenschacht *(TD), 4* Johannesschacht *(n. e.), 5* Huthaus Jung Himmlisch Heer *(tw. e.), 6* Beschert Glücker Bergschmiede *(TD), 7* Grube *Palmbaum* (Halden erh.), *8* Kohlhäusler Schacht, *9* Hörnigschacht, *10* Dreibrüderschacht, *11* Huthäuser von *Herzog August* und *Kurfürst Johann Georg Stolln, 12* Huthaus *Daniel, 13* Huthaus *Zscherper, 14* Constantinschacht, *15* Mordgruber Wäsche, *16 Alte Mordgrube;* die wichtigsten Erzgänge: *I–I* Neue Hohe Birke Stehender und Ich bins nicht Stehender, *II* Palmbaum Stehender, *III* Beschert Glück Stehender, *IV* Jung Himmlisch Heer Stehender, *V* Johannes Stehender, *VI* Schwarzfarbe Spat, *VII* Friedrich August Spat, *VIII* Habacht Spat, *IX* Weintraube Flacher; Kunstgräben: K_1 Hoh Birker Kunstgraben, K_2 Beschert Glücker Kunstgraben, K_3 Kunstgraben zum Johannesschacht.
Im Lageplan: 17 Huthaus *(TD), 18* Scheidebank *(TD), 19* Zimmerhaus *(n. e.), 20* Wagenschuppen *(n. e.), 21, 22* Wellenschauer zur Aufbewahrung von Wasserradwellen *(n. e.), 23* Pulverhaus *(n. e.), 24* Poch- und Stoßherdwäsche *(n. e.), 25* Kunstgrabenbrücke *(n. e.), 26* Erzrollen zum Erztransport vom Schacht zur Wäsche und Röschenmundloch *(TD); Jünger: 27* Kesselhaus und Schornstein, *28* Maschinenhaus der Dampfförderanlage.
Raumbild: Erzgänge: E_1 Neue Hohe Birke Stehender, E_2 Schwarzfarbe Spat, Räder in der Reihenfolge des Wasserlaufs (= 1. R. bis 4. R. = 1. bis 4. Rösche): *1* Wäschrad (4,5 m), *2* Kehrrad (6,8 m), *3* Trockenpochwerksrad (4,5 m), *4* Kunstrad (11,2 m), 20 m Fallhöhe ungenutzt, *5* Kunstrad (11,2 m), *6* Kunstrad (11,2 m), *7* Kehrrad (11,2 m), *8* Kunstrad (etwa 12 m). Von den Rädern, je nach Verwendungszweck, Gestänge nach unten oder oben angedeutet. Gesamte Fallhöhe zwischen Kunstgraben *K* und dem *Kurfürst Johann Georg Stolln St* = 110 m

und wurde dadurch zu einer der größeren Freiberger Gruben. Um 1830 hatte sie etwa 900 Mann Belegschaft, 1856 bis 1880 allerdings nur noch 380 bis 440 Mann. In dem im 19. Jahrhundert vergrößerten Grubenfeld brachte *Beschert Glück* westlich der Straße Freiberg–Brand ab 1851 einen neuen Schacht nieder, den Johannesschacht, der 1854 eine Wassersäulenmaschine erhielt.

Nachdem der Grubenbetrieb ab 1825 nur mäßige Erträge gebracht hatte, wurde *Beschert Glück* wie die anderen größeren Gruben im Jahre 1886 vom Staat übernommen. Man vereinigte die Grube mit den Gruben *Junge Hohe Birke* bei Langenrinne, *Mordgrube, Kröner* in Zug und *Vereinigt Feld* bei Erbisdorf zur *Königlichen Mittelgrube* und modernisierte die technischen Anlagen ähnlich wie bei der *Himmelfahrt Fundgrube.* Der Beschert Glück Röschenschacht erhielt 1884 eine Fahrkunst und 1898 eine Dampffördermaschine, der Johannesschacht ebenfalls im Jahre 1895 bis 1896 eine neue Dampffördermaschine mit eisernem Fördergerüst. Auch bei der Grube *Beschert Glück* konnten diese Maßnahmen den Niedergang nicht aufhalten. Sie wurde im Jahre 1899 stillgelegt.

Was man von den ehemaligen Grubenanlagen heute noch antrifft, repräsentiert das späte 19. Jahrhundert, die Zeit der Dampfförderanlagen fast nicht und die Blütezeit der Grube um 1800 bis 1820 nur noch fragmentarisch. Die westlich der Fernverkehrsstraße gelegene, früher Schwarzfarbe genannte Halde der einstigen Grube *Habacht*, seit dem Besuch des österreichischen Erzherzogs »Prinz Leopold Schacht« genannt, wurde 1971 völlig abgetragen. Auf ihr stand bis 1899 der letzte Pferdegöpel des Freiberger Bergbaus (s. Tafelteil, Bild 29). Das für seine Zeit moderne eiserne Fördergerüst des 452 m tiefen Johannesschachtes wurde auch sogleich nach Stillegung des Bergbaus abgebrochen. In den Jahren 1951 bis 1953 diente der Johannesschacht geologischen Untersuchungsarbeiten. Die große Halde büßte durch die um 1970 errichteten Betriebsgebäude des VEB Narva ihre landschaftliche Wirkung im wesentlichen ein. Nur die Halde des 367 m tiefen, 1785 bis 1787 angelegten Beschert Glück Richtschachtes bezeugt unmittelbar westlich der Fernverkehrsstraße durch ihre Höhe und Größe den intensiven Bergbau des 19. Jahrhunderts. Von der einst hier vorhandenen Wassergöpelanlage mit Kehrrad, Kunstrad und Kunstgezeug sind keinerlei bauliche Reste erhalten.

Aussagekräftig für die historische Bedeutung der Grube sind Halde und Gebäude vom Beschert Glück Röschenschacht, etwa 200 m östlich der Fernverkehrsstraße (s. Tafelteil, Bild 172). Das große Huthaus, eines der repräsentativsten des Freiberger Reviers, ist 1786, also sogleich mit dem Einsetzen der ertragreichen Jahre der Grube, erbaut worden und erhielt 1815 einen Glockenturm. Überliefert ist die Lage der etwa 75 m² großen Betstube im Ostteil des Erdgeschosses (Abb. 83). Im Westteil des Gebäudes kam der Schacht, Beschert Glück Röschenschacht genannt, zutage. Er ist 40 bis 50 m tief senkrecht niedergebracht, trifft in dieser Tiefe auf den Neue Hohe Birke Stehenden Gang und folgt ihm mit 45° westlichem Einfallen bis 405 m Tiefe. Im Gebäude ist der Schacht gegen die Hutmannswohnung durch eine starke Mauer abgegrenzt. Ursprünglich hatte das Haus das auch heute gegebene Aussehen, das heißt: An der Architektur war die vorhandene Maschinerie nicht ablesbar. Die in etwa 14 m Tiefe einkommende Aufschlagrösche brachte zunächst dem 6,8 m hohen, 1785 eingebauten Kehrrad das Aufschlagwasser. Dieses wurde weiter auf das Trockenpochwerksrad und drei Kunsträder von 11,2 m Durchmesser geleitet, die drei Kunstgezeuge antrieben (Abb. 82). Das Wasser floß dann in einer Rösche zum Beschert Glück Richtschacht, dort über Kehrrad und Kunstrad und weiter auf dem *Kurfürst Johann Georgen Stolln* zum Dreibrüderschacht auf die dortigen Räder. Erst 1860 ersetzte Oberkunstmeister BRAUNSDORF die vier Kunsträder in den Schächten von *Beschert Glück* durch eine Wassersäulenmaschine, mit der die Fallhöhe von 100 m zwischen Kehrrad und Stolln in einer Arbeitsstufe genutzt wurde. Das Kehrrad war bis zur Errichtung der Dampfförderanlage 1897 bis 1898 in Betrieb. Da die Fördergeschwindigkeit mit Inbetriebnahme der Dampffördermaschine stieg, mußten die Seilscheiben höher gelegt werden. Deshalb setzte man dem Dachfirst des Gebäudes einen mit Holz verschalten Seilscheibenstuhl auf (Abb. 83). Die Dampffördermaschine erhielt westlich in 8 m Abstand ein eigenes Maschinenhaus. Nach der Stillegung der Grube wurde der Seilscheibenstuhl abgebrochen und die alte Form des Gebäudes wiederhergestellt. Das Maschinenhaus ist 1984 zu Wohnungen umgebaut worden, seine Bauzeit 1897 bis 1898 aber an der Architektur auch weiterhin erkennbar.

Südlich des Huthauses steht auf der Halde die mit Krüppelwalmdach versehene Scheidebank, die durch zwei Mauervorlagen architektonisch anspruchsvoll gestaltet ist (s. Tafelteil, Bild 173). Sie stammt ebenfalls aus der Zeit um 1795, der Blütezeit der Grube. Im westlichen Teil des Gebäudes lag der Neue Kunstschacht der Grube. Wie eine über der Tür eingefügte Schrifttafel meldet, ist dieser Schacht am 21. September 1819 von den Prinzen LEOPOLD, Erzherzog von Österreich, und FRIEDRICH AUGUST, Herzog zu Sachsen, befahren worden. Wenige Jahre zuvor, am 27. September 1810, hatte auch GOETHE die Grube *Beschert Glück* besichtigt, als er auf der Rückreise von Teplitz über Dresden nach Weimar in Freiberg Station machte und seinen Freund, den Oberberghauptmann FRIEDRICH WILHELM HEINRICH VON TREBRA, besuchte. Im Jahre 1826 stattete auch ALEXANDER VON HUMBOLDT der Grube einen Besuch ab.

Während der Südhang der Haldenböschung heute durch eine Abflachung zerstört ist, finden wir im Südosten der Halde noch das Mundloch der Aufschlagrösche sowie die sorgfältig ausgeführte alte Trockenmauerung der Halde, eine Treppe und zwei Rollenmundlöcher zum Abtransport von Erz durch Pferdefuhrwerke zu den Wäschen der Grube *Beschert Glück*. Eine solche von 1794 bis 1795 lag im Bereich des Röschenschachtes, weitere in der Nähe der jetzigen Zuger Kapelle wurden zeitweilig von *Beschert Glück* genutzt (s. Tafelteil, Bild 55). Südöstlich der großen Halde vom Beschert Glück Röschenschacht erkennen wir im Gelände noch den Verlauf des Kunstgrabens, der den Wasserrädern in den Schächten der Grube *Beschert Glück* das Aufschlagwasser brachte.

In der Umgebung von *Beschert Glück* stehen im Südosten noch das offenbar stark umgebaute Huthaus von *Jung Himmlisch Heer* sowie im Nordwesten, nördlich der Halde des Beschert Glück Richtschachtes unmittelbar westlich der Fernverkehrsstraße, ein Haus, das 1529 bis

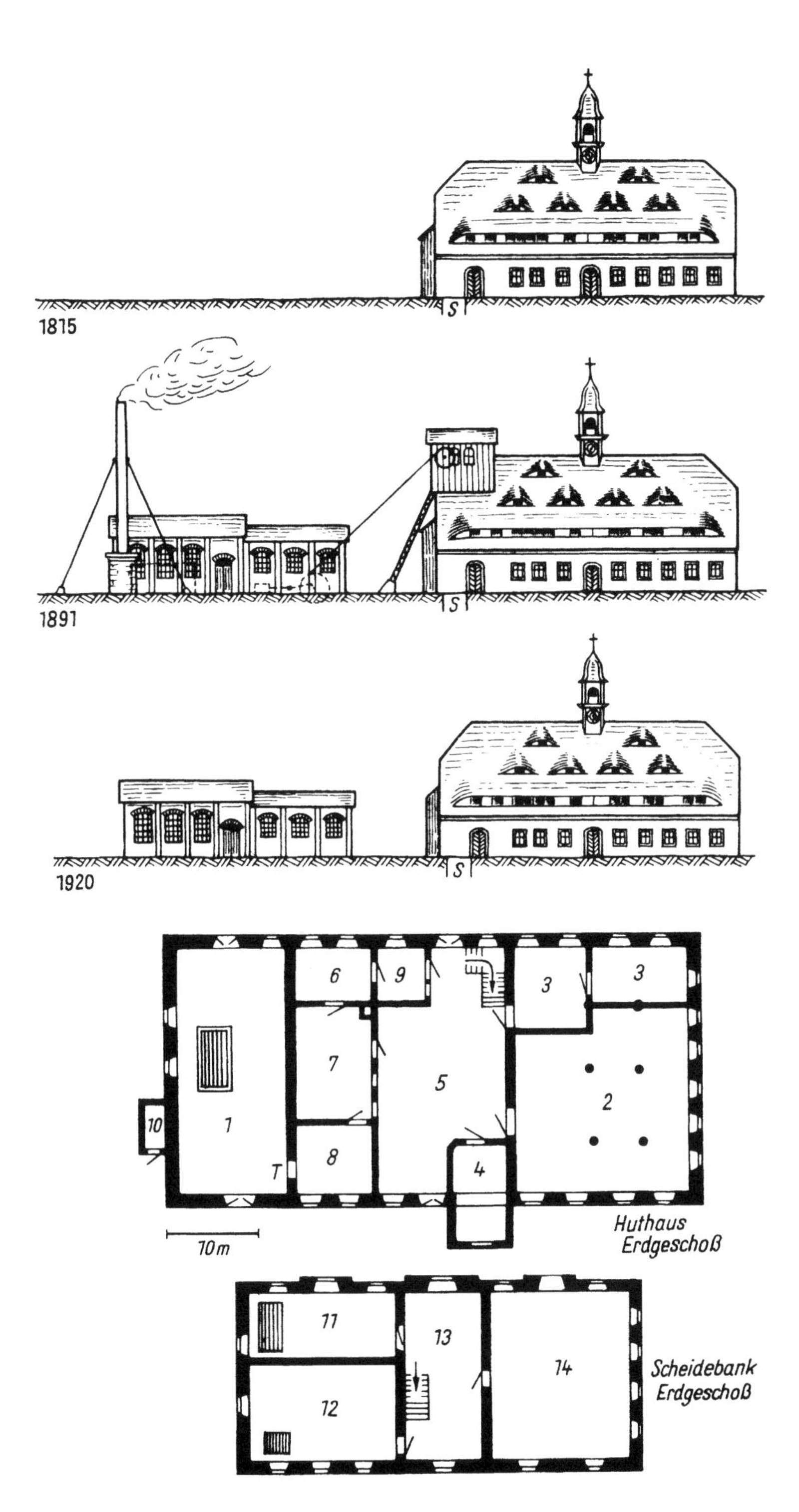

Abb. 83. Die bauliche Entwicklung vom Beschert Glück Röschenschacht (auf der Grundlage von Bauzeichnungen von F. Bleyl 1917)

Von oben nach unten:
1815 Huthaus und Schacht mit Kehrrad untertage als Fördermaschine,
1898 mit Dampffördermaschine übertage: links Kessel- und Maschinenhaus,
1920 nach Stillegung der Grube
Grundriß Huthaus: 1 Hängebank des Kunst- und Treibeschachtes (mit Schachtöffnung), *2* Betstube (mit tragenden Säulen), *3* Steigerstuben, *4* Gezähekammer (nachträglich erweitert), *5* Flur, *6–9* Hutmannswohnung (ursprünglich wohl im Obergeschoß, so daß die Bergleute von der Betstube durch die Tür *T* direkt zum Schacht kamen), *6* Stube, *7* Küche, *8* Kammer, *9* Ausschank, *10* Trockenabort; im Obergeschoß des Huthauses: Seilscheiben der Förderanlage und zwei Wohnungen.
Grundriß Scheidebank: 11 Kunstschacht (mit Schachtöffnung), *12* Trockenpochwerk (mit Öffnung des Gestängeschachtes), *13* Flur, *14* Scheidebank

1624 als »Christoph Hörnigs Schmiede«, 1876 als Beschert Glücker Bergschmiede belegt ist. Wenn wir diese Grubengebäude klassifizieren, dann dürfen wir nicht übersehen, daß auch sie einen hohen Entwicklungsgrad der traditionellen Montantechnik und beachtliche Produktionskapazitäten repräsentieren, den modernsten Stand der Großindustrie jener Zeit verkörpern sie jedoch nicht!

13.12. Die Mordgrube bei Zug

Am südlichen Ortsende von Zug im Gebiet des jetzigen VEB Lederwerke und des Gasthauses Zugspitze lag die *Mordgrube*, die seit 1516 nachweisbar ist. Seit langem wird unterschieden zwischen der *Alten Mordgrube*, die im folgenden behandelt wird, und der *Jungen Mordgrube*, die nordöstlich davon am Hohe Birker Kunstgraben lag (Abb. 84). Zur Entstehung des Namens überliefert der Freiberger Chronist ANDREAS MÖLLER 1653 folgende Legende: »Anno 1350 soll sich zu Freybergk eine besondere klägliche Geschichte zugetragen haben, wegen Eingangs einer fürnemen Bergzeche zwischen Berthelsdorff und Erbißdorff, welche hernach die Mordgrube genennet worden. Denn weil damals das Bergwerck ... in vollem Flor und mit einer großen Menge Berghewer belegt gewesen, die in Feyertagen ihre gewisse Zusammenkünfte und ... Täntze bei den Zechenheusern gehalten, soll sichs ... begeben haben, daß an dem einen Orte, da ... ein öffentlicher Reihentantz geschehen, ein ... Priester mit der Monstrantz für über gegangen ..., wobey zwar der Glöckner ein gebräuchlich Zeichen mit Rührung des gewöhnlichen Glöckleins von sich gegeben. Weil aber unter den Tantzenden und Zusehern niemand solches in acht genommen, außer dem Spielmann oder Fiedler, welcher zum Tantze gefiedelt und sich auff das eine Knie niedergelassen, dem vermeintlichen heiligen Sacrament Ehre zu beweisen, soll sich alsobald die Erde eröffnet und die gantze anwesende Gesellschaft lebendig verschlungen haben, ohne gedachten Fiedler, der auff einem kleinen Hügel sich erhalten, bis man ihm zuhülffe kommen, darauff der Hügel soll auch eingegangen sein, so daß man weder Täntzer noch Täntzerin mehr gesehen.«

(*TD* technisches Denkmal, *tw. e.* teilweise erhalten, *n. e.* nicht erhalten) ▶
1 Alt Mordgrübner Huthaus *(TD)*, *2* Halde vom Mendenschacht *(TD)*, *3* Eisenschienenbahn *(tw. e.)*, *4* Mordgrübner Wäsche *(n. e.)*, *5* Jung Mordgrübner Fundschacht *(n. e.)*, *6* Jung Mordgrübner Kunst- und Treibeschacht *(n. e.)*, *7* Lother Zechenhaus *(n. e.)*, *8* Constantinschacht *(TD)*, *9* Sonne und Gottesgabe Huthausschacht *(tw. e.)*, *10* Richtschacht der gleichen Grube, *11* Aller Welt Heiland.
Zusätzlich auf dem Lageplan:
Am Mendenschacht: *12* ältestes Mordgrüber Huthaus *(TD)*, *13* Material- und Bethaus *(TD)*, *14* Huthaus *(TD)*, *15* Bergschmiede *(TD)*, *16* Schacht- und Maschinenhaus *(TD)*, *17* Kohlenschuppen, *18* Wasserhebehaus *(TD)*, *19* Pulverturm *(n. e.)*, nördlich der Wäsche: *20* Wäschsandhalde.
R Aufschlagrösche zum Mendenschacht, *K* Kunstgräben: K_1 Hoh Birker Kunstgraben *(TD)*, K_2 Sonnenwirbler Kunstgraben *(n. e.)*, K_3 Beschert Glücker Kunstgraben *(tw. e.)*. Erzgänge (in Übersichtsskizze gestrichelt, im Lageplan durch Halden und Pingen markiert): *I* Gott hilft in der Not Stehender, *II* Alt Mordgruber Stehender, *III* Aller Welt Heiland Flacher und Leander Stehender, *IV* Loth Stehender, *V* Trost Israel Flacher, *VI* Jung Mordgruber Stehender, *VII* Sonne und Gottesgaber Stehender, *VIII* Sonne und Gottesgaber Spat

MÖLLER kommentiert die alte Legende realistisch: »Ob nun solches die eigentliche Ursache dieses Erdfalls, wie von Mönchen fürgegeben worden, oder ob der Ort sonst unterfahren (= bergmännisch unterhöhlt) gewesen und durch das hefftige Springen und Erschüttern einen Bruch bekommen und eingegangen, lasse ich andere davon urteilen. Gewiß ist es, daß ein großer Erdfall geschehen und viel Bergvolk damals verdorben ...« – vielleicht die älteste, wenn auch legendäre Nachricht eines großen Pingenbruchs und Bergschadens!

Aus den älteren Perioden des Freiberger Bergbaus stammen das Lehmhäusel (siehe Tabelle 17) und das kleine alte Huthaus der *Alten Mordgrube*, heute im Gelände des Heizkraftwerkes gelegen.

Um 1800 zählte die Mordgrube zu den armen und mit Wasserschwierigkeiten kämpfenden Gruben. Im Jahre 1804 war die gesamte Grube trotz Betrieb eines Kunstgezeugs unterhalb des Stollns ersoffen.

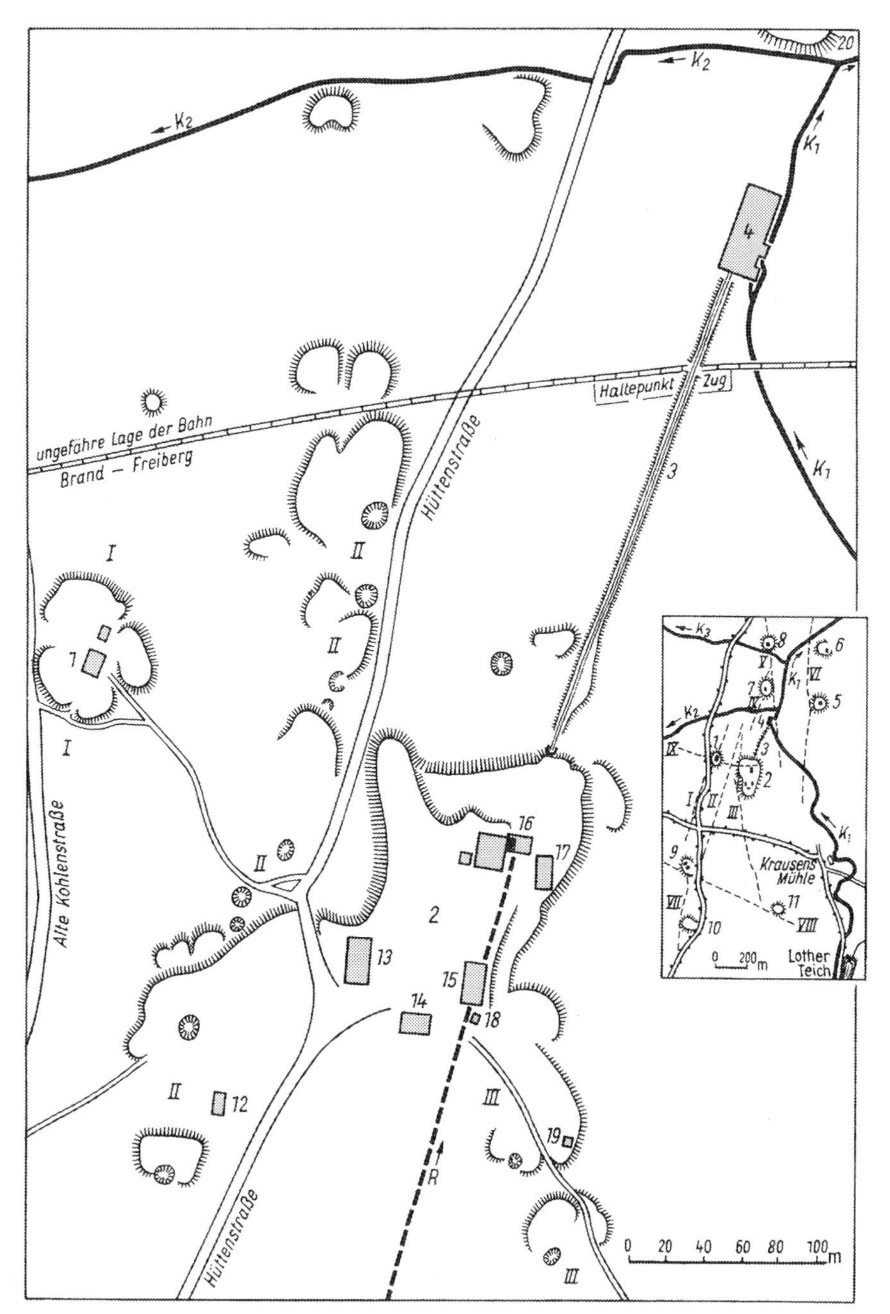

Abb. 84. Übersichtsskizze *(rechts)* und historischer Lageplan der *Alten Mordgrube* (um 1860) und ihrer Umgebung

Nach 1820 aber konnte man die schon jahrelang diskutierten Pläne einer besseren Wasserhaltung und damit neuer Möglichkeiten intensiven Erzabbaus realisieren. Von dieser Zeit an, besonders um 1831, galt die *Mordgrube* als die wichtigste Bleierzgrube des Reviers.

Die im 19. Jahrhundert wirksame Tendenz zur Bildung größerer kapitalistischer Betriebe führte 1856 zur Vereinigung der *Mordgrube* mit den Gruben *Drei Eichen* bei Erbisdorf und *Vereinigt Feld in der Buschrevier* zu der Grube *Vereinigt Feld bei Brand.* Diese wurde wie die anderen großen Freiberger Gruben 1886 vom sächsischen Staat übernommen und mit *Beschert Glück* und der *Jungen Hohen Birke* zur *Mittelgrube* vereinigt, diese aber – ebenfalls wie die anderen Gruben – 1899 stillgelegt. In den Folgejahren baute die Freiberger Lederfabrik Stecher an der Stelle der Mordgrübner Wäsche ein neues Werk. Die auf der großen Halde stehenden Grubengebäude wurden von dem gleichen Betrieb größtenteils zu Wohnungen umgebaut.

Die noch vorhandenen Denkmale ermöglichen im wesentlichen einen Überblick über die Entwicklung in der Zeit um 1825 bis 1870 und lassen noch heute erkennen, daß die *Mordgrube* zu den großen Gruben des Freiberger Reviers im 19. Jahrhundert zählte.

Entscheidende Voraussetzung für den Aufschwung der Grube ab 1820 war die Bewältigung der Wasserzuflüsse. Nachdem man dafür 1820 den Bau von vier Kunstgezeugen mit vier Wasserrädern erwogen hatte, baute der Maschinendirektor CHR. FR. BRENDEL 1820 bis 1824 in dem nach dem Kunstmeister JOHANN FRIEDRICH MENDE benannten Mendenschacht der *Mordgrube* in 140 m Tiefe auf dem *Tiefen Fürstenstolln* eine Wassersäulenmaschine, die so viel leistete, wie von sieben Rad-Kunstgezeugen zu erwarten gewesen wäre. Es war seine zweite und berühmteste Wassersäulenmaschine, die Jahrzehnte hindurch in den Lehrbüchern der Maschinenkunde behandelt worden ist (Tabelle 9). Sie hatte zwei Zylinder, einen völlig abgeschlossenen Steuerzylinder mit drei Steuerkolben als Hauptsteuerung und einen Zweiwegehahn als Hilfssteuerung. Die an dieser Maschine erstmals verwirklichte und später noch oft angewandte BRENDELsche Kolbensteuerung funktionierte, indem der gleiche Wasserdruck auf die Steuerkolben auf Grund deren unterschiedlicher Größe verschieden große Kräfte wirken ließ und sie damit ohne Einwirkung von außen bewegte. Deshalb waren beim Steuerzylinder keinerlei Stopfbuchsen erforderlich und auch keine Probleme der Abdichtung vorhanden. Die Wassersäulenmaschine betätigte über Kunstwinkel die Kunstgestänge in dem etwa mit 45° geneigten Schacht und diente der Grube mit bester Wirkung zur Wasserhebung bis zum Ende des Bergbaus 1899 (Abb. 85). Im Jahre 1838 kam der *Moritzstolln* 28 m unter dem *Tiefen Fürstenstolln* in den Mendenschacht ein, im Jahre 1877 der *Rothschönberger Stolln*, 116 m unter dem *Moritzstolln* in 269 m Tiefe. Das Grundwasser konnte nun in tieferem Niveau abfließen und brauchte weniger hoch gehoben zu werden. Die gesparte Maschinenleistung ermöglichte um 1880 die Anlage von Erzabbau und die Wasserhebung aus Tiefen bis 450 m.

Ein solches Vordringen des Bergbaus in die Tiefe erforderte im 19. Jahrhundert den Übergang zu immer leistungsstärkeren Fördermaschinen. Um 1800 betrieb man auf dem Mendenschacht einen dreimännischen Handhaspel, 1815 legte man einen Pferdegöpel an und 1824 – gleichzeitig mit der Wassersäulenmaschine – baute man einen Wassergöpel mit einem etwa 11 m hohen Kehrrad wenige Meter unter der Haldenoberfläche (Abb. 86). Das im Kunstgraben herbeigeleitete und 12 m tief unter der Halde in einer Rösche herbeigeführte Aufschlagwasser betrieb zunächst das Kehrrad und fiel dann in die etwa 100 m hohe Rohrleitung der Wassersäulenmaschine, wirkte in dieser also bis auf den Tiefen Fürstenstolln mit einem Druck von 10 at (= 1 MPa). Von dem zugehörigen Wassergöpelgebäude ist Bausubstanz in der über dem Schacht stehenden jetzigen Gaststätte »Zugspitze« erhalten, allerdings architektonisch völlig verändert.

Als man für die *Mordgrube* 1828 bis 1829 eine neue Wäsche baute, legte BRENDEL erstmals im Freiberger Revier – und wohl auch in ganz Sachsen – 1829 bis 1830 eine Eisenschienenbahn an, auf der »englische Förderwagen« mit Spurkranzrädern und 0,3 m³ Inhalt mit Menschenkraft geschoben das Erz zur Wäsche brachten. Die Schienen waren allerdings noch nicht wie heute Profileisen, sondern bloße Flacheisen, auf Kanthölzer genagelt. Trotzdem hat diese kleine, 268 m lange »Eisenbahn«, die die zuvor üblichen Pferdefuhrwerke ablöste, großes Aufsehen erregt. Die mit der Bahn rea-

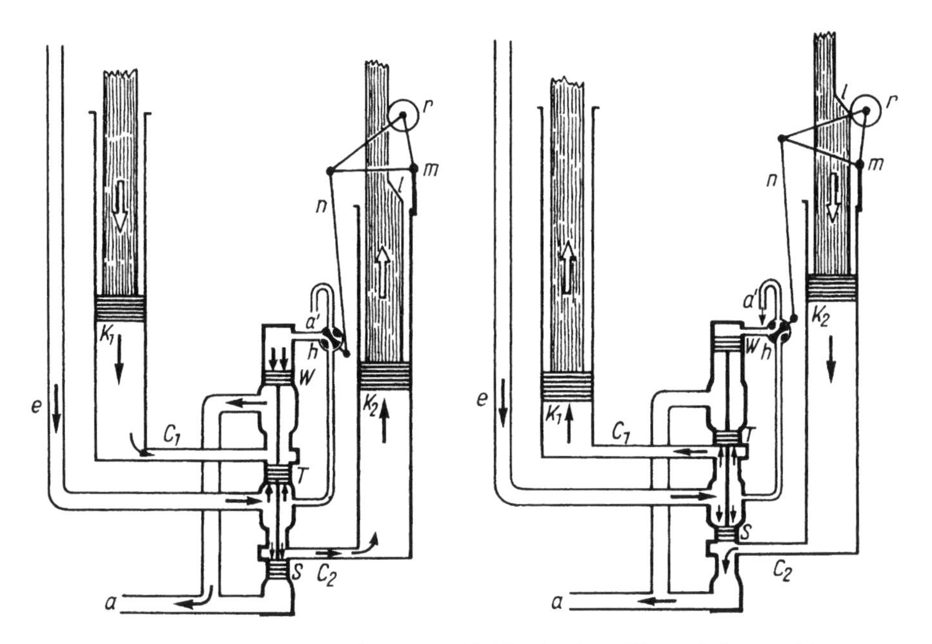

Abb. 85. Die Wirkungsweise von BRENDELS Alt Mordgrübner Wassersäulenmaschine (Gesamtanordnung vgl. Abb. 24 und 86)

e Einfallsrohr, stark ausgezogen Steuerzylinder mit den auf gemeinsamer Kolbenstange befindlichen Steuerkolben *S* und *T* und dem Wendekolben *W*, C_1 und C_2 Kommunikationsrohre zu den Zylindern mit den Tauchkolben K_1 und K_2, *h* Wendehahn, betätigt von der äußeren Steuerung, bestehend aus dem Keil *l*, dem um *m* drehbaren Gestänge-Dreieck mit der Zugstange *n* und dem Rad *r*, *a'* Austragerohr des Wendehahnes, *a* Austragerohr der gesamten Maschine. Die Pfeile geben die Fließrichtung des Wassers bzw. den wirksamen Wasserdruck an.
Links: Aufwärtsgang des rechten Kolbens, Druck auf *T* wird durch Druck auf *W* kompensiert. Der Wasserdruck auf *S* hält die Steuerkolben deshalb in der unteren Lage
Rechts: Beginn des Abwärtsganges des rechten Kolbens. Das Rad *r* ist auf Keil *l* aufgelaufen und hat damit das Gestängedreieck gedreht und mit der Zugstange *n* den Wendehahn *h* verstellt. Damit entfällt der Wasserdruck auf *W*. Die Kraftdifferenz des Druckes auf die unterschiedlich großen Steuerkolben *T* und *S* hat diese in die obere Lage gebracht und damit die Umsteuerung vollzogen

lisierten jährlichen Einsparungen von 400 Talern benutzten progressive Kreise der sächsischen Öffentlichkeit in der bekanntlich harten Diskussion über den Plan der Eisenbahn Dresden–Leipzig als Argument für den Bahnbau.

In der Sachsenzeitung erschien 1833 über die Mordgrübner Eisenbahn die Notiz: »Der Freiberger Korrespondent verdient den Dank des eisenbahnliebenden Publikums für seine Nachrichten über ein 911 Fuß langes Eisenbähnchen bei der Alten Mordgrube im Freiberger Bergamtsrevier, das 2830 Thaler 1 Groschen gekostet hat und nun schon so wacker arbeitet, daß es bereits 14% reine Dividende bringt, d. h. nahezu 1 Thaler pro Elle und zwar bei einem auf 6000 Pferdelasten beschränkten Transport. Wenn ellenlange Pygmäen solche Wunder verrichten, was werden uns erst meilenlange Giganten leisten.« Erhalten ist der Bahndamm, der nicht nur ein technisches Denkmal des

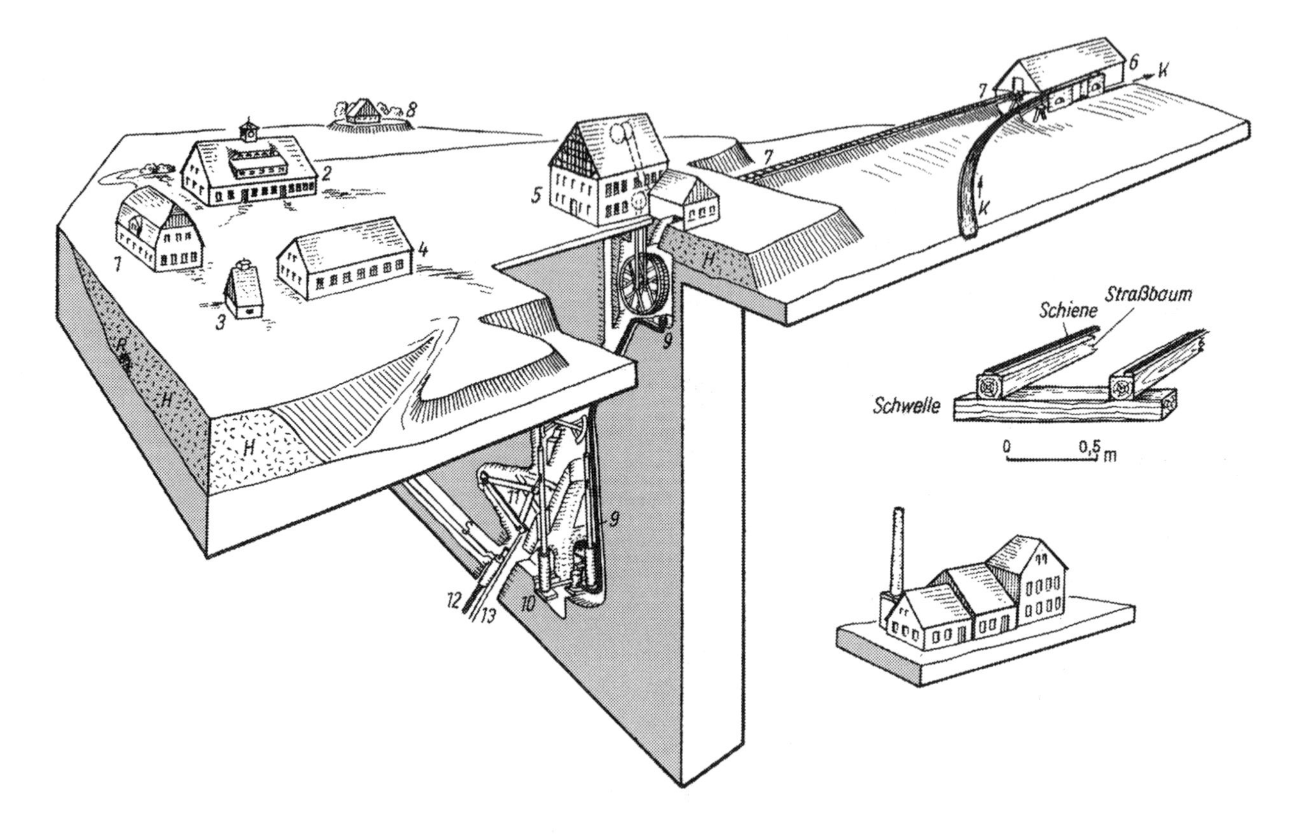

Freiberger Bergbaus, sondern zugleich ein Sachzeuge aus der Frühgeschichte unserer Eisenbahn ist (Abb. 86). Die Konstruktionsmerkmale und Abmessungen der BRENDELschen Eisenschienenbahn sind so genau bekannt, daß sich auf dem Damm, also am originalen Ort, ein Stück dieser ersten Eisenschienenbahn Sachsens leicht rekonstruieren ließe.

In der Zeit um 1820 bis 1856 errichtete man auf der nun durch den intensiven Bergbaubetrieb größer werdenden Halde mehrere Gebäude, die heute einen repräsentativen Werkshof umschließen, nämlich 1820 eine Bergschmiede (1856 durch einen heute noch stehenden Neubau ersetzt), 1822 ein Huthaus und 1853 ein Material- und Bethaus mit Dachreiter, Uhr und Glocke (s. Tafelteil, Bild 174). Zur Wasserversorgung diente ein kleines, um 1820 erbautes, wie eine Kaue gestaltetes Wasserhebehaus. In diesem wurde Wasser aus der in etwa 12 m Tiefe verlaufenden Rösche entnommen und bis auf die Haldenoberfläche gehoben.

Abb. 86. Raumbild vom Mendenschacht der *Alten Mordgrube* um 1850 (etwas vereinfacht)

1 Huthaus *(TD)*, *2* Material- und Bethaus *(TD)*, *3* Wasserhebehaus, *4* Bergschmiede, *5* Wassergöpel, darunter Kehrrad, im Gebäude angedeutet: Im Erdgeschoß Seilkorb, im Dachgeschoß Seilscheiben, *6* Wäsche *(n. e.)*, *7 – 7* Eisenschienenbahn für den Erztransport zur Wäsche *(tw. e.)*, *8* altes Alt Mordgrübner Huthaus *(TD)*, *9 – 9* Einfallsrohr für die Wassersäulenmaschine, *10* deren Zylinder (vgl. Abb. 85), *11* die Kunstwinkel, *12* die oberste Pumpe des Kunstgezeugs, *13* das Kunstgestänge, *R* Rösche zum Kehrrad (vgl. Abb. 84), *H* Halde, *K* Hohe Birker Kunstgraben, *S Tiefer Fürstenstolln* (zum Abfluß des gehobenen Wassers und des verbrauchten Aufschlagwassers). *Rechts* Detailskizzen;
oben: Die Konstruktion der Eisenschienenbahn;
unten: Die 1854 an Stelle des Wassergöpels errichtete Dampfförderanlage, von *links* nach *rechts:* Kesselhaus, Maschinenhaus, Schachtgebäude *(TD)*

Im Jahre 1844 begann man für die *Mordgrube* einen weiteren Hauptschacht, den 700 m nördlich vom Mendenschacht gelegenen Constantinschacht, abzuteufen. Nachdem man ihn 1847 bis auf den 128 m unter Gelände liegenden *Moritzstolln* niedergebracht hatte, auf diesem somit Wasser aus dem Schacht abfließen konnte, baute man in den Constantinschacht ein 9,1 m hohes Kehrrad und ein 13,0 m hohes Kunstrad ein, um aus den geplanten Erzabbauen in der Tiefe fördern und mit einem Kunstgezeug Wasser heben zu können. Das Kunstrad wurde 1862 durch eine auf dem *Moritzstolln* stehende Wassersäulenmaschine ersetzt. Diese nutzte eine Fallhöhe von 136 m und drückte das verbrauchte Kraftwasser nach dem Prinzip des hydraulischen Balanciers etwa 25 m hoch in das Aufschlaggerinne des Kehrrades, um dessen verfügbares Aufschlagwasser zu vermehren, eine bemerkenswerte Variante, um die Leistung einer auf Wasserkraft beruhenden Maschine zu erhöhen.

Der Wassergöpel des Mendenschachtes wurde 1854 durch eine 20-PS-Dampffördermaschine, der des Constantinschachtes 1873 ebenfalls durch eine Dampffördermaschine ersetzt. Die Dampfmaschine des Constantinschachtes konnte wahlweise auch das Kunstgezeug antreiben und damit schon 1873 die Grube vor dem Ersaufen retten, als Mangel an Aufschlagwasser zur Stillsetzung der Wassersäulenmaschine zwang. Das jetzige Aussehen der Schachtgebäude entspricht in gewissem Grad dem der damaligen Dampfförderanlagen, nur fehlen die Schornsteine (s. Tafelteil, Bild 175). Das Gebäude des Constantinschachtes brannte im Jahre 1912 aus, wurde mit architektonischem Einfluß des Sächsischen Heimatschutzes neu gebaut (s. Tafelteil, Bild 176), enthielt ab 1924 das »Oberwerk« des Kavernenkraftwerkes (vgl. Seite 154) und in der vierten Hauptperiode des Freiberger Bergbaus für einige Jahre ein das Gebäude überragendes eisernes Fördergerüst.

13.13. Die Einigkeit Fundgrube in Brand-Erbisdorf

Im Jahre 1850 wurden die am westlichen Ortsrand von Brand gelegenen Gruben *Vergnügte Anweisung samt Reußen* mit dem Hörnigschacht als Hauptschacht, *Sonnenwirbel samt Holewein* mit dem Kohlhäusler Schacht und in St. Michaelis die *Matthias Fundgrube* zur *Einigkeit Fundgrube* konsolidiert (Abb. 87). Alle drei Gruben waren zuvor mit unterschiedlichem Erfolg in Betrieb und haben aus der Zeit ihrer Selbständigkeit Denkmale überliefert. Das Gebiet des späteren Hörnigschachtes hatte schon im 16. Jahrhundert Bedeutung. Kurfürst August befuhr 1556 den *Thelersberger Stolln* vom Mundloch bis zum *Alten Hörnig* und zurück, woran im Stolln eine Tafel erinnert.

Die *Vergnügte Anweisung samt Reußen* – seit 1518 und 1548 bekannt – baute um 1830 bis 1850 mit einer Belegschaft von etwa 200 Mann vor allem auf dem Gesellschaft Freude Flachen, dem Benjamin Spat und dem Stephan Spat Erz mit Gewinn ab. Im Jahre 1848 traf man untertage einen neuen Gang an, mutete ihn unter dem Namen Constantin Stehender und gewann in ihm 1849 Erz.

Von 1833 an schuf man neue Gebäude und technische Anlagen, so 1833 bis 1834 auf dem Hörnigschacht an Stelle der Haspelförderung einen Pferdegöpel. Von diesem ist auf der Halde noch der Stein erhalten, der der stehenden Göpelwelle als Spurlager diente. Im Jahre 1835 kaufte und reparierte die Grube die obere Zuger Wäsche mit Pochwerk und Stoßherden, 1837 baute man ein neues Huthaus, in dem damals die Bergschmiede war, heute das Brander Heimatmuseum untergebracht ist (s. Tafelteil, Bild 177). Das ebenfalls noch erhaltene kleine quadratische Pulverhaus (s. Tafelteil, Bild 178) stammt wohl aus der gleichen Zeit. Die Grube bietet ein Beispiel dafür, wie zur Zeit des Direktionsprinzips nicht die Gewerken als Eigentümer, sondern die Bergbehörde über den erzielten Gewinn verfügte. Als mit dem Ziel weiterer technischer Neuanlagen 1838 und 1839 die Gewinnauszahlung reduziert und dann ganz eingestellt wurde, beschwerten sich die Leipziger Gewerken der Grube über das Bergamt mit den Worten: »Es ist uns völlig unbegreiflich, wie große Bauten, ohne uns darum nur zu befragen, haben angeordnet und ausgeführt werden können«.

Zu der 1847 eingebauten Wassersäulenmaschine gehört das am Fuß der Halde sichtbare, mit 1845 bezeichnete Röschenmundloch (s. Tafelteil, Bild 179). Die von Brendel erbaute Wassersäulenmaschine nutzte 128 m Fallhöhe vom Kunstgraben übertage bis zum *Moritzstolln* (Tabelle 9). Der *Rothschönberger Stolln* erreichte

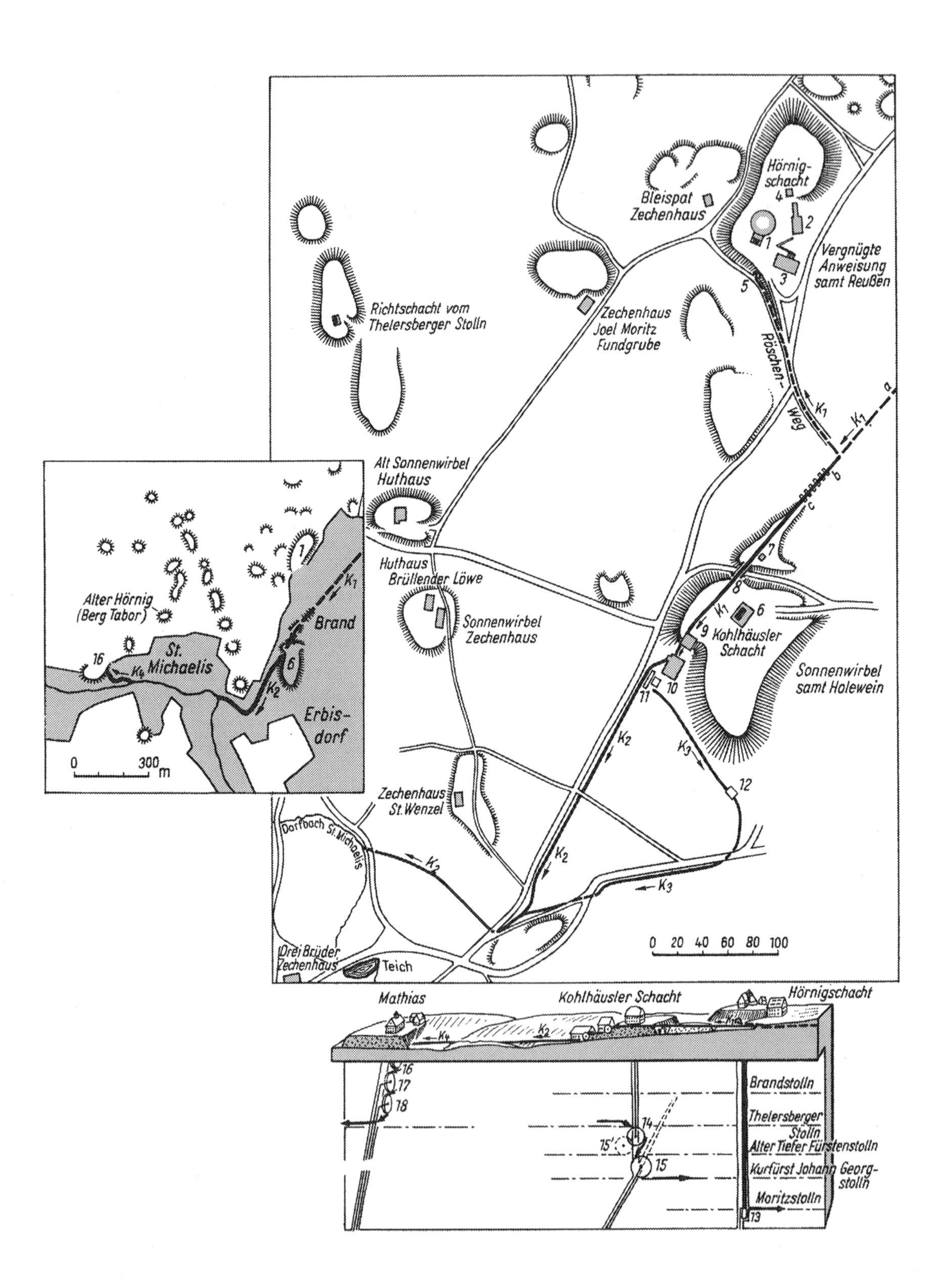

Hörnig-
schacht
Bleispat
Zechenhaus
Vergnügte
Anweisung
samt Reußen
Richtschacht vom
Thelersberger Stolln
Zechenhaus
Joel Moritz
Fundgrube
Röschen-
Weg
Alt Sonnenwirbel
Huthaus
Huthaus
Brüllender Löwe
Sonnenwirbel
Zechenhaus
Kohlhäusler
Schacht
Sonnenwirbel
samt Holewein
Zechenhaus
St. Wenzel
Dorfbach St. Michaelis
Drei Brüder
Zechenhaus
Teich
0 20 40 60 80 100
Alter Hörnig
(Berg Tabor)
Brand
St.
Michaelis
Erbis-
dorf
0 300 m
Mathias
Kohlhäusler Schacht
Hörnigschacht
Brandstolln
Thelersberger
Stolln
Alter Tiefer Fürstenstolln
Kurfürst Johann Georg-
stolln
Moritzstolln

◀ Abb. 87. Hauptschächte und Aufschlagwasserversorgung der Grube *Einigkeit* bei Brand in einem historischen Lageplan (um 1850), einer Übersichtsskizze *(links)* und einem schematischen Profil

(*TD* technisches Denkmal, *tw. e.* teilweise erhalten, *n. e.* nicht erhalten)
Hörnigschacht der Grube *Vergnügte Anweisung samt Reußen: 1* Pferdegöpel *(tw. e.), 2* Setzwäsche und Scheidebank *(n. e.), 3* Huthaus *(TD), 4* Pulverhaus *(TD), 5* Röschenmundloch zur Wassersäulenmaschine *(TD),* Kohlhäusler Schacht der Grube *Sonnenwirbel samt Holewein: 6* Treibehaus *(TD), 7* Pulverhaus *(n. e.), 8* Buttermilchtor *(TD), 9* Pochhaus *(n. e.), 10* Wäsche *(n. e.), 11* und *12* Sümpfe zur Klärung der Wäsche-Abwässer *(n. e.)*
In der Übersichtsskizze: 1 Hörnigschacht, *6* Kohlhäusler Schacht, *16* Matthias *(TD)*.
Im Profil: 13 Wassersäulenmaschine, *14* und *16* Kehrräder, *15, 15' 17, 18* Kunsträder (*15'* durch *14* ersetzt). Starke Linien mit Pfeilen: Kunstgräben und Wasserläufe untertage: K_1 Sonnenwirbel-Kunstgraben mit Abzweig zum Hörnigschacht, *a–b* verdeckt, *b–c* Gerinne auf Mauerpfeilern. K_2, K_4 Matthias-Kunstgraben (dazwischen Teilstück vom St. Michaeliser Dorfbach), K_3 Sonnenwirbler Herdflutgraben (Wäsch-Abwässer)

1881 den Hörnigschacht. Damit konnte man den 1833 bis 1834 gebauten Pferdegöpel durch eine tief in den Schacht eingebaute Wassersäulen-Fördermaschine ersetzen.

Die seit 1530 und 1539 bekannte Grube *Sonnenwirbel samt Holewein* besaß um 1820 ein Kunstgezeug im Holeweinschacht und zwei in dem damals 252 m tiefen Kohlhäusler Schacht, später in diesem ein Kehrrad und ein Kunstrad. Die beiden Räder erhielten ihr Aufschlagwasser jedoch nicht vom Sonnenwirbler Kunstgraben, sondern aus dem *Thelersberger Stolln* und gaben es auf dem *Kurfürst Johann Georg Stolln* in Richtung *Beschert Glück* ab (Abb. 87). Noch um 1862 diente der Kohlhäusler Schacht als Kunst- und Treibeschacht. Heute findet man auf der großen Halde dieses Schachtes das 1822 erbaute, stark veränderte Wassergöpel-Treibehaus mit der Inschrift »Treibehaus zu Einigkeit« im Türsturz sowie neben der Halde das 1821 erbaute »Buttermilch-Tor«, einen Kunstgraben-Aquädukt (s. Tafelteil, Bild 180), über den Wasser von der Mordgrübner Wäsche am Mendenschacht nach der Poch- und Stoßherdwäsche am Kohlhäusler Schacht geführt wurde. Der Name des Aquäduktes soll sich damit erklären, daß die Einwohner den Weg durch das Tor benutzten, wenn sie von St. Michaelis Buttermilch nach Brand brachten. In den benachbarten Gärten sind Reste des Kunstgrabendammes und an der Halde ein Röschenmundloch erhalten. Nach der dortigen Rösche ist der »Röschenweg« benannt. Das im Kohlhäusler Schacht verbrauchte Aufschlagwasser wurde untertage zur weiteren Verwendung den Maschinen von *Beschert Glück* zugeführt.

Die *Matthias Fundgrube* baute um 1830 mit etwa 240 Mann Belegschaft Erze vor allem auf dem Einhorn Stehenden und dem Dornstrauch Spat mit Gewinn ab. Der Wohlstand wurde genutzt, um 1835 ein neues Huthaus mit Bergschmiede zu bauen, 1836 das alte Treibehaus, in dem zuvor das Huthaus untergebracht war, zu reparieren und 1837 bis 1838 den Pferdegöpel von 1799 durch einen Wassergöpel zu ersetzen. Damals wurden im Treibehaus auch die Betstube, eine Scheidebank und eine Setzwäsche eingebaut. Das Huthaus ist auf der Halde noch erhalten. Aus seinem Schankrecht entwickelte sich nach Einstellung des Bergbaus die Gaststätte »Goldene Höhe«.

Vom Jahre 1840 an verringerten sich die Erzanbrüche so, daß die Belegschaft auf 83 Mann reduziert werden mußte; mit der Konsolidation 1850 verlor die Grube ihre Selbständigkeit.

Die *Einigkeit Fundgrube* nahm in den folgenden Jahrzehnten ebenfalls an Bedeutung allmählich ab. Als Zubußgrube hatte sie etwa 60 Mann, um 1890 bis 1895 nur noch 9 bis 15 Mann Belegschaft. Bei dieser Situation ist es verständlich, daß sie 1886 nicht mit vom sächsischen Staat angekauft wurde, auch keine weiteren Modernisierungsmaßnahmen erfuhr, sondern nach dem bis 1850 erreichten technischen Stand ganz allmählich einging.

13.14. Die Gruben Neuglück und Drei Eichen sowie Unterhaus Sachsen samt Reicher Bergsegen bei Brand-Erbisdorf

Die beiden östlich der Fernverkehrsstraße Freiberg – Annaberg zwischen Erbisdorf und dem Freiwald gelegenen Gruben sind neben Himmelsfürst die südlichsten großen Berggebäude des Freiberger Reviers. Ihre Geschichte spiegelt die von der technischen Entwicklung verursachte Tendenz der kapitalistischen Betriebskonzentration wider.

Ursprünglich bestanden seit dem 16. Jahrhundert in dem Gebiet zwischen Erbisdorf und dem Freiwald mehrere Gruben, darunter die benachbarten Zechen *Reicher Bergsegen*, *Freudenstein*, *Unterhaus Sachsen* und *Simon Bogners Neuwerk* (Abb. 88). *Reicher Bergsegen* war 1749 bis 1761 Eigenlöhnergrube, fiel dann ins Freie, wurde 1783 wieder gemutet und 1786 mit Zubuße in eine Gewerkschaft umgewandelt. Der Hauptschacht enthielt 1790 ein 5 m hohes Kunstrad mit Kunstgezeug, das das Grundwasser bis auf den *Thelersberger Stolln* hob, die vorhandene Fallhöhe von 95 m aber bei weitem nicht ausnutzte. Als 1816 die Grube zu ersaufen drohte, erwog man den Bau eines 12 m hohen Kunstrades, das gleich die benachbarte Grube *Unterhaus Sachsen* mit entwässern sollte. Gebaut wurde schließlich 1819 bis 1820 eine Wassersäulenmaschine, die in dem schrägen Schacht eine senkrechte Fallhöhe von 90 m in Energie umsetzte (vgl. Tabelle 9). Es war die erste BRENDELsche Wassersäulenmaschine; sie funktionierte im Gegensatz zu denen MENDES sehr gut. Die höheren Bergbeamten hatten BRENDEL aus Angst vor erneutem Mißerfolg gezwungen, an dieser Maschine bekannte, ihm aber nicht optimal erscheinende Konstruktionsdetails anzuwenden. Da er seine Fähigkeiten mit dem guten Funktionieren der Maschine unter Beweis gestellt hatte, bekam er in der Folgezeit freie Hand bei seinen Konstruktionsaufgaben. So entwickelte er für seine zweite Wassersäulenmaschine, die der *Mordgrube*, 1820 bis 1824 seine berühmte Kolbensteuerung, die er 1837 nachträglich auch an die Reichbergsegener Maschine anbaute. Diese war bis 1882 in Betrieb. Die Entwicklung der Produktionsverhältnisse folgte der der Produktionsinstrumente: Da die Wassersäulenmaschine nicht nur den *Reichen Bergsegen*, sondern auch *Unterhaus Sachsen* vom Grundwasser befreite und diese Grube deshalb die Wasserhaltungskosten mit tragen mußte, konsolidierten sich 1835 beide Gruben zur Grube *Unterhaus Sachsen samt Reicher Bergsegen*.

Auch hinsichtlich der Fördertechnik spielt die Grube *Reicher Bergsegen* für die Geschichte des Freiberger Bergbaus eine besondere Rolle. Ursprünglich för-

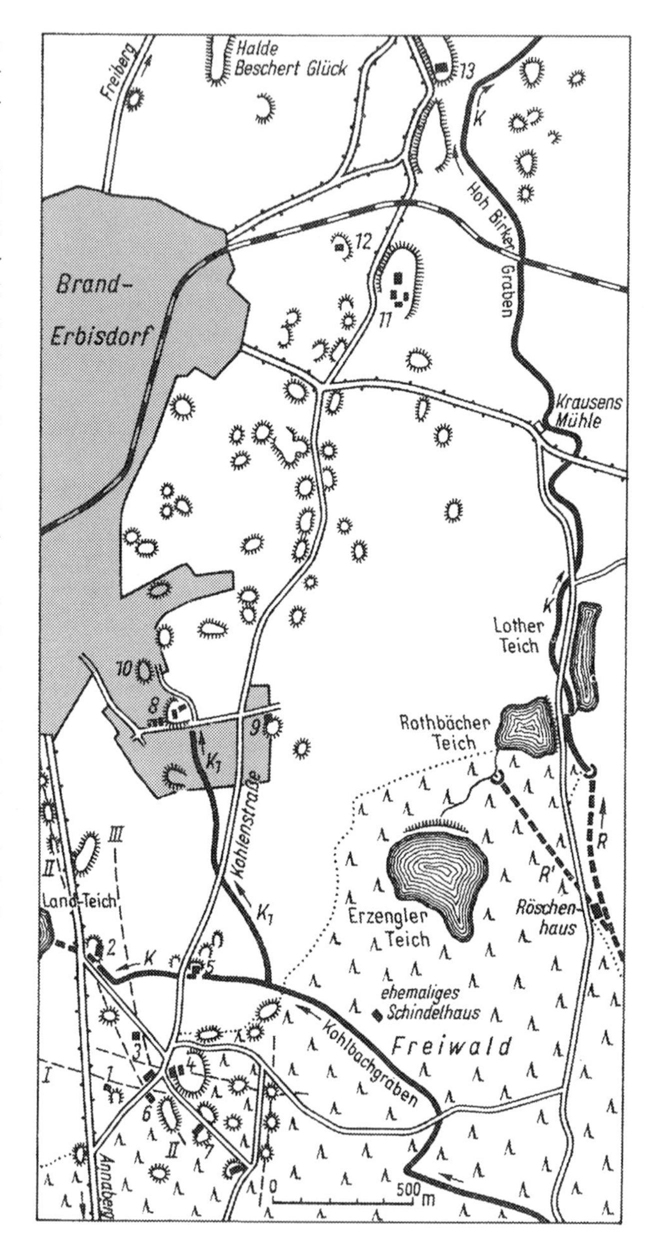

◀ Abb. 88. Historischer Lageplan der Gruben von *Vereinigt Feld bei Brand* (um 1850)

(*TD* technisches Denkmal, *tw. e.* teilweise erhalten, *n. e.* nicht erhalten)
1 Zechenhaus Unterhaus Sachsens *(n. e.)*, *2* Scheidehaus von Unterhaus Sachsen, auch Huthaus Silberschnur ob. 10. Maß (Neubau auf altem Grundriß), *3* Zechenhaus Simon Bogners Neuwerk *(n. e.)*, *4* Halde und Huthaus Reicher Bergsegen *(TD)*, *5* Wäsche vom *Reichen Bergsegen (n. e.)*, *6* Huthaus Obersilberschnur *(tw. e.)*, nördlich davon: Bergschmiede von Simon Bogners Neuwerk *(TD)*, *7* NW: Huthaus auf dem Scheidehäusler Schacht von Obersilberschnur *(TD)*, *SO:* Huthaus Freudenstein *(n. e.)*, *8 Neu Glück und Drei Eichen*, von links nach rechts: Wäsche, Pochhaus, Verwaltungsgebäude von 1856, altes Huthaus *(TD)*, *9* Pulverturm *(TD)*, *10* Halde vom Richterschacht (heute Parkplatz), *11 Alte Mordgrube:* Mendenschacht *(TD)*, *12* Huthaus Alte Mordgrube *(TD)*, *13* Constantinschacht *(TD)*
Konsolidationen: *1, 2, 4, 5, 7*, ab 1835 *Unterhaus Sachsen samt Reicher Bergsegen*, *1–7* ab 1845 *Vereinigt Feld in der Buschrevier*, *1–13* ab 1856 *Vereinigt Feld bei Brand*.
R Müdisdorfer Rösche, *R'* deren um 1850 neu geschaffener Zweig, *K* Kunstgräben, die Pfeile geben die Fließrichtung des Wassers an, K_1 Alter Eichener Kunstgraben *(n. e.)*
Gestrichelt: Einige Erzgänge: *I* Unterhaus Sachsen Spat, *II* Silberschnur Stehender, *III* Simon Bogners Neuwerk Flacher

derte man ihr Erz und das taube Gestein mit Handhaspel, ab etwa 1823/1826 mit Pferdegöpel. Mangel an Aufschlagwasser bei dieser am höchsten gelegenen Grube des Freiberger Gebietes gestattete nicht, den Pferdegöpel durch einen Wassergöpel zu ersetzen, sondern zwang dazu, 1844 auf dem *Reichen Bergsegen* die erste Dampffördermaschine des Freiberger Bergbaus aufzustellen. Man hielt das zwar nur für eine Zwischenlösung und glaubte, nach Einbringen des *Tiefen Fürstenstollns* in den *Reichen Bergsegen* die Dampfförderanlage durch einen wirtschaftlich günstigeren Wassergöpel ersetzen zu können, doch kam es nicht soweit. Der Energiebedarf des Freiberger Bergbaus stieg schneller als der Zuwachs an Energie auf Wasserkraftbasis. Die Dampfenergie tritt hier zusätzlich zu den traditionellen Energieformen ein, nicht anstatt! So blieb die Dampfförderanlage auf dem *Reichen Bergsegen* eine Dauereinrichtung. Es war eine von der damaligen Maschinenfabrik CONSTANTIN PFAFF, Chemnitz, nach BRENDELS Angaben gelieferte und unter SCHWAMKRUGS Leitung aufgebaute 8-PS-Balancierdampfmaschine mit BRENDELSCHER Schiebersteuerung. Das Gebäude aus Fachwerk, schon mit der technologisch bestimmten Höhenstaffelung von Maschinen- und Schachthaus, ist in alten Zeichnungen überliefert (Abb. 89). Diese erste Dampfförderanlage des Freiberger Bergbaus brannte am 25. Juni 1855 ab und wurde noch im gleichen Jahre durch eine 25-PS-Dampfförderanlage ersetzt.

Auch die Dampfmaschine veranlaßte schon ein Jahr nach ihrem Bau eine weitere Betriebskonzentration. Sie diente nicht nur *Unterhaus Sachsen samt Reichen Bergsegen*, sondern auch der seit 1558 existierenden Grube *Simon Bogners Neuwerk* zur Förderung und gab 1845 Anlaß zur Konsolidation dieser Gruben zur Grube *Vereinigt Feld in der Buschrevier*. Diese erhielt noch im gleichen Jahr ein neues Huthaus mit Bergschmiede, mit Fachwerk-Obergeschoß, flachem Dach und Dachreiter, der heute allerdings nicht mehr erhalten ist (s. Tafelteil, Bild 182), sowie der Inschrift im Türsturz: »Huthaus zu Vereinigt Feld, 1845«. Auch wurden 1849 und 1854 neue Wäschgebäude unmittelbar an der Grube gebaut.

Im Jahre 1856, vielleicht durch den Neubau der zweiten Dampfförderanlage mit bedingt, erfolgte die Vereinigung von *Vereinigt Feld in der Buschrevier* mit der *Mordgrube* und der Grube *Neu Glück und Drei Eichen* zur Grube *Vereinigt Feld bei Brand*.

Neu Glück und Drei Eichen, am Südostrand von Erbisdorf gelegen, stand um 1830 in Erzlieferung, begann 1846 mit dem Abteufen eines neuen Schachtes, des Richterschachtes. Dieser erhielt 1854 einen Pferdegöpel und 1872 eine Dampfförderanlage, deren Schachthaus einem Wassergöpeltreibehaus ähnelte. Von der Grube sind erhalten die Halde des Richterschachtes, die eigentliche Halde von *Neuglück und Drei Eichen* mit sorgfältiger Trockenmauer am Kirchweg/Ecke Fabrikstraße, das alte, aber stark veränderte Huthaus, die Häuser eines ehemaligen Pochwerkes und einer Erzwäsche, erbaut 1783 (s. Tafelteil, Bild 181), sowie ein stark verbauter Pulverturm und das 1856 für die konsolidierte Grube *Vereinigt Feld bei Brand* auf der Drei-Eichen-Halde im neogotischen Stil EDUARD HEUCHLERS erbaute Huthaus.

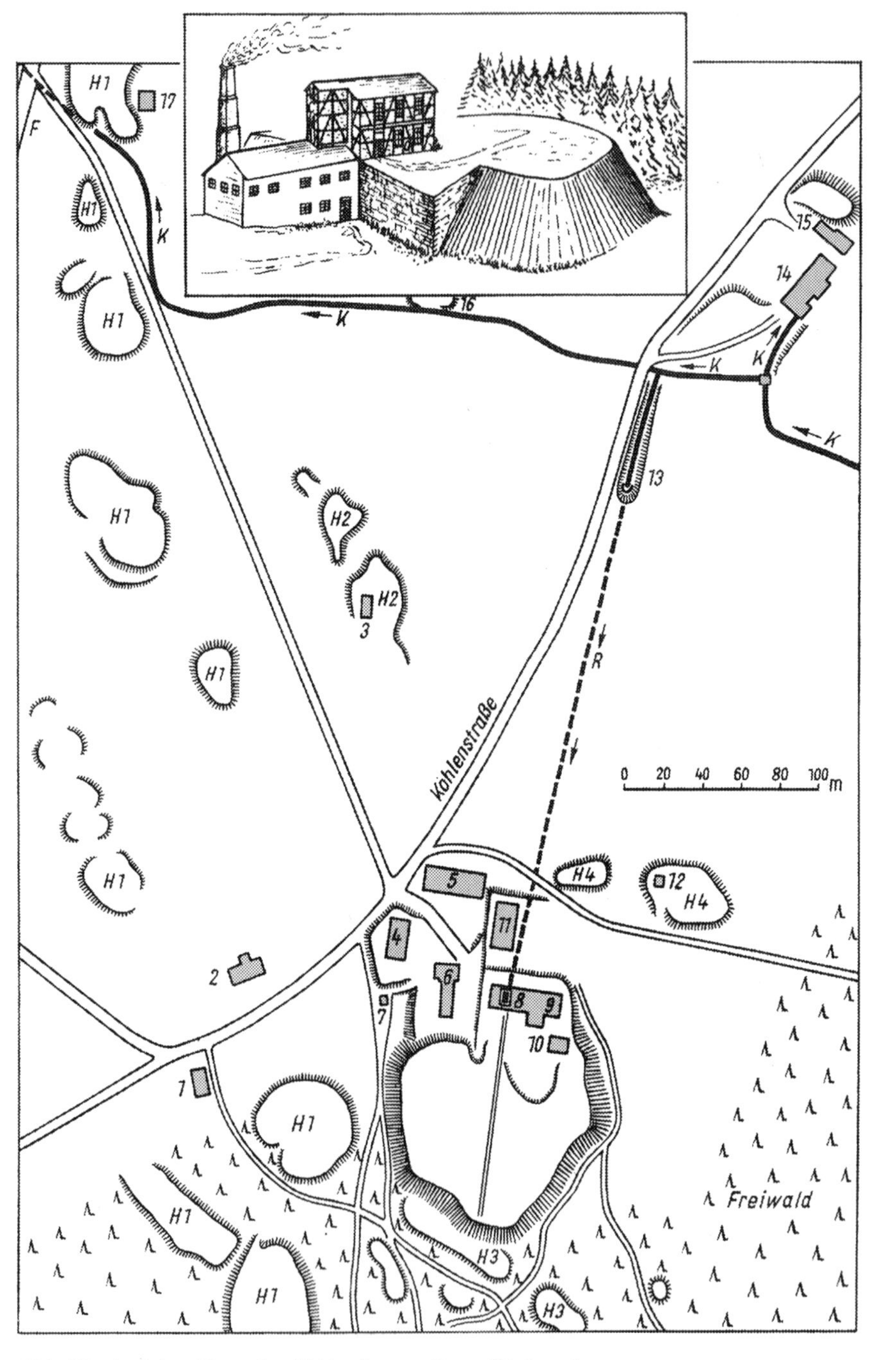

(*TD* technisches Denkmal, *tw. e.* teilweise erhalten, *n. e.* nicht erhalten)
In der Ansichtsskizze (von links nach rechts): Kesselhaus mit Schornstein, Seilscheibenstuhl (linker Teil des Fachwerkbaus), Schachtgebäude
(Die Skizze zeigt die Ansicht von Nordost)
Im Lageplan: 1 Zechenhaus *Obersilberschnur (tw. e.),* H_1 Halden auf dem Silberschnur-Gangzug *(tw. e.), 2* Bergschmiede von *Simon Bogners Neuwerk (TD),* 1838 auch als Bergschmiede von *Unterhaus Sachsen* bezeichnet, *3* Zechenhaus von *Simon Bogners Neuwerk (n. e.),* H_2 Halden auf SIMON BOGNERS Neuwerk Stehenden *(tw. e.),* H_3 Halden auf dem Unterhaus Sachsen Spat *(tw. e.),* H_4 Halden auf dem Carl Spat *(tw. e.)*

Abb. 89. Ansichtsskizze der 1844 erbauten Dampfförderanlage von *Reicher Bergsegen* und historischer Lageplan dieser Grube um 1850

◀ Grubengebäude vom *Reichen Bergsegen*: *4* Huthaus und Bergschmiede *(TD)*, *5* Bergschmiede *(n. e.)*, *6* Zimmerhaus *(TD)*, *7* Wasserhaus *(n. e.)*, *8* Schachthaus *(n. e.)*, *9* Maschinen- und Kesselhaus *(n. e.)*, *10* Kohlenschuppen *(n. e.)*, *11* Scheidebank *(n. e.)*, *12* Pulverturm *(n. e.)*, *13* Mundloch der Aufschlagrösche *R* *(n. e.)*, *14* Wäsche *(n. e.)*, *15* Mehlschauer *(n. e.)*, *16* Halde vom Robertschacht *(TD)*, *17* Scheidehaus von Unterhaus Sachsen (Neubau auf altem Grundriß), *F* Fernverkehrsstraße Freiberg–Annaberg, *K* Kunstgraben (Kohlbachgraben). Die Pfeile geben die Fließrichtung des Wassers an

Um 1860 gingen die Erträge von *Neu Glück und Drei Eichen* sowie *Unterhaus Sachsen samt Reicher Bergsegen* stark zurück, so daß die *Mordgrube* die einzige einigermaßen ertragreiche Abteilung von *Vereinigt Feld bei Brand* blieb.

Im Jahre 1886 übernahm der sächsische Staat auch diese Grube und vereinigte sie mit *Beschert Glück* und *Junge Hohe Birke* zur Mittelgrube. *Neu Glück und Drei Eichen* sowie *Unterhaus Sachsen samt Reicher Bergsegen* erfuhren jedoch keine Modernisierung mehr, sondern gingen schon 1896 vor der Einstellung der Mittelgrube ein. Die baulichen Reste bezeugen so im wesentlichen die Zeit um 1840 bis 1860.

13.15. Die Himmelsfürst Fundgrube bei Brand-Erbisdorf

Die *Himmelsfürst Fundgrube*, im Südwesten des Freiberger Reviers beiderseits der Straße Brand-Erbisdorf–Langenau gelegen, war neben der *Himmelfahrt Fundgrube* bei Freiberg im 19. Jahrhundert die bekannteste und ertragreichste Grube des sächsischen Erzbergbaus überhaupt. Gegenüber *Himmelfahrt* ist die Grube *Himmelsfürst* historisch sogar insofern noch bedeutender, als sie seit 1573 fast lückenlos bis 1885, also bis zum Sturz des Silberpreises, Überschuß abwarf (Tabelle 26). Berühmt wurde die Grube auch durch die Art ihrer Silbervorkommen. Im Gebiet des untertage in der Nähe des Fundschachtes angesetzten Glasschachtes, so genannt nach dem besonders silberreichen »Glaserz« (Silberglanz, Argentit), wurde am 12. August 1749 eine 68 kg schwere Masse gediegenen Silbers angetroffen, deren Wert man auf 2566½ Thaler taxierte. Ein 3 kg schweres Teilstück davon befindet sich im Staatlichen Museum für Mineralogie und Geologie in Dresden. Nach 1775 lieferte die Grube vierteljährlich 52 bis 420 kg besonders reiches Erz in Form von Haar- oder Drahtsilber und Glaserz (mit 87% Silber). Manche Strecken der Grube wurden »die Silberörter« genannt. Im Argyrodit von *Himmelsfürst*, einer Silber-Germanium-Schwefel-Verbindung, entdeckte der Freiberger Professor für Chemie Clemens Winkler im Jahre 1886 das Element Germanium.

Die Grube *Himmelsfürst* und die westlich benachbarte Grube *Sieben Planeten* bei Linda bieten ein Beispiel für die Unsicherheit der Kapitalinvestitionen in den einzelnen Gruben des Gangerzbergbaus. Die Gewerken der Grube *Sieben Planeten* zahlten von 1678 bis 1721 Zubuße. Als ab 1783 die Grube Beilehn von *Himmelsfürst* war, investierte diese Grube bis 1827 in die *Sieben Planeten Fundgrube* 117785 Thaler, erzielte durch den Verkauf des in der gleichen Zeit geförderten Erzes aber nur 12639 Thaler Einnahme. Die Grube *Sieben Planeten* arbeitete also 150 Jahre lang nur mit Zubuße, davon 55 Jahre lang mit einem Verlust von insgesamt 105146 Thalern. Man fragt sich, warum die Gewerken so lange immer aufs neue Zubuße gezahlt haben. Vermutlich hofften sie, daß sich die Gänge ihrer Grube auch einmal so veredeln würden wie die Gänge der nur wenige hundert Meter entfernten Grube *Himmelsfürst*, und befürchteten, daß sie dann des Bergsegens nicht teilhaftig würden, wenn sie zuvor durch Verweigerung der Zubuße ihre Kuxe verloren hätten. So sind die Gruben *Himmelsfürst* und *Sieben Planeten* ein gutes Beispiel für krasse Unterschiede einzelner Erzgruben in ihrer wirtschaftlichen Situation und für die Bedeutung von Direktionsprinzip und Bergbehörde, um technisch und ökonomisch eine einheitliche und ausgleichende

Tabelle 26. Überschuß (Verlag und Ausbeute) der Grube *Himmelsfürst* bei Brand-Erbisdorf
(Werte etwas gerundet, nach HEUCKE, Jahrb. f. d. Berg- u. Hüttenwesen in Sachsen und Zechenregistern, V Verlag, A Ausbeute)

Betriebs-periode	Produkte und Erlös (fl = Gulden, Th = Thaler)			Verteilter Überschuß (Thaler)				Bemerkungen
	Silber (kg) (Erz [t])	Bezahlung gesamt	Durchschnitt/ Jahr	V/A	gesamt	jährlich	jährlich pro Kux	
1573	6			A	85	85	2/3 Th	
1580	?	?	?	A	43	43	1/3	
1624	15			A	341	341	1 2/3	
1626	14			A	256	256	2	
1668...1670	293			A	4 608	1 536	12	
1671...1674	193			A	1 792	448	3 1/2	
1675...1691	273			–	–	–	–	Freibau?
1692...1694	255			V	2 688	896	7	
1695	77			A	682	682	5 1/3	
1696...1698	101			–	–	–	–	Freibau?
1699	97			A	1 706	1 706	8 1/3	
1700...1710	404			–	–	–	–	
1710/1711	(73,3)	4 145 fl	4 145 fl	V	2 048	1 536	12	
1711...1720	(830)	72 292 fl	7 229 fl	A	29 966	2 997	23 1/3	
1721...1730	(1 047,6)	61 029 fl	6 103 fl	A	12 288	1 230	9 2/3	
1731...1735	(654,2)	17 662 Th	3 532 Th	A	3 755	751	6	
1736...1738	(260,1)	7 580	2 527	–	–	–	–	Freibau?
1739	(77,9)	4 068	4 068	A	1 024	1 024	8	
1740...1747	(612,8)	23 942	2 980	–	–	–	–	Freibau?
1748...1750	(542,7)	72 821	24 274	V + A	40 405	13 468	105	Beginn der Zeit dauernder Ausbeute bis 1885
1751...1760	(2 074,7)	271 838	27 184	A	89 427	8 943	70	
1761...1770	(1 961,9)	747 296	74 730	A	132 949	13 295	104	
1771...1780	(2 152,2)	638 605	63 860	A	218 512	21 851	170	
1781...1790	(3 353,8)	744 747	74 475	A	218 512	21 851	170	neue Maschinen
1791...1800	(6 121,4)	856 959	85 696	A	218 512	21 851	170	690 Mann
1801...1810	24 986			A	218 512	21851	170	
1811...1820	30 128			A	218 512	21 851	170	
1821...1830	38 135			A	217 600	21 760	170	
1831...1840	26 572			A	52 864	5 286	41,3	774 Mann
1841...1850	27 440			A	23 040	2 304	18	
1851...1860	51 100 (31 156)	2 291 465	229 147	A	45 056	4 505	35,2	1 460 Mann
1861...1870	46 100 (30 465)	2 417 618	241 762	A				etwa 1 200 Mann
1871...1874	(11 239)	1 277 279 Mark	319 317 Mark	A	82 000 Mark	20 500 Mark	160 Mark	etwa 1 250 Mann

Fortsetzung Tabelle 26

Betriebs-periode	Produkte und Erlös (fl = Gulden, Th = Thaler)			Verteilter Überschuß (Thaler)				Bemerkungen
	Silber (kg) (Erz [t])	Bezahlung gesamt	Durchschnitt/ Jahr	V/A	gesamt	jährlich	jährlich pro Kux	
1875...1880	(30 484)	6 373 481	1 062 243	A	332 025	55 354	430	1 490 bis 1 610 Mann, 1879 keine Ausbeute
1881...1885	(34 566)	6 168 056	1 233 611	A	320 000	64 000	500	1 650 bis 1 760 Mann, ab 1886 Grube staatlich
1886...1890	(40 152)	5 305 533	1 061 107	Z	2 006 250	401 250	(3 120)	1 770 bis 1 600 Mann
1891...1900	(82 756)	7 341 261	734 126	Z	8 004 468	800 447	(6 250)	1 620 bis 1 320 Mann
1901...1910	(57 626)	4 209 615	420 962	Z	5 411 471	541 147	(4 200)	1 250 bis 490 Mann
1911...1914	(10 062)	812 315	203 079	Z	505 402	50 540	(400)	210 Mann, Stillegung der Grube

Leitung des gesamten Reviers schon in der Zeit des Spätfeudalismus zu realisieren.

Die Grube *Himmelsfürst* wurde 1572 verliehen und war damals eine der vielen kleinen Gruben, die aus Handhaspelschächten förderten und im Gebiet zwischen Brand-Erbisdorf und Langenau zahlreiche kleine Halden hinterlassen haben (s. Tafelteil, Bild 82). Die Namen dieser alten kleinen Gruben im späteren Gebiet von *Himmelsfürst* und seiner engeren Umgebung sind noch weitgehend bekannt. Auch sind noch einige von deren Huthäusern erhalten, so z. B. die der Gruben *Veste Burg* (18. Jh., s. Tafelteil, Bild 183), *Silberschnur* (neuer Bau mit altem Grundriß), *Gelobt Land* (um 1740, s. Tafelteil, Bild 184), *Alter Grüner Zweig* (18. Jh.), *Alter Moritz* (17. Jh.), *Hoffnung Gottes* (18. Jh.). Die meisten dieser Gruben wurden später von *Himmelsfürst Fundgrube* übernommen (Abb. 90).

Zur Entwässerung von Himmelsfürst und den benachbarten Gruben wie *Gelobt Land*, *Alter Grüner Zweig*, *St. Donat*, *Weiße Taube* u. a. hatte man im 16. Jahrhundert von St. Michaelis aus zunächst den *Weiße Taube Stolln*, dann mit geringerem Anstieg und deshalb mit höherem Mundloch, im Grubenfeld aber tieferer Lage den *Brandstolln* und später den *Thelersberger Stolln* als den lange Zeit dort tiefsten Stolln vorgetrieben (s. Tafelteil, Bild 101). Schon im 18. Jahrhundert lagen die Erzabbaue tief unter dieser Stollnsohle. Man stattete deshalb 1746 den Himmelsfürster Fundschacht mit einem Kunstgezeug aus und setzte dieses von einem Wasserrad über ein Feldgestänge in Bewegung.

Himmelsfürst erlebte schon zu Beginn der dritten Hauptperiode einen Aufschwung des Bergbaus. Hier wurden 1779 erstmals im Freiberger Revier ungarische Hunde eingeführt. MENDE baute 1782 bis 1790 eine besondere Förderanlage. Andere Maschinenbauten folgten.

Der Reichtum der Grube ermöglichte es, im Lauf der Zeit wirtschaftlich schwächere Gruben ringsum anzukaufen, so 1794 die *Fundgrube Weißer Schwan* und *Volle Rose*, 1837 *Jung Himmelsfürst* und 1854 *Gelobt Land Fundgrube*. Diese hatte 1847 auf dem Lade des Bundes Schacht eine Dampfförderanlage aufgestellt, die zweite im Freiberger Revier. Darüber hinaus teufte *Himmelsfürst* in dem sich vergrößernden Grubenfeld selbst auch neue Schächte ab, so um 1775 den Dorotheaschacht, 1779 den Vertrau auf Gott Schacht, 1816 den Reicheltschacht und noch 1859 den Neuschacht bei Langenau, ab 1882 in Glückaufschacht umbenannt.

So besaß *Himmelsfürst* im 19. Jahrhundert ebenso wie die Grube *Himmelfahrt* ein großes Grubenfeld mit einer größeren Zahl von leistungsfähigen Schächten, baute mit einer Belegschaft von etwa 1200 Mann Erz

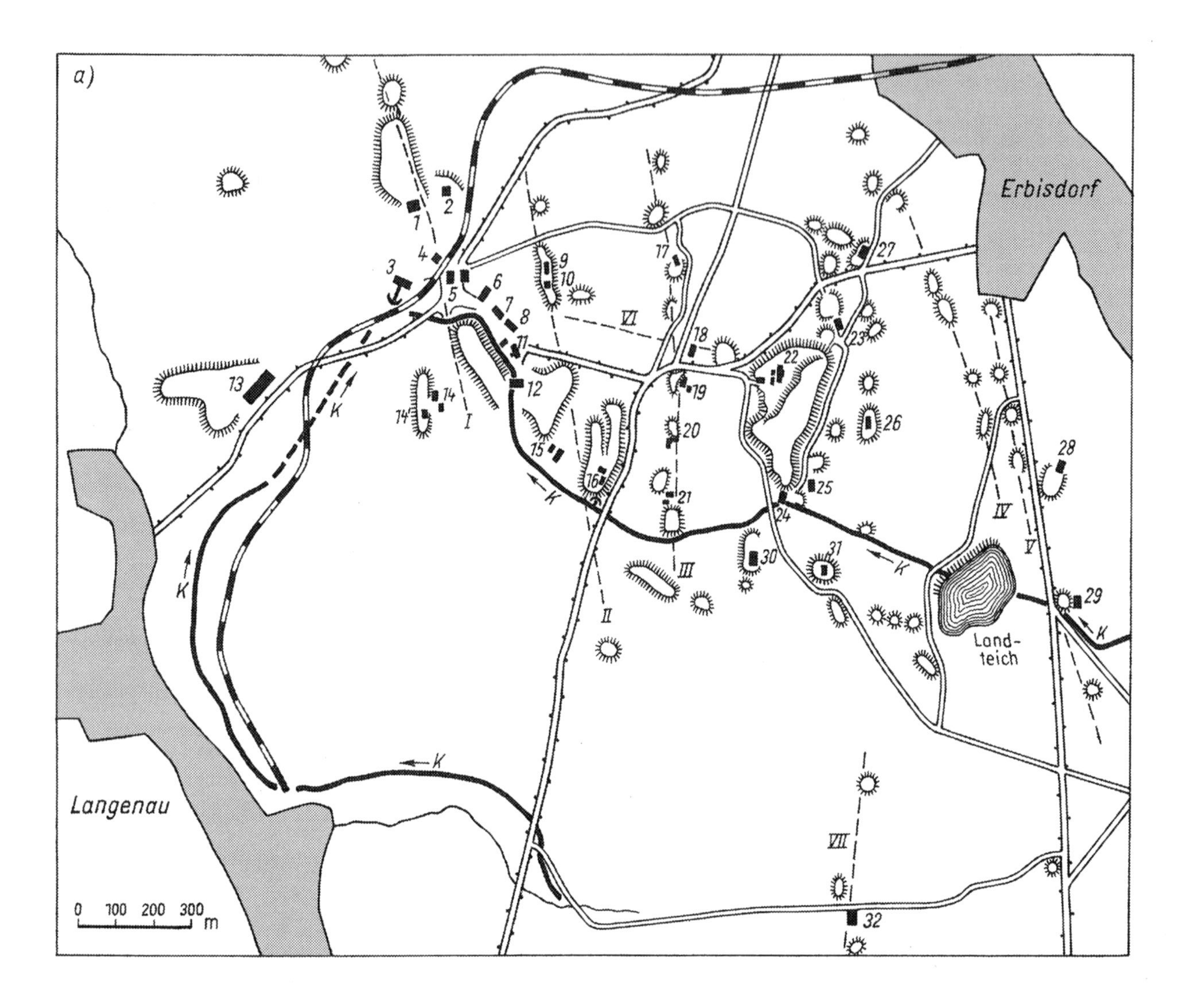

auf zahlreichen Gängen ab und entsprach nicht nur hinsichtlich Größe und Belegschaft, sondern auch in der Zahl und Art der eingesetzten Maschinen in gewissem Maße einem kapitalistischen Betrieb der Zeit.

Die für die Grube im 19. Jahrhundert wichtigsten und ertragreichsten Erzgänge waren

- der Himmelsfürst oder Teich Flache
- der Kalb Stehende, 1605 von der Kalb Fundgrube gemutet
- der Wiedergefunden Glück Stehende, 1746 gemutet
- der Concordia Morgengang
- der Hoffentlich Stehende, auch Hoffend Glück Stehender und später Jupiter Stehender genannt in dem 1783 übernommenen, östlich vom Teich Flachen gelegenen Beilehn Junger Himmelsfürst
- der Vertrau auf Gott Flache, 1705 wieder gemutet, ab 1779 weiter abgebaut
- der Dorothea Stehende als nördliche Fortsetzung des Grüne Rose Stehenden, 1755 wieder in Abbau.

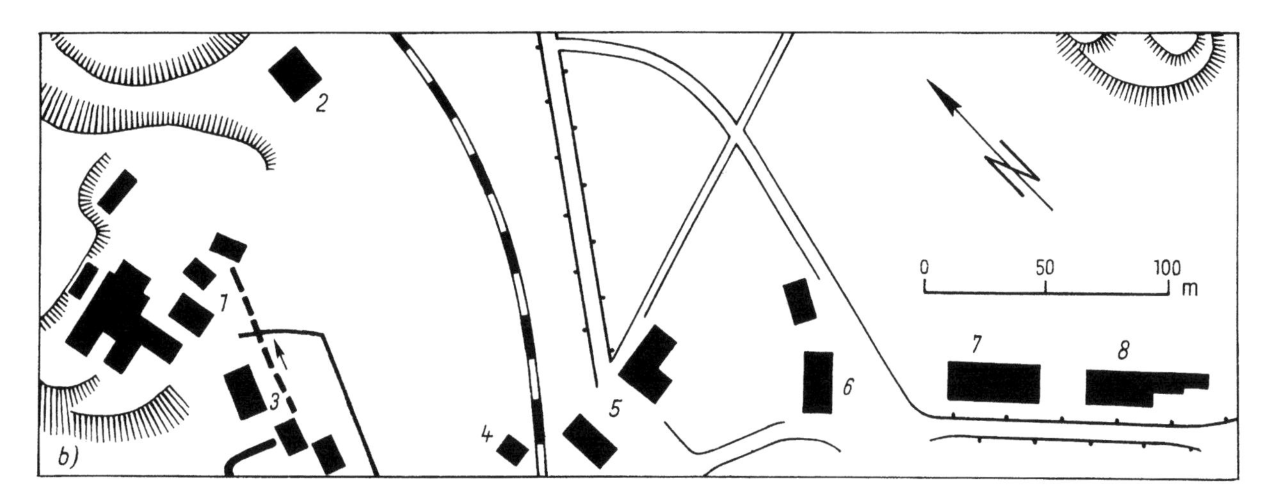

Abb. 90. Übersichtskarte des Himmelsfürster Reviers *(a)* und historischer Lageplan der Grubenanlagen *(b)* in seinem Zentralteil (um 1910)

1 Frankenschacht, *2* Schacht Dorothea, *3* Frankenschachter Wäschen, *4* Fundschacht auf dem Teich Flachen, *5* Bethaus und Huthaus, *6* Alte Bergschmiede, *7* Neue Bergschmiede, *8* Dampfpochwerk, *9* altes Huthaus von *Himmelsfürst*, *10* Pulverturm, *11* Obere Wäsche, *12* Vertrau auf Gott Schacht, *13* Glückaufschacht, *14* Grüne Rose, Schachtgebäude des Pferdegöpels *(14')* und Beamtenwohnhaus, *15* Dampfwalzwerk, *16* Reicheltschacht, *17* Huthaus Nimm dich in Acht, *18* Alt Himmelsfürster Bergschmiede, *19* Einhornschacht, *20* Alt Himmelsfürster Huthaus, *21* Alt Donater Zechenhaus, *22* Lade des Bundes Schacht, *23* Bergschmiede und Huthaus Gelobt Land, *24* Wäsche Gelobt Land, *25* Neuberts Bergschmiede, *26* Huthaus Seidenschwanz, *27* Bergschmiede und Huthaus Alter Grüner Zweig, *28* Huthaus Veste Burg, *29* Huthaus Silberschnur 10. Maß (Neubau), *30* Molchner Huthaus, *31* Alter Moritz, *32* Hoffnung Gottes.

Wichtige Erzgänge *(gestrichelt)*: *I* Teich Flacher, *II* Jupiter Stehender, *III* Alt Himmelsfürst oder Jung Einhorn Stehender, *IV* Daniel Flacher, *V* Obersilberschnur Stehender, *VI* Donat Spat, *VII* Himmlischer Vater Stehender.

K Kunstgräben und Röschen

Die Pfeile geben die Fließrichtung des Wassers an

Nachdem Jahrzehnte lang der Abbau auf den zahlreichen Gängen mit Förderung und Wasserhaltung auf Wasserkraftbasis erfolgreich betrieben worden war, reichte um 1850 bei weiterem Abbaufortschritt in die Tiefe die verfügbare Wasserenergie nicht mehr aus. Man konzentrierte deshalb die Wasserkraft auf Kunsträder und Wassersäulenmaschinen zur Wasserhebung und stellte die Förderung auf Dampffördermaschinen um. So erhielten der Lade des Bundes Schacht schon 1847 eine 8-PS-Maschine (damals noch bei *Gelobt Land*), die 1863 bei 340 m Tiefe des Schachtes durch eine 20-PS-Dampfmaschine ersetzt wurde, der Vertrau auf Gott Schacht 1853 bis 1854 eine 20-PS-Dampffördermaschine, der Glückaufschacht 1878 provisorisch eine 6-PS-Dampfmaschine vom *Rothschönberger Stolln* und 1881 bei Erreichen von 486 m Tiefe eine 80-PS-Dampffördermaschine mit eisernem Fördergerüst, 1889 schließlich der Frankenschacht eine Dampfförderanlage. Im Jahre 1882 war der *Rothschönberger Stolln* in den Frankenschacht in 250 m Tiefe eingekommen und brachte der Grube Einsparungen an Wasserhebungshöhe und einen Energiezuwachs. Diesen nutzte man im Frankenschacht sogleich 1883 durch den Einbau einer Wassersäulenmaschine in die 114 m Fallhöhe zwischen dem *Moritzstolln* und dem *Rothschönberger Stolln.*

Als die Grube *Himmelsfürst* 1886 vom Staat übernommen wurde, erstreckte sie sich vom Frankenschacht aus etwa 1,1 km nach Nord, 1,2 km nach Süd, 0,9 km nach West und 1,8 km nach Südost, umfaßte also fast das gesamte Gebiet zwischen St. Michaelis und Langenau, dem Striegistal und der Straße Freiberg – Annaberg. Bei ihrer Stillegung 1913 hatte sie Tiefen bis 662 m erreicht (½17. Gezeugstrecke am Glückaufschacht).

Die Dampfmaschine am Frankenschacht nutzte man ab 1913 zur Elektroenergieversorgung für Brand-Erbisdorf und einige Industriewerke.

In der vierten Hauptperiode des Freiberger Bergbaus wurde *Himmelsfürst* zeitweise von der damaligen SAG Wismut und vom VEB Bergbau- und Hüttenkombinat »Albert Funk« wiedererschlossen. Die Himmelsfürster Bleizinkerze wurden zunächst mit Lastkraftwagen zur Aufbereitung am Freiberger Davidschacht transportiert. Ende 1962 vollendete man in 600 m Tiefe den 10 km langen Förder-Querschlag vom Glückauf Schacht bei *Himmelsfürst* über den Lade des Bundes Schacht und den Zuger Constantinschacht zum Thurmhof- und Davidschacht bei Freiberg und transportierte das Erz untertage in Zügen von 35 Hunden mit Elektrolok zum Davidschacht. Sichtbares Zeichen des Bergbaus im Himmelsfürster Grubenrevier in der vierten Hauptperiode des Freiberger Bergbaus war seit 1953 das 51 m hohe, leicht gestaltete Stahlfördergerüst mit Koepescheibenförderanlage auf dem Glückaufschacht.

Die ältesten aus der Geschichte der Grube *Himmelsfürst* erhaltenen Denkmale sind wohl das Untere Alt Himmelsfürster Huthaus, einst eingeschossig mit Krüppelwalmdach, im 19. Jahrhundert jedoch aufgestockt, die Mauerreste der 1753 bis 1754 erbauten alten Bergschmiede mit Kohlhaus, heute als Schuppen ausgebaut, und der 1770 in Gneis gemauerte und eingewölbte Pulverturm (Lage siehe in Abb. 90). Das Obere Alt Himmelsfürster Huthaus stand auf einer noch erhaltenen Halde auf dem Jung Einhorn bzw. Althimmelsfürst Stehenden südlich der Langenauer Straße.

Die wichtigste Schachtanlage von *Himmelsfürst*, von der auch die meisten Denkmale erhalten sind, ist der Frankenschacht (Abb. 91) in der Nähe des Gangkreuzes vom Teich Flachen mit dem Neuglück Spat. Der Himmelsfürster Fundschacht, um 1650, hatte allerdings etwa 800 m weiter östlich auf dem Alt Himmelsfürst Stehenden gelegen. Der Frankenschacht, seit etwa 1790 so genannt, ist um 1740 senkrecht (saiger) abgeteuft worden und traf in etwa 70 m Tiefe auf einen tonnlägigen Schacht im wichtigsten Erzgang der Grube, dem Teich Flachen. Dieser Schacht wurde bald nach 1740 mit zwei 12 m hohen Kunsträdern ausgestattet, während etwa 40 Jahre lang Haspelknechte aus dem Frankenschacht und dem 82 m östlich gelegenen Dorotheaschacht das Erz und Gestein aus Tiefen bis zur 5. Gezeugstrecke (= 207 m) mühsam mit Handhaspeln förderten. Um die Fördertechnik zu verbessern, baute Kunstmeister Mende 1781 bis 1790 eine Förderanlage, bei der mit einem Kehrrad im Teich Flachen wahlweise aus dem Frankenschacht oder dem Dorotheaschacht gefördert werden konnte. Dazu legte er über dem Kehrrad in einer Gestängekaue Kunstkreuze und von diesen Feldgestänge zum Antrieb der Seiltrommeln an, und zwar 1781 zum Dorotheaschacht und 1790 zum Frankenschacht. Diese Förderanlage machte damals sowohl ihren Erbauer wie auch die Grube *Himmelsfürst* berühmt. Im Jahre 1836 wurde die Förderanlage im Dorotheaschacht aufgegeben und das Gestänge abgebrochen. In der Folgezeit beseitigte man auch das Gestänge zum Frankenschacht, baute dessen Seiltrommel in die Gestängekaue über dem Kehrrad ein und führte die Förderseile von der Seiltrommel durch eine schräge Seilbrücke zum Frankenschacht. Dessen nun von der Seilbrücke geprägte Architektur wurde 1848 auf dem Entwurf einer Himmelsfürster Ausbeutemedaille abgebildet und noch 1910 von dem Bergmannsschnitzer E. D. Kaltofen aus Langenau geschnitzt, der sie in seiner Jugend gesehen hatte. Sein Flachrelief von der Grube *Himmelsfürst* befindet sich heute im Stadt- und Bergbaumuseum Freiberg. Als technische Denkmale der einst berühmten Förderanlage können die 1842 bis 1843 erbaute Gestängekaue auf dem Teich Flachen und das heute als Wohnhaus genutzte Dorothea-Schachthaus gelten (Abb. 91 und Tafelteil, Bild 185). Die zugehörige Halde ebnete man 1890 beim Bahnbau ein. Der Frankenschacht dagegen erhielt als Hauptschacht von *Himmelsfürst* 1869 ein Dampfkunstgezeug, 1886 bis 1889 zwei Fahrkünste, 1889 nach Abbruch des Wassergöpels eine Dampffördermaschine, einen aus Ziegeln errichteten Förderturm und ein eisernes Fördergerüst (s. Tafelteil, Bild 187). Dieser Neubau gehörte zu den Modernisierungsmaßnahmen nach Übergang der Grube in Staatsbesitz 1886. Erhalten ist heute nur der Ziegelbau, der aber selbst noch als Torso die Grube historisch repräsentiert (s. Tafelteil, Bild 188).

Südlich des Frankenschachtes lagen die meisten Aufbereitungsgebäude von *Himmelsfürst*. Einige davon sind heute noch erhalten, wenn auch mehr oder weniger umgebaut. Nur Ruinen zeugen von der 1741 bis 1742 erbauten Unteren Alten oder Gräupel-Wäsche, die unmittelbar am Fuß der aus Gneis gemauerten hohen Haldenböschung stand. Daneben steht noch, allerdings stark umgebaut, das um 1742 erbaute Untere Trocken- und Naßpochwerk (s. Tafelteil, Bild 189). Etwa 100 m südlich liegt die 1853 bis 1854 erbaute Mittlere oder Lange Wäsche (s. Tafelteil, Bild 190). Der Erztransport vom Frankenschacht zu dieser Wäsche erfolgte auf einem noch erhaltenen, 126 m langen Damm und einer aus vier Ziegelbogen bestehenden Brücke. Von dieser sind nur noch die Pfeilerstümpfe erhalten. Das zum Antrieb ihrer Wasserräder erforderliche Aufschlagwasser kam von Langenau im Himmelsfürster Wäschgraben und durch eine 500 m lange Rösche, deren elliptisch gewölbtes Mundloch noch zwischen dem Wäschgebäude und der Eisenbahn zu sehen ist.

In der Mitte des 19. Jahrhunderts baute man bei *Himmelsfürst* nicht nur Aufbereitungsgebäude und Dampfförderanlagen, sondern auch ein neues Huthaus (s. Tafelteil, Bild 186) und ein der erreichten Größe der Grube entsprechendes Verwaltungsgebäude. Von dem 1768 errichteten alten Huthaus wurden 1858 der sehr hohe, für die Bergglocke bestimmte Dachreiter und das Obergeschoß abgebrochen. Das Erdgeschoß deckte man mit einem flachen Walmdach und richtete in dem so wiedergewonnenen Raum die Betstube ein. In diese übernahm man aus dem alten Huthaus die Betstuben-Orgel, die sich heute im Stadt- und Bergbaumuseum Freiberg befindet. Ihr Werk ist um 1650 – vermutlich für einen Adelssitz – gebaut und erst später, vielleicht 1789, von der Grube *Himmelsfürst* übernommen worden. In diesem Jahr versah der Orgelbauer und Tischler Johann Gottlob Müller aus Oberneuschönberg die Orgel mit einem neuen, dem jetzigen Gehäuse, einer neuen Klaviatur und einem neuen Registrierwerk. Im Jahre 1886 schaffte man eine neue Betstuben-Orgel an, die bis zur Stillegung der Grube benutzt wurde und sich heute im Deutschen Museum München befindet.

Gegenüber steht das 1858 bis 1859 als großer zweigeschossiger Bau mit Walmdach errichtete Verwaltungsgebäude.

In dem Dachreiter dieses Hauses hängt die vom alten Huthaus übernommene Glocke mit der Inschrift:

»JOHANN GOTTFRIEDT WEINHOLDT
GOSS MICH IN DRESDEN
ANNO 1773.
HIMMELS FUERSTEN FUND=GRUBE«.

Ein Anbau von 1880 bis 1881 an der Ostseite des Verwaltungsgebäudes diente als »Expedition« und Ausschank für die zahlreichen Bergleute der Grube.

Aus der jüngsten Zeit des Grubenbetriebes stammen das 1891 bis 1892 erbaute Dampf-Trockenpochwerk mit hohem Ziegelschornstein und die 1893 bis 1894 als flacher Industriebau errichtete neue Bergschmiede, die sogar mit einem Dampfhammer ausgerüstet war.

Die 1890 gebaute Bahnstrecke Brand-Erbisdorf – Langenau brachte der verstaatlichten Grube Bahnanschluß. Als Denkmal dieses historischen Entwicklungsschrittes kann der Haltepunkt Himmelsfürst mit dem in Stahlfachwerk konstruierten Eisenbahnviadukt gelten.

Von den sonstigen großen Himmelsfürster Schächten zeugen nur noch einige Halden, Grundmauern und Kunstgrabenreste, so die Halde vom Vertrau auf Gott Schacht, der 1779 einen Wassergöpel, 1853 bis 1854 aber eine architektonisch beachtliche Dampfförderanlage erhielt (s. Tafelteil, Bild 35 und Abb. 90). An dieser Halde standen einst die 1793 bis 1794 errichtete Obere Wäsche und ein 1846 gebautes Trockenpochwerk. Ein elliptisch gewölbtes Mundloch läßt noch erkennen, wo das vom Kehrrad verbrauchte Aufschlagwasser diesen Erzwäschen zufloß. Vom Grüne Rose Treibeschacht sind die ebenfalls große Halde, Reste des 1791 erbauten Pferdegöpel-Treibehauses und das 1775 erbaute, 1852 und in jüngster Zeit nochmals umgebaute Huthaus der Grube *Weißer Schwan samt Volle Rose* erhalten. Fast ganz abgetragen ist die einst große Halde des Reicheltschachtes, der 1815 bis 1816 abgeteuft und 1816 mit einem bis 1893 betriebenen Wassergöpel ausgestattet wurde. Dessen in der Halde gelegene Kehrradstube ist beim Abtragen der Haldenmassen wieder sichtbar geworden (Abb. 92). Reicheltschacht und Vertrau auf Gott Schacht waren durch eine Eisenschienenbahn verbunden, die auf dem heute durch einen Weg genutzten Kunstgrabendamm verlief.

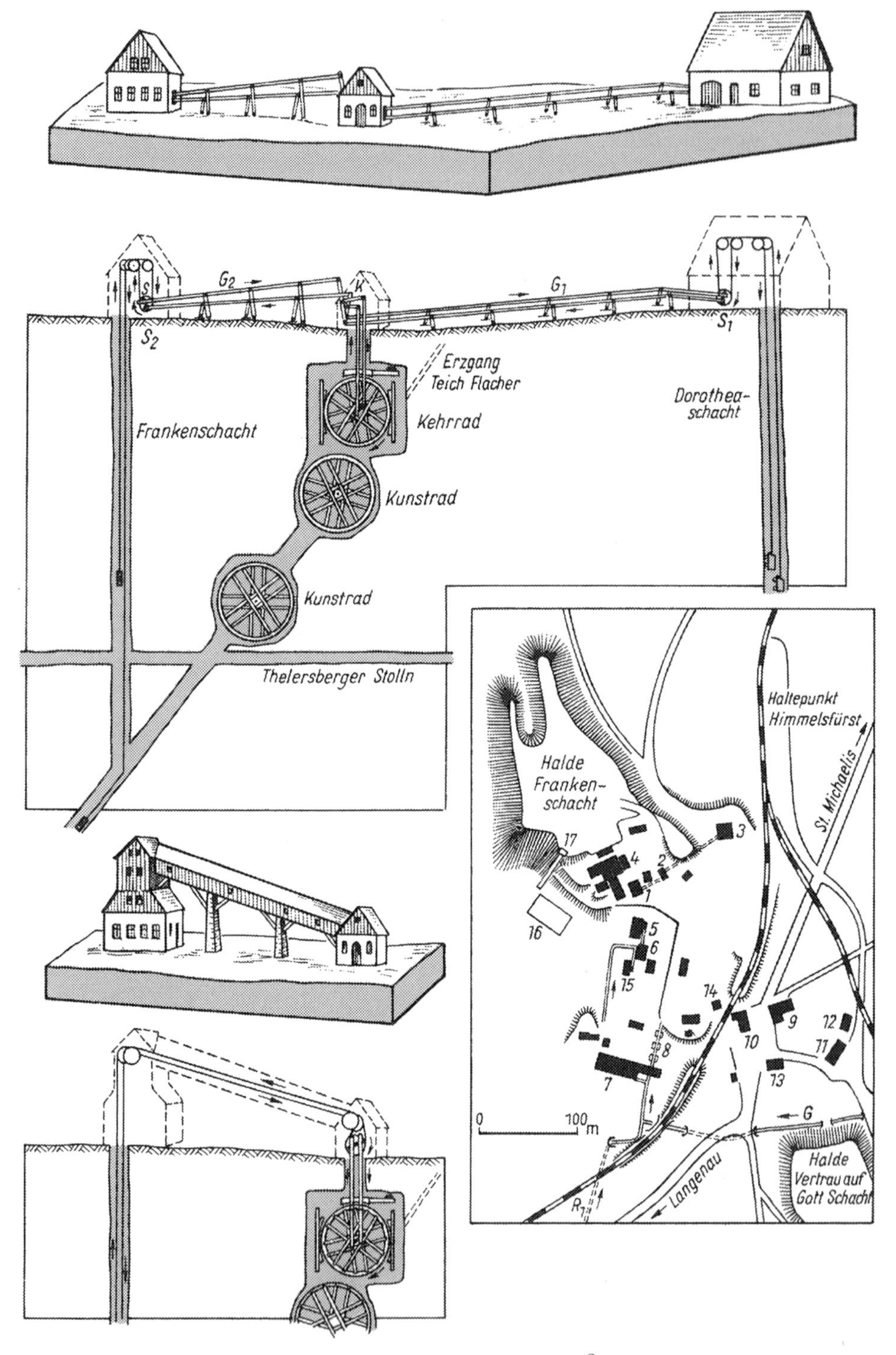

Abb. 91. Historischer Lageplan der Gebäude am Himmelsfürster Frankenschacht (um 1910) und dessen Förderanlage in etwas vereinfachten Skizzen

◀ *Im Lageplan rechts unten:* *1* Frankenschacht, *2* Gestängekaue über dem Kehrrad im Teich Flachen, *3* Dorotheaschacht, gestrichelt: Ehemalige Gestängebahn, *4* Kessel- und Maschinenhaus, *5* Untere Alte Wäsche, *6* Unteres Trocken- und Naßpochwerk, 7 Mittlere Wäsche, *8* zugehörige Brücke, *9* Huthaus, *10* Bethaus (Huthaus von 1768), *11* alte Bergschmiede, *12* Kohlenschuppen, *13* Pferdeställe, *14* Fundschacht auf dem Teich Flachen, *15* Sägewerk, *16* Klärteiche, *17* Schlammaufzug (zur Ablagerung des Wäschsandes auf der Halde)
R Röschen, *G* Kunstgräben und Wäschgräben (Pfeile zeigen die Fließrichtung des Wassers an). R_1 Rösche des Himmelsfürster Wäschgrabens (von Langenau), *G* Graben vom Vertrau auf Gott Schacht.

Links von oben nach unten: Ansichtsskizze der 1782 bis 1790 von J. F. Mende erbauten Förderanlage, darunter vereinfachte Funktionsskizze. Über dem 10,5 m hohen Kehrrad Gestänge zu den Kunstkreuzen *K*, von dort nach rechts das 73 m lange Gestänge G_1 zum Dorotheaschacht, nach links das 29 m lange Gestänge G_2 zum Frankenschacht, der saiger abgeteuft ist und sich in etwa 70 m Tiefe in dem tonnlägigen Kunstschacht im Teich Flachen fortsetzt. S_1, S_2 die zugehörigen Seiltrommeln (etwa 1,5 m Durchmesser), darüber die Seilscheiben (etwa 2 m Durchmesser). Darunter: Antriebs- und Funktionsskizze nach dem Abwerfen der Gestänge, Einbau der Seiltrommel über dem Kehrrad und Seilführung in einer Seilbrücke zum Frankenschacht (1836 bis 1889)

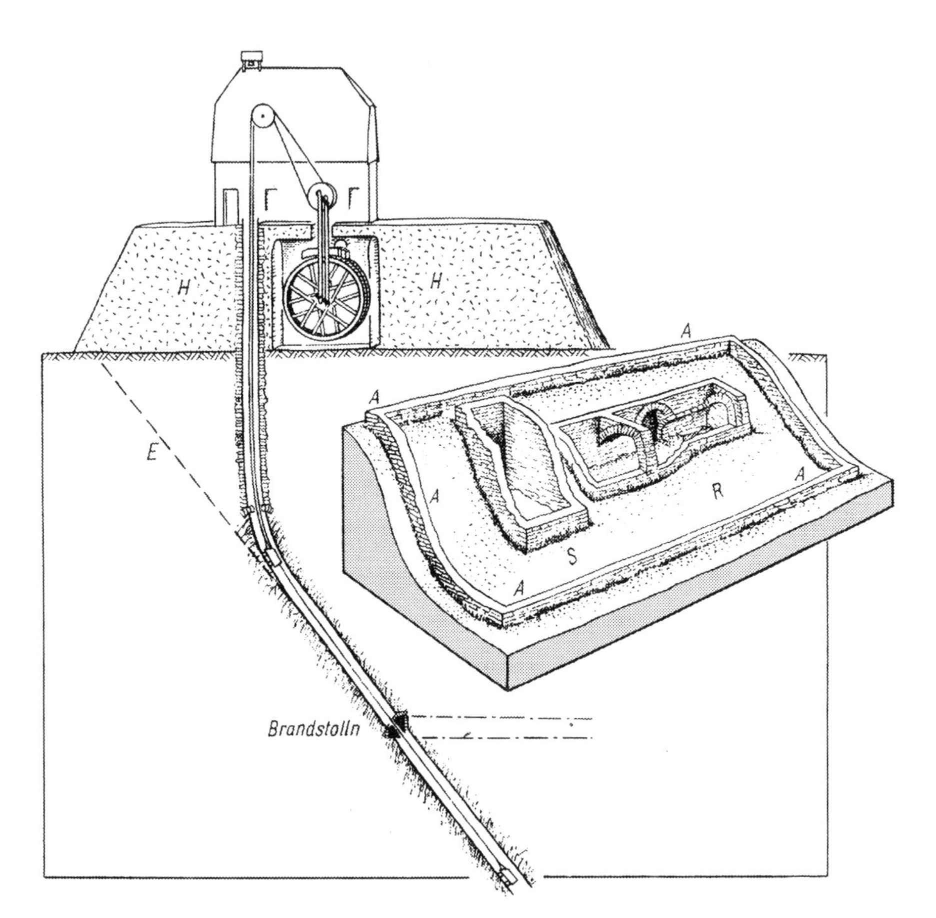

Abb. 92. Etwas vereinfachter Schnitt durch den Wassergöpel des Reicheltschachtes von *Himmelsfürst Fundgrube* bei Erbisdorf und – im Raumbild – die 1981 freigelegten Mauerfundamente

In der Halde *H* die Radstube mit Kehrrad, doppelten Gestängen, Aufschlaggerinne und gewölbter Aufschlagrösche, auf der Halde das Treibehaus, mit Seilscheiben und Kunstglocke.
Der Schacht ist zunächst saiger abgeteuft und verläuft dann im Erzgang *E* tonnlägig. Im Raumbild: *A* – *A* Aufsattelung und Fundamente des Treibehauses, *S* Schacht, *R* Radstube mit dem Aufschlagröschengewölbe in der Längsmauer

Vom Lade des Bundes Treibeschacht ist ebenfalls noch die große Halde erhalten, während von dem einst repräsentativen turmartigen Schachtgebäude und den Nebenanlagen nichts mehr steht, nur südlich der Halde teils als Wohnhaus, teils als Ruine die 1869 errichtete Gelobt Lander Wäsche. Im Gelände kann man noch den bis 3 m hohen Kunstgrabendamm verfolgen, der der Gelobt Lander Wäsche das Wasser vom Gelobt Land Teich zuführte. Etwa 40 m östlich der Wäsche steht »Neuberts Bergschmiede«, ein niedriges, eingeschossiges Haus aus dem 18. Jahrhundert. Gut erhalten ist das Gelobt Land Huthaus von 1740, also aus einer Zeit, als die Grube noch nicht zu *Himmelsfürst* gehörte (s. Tafelteil, Bild 184). Auf der Halde des Glückaufschachtes an der Straße nach Langenau stehen heute auch Gebäude der Nachfolgeindustrie.

Wie *Churprinz*, *Himmelfahrt* und andere große Gruben, so hatte auch *Himmelsfürst* im 19. Jahrhundert einen hohen Energiebedarf und deshalb im Laufe der Zeit ein sehr differenziert gestaltetes und optimiertes System der Wassernutzung. Den größten Teil des Wassers bezog *Himmelsfürst* aus dem Kohlbachgraben, der am Teich von *Gelobt Land* endete. Dessen Wasser floß zunächst auf die Gelobt Lander Wäsche, dann teils zum Kehrrad des Wassergöpels vom Reichelt Schacht, teils zum Wassergöpel des Vertrau auf Gott Schachtes und zum Frankenschacht und den zugehörigen Aufbereitungsanlagen. Weiteres Aufschlagwasser erhielt *Himmelsfürst* aus den Langenauer Pochwerksteichen, die heute als Badeteich genutzt werden, über den wohl schon von PLANER um 1560 für die Gruben von St. Michaelis angelegten Himmelsfürster Wäschgraben, der 1742 der Grube *Himmelsfürst* zugeführt wurde.

Am Frankenschacht betrieb das Aufschlagwasser von Langenau und das vom Vertrau auf Gott herkommende Wasser zuerst die Wasserräder der Mittleren Wäsche, dann die des Unteren Pochwerks, einer 1876 erbauten Brettmühle und der Unteren Wäsche und schließlich am Frankenschacht untertage das Kehrrad und die zwei Kunsträder. Das Aufschlagwasser floß dann auf dem *Thelersberger Stolln* in die Striegis, das gehobene Grundwasser zunächst auch, später auf dem 21 m tieferen *Neuen Segen Gottes Stolln* in die Striegis, seit 1854 auf dem 54 m tiefer gelegenen *Moritzstolln* in die Mulde, seit 1882 über den nun bis *Himmelsfürst* reichenden, etwa 250 m unter Gelände liegenden *Rothschönberger Stolln* in die Triebisch. Das bisher auf dem *Moritzstolln* abfließende Wasser wurde nun mit 115 m Fallhöhe zum Betrieb der zwei auf dem *Rothschönberger Stolln* stehenden Wassersäulenmaschinen genutzt.

Denkmale der eingangs erwähnten, seit 1783 als Beilehn von *Himmelsfürst* betriebenen Grube *Sieben Planeten Erbstolln* westlich der Striegis bei Linda sind im nördlichen Teil des Struthwaldes die Reste des 1790 bis 1791 angelegten Kunstgrabens und an dessen Ende am Kunstschacht das ebenfalls 1790 erbaute, heute etwas veränderte Huthaus, einst mit Bergschmiede und Betstube. Zu *Sieben Planeten* gehörten u. a. auch das gewölbt gemauerte Mundloch des Weißhaldner Stollns unterhalb des Huthauses an der Striegis und am Friedhof von Linda das ziemlich verschüttete, elliptisch gewölbte Mundloch des *Neuen Tiefen Segen Gottes Stolln.*

Am Nordrand des Freiwaldes lag zwischen der Straße Freiberg – Annaberg und dem Ort Langenau die seit 1767 nachweisbare, aber unbedeutende, 1886 eingestellte *Hoffnung Gottes Fundgrube.* Unterhalb einer steilen Halde steht noch das um 1780 erbaute Huthaus und in dessen Verlängerung die in jüngerer Zeit aufgestockte Scheidebank. An deren Nordostecke kündet eine Sandsteintafel in Kursivschrift von der ehemaligen Bedeutung dieses Hauses: »Huthaus zur Hoffnung Gottes Fdgr.«.

An die im 18. Jahrhundert betriebene Grube *Himmlischer Vater Erbstolln* erinnert das auf einer kleinen Halde stehende, in späterer Zeit etwas veränderte Huthaus am westlichen Talhang der Striegis bei Langenau.

13.16. Der Alte Hoffnung Erbstolln bei Schönborn an der Zschopau

Nördlich vom Treppenhauer bei Sachsenburg, im Gebiet Schönborn – Dreiwerden an der Zschopau, sind dem dortigen Granulit und Cordieritgneis in etwa 10 bis 12 km NW-SO- und 2 bis 3 km NO-SW-Erstreckung mehrere Gänge der fluorbarytischen Bleiformation eingeschaltet.

Gruben bei Sachsenburg, so der *Joseph Marien Erbstolln* am Schenkberg (Abb. 93), *Reicher Segen Gottes* und *Neuer Segen Gottes*, waren teils unbedeutend, teils nur in früheren Perioden, vor 1800, von Wichtigkeit. Mit dem 627 m langen *Joseph Marien Erbstolln* wollte man im 18. Jahrhundert die Gänge, auf denen mittelalterlicher Bergbau Pingenzüge hinterlassen hat, in 80 m Tiefe erschließen. Nach 1748 ist der *Joseph Marien Erbstolln* nicht mehr in Betrieb gewesen. Sein Huthaus steht noch heute – weithin sichtbar – auf dem Schenkberg. Am Treppenhauer selbst wurden von der Zschopau aus bis ins 18. Jahrhundert der über 1 km lange *Treppenhauer Stolln*, der *Segen Gottes Stolln* und der *Churprinz Stolln* unter die mittelalterlichen Grubenbaue vorgetrieben, allerdings ohne daß sich intensiver Abbau entwickelte. Auch in dem von zahlreichen Pingen und Halden mittelalterlichen Bergbaus bedeckten sogenannten Erzberg bei Biensdorf fanden im 18. bis 19. Jahrhundert – bis 1831 – allerdings unbedeutende Bergbauversuche auf Silber und Kupfer statt, so in den Gruben *Linßgrube* und *Hülfe des Herrn*.

Der *Sachsenstolln* an der Straße unterhalb der Sachsenburg wurde 1701 bis 1821 – mit großen Unterbrechungen – zur Entwässerung der Grube *Reicher Segen Gottes* vorgetrieben, deren Huthaus noch im Ort Sachsenburg steht. Die Grube förderte im wesentlichen vor 1700 Kupfer und Kupfervitriol, wenn auch nur in geringen Mengen.

Weitere unbedeutende Gruben waren der *Goldner Prinz Stolln* bei Zschöppichen, bei Krumbach der ältere *Baldglück Stolln* mit Kunst- und Treibeschacht und der dazu 1852 bis 1861 18 m tiefer vorgetriebene *Tiefe Bald Glück Stolln*. Beide Stollnmundlöcher sind technische Denkmale. Bei Krumbach wurde auch bis 1837 eine Erzwäsche mit einem Naßpochwerk mit zwei Stempeln und einem Stoßherd betrieben, deren Gebäude noch erhalten ist.

Die im 19. Jahrhundert wichtigste Erzgrube an der Zschopau war der *Alte Hoffnung Erbstolln* bei Schönborn, die auch den 1775 als Eigenlöhnergrube wiederaufgenommenen *Wildemann Stolln* umfaßte. Dieser Stolln erschloß in einem Gebiet uralten Bergbaus mehrere Gänge, besonders aber den Clementine Spat als wichtigsten Erzgang der *Alten Hoffnung*, auf dem man ab 1835 den Clementine Kunst- und Treibeschacht abteufte. Dieser Gang der fluorbarytischen Bleiformation wurde im Bereich des Schachtes – aber auch nur dort – mit 2,5 bis 7 m Mächtigkeit und ziemlich reichen Erzen angetroffen. So lieferte die Grube um 1860 bis 1880 mit etwa 200 Mann Belegschaft jährlich etwa 450 t Blei und 360 kg Silber, insgesamt von 1835 bis 1885 etwa 20000 t Erz mit 11000 t Blei und 18400 kg Silber.

Der Hauptschacht der Grube war der 286 m tiefe Clementine Kunst- und Treibeschacht, von dem heute übertage noch die Halde und einige Fundamentreste erhalten sind. Zur Förderung benutzte man bis 1849 einen Handhaspel, dann einen Pferdegöpel. Zum Antrieb des Kunstgezeuges im Clementine Schacht bauten BRENDEL und BRAUNSDORF dort im Jahre 1843 die erste Turbine im Freiberger Bergbau ein (Abb. 93). Es war eine FOURNEYRON-Turbine, deren horizontal liegendes Laufrad 2,23 m Durchmesser hatte und das Aufschlagwasser mit einer Fallhöhe von 2,08 m nutzte. Mittels Kegelradgetriebes, Übersetzungen und unrunder Scheibe wurde die Bewegung auf ein etwa 6 m langes Streckengestänge und über halbe Kunstkreuze auf das Schachtgestänge des Kunstgezeuges übertragen. Da der Schacht im Jahre 1865 noch eine zweite Turbine mit Kunstgezeug erhielt, findet man heute an der Zschopau die beiden Aufschlagröschenmundlöcher von 1843 und 1865 sowie zwei Abzugsröschenmundlöcher. Die Gesamtanlage ist wasserbautechnisch insofern besonders interessant, als die Röschen bloß die dortige große Zschopauschleife untertage abschneiden und dadurch die für die Turbine nutzbare Fallhöhe erbringen.

Der Eisenbahnstolln (s. Tafelteil, Bild 192) diente von 1859 bis 1885 der Erzförderung nach übertage in die 1854 erbaute Erzwäsche nach Dreiwerden. Der Transport erfolgte auf dem 900 m langen »Erzweg« mit einer Pferdeeisenbahn.

Das Huthaus von *Alte Hoffnung Erbstolln* enthielt bis 1885 die Betstube, die Steigerstube, die Verwaltung der Grube und die Obersteigerwohnung (s. Tafelteil, Bild 191). In dem jetzt entfernten, aber wieder zu restaurierenden Dachreiter schlug einst das 1871 erbaute 100-PS-Dampfkunstgezeug des Hermann-Kunstschachtes das Kunstglöckchen an.

Im Gebiet der Zschopau-Schleife unterhalb der *Alten Hoffnung* lagen mehrere einst selbständige und zum Teil auch noch im 19. Jahrhundert betriebene Gruben, so u. a. der *Diebshäusel Stolln*, der *Dachsloch Stolln*, der *Linsgrube Stolln*, der *Goldene Prinz Stolln*, alles nur kleine Betriebe ohne jegliche Bedeutung.

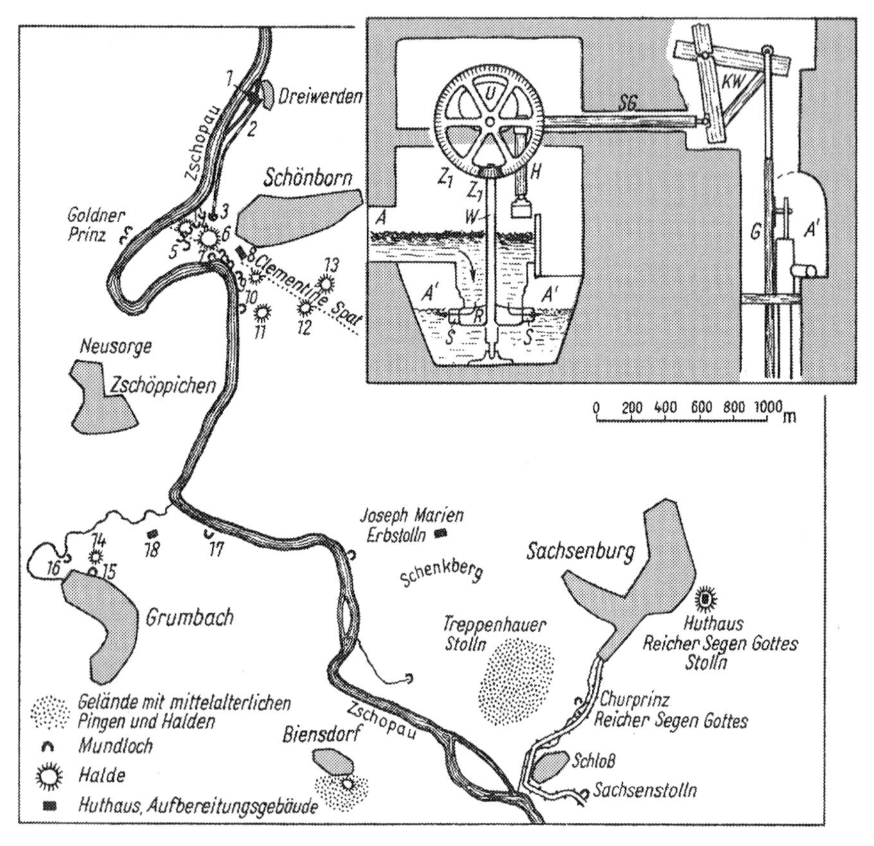

Abb. 93. Der *Alte Hoffnung Erbstolln* und andere Gruben bei Sachsenburg-Schönborn an der Zschopau

Lageplan: 1 Wäsche der *Alten Hoffnung, 2* Erzbahn, *3* Mundloch des Eisenbahnstollns, 4 Umbruch als Abzugsrösche (links) und rechts daneben die jüngere Abzugsrösche, *5* Mundlöcher des *Goldbachstollns* (rechts) und des *Alte Hoffnung Stollns* (links), *6* Halde des Clementine-Kunstschachtes und des Hermannschachtes, 7 von links nach rechts Mundlöcher eines unbenannten Stollns, der *Linßgrube*, der jüngeren und der älteren Aufschlagröschen, *8* Huthaus von *Alte Hoffnung Erbstolln, 9 Diebshäuselstolln, 10 Wildemann-Stolln, 11* Karlschacht, *12* Albertschacht, *13* Friedrichschacht; *14 Bald Glück* Kunstschacht, *15* Aufschlagrösche, *16* alter *Bald Glück Stolln* (zugleich Abzugsrösche), *17* neuer *Bald Glück Stolln, 18* Huthaus.
Rechts oben: Das 1843 erbaute Turbinenkunstgezeug der *Alten Hoffnung,* die erste Turbine im Freiberger Bergbau (vereinfacht nach Brendel u. Braunsdorf 1839), *A* Aufschlagrösche, *A'* Abzugsrösche, *R* Turbinenrad, *S* Schaufel, *W* Welle, Z_1, Z_2 Zahnräder (Kegelradgetriebe), *H* Hebel, der von der unrunden Scheibe *U* bewegt wird, *SG* Streckengestänge, *KW* Kunstwinkel, *G* Schachtgestänge mit Pumpe

Alle technischen Denkmale des Grubenkomplexes an der Zschopau über- und untertage werden von der Arbeitsgruppe des Kulturbundes »Historischer Erzbergbau Schönborn-Mittweida« betreut, die einige der Anlagen, z. B. das Mundloch des *Wildemann Stollns*, restauriert hat.

13.17. Der Segen Gottes Erbstolln, Gersdorf bei Roßwein

Die Arbeitsgruppe »Historischer Erzbergbau Etzdorf/Gersdorf« des Kulturbundes betreut die Bergbau-Denkmale in der abseits vom Freiberger Revier, 20 km nordwestlich von Freiberg, bei Gersdorf an der Freiberger Mulde östlich von Roßwein gelegenen einstigen Erzlagerstätte. Meist SW-NO-streichende, steil nach NW einfallende und 0,1 bis 4 m mächtige Gänge der fluorbarytischen Bleiformation mit Bleiglanz, Zinkblende, Schwefelkies, Kupferkies und reichen Silbererzen durchziehen hier am Nordostrand des Granulitgebirges den klüftigen Flasergabbro, endeten aber an dessen Grenze gegen den auflagernden Phyllit. An der Gesteinsgrenze waren die Gänge besonders reich vererzt (Abb. 94).

Möglicherweise begann der Gersdorfer Bergbau schon im 13. Jahrhundert oder vorher, wie zahlreiche, noch heute erkennbare kleine Halden und Pingen auf dem Aaron Morgengang vermuten lassen. Aus der Zeit um 1600 bis 1700 sind bei Gersdorf zahlreiche kleine Gruben als erzliefernd urkundlich belegt, z. B. *Engelschaar Fundgrube* (1597 bis 1601), *Himmlisch Heer Fundgrube* und *Eschner Stolln* (1597 bis 1615), *Himmlisch Heer, untere 2. u. 3. Maß* (1597 bis 1615), *Himmlisch Heer, obere 2. u. 3. Maß* (1597 bis 1611), *Neuer Segen Gottes Erbstolln* (1733), *Neuer Hilfe Gottes Erbstolln* (1731 bis 1735). Für die Gersdorfer Gruben jener Zeit arbeitete eine dort an der Mulde gelegene Schmelzhütte.

Die wichtigste Grube bei Gersdorf war jedoch *Segen Gottes Erbstolln.* Sie lieferte seit 1679 Erz (Tabelle 27), er-

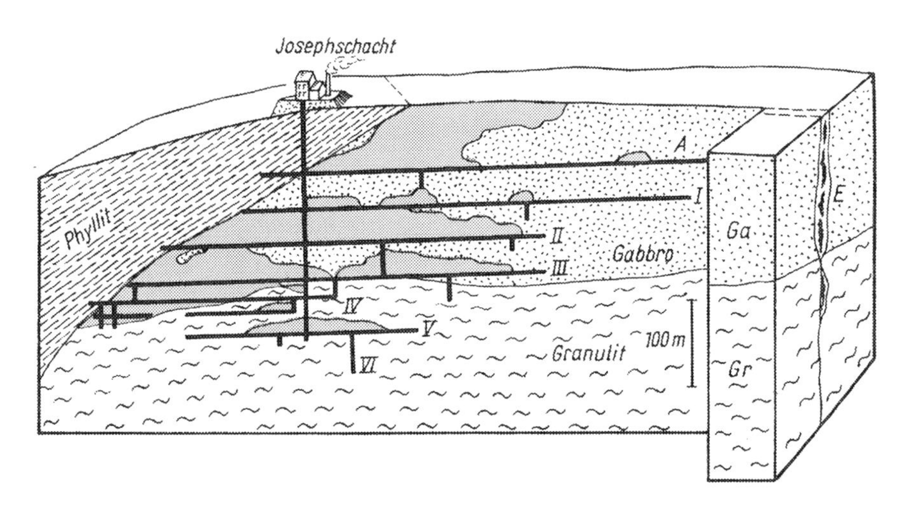

Abb. 94. Die Erzführung des Joseph-Morgenganges im *Segen Gottes Erbstolln,* Gersdorf bei Roßwein, in Abhängigkeit vom Nebengestein der Gänge (nach C. H. Müller, 1901)

E Erzgang, schematisch geschnitten, *Grau:* Reich vererzte Gangpartien, durch Firstenbaue abgebaut, vorwiegend im Bereich des Gabbros und unter der Grenze Phyllit/Gabbro, *A Adam Stolln, I* bis *VI* Gezeugstrecken, jeweils im Höhenabstand von etwa 40 m, aufgeschlossen in folgenden Zeitabschnitten: *I:* um 1810, *II* 1835, *III:* 1845, *IV:* 1855, *V:* 1855–1874, *VI:* 1877

Tabelle 27. Erzlieferung, Zubuße und Ausbeute sowie Belegschaft der Grube *Segen Gottes Erbstolln*, Gersdorf bei Roßwein

Betriebsperiode Jahr	Erzlieferung		Z: Zubuße F: Freibau V: Verlag A: Ausbeute Thaler	Belegschaft (Mann)
	Menge	Thaler		
1682 bis 1701	650 kg Silber	?		1697: 127 davon: 2 Steiger 32 Häuer 34 Knechte und Jungen 59 in Aufbereitung
= Jahresdurchschnitt	3,4 kg Silber 147,0 kg Kupfer			
1739 bis 1800	10 300 kg Silber in 15 000 t Erz	517 480	1779/1792 V: 22 528	
= Jahresdurchschnitt	170 kg Silber	8 500	V: 1 730	
1801/1821	635 kg Silber in 500 t Erz	34 403		1812: 57
= Jahresdurchschnitt	31,8 kg Silber	1 720		
1829 bis 1885				1831: 36, davon: 2 Steiger 18 Häuer 9 Gezeugarbeiter und Zimmerlinge
1860		10 169	A: 2 061	
1861		20 934		
1862		43 289	A: 19 500	
1863		40 331		1852: 447 = Maximum
				um 1860: 300
1868	916 t	72 975	Z: 417	318
1869	909 t	65 553	Z: 1 295	330
1870	794 t	53 903	F	290
1871	848 t	55 942	F	255
1872	582 t	28 831	F	143
1873	525 t	37 666	F	135
1874	453 t	34 490	F	136
		Mark:	Mark:	
1875	321 t	82 957	F	101
1876	299 t	52 496	F	112
1877	365 t	82 666	F	118
1878	164 t	15 455	F	38
1879	38 t	4 528	F	30

Fortsetzung Tabelle 27

Betriebsperiode Jahr	Erzlieferung		Z: Zubuße F: Freibau V: Verlag A: Ausbeute Thaler	Belegschaft (Mann)
	Menge	Thaler		
1880	15 t	2 136	Z: 2 136	8
1881	3 t	281	Z: 7 254	7
1882	–	–	Z: 7 425	8
1883	–	–	Z: 7 417	8
1884	–	–	Z: 7 447	8
1885	–	–	Z: 3 720	1

Juli 1885: Grube aufgegeben

reichte bei etwa 400 Mann Belegschaft im 19. Jahrhundert eine Tiefe von etwa 300 m und war bis 1885 in Betrieb.

Schon im 18. Jahrhundert rüstete man die Grube mit leistungsfähigen technischen Anlagen aus, von denen beachtliche Reste im Gelände noch erhalten sind (Abb. 95). Bis zum Bau der Krebsteiche, 1743, hob ein etwa 250 m langes Feldgestänge im Maschinenschacht das Wasser und goß es hoch am Hang in einen Kunstgraben aus. In diesem floß es nach Südosten zum Klengelschacht und betrieb dort ein Kunstrad. Im Jahre 1743 wurden der Neue Kunst- und Treibeschacht und zum Betrieb des Kunstgezeugs die Krebsteiche und der untere Kunstgraben (s. Tafelteil, Bild 194) fertiggestellt, 1756 auf dem Alten Kunst- und Treibeschacht ein Pferdegöpel aufgestellt, dessen Schachthaus und Huthaus noch erhalten sind. Im Jahre 1778 erhielt der Neue Kunst- und Treibeschacht ein 12,5 m hohes Kunstrad und zur Förderung ein 9,7 m hohes Kehrrad. Wasserräder an der Mulde betrieben seit 1791 ein Feldgestänge zum Maschinenschacht und seit 1810 ein weiteres, 335 m langes Feldgestänge zum Wolfgangschacht. Die Bahn dieses Gestänges ist im Gelände und an »Gestängetunneln« noch deutlich erkennbar (s. Tafelteil, Bild 195). Während der Zeit von 1788 bis 1818 legte man vom Pietzschbach im Zellwald bis zu den Krebsteichen einen Kunstgraben mit zwei Röschen bei Marbach an, so daß nun auch das Pietzschbachwasser für *Segen Gottes* genutzt werden konnte. Der schon 1680 an ADAM HEINRICH VON STARSCHEDEL verliehene *Adam Stolln* erhielt 1811 sein jetziges, breites Mundloch (s. Tafelteil, Bild 193), da man nun den Stolln nicht nur zum Wasserabfluß, sondern auch zur Förderung des Erzes per Kahn, ab 1833 per Eisenschienenbahn zur Wäsche einrichtete.

Im 19. Jahrhundert wurde beim *Segen Gottes Erbstolln* weiter konventionelle Bergmaschinentechnik angelegt, so 1848 ein Pferdegöpel auf dem Wolfgangschacht. Das Kunstgezeug in diesem Schacht wurde weiter mit dem Feldgestänge betrieben, dessen Wasserrad aber 1845 durch eine Turbine von etwa 2 m Durchmesser ersetzt. Sicher ein nicht oft zu registrierender Fall: Altertümliche Kraftübertragung mit damals moderner Antriebsmaschine!

Moderne Anlagen folgten. BRENDEL hatte schon 1826 bis 1833 im Josephschacht seine dritte Wassersäulenmaschine gebaut, und zwar eine mit zwei Zylindern untereinander. Die für diese Maschine angelegten imposanten Gewölbe untertage sind noch erhalten.

Schon 1849 wurde am Josephschacht zusätzlich zur Wassersäulenmaschine übertage eine Dampfmaschine aufgestellt, die über gußeiserne Kunstkreuze ein Kunstgezeug mit Druckpumpen antrieb; 1853 bis 1854 folgte auf dem gleichen Schacht eine 30-PS-Dampffördermaschine, die 1857 bis 1858 durch eine 80-PS-Dampf-

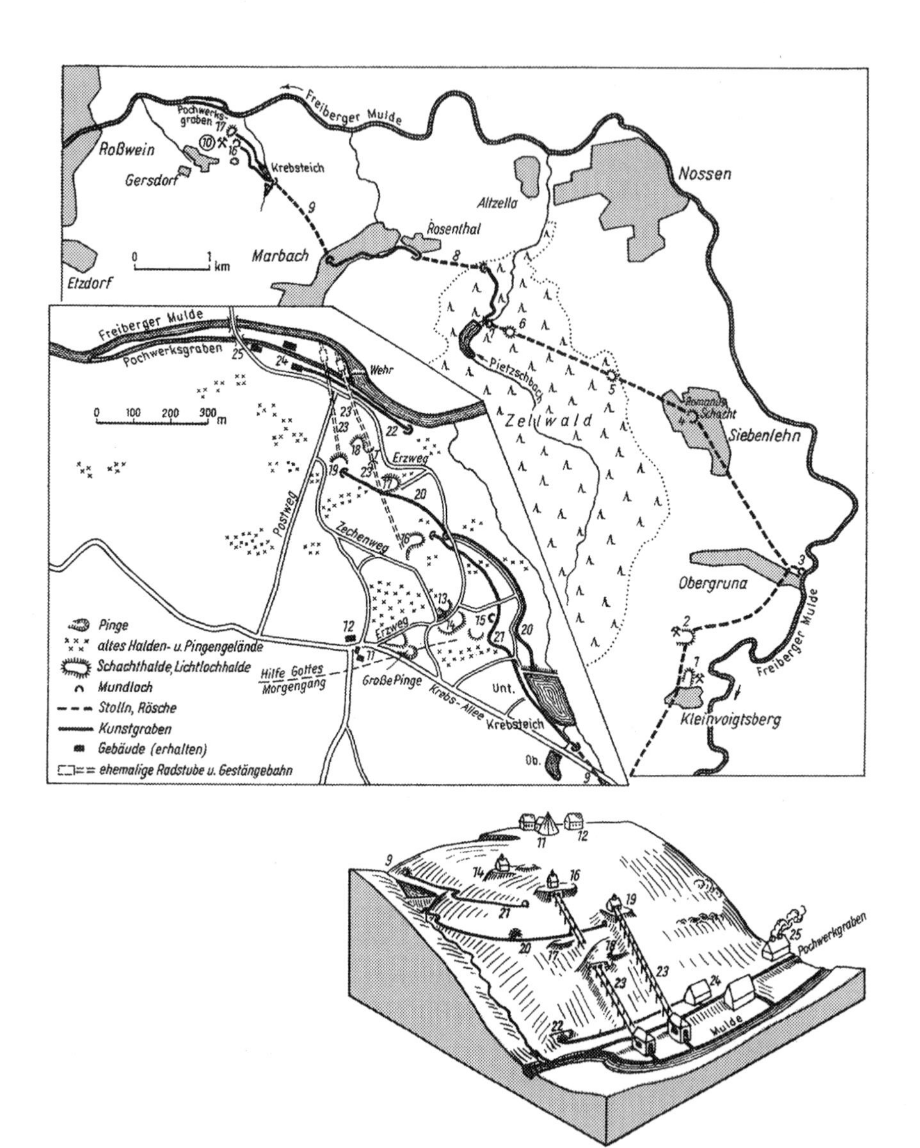

Abb. 95. Die Wasserversorgung *(Hauptkarte)* und Einzelanlagen *(links unten und Raumbild)* vom *Segen Gottes Erbstolln,* Gersdorf bei Roßwein
(*TD* technisches Denkmal)
1 Alte Hoffnung Gottes, 2 Gesegnete Bergmanns Hoffnung, 3 Tiefe Hilfe Gottes Stolln Mundloch (*2–3* Stolln), *4* Romanus-Treibeschacht, *5* Lichtloch-Halde *(TD), 6* Lichtloch-Halde, *7* Mundloch vom *Adolph Stolln (TD),* daneben Pietzschbach-Teichdamm, *(TD)* (*3–7* Stolln), *8* Rosenthaler Rösche *(TD), 9* Marbacher Rösche, *10* Gelände vom *Segen Gottes Erbstolln, 11* Alter Kunst- und Treibeschacht mit Obersteigerwohnhaus und Betstube *(TD), 12* Bergschänke mit Bergmannsquartieren *(TD),* dahinter Schenkschacht (mit Pinge), *13* Klengelschacht, daneben Grundmauern der Bergzimmerei *(TD), 14* Neuer Kunst- und Treibeschacht, *15* Danielschacht mit Röschenmundloch *(TD), 16* Josephschacht (Halde), *17* Wolfgangschacht *(TD), 18* Lichtloch, *19* Maschinenschacht, *20* Unterer Kunstgraben *(TD), 21* Oberer Kunstgraben *(TD), 22* Mundloch des *Adamstollns (TD),* nach links Kanal bzw. Eisenschienenbahn, *23* ehemalige Feldgestänge-Bahnen (im Gelände noch erkennbar), *24* Erzwäschen am Pochwerksgraben, *25* Schmelzhütte (Mauerreste)

maschine ersetzt wurde. Trotz der Dampfmaschinen blieben auch beim *Segen Gottes Erbstolln* Wasserkraftmaschinen weiterhin im Einsatz oder wurden gar neu gebaut, so 1855 eine kleine Wassersäulenmaschine im Constantinschacht, 1863 eine zweite stärkere Wassersäulenmaschine im Josephschacht, um die Kunstgezeug-Dampfmaschine stillzulegen, 1867 eine Wassersäulenmaschine in dem ab 1863 geteuften Danielschacht und um 1863 für das Kunstgezeug im Wolfgangschacht eine Turbine, die nun das Feldgestänge überflüssig machte.

Von diesem für den sächsischen Erzbergbau des 19. Jahrhunderts typischen energetischen Verbundsystem mit Wasserkraft vorrangig für die Wasserhebung und Dampfkraft für die Förderung sind bei *Segen Gottes Erbstolln* im Gelände noch die Anlagen der bergmännischen Wasserwirtschaft weitgehend erkennbar (Abb. 95). Vom »oberen Spiegel des Krebsteiches« ausgehend, baute man 1844 einen oberen Kunstgraben und eine obere Rösche zum Josephschacht, wodurch das Wasser für die Wassersäulenmaschinen etwa 7,7 m mehr Fallhöhe erhielt, die Maschinen also eine entsprechend höhere Leistung liefern konnten. Im Jahre 1843 legte man im Pietzschbachtal im Zellwald einen Kunstteich an und führte sein Wasser durch die Marbacher Röschen und Kunstgräben der Grube zu. Um dem *Segen Gottes Erbstolln* noch mehr Aufschlagwasser zur Wiedererschließung der 1784 ersoffenen tiefen Sohlen zu verschaffen, trieb man zwischen dem *Tiefe Hilfe Gottes Stolln* bei Obergruna und dem Pietzschbachtal im Zellwald nordwestlich Siebenlehn 1803 bis 1817 und 1837 bis 1864 den 5,433 km langen *Adolph Stolln* vor. Sein elliptisch gewölbtes Mundloch nennt im Schlußstein das Jahr 1803 als Baubeginn. Mit dieser energiewirtschaftlichen Maßnahme konnte die Maschinenleistung der Grube um 142 PS erhöht werden. Trotz des hohen Aufwandes für diese an sich geringe Leistungssteigerung war die durch den *Adolph Stolln* gewonnene Wasserkraft noch immer etwas billiger als die Dampfkraft am Ort dieser Grube. Der *Adolph Stolln* bietet uns aus historischer Sicht neben dem *Rothschönberger Stolln* einen besonderen Einblick in die Leistung der bergmännischen Wasserwirtschaft des Freiberger Reviers. Floß ein Teil des vom Kunstgrabensystem gelieferten Wassers nach Nutzung seiner Energie auf dem *Rothschönberger Stolln* in die Triebisch ab, so floß ein anderer Teil dem *Churprinz* zu, gelangte dort zusammen mit dem verbrauchten Aufschlagwasser der Gruben *Christbescherung*, *Alte Hoffnung Gottes* und *Gesegnete Bergmannshoffnung* sowie mit dem in diesen Gruben gehobenen Grundwasser in den *Treue Sachsen Stolln*, von diesem in den *Tiefen Hilfe Gottes Stolln*, von diesem aber zusammen mit »rückwärts« in den Stolln geleitetem Muldenwasser in den *Adolph Stolln* und damit in das Kunstgrabensystem von *Segen Gottes Erbstolln* bei Gersdorf, um dort nach etwa 9 km Lauf durch die Stolln, Röschen und Gräben nochmals Energie für die Maschinen zu liefern und erst dann, aus dem *Adam Stolln* tretend, das Bergrevier zu verlassen.

13.18. Der Bergbau von Mohorn, Munzig und Scharfenberg

Ebenfalls abseits vom Freiberger Revier, verwaltungsmäßig aber zu diesem gehörig, gab es einst Bergbau bei Mohorn, 12 km nordöstlich von Freiberg, Munzig, am Triebischtal 10 km südwestlich von Meißen, und Scharfenberg, westlich der Elbe 6 km südöstlich von Meißen. An allen drei Orten, insbesondere bei Scharfenberg, treten in verschiedenen Gesteinen des Grundgebirges wenige Erzgänge der typischen Freiberger Gangformationen auf.

Bei Mohorn begann der Bergbau im 15. Jahrhundert, blieb aber stets unbedeutend. Die 1779 bis 1894 betriebene Grube *Erzengel Michael* westlich von Mohorn erhielt um 1790 ein Kunstgezeug, und 1850 stellte man auf dem etwa 45 m tiefen Schacht sogar eine Dampfmaschine auf. Heute zeugt nur noch eine Halde von dieser Grube.

Bei Grund, etwa 2 km südöstlich von Mohorn, sind von kleineren Gruben des 15. bis 19. Jahrhunderts am Hang des Triebischtals einige mehr oder weniger verfallene Stollnmundlöcher und Halden sowie Reste von Kunstteichen und eines Kunstgrabens erhalten.

Ebenfalls nur Halden sind noch von dem Bergbau bei Munzig vorhanden, der 1514 begann, im 16. Jahrhundert eine eigene Schmelzhütte besaß, um 1600 einging und im 18. Jahrhundert nochmals, aber nur mit Zubuße, betrieben wurde. Von 1831 bis 1866 förderte wieder eine

Gewerkschaft Arsenkies und Kalkstein, erzielte damit jedoch auch keinen Gewinn.

Bedeutender war der Bergbau von Scharfenberg, wo etwa 50 silberführende Erzgänge der Edlen Braunspatformation bekannt wurden. Die seit 1294 urkundlich belegten Gruben unterstanden dem Bischof von Meißen, der eigene Münzen prägte und »seine« Scharfenberger Gruben erfolgreich gegen die Ansprüche der Meißner Markgrafen verteidigte. Erst mit dem Erlöschen des Bistums in der Reformation fiel der Scharfenberger Bergbau den sächsischen Kurfürsten zu.

Die Hauptperioden des Scharfenberger Bergbaus entsprachen etwa denen des Freiberger, nämlich 1546 bis 1595, 1609 bis 1662, 1730 bis 1769 und 1818 bis 1899. Im 16. Jahrhundert gab es bei Scharfenberg mehrere Ausbeutezechen. Von 1563 bis 1805 lieferte der dortige Bergbau 36,5 t Silber. Vom Bergbau dieser Perioden haben sich neben Haldenresten vor allem die zwei Bergmannssiedlungen »Bergwerk« und »Gruben« mit ihren typischen kleinen Häusern erhalten. Sie sind seit 1920 mit den Dörfern Repnitz und Reppina zur Gemeinde Scharfenberg zusammengeschlossen. Ein alter Zechenteich in Reppina zeugt von der Nutzung der Wasserkraft auch im Scharfenberger Bergbau.

Vom Aufschwung des Scharfenberger Bergbaus im 19. Jahrhundert kündet das zwischen alten Bergmannshäusern am Fuß des steilen Talhanges zur Elbe neben der Fernverkehrsstraße gelegene elliptisch aus Sandstein gewölbte Mundloch des *König David Hilfsstollns*, dessen Schlußstein neben Schlägel und Eisen die Jahreszahl 1818 zeigt. Das Fachwerkhaus Scharfenberg Nr. 12 war Bethaus der Grube *Güte Gottes*, der im 19. Jahrhundert wichtigsten Scharfenberger Grube. Diese nahm 1868 den Betrieb wieder auf, machte den *König David Hilfsstolln* 1873 mit dem Hoffnungschacht durchschlägig und stellte auf diesem 1876 eine 8-PS-Dampffördermaschine auf, die 1884 durch eine 40-PS-Dampfmaschine zur Förderung und Wasserhaltung ersetzt wurde. Vom Hoffnungschacht haben sich die Halde und auf dieser das 1884 errichtete Schacht- und Maschinenhaus sowie die Bergschmiede (Scharfenberg Nr. 1c) erhalten. Die 1886 bis 1887 gegenüber dem *König David Hilfsstolln* erbauten Aufbereitungsgebäude werden heute als Wohnhäuser genutzt (Reppina Nr. 12). In die dortige Böschungsmauer der Fernverkehrsstraße Meißen–Dresden ist ein Pochstempelstein von dem ehemaligen Pochwerk eingefügt.

13.19. Anlagen der bergmännischen Wasserwirtschaft aus dem 18. bis 19. Jahrhundert

Das System der Kunstgräben, Röschen und Kunstteiche für das Freiberger Revier ist schon im 16. Jahrhundert konzipiert worden. Diese »ingenieurtechnische« Projektierung ging mit dem weiteren Vordringen kapitalistischer Produktionsverhältnisse und dem Ausbau des Direktionsprinzips einher. Martin Planer und seine Nachfolger haben zwar nur die Teiche bei Berthelsdorf und Großhartmannsdorf, die Kunstgräben und Röschen von dort zu den Gruben bei Freiberg und Zug sowie als Zufluß zu den Teichen den Zethauer Kunstgraben und den Kohlbachgraben gebaut, aber sie haben das System schon gebirgsaufwärts bis an die Flöha geplant. Gedanklich vollendet und ingenieurtechnisch im Detail oft aufgrund neuer Projekte (vgl. Seite 62, Abb. 27 und Tab. 10) realisiert wurde das System der bergmännischen Wasserwirtschaft jedoch erst in der Zeit vom 17. bis zum 19. Jahrhundert. Es erwies sich als dauerhafter als seine gesellschaftlichen Voraussetzungen. Die frühkapitalistische Gewerkschaft als Kapitalgesellschaft und das feudalistische Direktionsprinzip können spätestens seit dem Beginn der endgültigen bürgerlichen Umwälzung und der Industriellen Revolution in Deutschland am Anfang des 19. Jahrhunderts nicht mehr als uneingeschränkt progressive Elemente in den Produktionsverhältnissen des Bergbaus gewertet werden. Dennoch wurde die bergmännische Wasserwirtschaft in dieser Zeit vervollkommnet. Sie festigte damit ihre Position im System der montanistischen Produktivkräfte, das trotz des unaufhaltsamen Vormarsches der kapitalistischen Produktionsweise im Erzgebirge seinen traditionellen Charakter beibehielt.

Von Großhartmannsdorf/Obersaida ausgehend, baute man im 18. bis 19. Jahrhundert gebirgswärts folgende Anlagen der bergmännischen Wasserwirtschaft (Abb. 96):

- 1607 bis 1790 den Kunstgraben zwischen Obersaida und Dörnthal, der durch die 1857 bis 1862 vorgetriebene Haselbacher Rösche verkürzt wurde

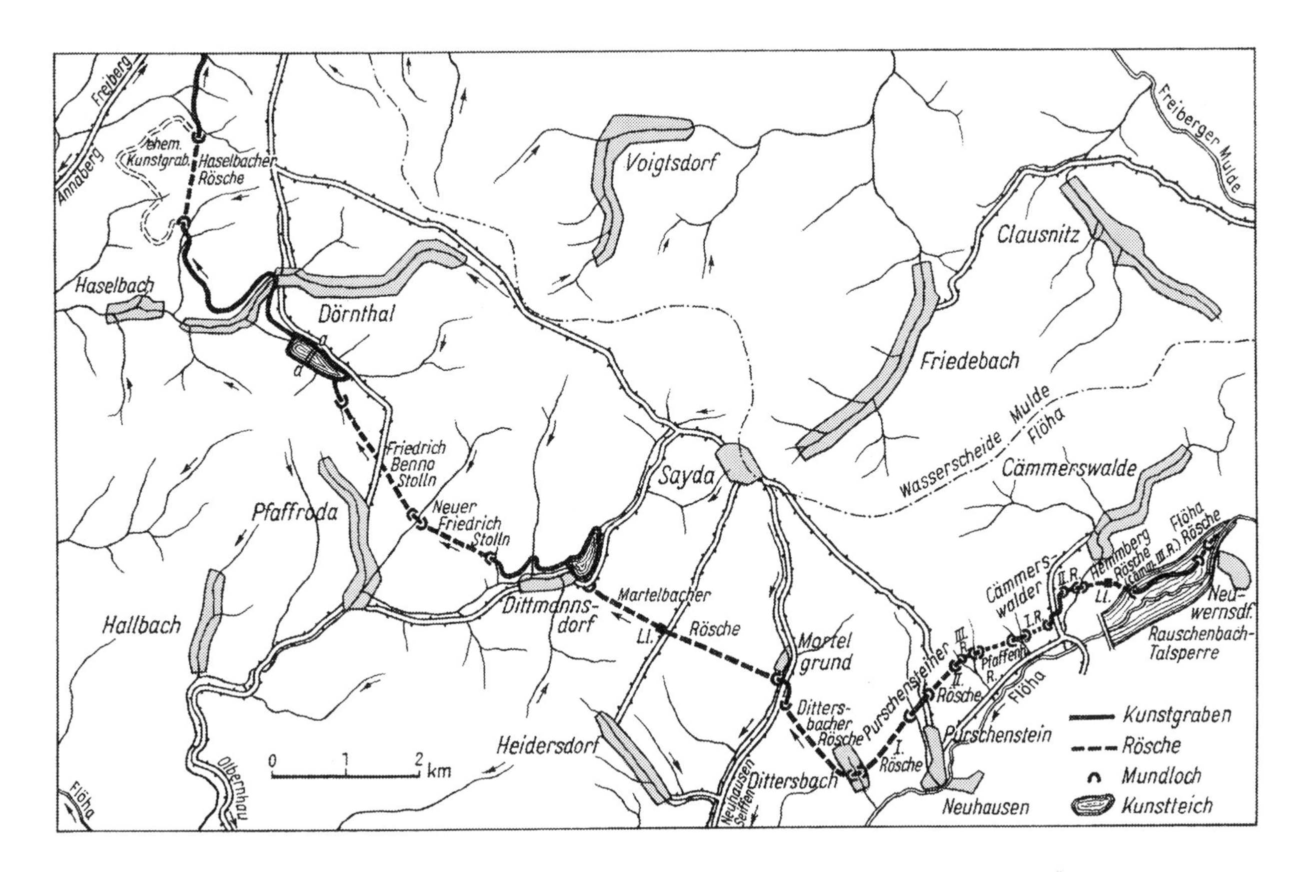

Abb. 96. Kunstgräben, Röschen und Kunstteiche des 18. bis 19. Jahrhunderts im Raum Dörnthal–Dittmannsdorf-Cämmerswalde

Ll Lichtloch, *aa* (im Dörnthaler Teich) die Lage des Teichdammes 1787 bis 1842

- 1787 bis 1790 den Dörnthaler Teich, angelegt von Obereinfahrer Carl Friedrich Freiesleben, 1842 bis 1844 nach einer Idee von Oberstollnfaktor von Warnsdoff durch Brendel, Kunstmeister Zeller und Röschenobersteiger Schmieder unter Einsatz von fast 1600 Mann mit einem neuen, 380 m unterhalb des alten liegenden Damm versehen und dadurch auf sein heutiges Fassungsvermögen erweitert (s. Tafelteil, Bild 196)
- 1787 bis 1827 den *Friedrich Benno Stolln* (s. Tafelteil, Bild 197) und den *Neuen Friedrich Benno Stolln*, wohl benannt nach dem 1769 bis 1789 amtierenden Oberberghauptmann Adam Friedrich von Ponickau und dem 1789 bis 1801 amtierenden Berghauptmann Carl Wilhelm Benno von Heynitz
- 1826 bis 1828 den Dittmannsdorfer Teich als höchstgelegenen und jüngsten Kunstteich des Freiberger Reviers (s. Tafelteil, Bild 198)
- 1827 bis 1855 die Martelbacher Rösche, und zwar vermutlich ab 1847 im Gegenortbetrieb auch von einem mit Dampfmaschine ausgerüsteten Lichtloch aus, das obere Mundloch 1835 in Mauerung gesetzt, den »Martelbach« (im Mortelgrund) 1855 gefaßt und für den Bergbau abgezweigt
- 1839 bis 1855 unter dem Ort Dittersbach die Dittersbacher oder I. Purschensteiner Rösche
- 1856 II. Purschensteiner Rösche
- 1856 bis 1859 III. Purschensteiner Rösche, die Pfaffenholz Rösche sowie die I. und die II. Cämmerswalder

Rösche so, daß der Cämmerswalder Bach in das Röschensystem eingeleitet werden konnte

- 1858 bis 1863 am Nordhang des Flöhatales oberhalb von Neuhausen die Hemmberg Rösche (III. Cämmerswalder Rösche), und zwar ab 1859 mit 6-PS-Dampfmaschine auf einem Lichtloch zwecks Vortrieb der Rösche mit Gegenörtern
- 1859 bis 1862 den Kunstgraben östlich der Hemmberg Rösche am nördlichen Hang des Flöhatales
- 1859 bis 1863 die Flöha Rösche und damit den Anschluß an die Flöha selbst.

Nach langen Wasserrechtsprozessen (vgl. Seite 63) folgte 1882 der Bau des Neuwernsdorfer Wasserteilers und damit die Vollendung des Kunstgraben- und Röschensystems.

Die Kunstgräben waren einst mit Holzschwarten abgedeckt (vgl. Bild 86), heute verwendet man fast überall Betonabdeckung. Trotzdem hat das Kunstgrabensystem nach wie vor historische Aussagekraft und einen hohen Denkmalwert, zumal alle Röschenmundlöcher in der ursprünglichen elliptischen Gewölbemauerung erhalten werden.

Der oberste Teil des Graben- und Röschensystems, vom Wasserteiler bis zur Hemmberg-Rösche, ist heute im Stauraum der Rauschenbach-Talsperre verschwunden. Die gußeisernen Tafeln, die die Vollendung der Wasserversorgungsanlagen des Freiberger Bergbaus 1882 einst am oberen Mundloch der Flöha-Rösche verkündeten, hat man deshalb dort abmontiert und 1968 am oberen Mundloch der II. Cämmerswalder Rösche angebracht, dem heute obersten für den Touristen erreichbaren Punkt des historischen Graben- und Röschensystems (vgl. Seite 63, Abb. 96 und Tafelteil, Bild 199).

Ein mit der Rauschenbach-Talsperre 1968 erbautes kleines Haus auf dem Hemmberg nördlich des Stausees markiert den neuen Schacht, durch den Wasser in verschiedenem Niveau aus der Talsperre in die Hemmberg-Rösche eingespeist und damit durch das alte Graben- und Röschensystem als Brauchwasser auch heute noch nach Freiberg geleitet werden kann. Dabei hat die Rauschenbach-Talsperre wie die alten Kunstteiche, nur in viel größerem Maßstab, die Funktion eines Ausgleichs- und Speicherbeckens.

Zum Aufsuchen der Kunstgräben, Röschenmundlöcher und Kunstteiche eignen sich am besten die Straßen Freiberg–Dörnthal–Pfaffroda–Olbernhau (Dörnthaler Teich und *Friedrich Benno Stolln*), Freiberg–Sayda–Seiffen (Kunstgraben im Mortelgrund mit Mundlöchern der Martelbacher und Dittersbacher Rösche), Sayda–Pfaffroda–Olbernhau (Dittmannsdorfer Teich und Martelbacher Rösche) sowie Purschenstein–Neuhausen–Cämmerswalde (Purschensteiner und Cämmerswalder Röschen).

Im 19. Jahrhundert sind auch an älteren Kunstgräben und Röschen Verbesserungen vorgenommen worden. So wurde die aus dem 16. Jahrhundert stammende Müdisdorfer Rösche höher gelegt und vom Röschenhaus in Richtung auf den Rothbächer Teich neu aufgefahren (Abb. 88). Damit wurde dieser in die »Untere Wasserversorgung« eingebunden und als Energiespeicher für den Hohbirker Kunstgraben nutzbar.

14. Denkmale des Freiberger Hüttenwesens

Von den Schmelzhütten aus der ersten Hauptperiode des Freiberger Bergbaus ist nichts erhalten. Ihre Gebäude und wohl auch die Schlackenhalden waren so klein, daß inzwischen fast alle Spuren verwischt sind. Unter günstigen Umständen werden bei Erdarbeiten uralte Schlacken gefunden, so 1984 in der Branddelle, nördlich Brand, westlich der Fernverkehrsstraße, und 1956 eine alte, etwa 1 m hohe Schlackenhalde unter 2,4 m mächtigen Sedimenten des Baches im untersten Münzbachtal sowie 1985 im Münzbachtal unterhalb von Loßnitz.

Von den Hütten der zweiten Hauptperiode sind nur wenige Reste und einige später wohl umgebaute Nebengebäude überliefert, teils in den wesentlich von der dritten Hauptperiode geprägten und bis heute betriebenen Hütten von Halsbrücke und Muldenhütten, teils an ehemaligen Hüttenstandorten. Vom jahrhundertelangen Hüttenbetrieb bei Freiberg zeugen auch die Flößanlagen und Kohlenstraßen. Da die Hütten, sofern sie bestehen blieben, immer wieder am gleichen Standort modernisiert wurden, sind selbst aus der dritten Hauptperiode des Freiberger Bergbaus vergleichsweise nur wenige Denkmale des Hüttenwesens erhalten.

Die historische Bedeutung des Freiberger Hüttenwesens macht es trotzdem zur Pflicht, seine Geschichte durch originale Sachzeugen zu belegen.

14.1. Zeugen des Freiberger Hüttenwesens aus dem 16. bis 17. Jahrhundert

Von den Hütten der zweiten Hauptperiode des Freiberger Bergbaus finden wir keine geschlossenen, technologisch einigermaßen vollständigen Betriebsanlagen mehr, wohl aber einige Sachzeugen, die uns die Zahl und Bedeutung der Hütten jener Zeit (vgl. Tabelle 11 auf Seite 78) in der Landschaft nachempfinden lassen.

Im Muldental liegt gegenüber der Halsbacher Pappenfabrik (ehem. Mittlere Ratsmühle) die trotz früherer Materialabfuhr noch immer beachtliche Schlackenhalde der 1754 stillgelegten Thurmhofer 3., 4. Maß Hütte. Zwischen den Halsbacher Brücken der alten und der neuen Dresdner Straße ist an das durch seinen geschwungenen Dachaufbau auffallende kleine Haus der Name Schwefelhütte gebunden. Hier produzierte ab 1639 ein Schwefel- und Vitriolwerk, nachdem zuvor dort die Thurmhofer 5. Maß Hütte gestanden hatte. Die Standorte der beiden genannten Thurmhofer Hütten erinnern nochmals an die Bedeutung und die hohen Erträge der Gruben auf dem Thurmhofer Gangzug im 16. Jahrhundert.

In gleicher Weise hatten für den ertragreichen Bergbau auf dem Hohe Birker Gangzug und in seiner Umgebung im 17. bis 18. Jahrhundert die Münzbachhütten in Langenrinne Bedeutung (vgl. Tabelle 11 und Abb. 31 auf den Seiten 76 und 78).

Auf die Obere Münzbachhütte sind vermutlich einige Ödlandflächen unterhalb des Berthelsdorfer Hüttenteiches zurückzuführen. Dieser Teich brachte allen Münzbachhütten das Aufschlagwasser für den Betrieb der Blasebälge, ist also auch ein hüttentechnisches Denkmal und lenkt schon mit seinem Namen die Aufmerksamkeit auf die ehemaligen Münzbachhütten.

Das Gelände der Mittleren Münzbachhütte oder Erasmushütte wurde im 19. Jahrhundert von der Halde der Grube Junge Hohe Birke überschüttet.

Von der 1711 stillgelegten Unteren Münzbachhütte stehen noch das Hüttenmeisterwohnhaus (Zug-Langenrinne Nr. 211) vom Ende des 17. Jahrhunderts, nach einem Brunnen heute Bornhaus genannt, und – umgebaut – die Hüttenschmiede bzw. das Probierhaus (Zug-Langenrinne Nr. 209).

14.2. Floßgräben und Kohlenstraßen

Ein indirekter Sachzeuge für die Intensität des Freiberger Hüttenbetriebes im 16. bis 19. Jahrhundert ist der Cämmerswalder-Clausnitzer Floßgraben. Nachdem in der engeren Umgebung Freibergs von 1168 bis um 1400 alle Wälder durch den Holzkohlebedarf der Schmelzhütten verbraucht worden waren, begann 1438 das Holzflößen auf der Mulde von den Wäldern an der böhmischen Grenze bis zu den Freiberger Hütten. Im Jahre 1569, also zur Blütezeit der Gruben auf dem Thurmhof Stehenden Gangzug, wurde die Muldenflöße bis zu den Thurmhofer Schmelzhütten bei Halsbach verlängert. In der Folgezeit veränderten sich je nach der Entwicklung der Hüttenstandort, die Endstationen der Flöße wie auch je nach dem Stand der Abholzung der erzgebirgischen Waldgebiete die oberen Strecken der Flöße. Plätze, wo Floßholz verkohlt und dann als Holzkohle per Pferdefuhrwerk nach Freiberg gebracht wurde, lagen an der Zschopau bei Bernsdorf (Abb. 97), an der Flöha bei Blumenau, Görsdorf und Borstendorf und an der Wilden Weißeritz bei Röthenbach. Heute deuten noch die Namen von Straßen und Wegen darauf hin. So gibt es bei Görsdorf und vom Freiwald ausgehend am Ostrand von Brand-Erbisdorf je eine »Kohlenstraße«, von Borstendorf nach Eppendorf eine »Alte Kohlenstraße« und eine »Kohlstraße« von Röthenbach am Südende von Pretzschendorf vorbei in Richtung Freiberg. Bei Freiberg selbst führt eine »Kohlenstraße« am Nordrand des Rosinenwäldchens nach Muldenhütten hinab. Auf dieser Straße erhielten die dortigen Schmelzhütten Holzkohle von Blumenau, Görsdorf und Borstendorf. Der Kohletransport nach Halsbrücke erfolgte in einem Bogen östlich um die damalige Stadt Freiberg. Das bezeugt der ehemalige Name »Kohlenstraße« für die jetzige Scheunenstraße (in Freiberg außerhalb der Stadtmauer).

Um 1560 schlug der Freiberger Bergverwalter Sigismund Röling oder der Bergmeister Martin Planer vor, auf Grund des Holzmangels in den bisher genutzten sächsischen Wäldern nun die Wälder des oberen Flöhagebietes bei Fleyh in Böhmen (heute Fláje/ČSSR) zu erschließen und zu diesem Zweck einen Floßgraben von dort nach Cämmerswalde und über die Wasserscheide zwischen Flöha und Mulde nach Clausnitz zu bauen, um dort das Scheitholz in die Mulde und auf diesem Wege zu den Kohlplätzen an den Freiberger Hütten zu flößen. In der Zeit von 1569 bis 1574 führte Martin Planer die vermessungstechnischen Arbeiten dafür aus. Nach langwierigen Verhandlungen, Anwachsen der Probleme der Holzversorgung und mehrfachem Einreichen neuer Projekte baute man 1624 bis 1629 im Auftrag und auf Kosten des Kurfürsten Johann Georg I. den Floßgraben, der bei Fleyh von der Flöha rechts abzweigte, am Rauschenbach südlich von Holzhau auf das Gebiet von Sachsen übertrat, am Nordhang des Flöhatales oberhalb von Cämmerswalde nach Clausnitz führte und dort am Dorfbach endete (Abb. 97). Der Clausnitzer Bach wurde zum Floßbetrieb vorgerichtet und in ihm das Holz in die Mulde geflößt. Das Scheitholz wurde also 7,2 km in Böhmen, 9 km in dem künstlichen Graben auf sächsischem Gebiet rechts der Flöha, 3 km im Clausnitzer Dorfbach und schließlich 22 km in der Freiberger Mulde, insgesamt etwa 40 km aus den Wäldern zu den Kohlenplätzen an den Freiberger Hütten geflößt. Von dem Cämmerswalde-Clausnitzer Floßgraben sind aussagekräftige Teilstücke erhalten, und auch der Clausnitzer Dorfbach läßt noch seine einstige Funktion in der Flößerei erkennen, beides – wie die »Kohlstraßen« – be-

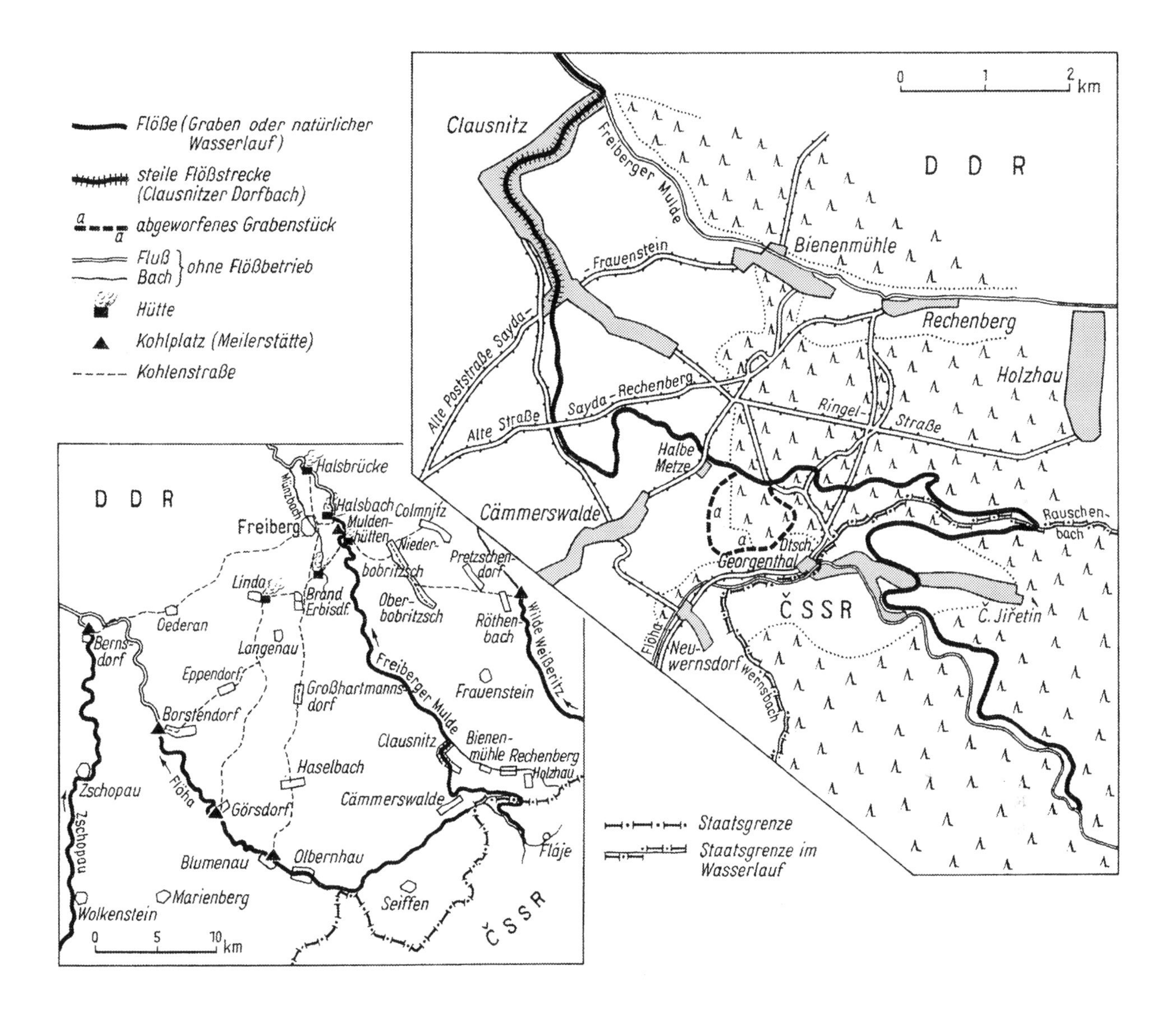

merkenswerte Sachzeugen dafür, in welch großem Umkreis Bergbau und Hüttenwesen einst den Arbeitsalltag im Erzgebirge bestimmt haben. Das Ende der Muldenflöße wird heute noch durch das – allerdings stark umgebaute – ehemalige Flößhaus (Halsbach, Talstraße Nr. 12) markiert. Oberhalb dieses Hauses sind Mauerreste und eine Brücke des hier neben der Mulde geführten Floßgrabens erkennbar.

Abb. 97. Kohlenstraßen, Flößstrecken und Kohlplätze (Meilerstätten) des 16. bis 19. Jahrhunderts zur Versorgung der Freiberger Hütten mit Holzkohle *(links)* und der Cämmerswalde–Clausnitzer Floßgraben in seiner genauen Lage *(rechts)*

14.3. Historische Bauwerke in den Freiberger Hütten

Die heute das Bild von Muldenhütten und der Halsbrücker Hütte bestimmenden Bauten entstammen vorwiegend dem späten 19. und dem 20. Jahrhundert (s. Tafelteil, Bilder 200 bis 204). Einige ältere Bauwerke und Hüttenanlagen stehen in beiden Werken unter Denkmalschutz, lassen sich aus betrieblichen Gründen zur Zeit jedoch nicht für die Öffentlichkeit erschließen. Sie sind aber in gewissem Maße vom öffentlichen Verkehrsraum aus sichtbar.

In Muldenhütten sind das alte Huthaus aus dem 18. Jahrhundert, das Verwaltungsgebäude, die alte Bleihütte aus der Zeit um 1880, die für die Zeit um 1850 typische quadratische Esse der Arsenikhütte und das Zylindergebläse von 1827 (s. Tafelteil, Bild 211, vgl. Seite 358) als Denkmale registriert.

In der Halsbrücker Hütte stehen u. a. die aus dem 18. Jahrhundert stammende Silbertreibehütte mit Kreuzgewölben, die Raffinierhütte, das Laborgebäude mit drei Schornsteinen der Probieröfen, die Alte Schmiede und das Verwaltungsgebäude mit einem Wappenstein von 1678 (s. Tafelteil, Bild 206) sowie ein eisernes Schlackenpochwerk der Zeit um 1900 unter Denkmalschutz. Der Gebäudekomplex um die Silbertreibehütte bildet das historische Zentrum der Halsbrücker Hütte und stellt eine weitgehend erhaltene Produktionsanlage der Zeit um 1800 dar.

Von dem 1787 bis 1791 erbauten, 1792 abgebrannten und 1792 bis 1794 wiedererrichteten Halsbrücker Amalgamierwerk (s. Tafelteil, Bild 205; Abb. 98) existieren einige Gebäudereste sowie ein Wappenstein mit der den Landesherrn, nicht die eigentlichen Schöpfer rühmenden Inschrift:

EINS
SEINER ZAHLREICHEN WERKE
DIE
FRIEDRICH AUGUST
DER WEISE, GUTE UND GERECHTE
ZUM BESTEN SEINES VOLKES
ERRICHTET HAT
GEGRÜNDET D. 16. AUG. 1787, VOLLENDET 1791
NACH EINEM BRANDE WIEDERHERGESTELLT
1794

Der Inschriftstein befand sich ursprünglich an einem Rundbau, in dem ein wasserradbetriebenes Wasser-Druckwerk enthalten war. Dieses ist 1796 in der Mitte des Amalgamierwerkshofes errichtet worden, um einen eventuell erneut ausbrechenden Brand schnell bekämpfen zu können. Es lieferte einen Wasserstrahl von etwa 40 l/s, 6 at = 0,6 MPa Druck und 55 m Reichweite und trug mit seiner Maschinerie wesentlich zum Ruhm des Amalgamierwerkes bei. Vor seinem Abbruch 1904 diente es noch zur Erzeugung von Druckluft. Im Ort Halsbrücke erinnert heute außer dem genannten Inschriftstein nur noch eine vierbogige Brücke als Rest der Aufschlagwasserzuleitung vom Roten Graben an das Druckwerk und damit auch an das Amalgamierwerk (s. Tafelteil, Bild 207).

Ebenfalls außerhalb des Hüttengeländes lag das 1796 errichtete Kurhaus des von dem Steiger Heymann angelegten Schlackenbades, jetzt die Gaststätte »Zur Hütte«. Über der Tür des dahinterliegenden, ebenfalls noch erhaltenen Badehauses lesen wir das Baujahr 1804 und das Monogramm des Erbauers Johann Ernst Spiess. Das mit der Beratung des Professors für Chemie W. A. Lampadius und des Kunstmeisters Brendel eingerichtete Schlackenbad war in erster Linie eine Kuranstalt für Berg- und Hüttenarbeiter.

Das berühmteste und auch landschaftlich wirksamste Bauwerk der Halsbrücker Hütte ist die 1888 bis 1889 errichtete, einst 140 m, heute noch 138 m hohe »Hohe Esse« von Halsbrücke (s. Tafelteil, Bild 208, Abb. 99,

Abb. 98. Lageplan der Halsbrücker Hütte und des Amalgamierwerkes im Jahre 1826, nach einer Lithographie von H. A. Schippan. Links unten Raumbild des Amalgamierwerkes mit dem Druckwerk in der Mitte des Hofes und der Wasserleitungsbrücke ▶

S Schlackenhalden der Hütte, *H* Schachthalden des Bergbaus, *1* Amalgamierwerk, *2* Druckwerk, *3 – 3* die zugehörige Wasserleitungsbrücke, *4* Siedehaus für das zum Amalgamieren nötige Quicksalz, *5* Schlackenbad, *6* Brendels Maschinenbauanstalt, *7* Erzhaus (an der Entladestation des Bergwerkskanals), *8* Waagehaus, *9* Huthaus, *10* Pferdeställe, *11* Kohlhaus (das große nördliche später Raffinierhütte), *12* Wäsche, *13* Rösthäuser, *14* Schmelzhütte, *15* Silbertreibehütte, *16* Bohrhaus, *17* Arbeiterwohnhäuser

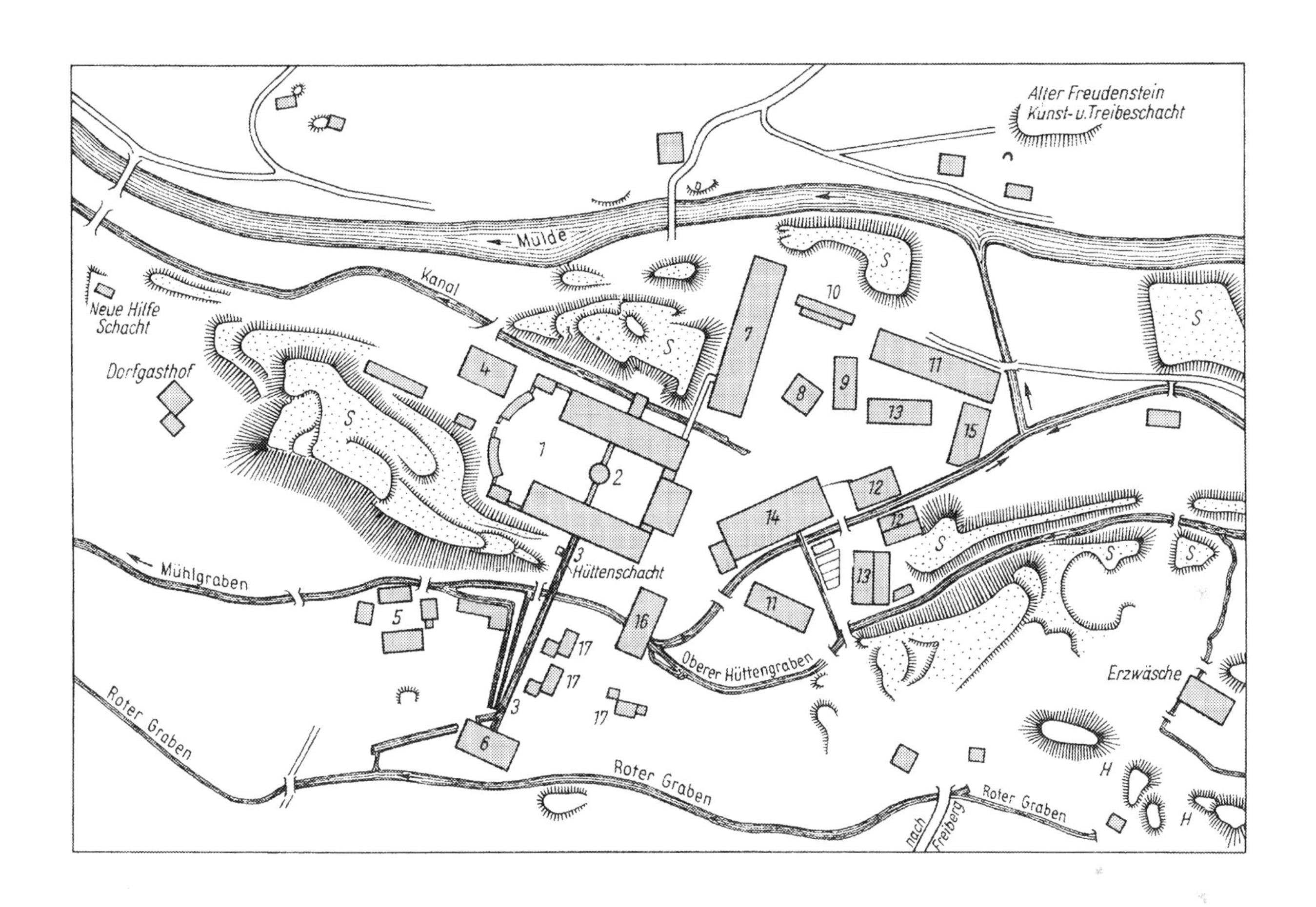
Alter Freudenstein
Kunst- u. Treibeschacht
Mulde
Kanal
Neue Hilfe
Schacht
Dorfgasthof
Hüttenschacht
Mühlgraben
Oberer Hüttengraben
Roter Graben
Roter Graben
Roter Graben
nach
Freiberg
Erzwäsche

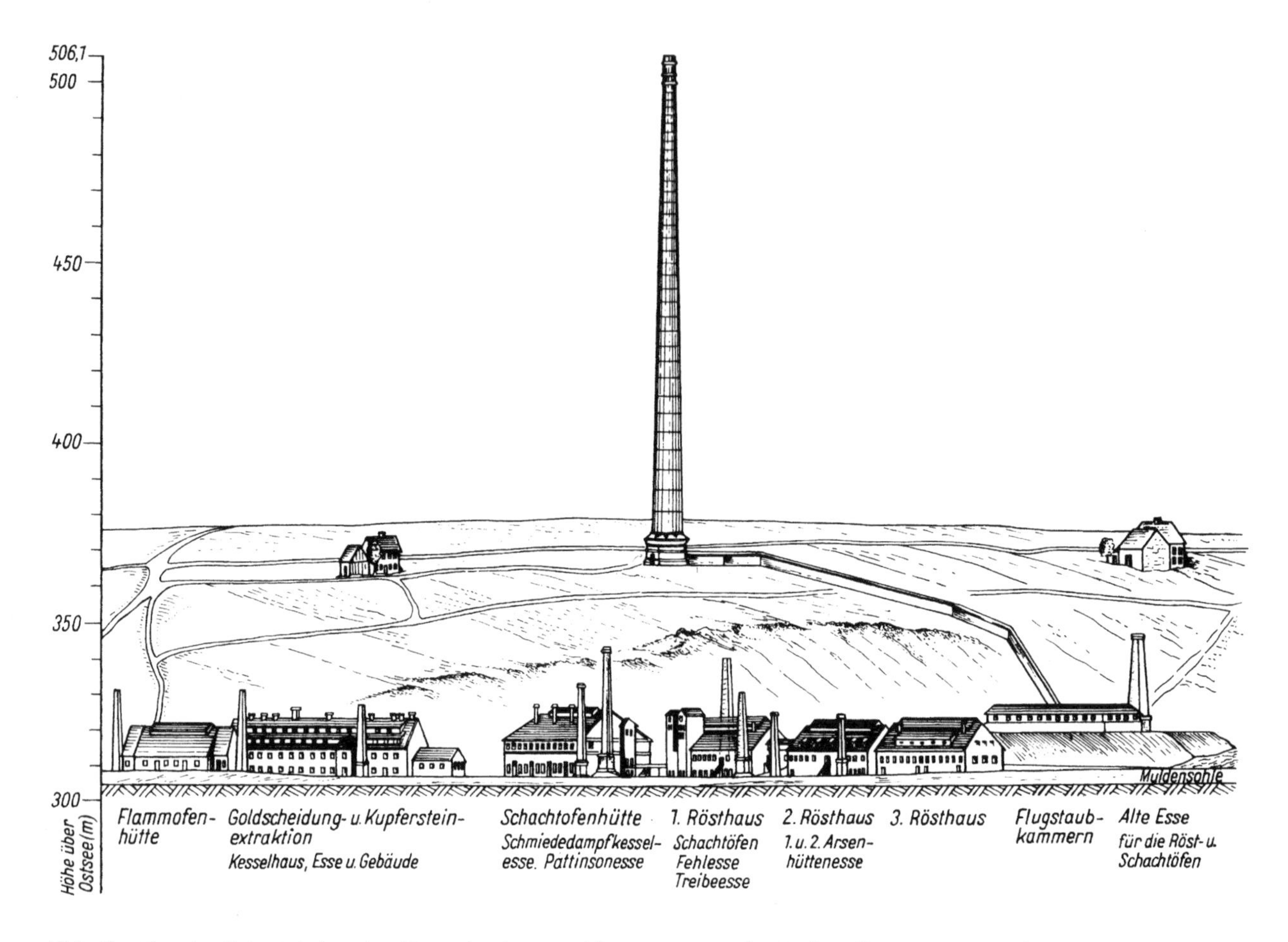

Tabelle 28), ein Beispiel für die Umweltschutzproblematik im 19. Jahrhundert. Die Erhöhung der Hüttenproduktion um 1865 hatte zu starken Umweltschäden geführt, da die nun auch größeren Schadstoffmengen, aus den niedrigen Hüttenessen tretend, in hoher Konzentration die Luft unmittelbar über der Erdoberfläche verunreinigten. Die Hütten lagen in den Tälern, so daß auch der Wind die Schadstoffe nur ungenügend verteilte und der Hüttenrauch auf den benachbarten Höhen konzentriert unmittelbar über die Felder zog und Schäden vor allem an Obstkulturen und Bienenvölkern anrichtete. Trotz teilweiser Rückgewinnung des Schwefeldioxids beim Rösten und seiner Nutzung zur Schwefelsäureproduktion und trotz des Baus großer Flugstaubsammler häuften sich von 1853 an die Beschwerden und Schadenersatzansprüche wegen Hüttenrauchschäden. Die Hütten mußten 1870 bis 1875 Entschädigungen bis zu 40% des Wertes der betroffenen Güter zahlen. Nach entsprechenden Prozessen der Geschädigten gegen die »Staatlichen Hüttenwerke« beschloß man deshalb, für die Halsbrücker Hütte eine »Hohe Esse« zu bauen, durch die der Hüttenrauch in größere Höhe gebracht und dort vom Wind so verteilt werden sollte, daß nach damaliger Auffassung die Schadstoffe nur in unschädlicher Verdünnung wieder auf die Erdoberfläche gelangen konnten. Die Halsbrükker Hüttenwerke liegen etwa 308 m, die umliegenden Höhen etwa 380 bis 400 m über dem Meeresspiegel. Um den Hüttenrauch bis in etwa 500 m Höhe abzuführen, projektierte man einen 200 m hohen Schornstein im Tal und als Alternativvariante einen Kanal zu einem am Hang oberhalb der Hütte in etwa 365 m Höhe gele-

◄ Abb. 99. Die Halsbrücker Esse und die wichtigsten Gebäude der Halsbrücker Hütte um 1890 in einer maßstäblichen Zeichnung (nach HÜPPNER 1890)

genen, 140 m hohen Schornstein, dessen Kopf schließlich in etwa 505 m Höhe über dem Meeresspiegel liegen sollte. Die zweite Variante wurde gewählt.

Das Projekt wurde ausgeschrieben, den Auftrag erhielt die Chemnitzer Baufirma H. R. Heinicke, die hinsichtlich der Qualität des Baus und der Kosten das günstigste Angebot gemacht hatte. Am 25. 9. 1888 war die 3 m tiefe Baugrube fertig. Deren Sohle wurde aus dem festen Gneis mit Schlägel und Eisen ausgehauen und mit einer 10 cm starken Betonschicht überzogen. Dann begann bis zur Winterpause das Aufmauern von Sockel und Schaft, das am 10. 4. 1889 fortgesetzt wurde. Zum Hochfördern von Ziegeln, Mörtel und sonstigem Material diente eine Lokomobile. Die erforderlichen hochwertigen Ziegel bezog man aus 132 km Entfernung von der Grube *Ilse* bei Senftenberg, den Sand aus 40 km, Zement aus 89 km und den Kalk aus 120 km Entfernung. Auf dem Schornstein waren zuerst 8, dann 6, zuletzt 4 Maurer tätig. In den Monaten Juli und August 1889 mußten die Arbeiten wegen Sturmwetters zeitweise unterbrochen werden, da sich die Maurer auf dem Schornstein nicht halten konnten und die Schwingungen des Schornsteins die Wasserwaage unwirksam werden ließen. Um die Esse trotzdem schnellstens zu vollenden, ließ der Unternehmer vier elektrische Bogenlampen installieren, so daß ab 2. 9. 1889 auch nachts gemauert werden konnte, ein bemerkenswertes Beispiel aus der Geschichte der Elektrotechnik im 19. Jahrhundert! Allerdings zwang die Kälte der Oktobernächte zum Einstellen der Nachtarbeit. Trotzdem wurde die Halsbrücker Esse am 28. 10. 1889, also nach nur einem Jahr Bauzeit, vollendet. Sie hatte 130 000 Mark gekostet. Von der Hütte zur Esse waren noch eine 150 m lange Kanalbrücke über die Gebäude und die Mulde sowie der 250 m lange, teilweise mit Bleiplatten ausgekleidete Rauchkanal am Hang erforderlich, so daß die Gesamtkosten 235 000 Mark betrugen.

Die Hohe Esse hat von jeher im Bewußtsein der Freiberger Bevölkerung eine große Rolle gespielt. Oft wurde von Schwankungen der Esse bei Sturm erzählt, die das tatsächliche Maß bei weitem überstiegen (vgl. Tabelle 28). Jahrzehntelang waren auch Ansichtskarten der Hohen Esse im Sortiment der Papiergeschäfte.

Auch in der Geschichte der Freiberger Arbeiterbewegung spielte die Halsbrücker Esse eine bemerkenswerte Rolle. Am 1. Mai 1908 wehte aus 140 m Höhe eine rote Fahne. Der Arbeiter WILHELM PACHE hatte über die Steigeisen den Schornstein erklommen und das Symbol der Arbeiterklasse gehißt. Am 1. Mai 1933 wiederholte KARL CURT dieses Wagnis als Protest gegen die nationalsozialistische Unterdrückung.

Die Halsbrücker Esse war einst der höchste Schornstein der Welt, ist heute noch einer der höchsten Ziegelschornsteine, hat gegenüber den jüngeren und höheren Schornsteinen noch immer einen bemerkenswerten, vielleicht andernorts nicht wieder realisierten

Tabelle 28. Historische und technische Daten der Halsbrükker Esse (nach HÜPPNER 1890, SCHLEGEL u. a. 1962)

Ausschreibung des Baus	8. 8. 1888
Baubeginn	25. 9. 1888
Bau des Fundaments und des Sockels	25. 9. 1888 bis 4. 5. 1889 (mit Winterpause!)
Baubeginn der Säule	4. 5. 1889
Fertigstellung	28. 10. 1889
Dauer des Baues	177 Tage
Geschwindigkeit	1 bis 2 Meter Schornstein pro Tag
Baumaterial	1 080 000 Ziegel
	103 Waggons Sand
	17 Waggons Kalk
	6 Waggons Zement
	5 400 t Material
Gesamthöhe	140 m
Sockelgrundfläche	144 m²
Außenmaße	
• Durchmesser unten	8,25 m
• Durchmesser oben	3,00 m
Lichte Weite oben	2,5 m
Schwingungen maximal	19...26 pro min
• größte Abweichung von der Senkrechten	5 cm
• Amplitude	10 cm

Schlankheitsgrad. Mit der Halsbrücker Esse beginnt die für die gesamte DDR und darüber hinaus, aber auch für den Freiberger Raum wichtige Tradition der hohen Industrieschornsteine.

14.4. Drei alte Freiberger Hüttengebläse

Jahrhundertelang hat man in den Freiberger Hütten den für die Schmelzöfen benötigten Gebläsewind mit Blasebälgen erzeugt, wie sie AGRICOLA aus dem 16. Jahrhundert abbildet.

Als im 19. Jahrhundert die Schmelzleistung der Öfen und die Leistung der Hütten stieg, mußten auch stärkere Gebläse eingesetzt werden. Maschinendirektor BRENDEL stellte deshalb in Muldenhütten, in der Halsbrücker Hütte und in der 1831 gegründeten Antonshütte bei Schwarzenberg neue Gebläsearten, vor allem Zylindergebläse, auf. Drei solche sind noch erhalten, wenn auch zwei davon nicht mehr am ursprünglichen Ort.

Nachdem BRENDEL 1826 wegen der Liefermöglichkeit eines Zylindergebläses Anfragen an das Eisenwerk Lauchhammer, die Firma Englerth, Reuleaux et Dobbs bei Aachen und Harkort in Hagen/Westfalen gerichtet hatte, wurde der Auftrag 1827 an das Werk Lauchhammer vergeben. Das Gebläse wurde nach BRENDELS Angaben 1827 gebaut, in Muldenhütten in einem besonderen Gebläsehaus aufgestellt und am 29. Januar 1828 in Betrieb genommen. Es besaß ursprünglich zwei Zylinder und Wasserradantrieb. Im Jahre 1848 wurde ein dritter Zylinder angebaut und das Wasserrad durch eine FOURNEYRON-Turbine ersetzt. So ist das Gebläse noch heute erhalten (s. Tafelteil, Bild 211). Von der Turbine wird die Kurbelwelle in Drehung versetzt. Diese bewegt drei Schubstangen und damit über Balanciers die drei doppelt wirkenden Kolben in den Zylindern (Abb. 100, Tabelle 29). Das Muldenhüttener war das erste Zylindergebläse im Erzgebirge, bediente zunächst zwei Bleiöfen und zeitweise einen Silberfeinbrennherd, später aber die Hüttenschmiede. Es war bis 1954, also 127 Jahre lang, in Betrieb und ist eines der wertvollsten technischen Denkmale des Hüttenwesens und des Maschinenbaus.

Tabelle 29. Technische Daten der drei aus Freiberger Hütten noch erhaltenen Zylindergebläse

	Muldenhütten-Gebläse	Lauchhammer-Gebläse	Schwarzenberg-Gebläse
Kolbendurchmesser (mm)	766	857	850
Hub (mm)	1 220	1 409	1 416
Hubvolumen eines Zylinders (m^3)	0,723	0,816	0,805
Spiele/min	4...8	5...10	10,5
Windleistung Menge (m^3/min)	16...18	22...32	45,5
Pressung mm Wassersäule	550	?	540...820
Kraftbedarf PS (kw)	11 (8)	5,6 (4)	7 (5)
Länge der Kurbelstangen (m)	2,89	4,25	2,74
Länge des Balanciers (m)	3,80	4,29	–
Wasserrad Durchmesser (m)	3,12	5,10	?
Aufschlagwasser (m^3/min)	9,05	3,4...4,5	?
Fallhöhe (m)	1,10	5,57	?
Baukosten (Thaler)	2 161	15 473	7 102

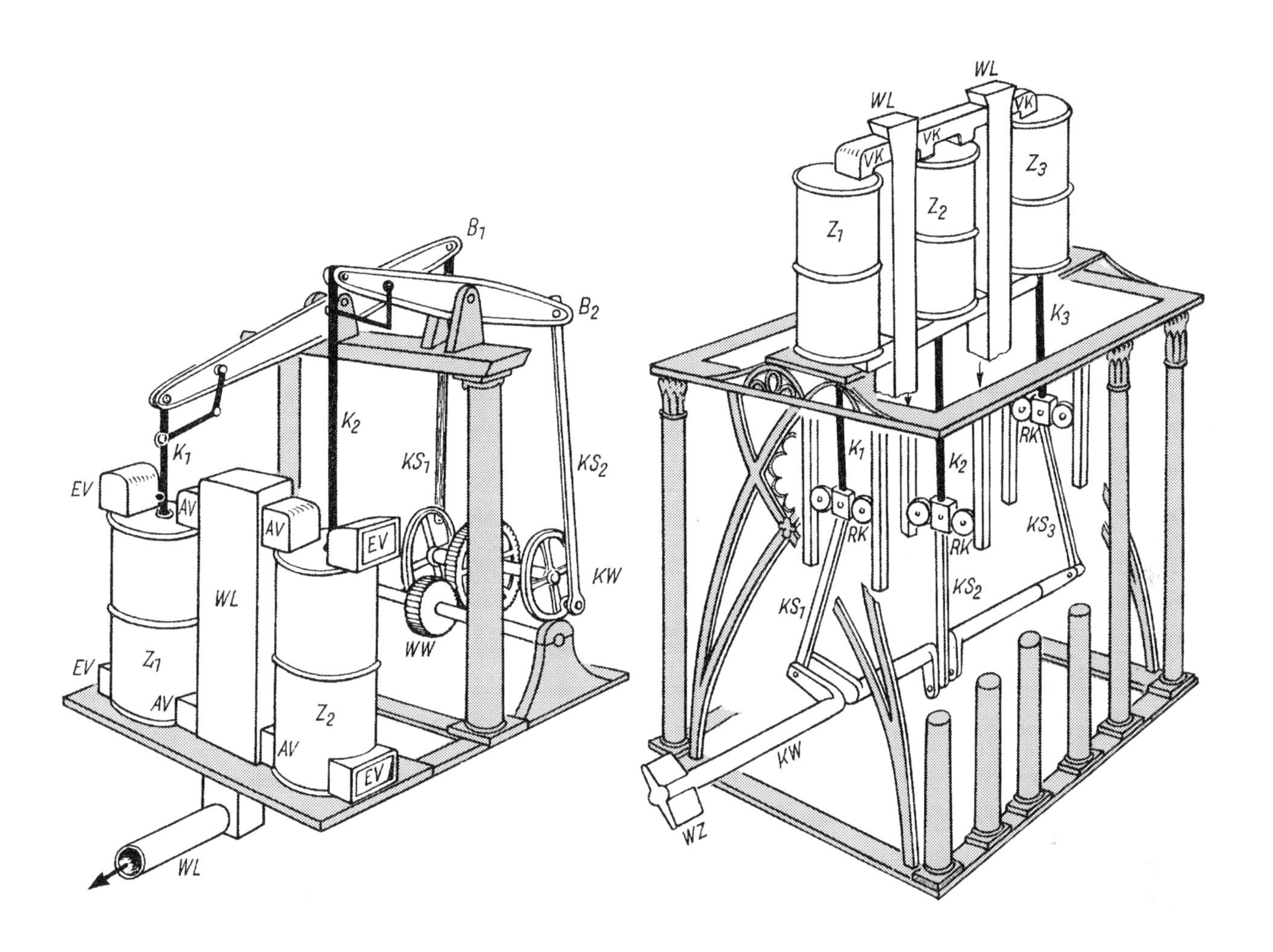

Abb. 190. Prinzipskizzen der noch erhaltenen Freiberger Zylinder-Gebläse

links: das Muldenhüttener Balancier-Gebläse in ursprünglicher Form, mit zwei Zylindern (in der generellen Anordnung entspricht diesem auch das Lauchhammer-Gebläse von 1836)

rechts: das Schwarzenberg-Gebläse. *WW* Welle für Wasserrad bzw. Turbine, *KW* Kurbelwelle mit *WZ* Wasserradzapfen, *KS1–3* Kurbelstangen, *B1–2* Balanciers, *RK* Rollenkreuzköpfe, *K1–3* Kolbenstangen, *Z1–3* Zylinder, *VK* Ventilkästen, *EV* Einlaßventile, *AV* Ausströmventile, *WL* Windleitung zum Schachtofen

Im Jahre 1836 beschloß das Oberhüttenamt, auch für die Halsbrücker Hütte ein Zylindergebläse anzuschaffen. Wieder erhielt das Eisenwerk Lauchhammer den Auftrag. Das Dreizylindergebläse wurde noch 1836 gebaut und 1837 in Halsbrücke in einem besonderen Gebläsehaus aufgestellt (s. Tafelteil, Bild 209). Am 18. 12. 1837 fand der Probelauf statt, über den der Maschinenbaumeister Döring an Brendel schrieb: »Vergangenen Sonnabend war ziemlich die Zusammenstellung des ganzen Gebläses beendigt ... Da ließ ich zwölf Mann das Wasserrad drehen, allein gar bald bemerkte ich, da nicht füglich mehr Mannschaft anzulegen waren, daß diese viel zu schwach waren, die bestimmte Geschwindigkeit – 10 Umgänge pro Minute – zu ermöglichen. Es half also nichts, ich ließ ... die schon vorgerichteten Spundstücken aufstellen und dielen und einen Schlund einbauen. Mit diesen Arbeiten wurden wir gestern nachmittag 3 Uhr fertig und konnten nun Wasser auf das Rad gehen lassen.

Der Sicherheit wegen und um das Ganze besser übersehen zu können, ließ ich das Getrieberad der einen Kurbelstange ausrücken und nur mit zwei Zylindern blasen; allein das schreckliche Rasaunen, das sich beim Anlassen hören ließ, war so schrecklich, daß ich den ganzen Versuch bald einstellte, namentlich da mittlerweile es dunkel geworden war. Heute morgen ging es nun gleich wieder los, jedoch gleich mit allen drei Zylindern. Da dröhnte und erzitterte das ganze Gebäude, und zu diesem Mordsspektakel kamen gerade die Herren des Oberhüttenamtes. Allen wurde angst und bange und so wurde für den Augenblick angehalten; sobald sich aber die hohen und niedern Herren, welche die Zuschauer abgaben, verlaufen hatten, wurde wieder angeschützt, und zwar mit weniger Wasser, so daß die Maschine pro Minute 4 bis 5 Spiele vollzog. Alle Zapfen wurden gut eingeölt, die Wände der Zylinder mit Graphit bestrichen, diese und jene Schraube angezogen, andere wieder etwas nachgelassen und so wurde der Gang allmählich ruhiger ... Zuletzt machte die Maschine in 1 Minute und 3 Sekunden 10 Spiele und dabei blies sie einen solchen Strom Luft aus, daß man an der Mündung kaum die Hand halten konnte.«

Das Gebläse (Abb. 100, Tabelle 29) ist wie das Muldenhüttener eine Balanciermaschine und versorgte drei Rohöfen, drei Bleiöfen und einen Treibeherd mit Wind. Es diente der Halsbrücker Hütte bis 1925 und wurde dann auf Anregung von Prof. Dr. O. Fritzsche an das Tor des Eisenwerkes Lauchhammer umgesetzt, wo es heute als Denkmal des Maschinenbaus der Traditionspflege des Betriebes dient, in dem es vor etwa 150 Jahren gebaut wurde (s. Tafelteil, Bild 210). Mit seinen korinthischen Säulen ist das Lauchhammer-Gebläse ein wertvoller Zeuge des Architekturstils im Maschinenbau des 19. Jahrhunderts.

In den Jahren 1829 bis 1831 entstand ein Gebläse, das 1831 bis 1860 in der Antonshütte bei Schwarzenberg in Betrieb war, deshalb noch heute als »Schwarzenberg-Gebläse« bezeichnet wird, aber 1862 in die Halsbrücker Hütte umgesetzt (s. Tafelteil, Bild 212), dort 1863 bis 1925 benutzt und auf Anregung von Prof. Fritzsche 1936 auf der Lehrgrube *Alte Elisabeth* museal aufgestellt wurde, wo es sich heute in einem eigens dafür errichteten Fachwerkbau befindet (s. Tafelteil, Bild 213). Dieses Dreizylinder-Gebläse ist von Maschinendirektor Brendel konstruiert und in dem vogtländischen Eisenwerk Morgenröthe gebaut worden. Es war zur Zeit seiner Erbauung das stärkste Gebläse Sachsens und ist in mehrfacher Hinsicht konstruktiv bemerkenswert. Brendel vermied die energiezehrenden Balanciers, nutzte aber die hinsichtlich Verschleiß günstige senkrechte Aufstellung der Zylinder, indem er diese auf ein Traggestell über die Kurbelwelle setzte und die Kolbenstangen über Rollenkreuzköpfe direkt an die Kurbelstangen anschloß (Abb. 100). Das Traggestell besteht aus schlanken korinthischen Säulen und zwischengestellten Eisengußfeldern mit neogotischem Maßwerk. Mit der Größe dieser Gußteile und ihrer schlanken Linienführung wird das Schwarzenberg-Gebläse zu einem der besten Beispiele des Architekturstils in der Geschichte des Maschinenbaus. Allerdings war mit dieser Gestaltung das Schwarzenberg-Gebläse weder auf seine Umgebung in Halsbrücke noch auf die Anlagen der *Alten Elisabeth*, wohl aber auf seinen ersten Standort abgestimmt. Die Antonshütte ist 1830 insgesamt in neogotischen Formen erbaut worden, und davon hat sich Brendel auch bei der Gestaltung des Schwarzenberg-Gebläses leiten lassen.

Die drei aus den Freiberger Hüttenwerken stammenden Zylindergebläse zeigen, wie sich im 19. Jahrhundert der neue Maschinenbau auch im Hüttenwesen des Erzgebirges durchsetzt und in der jahrhundertelangen Geschichte des Freiberger Hüttenwesens zu einer neuen höheren Stufe der technischen Entwicklung führt.

In dem Gebläsehaus auf der Halde der Lehrgrube *Alte Elisabeth* wird neben dem Schwarzenberg-Gebläse auch ein aus dem ehemaligen Hammerwerk an der oberen Ratsmühle bei Freiberg stammendes Kastengebläse museal aufbewahrt.

14.5. Die Freiberger Münze

Das Silber als Endprodukt des Freiberger Bergbaus und Hüttenwesens diente von Anfang an bis 1872, über 700 Jahre, fast ausschließlich als Münzmetall und hat damit den wettinischen Markgrafen, Herzögen, Kurfürsten und Königen Reichtum, wirtschaftliche und politische Macht und Mittel zur Förderung von Wirtschaft, Wissenschaft und Kunst gebracht, im Lande selbst aber Handwerk, Gewerbe und Industrie, also die Entwicklung der Produktivkräfte, direkt und indirekt gefördert.

Der letzte Arbeitsprozeß, der aus dem Silber das Geld werden ließ, war das Münzen. Für dieses hatte man strenge Sicherheitsbestimmungen erlassen. Die Münzmeister waren stets besondere Vertraute des Landesherrn.

Die Münzstätten befanden sich ursprünglich – nicht wie überliefert wird, auf den »Münzwiesen« im unteren Münzbachtal –, sondern sicher in der Freiberger Burg Freudenstein, später im Haus des jeweiligen Münzmeisters, so um 1550 im Haus des letzten Freiberger Münzmeisters ANDREAS ALNPECK d. Ä. (Freiberg, Korngasse 1).

Kurfürst AUGUST, der von 1554 bis 1586 Sachsen regierte und dabei die Wirtschaft stark zentralisierte, verlegte zuerst die Münzstätten von Schneeberg und Annaberg, dann, ohne Rücksicht auf den Protest der Stadt Freiberg zu nehmen, 1556 auch die Freiberger Münze nach Dresden. Seit 1556 bis zum Bau der Eisenbahn Freiberg – Dresden wurde deshalb das Freiberger Silber in einem besonderen Silberwagen mit guter Bewachung nach Dresden gebracht und das den Gruben zustehende Silbergeld auf gleiche Weise von Dresden nach Freiberg transportiert. Alle von 1556 bis 1887 entstandenen sächsischen Münzen sind also in Dresden in der auf der Brühlschen Terrasse stehenden Münzstätte geprägt worden. Bevor diese abgebrochen wurde, errichtete man 1887 im Hüttenwerk Muldenhütten neben dem Werktor die neue sächsische Münze (s. Tafelteil, Bild 214), in der 1887 bis 1900 Geld im Wert von über 37 Millionen Mark gemünzt wurde. Die Muldenhüttener Münze nahm also die alte Freiberger Münztradition wieder auf und führte sie bis 1953 fort. Auch Geld der DDR ist dort geprägt worden, kenntlich an dem Münzzeichen »E«. Mit der Zentralisation der Münzprägung der DDR in der Berliner Münze hat die Freiberger Münztradition zum zweiten Male ein Ende gefunden. Die »alte Münze« dient jetzt der Herstellung von Stahlband.

15. Wichtige Quellentexte zum Beginn der Freiberger Montangeschichte (Auswahl)

Die von Agricola in dem Werk »De veteribus et novis metallis libri II« (»Erzlagerstätten und Erzbergbau in alter und neuer Zeit«) 1546 schriftlich fixierte Überlieferung über den Fund des Silbers von Freiberg:

»Durch einen Zufall und einen Glücksfund ist es geschehen, daß in Meißen zu Freiberg Silber gegraben wurde. An der Saale ... liegt Halle ..., berühmt durch seine Salzquellen, um die die Hermunduren mit den Chatten gestritten haben. Als dann von hier Leute vierspännig, wie es heute auch noch geschieht, Salz unmittelbar durch das Meißner Land nach Böhmen fahren, wo dies Gewürz noch heute nicht weniger als einst fehlt, sehen sie in den Räderspuren ein Stück Bleiglanz, das durch die Gießbäche aufgedeckt ist. Weil das dem Goslarer ähnlich ist, werfen sie es auf den Wagen und nehmen es mit nach Goslar. Denn dieselben Fuhrleute pflegten aus dieser Stadt Blei abzufahren. Da man aus diesem Bleiglanz viel mehr Silber ausschmolz als aus dem Goslarer, begaben sich eine Anzahl Bergleute an diesen Platz im Meißner Land, wo jetzt die bekannte und reiche Stadt Freiberg liegt ...«

(Zitiert nach Agricola, Ausgewählte Werke, herausgeg. von H. Prescher, Band VI, Seite 85, Berlin 1961)

Die erste urkundliche Erwähnung des Freiberger Silberbergbaus in der von Markgraf Otto von Meißen dem Kloster Altzella am 2. 8. 1185 auf dem Landding in Colmitz (Collm, Kreis Oschatz) ausgestellten Urkunde:

»... Praeterea sciendum, cum ab imperio cuiuslibet metalli proventum in nostra marchia beneficii iure suscepimus, quia in terminis monasterii venae argentariae repertae sunt, cum bonis nostris ex eis absolvimus villas has Dutendorf, Christiansdorf, Bertoldisdorf et partem nemoris, quae in dominicale redigi ceperat, quae in centum decem et octo lehn computantur ...«

»... Außerdem ist folgendes zu wissen: Da wir vom Reich das Vorkommen aller Metalle in unserer Mark durch Lehnsrecht empfangen haben, weil im Gebiet des Klosters Silberadern gefunden sind, so haben wir durch unsere Güter von ihnen (den Mönchen) eingelöst die Dörfer Tuttendorf, Christiansdorf und Berthelsdorf und den Teil des Waldgebietes, der in ein Dominikale verwandelt zu werden begonnen worden war, welche auf 118 Hufen berechnet werden ...«

(Nach Krenkel, P.: Zu der Urkunde des Markgrafen Otto vom 2. August 1185. – Freiberger Forschungsheft, D 11, Berlin 1955, S. 26–34)

Die erste urkundliche Erwähnung einer Kunst zur Wasserhebung aus Freiberger Gruben, Vertrag der Markgrafen mit den Kunstmeistern vom 20. März 1379:

»Wir Frederich, Balthazar unde Wilhelm von gotis gnadin – bekennen unde thun kunt mit desim keinwertigen brife, das wir mit gutin vorrate unde wissin unsirs ratis, unsir burger unde allhir unsir amptlute czu Friberg dorch nuczis unde dorch fromen willin unsir herschaft unde unsirs berckwerkis geteydinget habin unde obirkomen sint mit den ersamen meyster Johanze Zcecheslaw von Prage unde Dominiken Goltsmide von Prage, Heynmanne von Friburk, Hermanne von Rotinburk unde Hensil Messirer von Norenburk unde iren erben, also das wir en gelobit habin czu der kunst, dy si uns vorgelegit haben, darmite sy meynen unsere wasserigen berkwerck czu weldigen, virczik schok groschin czu gebin, dy si uns vorburgit habin widirczugebin, ab irkant worde, von unsern amptlutin, das dyselbe kunst nicht warhaft unde gerecht ist, Von allir erst czu dem Stobinberge, das si dy kunst anhebin unde uns das wassir do haldin sullin, das wir wedir pherde noch redere dor czu dem wassir nicht endorfin; dorczu sulle wir en holczis gnuk antwerten an dy stad, das sy erbeyten ...«

(Zitiert nach Ermisch, H.: Urkundenbuch der Stadt Freiberg, Band II, S. 43, Leipzig 1886)

Die erste namentliche Erwähnung einzelner Freiberger Gruben in der Urkunde von 1384 über den Kauf des Stollns zur Reichen Zeche durch die Markgrafen:

»... Von der Vorderrichczeche. Ouch bekenne wir, das geteidinget ist, daz dy gewerkyn von der Vorderrichzceche daz erbe zcum Kursinberge haben zullen zcu dem erbe zcu der Vorderrichczeche zcusammene, dy beyde erbe ewiklich fry yn nun huffen, und zullen fry syn allir eyginschafft von der Hynderrichczeche dy beyde erbe und zullen ouch in den beyden erben und yn alle yren lenen haben eynen halben zcenden zcwei gancze jar von unsir herrin wegin, alzo daz dyselbin gewerkin alle len, dy sy selbis nicht buwen wollen, zullen lyen yn acht huffen yn der Vorderrichzceche und ym Kursynberge, wer dy buwen wil. Uzgeslozzen dy len zcum Cle und zcum Rothenschachte zullen sy lyen yn sybin huffen, und den Wysynschacht und dy Obirschar zyllen sy lyen yn achtehalben huffen, doch also dy wyle man dy obgnanten len zcum Cle, zcum Rotenschachte, zcum Wysenschachte und zcu der Obirschar um dy oben geschriben eyginschafft buwen wil ...«

(Zitiert nach Ermisch, H.: Urkundenbuch der Stadt Freiberg, Band II, S. 49, Leipzig 1886)

Aus der Münzordnung des Herzogs (später Kurfürsten) Moritz *von Sachsen von 1542 die Einsetzung von Aufsehern für die neugebildeten Kreise:*

»... Damit auch diesem unsern Müntz-Gebot und Ordnung desto fleißiger nachgegangen und darüber vestiglich möge gehalten werden, So haben wir darüber in unsere Land-Kreise sonderliche Aufseher verordent, wie dieselben hieran unterschiedlich namhafftig gedruckt sein ...

Im Ertzbürger Kreiß
Wolff von Schönberg zur Nawensorg der Herrn von Schönburg,
Oberhauptmann ...«

(Der Oberhauptmann des Erzgebirgischen Kreises wurde zum Freiberger Oberberghauptmann, seine Kanzlei zum Oberbergamt).

(Corpus Juri Saxonici, Bd. 2. Buch 4, S. 745–750)

Einführung zum Bildtafelteil

Was Text, Zeichnung, Tabelle, Skizze und Schriftzeichen allein nicht auszudrücken vermögen, das vermitteln nicht selten Fotografien. Sie sprechen ihre eigene Sprache, die zwar in vieler Hinsicht ohne Worte nicht voll wirksam wird, die jedoch auch mehr auszudrücken vermag als mancher Redefluß. So logisch und zwingend die nun folgenden Bilder einerseits auch immer zum schon Gelesenen gehören, so erheben sie andererseits doch völlig zu Recht Anspruch auf eine eigene Funktion, eine spezifische Darstellung des historischen Gesichtes des Freiberger Bergbaus und seiner Denkmale. Wenn dem nicht so wäre, wäre das eine oder das andere in diesem Buch überflüssig.

Graphische Darstellungen, vor allem von AGRICOLA, Reproduktionen von Archivalien und anderen schriftlichen Überlieferungen, Porträts und Fotos von Kunstwerken und Bilder von Sachzeugen im Bergrevier selbst dienen der Darstellung der älteren Perioden des Freiberger Bergbaus. Die zahlreichen in Fotos vorgestellten technischen Denkmale dagegen gehören – zumindest in ihrem heutigen Aussehen – meist dem 19. Jahrhundert an.

Doch auch für die dritte Hauptperiode des Freiberger Bergbaus braucht sich dieser Bildteil nicht nur auf die Kameras und die Fotografen der zweiten Hälfte des zwanzigsten Jahrhunderts zu verlassen. Um 1850 zeichnete der Professor der Bergakademie EDUARD HEUCHLER in mehreren Serien »des Bergmanns Berufs- und Familienleben«. Diese Zeichnungen sind natürlich von der romantisch-konservativen Haltung des Künstlers geprägt. Ihre Detailtreue, die Sauberkeit der künstlerischen Dokumentation der berg- und hüttenmännischen Arbeitsprozesse und Produktionsstätten des Freiberger Reviers im 19. Jahrhunderts erheben sie aber zu unersetzlichen Quellen für die Geschichtsdarstellung.

In den Jahren etwa von 1870 bis 1940 lieferten die Freiberger Fotografen KARL HEINRICH REYMANN und KARL AUGUST REYMANN (Vater und Sohn) fast noch in der Pionierzeit ihrer Berufskunst zahlreiche Fotos von Produktionsstätten und Arbeitsprozessen des Freiberger Reviers.

So runden die Werke HEUCHLERS und der beiden Fotografen den Wert dieses Bildtafelteils erst richtig ab. Klassische Quellen des Historikers sind logisch und überzeugend eng verwoben mit denen der Kunsthistoriker und Archäologen. In seiner Geschichte beeinflußte der Freiberger Bergbau alle Bereiche des Lebens von der Technik bis zur Kunst. Der Bildteil beweist es einmal mehr.

Spezielle Literatur über die Bildquellen:

GALINSKY, G.: Reymann, Fotodokumentaristen der Bergstadt Freiberg 1865–1945. Fotokino-Verlag, Leipzig 1985

SCHELLHAS, W., H. H. KASPER, E. NEUBERT u. O. WAGENBRETH: Eduard Heuchler (1801–1879), Chronist der Berg- und Hüttentechnik des 19. Jahrhunderts. – Sächs. Heimatblätter Dresden, 26 (1980) H. 6, S. 263–275

WAGENBRETH, O.: Nochmals zur Interpretation von Agricolas Kehrrad-Bild. – Sächs. Heimatblätter Dresden, 34 (1988)

Erzgänge

Bild 1. Der Erzgang *Isaak Spat* durchzieht im Muldental bei Halsbrücke den Gneisfelsen von rechts oben nach links unten und wird durch einen Stolln *(unten)* bergmännisch erschlossen

Bild 2. Bergleute der Grube *Alte Hoffnung Gottes* bei Kleinvoigtsberg bauen den Erzgang *Christlich Hilf Stehender* in etwa 500 m Tiefe ab (12. Gezeugstrecke, im Jahre 1919)

Erzminerale

Bild 3. Zwischen Freiberger Gneis als Nebengestein bilden Manganspat (hell) und – in der Mitte – Bleiglanz und Fahlerz die Füllung eines etwa 5 bis 8 cm mächtigen Erzganges in der Grube *Beschert Glück*
(Nr. 03314 der Lagerstättensammlung der Bergakademie Freiberg)

Bild 4. In der Oxydationszone bildete sich aus silberhaltigen Mineralen gediegen Silber, z. B. in Form von Silberdrähten auf den hellen Calcitkristallen (in der Lagerstättensammlung der Bergakademie Freiberg)

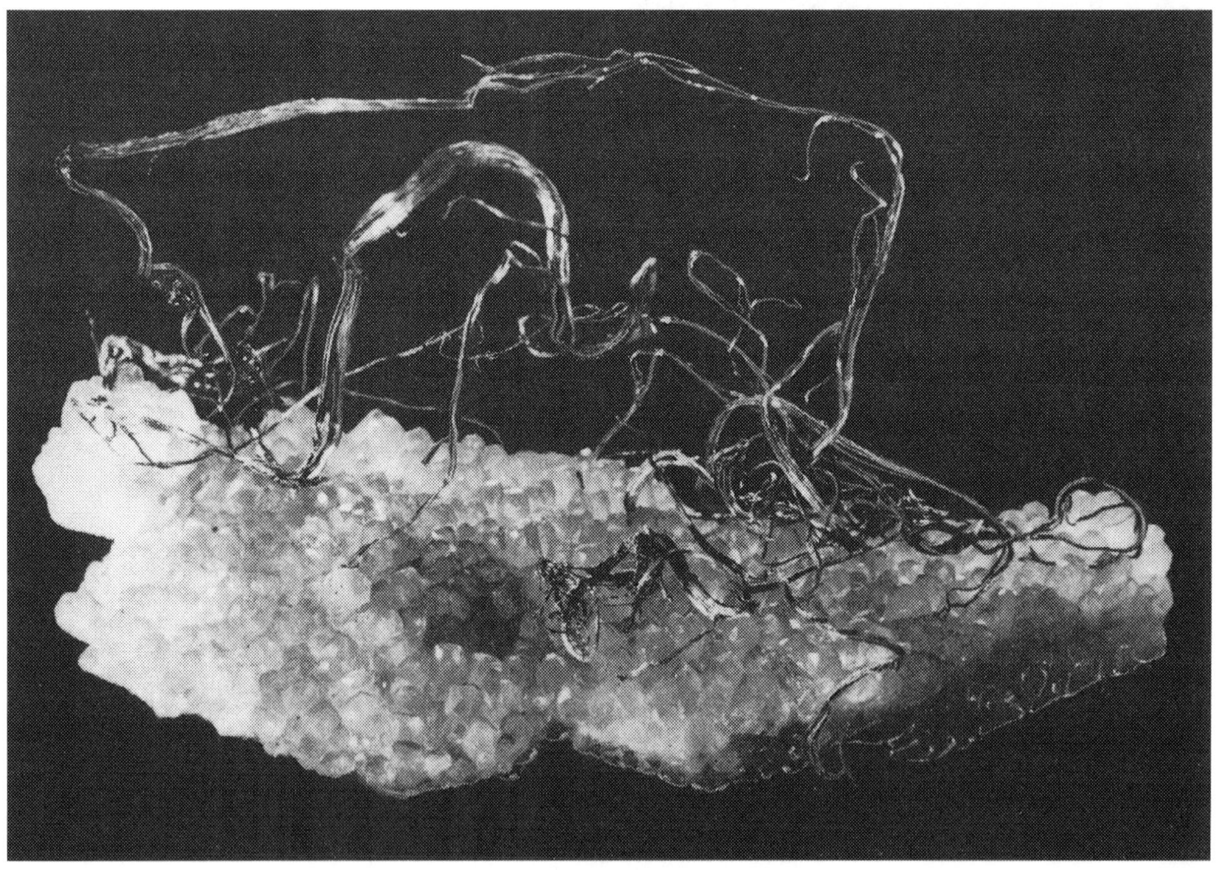

Urkundliche Quellen des ältesten Freiberger Bergbaus

Bild 5. Zum ersten Mal wird der Freiberger Bergbau 1185 in der Urkunde erwähnt, in der Markgraf Otto von Meissen das silberführende Gebiet vom Kloster Altzella zurücknimmt und dessen Grenzen genau bestimmt

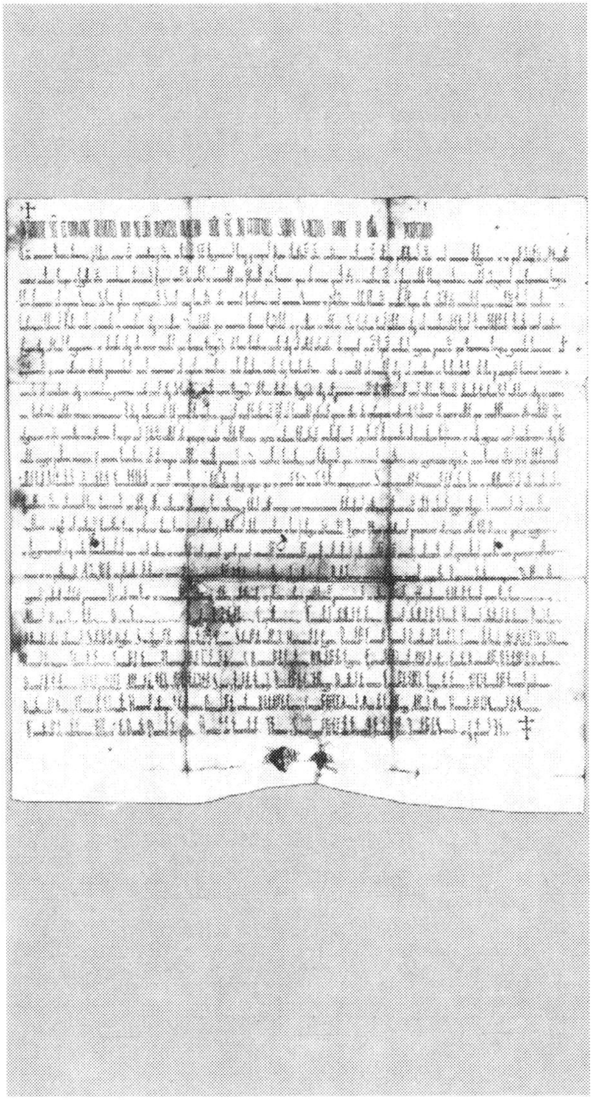

Bild 6. Handschriften des Freiberger Bergrechts – hier die erste Seite des etwa 1307 aufgezeichneten Bergrechts »A« im Freiberger Stadtarchiv – sind die ältesten ausführlichen Quellen über Einzelheiten der Produktionsverhältnisse
Der Text lautet: Dys ist bergrecht in unsers hern lande des margrefen czu Mißen und was darczu gehört. Ist, das eynem manne gelygen wirt eyn gang recht unde redelich, der beheldet syben lehen unde vierdehalb lachter yn syn hangendis unde vierdehalb lachte yn syn lygendes, was do genge ynne gehin, dy sint syn

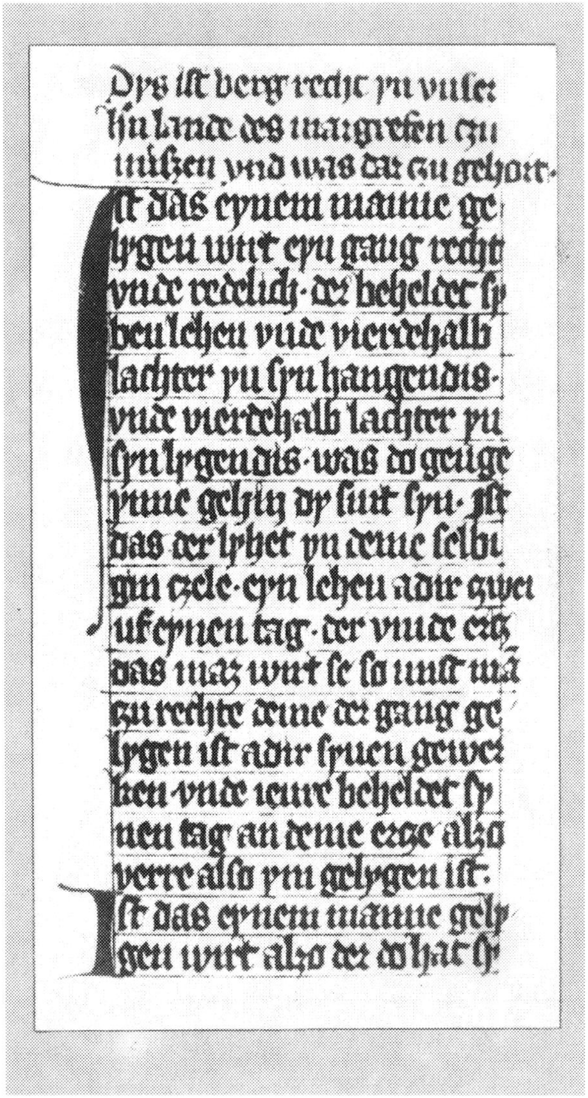

Archivquellen für die zweite Hauptperiode des Freiberger Bergbaus

Bild 7. Von 1529 an wurden – später quartalsweise – die Erträge der Freiberger Gruben in gedruckten Ausbeutbögen *(Bilder rechts und links)* veröffentlicht

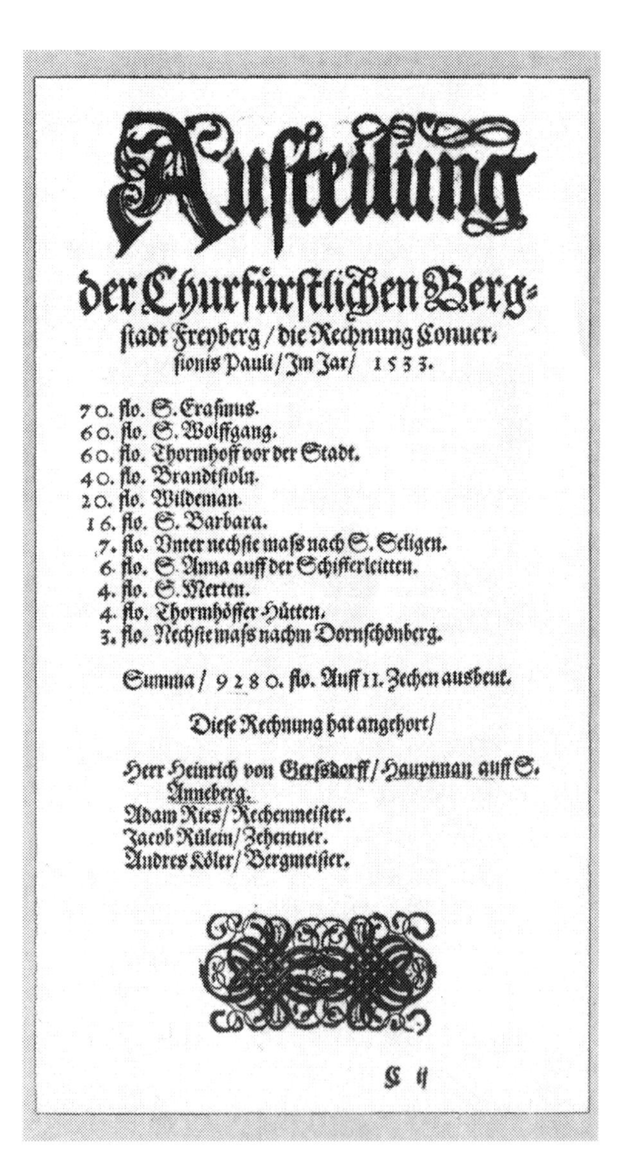

Austeilung der Churfürstlichen Bergstadt Freyberg / die Rechnung Conuersionis Pauli / Im Jar / 1533.

70. flo. S. Erasmus.
60. flo. S. Wolffgang.
60. flo. Thormhoff vor der Stadt.
40. flo. Brandtstoln.
20. flo. Wildeman.
16. flo. S. Barbara.
7. flo. Unter nechste maß nach S. Seligen.
6. flo. S. Anna auff der Schifferleitten.
4. flo. S. Merten.
4. flo. Thormhöffer Hütten.
3. flo. Nechste maß nachm Dornschönberg.

Summa / 9280. flo. Auff 11. Zechen ausbeut.

Diese Rechnung hat angehort /

Herr Heinrich von Gersdorff / Hauptman auff S. Anneberg.
Adam Ries / Rechenmeister.
Jacob Rülein / Zehentner.
Andres Köler / Bergmeister.

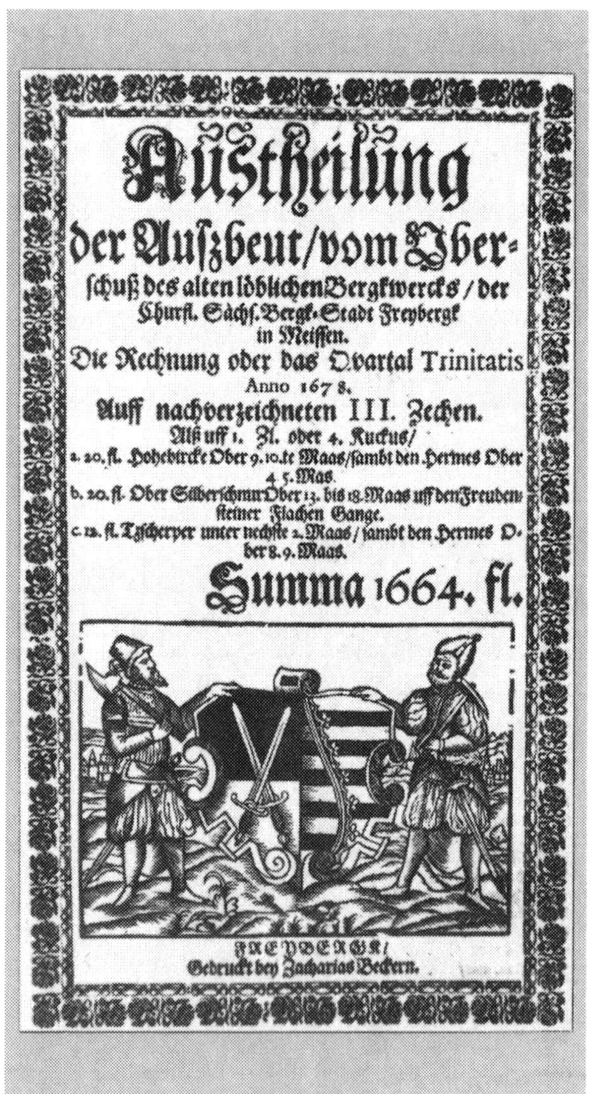

Austheilung der Außbeut / vom Uberschuß des alten löblichen Bergkwercks / der Churfl. Sächs. Bergk-Stadt Freybergk in Meissen.
Die Rechnung oder das Qvartal Trinitatis Anno 1678.
Auff nachverzeichneten III. Zechen.
Als uff 1. Fl. oder 4. Kuckus /
a. 20. fl. Hohebircke Ober 9. 10.te Maas / sambt den Hermes Ober 4. 5. Maas.
b. 20. fl. Ober Silberschnur Ober 13. bis 18. Maas uff den Freudensteiner Flachen Gange.
c. 12. fl. Tzscherper unter nechste 2. Maas / sambt den Hermes Ober 8. 9. Maas.

Summa 1664. fl.

FREYBERG /
Gedruckt bey Zacharias Beckern.

Leitung des Freiberger Bergbaus um 1700

Bild 8. Von 1676 bis 1711 amtierte als Oberberghauptmann Abraham von Schönberg (1643 bis 1711). Unter seiner Leitung bzw. Mitwirkung wurden u. a. um 1685 für den Halsbrücker Bergbau die Altväterbrücke gebaut, 1702 für die regelmäßige Ausbildung von Bergbeamten die Freiberger Stipendienkasse erschaffen, 1710 die Porzellanmanufaktur Meißen und 1711 die Generalschmelzadministration gegründet

Bild 9. Abraham von Schönberg veröffentlichte 1693 eine »ausführliche Berginformation«, für seine Zeit ein wichtiges montanwissenschaftliches Handbuch der Betriebswirtschaftslehre

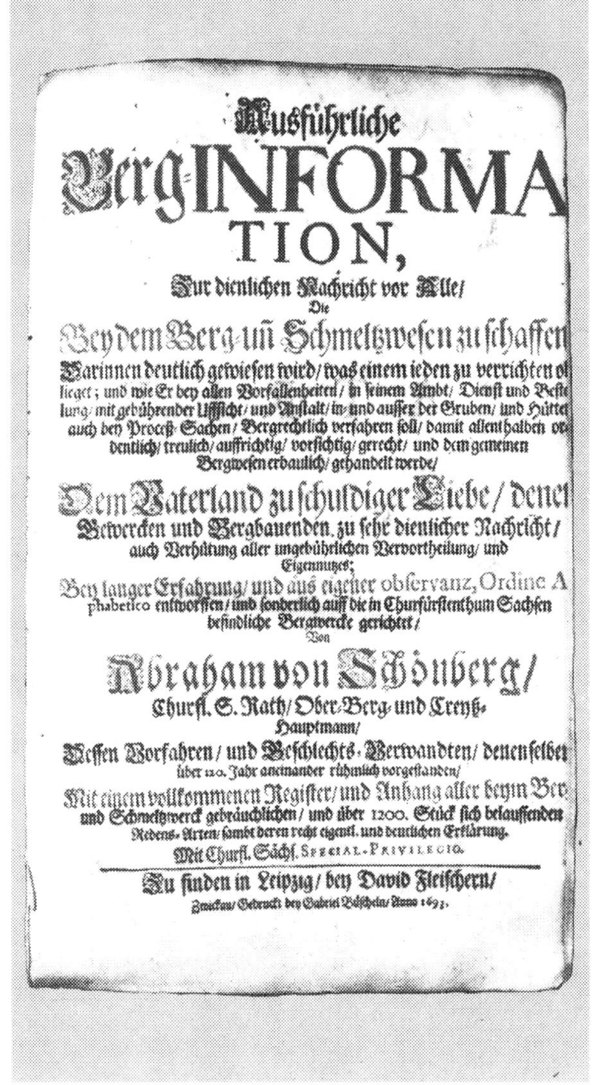

Ausführliche
Berg-INFORMATION,
Zur dienlichen Nachricht vor Alle/
Die
Bey dem Berg- und Schmeltzwesen zu schaffen
Darinnen deutlich gewiesen wird/ was einem ieden zu verrichten ob-
lieget; und wie Er bey allen Vorfallenheiten/ in seinem Ambt/ Dienst und Bestel-
lung/ mit gebührender Aufsicht/ und Anstalt/ in- und ausser der Gruben/ und Hütten
auch bey Proceß-Sachen/ Bergrechtlich verfahren soll/ damit allenthalben or-
dentlich/ treulich/ auffrichtig/ vorsichtig/ gerecht/ und dem gemeinen
Bergwesen erbaulich/ gehandelt werde/
Dem Vaterland zu schuldiger Liebe/ denen
Gewercken und Bergbauenden, zu sehr dienlicher Nachricht/
auch Verhütung aller ungebührlichen Vervortheilung/ und
Eigennutzes;
Bey langer Erfahrung/ und aus eigener observanz, Ordine Al-
phabetico entworffen/ und sonderlich auff die in Churfürstenthum Sachsen
befindliche Bergwercke gerichtet/
Von
Abraham von Schönberg/
Churfl. S. Rath/ Ober-Berg- und Creyß-
Hauptmann/
Dessen Vorfahren/ und Geschlechts-Verwandten/ denenselben
über 120. Jahr aneinander rühmlich vorgestanden/
Mit einem vollkommenen Register/ und Anhang aller beym Berg-
und Schmeltzwerck gebräuchlichen/ und über 1200. Stück sich belauffenden
Redens-Arten/ sambt deren recht eigentl. und deutlichen Erklärung.
Mit Churfl. Sächs. Special-Privilegio.
Zu finden in Leipzig/ bey David Fleischern/
Zwickau/ Gedruckt bey Gabriel Pötzscheln/ Anno 1693.

Führende Freiberger Bergbeamte des 18. und 19. Jahrhunderts

Bilder 10/11. Generalbergkommissar FRIEDRICH ANTON VON HEYNITZ (1725 bis 1802) und Oberberghauptmann FRIEDRICH WILHELM VON OPPEL (1720 bis 1769) hatten 1765 den sächsischen Erzbergbau zu reorganisieren und gründeten dazu im gleichen Jahre die Bergakademie Freiberg

Bilder 12/13. Oberberghauptmann FRIEDRICH WILHELM HEINRICH VON TREBRA (1740 bis 1819), der erste Student der Bergakademie, begann mit der Einführung neuer Maschinen in den sächsischen Erzbergbau, und Oberberghauptmann SIEGMUND AUGUST WOLFGANG FREIHERR VON HERDER (1776 bis 1838), Sohn des Weimarer Superintendenten J. G. HERDER, führte den Freiberger Bergbau zu dem unter den Verhältnissen des Direktionsprinzips erreichbaren Höhepunkt der technischen und betriebswirtschaftlichen Reife

10	11
12	13

Bedeutende Maschinenbeamte des Freiberger Montanwesens im 19. Jahrhundert

Bilder 14/15. Maschinendirektor Christian Friedrich Brendel (1776 bis 1861) leitete von 1811 bis 1851 das Maschinenwesen des sächsischen Erzbergbaus und der Hütten und wurde vor allem durch seine Wassersäulenmaschinen und Dampfmaschinen bekannt. Von seinem Nachfolger, Oberkunstmeister Friedrich Wilhelm Schwamkrug (1808 bis 1880) stammte u. a. die im 19. Jahrhundert weit verbreitete Schwamkrug-Turbine

Bilder 16/17. Oberkunstmeister Karl Julius Braunsdorf (1807 bis 1883) konstruierte Wassersäulenmaschinen, Dampfmaschinen und Aufbereitungsmaschinen und führte im Freiberger Bergbau 1835 die eisernen Förderseile ein. Oberkunstmeister Carl Rudolf Bornemann (1821 bis 1897) schuf u. a. wichtige Anlagen für die bergmännische Wasserwirtschaft im Freiberger Revier, so 1885 den Neuwernsdorfer Wasserteiler an der oberen Flöha

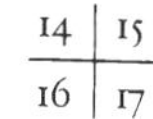

Gewinnung des Erzes im historischen Freiberger Bergbau

Bild 18. In der Titelvignette der Karte vom »Erzgebirgischen Kreis« (18. Jh.) ist ein Strossenbau schematisch dargestellt. Mit dem Handhaspel wird nicht das in diesem gewonnene Erz, sondern das Haufwerk aus einer tieferen Strecke gefördert

Bild 19. Mit einer seiner Lithographien überlieferte EDUARD HEUCHLER das Aussehen eines Firstenbaus in der Zeit um 1850

Gewinnung des Erzes im historischen Freiberger Bergbau

Bild 20. Bei Bergsicherungsarbeiten – wie hier im Brander Revier – oder in der Grube *Alte Elisabeth* zeigen Strossenbaue aus alter Zeit durch ihre Breite (hier 0,8 m) und Lage die Abmessungen des abgebauten Erzganges an

Bild 21. Um das Erz aus dem Firstenbau hinab zur Förderstrecke zu bringen, sparte man im Versatz Rollöcher aus, aus deren Rollenmund man das Erz in die Förderwagen abziehen konnte. In einer Förderstrecke der Grube *Churprinz* bei Großschirma ist der Rollenmund sorgfältig in Bruchsteinmauerung ausgeführt

Streckenförderung im historischen Freiberger Bergbau

Bilder 22/23. Der fast ganz aus Holz gebaute kleine »ungarische Hund«, auf Holzpfosten laufend *(Bild oben)*, wurde im 19. Jahrhundert von dem mit vier gleichgroßen Eisenrädern ausgestatteten und schließlich ganz aus Eisen gebauten »englischen Förderwagen« *(Bild unten)* abgelöst, um das Erz vom Abbau zum Förderschacht zu bringen (Foto um 1895)

Schachtförderung untertage

Bild 24. Am Füllort, wo die Förderstrecke den Schacht erreichte, wurde das Erz aus dem Förderwagen gestürzt und in die Fördertonne abgezogen, mit der es nach übertage gefördert wurde. Das von E. HEUCHLER 1859 gezeichnete Füllort – wie alle Zeichnungen HEUCHLERS den Arbeitsprozeß etwas romantisiert darstellend – gehörte zum *Abrahamschacht*, dem Hauptförderschacht der *Himmelfahrt Fundgrube* bei Freiberg

Bild 25. Ein Füllort aus der Zeit um 1900 ist heute noch am Schacht *Reiche Zeche* auf der ersten Sohle zu sehen

Geschichte der Schachtfördertechnik im sächsischen Erzbergbau: Handhaspel

Bilder 26/27. Handhaspel als die kleinsten Fördermaschinen waren vor Jahrhunderten und noch um 1900 in einfachen Schachtkauen untergebracht, wie ein Grubenriß von J. BERGER aus dem Jahre 1693/95 *(Bild oben)* und das Foto einer Grube bei Lichtenberg südöstlich von Freiberg zeigen *(Bild unten)* (Zeche Augustus, 1919)

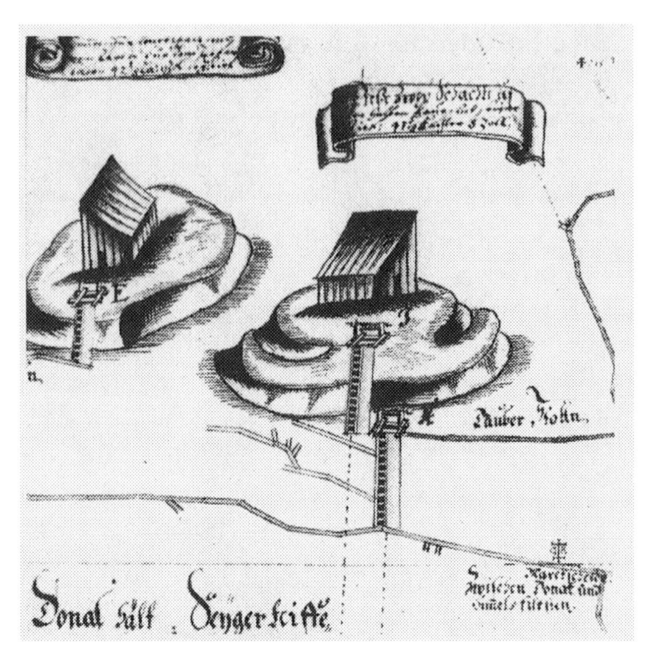

Geschichte der Schachtfördertechnik im sächsischen Erzbergbau: Pferdegöpel

Bild 28. Der Pferdegöpel, z. B. bei AGRICOLA 1556 dargestellt, war vom 16. bis ins 19. Jahrhundert eine weit verbreitete und auch im Freiberger Revier übliche Fördermaschine

Bild 29. Der letzte Pferdegöpel im Freiberger Revier stand bis 1899 auf dem *Prinz Leopold Schacht* der Grube *Beschert Glück* in Zug bei Freiberg

Geschichte der Schachtfördertechnik im sächsischen Erzbergbau: Kehrrad

Bild 30. Agricola beschreibt 1556 das aufgrund seiner zwei gegenläufigen Beschaufelungen umsteuerbare Kehrrad als die damals modernste Fördermaschine (anfangs für Wasser, wenige Jahre später auch für Erz und Gestein)

Bilder 31/32/33. Das 1856 in der *Roten Grube* in Freiberg erbaute Kehrrad entspricht in der Art der Konstruktion weitgehend, mit 11 m Höhe und 2 m Breite fast genau dem von Agricola dargestellten Kehrrad

Bild 34. Die eisernen Seilkörbe der Kehrradanlage in der *Roten Grube* bezeugen zwar den Stand der Maschinenbautechnik im 19. Jahrhundert, die daneben sichtbare Schachtfahrt (Leiter) erinnert jedoch sehr an die von AGRICOLA abgebildete Lage des Kehrrades untertage in einem Schacht

32 | 33
34

Geschichte der Schachtfördertechnik im sächsischen Erzbergbau: Dampfförderanlagen

Bild 35. Nach dem Bau der ersten Dampfförderanlage im Freiberger Revier 1844 auf dem *Reichen Bergsegen* wurden weitere Schächte mit Dampfförderanlagen ausgestattet, so 1854 der *Vertrau auf Gott Schacht* der Grube *Himmelsfürst*

Bild 36. Die 1858 auf dem *Kobschacht* bei Tuttendorf erbaute, um 1925 abgebrochene Dampfförderanlage zeigte besonders typisch die Höhenstaffelung von Kesselhaus *(rechts)*, Maschinenhaus und Schachthaus

Bild 37. Dem *Frankenschacht* der Grube *Himmelsfürst* diente bis 1913 eine 1889 erbaute Zwillingsdampffördermaschine mit liegenden Zylindern, Schwungrad und zwei hintereinanderliegenden Seiltrommeln

Das Kunstgezeug als historische Wasserhebemaschine des Bergbaus vom 16. bis 19. Jahrhundert

Bild 38. Das von AGRICOLA beschriebene, um 1540 gebaute »Ehrenfriedersdorfer Kunstgezeug« wurde für etwa 350 Jahre die für den Bergbau wichtigste Wasserhebemaschine

Bild 39. In der Grube *Alte Hoffnung Gottes*, Kleinvoigtsberg bei Freiberg, wurden Kunstgezeuge der klassischen Bauart bis etwa 1930 zur Wasserhebung aus ungefähr 530 m Tiefe benutzt

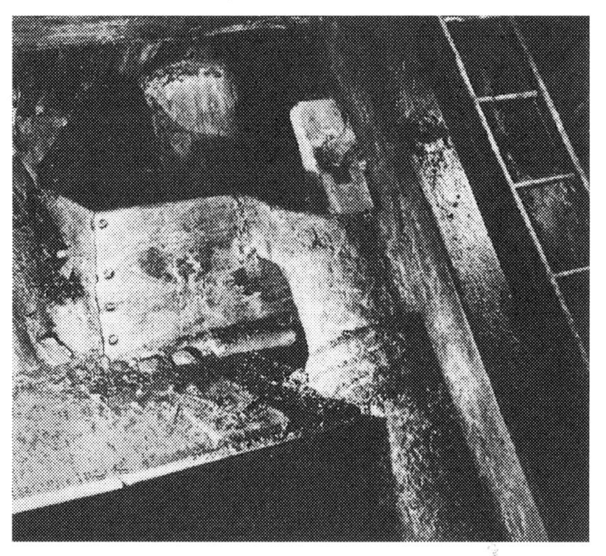

Das Kunstgezeug als wichtigste Wasserhebemaschine des Bergbaus im 19. Jahrhundert

Bild 40. In einem von E. Heuchler um 1850 gezeichneten Förderschacht erkennt man links neben den Fahrten eine Kolbenpumpe des Kunstgezeugs und dessen Schachtgestänge

Bild 41. In manchen Kunstschächten, so im *Oberen Kunstschacht* der Grube *Churprinz*, betätigte ein Schachtgestänge die Kolbenstangen von jeweils zwei Pumpen nebeneinander (hier Blick von oben in die Pumpen)

Neuerungen im Kunstgezeugbau des 19. Jahrhunderts

Bild 42. Drucksätze (Druckpumpen) mit etwa 80 m Förderhöhe, wie hier im *Thurmhofschacht* östlich von Freiberg, wurden im 19. Jahrhundert möglich, als man zu Eisen als Maschinenbauwerkstoff überging

Bild 43. Im 19. Jahrhundert baute man manches Wasserrad ebenfalls aus Eisen, wie hier das vom *mittelschlächtigen Kunstschacht* der Grube *Churprinz* bei Großschirma

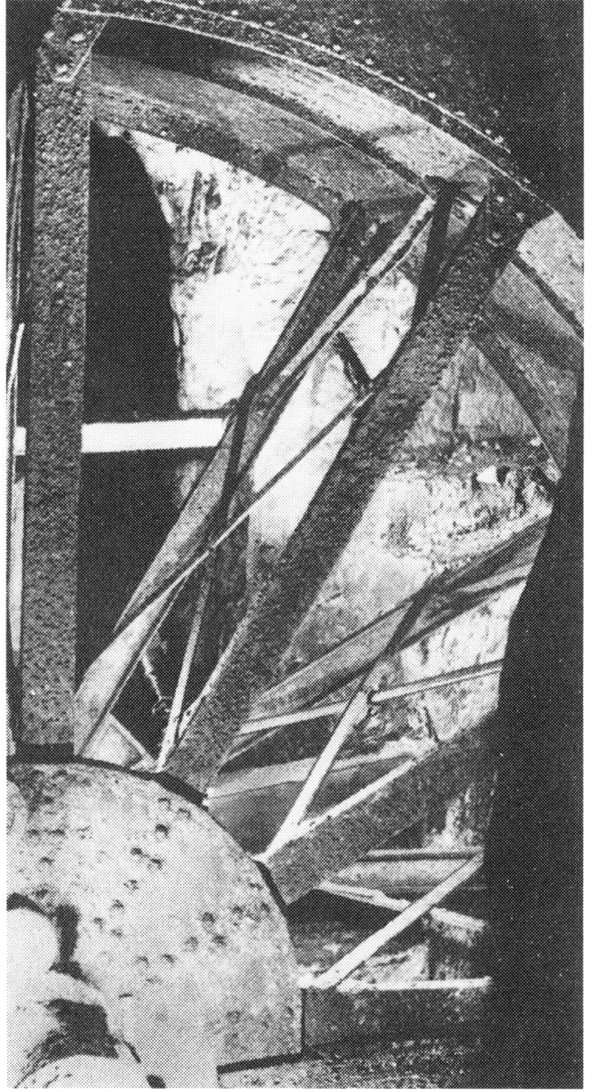

Das Wasserrad als klassischer Antrieb der Kunstgezeuge

Bild 44. Noch im 19. Jahrhundert baute man wie vor 300 Jahren Wasserräder zum Antrieb der Kunstgezeuge auch aus Holz, wie das Kunstrad der Grube *Alte Hoffnung Gottes* bei Kleinvoigtsberg

Bild 45. In EDUARD HEUCHLERS Zeichnung des Kunstrades sind die Kurbel und ein horizontales Streckengestänge als Elemente der Kraftübertragung vom Rad zum Gestänge im Schacht zu erkennen

Die Kraftübertragung vom Streckengestänge auf das Schachtgestänge

Bild 46. Gußeiserne Dreiecke, die Kunstwinkel oder – nach ihrem Aussehen bei Konstruktion aus Holz – »halben Kunstkreuze«, übertrugen die Bewegung des Horizontalgestänges auf die Schachtgestänge; hier ein Kunstwinkel von 1856 im Schacht der *Roten Grube* in Freiberg in 80 m Tiefe

Bild 47. Die Zeichnung von EDUARD HEUCHLER zeigt deutlich, wie die Horizontalgestänge *(oben)* und die Schachtgestänge *(unten)* an die Kunstwinkel angeschlossen sind

Die Wassersäulenmaschine als neue Antriebsmaschine für Freiberger Kunstgezeuge im 19. Jahrhundert

Bild 48. Die von Maschinendirektor CHR. FR. BRENDEL 1820 bis 1824 erbaute zweizylindrige Wassersäulenmaschine der *Mordgrube* wurde durch die Darstellung in JULIUS WEISBACHS »Lehrbuch der Ingenieur- und Maschinenmechanik« international bekannt

Bild 49. EDUARD HEUCHLERS Zeichnung vermittelt nicht nur eine Vorstellung von den Dimensionen der Mordgrübner Wassersäulenmaschine, sondern auch einen Eindruck vom Maschinenraum in etwa 100 m Tiefe

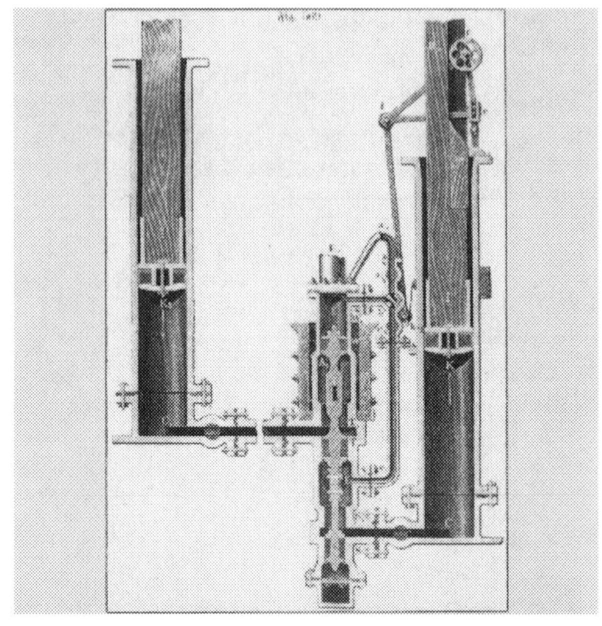

Wassersäulenmaschine und Turbine als Antriebsmaschinen Freiberger Kunstgezeuge im 19. Jahrhundert

Bild 50. Die auf der Grube *Alte Elisabeth* museal erhaltene kleine Wassersäulenmaschine war 1876/78 im 8. Lichtloch des Rothschönberger Stollns eingebaut worden und hob aus dem Stolln bis etwa 1930 Trinkwasser für die Gemeinde Halsbrücke und Brauchwasser für die Halsbrücker Hütte

Bild 51. Brendels Nachfolger Friedrich Wilhelm Schwamkrug entwickelte zum Antrieb von Kunstgezeugen 1846/1847 die für langsam laufende Maschinen vorteilhafte Schwamkrug-Turbine, hier in einer Zeichnung aus Weisbachs »Lehrbuch der Ingenieur- und Maschinenmechanik«

Erzaufbereitung im historischen Freiberger Bergbau

Bild 52. Fein verwachsenes Erz kam ins Pochwerk, das es für die weitere Aufbereitung hinreichend fein zerkleinerte. Man findet Pochwerke bei AGRICOLA 1556 *(Bild links)* und ebenso von EDUARD HEUCHLER aus der Erzwäsche *Mittlere Ratsmühle* 1859 dargestellt *(Bild rechts)*

Bild 53. Grobverwachsenes Erz wurde oft von Jugendlichen, den Scheidejungen, in der Scheidebank von Hand zerschlagen und von taubem Material getrennt (Foto um 1910)

52	52
53	

Erzaufbereitung im historischen Freiberger Bergbau

Bild 54. Das fein gepochte Erz wurde auf rhythmisch bewegten Stoßherden durch fließendes Wasser in metallhaltiges Konzentrat und taube Abgänge getrennt

Bild 55. Pochwerke und Stoßherde waren Maschinen, die großen Raumbedarf hatten und zu ebener Erde angelegt werden mußten. Die Gebäude der alten Erzwäschen besaßen deshalb meist ein niedriges Erdgeschoß und ein großes Dach, wie die ehemalige *Mittlere Wäsche* in Zug bei Freiberg (Foto um 1905)

Historische Schmelzöfen und Gebäude des Freiberger Hüttenwesens

Bild 56. Das silberhaltige Bleierz wurde um 1550 in den von AGRICOLA *(Bild links)* dargestellten, etwa 2 m hohen Schachtöfen, im 19. Jahrhundert *(Bild rechts)* ebenfalls noch in Schachtöfen, geschmolzen

Bild 57. Vom 16. bis ins 19. Jahrhundert standen die Schmelzöfen in niedrigen Hüttengebäuden mit hohem Dach, von denen ein typisches noch 1913 in Muldenhütten erhalten war

56 | 56
57

Historische Silbergewinnung im Freiberger Hüttenwesen

Bild 58. Im Treibeherd ließ man silberhaltiges Blei so oxydieren, daß Bleioxid abfloß und teilweise verdampfte und das Silber rein in der Schmelzwanne unter der abnehmbaren Haube zurückblieb. Solche Treibeherde wurden vom 16. bis ins 20. Jahrhundert benutzt

Bild 59. In dem 1787/1794 in Halsbrücke erbauten Amalgamierwerk löste man in rotierenden Fässern das Silber mit Quecksilber als Silberamalgam aus den Erzen und gewann es rein durch Verdampfen des Quecksilbers aus dem Amalgam

Stätten der Freiberger Bergbauverwaltung und Montanwissenschaft

Bild 60. In dem Haus des Oberberghauptmanns FRIEDRICH WILHELM VON OPPEL wurde 1765 die Freiberger Bergakademie gegründet. Noch heute befindet sich ihr Rektorat in dem historischen, 1855 aufgestockten Bau

Bild 61. In dem Haus der Familie SCHÖNLEBE, Freiberg, befand sich seit 1679 das 1542 gegründete Oberbergamt. Heute beherbergt der um 1500 errichtete Freihof das Archiv des sächsischen Bergbaus.

Einige bedeutende Montanwissenschaftler der Bergakademie Freiberg

Bild 62. ABRAHAN GOTTLOB WERNER (1749 bis 1817) ist besonders als Mineraloge, Petrograph, Geologe und Erzlagerstättenkundler bekannt geworden

Bild 63. JULIUS WEISBACH (1806 bis 1871) war führender Wissenschaftler des Maschinenwesens seiner Zeit

Bild 64. BERNHARD VON COTTA (1808 bis 1879) war der bedeutendste Freiberger Geologe des 19. Jahrhunderts

Bild 65. Sein Schüler CARL HERMANN MÜLLER (1823 bis 1907) schuf von den Freiberger Erzgängen Dokumentationen, die noch heute Grundlage wissenschaftlicher Forschung sind

62	63
64	65

Kunstschätze im Freiberger Dom als Zeugnisse des Freiberger Silberbergbaus

Bild 66. Von den Erträgen des sächsischen Silberbergbaus in seiner zweiten Hauptperiode zeugt die um 1508/1510 von Hans Witten geschaffene Tulpenkanzel im Freiberger Dom. Die von einem Steiger *(im Bild rechts)* getragene Bergmannskanzel aber stiftete der Bürgermeister Jonas Schönlebe 1638, also in der auch dem Bergbau abträglichen Zeit des Dreißigjährigen Krieges

Bild 67. Die um 1230 für die markgräfliche Marienkirche geschaffene, figurenreiche Goldene Pforte kündet heute von dem reichen Silberertrag der Gruben in der ersten Hauptperiode des Freiberger Bergbaus

Berg- und hüttenmännische Motive auf Freiberger Kunstschätzen des 17. Jahrhunderts

Bild 68. Der Freiberger Bürgermeister und Zehntner JONAS SCHÖNLEBE ließ um 1630 eine Holzdecke in seinem Haus in Freiberg mit Motiven aus AGRICOLAS Buch »De re metallica« von 1556 bemalen

Bild 69. Der 1679 von ANDREAS MÜLLER, Freiberg, geschaffene Weinhumpen der Freiberger Bergknappschaft wird mit anderen Kunstwerken des Berg- und Hüttenknappschaftssilbers im Stadt- und Bergbaumuseum Freiberg aufbewahrt

Das Bergmannssymbol Schlägel und Eisen an Freiberger Bau- und Kunstdenkmalen

Bild 70. Das älteste erhaltene Freiberger Beispiel für Schlägel und Eisen, gekreuzt als Bergmannssymbol, befindet sich im Freiberger Dom auf der Grabplatte von NIKEL KORB, 1509

Bild 71. Ebenfalls im Freiberger Dom, am Knappschaftsgestühl, hält ein geschnitzter Bergmann ein 1546 datiertes Wappenschild mit Schlägel und Eisen

Bild 72. Der Schlußstein des 1534 geschaffenen Rundbogenportals des Hauses Freiberg, Kesselgasse 24 ist mit Schlägel und Eisen auf einem Wappenschild geschmückt

70
71 | 72

Bergmännische Motive an Freiberger Bauwerken des 19. und 20. Jahrhunderts

Bild 73. Bergmännische Reliefs und Texte schmücken das 1838 von EDUARD HEUCHLER geschaffene neogotische Grabmal für den Oberberghauptmann VON HERDER, Herdersruhe in der Nähe der *Reichen Zeche*

Bild 74. Berg- und Hüttenmann in Paradekleidung flankieren das Freiberger Stadtwappen an dem 1896 erbauten Haus, Ecke Karl-Marx-Straße/Hornstraße

Bild 75. Als 1959 am Freiberger Obermarkt (Nr. 7) ein Neubau errichtet wurde, fügte man an der Hausecke dort, wo zuvor eine Figur aus dem 16. Jahrhundert gestanden hatte, die von G. KOHL geschaffene Plastik eines Bergmannes unserer Zeit ein

Denkmale für die erste Hauptperiode des Freiberger Bergbaus

Bild 76. Der Freiberger Bergbau begann vermutlich dort, wo das Münzbachtal den *Hauptstollngang* kreuzt, im Gebiet der heutigen Berggasse, wo eine Gedenktafel auf diese Stelle aufmerksam macht

Bild 77. Originale Zeugnisse aus der ersten Hauptperiode des Freiberger Bergbaus sind die kleinen Halden, die zwischen der *Reichen Zeche* und dem Muldental bei Tuttendorf den Verlauf des Hauptstollnganges im Gelände markieren

76	76
77	

Denkmale für die erste Hauptperiode des Freiberger Bergbaus

Bild 78. An den 1384 urkundlich genannten Fürstenstolln erinnert das Mundloch des *Alten Tiefen Fürstenstollns*, der im Muldental an der gleichen Stelle, im Hauptstollngang, angesetzt ist, aber um 1613 um 5,08 m höher gelegt und mit geringerem Ansteigen vorgetrieben worden ist. Das Mundloch stammt in der heutigen Form aus dem 18. Jahrhundert und enthält den Nullpunkt für das alte bergmännische Vermessungswesen im Freiberger Revier

Bild 79. Wenige Meter oberhalb des Mundloches vom *Alten Tiefen Fürstenstolln* liegt das 1822 erbaute Mundloch des Hauptstolln Umbruchs. Dieser neue Stolln wurde parallel zu dem alten vorgetrieben und sollte diesen ersetzen. Das Stollnwasser wurde nun durch den Umbruch abgeleitet, damit es nicht wie zuvor in die tieferen Erzabbaue fallen konnte

Denkmale der zweiten Hauptperiode des Freiberger Bergbaus

Bild 80. An den im 16. Jahrhundert bedeutenden Bergbau auf dem *Thurmhof Stehenden Gang* erinnern im Stadtgebiet Freiberg »hinter der Stockmühle« einige in der Bausubstanz allerdings jüngere Grubengebäude, so die Bergschmiede der Grube *Thurmhof untere 3./4. Maß*

Bild 81. Kleine Halden bei Zug stammen von dem im 16. Jahrhundert in zahlreichen Gruben auf dem *Hohe Birke Gangzug* regen Bergbau, hier die Halden am *Obergöpeler Schacht*

Bild 82. Auch im *Himmelsfürster Grubenrevier* südlich von Brand-Erbisdorf machen viele kleine Halden die große Zahl der Schächte deutlich, aus denen dort im 16. Jahrhundert gefördert wurde

Denkmale der bergmännischen Wasserwirtschaft im 16. Jahrhundert

Bild 83. Der um 1550 neu gebaute Berthelsdorfer Hüttenteich sammelte im oberen Münzbachtal Aufschlagwasser für die Kunstgezeuge der Gruben auf dem *Thurmhof Gangzug*

Bild 84. Der vom Kurfürsten 1562 für den Freiberger Bergbau angekaufte und erweiterte Untere Großhartmannsdorfer Teich wurde nach mehreren Erweiterungen zum größten Freiberger Bergwerksteich mit 1,7 Millionen m^3 Fassungsvermögen

Bild 85. Der 1590 erbaute Obere Großhartmannsdorfer Teich faßt 700 000 m^3 Wasser, das aus dem Einzugsgebiet der Flöha in einer Rösche unter der Wasserscheide hinweg herbeigeleitet wird

Denkmale der bergmännischen Wasserwirtschaft im 16. Jahrhundert

Bild 86. Der 1562/1568 angelegte, z. T. unter Tage als Rösche geführte Müdisdorfer Kunstgraben leitete das Wasser des Unteren Großhartmannsdorfer Teiches den Gruben auf dem *Hohe Birker Gang* bei Zug und auf dem *Thurmhof Gang* bei Freiberg zu

Bild 87. Der 1568 gebaute Rothbächer Teich am Nordrand des Freiwaldes ist als Wasser- und damit Energiespeicher der Müdisdorfer Rösche und dem *Hoh Birker Kunstgraben* zwischengeschaltet

Denkmale der bergmännischen Wasserwirtschaft im 16. Jahrhundert

Bild 88. Im Röschenhaus im Freiwald befanden sich die Verwaltung der 1568 angelegten Müdisdorfer Rösche und die Wohnung des Röschensteigers

Bild 89. Vom Oberen Großhartmannsdorfer Teich wurde das Wasser seit 1590 in dem heute mit Betonplatten abgedeckten Kohlbachgraben den Gruben südlich von Brand-Erbisdorf zugeleitet

Denkmale der Arbeit des Bergmanns vor Ort aus dem 17. bis 19. Jahrhundert

Bild 90. Mit Schlägel und Eisen haben die Bergleute die Strecken und Stolln sehr eng, aber mit glatten Stößen herausgehauen, wie im Bereich der Grube *Alte Elisabeth* die Strecke im *Auferstehung Christi Spatgang*

Bild 91. Wo der Bergmann seinen Streckenvortrieb im *Auferstehung Christi Spat* um 1785 verlassen hat, sind die Spuren seiner Arbeit mit Schlägel und Eisen noch deutlich zu sehen.

Bild 92. Mit Bohrungen und Schwarzpulver (später mit Dynamit) vorgetriebene Strecken sind an rauh gebrochenen Stößen und Resten der Bohrlöcher zu erkennen, so in einer um 1900 mit Handbohrlöchern und Sprengbetrieb vorgetriebenen Strecke der 1. Sohle in der Lehrgrube *Alte Elisabeth*

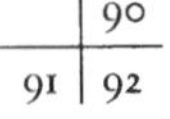

Inschriften im Gestein untertage

Bild 93. In der Grube *Alte Elisabeth* erinnert in etwa 90 Meter Tiefe eine in das Gestein gehauene Inschrift von 1767 an eine neue Vortriebsmethode mit Sprengbetrieb und nennt die dabei erzielte Leistung:
»Auf Hohe Anordnung Einer Hohen Revisions Comision ist unter Aufsicht des dermahligen Herrn Stollngeschworenen P. G. Klemms und Stolln-Obersteigers J. C. H. Heinets in Quartal Crucis 1767 Nr. 7. bis und mit Nr. 10. Woche mit belegung doppelter mannschaft zu 4 stunden die Einrichtung mit Schüssen auß'n gantzen gemacht und mit 12 Häuern in 4 SG. (Sondergedingen) bey 1 Lachter Höhe 4½ Lachter, vorhero aber durch 6 Häuer in 4 Sondergedingen bei ¾ Lachter Höhe 1½ Lachter aufgefahren worden
A. C. Engelhardt«

Bild 94. Im Gestein der Streckenstöße wurden auch die Grenzen zwischen benachbarten Gruben und der mit Jahresabschluß erreichte Stand des Streckenvortriebs mit Inschriften markiert, so in der Grube *Alte Elisabeth* im Quartal Luciae 1806 eine Markscheidetafel zwischen den Gruben *Krieg* und *Frieden* und *Alte Elisabeth* durch den Obermarkscheider Freiesleben, den Obereinfahrer Wagner und den Schichtmeister Wiedemann *(links)* als Beamten der einen Grube und durch die Bergbeamten der anderen Grube Oelschlägel, Engelschall und Goldberg *(rechts)*
Ein rechter Winkel und die Jahreszahl am Stoß einer Strecke markieren den 1815 erreichten Stand des Vortriebs *(Bild links)*

Denkmale des Halsbrücker Bergbaus im 17. und 18. Jahrhundert

Bild 95. Der im 17. und 18. Jahrhundert rege Bergbau auf dem mehrere Meter mächtigen *Halsbrücker Spatgang* und seiner Fortsetzung, dem *St. Lorenz Gegentrum*, verursachte mehrfach Einbrüche tiefer Pingen, die im Gelände den Verlauf des Ganges markierten. Einige dieser Pingen sind noch erkennbar, wie hier eine über dem *Lorenz Gegentrum*

Bild 96. Der um 1613 angelegte, heute mit Wasser aus dem *Verträgliche Gesellschaft Stolln* und dem *Hauptstolln Umbruch* gespeiste Rote Graben führte dem Halsbrücker Bergbau und den dortigen Hütten Aufschlagwasser zu

Bild 97. Bei Conradsdorf, Halsbrücke und Rothenfurth setzen im Muldental mehrere Stolln meist kleiner Gruben an, so bei Conradsdorf der *Hosianna Stolln* von 1789

Die Altväterbrücke früher und heute, ein besonderes Denkmal des Halsbrücker Bergbaus

Bild 98. Zur Versorgung der auf dem rechten Talhang der Mulde gelegenen Grube *St. Anna samt Altväter* wurde um 1685 ein Kunstgraben-Aquädukt gebaut, der bis zu seinem Abbruch 1893 als besonderes Wahrzeichen des Freiberger Bergbaus galt *(Bild unten)*

Bild 99. Von der Altväterbrücke sind heute noch das untere Stockwerk, die aus dem 16. Jahrhundert stammende Brücke der Straße Freiberg–Meißen, sowie die Ansätze der Pfeiler des Aquädukts erhalten

Wichtige Freiberger Stolln des 16. bis 19. Jahrhunderts

Bild 100. Außer dem Alten Tiefen Fürstenstolln trieben die Freiberger Bergleute im 16./19. Jahrhundert vom Muldental und Striegistal aus weitere, für große Teile des Reviers wichtige Stolln vor. Der Anna Stolln erstreckte sich von seinem (1980 durch VEB Bergsicherung Schneeberg wiederhergestellten!) Mundloch auf den Wiesen unterhalb von Großschirma bis in das Gebiet Tuttendorf

Bild 101. Von dem wichtigsten Stolln des Brander Reviers, dem *Thelersberger Stolln* im Striegistal oberhalb der Schrödermühle bei Oberschöna, sind das eigentliche Mundloch und die Abzugsrösche, um 1800 sehr sorgfältig neu gemauert, erhalten

Kleine Huthäuser von Gruben des 16. bis 18. Jahrhunderts im Freiberger Stadtgebiet

Bild 102. Das um 1700 erbaute *Kuhschacht*-Huthaus am Wernerplatz gehörte zu einer vom 16. bis ins 19. Jahrhundert betriebenen großen Grube mit Pferdegöpel und mehreren Kunstgezeugen

Bild 103. An der Ulrich-Rülein-Straße, früher nach der *Himmelfahrt Fundgrube* benannten Himmelfahrtsgasse, liegt das kleine um 1700 gebaute Huthaus der Grube *Segen Gottes*, das deutlich die vorindustriellen Maßstäbe dieser Grube bezeugt

Kleine Huthäuser von Gruben des 16. bis 18. Jahrhunderts in Freiberg und Oberschöna

Bild 104. Das *Löfflerschacht*-Huthaus am Krankenhaus Freiberg markiert hier die Lage des Hauptstollnganges und gehörte zu der Grube *Neubeschert Glück vor der Stadt*, in die 1791 ALEXANDER VON HUMBOLDT als Student der Bergakademie eingefahren ist

Bild 105. Das Huthaus der Grube *Hoh Neujahr* aus dem 18. Jahrhundert liegt bei Oberschöna in der Nähe der Eisenbahnbrücke über die Striegis hoch an deren östlichem Talhang

Kleine Huthäuser von Gruben des 16. bis 18. Jahrhunderts in Brand und Umgebung

Bilder 106/107. In dem aus einer bergmännischen Streusiedlung hervorgegangenen Städtchen Brand und seiner Umgebung liegen zahlreiche Huthäuser alter, kleiner Gruben, die meist an den benachbarten Halden erkennbar sind, so das *Alt-Hörniger*-Huthaus *(Bild oben)* und die Huthäuser der Gruben *Sonnenwirbel* und *Brüllender Löwe*

Bild 108. In der St. Michaeliser Straße, Haus Nr. 11, zeigt ein Inschriftstein die frühere Funktion des Gebäudes als Bergmannskrankenhaus

106 | 108
107

Huthäuser von Gruben des 17. bis 19. Jahrhunderts in Zug bei Freiberg

Bild 109. Vom Bergbau auf dem *Tscherper Stehenden Gang* stammt das Huthaus der Grube *Tscherper Maßen* wenig nördlich von Brand-Erbisdorf

Bild 110. Im Zuger Ortsteil Langenrinne war die *Junge Hohe Birke* mit ihrem 1703 erbauten großen Huthaus bis 1897 eine wichtige Grube

Kleine Huthäuser von Gruben des 16. bis 19. Jahrhunderts in Zug

Bild 111. Auf einer Halde des vom 16. Jahrhundert an stark abgebauten, parallel zum *Hohe Birke Gangzug* gestreckten *Daniel Gangzuges* steht das Huthaus der Grube *Daniel*

Bild 112. Der vom *Alten Tiefen Fürstenstolln* im Gebiet von Zug abzweigende, aus dem 17. Jahrhundert stammende *Kurfürst Johann Georg Stolln* hatte ein Huthaus, an dem heute der Erzgebirgswanderweg vorbeiführt

Die Grube Herzog August in Zug als bedeutende Grube des 16. bis 19. Jahrhunderts

Bild 113. Schräg gegenüber vom *Kurfürst-Johann-Georg-Stolln*-Huthaus liegt das aus dem 18. Jahrhundert stammende Huthaus der Grube *Herzog August*

Bild 114. Zum *Herzog August Neuschacht* gehörte der heute zwischen Wohnblocks neben der Konsumgaststätte Seilerberg gelegene, früher auf freiem Feld weithin sichtbare Pulverturm

Der Dreibrüderschacht als Hauptschacht der Grube Herzog August

Bild 115. Bis 1913 stand auf der Halde des Dreibrüderschachtes ein typisches Wassergöpelgebäude mit einem untertage eingebauten Kehrrad als Fördermaschine

Bild 116. Im Jahre 1914 wurde nach Stillegung des Freiberger Bergbaus im *Dreibrüderschacht* in 250 m Tiefe ein Kraftwerk installiert und übertage dazu ein neues Schachtgebäude errichtet, das heute als Denkmal dieses ersten Kavernenkraftwerks gelten kann

Technische Denkmale des im 18. und 19. Jahrhundert wichtigen Bergbaus von Bräunsdorf

Bild 117. Das Zechendorf bei Bräunsdorf ist eine typische bergmännische Streusiedlung

Bild 118. Das um 1750 erbaute Huthaus der Grube *Neue Hoffnung Gottes* ist das einzige Denkmal der von 1673 bis 1862 betriebenen Grube im Striegistal

Die Denkmale der Grube Unverhofftter Segen Gottes in Oberschöna

Bild 119. Der VEB Bergsicherung Schneeberg hat 1976/77 die um 1790/91 in sauberer Bruchsteinmauerung ausgeführte Kunstradstube der Grube *Unverhoffter Segen Gottes* für Besichtigungen zugänglich gemacht und dabei das Mundloch der Abzugsrösche *(Bild unten)* in elliptischer Gewölbemauerung wiederhergestellt

Bild 120. Gegenüber der Abzugsrösche steht am ehemaligen Aufschlaggraben die Erzwäsche der Grube *Unverhoffter Segen Gottes Erbstolln*

119 | 120
119 |

Die Gruben Gesegnete Bergmanns Hoffnung bei Obergruna und Alte Hoffnung Gottes in Kleinvoigtsberg

Bild 121. Das 1843/1844 erbaute Schachthaus und die Nebengebäude der *Gesegneten Bergmanns Hoffnung* bei Obergruna gehören zur nördlichsten bedeutenden Freiberger Grube des 19. Jahrhunderts

Bild 122. In Kleinvoigtsberg ist das 1769 erbaute Huthaus der Grube *Alte Hoffnung Gottes* mit einem Dachreiter von 1834 ein architektonischer Mittelpunkt des Ortes

Die Grube Alte Hoffnung Gottes in Kleinvoigtsberg

123	123
124	125

Bilder 123/124/125. Das als Wassergöpel erbaute Schachthaus mit dem Schornstein der 1879 angelegten Dampffördermaschine und dem 1955 eingebauten Fördergerüst, das Pulverhaus *(Bilder 123)*, das Mundloch der Aufschlagrösche *(Bild 124)* und die langgestreckte Stoßherdwäsche bilden neben Huthaus und Bergschmiede *(Bild 125)* einen Denkmalkomplex, der die frühere Bedeutung der Grube *Alte Hoffnung Gottes* noch heute erkennen läßt

Die Grube Christbescherung bei Großvoigtsberg

Bild 126. Die 1854 erbaute Dampfförderanlage der Grube *Christbescherung* zeigte eine klare architektonische Gliederung in das niedrige Kessel- und Maschinenhaus mit Schornstein sowie das hohe, an einen Wassergöpel erinnernde Schachthaus. Heute ist von dieser Anlage nur noch die Halde vorhanden

Bilder 127/128. Wo das Großvoigtsberger Tal in das Muldental mündet, finden wir im Wald das Mundloch der Aufschlagrösche und die 1872 erbaute Erzwäsche der Grube *Christbescherung* mit der Inschrift über der Haustür

126	128
127	128

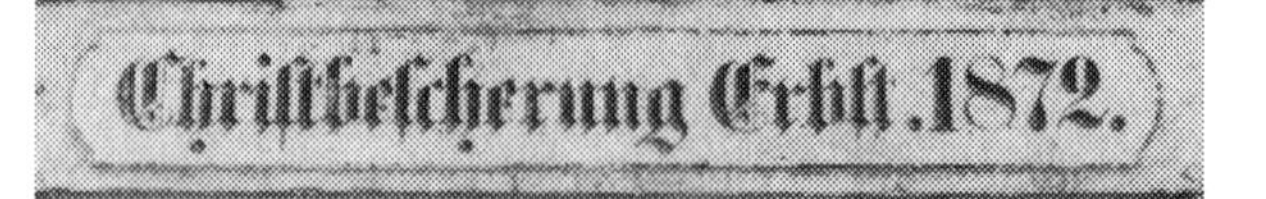

Die Grube Churprinz-Friedrich-August-Erbstolln bei Großschirma

Bild 129. Das im 18. Jahrhundert erbaute Huthaus der Grube *Churprinz* mit dem Uhr- und Glockenturm aus der HERDER-Zeit läßt noch heute die große Bedeutung dieser 1707 gegründeten staatlichen Grube für das Freiberger Revier erkennen. Links daneben die Bergschmiede

Bild 130. Der neogotische Untere Wächter steht über dem Mittelschlächtigen Kunstschacht und trug in seinen Dachreitern die Kunstglöckchen, die übertage den Gang der Kunstgezeuge hören ließen

Die Grube Churprinz-Friedrich-August-Erbstolln bei Großschirma

Bild 131. Der *Constantinschacht* der Grube *Churprinz* ist 1868/1873 als Kunstschacht abgeteuft und mit einer Wasserhaltungsdampfmaschine ausgerüstet worden, erlangte aber für die Grube keine große Bedeutung

Bild 132. Nicht weit vom *Constantinschacht,* der Explosionsgefahr wegen aber abseits der sonstigen Grubengebäude, steht der Pulverturm der Grube *Churprinz*

Die Grube Churprinz-Friedrich-August-Erbstolln bei Großschirma

Bild 133. Im Fürstenbusch wurde 1749 für die Aufschlagwasserversorgung der Grube *Churprinz* der Zechenteich *(Bild links)* angelegt, dessen Abzugsröschen-Mundloch mit 1801/1826 datiert und mit den Initialen CPFA versehen ist *(Bild rechts)*

Bild 134. Der vom Zechenteich ausgehende und noch einigermaßen verfolgbare Obere Churprinzer Kunstgraben überquert im Ort Großschirma unscheinbar an einer Gebäudegruppe den Dorfbach

Der Churprinzer Bergwerkskanal bei Rothenfurth-Großschirma

Bild 135. Im Jahre 1788 erbaute Kunstmeister Mende im Muldental den Churprinzer Bergwerkskanal, der der Grube Aufschlagwasser brachte und den Transport des Erzes zur Hütte mit Kähnen ermöglichte. Die gegenwärtige Linienführung des Kanals schuf 1823 Maschinendirektor Brendel

Bild 136. Vom Muldental in das Waltersbachtal fließt das Wasser des Kanals etwa 120 m lang unter Tage

Schleusen und Kahnhebehaus am Churprinzer Bergwerkskanal

Bild 137. Kunstmeister MENDE schaltete dem Lauf des Kanals mehrere Schleusen ein. Eine dieser Schleusenkammern ist neben dem jetzigen Kanalwehr noch erhalten

Bild 138. Ebenfalls erhalten ist das Mauerwerk des 1788 bei Halsbrücke erbauten Kahnhebehauses. Es ist vermutlich das älteste Schiffshebewerk der Welt

Übertage-Anlagen des Rothschönberger Stollns: Mundlöcher

Bild 139. An dem Oberen Mundloch des *Rothschönberger Stollns*, oberhalb des Ortes an der Triebisch, fließt das Stollnwasser unter der Triebisch hinweg noch weiter untertage

Bild 140. Nach übertage kommt das Grubenwasser des Reviers am Unteren Mundloch des *Rothschönberger Stollns*, das rechts der Triebisch im Wald unterhalb des Ortes liegt

Übertage-Anlagen des Rothschönberger Stollns: Das 2. und 4. Lichtloch

Bild 141. Vom 2. Lichtloch bei Neukirchen ist nur die Aufsattelung des Schachtes erhalten, die einst das Treibehaus trug und um die die nun wieder abgetragene Halde geschüttet war

Bild 142. Die Verwaltung des Baus und später des Betriebes des *Rothschönberger Stollns* erfolgte von dem 1844 neben dem 4. Lichtloch in Reinsberg errichteten Huthaus aus

Übertage-Anlagen des Rothschönberger Stollns: Das 4. Lichtloch

Bild 143. Die 1844 in Reinsberg gebaute Wassergöpel-Schachtanlage des 4. Lichtlochs besteht aus dem höheren Schachthaus mit Wächtertürmchen und einer über dem Kehrrad errichteten Kaue

Bild 144. In der Nähe des 4. Lichtlochs gibt sich die ehemalige Führung des Aufschlagwassers noch an den Mundlöchern der Aufschlagrösche *(Bild links)* und der Abzugrösche *(Bild rechts)* zu erkennen

	143
144	144

Übertage-Anlagen des Rothschönberger Stollns: Die Grabentour

Bild 145. Die Maschinen im 4. und 5. Lichtloch erhielten ihr Aufschlagwasser durch die Grabentour, einen im Bobritzschtal geführten Kunstgraben, dessen untertage gelegene Teilstücke dem Wanderer an den Röschenmundlöchern erkennbar sind. Eine Tafel im Gestein neben der Porzellanfelsenrösche nennt die Bauzeit und die am Bau beteiligten Beamten

Bild 146. Vom 5. Lichtloch existieren noch die Halde und die Fundamente des Schachthauses

	145
145	146

Übertage-Anlagen des Rothschönberger Stollns: Das 6. und 7. Lichtloch

Bild 147. Auf dem 6. Lichtloch bei Krummenhennersdorf standen 1847/1856 und 1864/1875 Dampfförderanlagen. Von diesen sind Fundamentgewölbe *(Bild rechts)* aus Gneismauerwerk erhalten

Bild 148. Ein Vergleich des 1850 erbauten 7. Lichtlochs in Halsbrücke mit dem 4. Lichtloch zeigt, daß bei der Anlage des *Rothschönberger Stollns* auch schon Typenprojekte verwendet worden sind. Neben dem Schachtgebäude des 7. Lichtlochs steht noch das Pulverhaus

147 / 148 | 147

Übertage-Anlagen des Rothschönberger Stollns: Das 7. und 8. Lichtloch

Bild 149. Das ebenfalls 1844 erbaute Huthaus des 7. Lichtloches enthielt neben der Wohnung des Stollnsteigers und dem Mannschaftsraum im nördlichen Gebäudeteil eine Bergschmiede

Bild 150. Das 8. Lichtloch in Halsbrücke wurde erst ab 1865 nach einer Änderung des Stollnprojekts abgeteuft. Schachtgebäude und Mannschaftskaue unterscheiden sich deshalb auch architektonisch von den andern, älteren Lichtlochanlagen

Halsbrücker Gruben des 19. Jahrhunderts

Bild 151. Der 1861 für die Wiederaufnahme des Halsbrücker Bergbaus gegründeten Grube *Beihilfe* führte man das Aufschlagwasser durch die »Halsbrücker Rösche« zu

Bild 152. In Halsbrücke gabelte sich der Rote Graben: Durch die Rösche *(links)* floß Wasser in das Münzbachtal und – seit 1844/45 – in den Oberen Churprinzer Kunstgraben. Nach rechts zweigt der Graben für die Wäsche der Grube *Oberes Neues Geschrei* ab.

Halsbrücker Gruben des 19. Jahrhunderts

Bild 153. Der 1851 erbaute Wassergöpel der Grube *Oberes Neues Geschrei* diente auch dem damals in Bau befindlichen *Rothschönberger Stolln* als Lichtloch. Es ist eins der schönsten Schachtgebäude in der Landschaft des Freiberger Bergreviers

Bild 154. Die in Halsbrücke an der Krummenhennersdorfer Straße gelegene, um 1850 erbaute Wäsche der Grube *Oberes Neues Geschrei* enthielt ein Pochwerk und Stoßherde. Die Radstube des Wasserrades ist noch erhalten

Schachtanlagen der Himmelfahrt-Fundgrube im 19. Jahrhundert

Bild 155. Eduard Heuchler zeichnete 1859 die *Himmelfahrt Fundgrube* mit den Schächten *Thurmhofschacht (links), Alte Elisabeth, Reiche Zeche, Abrahamschacht* und *Davidschacht (rechts)*. Drei dieser Schächte hatten damals schon Dampfförderanlagen

Bild 156. Um 1850 wurden die Schächte und Aufbereitungsanlagen der *Himmelfahrt Fundgrube* mit einer Pferdeeisenbahn für den Erztransport verbunden. Im Hintergrund der *Davidschacht* mit dem Pochwerk *(links)* und dem Pulverhaus

Schachtanlagen der Himmelfahrt Fundgrube im 19. Jahrhundert

Bild 157. Am *Abrahamschacht* sind die Mundlöcher des durch die Halde führenden Pferdebahntunnels erhalten, zur Zeit allerdings in einem schlecht gestalteten Zustand

Bild 158. Von der 1857 erbauten, für das 19. Jahrhundert typischen Anlage des *Turmhofschachtes* sind heute nur noch wenige Mauerreste und – mehr oder weniger umgebaut – einige Aufbereitungsgebäude erhalten (Foto 1877)

Der Abrahamschacht, der Hauptförderschacht der Himmelfahrt Fundgrube

Bild 159. Bei der Modernisierung der Freiberger Gruben im Jahre 1887 erhielt der 1839 als Wassergöpel gebaute *Abrahamschacht* ein höheres eisernes Seilscheibengerüst und eine Dampfförderanlage

Bild 160. Die 1834 errichtete Bergschmiede läßt noch heute die Essen von vier der einst zwölf Schmiedefeuer erkennen, mit denen Tag für Tag das Werkzeug von einigen hundert Bergleuten geschärft wurde

Abrahamschacht und Reiche Zeche der Himmelfahrt Fundgrube

Bild 161. Im Jahre 1960 wurde das Wassergöpel-Treibehaus des Abrahamschachtes in ursprünglicher Form wiederhergestellt. Links daneben die Bergschmiede. Davor rechts das Mannschaftshaus, links das Huthaus, über dessen Haustür »H(Himmelfahrt) 1813« *(Bild links)* zu lesen ist

Bild 162. Auf der 1898 als Dampfförderanlage gebauten *Reichen Zeche*, heute Lehrgrube der Bergakademie, steht das einzige im Freiberger Bergbau erhaltene eiserne Fördergerüst

Die Schachtanlage Alte Elisabeth der Himmelfahrt Fundgrube

Bild 163. Im Innern des Schachtgebäudes findet man die einzige erhaltene historische Hängebank im Freiberger Revier

Bild 164. Auf der aus dem 16. Jahrhundert stammenden Grube *Alte Elisabeth* baute 1848/1849 die *Himmelfahrt Fundgrube* eine Dampfförderanlage, mit der man den Vortrieb des *Rothschönberger Stollns* im eigenen Grubenfeld betrieb. Heute gehört die Anlage zur Lehrgrube der Bergakademie

Die Schachtanlage Alte Elisabeth der Himmelfahrt Fundgrube

Bild 165. Erhalten und jetzt mit Preßluft betreibbar ist die 1848 von Constantin Pfaff erbaute Balancier-Dampffördermaschine, die drittälteste im Freiberger Revier

Bild 166. Auch die Betstube mit dem Orgelpositiv ist in alter Form erhalten und wird heute von der Bergakademie für besondere Veranstaltungen und Konzerte genutzt (Foto: Bergleute vor Schichtbeginn 1910)

Wasserwirtschaft und Erztransport der Himmelfahrt Fundgrube

Bild 167. Im Jahre 1844/45 wurde das Kunstgrabenwasser von der Grube *Junge Hohe Birke* auf einem Damm dem *Thurmhofschacht* zugeführt

Bild 168. Vom *Davidschacht* zur Erzwäsche im Muldental führte eine Erzbahn, die die erste Teilstrecke untertage und aus einem Mundloch heraus weiter auf einem Damm verlief

Wasserwirtschaft der Himmelfahrt Fundgrube

Bild 169. Der *Morgenstern-Schacht* der *Himmelfahrt Fundgrube* wurde durch den *Wernerstolln* und die Röschen am Stangenberg *(Bild rechts)* mit Aufschlagwasser versorgt

Bilder 170/171. Im Muldental unterhalb des *Davidschachtes* liegen die im 19. Jahrhundert gebauten Mundlöcher des *Verträgliche Gesellschaft Stollns (Bild links)*, an dem heute der Rote Graben beginnt, und des *Thurmhof Hilfsstollns (Bild rechts unten)*

Die Beschert Glück Fundgrube in Zug

Bild 172. *Beschert Glück* war besonders in der Zeit von 1786 bis 1825 eine große und ertragreiche Grube, wovon heute noch das östlich der Straße Freiberg–Brand gelegene, im Jahre 1786 erbaute Huthaus mit dem Dachreiter von 1815 zeugt

Bild 173. Eine Tafel am Gebäude des *Neuen Kunstschachts* und der Scheidebank der Grube erinnert daran, daß 1819 Erzherzog LEOPOLD VON ÖSTERREICH und der sächsische Kronprinz FRIEDRICH AUGUST die Grube befuhren. Im Jahre 1810 hatte auch GOETHE *Beschert Glück* besichtigt

	172
173	173

Die Mordgrube, die jetzige »Zugspitze«, am südlichen Ortsende von Zug

Bilder 174/175/176. Auf der großen Halde der Mordgrube, rings um das Gasthaus »Zugspitze«, stehen mehrere Gebäude der alten und großen, noch im 19. Jahrhundert stark betriebenen *Mordgrube*, so das Bethaus mit einem Uhr- und Glockenturm und das Gebäude des *Mendenschachtes* (heute Gasthaus).

Ebenfalls zur *Mordgrube* gehört etwa 0,5 km nördlich der *Constantinschacht*, der jüngste Schacht der *Mordgrube*, 1873 als Dampfförderanlage erbaut und 1914 als »Oberwerk« in das Kavernenkraftwerk *Dreibrüderschacht* einbezogen

174 | 175
176

Die Einigkeit Fundgrube in Brand

Bilder 177/178/179/180. An, auf der und rings um die *Reußenhalde* finden wir im Stadtgebiet Brand Denkmale der *Einigkeit Fundgrube*, so das Huthaus mit einer Inschrifttafel über der Tür *(links oben)*, das Pulverhaus *(links unten)*, das um 1821 errichtete *»Buttermilchtor« (rechts unten)* als Kunstgraben-Aquädukt und das Mundloch der Aufschlagrösche zum *Hörnigschacht (rechts oben)*

Die Gruben Drei Eichen und Reicher Bergsegen südlich von Brand-Erbisdorf

Bild 181. Das Wohnhaus Obere Dorfstraße 17 in Brand-Erbisdorf *(links)* ist an seiner großen Grundfläche und seinem hohen Dach als die ehemalige 1783 erbaute Erzwäsche der Grube *Drei Eichen* zu erkennen, deren stattliches neogotisches Huthaus *(rechts)* aus dem Jahre 1856 oberhalb auf einer Halde mit sorgfältig ausgeführter Trockenmauer steht

Bild 182. Das 1845 erbaute Huthaus der Grube *Reicher Bergsegen* (später *Vereinigt Feld in der Buschrevier)* erinnert an die auf dem zugehörigen Schacht 1844 aufgestellte erste Dampfmaschine des Freiberger Reviers

181 | 181
182

Alter Bergbau im Himmelsfürster Revier zwischen Brand-Erbisdorf und Langenau

Bild 183. Im Himmelsfürster Revier bezeugen zahlreiche kleine Halden und Huthäuser des 17. und 18. Jahrhunderts wie das der Grube *Veste Burg* den dort jahrhundertelang währenden Bergbau

Bild 184. Die Grube *Gelobt Land* war im 18./19. Jahrhundert eine der größeren Gruben südlich von Erbisdorf, wie man auch an der Größe des Huthauses erkennt

183 | 183
184

Die Grube Himmelsfürst zwischen Brand-Erbisdorf und Langenau

Bild 185. Das heute als Wohnhaus genutzte, 1781 erbaute Wassergöpelhaus des *Dorothea Treibeschachtes* ist das älteste erhaltene Schachtgebäude der Grube *Himmelsfürst*

Bild 186. In der Blütezeit der Grube im 19. Jahrhundert, 1858, baute man ein neues Huthaus

Die Grube Himmelsfürst zwischen Brand-Erbisdorf und Langenau

Bild 187. Von 1889 an stand auf dem *Frankenschacht*, dem Hauptschacht der Grube *Himmelsfürst*, ein eisernes Fördergerüst für die Dampfförderanlage, die damals den alten Wassergöpel ersetzte

Bild 188. Schornstein und Fördergerüst des *Frankenschachtes* sind nicht mehr erhalten, aber die noch bestehenden Gebäude lassen trotzdem die einstige Bedeutung dieser Schachtanlage erkennen

Die Grube Himmelsfürst zwischen Brand-Erbisdorf und Langenau

Bild 189. Von den Erzwäschen der Grube *Himmelsfürst* sind einige Gebäude, wenn auch mehr oder weniger umgebaut, erhalten, so die *Mittlere Wäsche*

Bild 190. Vom Schacht zur *Mittleren Wäsche* führte eine aus Bruchsteinen gemauerte Bogenbrücke, deren Verlauf noch an einigen Pfeilern erkennbar ist

Die Grube Alte Hoffnung Erbstolln, Schönborn an der Zschopau

Bilder 191/192. Abseits vom Freiberger Revier, bei Schönborn an der Zschopau, förderte im 19. Jahrhundert die Grube *Alte Hoffnung Erbstolln*, von der u. a. das Huthaus *(Bild links)* und das Mundloch des *Eisenbahnstollns (Bild unten)* mit Inschrifttafel erhalten sind

Die Grube Segen Gottes in Gersdorf bei Roßwein

Bilder 193/194/195. Ebenfalls abseits vom Freiberger Revier, in Gersdorf bei Roßwein, wurde vom 16. bis 19. Jahrhundert die Grube *Segen Gottes* rege betrieben. Von den umfangreichen Bergbauanlagen lassen sich in dem jetzigen Waldgelände noch mehrere Halden und Kunstteiche, vor allem aber ehemalige Kunstgräben, z.B. der 1743 angelegte untere Kunstgraben (Bild 194), Röschen, Schachtfundamente mit Öffnungen für ein Feldgestänge (Bild 195), die Gestängebahn am Hang und das für die Erzförderung eingerichtete breite, 1811 angelegte Mundloch des *Adam Stollns* erkennen (Bild 193)

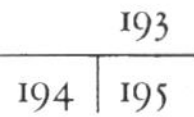

193
194 | 195

Anlagen der bergmännischen Wasserwirtschaft im 19. Jahrhundert

Bild 196. Bei Dörnthal wurde 1787 für das Freiberger Revier ein Kunstteich angelegt und 1844 auf ein Fassungsvermögen von 1,2 Million m³ Wasser erweitert

Bild 197. Der Dörnthaler Teich erhält sein Wasser aus dem Raum Neuhausen–Dittmannsdorf durch die 1787/1827 vorgetriebene Friedrich-Benno-Rösche

Anlagen der bergmännischen Wasserwirtschaft im 19. Jahrhundert

Bild 198. Der 1826/1828 gebaute Dittmannsdorfer Kunstteich ist der jüngste der Freiberger Wasserversorgung und zugleich der höchstgelegene

Bild 199. Die Schrifttafeln von dem im Stau der Rauschenbach-Talsperre untergegangenen Neuwernsdorfer Wasserteiler wurden 1968 dort abgenommen und an einem Röschenmundloch der nunmehr höchstgelegenen Kunstgrabenstrecke bei Cämmerswalde angebracht

Das Hüttenwerk Muldenhütten früher und heute

Bild 200. Um 1910 bestand das Hüttenwerk Muldenhütten aus zahlreichen kleineren Gebäuden für die verschiedensten metallurgischen und chemischen Prozesse

Bild 201. Im unteren Teil von Muldenhütten stehen auch die alten, im 18. Jahrhundert errichteten Verwaltungsgebäude

Bild 202. Heute (im Jahre 1979) stehen im oberen Teil von Muldenhütten u. a. die neue Bleihütte, VEB Spurenmetalle und die beiden neuen hohen Schornsteine (auf dem Bild ist erst ein Schornstein vollendet), wogegen der untere Teil von Muldenhütten noch in starkem Maße von historischen Hüttengebäuden bestimmt ist

Das Hüttenwerk Halsbrücke früher und heute

Bilder 203/204. Auch im Hüttenwerk Halsbrücke haben sich am gleichen Standort Produktion und Industriebauwerke im Lauf der Zeit – auch von etwa 1880 *(oben)* bis 1980 *(unten)* – so entwickelt, daß zwischen den modernen Produktionsgebäuden nur wenige Zeugen alter Technik erhalten sind

Amalgamierwerk und Hohe Esse der Halsbrücker Hütte

Bild 205. LUDWIG RICHTERS Zeichnung des Amalgamierwerkes läßt die von der Halsbrücker Hütte im 19. Jahrhundert verursachte Umweltverschmutzung erkennen

Bilder 206/207. Von dem Halsbrücker Amalgamierwerk sind eine Inschrifttafel, die Bogenbrücke der Wasserleitung und einige stark umgebaute Gebäudereste erhalten

Bild 208. Wahrzeichen der Freiberger Landschaft ist die 1889 zur Ableitung des Hüttenrauchs erbaute, 140 m (heute 138 m) hohe Halsbrücker Esse, bis zum Bau des Leipziger Kraftwerkes Nord 1929 der höchste Schornstein Europas *(Bild links)*

Ein Zylindergebläse aus der Halsbrücker Hütte

Bild 209. In den Jahren 1836/37 wurde unter Leitung des Maschinendirektors BRENDEL ein dreizylindriges Balancier-Zylindergebläse projektiert, vom Eisenwerk Lauchhammer gebaut und im Hüttenwerk Halsbrücke installiert

Bild 210. Dieses durch seine korinthischen Säulen bemerkenswert gestaltete Gebläse steht heute als technisches Denkmal des Maschinenbaus vor dem Nachfolgerbetrieb seines Herstellerwerks, dem VEB Schwermaschinenbau Lauchhammer

Zwei weitere alte Freiberger Hüttengebläse

Bild 211. Das 1827 für das Werk Muldenhütten erbaute und bis 1954 benutzte dreizylindrige Balancier-Zylindergebläse ist das älteste in Sachsen erhaltene Hüttengebläse und zugleich ein wertvolles Denkmal aus der Geschichte des Maschinenbaus

Bild 212. In den Jahren 1829/1831 wurde von Maschinendirektor BRENDEL für die damals im Bau befindliche Antonshütte bei Schwarzenberg ein Zylindergebläse projektiert, im Eisenwerk Morgenröthe/Vogtland gebaut, zunächst in der Antonshütte benutzt, 1862/1863 aber in die Halsbrücker Hütte umgesetzt, wo es bis 1925 in Betrieb war

Das Schwarzenberggebläse

Bild 213. Das von BRENDEL 1830 für die Antonshütte konstruierte und bis 1925 in Halsbrücke genutzte »Schwarzenberggebläse« wurde 1936 auf der Halde der Grube *Alte Elisabeth* museal aufgestellt und mit einem Schutzhaus umgeben.

Mit seiner konstruktiven Gestaltung – ohne Balancier, aber mit stehenden Zylindern – ist das Gebläse eine besondere maschinentechnische Leistung BRENDELS, mit seinen neogotischen Schmuckformen ein Beispiel des Architekturstils im Maschinenbau

Die Freiberger Münze

Bilder 214/215. Das Freiberger Silber hat als Währungsmetall etwa 700 Jahre lang, von 1168 bis 1872, die wirtschaftliche Entwicklung Sachsens bestimmt und die Geschichte Mitteleuropas beeinflußt. Geprägt wurde das Geld bis 1556 in Freiberg, dann aber in Dresden. Nachdem 1872 die Silberwährung aufgegeben wurde, erbaute man 1887 in Muldenhütten eine neue, repräsentative Münzstätte, die zwar nun kaum noch mit Freiberger Silber prägte, aber doch die Tradition der alten Freiberger Münze bis 1953 fortsetzte. Der Meißner Groschen um 1338/39 *(links)*, der sächsische Taler mit Kurfürst Johann Friedrich und Herzog Moritz, 1542 *(Mitte)* und das 20-Pfennig-Stück des Deutschen Reiches mit dem Stern, dem Münzmeisterzeichen des letzten Freiberger Münzmeisters Andreas Alnpeck, 1887, sind in den Freiberger Münzstätten geprägt worden

Weiterführende Literatur

Auswahl von Überblicksveröffentlichungen und solchen Veröffentlichungen, die zu den hier dargestellten historischen Sachverhalten und technischen Denkmalen weitere Einzelheiten bieten, zusammengestellt nach der Gliederung des Buches (daher manche Arbeiten an verschiedenen Stellen aufgeführt). Die älteren Übersichtswerke und interpretierenden Veröffentlichungen entsprechen im Detail oft nicht mehr dem jetzigen Forschungsstand und Geschichtsbild, sind also kritisch zu benutzen.

Übersichtsliteratur

ARNOLD, W., u. W. QUELLMALZ: Sächsisch-thüringische Bergbaugepräge. Leipzig: VEB Deutscher Verlag für Grundstoffindustrie 1978

Autorenkollektiv: 800 Jahre Freiberger Bergbau. Freiberger Forschungsheft D 70. Leipzig 1970.

Autorenkollektiv (Herausgeber H. H. Kasper u. E. Wächtler): Geschichte der Bergstadt Freiberg. Weimar: Verlag Hermann Böhlaus Nachf. 1986

BENSELER, G.: Geschichte Freibergs und seines Bergbaus. Freiberg 1853 (2 Bände)

Bergmännischer Verein Freiberg (Herausgeber): Freibergs Berg- und Hüttenwesen. Freiberg: Verlag Craz und Gerlach 1883 (2. Aufl. 1893)

BLEYL, F.: Baulich und volkskundlich Beachtenswertes aus dem Kulturgebiet des Silberbergbaus zu Freiberg, Schneeberg und Johanngeorgenstadt im sächsischen Erzgebirge. Dresden: Landesverein Sächs. Heimatschutz 1917

Freiberger Land – Werte unserer Heimat, Bd. 47. Berlin: Akademie-Verlag 1988

FREIESLEBEN, J. C.: Beiträge zur Geschichte, Statistik und Literatur des sächsischen Erzbergbaus. Magazin f. d. Oryktographie von Sachsen, 4. Extraheft. Freiberg: Verlag Craz und Gerlach 1848

GÄTZSCHMANN, M. F.: Vergleichende Übersicht der Ausbeute und des wiedererstatteten Verlags vom Jahre 1530 an bis mit dem Jahre 1850 im Freiberger Revier, Freiberg 1852

GERLACH, H.: Kleine Chronik von Freiberg, 2. Aufl. Freiberg: Verlag Craz und Gerlach 1897

HERDER, W. v., u. M. F. GÄTZSCHMANN: Das Silberausbringen des Freiberger Reviers vom Jahre 1524 bis 1847. Jahrb. f. d. sächs. Berg- u. Hüttenmann. Freiberg 1849, S. 1–19

HEUCKE, F.: Beiträge zur Freiberger Bergchronik, die Jahre 1831 bis 1900 umfassend, nebst Mitteil. über frühere Geschehnisse beim Freiberger Bergbau. Freiberg 1920 (zuvor in Mitteil. d. Freiberger Altertumsvereins Hefte 47 (1912) bis 53)

HIRSCH: Der Freiberger Erzbergbau und die Aussichten bei einer Wiederaufnahme. Jahrb. f. d. Berg- u. Hüttenwesen in Sachsen, Freiberg (1927), II. Teil, S. A3–A91

MÜLLER, E. H.: Historisch-topographisch-statistische Beschreibung der Bergstadt Brand. Freiberg 1858

SCHMIDT, O. E. (Herausgeber): Die Bergstadt Freiberg in Sachsen und ihre Umgebung. Berlin: Dari-Verlag 1926

SCHÖNHERR, C. A.: Chronik der Bergstadt Brand. Brand: Verlag R. Pönisch, 1894

TREBRA, F. W. H. v.: Merkwürdigkeiten der tiefen Hauptstolln des Bergamtsreviers Freiberg. Dresden 1804

UFER, H.: Freiberg – Tourist-Stadtführer, 2. Aufl., bearbeitet von H. H. KASPER. Leipzig: Tourist-Verlag 1979

VOIGTMANN, J.: Technik im Landschaftsbild, zu ästhetischen Akzenten technischer Bauten in der Freiberger Landschaft. Stadt- und Bergbaumuseum Freiberg, Schriftenreihe Nr. 3 (1980), S. 25–41

WÄCHTLER, E., u. a.: Bergakademie Freiberg, Festschrift zu ihrer Zweihundertjahrfeier. Leipzig: VEB Deutscher Verlag für Grundstoffindustrie 1965

WAGENBRETH, O.: Zeugen des erzgebirgischen Erzbergbaus in Landschaft und Kultur, in: Denkmale in Sachsen (Herausgeber: Institut für Denkmalpflege, Weimar), 2. Aufl., (1979), S. 148–159

WAGENBRETH, O., u. F. HOFMANN: Alte Freiberger Bergwerksgebäude und Grubenanlagen. Freiberger Forschungsheft D 19. Berlin 1957

WEINHOLD, C. W.: Gangkarte des Freiberger Bergbaus. Lithographie von J. H. Klahr, Dresden 1866–1872

WILSDORF, H., u. W. QUELLMALZ: Bergwerke und Hüttenanlagen der Agricola-Zeit. Berlin: VEB Deutscher Verlag der Wissenschaften 1971

WRUBEL, F.: Sammlung bergmännischer Sagen. Freiberg: Verlag Craz und Gerlach 1883

Geologische Grundlagen

BAUMANN, L.: Tektonik und Genesis der Erzlagerstätte von Freiberg, Freiberger Forschungsheft C 46. Berlin 1958

BAUMANN, L.: Der Erzbezirk von Freiberg. Festschrift zum 100jährigen Bestehen des Naturkundemuseums Freiberg. Freiberg 1964, S. 17–31
BAUMANN, L.: Die Erzlagerstätten der Freiberger Randgebiete. Freiberger Forschungsheft C 188. Leipzig 1965, 268 S.
BAUMANN, L.: Zur Frage der varistischen und postvaristischen Mineralisation im sächsischen Erzgebirge. Freiberger Forschungsheft C 209. Leipzig 1967, S. 15–38
MÜLLER, H.: Die Erzgänge des Freiberger Bergreviers – Erläuterungen zur geologischen Spezialkarte des Königreichs Sachsen. Leipzig: Verlag W. Engelmann, 1901
NEESSE, Th.: Seifengoldgewinnung – ältester Bergbau im Freiberger Erzrevier? Sächs. Heimatblätter, Dresden, 34 (1988)
GOTTE, W.: Lagerstätten als Bestandteile geologischer Einheiten, Konsequenzen für die Erkundung und Bewertung. Zeitschr. f. angew. Geol., Berlin **31** (1985) H 3, S. 199–206
TISCHENDORF, H.: Paragenetische und tektonische Untersuchungen auf Gängen der fluorbarytischen Bleiformation Freibergs, insbesondere am Halsbrückner Spat. Freiberger Forschungsheft C 18. Berlin 1955

Historische Periodisierung

EBEL, H.: ... darum hißten wir die rote Fahne! Kurze Betriebsgeschichte des VEB Bleierzgruben »Albert Funk«, Freiberg in Sachsen. Freiberg 1958
EBEL, H.: Der Kampf der Freiberger Bergarbeiter gegen den imperialistischen Krieg 1939–1945. Unser Kombinat (VEB Bergbau- und Hüttenkombinat), Freiberg 3 (1963), Nr. 9–14 u. 16 (1. 3. bis 19. 4. 1963)
EBEL, H.: Zur Geschichte des Freiberger Bergbaus. Der Erzkumpel (VEB Bleierzgruben »Albert Funk«), Freiberg 7 (1958) Nr. 1–6 und 8 (17. 1. bis 28. 2. 1958)
MÜLLER, H.: Die Erzgänge des Freiberger Bergreviers. Leipzig: Verlag W. Engelmann 1901

Bergrecht

Autorenkollektiv: Das Bergamt zu Freiberg. Jahrb. f. d. Berg- u. Hüttenwesen in Sachsen, Freiberg (1919), S. 3–120
Autorenkollektiv: Bergbau und Bergrecht. Freiberger Forschungsheft D 22. Berlin 1957
CLAUSS, H., u. S. KUBE: Freier Berg und vermessenes Erbe. Freiberger Forschungsheft D 21. Berlin 1957
ERMISCH, H.: Das sächsische Bergrecht des Mittelalters. Leipzig: Giesecke und Devrient 1887
KÖHLER, A. W.: Anleitung zu den Rechten und der Verfassung bey dem Bergbaue im Königreich Sachsen, 2. Aufl. Freyberg 1824
LÖSCHER, H.: Das erzgebirgische Bergrecht des 15. und 16. Jahrhunderts. Freiberger Forschungsheft D 24. Berlin 1959

Die technische Entwicklung des Freiberger Bergbaus

Erfahrungen über die Leistung der Menschenkraft an Schwengelpumpen im Freiberger Revier. Jahrb. f. d. sächs. Berg- und Hüttenmann, Freiberg (1833), S. 180–196
Übersicht der seit dem Jahre 1838 auf Gruben des Freiberger Bergamtsreviers erbauten Eisenschienenbahnen. Jahrb. f. d. sächsischen Berg- u. Hüttenmann, Freiberg (1845), S. 81–82
BACHMANN, H.: Beitrag zum optimalen Abbau von Ganglagerstätten geringer bis mittlerer Mächtigkeit. Freiberg: Bergakademie 1965
BILHARZ, O.: Die neue Central-Aufbereitungswerkstätte der Grube Himmelfahrt bei Freiberg in Sachsen. Jahrb. f. d. Berg- u. Hüttenwesen in Sachsen, Freiberg (1890), S. 65–82
BRAUNSDORF, K. J.: Über die Leistungen und Förderkosten der Göpel in dem Freiberger Bergamtsrevier. Jahrb. f. d. sächs. Berg- u. Hüttenmann, Freiberg (1857), S. 190–200
BRENDLER, R.: Bergtechnische Studie über einige Relikte des historischen Silbererzbergbaues von Freiberg. Bergakademie 22 (1970) 9, S. 521–527
BRENDLER, R., u. W. SCHUBERT: Methoden der Herstellung bergmännischer Hohlräume im alten Freiberger Erzbergbau. Neue Bergbautechnik **4** (1974) 5, S. 365–371
FOLKENS, K.: Die alte bergmännische Wasserwirtschaft im Freiberger Bergbaurevier aus heutiger Sicht. Neue Bergbautechnik **8** (1978) 4, S. 231–236
GÄTZSCHMANN, M. F.: Die Lehre von den bergmännischen Gewinnungsarbeiten. Freiberg: Engelhardt 1846
MERKER, O.: Die Bergwerksteiche, ihre Gräben und Röschen. Mitteil. d. Freiberger Altertumsvereins, Freiberg **60** (1930), S. 5–31
SCHUBERT, W., u. S. WINTER: Erfahrungen in technologischer Hinsicht im Freiberger Blei-Zink-Bergbau. Bergakademie 22 (1970) 1, S. 20–27
SCHWAMKRUG, F. W.: Über die Einrichtung und Anwendung vertikaler Turbinen mit teilweiser Beaufschlagung. Jahrb. f. d. sächs. Berg- u. Hüttenmann, Freiberg (1850), S. 1–35
SCHWAMKRUG, F. W.: Über die jährlichen Gestehungskosten einer Pferdekraft bei ... Wasserkraftanlagen in dem Freiberger Bergamtsrevier mit Angabe der mutmaßlichen jährlichen Gestehungskosten einer Pferdekraft bei vorteilhaft eingerichteten Dampfmaschinen in demselben Revier. Jahrb. f. d. sächs. Berg- u. Hüttenmann, Freiberg (1851), S. 1–18

Wagenbreth, O.: Historische Produktionsinstrumente des Freiberger Bergbaus. Stadt- u. Bergbaumuseum, Freiberg, Schriftenreihe Nr. 1 (1973), S. 31–48
Wagenbreth, O.: Der Maschinendirektor Christian Friedrich Brendel und seine Bedeutung für die technische und industrielle Entwicklung im 19. Jahrhundert in Sachsen. Sächs. Heimatblätter, Dresden **22** (1976), S. 271–279
Wagenbreth, O.: Die bergmännischen Pferdegöpel und ihre historische, architektonische und denkmalpflegerische Bedeutung. Sächs. Heimatblätter, Dresden **23** (1977) 2, S. 49–62
Wagenbreth, O.: Wasserwirtschaft und Wasserbautechnik des alten Erzbergbaus von Freiberg/Sachsen. Stadt- u. Bergbaumuseum, Freiberg, Schriftenreihe Nr. 3 (1980), S. 3–23
Wagenbreth, O.: Vom Betrieb des Kehrrades in der Roten Grube in Freiberg. Sächs. Heimatblätter, Dresden **29** (1983) 2, S. 52–58
Wappler, A. F.: Geschichtliches über die Freiberger bergmännische Sprengarbeit. Jahrb. f. d. Berg- u. Hüttenwesen in Sachsen, Freiberg (1908), S. A79–A91
Weisbach, J.: Die Fortschritte des Bergmaschinenwesens in den letzten hundert Jahren. In: Die Fortschritte der berg- und hüttenmänn. Wissenschaften, Freiberg: Verlag Craz und Gerlach (1867), S. 12–86
Wengler, R.: Bericht des Bergverwalters Martin Planer über den Stand des Freiberger Bergbaus im Jahre 1570. Mitteil. d. Freiberger Altertumsvereins, Freiberg **35** (1898), S. 57–83
Wilsdorf, H.: Umrisse der alten bergmännischen Wasserwirtschaft auf dem Freiberger Bergrevier. Festschrift 100 Jahre Naturkundemuseum, Freiberg 1964, S. 107–152

Die technische Entwicklung des Hüttenwesens

Braune, A.: Das Schlackenbad Halsbrücke. Unser Kombinat (VEB Bergbau- u. Hüttenkombinat »Albert Funk«), Freiberg **2** (1962) 13, S. 4, 14, S. 2
Goder, W.: Freiberger Bergbau und Meißner Porzellan. Schriftenreihe Stadt- u. Bergbaumuseum, Freiberg 4 (1982), S. 1–14
Gühne, A.: Neue Ergebnisse zur Stadtkernforschung in der Bergstadt Freiberg. Arbeits- und Forschungsber. z. sächs. Bodendenkmalpflege, Dresden 29 (1985) S. 313–352
Kochinke, H.: Die Entwicklung der Freiberger Schachtöfen. Jahrb. f. d. Berg- u. Hüttenwesen in Sachsen, Freiberg (1899), S. 107–137
Kochinke, H.: Stammbaum der Freiberger Hüttenprozesse. Jahrb. f. d. Berg- u. Hüttenwesen in Sachsen, Freiberg (1902), S. 96–97
Kochinke, H.: Zum 200jährigen Bestehen der staatlichen Hüttenwerke bei Freiberg. Jahrb. f. d. Berg- u. Hüttenwesen in Sachsen, Freiberg (1910), S. 20–31
Merkel, D. J.: Erdbeschreibung von Kursachsen, Bd. 2, Leipzig 1804, S. 79–87 Amalgierwerke Muldenhütten u. Halsbrücke
Pietzsch, F.: Geschichtliche Mitteilungen über die Gasbeleuchtung auf der Königl. Halsbrückner Hütte. Jahrb. f. d. Berg- u. Hüttenwesen in Sachsen, Freiberg (1896), S. 88–100
Richter: Die alten Schmelzhütten in dem Freiberger Bergrevier. Freiberger Anzeiger und Tageblatt, Freiberg (1885), Nr. 99, 100, 101, 104
Schlegel, H.: 100 Jahre Goldscheideanstalt Halsbrücke. Unser Kombinat (VEB Bergbau- u. Hüttenkombinat »Albert Funk«), Freiberg **1** (1961), S. 5
Schlegel, H., H. Malz u. G. Wünsche: 350 Jahre Hütte Halsbrücke, 1612–1962. Halsbrücke 1962
Schütz: Die staatlichen Hüttenwerke seit der Einstellung des Freiberger Bergbaus. Jahrb. f. d. Berg- u. Hüttenwesen in Sachsen, Freiberg (1926), S. 75–84

Die soziale, ökonomische, organisatorische und kulturelle Entwicklung

Barth, E.: Ein Blick in die Lohnverhältnisse Freiberger Bergarbeiter vor 100 und 200 Jahren. Sächsische Heimatblätter, Dresden 7 (1961) 2, S. 103–109
Baumgärtel, H.: Bergbau und Absolutismus. Freiberger Forschungsheft D 44. Leipzig 1963
Brendel, F.: Zur 125-Jahrfeier des »Bergmannsgrußes«. Die Blende, Freiberg (Kulturbund) 3 (1957), S. 177–179, 184–187
Carlowitz, H. C. v.: Silvicultura oeconomica oder hauswirtschaftliche Nachricht und Anweisung zur wilden Baumzucht. Leipzig 1713
Der Bergmannsschmuck Johann Georgs II. von Sachsen (Herausgeber: H. Winkelmann). Bochum: Vereinigung der Freunde von Kunst und Kultur im Bergbau, 1962
Douffet, H.: Zur Entwicklung und gesellschaftlichen Stellung der sächsischen Bergmannstracht (Herausgeber: Kulturbund der DDR, Kreis Freiberg). Reichenbach: Verlag Bild und Heimat
Kaufmann, G., u. Weiss: Die Geschichte der Bergschule zu Freiberg in Sachsen. Freiberg 1924
Kochinke, H.: Metallausbringen beim Freiberger Bergbau- und Hüttenbetriebe im 19. Jahrhundert. Jahrb. f. d. Berg- und Hüttenwesen in Sachsen, Freiberg (1900), S. 1–15
Köhler, J.: Die Keime des Kapitalismus im sächsischen Silberbergbau (1168–um 1500). Freiberger Forschungsheft D 13. Berlin 1955
Langer, J.: Die Freiberger Bergknappschaft. Mitteil. d. Frei-

berger Altertumsvereins, Freiberg **61** (1931), S. 18–92, **62** (1932), S. 68–88
NEUMANN, K.: Das Capot, Wettermantel der Bergleute im 19. Jahrhundert. – Stadt- u. Bergbaumuseum, Freiberg, Schriftenreihe 5 (1984) S. 59–66
SCHELLHAS, W.: Bedeutende Naturwissenschaftler und Techniker in Freiberg vor der Gründung der Bergakademie. Stadt- u. Bergbaumuseum, Freiberg, Schriftenreihe 1 (1973), S. 49–71
SCHELLHAS, W., H. H. KASPER, E. NEUBERT u. O. WAGENBRETH: Eduard Heuchler (1801–1879), Chronist der Berg- und Hüttentechnik des 19. Jahrhunderts. Sächs. Heimatblätter, Dresden **26** (1980), S. 263–275 (betr. die Lokalisierung der von HEUCHLER ohne Ortsangabe veröffentlichten Zeichnungen)
SCHMIDT-BREITUNG: Soziale Fürsorge in älterer und neuerer Zeit. In: Die Bergstadt Freiberg. Berlin: Dari-Verlag 1926, S. 58–61
SCHWARZ, K.: Untersuchungen zur Geschichte der deutschen Bergleute im späten Mittelalter. Freiberger Forschungsheft D 20. Berlin 1958
SLOTTA, R.: Das Herder-Service, ein Beitrag zur Industriearchäologie des Bergbaus. Bochum: Deutsches Bergbau-Museum 1981
WÄCHTLER, E., u. a.: Bergakademie Freiberg, Festschrift zu ihrer Zweihundertjahrfeier. Leipzig: VEB Deutscher Verlag für Grundstoffindustrie 1965
WÄCHTLER, E.: Georgius Agricola, die Montanwissenschaften und die herrschenden Klassen. Sächs. Heimatblätter, Dresden **27** (1981) 2, S. 55–57
WÄCHTLER, E.: Die historische Entwicklung der Bergbauwissenschaften und die herrschenden Klassen. Aktuelle Fragen der marxistisch-leninistischen Wissenschaftstheorie H. 5 (1. Agricola-Kolloquium) Bergakademie Freiberg, 1981, S. 30–40
WÄCHTLER, E., u. E. NEUBERT: Die historische Bergparade anläßlich des Saturnusfestes im Jahre 1719. Leipzig: VEB Deutscher Verlag für Grundstoffindustrie 1982 (Faksimile und Kommentar)
WAPPLER, F. A.: Über die alte Freiberger Berg-Knapp- und Brüderschaft. Mitteil. d. Freiberger Altertumsvereins, Freiberg **37** (1900), S. 48–71
WAPPLER, F. A.: Über den Streittag (22. Juli) der Bergleute. Mitteil. d. Freiberger Altertumsvereins, Freiberg **38** (1902), S. 1–55
WAPPLER, F. A.: Oberberghauptmann von Trebra und die drei ersten sächsischen Kunstmeister Mende, Baldauf und Brendel. Mitteil. d. Freiberger Altertumsvereins, Freiberg Nr. 41 (1905), S. 69–178
WEICKERT: 30jährige Praxis im Bergstift zu Freiberg. Jahrb. f. d. Berg- u. Hüttenwesen in Sachsen, Freiberg (1889), S. 43–56

Denkmale aus der ersten Hauptperiode

AGRICOLA, G.: De veteribus et novis metallis. Ausgewählte Werke. Gedenkausgabe Staatl. Mus. f. Min. u. Geol., Dresden (Herausgeber: H. Prescher), Berlin, Bd. 6 (1961), S. 85
DOUFFET, H., u. A. GÜHNE: Die Entwicklung des Freiberger Stadtgrundrisses im 12. und 13. Jahrhundert. Stadt- u. Bergbaumuseum, Freiberg, Schriftenreihe Nr. 4 (1982), S. 15–40
ERMISCH, H.: Urkundenbücher der Stadt Freiberg (I–III) – Codex Diplomaticus Saxoniae Regiae, Leipzig, Bd. 12–14 (1883–1891)
HERRMANN, W.: Der Zeitpunkt der Entdeckung der Freiberger Silbererze. Freiberger Forschungsheft D 2. Berlin 1953, S. 7–22
KÖHLER, J.: Die Keime des Kapitalismus im sächsischen Silberbergbau (1168–um 1500). Freiberger Forschungsheft D 13. Berlin 1955
SCHELLHAS, W.: Die Siebenlehner Bäcker und ihre Beziehungen zu Freiberg. Mitteil. d. Freiberger Altertumsvereins, Freiberg **60** (1930), S. 46–65
SCHELLHAS, W.: Die älteste Urkunde des sächsischen Bergbaus. Freiberger Forschungsheft D 11. Berlin 1955, S. 15–25
SCHWABENICKY, W.: Die Grabungen in der mittelsächsischen Bergbausiedlung auf dem Treppenhauer bei Sachsenburg, Kreis Hainichen, in den Jahren 1980–1982. Ausgrabungen und Funde, Berlin **29** (1984), S. 37–43
SCHWABENICKY, W.: Die ältere Geschichte unserer Heimat. Zur Ur- und Frühgeschichte des Kreises Hainichen. Histor. Serie des Kreises Hainichen 2 – Rat des Kreises, Abt. Kultur – (1981)
UNGER, M.: Stadtgemeinde und Bergwesen Freibergs im Mittelalter. Abhandl. zur Handels- u. Sozialgeschichte, Bd. 5, Weimar: H. Böhlaus Nachf. 1963
WAGENBRETH, O.: Wo begann der Freiberger Bergbau? Sächs. Heimatblätter, Dresden **16** (1970), S. 1–5
WAGENBRETH, O.: Von den Anfängen des Freiberger Bergbaus. Stadt- u. Bergbaumuseum, Freiberg, Schriftenreihe Nr. 1 (1973), S. 5–17

Denkmale aus der zweiten Hauptperiode

BECKE, A.: Eine alte Freiberger Grubenanlage, die Rote Grube. Stadt- u. Bergbaumuseum, Freiberg, Schriftenreihe Nr. 4 (1982), S. 63–86
GÄTZSCHMANN, M. F.: Bemerkungen über geschichtliche und andere Verhältnisse einiger älterer Stolln und Gruben des Freiberger Reviers. Jahrb. f. d. Berg- und Hüttenwesen in Sachsen, Freiberg (1876), S. 3–51

HABEKUSS, F.: Der alte Bergbau von Weißenborn und heimatkundliche Wanderungen in das Bergbaugebiet. In: Weißenborn in acht Jahrhunderten. Weißenborn: Rat der Gemeinde 1963, S. 35–47
KNEBEL, K.: Das Münzbachtal. Mitteil. d. Freiberger Altertumsvereins, Freiberg Nr. 44 (1908), S. 7–46, Nr. 45 (1909), S. 26–43, Nr. 46 (1910), S. 37–64
KNEBEL, K.: Das Saubachtal und seine Umgebung. Mitteil. d. Freiberger Altertumsvereins, Freiberg **48** (1912), S. 55–95
KNEBEL, K.: Kleine Berggebäude in Freiberg und Umgebung. Mitteil. d. Freiberger Altertumsvereins, Freiberg **54** (1923), S. 24–46
NÖTZOLD, S., u. a.: Die Entwicklung der Gemeinde Hilbersdorf in acht Jahrhunderten. Hilbersdorf: Rat der Gemeinde 1966 (Bergbau im Rammelsberg)
RICHTER, C. A.: Der alte Thurmhofer Bergbau bei Freiberg. Mitteil. d. Freiberger Altertumsvereins, Freiberg **13** (1876), S. 1101–1134
RICHTER, C. A.: Die alten Zechenhäuser in dem Freiberger Bergamtsrevier. Freiberger Anzeiger und Tageblatt, Freiberg (1885), Nr. 175–205
RICHTER, C. A.: Das unterirdische Freiberg. Freiberger Anzeiger und Tageblatt, Freiberg (1886), Nr. 78, 84, 90, 95, 100
SCHELLHAS, W.: Der Kampf der Freiberger um die Erhaltung der Freiberger Münzstätte vor 400 Jahren (1556). Die Blende, Freiberg (Kulturbund) **2** (1956), S. 73–77
WAGENBRETH, O.: Vom Betrieb des Kehrrades in der Roten Grube in Freiberg. Sächs. Heimatblätter, Dresden **29** (1983) 2, S. 52–58
WAGENBRETH, O.: Der Freiberger Oberbergmeister Martin Planer (1510–1582) und seine Bedeutung für den Bergbau und das Salinenwesen in Sachsen. Sächs. Heimatblätter, Dresden 32 (1986)
WENGLER, R.: Bericht des Bergverwalters Martin Planer über den Stand des Freiberger Bergbaus im Jahre 1570. Mitt. d. Freiberger Altertumsvereins, Freiberg Nr. 35 (1899), S. 57–83
WILSDORF, H.: Agricola und Freiberg. Die Blende, Freiberg (Kulturbund) **1** (1955)

Denkmale des Halsbrücker Bergbaus

BRAUSE, M.: Die Altväter-Wasserleitung bei Freiberg. Mitteil. d. Freiberger Altertumsvereins, Freiberg **4** (1865), S. 371–376
Festschrift Heimat- und Schulfest 1957. Halsbrücke: Rat der Gemeinde 1957
HERRMANN, W.: Peter der Große und die Freiberger Bergknappschaft. Die Blende, Freiberg (Kulturbund) **1** (1955), S. 6–7
KRETZSCHMAR, C.: Die Altväterbrücke bei Freiberg. Jahrb. f. d. Berg- u. Hüttenwesen in Sachsen, Freiberg (1894), S. 1–27
MÜLLER, H.: Die Erzgänge des Freiberger Bergreviers. Leipzig: W. Engelmann, 1901, S. 199 ff., 293, 303
RICHTER, C. A.: Einiges über den alten Halsbrücker Bergbau bei Freiberg. Mitteil. d. Freiberger Altertumsvereins, Freiberg **9** (1872), S. 861–880
ROTHE, R.: 50-Jahrfeier Freiwillige Orts- und Hüttenfeuerwehr Halsbrücke (Festschrift). Halsbrücke 1930

Denkmale aus der dritten Hauptperiode

Segen Gottes Herzog August Fundgrube, Zug

LANGE: Die Revierwasserlaufanstalt und das Revierelektrizitätswerk des Bergreviers Freiberg. In: Die Bergstadt Freiberg und ihre Umgebung. Berlin: Dari-Verlag 1926, S. 93–95
MOSCHNER, G.: Das Untertage-Kraftwerk Freiberg. Freiberger Forschungsheft D 70. Leipzig 1970, S. 63–70
REUTHER, F.: Die unterirdische Kraftanlage der Revierwasserlaufsanstalt. In: Die Bergstadt Freiberg und ihre Umgebung. Berlin: Dari-Verlag 1926, S. 75–77

Junge Hohe Birke Fundgrube, Langenrinne

TITTEL, A. Th.: Die neue Seilfahrung bei Junge Hohe Birke Fundgrube an der Münzbachhütte. Jahrb. f. d. Berg- und Hüttenwesen in Sachsen, Freiberg (1881), S. 67–86
WAGENBRETH, O.: Zum Jubiläum zweier alter Grubengebäude im Freiberger Revier. Bergakademie Freiberg **5** (1953), S. 519–520

Neue Hoffnung Gottes Fundgrube, Bräunsdorf

MÜLLER, H.: Die Erzgänge des Freiberger Bergreviers. Leipzig: W. Engelmann 1901, S. 89 ff., 298
RENKEWITZ, A.: Zur Geschichte des Bräunsdorfer Bergbaus. In: 700 Jahre Bräunsdorf 1930, S. 46–58
SCHELLHAS, W.: Eine »Bergwerks-Akademie« in Bräunsdorf bei Freiberg? Freiberger Forschungsheft D 22. Berlin 1957, S. 157–185
WAPPLER, A. F.: Oberberghauptmann von Trebra und die drei ersten sächsischen Kunstmeister Mende, Baldauf und Brendel. Mitteil. d. Freiberger Altertumsvereins, Freiberg **41** (1905), S. 69–178 (Wassersäulenmaschine in Grube Siegfried, Maschinen und Kanal der Neuen Hoffnung Gottes)

Unverhoffter Segen Gottes u. a., Oberschöna

HEINICKE, P., u. A. MEZGER: Die Silberzeche Zenith zu Oberschöna bei Freiberg. Freiberg 1878
SENNEWALD, R.: Die 190 Jahre alte Kunstradstube der Grube »Unverhoffter Segen Gottes Erbstolln« in Oberschöna – ein technisches Denkmal des Montanwesens. Die Hochschulstadt (Bergakademie Freiberg) **25** (16. 7. 1982) 14, S. 7

Gesegnete Bergmanns Hoffnung, Obergruna, und Raum Siebenlehn – Reinsberg

BANITZ, E., u. H. BUHL: Bieberstein, Geschichte und Gegenwart. Bieberstein: Rat der Gemeinde 1975 (St. Michaelis Erbstolln)
BEHR, G.: Ein Streifzug durch die Obergrunaer Geschichte. Obergruna 1955
BRAUNSDORF, K. J.: Beschreibung des Kreiselrad-Göpels bei Gesegnete Bergmanns Hoffnung Fundgrube. Jahrb. f. d. sächs. Berg- u. Hüttenmann, Freiberg (1846), S. 50–53
HÖRIG, K.: Aus Siebenlehns Vergangenheit (Festschrift Heimatfest). Siebenlehn 1928, S. 7–41

Alte Hoffnung Gottes Erbstolln, Kleinvoigtsberg

RIESS, G.: Die »Alte Hoffnung Gottes« zu Kleinvoigtsberg und neue Hoffnungen des Freiberger Bergbaus. Mitteil. Sächs. Heimatschutz, Dresden **14** (1925), S. 81–110
SCHULZE, H.: Der Bergbau in Kleinvoigtsberg (Schul- und Heimatfest). Kleinvoigtsberg: Rat der Gemeinde 1963, S. 10–16
SCHUMANN, R.: Der Silberbergbau auf Alte Hoffnung Gottes Erbstolln in Kleinvoigtsberg. Mitteil. Sächs. Heimatschutz, Dresden **25** (1936), S. 38–57

Christbescherung Erbstolln, Großvoigtsberg

BUCH, L. v. (Herausgeber: Wengler): Kurzer Grubenbericht von Christbescherung Erbstolln zu Großvoigtsberg. Mitteil. d. Freiberger Altertumsvereins, Freiberg **39** (1903), S. 145–162
FAIKOSCH, G.: Einiges über den Bergbau. 800-Jahrfeier Großvoigtsberg (Festschrift) 1959, S. 25–34

Churprinz Erbstolln, Großschirma

BEYER, C. H.: Beschreibung der Röhrenfahrt durch das Münzbachtal bei Freiberg. Jahrb. f. d. sächs. Berg- u. Hüttenmann, Freiberg (1849), S. 20–26 (betr. Düker; dazu Berichtigung von F. W. SCHWAMKRUG, Jahrb. f. d. sächs. Berg- u. Hüttenmann [1850], S. 81)
HENSEL, E., u. E. VOIGT: Festschrift zum Heimat- und Schulfest. Großschirma 1956
MÜLLER, H.: Die Erzgänge des Freiberger Erzreviers. Leipzig: W. Engelmann 1901, S. 199 ff., 293, 303, 320 ff.
PERL, J. F.: Übersicht der Kosten des Treue Sachsen Stollns vom Anfange seines Betriebes bis zu seinem Einkommen in das Berggebäude Churprinz Friedrich August Erbstolln, sowie des Nutzens, welchen dieser Stolln dem Revier überhaupt gewährt. Jahrb. f. d. sächs. Berg- u. Hüttenmann, Freiberg (1852), S. 135–156
SCHWAMKRUG, F. W.: Beschreibung eines Turbinengezeuges auf Churprinz Friedrich August Erbstolln. Jahrb. f. d. sächs. Berg- u. Hüttenmann, Freiberg (1853), S. 241–251
SCHWAMKRUG, R.: Über die Erbauung und Leistung des Dampfgöpels auf Churprinz Friedrich August Erbstolln. Jahrb. f. d. sächs. Berg- u. Hüttenmann, Freiberg (1866), S. 183–192 (betr. Schreiberschacht)

Rothschönberger Stolln und Beihilfe bei Halsbrücke

HARTMANN, F.: Krummenhennersdorf in 8 Jahrhunderten. Halsbrücke: Rat der Gemeinde 1956
HERDER, S. A. W. v.: Der tiefe Meißner Erbstolln. Leipzig: Brockhaus 1838
HOFMANN, F., u. O. WAGENBRETH: Zum 100jährigen Bestehen einer alten Grubenanlage im Freiberger Revier. Bergakademie, Freiberg **4** (1952), S. 27–31 (betr. Oberes Neues Geschrei)
MÜLLER, H.: Die Ausführung des Rothschönberger Stollns in den Jahren 1844–1877. Jahrb. f. d. Berg- u. Hüttenwesen in Sachsen, Freiberg (1878), S. 3–27
NESTLER, J.: Der Rothschönberger Stolln, einige Bemerkungen über seine Vergangenheit, Gegenwart und Zukunft. Bergakademie, Leipzig **15** (1963) 3, S. 203–208; 4, S. 279–286
NESTLER, J.: Die Entstehung des Rothschönberger Stollns. Freiberger Forschungsheft D 70. Leipzig 1970, S. 51–58
RÖTING, E.: Beschreibung der vertikalen Turbine auf dem fünften Lichtloche des Rothschönberger Stollns. Jahrb. f. d. sächs. Berg- u. Hüttenmann, Freiberg (1849), S. 32–36
TITTEL, A. Th.: Über die Zäpfung der alten Baue auf dem Halsbrückner Spate seitens des fiscalischen Berggebäudes Beihilfe Erbstolln. Jahrb. f. d. Berg- u. Hüttenwesen in Sachsen, Freiberg (1876), S. 87–93
WAGENBRETH, O.: Zur Vollendung des Rothschönberger Stollns vor einhundert Jahren (1877). Neue Bergbautechnik, Leipzig **8** (1978) 11, S. 654–660
WAGENBRETH, O.: Der Rothschönberger Stolln und seine technischen Denkmale. Sächs. Heimatblätter, Dresden **24** (1978) 6, S. 255–264

Himmelfahrt Fundgrube Freiberg

Brendler, R.: Zur Geschichte der Alte-Elisabeth-Fundgrube. Freiberger Forschungsheft D 70. Leipzig 1970, S. 33–50

Emrich: Das Wassersäulenpumpwerk im 8. Lichtloch des Rothschönberger Stollns. Jahrb. f. d. Berg- u. Hüttenwesen in Sachsen, Freiberg (1934), S. A7–A14

Förster, B. R.: Beschreibung der Wernerstolln-Wasserleitung. Jahrb. f. d. sächs. Berg- u. Hüttenmann, Freiberg (1863), S. 160–176

Meyer, M. H.: Über den in der Nacht vom 15. bis 16. Januar 1847 erfolgten Durchbruch des neuen Grabens nach der Thurmhofer Wäsche bei Himmelfahrt samt Abraham Fundgrube. Jahrb. f. d. sächsischen Berg- u. Hüttenmann, Freiberg (1848), S. 1–10 (betr. Himmelfahrter Kunstgraben, mit Zeichnungen)

Müller, H.: Die Erzgänge des Freiberger Bergreviers. Leipzig 1901, S. 20ff., 102f., 122, 181ff., 306ff., 313ff.

Pforr, H.: Die Bedeutung der Lehrgrube »Alte Elisabeth« der Bergakademie Freiberg für die montanwissenschaftliche Ausbildung an Hoch- und Fachschulen der DDR sowie als technikgeschichtliches Schauobjekt. Neue Bergbautechnik, Leipzig **14** (1984), S. 113–117

Pforr, H., u. R. Brendler: Die Tagesanlagen der Lehrgrube »Alte Elisabeth«. Exkursionsführer Heft 1, Lehrgrube »Alte Elisabeth« der Bergakademie Freiberg. WIZ der Bergakademie Freiberg 1982

Pforr, H., H. Schützel u. L. Baumann: Bergbaulicher und geologischer Aufschluß der Freiberger Gangerzlagerstätte am Beispiel der Lehrgrube »Alte Elisabeth«. Exkursionsführer Heft 2/3, Lehrgrube »Alte Elisabeth« der BA Freiberg, 1985

Ritter, J. H.: Beschreibung und Berechnung der Mönchspumpen, welche in dem Davider Richtschachte … eingebaut sind. Jahrb. f. d. sächs. Berg- u. Hüttenmann, Freiberg (1844), S. 1–34

Wagenbreth, O.: Praktische Denkmalpflege im Freiberger Revier. Bergakademie, Berlin **12** (1960), S. 722–723 (betr. das neue Dach des Abrahamschachtes, vgl. auch: Erzkumpel, Freiberg **9** (1960), S. 4

Wagenbreth, O.: Alexander von Humboldts Grubenfahrt auf »Neubeschert Glück in der Stadt« und die Geschichte dieser Freiberger Grube. Freiberger Forschungsheft D 33. Berlin 1960, S. 151–166 (Wiesenschacht)

Wengler, R. M.: Das Berggebäude Himmelfahrt Fundgrube zu Freiberg im Jahre 1871. Jahrb. f. d. Berg- u. Hüttenwesen in Sachsen, Freiberg (1873), S. 98–118 (Enthält zahlreiche historische Angaben und eine sehr detaillierte Statistik der Erträge aller früheren Gruben in dem 1871 bestehenden Grubenfeld der *Himmelfahrt Fundgrube*)

Beschert Glück Fundgrube, Zug

Richter, C. A.: Die Entstehung des Berggebäudes Beschert Glück Fundgrube hinter den 3 Kreuzen bei Freiberg. Freiberger Anzeiger und Tageblatt, Freiberg (1885), Nr. 10–12

Wellner: Über die beyden Treibewerke der Grube Beschert Glück hinter den 3 Kreuzen bey Freyberg. Freiberg: Köhlers Bergmänn. Journal 1789, S. 1069–1084

Mordgrube Zug

Mollerus, A.: Theatrum Freibergense Chronicum. Freiberg: G. Beuther 1653 (Freiberger Chronik von A. Möller; S. II 60: Mordgrube, Sage auf 1350 datiert)

Wagenbreth, O.: Zum Jubliläum zweier alter Grubengebäude im Freiberger Revier. Bergakademie, Freiberg **5** (1953), S. 519–520

Wagenbreth, O.: Die Altmordgrübner Wassersäulenmaschine, ein Meisterwerk Brendelscher Maschinenbaukunst. Bergakademie, Berlin **14** (1962), S. 449–451

Einigkeit Fundgrube, Brand

Heucke, F.: Beiträge zur Freiberger Bergchronik von 1831 bis 1900. Freiberg: Verlag Gerlach 1920, S. 76, 111, 123, 152–155, 321

Neuglück und Drei Eichen sowie Unterhaus Sachsen samt Reicher Bergsegen bei Erbisdorf

Heucke, F.: Beiträge zur Freiberger Bergchronik von 1831 bis 1900. Freiberg: Verlag Gerlach 1920, S. 76, 106, 162, 194, 419

Himmelsfürst Fundgrube, Brand-Erbisdorf

Barth, E.: Der Arbeitsweg eines Bergmanns vor 130 Jahren. Sächsische Heimatblätter, Dresden **5** (1959) 5, S. 308–310

Becke, A.: Die Geschichte des Reicheltschachtes und seiner Wassergöpelanlage. Schriftenreihe des Stadt- und Bergbaumuseums, Freiberg **5** (1984), S. 1–34

Bochmann, G., u. W. Jobst: Lenkung und Überwachung einer projektgemäßen Querschlagsauffahrung im Gegenortbetrieb zwischen den Grubenrevieren Freiberg und Brand-Erbisdorf. Bergakademie, Leipzig **16** (1964), S. 82–86

Böhme, E.: Festschrift zum Schul- und Heimatfest St. Michaelis/Linda. Michaelis 1956

Gerhardt, H., W. Schubert u. S. Ulrich: Technisch-ökonomische Betrachtung über die Auffahrung eines 4400 m langen Querschlages zwischen den Grubenrevieren Freiberg und Brand-Erbisdorf. Bergakademie, Leipzig **15** (1963), S. 825–832

Mohs, F.: Beschreibung des Gruben-Gebäudes Himmelsfürst ohnweit Freyberg. Freiberg 1802/Wien 1804
Müller, H.: Die Erzgänge des Freiberger Bergreviers. Leipzig: W. Engelmann 1901, S. 17ff., 102ff., 141ff., 157, 253, 255, 287
Neubert, E. W.: Beitrag zur Geschichte der Grube Himmelsfürst Fundgrube hinter Erbisdorf. Jahrb. f. d. Berg- u. Hüttenwesen in Sachsen, Freiberg (1880), S. 27–36

Alte Hoffnung Erbstolln, Schönborn

Müller, H.: Die Erzgänge des Freiberger Bergreviers. Leipzig: W. Engelmann 1901, S. 216ff., 252, 303
Riedl, W., u. W. Schwabenicky: Bergbauhistorische Stätten. Histor. Serie des Kreises Hainichen, Hrsg.: Rat des Kreises Hainichen, H. 2 (2. Aufl.) (1985)

Segen Gottes Erbstolln, Gersdorf

Schwabenicky, W.: Mittelalterliche Bergbaureste und Verhüttungsplatz in der Gemarkung Etzdorf-Gersdorf, Kreis Hainichen. – Ausgrab. u. Funde, Berlin **32** (1987) 1, S. 48–51
Schwamkrug, R.: Beschreibung des Adolph-Stollns. Jahrb. f. d. sächs. Berg- u. Hüttenmann, Freiberg (1866), S. 145–172
Schmidt, J.: Denkmalschutzgebiet »Segen Gottes Erbstolln« Gersdorf. – Faltblatt »Denkmale im Kreis Hainichen«, Hrsg.: Rat des Kreises u. Kulturbund, Hainichen 1985

Mohorn, Munzig, Scharfenberg

Haase, W., W. Barth u. a.: Scharfenberg, unsere Heimat gestern, heute, morgen. Herausgeber: Rat der Gemeinde und Kulturbund Scharfenberg 1978
Müller, C. H.: Über den Scharfenberger Bergbau und dessen Wiederaufnahme. Jahrb. f. d. sächs. Berg- u. Hüttenmann, Freiberg (1854), S. 235–262
Schumann, R.: An der alten Silberstraße von Scharfenberg und Munzig nach Freiberg. Mitteil. Sächs. Heimatschutz, Dresden **28** (1939), S. 97–123

Wasserwirtschaftliche Anlagen

Der Bergwerksteich bei Dittmannsdorf. Jahrb. f. d. sächs. Berg- u. Hüttenmann, Freiberg (1835), S. 88–100
Fritzsche, O., u. W. Beck: Neubestimmung des Durchflusses am Flöha-Wasserteiler in Neuwernsdorf mit Hilfe der Ähnlichkeitsmechanik. Jahrb. f. d. Berg- u. Hüttenwesen in Sachsen, Freiberg (1934), S. 3–6
Wagenbreth, O.: Der Kampf zwischen dem Freiberger Bergbau und der erzgebirgischen Textilindustrie um die Wasserkraft der Flöha im 19. Jahrhundert. Sächs. Heimatblätter, Dresden **16** (1970), 4, S. 175–183
Wagenbreth, O.: Der bergmännische Flöhawasserteiler von Neuwernsdorf – ein wasserwirtschaftlicher Vorläufer der Rauschenbachtalsperre im Erzgebirge. Sächs. Heimatblätter, Dresden **17** (1971) 1, S. 18–27

Denkmale des Hüttenwesens

Falkenberg: Geschichte der Sächsischen Münze zu Muldenhütten auf die Jahre 1887 bis 1926. Jahrb. f. d. Berg- u. Hüttenwesen in Sachsen, Freiberg (1927), S. 30–48
Festschrift Heimat- und Schulfest 1957. Rat der Gemeinde Halsbrücke 1957
Fritzsche, O.: Das Schwarzenberg-Gebläse, seine Erhaltung auf der Alten Elisabeth in Freiberg. Mitteil. Sächs. Heimatschutz, Dresden **26** (1937), S. 255–268
Fritzsche, O.: Das älteste in Betrieb stehende Zylindergebläse der Welt. Blätter der Bergakad. Freiberg (1942) 25, S. 24–28
Grabow, G.: Zum 150jährigen Jubiläum des Schwarzenberg-Gebläses. Neue Museumskunde, Berlin **26** (1983), S. 257–261
Hüppner, O.: Über die Erbauung der hohen Esse auf der Königl. Halsbrückner Hütte bei Freiberg. Jahrb. f. d. Berg- u. Hüttenwesen in Sachsen, Freiberg (1890), S. 1–31
Kochinke, H.: Lageplan der Königl. Halsbrückner Hütte 1906. Jahrb. f. d. Berg- u. Hüttenwesen in Sachsen, Freiberg (1906), S. 159–160
Nötzold, S. A.: Die Entwicklung der Gemeinde Hilbersdorf in acht Jahrhunderten. Hilbersdorf: Rat der Gemeinde 1966 (Muldenhütten)
Pietzsch, F.: Das Druckwerk der Königl. Halsbrückner Hütte, ein hundert Jahre altes Meisterstück des Maschinenbaus. Jahrb. f. d. Berg- u. Hüttenwesen in Sachsen, Freiberg (1897), S. 1–9
Rothe, R.: 50-Jahrfeier Freiwillige Orts- und Hüttenfeuerwehr Halsbrücke (Festschrift). Halsbrücke 1930
Wagenbreth, O.: Geologie und Bergbau im Landschaftsschutzgebiet »Unteres Münzbachtal« bei Freiberg. Sächs. Heimatblätter, Dresden **6** (1960), S. 423–430 (betr. alte Halden)
Wagenbreth, O.: Das Kastengebläse aus dem Hammerwerk »Obere Ratsmühle« bei Freiberg und seine Überführung in den Besitz der Bergakademie Freiberg. Bergakademie, Berlin **15** (1963), S. 399–404
Wilsdorf, H., W. Herrmann u. K. Löffler: Bergbau, Wald, Flöße. Freiberger Forschungsheft D 28. Berlin 1960 (ausführlich auch Cämmerswalde-Clausnitzer Floßgraben)
Wünsche, G., u. a.: 350 Jahre Hütte Halsbrücke, 1612–1962. Halsbrücke 1962

Verzeichnis der Archivquellen

Staatsarchiv Dresden, Außenstelle Freiberg (Bergarchiv)

Grubenakten des Bergamts Freiberg von folgenden Gruben

Alte Hoffnung Erbst., Schönborn, BA-F/B/8/Nr. 435, Vol. I–XIX.
Alte Hoffnung Gottes Erbst., Kleinvoigtsberg, BA-F/B/8/Nr. 673, Vol. I; BA-F/B/8/Nr. 3499, Vol. II u. Vol. XVIII–XXII.
Beschert Glück Fdgr. hinter den Drei Kreuzen, BA-F/B/9/Nr. 2941, Vol. II–XXVI; BA-F/B/9/Nr. 2406, Vol. I.
Christbescherung Erbst., Großvoigtsberg, BA-F/B/10/Nr. 1017; BA-F/B/10/Nr. 1896, Vol. I; BA-F/B/10/Nr. 2694, Vol. II.
Churprinz Friedrich August Erbst., Großschirma, BA-F/B/10/Nr. 2169, Vol. I; BA-F/B/10/Nr. 3558, Vol. IV–VIII; BA-F/B/10/Nr. 861, 1065.
Gelobt Land Fdgr. hinter Erbisdorf, BA-F/B/14/Nr. 778, Vol. IV.
Gesegnete Bergmannshoffnung Fdgr., Obergruna, BA-F/B/14/Nr. 2336, Vol. I.
Gott Vertrauter Daniel Erbst., Hohentanne, BA-F/B/14/Nr. 2762, Vol. V.
Himmelfahrt Fdgr. vor der Stadt, BA-F/B/15/Nr. 2892, Vol. XV–XVIII.
Himmelsfürst Fdgr. hinter Erbisdorf, BA-F/B/15/Nr. 1433; BA-F/B/15/Nr. 2049, Vol. II; BA-F/B/15/Nr. 2369, Vol. III; BA-F/B/15/Nr. 3019, Vol. IV; BA-F/B/15/Nr. 3573, Vol. V–XXXVIII.
Hoffnung Gottes Fdgr., Langenau, BA-F/B/16/Nr. 2281, Vol. I.
Matthias Fdgr., St. Michaelis BA-F/B/19/Nr. 3243, Vol. III–VII.
Neue Hoffnung Gottes Fdgr. Bräunsdorf, BA-F/B/20/Nr. 3134, Vol. III; BA-F/B/20/Nr. 3272, Vol. IV; BA-F/B/20/Nr. 3348, Vol. V–XIII.
Schieferleithe Erbst., Hilbersdorf, BA-F/B/23/Nr. 4143, Vol. I, II.
Sieben Planeten Fdgr., Linda, BA-F/B/23/Nr. 2911, Vol. I, II.
Segen Gottes Erbst., Gersdorf, BA-F/B/23/Nr. 3373, Vol. VII, VIII; BA-F/B/23/Nr. 3748, Vol. X–XVI; BA-F/B/23/Nr. 4731, Vol. I–IX.
Sonnenwirbel samt Holewein Fdgr., St. Michaelis, BA-F/B/23/Nr. 3518, Vol. VI, VII.
Unverhoffter Segen Gottes Erbst., Oberschöna, BA-F/B/25/Nr. 2969, Vol. II.
Ursula Erbst., Kleinvoigtsberg, BA-F/B/25/Nr. 1231; BA-F/B/25/Nr. 2348, Vol. I–III.
Vergnügte Anweisung Fdgr. auf dem oberen Brand BA-F/B/26/Nr. 3510, Vol. V, VI.

Akten des Bergamts Freiberg

BA-F/B/30/2025: Acta, das dem Mechanico Johann Friedrich Menden als Kunstmeistern aufgetragene Maschinen – Wesen beym Bergbau nebst Untersuchung sämtlicher in hiesiger Berg Amts-Refier umgehenden Kunstgezeuge Beschaffenheit, 1769.
BA-F/B/30/4855: Acta, Eisenbahnen betr. (Vol. I von 1831–1844, Vol. II von 1845–1865).
BA-F/B/7/6463: Nachrichten über den alten Hohebirker Bergbau bei Freiberg (Manuskript von K. A. Richter, 1882).
BA-F/A/2/8167: Kataster über Schock- und Quatembersteuer nebst Flurbuch über die im Bezirke des Kreisamtes Freiberg von Privaten besessen werdenden ungangbaren Zechenhäuser und ehemalige Bergwerksgrundstücke vom Jahre 1830–1894.
BA-F/A/62/3951: Acta, die zur Feyer des Regierungs-Jubiläums Königl. Majestät von Sachsen, ingl. des Ausbeut-Jubiläums von Himmelsfürst Fdgr. hinter Erbisdorf geprägte Medaille betr., 1818.
BA-F/A/51/1641: Die occasione zweyer in einem alten offenen Schacht verunglückten Bergleute angezeigten, in allhiesiger Bergamts-Refier sich befindlichen alten offenen Schächte und derselben Verwahrung.
BA-F/A/62/4355: Acta, Statistische Nachrichten über das Bergpersonale und die Zechenhäuser betr., 1831.
BA-F/C/28: Berg- Schieds- und Vertragsbuch, 1525–1563.
Ba-F/C/29: Bergbelehnungsbücher, Nr. 1 (1511–1520), lit. E (1545–1553), lit. F (1553–1561), lit. G (1561–1568), lit. J (1572–1578), lit. K (1578–1583), lit. L (1583–1588), lit. O (1604–1612), lit. P (1612–1622), lit. Q (1622–1633), lit. R (1633–1671), lit. S (1617–1721), lit. T (1721–1742), lit. U (1742–1760), lit. V (1760–1785), lit. W (1785–1801), lit. X (1801–1837), lit. Y (1837–1851).
BA-F/ZR/C63–C96: Zechenregister der Grube Churprinz Friedrich August Erbst., Großschirma.
Erzlieferungsextrakte des Bergamts Freiberg:
BA-F/EE/22/1 (1524–1600)
BA-F/EE/19/5 (1601–1710)
BA-F/EE/18/2 (1710–1810)
Ausbeutbögen des Bergamtes Freiberg:

BA-F/AB/4/3 (1701–1750)
BA-F/AB/6/2 (1751–1775)
BA-F/AB/7/3 (1761–1780)
BA-F/AB/11/1 (1831–1861)

Akten des Freiberger Oberbergamtes

OBA-F/CI/25/225: Acta, die Kgl. Berggebäude zu Niederschöna und Großschirma, 1704.
OBA-F/CI/25/8676: Acta, die Wiederemporbringung des alten Bergbaus in der Gegend von Mittweida, 1785.
OBA-F/CI/25/9115: Acta, die Revision des Eigenlöhner Bergbaus in der Freiberger Bergamtsrevier, 1789.
OBA-F/CI/25/10890: Acta, der Kgl. Bergwerks-Canal, 1827
OBA-F/CI/30/568: Alte Nachrichtung den zum Lorenzer Gegendrum an der Halsbrücke A. 1631 aufgehobenen Kunst-Graben aus der Bobritzsch-Bach betr.
OBA-F/CII/39/7416: Acta, den zu Erbauung eines Kunstgezeugs beym Unverhofften Seegen Gottes Erbst. zu Oberschöna gesuchten Vorschuß aus der Gnadengroschen Casse alhier betr., 1774 (Vol. II, III).
OBA-F/CII/39/10802: Acta, der Bergbau in der Sachsenburger Gegend und insbesondere der Wiederangriff des Alte Hoffnung Erbst. zu Schönborn, 1722 (Vol. I–VII).
OBA-F/K/165/2458: Acta, Aufstände, Gruben-Berichte und andere alte Bergwerks-Nachrichten, die sämtlichen Berg-Amts-Reviere betr., 1575–1622 (Vol. I).

Akten der Maschinenbaudirektion

MBD Nr. 4: Vierteljährl. Dienst-Anzeigen über gefertigte und vorzunehmende Maschinenarbeiten in der Bergamts Refier Freiberg, Vol. III (1814–1824).
MBD Nr. 11: Maße und Gewichte, Vol. III (1838–1842).

Werksakten der Oberdirektion der Erzbergwerke

OdE-WA/Bdl. Nr. 664–679: Zechenprotokolle von Himmelsfürst Fdgr. (Bd. 1–16ª von 1769–1859)
OdE-WA/Bdl. Nr. 740: Jahresberichte von Himmelsfürst Fdgr. (Bd. 28 von 1913).
OdE-WA/Bdl. Nr. 818: Jahresberichte von Mittelgrube (Bd. 2 von 1893–1899)

Akten der Oberdirektion der Erzbergwerke

OdE/A/33: Grundstücks- und Hypothekenangelegenheiten im Allgemeinen, Bd. I, 1886–1902.
OdE/A/140: Förderanlage auf dem Reicheltschacht (Himmelsfürst Fdgr.), 1886–1894.
OdE/A/194: Tagegebäude bei Himmelfahrt Fdgr., 1886–1922.
OdE/A/195: Tagegebäude bei Himmelsfürst Fdgr., 1886–1906.
OdE/A/196: Tagegebäude bei Mittelgrube, 1886–1905.
OdE/A/1076: Brandversicherungsscheine von Himmelsfürst Fdgr., 1897–1906.

Risse und Zeichnungen des Bergarchivs Freiberg

II.A.79: Grundriß vom Mönchsteich in St. Michaelis (1755 von A. Beyer)
II.A.81: Grund- und Seigerriß über die auf Oberlangenauer Rittergutsflur gelegenen und zu Himmelsfürst Fdgr. gehörigen zwei Teiche (1769 von C. E. Richter, 1814 kopiert von A. J. Oehlschlägel)
II.B.C.55 Cr.: Grubenfeldcroquis von Beschert Glück Fdgr. Herzog August Fdgr. und Prophet Samuel Fdgr. (1851 von C. F. Leschner)
II.B.89: Karte über den vormaligen Wasserlauf zu Brand, Erbisdorf, St. Michaelis und Langenau zu kommunlichen und Bergwerkszwecken (1867 von C. W. Weinhold)
II.B.94: Spezialriß über die Anlage eines höheren Aufschlaggrabens für die ehemalige Junge Thurmhofer Wäsche, jetzt zu Vergnügte Anweisung Fdgr. gehörig (1835 von C. F. Leschner)
II.C.43ª: Grund- und Seigerriß (Gefällriß) über einen Teil der Hauptwasserversorgung in der Freiberger Bergamtsrevier (1824 von A. W. und F. P.)
II.C.e.25: Spezialriß, das Berggebäude Christbescherung Erbst. und die teilweise Einröschung des dasigen Bergwerkscanals betr. (1833 von C. F. Leschner)
II.E.8: Grundriß über den Bergbau von Halsbrücke über Brand, Erbisdorf, St. Michaelis, wie derselbe am Tage befunden worden (1647 von E. Morgenstern)
II.E.16: Situationsriß von der Halsbrückner Gegend und in derselben liegenden gangbaren und ungangbaren Grubengebäude (1770 von C. F. Freiesleben)
II.E.50: Freiberga Subterranea cum ditionibus externis eo pertinentibus metalliferis Geometrice detecta a Johanne Bergero, Geometra metallico, ibidem (= Freiberg) 1693. (= Unterirdisches Freiberg mit den dazugehörigen auswärtigen Bergrevieren; 1693 von Markscheider J. Berger)
II.F.1–217: Bergmeister- oder Direktorialrisse
II.G.1–65: Haldenrisse
II.H.r.25: Grund-, Seiger- und Situationsriß über Himmelsfürst Fdgr. (1758 von C. G. Kiesling)
II.H.r.71: Grundriß der Umgegend von Himmelsfürst Fdgr. (1836 von C. F. Franke)
OBA/C 53: Grund-Riß von den um die Stadt Freiberg gelegenen Feldern, Wäldern, Berg- und anderen Gebäuden (1678 von A. Schneider, 1837 kopiert von Reichelt)
OBA/C 149: Situationsplan der fiskal. Grube Himmelsfürst (1888 von Schulze)

OBA/K 11: Durchschnitts-Zeichnung von den Alt Hörniger Ziehschächten in Vergnügte Anweisung samt Reußen Fdgr. (1833 von J. C. Zeller u. C. J. Braunsdorf)
OBA/K 26: Anlagszeichnung zu dem auf dem Kohlhäusler Schachte des Grubengebäudes Sonnenwirbel samt Holewein Fdgr. zu St. Michaelis zu erbauenden Wassergöpels (1820 von G. B. Bernhardt)
OBA/L 2: Frankenschachter Wassergöpel
RWLA 64^{III}: Grundriß über die am Tage befindlichen gang- und ungangbaren Zechen nebst den Tagegebäuden in der Freiberger, Hohenbirker, Halsbrücker und Brander Revier (um 1690 von J. Berger)

Wissenschaftliches Informationszentrum der Bergakademie Freiberg:

Gedruckte Geschäftsberichte von Gruben

VIII. 1089a–s (4°) Himmelfahrt Fdgr. (1863–1885)
VIII. 1090a–n (4°) Himmelsfürst Fdgr. (1874–1886)
VIII. 1564 (4°) Junge hohe Birke Fdgr. (1873–1884)
VIII. 1699 (4°) Gesegnete Bergmannshoffnung Fdgr. (1880–1892)
Bergmännische Spezimina: Nr. 448, 648, 682, 791, 839, 997, 1058, 1106, 1663, 2267

Ratsarchiv der Stadt Freiberg:

Erbbereitungsbücher

I/Bk-11^{a} (I b 3) von 1531–1750
I/Bk-11^{b} (I b 3) von 1561–1657

Lagepläne

I. Db. 27 (rote Nr. 64): Gebiet von Zug betr. (von Tielcke, kop. Göppert 1767)
I. Db. 38 (rote Nr. 70): Gebiet von Zug betr. (1832/33 von Pilz)
I. De. 2 (rote Nr. 201): Gebiet von Zug und Langenrinne betr. (1855 von Weinhold)

Bildquellenverzeichnis

Tafelteil

Bergakademie Freiberg, Hochschulbildstelle: 3 (KNOPFE), 4 (BRAUNE), 8, 10 (BRAUNE), 11, 12, 13, 15 (RICHTER), 16, 17, 20 24, 25, 26, 31, 42, 50, 53b, 54, 56b, 58, 59, 62, 63, 64, 65, 69 (KNOPFE), 90 91, 92 (KNOPFE), 93, 94a/b, 164 (KNOPFE), 165 (KNOPFE)

SIEGFRIED BECKERT, Großvoigtsberg: 127

GERHARD BÖHME, Freiberg: 118

Deutsche Fotothek, Dresden: 52 (HEINICKE), 210 (REINECKE)

GUNTHER GALINSKY, Freiberg: 1, 18, 19, 23, (Foto BÖRNER), 22, 40, 45, 47, 49, 60, 61, 66, 67, 68, 70, 71, 72, 73, 74, 75, 76a/b, 77, 78, 79, 80, 81, 82, 83, 84, 85, 86, 87, 88, 89, 95, 96, 98, 100, 101, 102, 103, 104, 105, 106, 107, 108, 109, 110, 111, 112, 113, 114, 116, 117, 119b, 120, 121, 122, 123a/b, 124, 125, 127, 128, 129, 130, 132, 133a/b, 134, 135, 136, 137, 138, 139, 140, 141, 142, 143, 144a/b, 145a/b, 146, 147a/b, 148, 149, 150, 151, 152, 153, 154, 155, 156, 157, 160, 161, 162, 166, (Repro), 167, 168, 169b, 170, 171, 172, 173a/b, 174, 175, 176, 177, 178, 179, 180, 181b, 182, 183a/b, 184, 185, 186, 188, 189, 190, 191, 192a/b, 193, 194, 195, 196, 197, 198, 199, 201, 204, 205, 207, 208, 209 (Repro)

KLAUS MIERSCH, Freiberg: 97

STEFAN NESTLER, Freiberg: 119a

REYMANN-FOTO: 2, 27, 29, 36, 37, 55, 57, 99, 115, 126, 131, 158, 159, 163, 187, 200, 203, 211, 212, 213

Staatliches Münzkabinett Dresden: 215

Staatsarchiv Dresden: 5, 7

OTFRIED WAGENBRETH/HELMUT ZIMMERMANN, Freiberg: 21, 31, 32, 33, 34, 35 (Archiv), 39, 41, 43, 44, 46, 181a

G. WÜNSCHE, Halsbrücke: 202, 206, 214

Reproduktionen aus Literatur: 6 (ERMISCH), 9 (SCHÖNBERG), 14 (WAGENBRETH), 28, 30, 38, 52, 56 (AGRICOLA), 48, 51 (WEISBACH)

Textteil

Alle Zeichnungen (Abbildungen im Text) wurden von OTFRIED WAGENBRETH entworfen, zum Teil unter Benutzung von Literatur und den auf Seite 369 angegebenen Archivquellen. An folgenden Abbildungen haben wesentlichen Anteil:

A. BECKE und W. JOBST: Abb. 18, 31, 46, 47

T. GERLACH und J. KRÜGER: Abb. 41

W. SCHWABENICKY: Abb. 42

J. SCHMIDT: Abb. 95

Ortsverzeichnis

Grubenverzeichnis

Erfaßt wurden alle selbständigen Gruben und Stolln, die wichtigsten Schächte, die mit besonderen Namen versehenen Anlagen der bergmännischen Wasserwirtschaft sowie die Hüttenwerke, die Bergakademie, Bergbehörden und ähnliche Institutionen.

Die nach Heiligen benannten Gruben wurden nach dem Vornamen, nicht bei »St.« eingeordnet.

Personenverzeichnis

Orts-, Gruben- und Personenverzeichnis von A. Wächtler und B. Wagenbreth.

Die wichtigsten Denkmale des Freiberger Bergbaus und Hüttenwesens
(nördlicher Teil des Reviers)

1 Grube Alte Elisabeth, davor Haspelkaue
2 Grube Reiche Zeche
3 Mundlöcher des Verträgliche Gesellschaft Stollns und des Thurmhof Hilfsstollns
4 Ludwigschachthalde und Roter Graben
5 Halden auf dem Hauptstollngang und Mundlöcher des Alten Tiefen Fürstenstollns und des Hauptstolln-Umbruchs
6 Löffler Stolln
7 Hosianna Stolln
8 Grube Oberes Neues Geschrei
9 Röschenmundloch am Roten Graben
10 Hüttenwerk Halsbrücke und Hohe Esse
11 Mundloch der Halsbrücker Rösche
12 8. Lichtloch des Rothschönberger Stollns
13 7. Lichtloch
14 Kahnhebehaus
15 Altväterbrücke
16 Röschenmundlöcher des Oberen Churprinzer Kunstgrabens
17 Zechenteich
18 Grube Churprinz
19 Mundloch des Anna Stollns
20 Grube Christbescherung
21 Grube Alte Hoffnung Gottes
22 Grube Gesegnete Bergmannshoffnung
23 Grube Neue Hoffnung Gottes
24 Halde vom 6. Lichtloch
25 Grabentour (Kunstgräben und Röschen für das 4. und 5. Lichtloch)
26 Halde vom 5. Lichtloch
27 4. Lichtloch des Rothschönberger Stollns

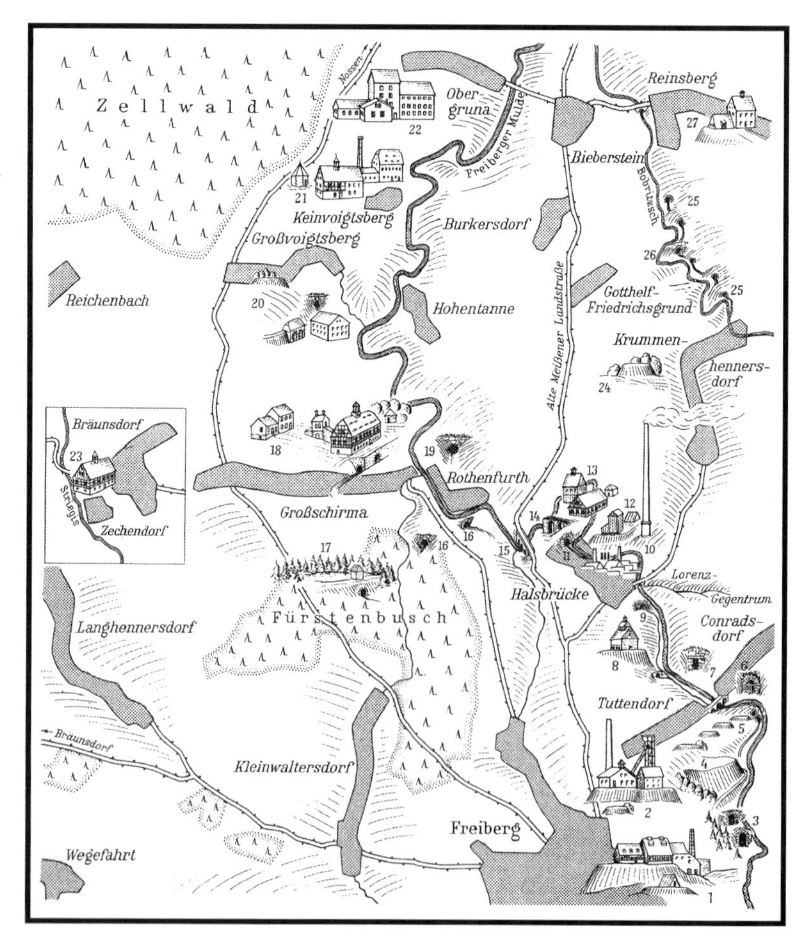

Die wichtigsten Denkmale des Freiberger Bergbaus und Hüttenwesens
(südlicher Teil des Reviers)

1 Abrahamschacht
2 Rote Grube
3 Halden und Zechenhäuser auf dem Thurmhof Stehenden Gang
4 Werner Stolln und Röschen am Stangenberg und Hüttenwerk Muldenhütten
5 Pulverhaus von Herzog August Neuschacht
6 Radstube und Aufbereitung vom Unverhofften Segen Gottes Erbstolln sowie Huthaus Hoh Neujahr
7 Thelersberger Stolln, dazu in Erbisdorf Huthaus und Stollnschacht
8 Grube Herzog August mit Dreibrüderschacht
9 Huthaus Daniel
10 Halden und Huthäuser auf dem Hohe Birke Stehenden Gang
11 Kröner Huthaus
12 Grube Junge Hohe Birke
13 Grube Beschert Glück
14 Halde vom Obergöpeler Schacht
15 Constantinschacht
16 Mendenschacht der Mordgrube
17 Berthelsdorfer Hüttenteich
18 Hohe Birker Kunstgraben
19 Huthaus Trost Israel
20 Grube Einigkeit (Vergnügte Anweisung samt Reußen)
21 Kohlhäusler Schacht mit Buttermilchtor und Matthiasschacht
22 Huthaus Junger Schönberg
23 Grube Himmelsfürst
24 Grube Gelobt Land mit Kunstteich
25 Grube Drei Eichen
26 Huthäuser Silberschnur und Veste Burg mit Kunstgraben
27 Grube Reicher Bergsegen mit Silberschnur und Simon Bogners Neuwerk
28 Grube Hoffnung Gottes mit Pochwerksteichen
29 Erzengler Teich, Rothbächer Teich und Lother Teich
30 Kohlbach-Kunstgraben
31 Müdisdorfer Kunstgraben mit Rösche und Röschenhaus

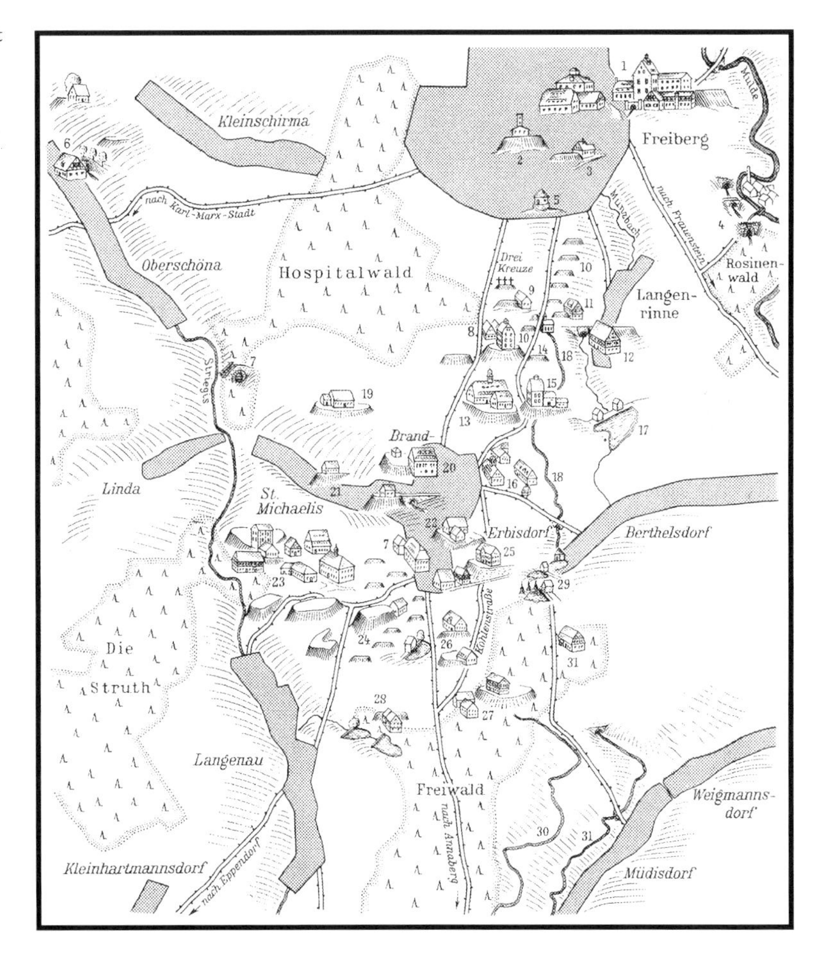